CAC职业（岗位）培训系列教材

U0146826

设计宝典

UG NX 5.0
工程师培训教程

王霄　刘会霞　等编著

化学工业出版社
·北京·

本书介绍了 UG NX 5.0 中文版的新功能、新特点、工作界面等基本概况，在使用 UG NX 5.0 进行零件造型的基本过程的基础上，详细介绍了各种特征的使用操作、二维草图的绘制、三维曲线的绘制、零件造型的基本方法、特征的各种实用操作以及图层的应用和管理、高级实例特征的创建、零件造型的其他实用功能、曲面特征的创建与编辑、装配的创建方法以及装配爆炸图的创建、工程图的建立方法等内容。每章均有丰富的实例，使读者能快速掌握主要内容。

本书讲解详尽，力求精简、实用，能使读者在最短的时间内掌握使用 UG NX 5.0 进行产品正向设计的基本方法。本书实例具有典型性、复杂性和代表性，讲解思路清晰，图文并茂。本书适用于 UG NX 5.0 用户迅速掌握和全面提高使用技能，使其对 UG NX 5.0 的应用从入门到精通。本书附赠光盘中包含所有创建完成的实例，以便读者实际演练。

本书可作为高等院校理工科本科生、高等职业技术学院的培训教程或参考书，同时也可作为广大从事工业设计及产品设计的技术人员的自学参考书。

图书在版编目 (CIP) 数据

UG NX 5.0 工程师培训教程 / 王霄，刘会霞等编著. —北京：
化学工业出版社，2010.3
CAC 职业（岗位）培训系列教材
ISBN 978-7-122-07597-0

Ⅰ. U…　Ⅱ. ①王…　②刘…　Ⅲ. 计算机辅助设计-应用
软件，UG NX 5.0-技术培训-教材　Ⅳ. TP391.72

中国版本图书馆 CIP 数据核字（2010）第 006597 号

责任编辑：郭燕春　　　　　　　　　　装帧设计：张　辉
责任校对：宋　夏

出版发行：化学工业出版社（北京市东城区青年湖南街 13 号　邮政编码 100011）
印　　刷：北京永鑫印刷有限责任公司
装　　订：三河市万龙印装有限公司
880mm×1230mm　1/16　印张 38¾　字数 1091 千字　2010 年 5 月北京第 1 版第 1 次印刷

购书咨询：010-64518888（传真：010-64519686）　　售后服务：010-64518899
网　　址：http://www.cip.com.cn
凡购买本书，如有缺损质量问题，本社销售中心负责调换。

定　　价：**79.80 元**（含光盘）

出版说明

Unigraphics NX（简称 UG）是美国 UGS 公司推出的集 CAD/CAM/CAE 于一体的工程应用软件集成系统，在机械、电子、航空、邮电、兵器、纺织等各行业都有应用。其功能强大，涵盖了从概念设计到产品生产的全过程，提供了强大的实体建模技术、高效能的曲面建构能力，与装配功能、工程制图功能以及 PDM（生命周期管理）等紧密结合，为设计工作带来了突破性的进展。Unigraphics NX 5.0 是 Unigraphics NX 的最新版本，操作界面也更加友好，大大提高了技术人员的工作效率。

本套丛书是江苏大学机械工程学院数字化制造技术研究所精心组织而推出的。本套丛书是根据学习者的认知规律与实际产品数字化开发与制造商的需求而编写的一套实用丛书。丛书包括：

- 《UG NX 5.0 工程师培训教程》
- 《UG NX 5.0 工程师习题集》
- 《UG NX 5.0 高级设计实例教程》
- 《UG NX 5.0 工业设计师培训教程》
- 《UG NX 5.0 数控工程师教程》
- 《UG NX 5.0 数控加工实例教程》

化学工业出版社

前　　言

Unigraphics（简称 UG）NX 5.0 软件是 UGS 公司于 2007 年发布的数字化产品开发综合解决方案，作为一个集成 CAD/CAE/CAM 系统软件，它集零件设计、钣金设计、造型设计、模具开发、数控加工、运动分析、有限元分析、数据库管理等功能于一体，具有参数化设计、特征驱动、单一数据库等特点。UG NX 5.0 广泛应用于机械、电子、汽车、航空等行业，是世界上应用最广泛的 CAD/CAE/CAM 软件之一。

本书着重介绍了使用 UG NX 5.0 进行零件建模、创建装配体、曲面造型及生成二维工程图的基本方法。通过循序渐进、由浅入深的讲解，再配合各章节的典型实例，使读者轻松地从入门过渡到精通，从而全面了解和掌握 UG NX 5.0 的产品设计方法和技巧，使其在工程应用中更加得心应手。

全书内容共包括 11 章，各章主要内容如下。

第 1 章主要介绍 UG NX 5.0 中文版的新功能、新特点、工作界面等基本概况，并以简单的典型实例介绍了使用 UG NX 5.0 进行零件造型的基本过程，使读者快速入门。

第 2 章主要是对基准平面、基准轴、基准点和坐标系的创建进行了介绍，通过基准的创建可以方便地实现设计思想，能在不同的位置和方位进行特征的创建与草图的绘制，提高了设计效率。

第 3 章详细介绍 UG NX 5.0 草图绘制的方法，包括几何图元的绘制、几何图元的编辑、添加约束以及尺寸的标注与修改，草绘是建立三维模型的基础，草绘贯穿于整个零件的建模过程中，创建的几何特征，诸如加材料或减材料，都需要用草绘来定义特征的截面。

第 4 章主要介绍三维曲线的创建、曲线编辑和曲线操作 3 方面的内容，同时结合典型案例来熟悉各种曲线创建和编辑操作的方法和技巧。

第 5 章主要介绍零件造型的基本方法，包括零件造型的基础知识、草绘实体特征、放置实体特征、特征的复制等内容，并通过丰富的实例使读者能快速掌握主要内容。

第 6 章主要介绍对特征的各种实用操作以及图层的应用和管理。

第 7 章主要介绍高级实例特征的创建。

第 8 章主要介绍零件造型的其他实用功能，包括表达式的概念和操作、分析模型、文件转换、零件的材料与纹理、单位的设置与管理、部件族的使用等。

第 9 章主要介绍曲面特征的创建与编辑，包括基于点的曲面的创建、基于线的曲面的创建、基于面的曲面的创建、曲面的编辑等。

第 10 章主要介绍装配的创建方法以及装配爆炸图的创建等。

第 11 章主要介绍工程图的创建、编辑、视图预设置和标注，包括创建各种视图、移动视图、标注尺寸等内容。

本书讲解详尽，力求精简、实用，能使读者在最短的时间内掌握使用 UG NX 5.0 进行产品正向设计的基本方法。本书可作为高等院校理工科本科生、高等职业技术学院的培训教程或参考书，同时也可作为广大从事工业设计及产品设计的技术人员的自学参考书。本书附赠光盘中包含所有创建完成的实例。

本书实例具有典型性、复杂性和代表性，讲解思路清晰，图文并茂。本书适用于 UG NX 5.0 用户迅速掌握和全面提高使用技能，使其对 UG NX 5.0 的应用从入门到精通。

本书由江苏大学王霄、刘会霞、丁磊、向宝珍、李保春编著，其中，第 1、2、3、4、7、11 章由王霄、向宝珍、李保春编写，第 5、6、8、9、10 章由刘会霞、丁磊、李保春编写，全书由王霄、刘会霞负责组织与统稿。

本书虽经反复修改、校核，但由于时间仓促，以及编者水平有限，疏漏之处在所难免，诚望广大读者和同仁指正。

编　者

目　　录

第 1 章　UG NX 5.0 中文版概述

随着科学技术的发展,传统的 CAD/CAM/CAE 建模模式和模拟加工模式已经不能满足产品快速更新换代的需求,随着先进制造技术的发展,产生了新的制造理念和制造模式。先进制造技术正向着集成化、智能化、可视化、网络化的方向发展,而这些发展都离不开功能强大的集成化软件平台的支持。

Unigraphics(简称 UG)软件是 UGS 公司发布的数字化产品开发综合解决方案,作为一个集成 CAD/CAM/CAE 的系统软件,它为工程设计人员提供了非常强大的应用工具,通过这些工具可对产品进行设计、工程分析、绘制工程图以及数控编程加工等操作。随着版本的不断更新和功能的不断扩充,UG NX 5.0 更是扩展了软件的应用范围,面向专业化和智能化发展。本书作为 UG NX 5.0 的基础篇,将会向读者全方位地介绍 UG NX 5.0 的新增功能和基础功能。通过学习这本书,读者能从传统的以二维绘图为主的设计工作方式转变为以三维数字模型为主的设计方式,迅速掌握 UG NX 5.0 的基本功能,进行三维零件的设计。本章的主要内容包括:

(1) UG NX 5.0 功能介绍;
(2) UG NX 5.0 的模块;
(3) UG NX 5.0 新特点;
(4) UG NX 5.0 工作界面;
(5) UG NX 5.0 的基本操作;
(6) UG NX 5.0 零件造型过程。

1.1　UG NX 5.0 功能介绍

UG NX 5.0 的 CAD/CAM/CAE 系统提供了一个基于过程的产品设计环境,使产品开发从设计到加工真正实现了数据的无缝集成,从而优化了企业的产品设计与制造。UG NX 5.0 面向过程驱动的技术是虚拟产品开发的关键技术,在面向过程驱动技术的环境中,用户的全部产品以及精确的数据模型能够在产品开发全过程的各个环节保持相关,从而有效地实现了并行工程。

该软件不仅具有强大的实体造型、曲面造型、虚拟装配和产生工程图等设计功能,而且在设计过程中还可进行有限元分析、机构运动分析、动力学分析和仿真模拟,提高了设计的可靠性。同时,可用建立的三维模型直接生成数控代码,用于产品的加工,其后处理程序支持多种类型的数控机床。另外,它所提供的二次开发语言 UG/Open GRIP 和 UG/Open API 简单易学,实现功能多,便于用户开发专用 CAD 系统。具体来说,该软件具有以下特点。

(1) 具有统一的数据库,真正实现了 CAD/CAE/CAM 等各模块之间无数据交换的自由切换,可实施并行工程。

(2) 采用复合建模技术,可将实体建模、曲面建模、线框建模、显示几何建模与参数化建模融为一体。

(3) 用基于特征(如孔、凸台、型腔、槽沟、倒角等)的建模和编辑方法作为实体造型的基础,形象直观,类似于工程师传统的设计方法,并能用参数驱动。

(4) 曲面设计采用非均匀有理 B 样条作基础,可用多种方法生成复杂的曲面,特别适用于汽车外形设计、汽轮机叶片设计等复杂曲面的造型。

(5) 出图功能强,可方便地从三维实体模型直接生成二维工程图。能按 ISO 标准和国际标准标注尺寸、形位公差和汉字说明等，并能直接对实体做旋转剖、阶梯剖和轴测图挖切生成各种剖视图，增强了绘制工程图的实用性。

（6）以 Parasolid 为实体建模核心，实体造型功能处于领先地位。目前著名的 CAD/CAE/CAM 软件均以此作为实体造型基础。

（7）提供了界面良好的二次开发工具 GRIP（GRAPHICAL INTERACTIVE PROGRAMING）和 UFUNC（USER FUNCTION），并能通过高级语言接口，把 UG 的图形功能与高级语言的计算功能紧密结合起来。

（8）具有良好的用户界面，绝大多数功能都可通过图标实现。进行对象操作时，具有自动推理功能。同时，在每个操作步骤中，都有相应的提示信息，便于用户做出正确的选择。

1.2　UG NX 5.0 的模块

在 UG NX 5.0 中，为了满足各种需求，系统提供了 60 多种功能模块子模块，不同的功能模块应用具有不同的操作环境。这里简单地介绍一下常用模块。

1.2.1　UG NX 5.0/CAD 模块

UG NX 5.0 的 CAD 模块拥有很强的 3D 建模功能，这早已被许多知名汽车厂家及航天工业界企业所肯定。CAD 模块由许多功能独立的子模块构成，常用的有以下 4 种。

1. 基本环境模块

基本环境模块是 UG NX 5.0 最重要的模块，其他所有的 CAD/CAE/CAM 都建立在该模块的基础上。它支持一些关键的操作，例如打开 UG NX 5.0 零部件文件、创建 UG NX 5.0 零部件文件、环境设置、动画渲染、打印出图等。总之，设计者的大部分操作都是在该模块中完成的。

2. 三维建模模块

三维建模模块包括成形特征、特征操作和曲线操作等功能，每个功能处理不同的设计步骤，而且功能之间存在着相互关联性，方便了用户修改零件模型，减少了重复劳动，保证了零件设计的一致性和时效性。

通过三维建模模块的功能不但可以逐步实现设计的要求，还可以与软件中的其他模块功能进行交互。UG NX 5.0 软件各模块功能是相互混合和相互关联的，可以在模块之间进行切换，以增加产品设计的可行性。

3. 制图模块

制图模块即为工程图模块，工程图就是用于指导实际生产的三维图图样。工程图的制作是将零件或模型设计归档的过程，其正确与否将直接影响到生产部门的实际生产制造。

UG NX 5.0 软件提供的制图模块并不是单纯的二维空间制图，它与三维模型零件有着密切的相关性。二维工程图的制作是通过投影模型空间的三维零件所得，用户只需要通过投影视图来表达零件特征的信息。

由于制图模块与模型模板的相关性，用户修改模型特征后，系统会根据对应关系自动更新制图模板中的视图特征，从而满足不断变化的工作流程需求，方便、快捷地绘制出合理、正确的工程图图样。

4. 装配模块

UG NX 5.0 软件提供的装配模块用于模拟机械装配过程，利用约束将各个零件装配成一个完整的机械结构。由于其功能的扩展与延伸，该模块已广泛应用于各个设计领域。因其操作简单、方便易用，设计人员常用该模块功能进行模具装配模拟和模具零部件间的配合分析等。

系统提供了自上而下和自下而上两种装配方法，在装配过程中还可以对零件进行设计和边界修改，并保持装配件与零件的关联性。

1.2.2　UG NX 5.0/CAM 模块

UG NX 5.0 系统提供了加工各种复杂零件的粗、精加工类型，用户可以根据零件结构、加工表面形状和加工精度要求选择合适的加工类型。每种加工类型都包含了多个加工模块，应用各加工模块可快速建立加工要求操作。

1. 平面铣削

用于平面轮廓或平面区域的粗、精加工，刀具平行于工件进行多层铣削。

2. 固定轴曲面轮廓铣削

该铣削方式可将空间的驱动几何投射到零件表面上，驱动刀具以固定轴形式加工曲面轮廓，主要用于曲面的半精加工和精加工。

3. 可变轴曲面轮廓铣削

与固定轴铣削相似，只是在加工过程中可变轴铣削的刀轴允许摆动，可满足一些特殊部位的加工需要。

4. 顺序铣削

用于连续加工一系列相接表面，并对面与面之间的交线进行精加工。可连续加工一系列相接的表面，用于在切削过程中需要精确控制每段刀具路径的场合，可以在各相接表面光滑过渡。

5. 车削加工

车削加工模块提供了加工回转类零件所需的全部功能，包括粗车、精车、切槽、车螺纹和打中心孔。

6. 线切削加工

线切削加工模块支持线框模型程序编制，提供了多种走刀方式，可进行 2~4 轴线切削加工。

1.2.3　UG NX 5.0/CAE 模块

UG NX 5.0 系统提供了模型的多种分析方式，其中最重要的分析方式有 3 种，分别介绍如下。

1. 运动分析

运动分析模块可对任何二维或三维机构进行运动学分析、动力学分析和设计仿真，并且能够完成大量的装配分析，如干涉检查、轨迹包络等。

该模块交互的运动学模式允许用户同时控制 5 个运动副，可以分析反作用力，并用图表示各构件间的位移、速度、加速度的相互关系，同时反作用力可输出到有限元分析模块中。

2. 结构分析

该模块能将几何模型转换为有限元模型，可以进行线性静力分析、标准模态和稳态热传递分析和线性屈曲分析，同时还可支持装配部件的分析，分析的结果可用于评估各种设计方案，优化产品设计，提高产品质量。

3. 注塑流动分析

使用该模块可以帮助设计人员确定注塑模的设计是否合理，可以检查出不合适的注塑模几何体并予以修正。

1.2.4　UG NX 5.0/其他模块

UG NX 5.0 在 CAD/CAE/CAM 方面表现出强大的功能，该软件还提供其他专业产品所需要的完整计算机设计/制造功能，比如钣金、二次开发和管路设计等多个专业模块，现将其一一介绍如下。

1. 钣金模块

钣金模块提供了基于参数、特征方式的钣金零件建模功能，从而生成复杂的钣金零件。并且对其进行参数化编辑。

使用钣金模块还能够定义和仿真钣金零件的制造过程，并根据三维钣金模型为后续的应用生成精确的二维展开图样数据。

2．二次开发

UG/Open 二次开发模块为 UG NX 5.0 软件的二次开发工具集，便于用户进行二次开发工作，利用该模块可对 UG NX 5.0 系统进行专业化的裁剪和开发，满足用户的开发需求。它主要包括以下 4 个模块。

（1）UG/Open Menuscript　该开发工具是对 UG NX 5.0 软件操作界面进行用户化开发，不用编辑即可对 UG NX 5.0 的标注菜单进行重新添加、重组、裁剪，或在 UG NX 5.0 软件中集成设计者自己开发的软件功能。

（2）UG/Open UIStyle　该开发工具是一个可视化编辑器，用于创建类似 UG 的交互界面，利用该工具设计者可直接为 UG/Open 应用程序开发独立于硬件平台的交互界面。

（3）UG/Open API　该开发工具提供 UG NX 5.0 软件直接编辑接口，支持 C、C++、Fortran 和 Java 等高级语言。

（4）UG/Open GRIP　该开发工具是一个类似 APT 的 UG 内部开发语言，利用该工具可生成 NC 自动化或自动建模等用户的特殊应用。

3．管路布置设计

该模块提供管路中心线定义、管路标准件、设计准则定义和检查功能，用于在 UG NX 5.0 装配环境中进行管路布置和设计。

另外，该模块可自动生成管路明细表、管路长度等关键数据，并可进行干涉检查，通过查找管路标准件库添加或更改管路。还允许定义设计或修改准则，系统将按定义的规则进行自动检查。

1.3　UG NX 5.0 新特点

1．更多的灵活性

UG NX 5.0 为企业提供了"无约束的设计（Design Freedom）"，帮助企业有效地处理所有历史数据，并使历史数据的重复使用率最大化，从而避免不必要的重新设计。比较结果显示，与其他竞争系统相比，UG NX 5.0 的效率提高了 50%。另外，UG NX 5.0 还突破了参数化模型的各种约束，从而缩短了设计时间，减少了可引起巨大损失的错误。

2．更好的协调性

UG NX 5.0 把"主动数字样机（Active Mockup）"引入到行业中，使工程师能够了解整个产品的关联关系，从而更高效地工作。在扩展的设计审核中提供更大的可视性和协调性，从而可以在更短的时间内完成更多的设计迭代。

3．更高的生产力

UG NX 5.0 提供了一个新的用户界面以及 NX "由你做主（Your Way）"自定义功能，从而提高了工作流程效率。由客户提供的比较结果表明，生产力提高了 20%。另外，一份第三方的基准报告显示，在工作流程效率测试中，UG NX 5.0 的性能超过了所有主要竞争者。

4．更强大的效能

UG NX 5.0 把 CAD、CAM 和 CAE 无缝集成到一个统一、开放的环境中，提高了产品和流程信息的效率。客户比较结果显示，与领先的竞争软件相比，UG NX 5.0 的分析工作流程速度要快 50%。另外，制造加工时间缩短了 20%。ARC 咨询集团资深分析师 Dick Slansky 表示："通过一体化的 CAD/CAM/CAE 和工业设计功能来提供一个非常直观的用户界面，UG NX 5.0 使设计实现通用化，不仅仅是零件再利用和标准化，更重要的是基于知识的工程方法和最佳实践。"

IDC 公司 PLM 应用项目总监 Gisela Wilson 表示："通过 UG NX 5.0 里面的关键新功能，UGS 提高了其 CAD 系统的效率。UGS 把这些新功能称作'无约束的设计（Design Freedom）'，因为它们能把设计人员从基于历史记录的各种约束或参数化系统中解脱出来。设计人员能够在不撤销设计树的情况下修改设计几何图形。对于使用多个 CAD 系统来支持多个 OEM 厂商的供应商而言，这一点尤其有价值。"

5．"无约束的设计（Design Freedom）"技术提供了更多灵活性

UG NX 5.0 提供了关键的"无约束的设计（Design Freedom）"技术，以高效的设计流程帮助企业开发复杂的产品。灵活的设计工具消除了参数化系统的各种约束。比如，高级选择意向工具（Advanced Selection Intent）可以自动选取几何图形，并推断出合理的相关性，允许用户快速做出设计变更。UG NX 5.0 能够在没有特征参数的情况下处理几何图形，极大地提高了灵活性，使得设计变更能够在几分钟内完成，不像其他系统那样可能需要几个小时。CPDA 的 PLM 行业研究总监 Ken Versprille 表示："UGS 在 UG NX 5.0 里面提供的'无约束的设计（Design Freedom）'技术提高了 CAD/CAM/CAE 系统的灵活性和成熟度。比如，利用 UG NX 5.0 提供的这一功能，就可以灵活处理因市场变化以及推迟设计战略引起的临时设计变更。"除了灵活的设计工具以外，UG NX 5.0 还嵌入了 JT 数据格式（PLM 行业中在产品可视化和协同领域应用最广的轻量级 3D 数据格式）以支持多种 CAD 程序提供的文档，加快设计流程。UG NX 5.0 还可以使企业减少返工，改善协同，从而改善并行设计，其方法是创建零部件界面，然后在 UGS 的行业领先的 PLM 组合 Teamcenter 里面发布并管理这些界面。根据 beta 用户反馈的数据，通过发布零部件界面，企业能够简化影响分析和变更通知，把并行设计中的变更冲突降低 60%。LG 电子 C4 集团经理 Gyeongho Moon 表示："从 Teamcenter 管理的环境中可以直接访问 UG NX 5.0 新的装配约束功能和可重用库，这将帮助我们以更快的速度设计产品。我们已经在设计审核中使用 JT，因此我们对 UG NX 5.0 的'主动数字样机（Active Mockup）'功能非常感兴趣，它将帮助我们减少转换工作量，通过 NX 模型来保持关联性，从而为我们节约大量时间。"

6．"主动数字样机（Active Mockup）"技术提供了更好的协同

UG NX 5.0 引入了行业的第一个"主动数字样机"技术。利用这项技术，工程师通过一个产品就能即时审核整个产品的各种设计变更。Versprille 补充道："UGS 是推出主动数字样机的第一个 PLM 供应商。他们已经解决了过去要使用完全独立应用程序的问题。通过这一点，他们简化了设计流程，为客户节约了开发时间和费用。"Slansky 表示："创新自由度与 JT 的互操作性合二为一，直接解决了供应商为其 OEM 客户支持多种 CAD 系统的问题。利用 UG NX 5.0，企业能够整合其软件投资，同时显著地提高工程资源的效率。""主动数字样机"可以快速修改各种来源的模型数据，并且在性能上超过了 NX 的最大竞争对手。另外，UG NX 5.0 中嵌入的 JT 技术把图形处理能力提高了 5 倍，把内存占用减少了 70%。这样就可以帮助 Teamcenter/NX 用户制作真正由配置驱动的变形设计。

7．NX "由你做主（Your Way）"自定义功能和新的用户界面实现更高的效率

UG NX 5.0 各个方面的工作流程效率都得到了提高。客户测试结果显示，创新的用户界面把总体生产力提高了 20%。另外，一个第三方的比较结果显示，在工作流程效率测试中，UG NX 5.0 的表现超过了所有领先的竞争者。重新设计过的新型菜单和对话框符合最新标准的要求，并在整个软件中保持一致，可以清楚地传达所需的输入和命令步骤。Kennametal 的全球 CAD/CAM 开发部工程师 Paul Philips 表示："UG NX 5.0 看起来很酷。新的用户界面非常出色。它的专业外观和感觉一定能够赢得新的用户，现有用户也能够非常快速地适应。我们期待着使用新的装配匹配约束功能。"

NX 的新用户界面还包括增强的、角色定制的界面，可以帮助企业根据用户功能和专门知识提供适当的 NX 命令。根据一项独立的审核测试，初始培训时间减少了 50%。另外，由于与 Teamcenter 之间的集成更紧密，常用功能（比如插入标准零件）的效率提高了 90%。

8．开放、一体化的解决方案提供了更强大的效能

通过强调将开放性集成到整个 PLM 组合中，UGS 不断使其产品差异化。UG NX 5.0 联合了来自竞争系统以及 NX 自己的 CAD/CAM/CAE 技术的数据，以简化产品开发，加快开发速度。CAE 方面，UG NX 5.0 提供了比以前更强大的仿真功能和性能。最近的客户比较显示，与最近的竞争系统相比，UG NX 5.0 的处理速度改进要快 10 倍。

1.4　UG NX 5.0 工作界面

安装好 UG NX 5.0 后，双击桌面上的 UG NX 5.0 的快捷方式图标，或单击桌面左下方的"开始"按钮，在弹出的菜单中执行"所有程序"→UGS NX 5.0→NX 5.0 命令，进入 UG NX 5.0 初始界面，如图 1-1 所示。

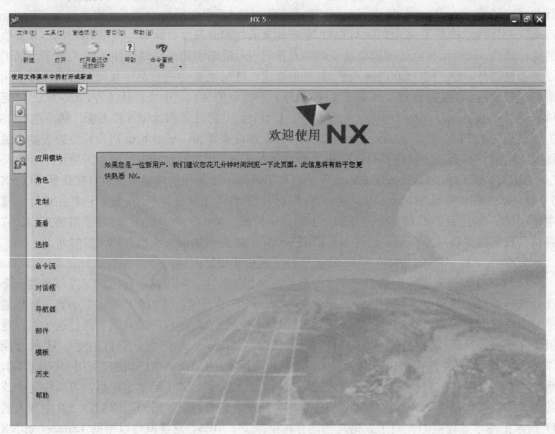

图 1-1　UG NX 5.0 初始界面

在"标准"工具栏中单击"新建"按钮，弹出"文件新建"对话框，如图 1-2 所示。

在"名称"文本框中输入新文件名，且新文件名必须为英文，否则无法打开，单击"确定"按钮，进入 UG NX 5.0 基本界面，如图 1-3 所示。

1．标题栏

用于显示 UG NX 5.0 版本、当前模块、当前工作部件文件名、当前工作部件文件的修改状态等信息。

2．菜单栏

可以通过菜单栏的功能进行文件编辑、软件设置等操作，其中包括"文件"、"编辑"、"视图"、"插入"、"格式"、"工具"、"装配"、"信息"、"分析"、"首选项"、"窗口"和"帮助"12个部分，如图 1-4 所示。

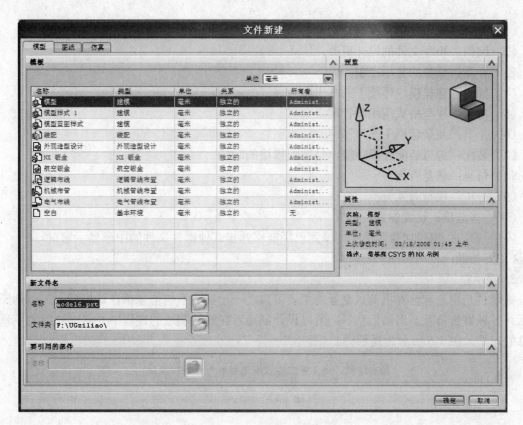

图 1-2 "文件新建"对话框

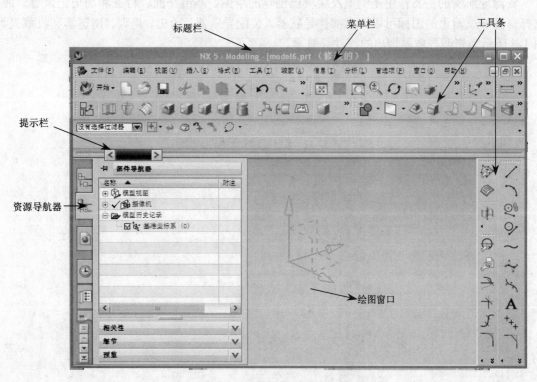

图 1-3 UG NX 5.0 基本界面

图 1-4 菜单栏

（1）文件：用于模型文件的管理。

（2）编辑：模型文件的设计更改。

（3）视图：模型的显示控制。

（4）插入：建模模块环境下的常用命令。

（5）格式：模型格式组织和管理。

（6）工具：复杂建模工具。

（7）装配：虚拟装配建模功能，是装配模块的功能。

（8）信息：信息查询。

（9）分析：模型对象分析。

（10）首选项：设置参数。

（11）窗口：窗口切换，用于切换到已经能够弹出其他部件文件的图形显示窗口。

（12）帮助：使用帮助。

3. 提示栏

提示栏是用户和计算机信息交互的主要窗口之一。很多系统信息都在这里显示，包括操作显示、各种警告信息、出错信息等，所以设计制造者在设计制造的过程中要养成随时浏览系统信息的习惯。图 1-5 所示为提示栏。

指定终点、定义第二约束或选择成一角度的直线

图 1-5　提示栏

4. 资源导航器

资源导航器的主要作用是浏览及编辑已创建的草图、基准平面、特征和历史记录等。通过选择资源导航器上的图标可以调出部件导航器、装配导航器、历史、培训、浏览器和收藏夹等。图 1-6 所示为资源导航器调出的部件导航器。

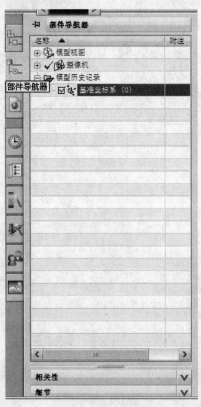

图 1-6　部件导航器

5．工具条

用于显示 UG NX 5.0 的常用功能。根据不同的常用工具组合为不同的工具条。常用的工具栏有"标准"工具条、"视图"工具条、"可视化"工具条、"形象化渲染"工具条、"应用模块"工具条、"曲线"工具条、"直线和圆弧"工具条、"编辑曲线"工具条、"特征"工具条、"特征操作"工具条、"编辑特征"工具条、"曲面"工具条、"编辑曲面"工具条、"自由曲面形状"工具条、"分析"工具条、"形状分析"工具条和"装配"工具条。这些的部分内容将在以后的章节做详细介绍。

6．绘图窗口

用于显示模型及相关对象。

1.5　UG NX 5.0 的基本操作

1.5.1　文件的基本操作

在模型的设计、开发过程中，经常用到软件中的打开或保存文件等功能，从而方便、快捷地打开原有的文件或及时保存修改好的文件。

1．打开文件

打开文件就是将保存在系统中的存档文件打开，包括已完成或尚未完成的存档文件。UG NX 5.0 软件常用的打开文件方式有 3 种。

（1）在"标准"工具条中单击"打开"按钮　，然后选择要打开的文件。

（2）在菜单栏中选择"文件"→"打开"命令，然后选择要打开的文件。

（3）在键盘上按 Ctrl+O 组合键打开，然后选择要打开的文件。

2．保存文件

保存文件就是将已完成或尚未完成的文件保存在系统的某个位置。在进行产品设计或编程加工操作的过程中，必须养成经常保存文件的习惯，以防突发事件发生。

UG NX 5.0 软件常用的保存文件的方式有 3 种。

（1）在"标准"工具条中单击"保存"按钮　保存文件。

（2）在菜单栏中选择"文件"→"保存"命令，或选择"文件"→"另存为"命令。

（3）在键盘上按 Ctrl+S 组合键保存。

1.5.2　鼠标的基本操作

鼠标在 UG NX 5.0 软件中的应用非常频繁，而且应用功能强大，可以实现平移、缩放、旋转以及快捷菜单等操作。建议使用应用最广的三键滚轮鼠标，鼠标按键中的左、中、右键分别对应 UG NX 5.0 软件中的 MB1、MB2 和 MB3。三键滚轮鼠标的功能及应用如表 1-1 所示。

表 1-1　三键滚轮鼠标的功能及应用

鼠 标 按 键	作　　用	操 作 说 明
左键（MB1）	用于选择菜单栏、快捷菜单和工具条等对象	直接单击 MB1
中键（MB2）	放大或缩小	按下 Ctrl+ MB2，或者按下 MB1+ MB2，并移动光标，可将模型放大或缩小
	平移	按下 Shift+ MB2，或者按下 MB2+ MB3，并移动光标，可将模型按鼠标移动的方向平移
	旋转	按下 MB2 保持不放并移动光标，即可旋转模型
右键（MB3）	弹出快捷菜单（如图 1-7 所示）	按下 MB2 保持不放移动光标，即可旋转模型
	弹出推断式菜单（如图 1-7 所示）	选择任意一个特征单击 MB3 并保持
	弹出悬浮式菜单（如图 1-7 所示）	在绘图区空白处单击 MB3 并保持

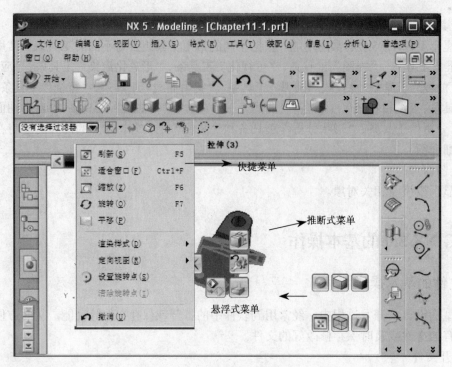

图 1-7　鼠标右键功能应用

1.5.3　视图操作

在视图操作过程中，需要经常改变视角来观察模型，调整模型以线框图或着色图来显示。有时也需要将多幅视图结合起来分析，因此，观察模型不仅与视图有关，也和模型的位置、大小相关联。观察模型常用的方法有放大、缩小、平移等，而多幅视图是通过"布局"选项来实现的。

UG NX 5.0 软件中观察模型的常用的方法有以下 3 种。

（1）直接在"视图"工具条中单击需要的视图按钮。

（2）在绘图区中单击鼠标右键，在弹出的快捷菜单中选择需要的命令。

（3）直接利用鼠标中键功能观察模型。

1. 观察模型的方法

在设计中，常常需要通过观察模型来粗略检查模型设计是否合理，UG NX 5.0 软件提供的视图功能能让设计者方便、快捷地观察模型。"视图"工具条如图 1-8 所示。

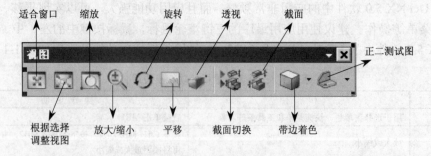

图 1-8　"视图"工具条

（1）适合窗口：单击该按钮可将可见图素全部显示在绘图区内。

（2）根据选择调整视图：单击该按钮可使工作视图适合当前选择的对象。

（3）缩放：单击该按钮，接着按下鼠标左键，以两个对角线端点确定一个矩形为放大区域，区域内图素将被放大。

（4）放大/缩小：单击该按钮，接着按下鼠标左键，然后在绘图区中移动光标即可实现放大或缩小功能。

（5）旋转：单击该按钮，接着按下鼠标左键并在绘图区中移动即可实现旋转功能。

（6）平移：单击该按钮，接着按下鼠标左键并在绘图区中移动即可实现平移功能。

（7）透视：单击该按钮，将工作视图从平行投影更改为透视投影。

（8）截面切换：单击该按钮，启用视图剖切。

（9）截面：在工作视图中创建横截面。

2．模型的显示方式

在"视图"工具条中，单击"带边着色"按钮 ▣·右边的下拉按钮，弹出"带边着色"下拉菜单，如图1-9所示。

图1-9 "带边着色"下拉菜单

视图着色的使用说明和图解，如表1-2所示。视图显示的使用说明和图解，如表1-3所示。

表1-2 视图着色的使用说明和图解

图　标	说　明	图　解
带边着色	用以渲染工作实体中的面，并显示面的边	
着色	用以渲染工作实体中的面，不显示面的边	
带有淡化边的线框	图形中隐藏的边将显示为灰色	
带有隐藏边的线框	不显示图中的隐藏线	

续表

图　标	说　明	图　解
静态线框	图形中的隐藏线将显示为虚线	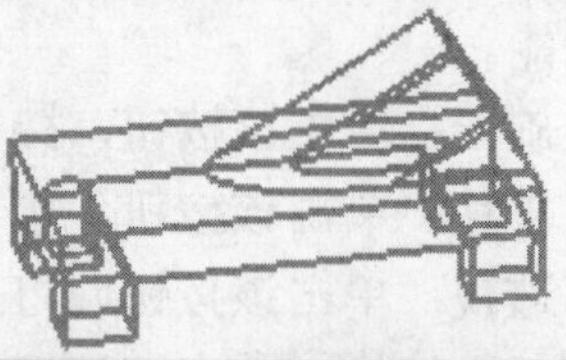
艺术外观	根据指定的基本材料、纹理和光源实际渲染工作视图中的面	
面分析	用曲面分析数据渲染光标指向的视图中的面，用边缘几何体渲染剩余的面	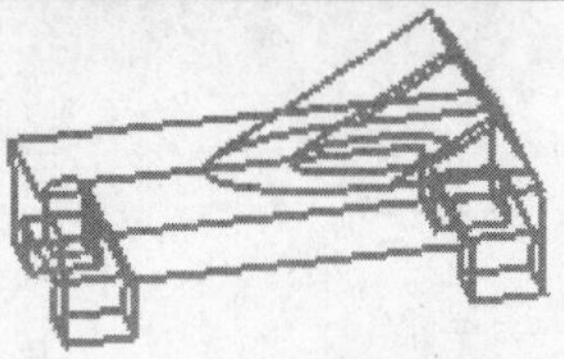
局部着色	可以根据需要选择重要的面着色，以突出显示	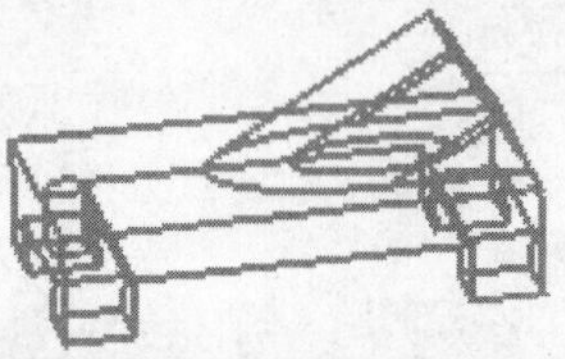

表 1-3　视图显示的使用说明和图解

图　标	说　明	图　解
正二测视图	将视图切换至正二测视图模式，即从坐标系的右—前—上方向观察实体	
左视图	将视图切换至左视图模式，即沿 XC 正方向投影到 YC-ZC 平面上的视图	
后视图	将视图切换至后视图模式，即沿 YC 负方向投影到 XC-ZC 平面上的视图	
顶部视图	将视图切换至顶部视图模式，即沿 ZC 正方向投影到 XC-YC 平面上的视图	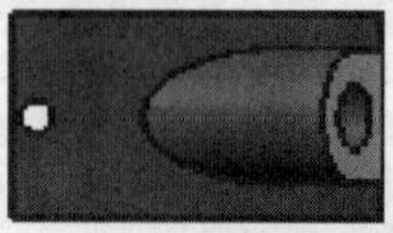
前视图	将视图切换至正前视图模式，即沿 YC 正方向投影到 XC-ZC 平面上的视图	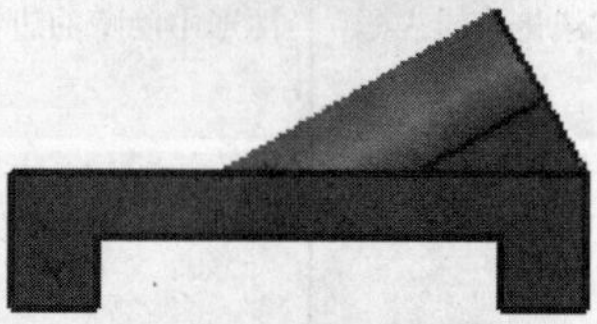
底部视图	将视图切换至仰视图模式，即沿 ZC 正方向投影到 XC-YC 平面上的视图	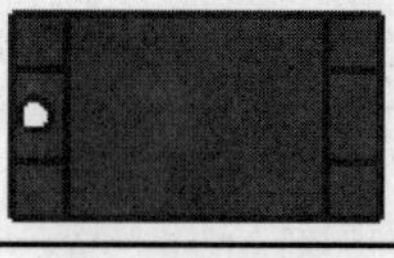

续表

图　标	说　　明	图　解
正等测视图	以等角度关系，从坐标系的右—前—上方向观察实体	
右视图	将视图切换至右视图模式，即沿 XC 负方向投影到 YC-ZC 平面上的视图	

3．模型的查看方式

在"视图"工具条中，单击"正二测视图"按钮右边的下拉按钮，弹出"视图显示"下拉菜单，如图 1-10 所示。

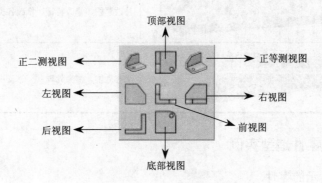

图 1-10　"视图显示"下拉菜单

1.6　UG NX 5.0 零件造型过程

1.6.1　UG NX 5.0 零件造型基本思路

UG NX 5.0 通过创建零件的各个特征来形成整个零件。在绘制模型前，首先应该观察零件，从中抽取各个特征，将零件分解为简单特征的组合，选择其中一个作为基础特征，然后在此特征的基础上依次创建其他特征。

创建三维零件模型是一个设计的过程，而设计是一个反复修改的过程。因此在上述几个步骤中，可以随时修改已经生成的草图特征、放置特征等。这些修改都是建立在修改尺寸的基础上的。

修改尺寸参数时，零件的几何图形的大小以及几何元素的相对位置就会自动变更，这就是"尺寸驱动"。

在建立模型过程中，每一个步骤、每一个细节的所有信息都不知不觉地被 UG NX 5.0 记录在一个智能的、动态的数据库中，UG NX 5.0 不仅记录了模型的信息，更重要的是，它还记录了反映用户设计意图的各种设计关系和设计约束，从而实现了参数化设计，这是 UG NX 5.0 这一类特征造型系统的最基本的特点。

现在以一个简单的零件为例介绍 UG NX 5.0 中零件的一般建模过程，如表 1-4 所示。了解了 UG NX 5.0 零件建模的基本过程，就能在利用 UG NX 5.0 进行零件造型的过程中保持清晰的三维观念，不拘泥于二维的点、线、面，并多加练习，学好 UG NX 5.0 并不难。

表 1-4　零件造型基本思路

建模步骤	模型效果	说　明
1		定义草绘平面； 绘制截面轮廓； 对草绘截面施加尺寸约束和几何约束
2		用拉伸、旋转、扫掠、混合等命令创建特征
3		用打孔、拔模、倒角、抽壳、复制、阵列等命令创建特征
4		修改草图、修改特征、修改各类参数
5		动态观察、渲染处理

1.6.2　UG NX 5.0 零件造型实例

绘制如图 1-11 所示的零件。

步骤一　绘制如图 1-12 所示的草图 1。

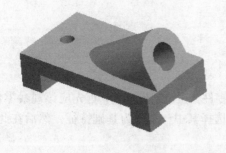

图 1-11　快速入门实例

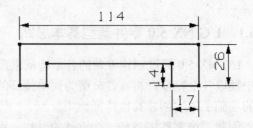

图 1-12　草图 1 的创建

（1）打开 UG NX 5.0，在菜单栏中选择"文件"→"新建"命令，或者单击"标准"工具条上的"新建"按钮，弹出"文件新建"对话框，如图 1-13 所示，在"名称"文本框中输入"Chapter1-1"，单击"确定"按钮，进入建模环境。

（2）选择"插入"→"草图"命令，或者单击"特征"工具条上的按钮，弹出"创建草图"对话框，如图 1-14 所示，接着在"平面选项"下拉列表框中选择"创建平面"选项，此时的对话框如图 1-15 所示，单击"自动判断"下拉按钮，选择图标，接着单击"反向"按钮，并单击"确定"按钮，进入草绘界面。

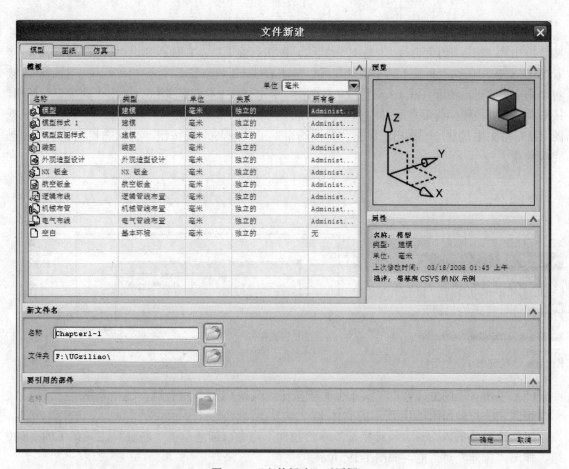

图1-13　"文件新建"对话框

图1-14　"创建草图"对话框（1）

图1-15　"创建草图"对话框（2）

（3）单击"草图曲线"工具条上的 按钮，或在菜单栏中选择"插入"→"配置文件"命令，弹出"轮廓加工"对话框，如图1-16所示。选择原点为第一点，依次绘制如图1-17所示的草图，其中的每条直线都与X轴或Y轴平行。

（4）单击"草图约束"工具条上的 按钮，单击直线 L1 与 X 轴，弹出"约束"对话框，接着单击 按钮，约束直线 L1 与 X 轴共线。单击直线 L2 与 Y 轴，弹出"约束"对话框，接着单击 按钮，约束直线 L2 与 Y 轴共线。单击直线 L3 与直线 L7，弹出"约束"对话框，接着单击 按钮，约束直线 L3 与直线 L7 等长。单击直线 L4 与直线 L6，弹出"约束"对话框，接着单击 按钮，约束直线 L4 与直线 L6 等长。单击"草图约束"工具条上的 按钮，根据图 1-17 将图中尺寸一一标出。单击"草图约束"工具条上的 按钮，在状态栏上显示草图已完成约束。

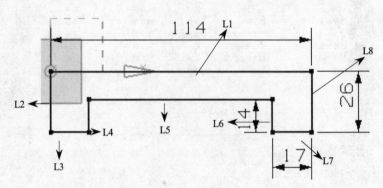

图 1-16 "轮廓加工"对话框   图 1-17 草图 1

（5）单击"草图生成器"工具条上的 按钮，或按 Ctrl+Q 组合键，退出草图。

步骤二 拉伸如图 1-18 所示的实体 1。

（1）选择"插入"→"设计特征"→"拉伸"命令，或者单击"特征"工具条上的 按钮，弹出"拉伸"对话框，如图 1-19 所示。

图 1-18 实体 1 的创建   图 1-19 "拉伸"对话框

（2）接着选择绘制的草图 1 曲线作为截面曲线，系统默认的"指定矢量"方向为 Y 负方向，然后在"距离"文本框中输入"–62"，单击"确定"按钮，完成实体 1 的创建。

步骤三　绘制如图 1-20 所示的草图 2。

（1）选择"插入"→"草图"命令，或者单击"特征"工具条上的 按钮，弹出"创建草图"对话框，接着选择如图 1-21 所示的平面 1，单击"确定"按钮，进入绘制草图界面。

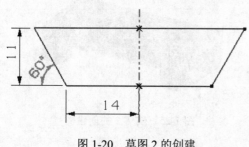

图 1-20　草图 2 的创建

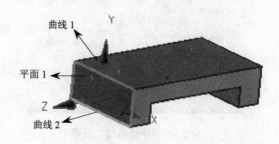

图 1-21　选择平面

（2）单击"草图曲线"工具条上的 按钮，或选择"插入"→"直线"命令，弹出"直线"对话框，选择平面 1 的边缘曲线 1 和曲线 2 的中点绘制直线 L9，并进行延伸操作。

（3）单击"草图约束"工具条上的 按钮，弹出"转换至/自参考对象"对话框，如图 1-22 所示，选择直线 L9，单击"确定"按钮，将直线 L9 转换为参考直线。

（4）单击"草图约束"工具条上的 按钮，选择直线 L9，弹出"约束"对话框，单击 按钮，将直线 L9 进行固定约束。

（5）接着根据如图 1-23 所示的草图，绘制图形，直线 L10 与直线 L12 都为水平线，且点 1 为直线 L9 与曲线 1 的交点，直线 L12 延伸至曲线 1。单击"草图约束"工具条上的 按钮，根据如图 1-23 所示将尺寸一一标出。

图 1-22　"转换至/自参考对象"对话框

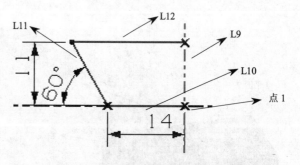

图 1-23　草图 2 左半部分的创建

（6）单击"草图约束"工具条上的 按钮，或选择"插入"→"镜像曲线"命令，弹出"镜像曲线"对话框，如图 1-24 所示，选择直线 L9 作为镜像中心线，接着选择直线 L10、直线 L11 和直线 L12 作为要镜像的曲线，单击"确定"按钮，完成曲线的镜像。

（7）单击"草图生成器"工具条上的 按钮，或按 Ctrl+Q 组合键，退出草图。

步骤四　拉伸如图 1-25 所示的实体 2。

（1）在菜单栏中选择"插入"→"设计特征"→"拉伸"命令，或者单击"特征"工具条上的 按钮，弹出"拉伸"对话框，如图 1-19 所示。

（2）接着选择绘制的草图 2 曲线作为截面曲线，系统默认的"指定矢量"方向为 Y 负方向，然后在"距离"文本框中输入"–200"，最后在"布尔"下拉列表框中选择 求差 选项，单击

"确定"按钮，完成实体 2 的创建，结果如图 1-25 所示。

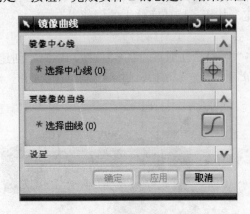

图 1-24 "镜像曲线"对话框

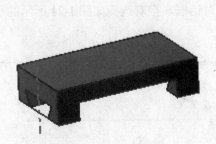

图 1-25 实体 2 的创建

步骤五 绘制如图 1-26 所示的基准平面 1。

（1）选择"插入"→"基准/点"→"基准平面"命令，或者单击"特征操作"工具条上的 □ 按钮，弹出"基准平面"对话框，如图 1-27 所示。

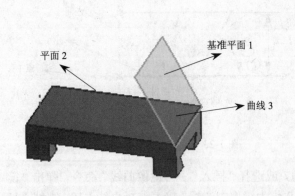

图 1-26 基准平面 1 的创建

图 1-27 "基准平面"对话框

（2）在"基准平面"对话框的"类型"下拉列表框中选择 □ 成一角度 选项，接着选择平面 2 作为平面对象，选择曲线 3 作为线性对象，然后在"角度"文本框中输入"60"，单击"确定"按钮，完成基准平面 1 的绘制，如图 1-26 所示。

步骤六 在基准平面 1 上绘制如图 1-28 所示的草图 3。

（1）选择"插入"→"草图"命令，或者单击"特征"工具条上的 按钮，弹出"创建草图"对话框，接着选择基准平面1，单击"确定"按钮，进入绘制草图界面。

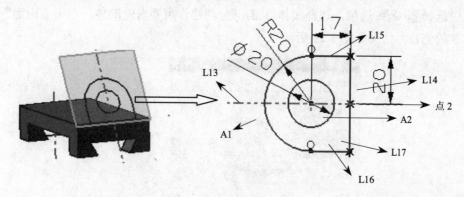

图1-28 草图3的创建

（2）单击"草图曲线"工具条上的 ╱ 按钮，或选择"插入"→"直线"命令，弹出"直线"对话框，接着选择曲线3的中点绘制水平直线L13，并进行延伸操作。

（3）单击"草图约束"工具条上的 按钮，弹出"转换至/自参考对象"对话框，如图1-22所示，选择直线L13，单击"确定"按钮，将直线L13转换为参考直线。

（4）单击"草图约束"工具条上的 按钮，选择直线L13，弹出"约束"对话框，单击 按钮，将直线L13进行固定约束。

（5）接着根据如图1-28所示的草图，绘制图形，并对其进行约束，直线L15与直线L16都为水平线且等长，直线L14和直线L17都为垂直线且等长，直线L14和直线L17都经过点2（点2为直线L13与曲线3的交点），A1与直线L15和直线L16都相切，A1与A2同心。单击"草图约束"工具条上的 按钮，根据如图1-28所示将图中尺寸一一标出。

步骤七 拉伸如图1-29所示的实体3。

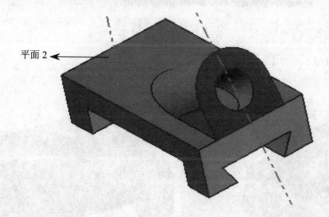

图1-29 实体3的创建

（1）选择"插入"→"设计特征"→"拉伸"命令，或者单击"特征"工具条上的 按钮，弹出"拉伸"对话框，如图1-30所示。

（2）接着选择绘制的草图3曲线（除了A2外）作为截面曲线，使用默认的矢量方向，接着再选择如图1-30所示的"开始"下拉列表框中的"直到被延伸"选项，然后选择平面2作为延伸对象，单击"确定"按钮，完成实体3的部分创建，结果如图1-31所示。

（3）选择"插入"→"设计特征"→"拉伸"命令，或者单击"特征"工具条上的 按钮，弹出"拉伸"对话框，如图1-30所示。

（4）接着选择A2作为截面曲线，使用默认的矢量方向，接着再选择如图1-30所示的"开始"下拉列表框中的"直到被延伸"选项，然后选择平面 2 作为延伸对象，最后在"布尔"下拉列表框中选择 求差 选项，选择实体 3 的部分创建作为要求差的体，单击"确定"按钮，完成实体 3 的创建，结果如图 1-29 所示。

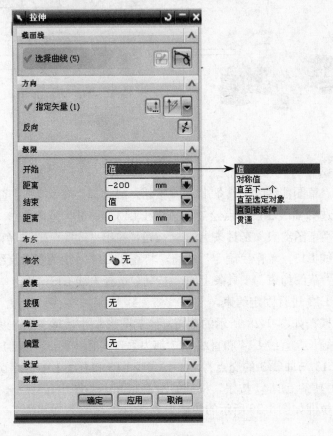

图 1-30 "拉伸"对话框

步骤八　创建如图 1-32 所示的孔。

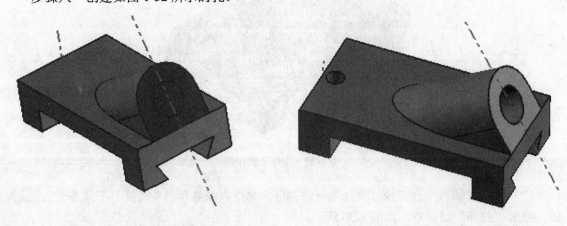

图 1-31　实体 3 的部分创建　　　　　　　　图 1-32　孔的创建

（1）选择"插入"→"设计特征"→"孔"命令，或者单击"特征"工具条上的 按钮，弹出"孔"对话框，如图 1-33 所示。

（2）在平面 2 上任意选择一点，进入草图平面，并弹出"点"对话框，单击"确定"按钮，完成点 3 的绘制。单击"草图约束"工具条上的 按钮，根据图 1-34 将图中尺寸标出。单击"草图生成器"工具条上的 按钮，或按 Ctrl+Q 组合键，退出草图。弹出"孔"对话框，单击

"确定"按钮，完成孔的创建，最后结果如图 1-32 所示。

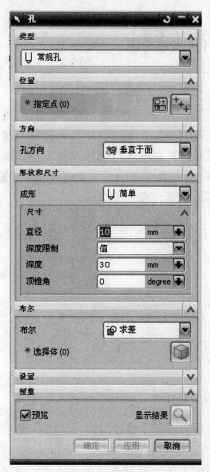

图 1-33　"孔"对话框

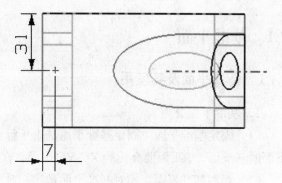

图 1-34　点 3 的绘制

第 2 章　创建基准特征

本章主要介绍基准特征的创建方法及特征参数设置等内容。基准特征不是零件的组成部分，但通过基准特征的创建可以方便地实现设计思想，在不同的位置和方位进行特征的创建与草图的绘制。如通过使用基准平面作为放置面可以在曲面或球面创建孔特征或其他操作，而旋转特征可以通过使用基准轴作为旋转轴进行旋转，基准坐标系可以使坐标系与几何对象相关联。基准主要包括基准平面、基准轴和基准坐标系、基准点等。本章内容主要包括：

（1）基准平面；

（2）基准轴；

（3）基准点；

（4）坐标系。

2.1　基准平面

2.1.1　基准平面及其使用

1. 基准平面分类

（1）固定基准平面　固定基准平面是指平行于工作坐标系 WCS 或绝对坐标系的 3 个坐标平面的基准面。像下面要介绍的 XC-YC 平面、YC-ZC 平面、XC-ZC 平面都属于固定基准平面。

（2）相对基准平面　相对基准平面是指相对于几何模型上的几何对象所创建的基准平面。比如选择一平面作为参考，选择"成一角度"命令创建一基准平面，当参考平面改变时，所创建的基准平面也会随着改变。

2. 基准平面的使用

基准平面是一个无限扩大的平面，但实际并不存在。基准平面作为一个参考特征，它有以下几个方面的作用。

（1）基准平面可以用于绘制草图。

（2）基准平面可以在装配时作为定位基准。

（3）基准平面可以在工程图中辅助制作截面和辅助视图。

（4）基准平面可以作为镜像平面。

（5）基准平面可以辅助定义轴基准。

（6）基准平面可以作为特征的定位参考。

（7）基准平面可以用于修剪和分割体特征。

（8）基准平面可以用于定义矢量。

2.1.2　创建基准平面

在建模环境下，单击"特征操作"工具条上的"基准平面"按钮□，或者选择"插入"→"基准/点"→"基准平面"命令，弹出"基准平面"对话框，如图 2-1 所示。在该对话框中的"类型"下拉列表中有 14 种创建基准平面的方式。下面予以介绍。

图 2-1 "基准平面"对话框

（1）自动判断 可以根据所选的图素自动判断生成基准平面的方式。单击 自动判断 选项，选择直线，接着选择基点，然后单击"确定"按钮完成基准平面的绘制，绘制过程如图 2-2 所示。

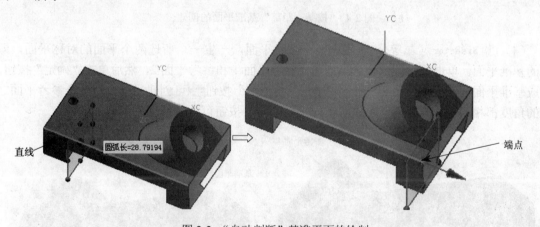

图 2-2 "自动判断"基准平面的绘制

（2）成一角度 根据参考平面，创建一个与参考平面成一定角度的基准平面。角度的确定方式是以参考平面为 0°，然后根据指定的曲线作为旋转轴进行旋转，逆时针旋转为正角度，顺时针旋转为负角度。单击 成一角度 选项，选择参考平面，然后根据状态栏提示信息"选择一线性对象"选择曲线，接着输入所需要的角度，例如"100"，然后单击"确定"按钮，完成基准平面的绘制，如图 2-3 所示。

（3）按某一距离 根据参考平面，创建在所选平面的法向上偏移的基准平面，还可以根据需要设置偏置的数量，基准平面的间距与设置数量的方法相同。单击 按某一距离 选项，选择参考平面，然后在"偏置"文本框中可以输入偏置距离和创建基准平面的数量，例如距离输入"5"，平面数量输入"2"，单击"反向"按钮 改变所需创建平面的方向，单击"确定"按钮完成基准平面的绘制，如图 2-4 所示。

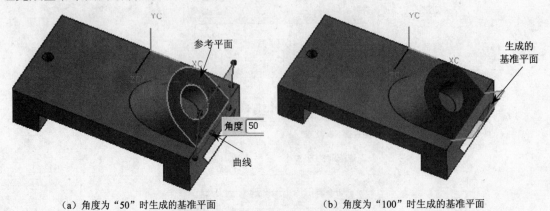

（a）角度为"50"时生成的基准平面　　　　　（b）角度为"100"时生成的基准平面

图 2-3　"成一角度"基准平面的绘制

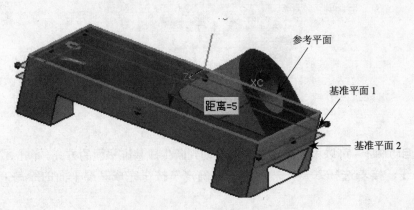

图 2-4　"按某一距离"基准平面的创建

（4）□ Bisector（二等分）　根据两个参考平面，产生一个所选两个平面的对称平面，即新的基准平面。单击 □ Bisector 选项，选择参考平面 1 和参考平面 2，然后单击"确定"按钮，完成基准平面的绘制，如图 2-5 所示。单击"备选解"按钮 可创建另一个与两个参考平面之间的角度都相同的基准平面，单击"反向平面法向"按钮可改变基准平面的方向。

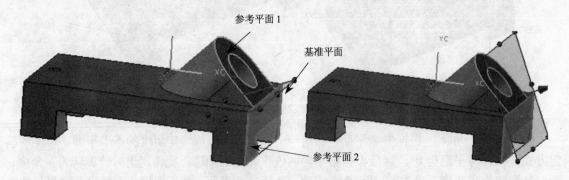

（a）没有单击"备选解"按钮时创建的基准平面　　　　（b）单击"备选解"按钮时创建的基准平面

图 2-5　"二等分"基准平面的创建

（5）□ 曲线和点　该方式通过已知点和曲线确定基准面。UG NX 5.0 提供了 6 种子类型供用户选择来确定基准平面，如图 2-6 所示。下面予以详细介绍。

① Curves and Points（sub-infer）（曲线和点）：默认选项，系统将根据用户所选的对象自动判断使用哪种方式来建立基准平面。

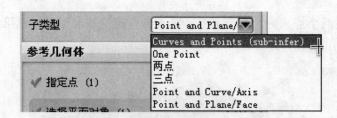

图 2-6　6 种子类型

② One Point（一点）：经过选择的点并垂直于该点所属对象，从而产生一个基准平面，如图 2-7 所示，也可通过单击"反向平面法向"按钮 ⚡ 改变基准平面法向方向。当点并无所属对象时，新建基准平面通过该点，基准面法向与坐标轴 3 个平面方向平行，从而产生一个基准平面，如图 2-8 所示。用户可以通过单击"备选解"按钮 🔄 来选择基准面的方向，通过单击"反向平面法向"按钮 ⚡ 可改变基准平面的法向方向。

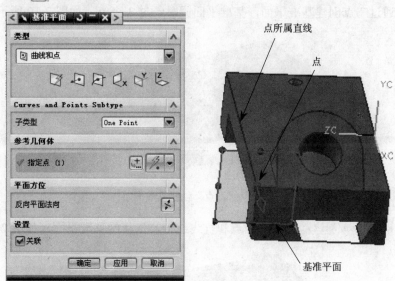

图 2-7　点属于直线时创建的基准平面

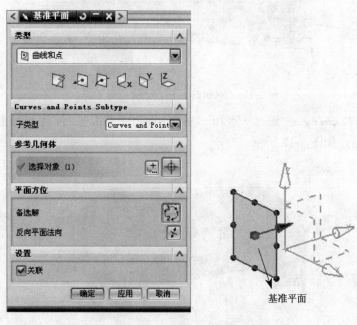

图 2-8　单独一个点时创建的基准平面

③ **两点**：通过两个点来确定基准平面，第一个点产生基准平面，以第一个点指向第二个点的方向作为基准平面的法向方向，如图 2-9 所示。

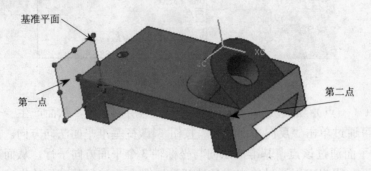

图 2-9 "两点"创建基准平面

④ **三点**：通过三点创建基准平面，基准平面同时经过 3 个点，如图 2-10 所示。

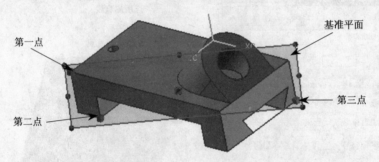

图 2-10 "三点"创建基准平面

⑤ Point and Curve/Axis：通过一个点和直线或轴产生新的基准平面，如图 2-11 所示。

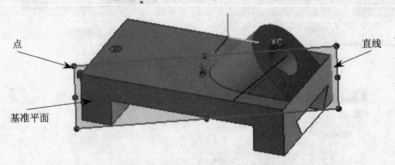

图 2-11 "点和曲线/轴"创建基准平面

⑥ Point and Plane/Face：通过一点和一参考平面产生基准平面，基准平面通过该点，并与所选参考平面平行，如图 2-12 所示。

图 2-12 "点和平面/面"创建基准平面

（6）▢ **两直线** 通过现有的两条直线来创建一个基准平面。单击▢**两直线**选项，选择直线 1 和直线 2，单击"确定"按钮，完成基准平面的创建，如图 2-13 所示。

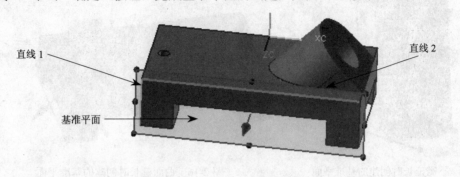

直线 1

直线 2

基准平面

图 2-13 "两直线"创建基准平面

（7）▤ **在点、线或面上与面相切** 通过所选的点或线，并与所选的面相切，产生新的基准平面。UG NX 5.0 中提供了 6 种子类型供用户选择来建立基准面，如图 2-14 所示。下面予以详细介绍。

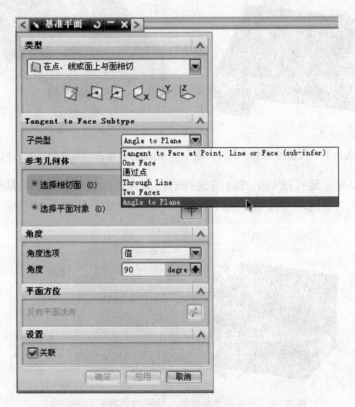

图 2-14 在点、线或面上与面相切的 6 种子类型

① Tangent to Face at Point, Line or Face (sub-infer)：默认选项，系统根据用户所选对象自动判断使用哪种方式来产生新的基准平面。

② One Face：用户选择一个曲面，将产生一个水平相切于所选曲面的基准平面，如图 2-15 所示。若相切处超出现有的曲面范围，则将在曲面延长面与基准面水平相切处产生基准平面，如图 2-16 所示。

③ **通过点**：通过选择一个点和相切特征创建基准平面，如图 2-17 所示，可通过单击"备选解"按钮得到通过点的另一种方式，如图 2-18 所示。

图 2-15　不需延长时创建的基准平面　　　　　图 2-16　曲面延长时创建的基准平面

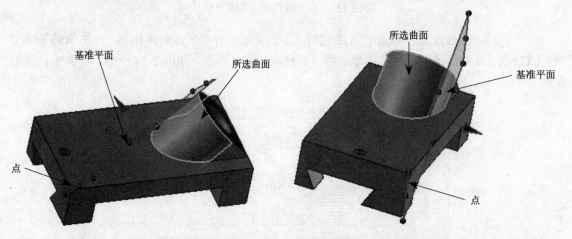

图 2-17　不单击"备选解"按钮时基准平面的创建　　　图 2-18　单击"备选解"按钮时基准平面的创建

④ Through Line：通过线（边、轴）与选择的柱面或锥面相切创建新的基准平面，如图 2-19 所示，可通过单击"备选解"按钮得到通过线的另一种方式，如图 2-20 所示。

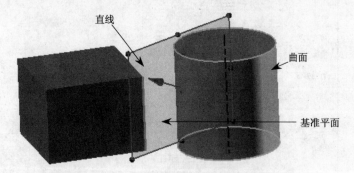

图 2-19　不单击"备选解"按钮时基准平面的创建

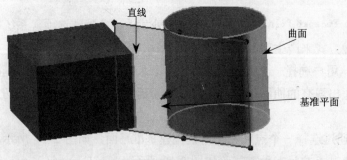

图 2-20　单击"备选解"按钮时基准平面的创建

⑤ Two Faces：通过两个相切的参照特征（非平面：柱面、锥面、球面）来创建新的基准平面，如图 2-21 所示。可通过单击"备选解"按钮得到另几种方式，通过单击"反向平面法向"按钮 ❌ 改变基准平面法向方向。

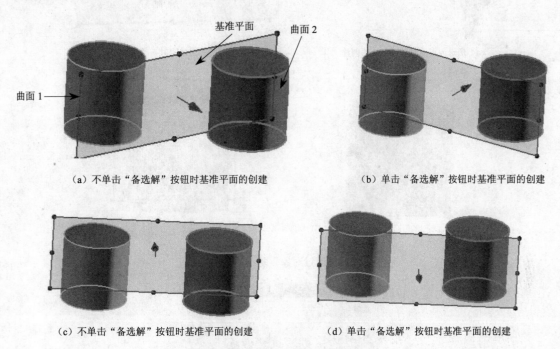

（a）不单击"备选解"按钮时基准平面的创建　　　　（b）单击"备选解"按钮时基准平面的创建

（c）不单击"备选解"按钮时基准平面的创建　　　　（d）单击"备选解"按钮时基准平面的创建

图 2-21　Two Faces 基准平面的创建

⑥ Angle to Plane：产生与一个曲面相切，并与一个平面成一定角度的基准平面，如图 2-22 所示，可通过单击"备选解"按钮得到另外一种方式，通过单击"反向平面法向"按钮 ❌ 改变基准平面法向方向。

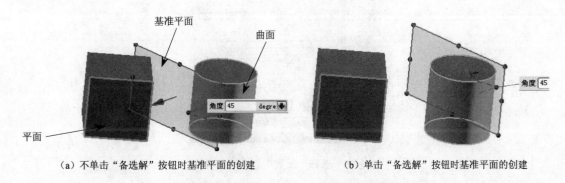

（a）不单击"备选解"按钮时基准平面的创建　　　　（b）单击"备选解"按钮时基准平面的创建

图 2-22　"Angle to Plane"基准平面的创建

（8）🔲 通过对象　根据选择对象的不同，自动判断生成基准平面。选择直线时，基准平面通过直线一端点并与直线垂直；所选对象为曲线时，基准平面通过曲线，即曲线在基准平面内；所选对象为平面时，基准面与平面重合；选择对象为曲面时，基准面为一水平与曲面相垂直的平面。各种情况如图 2-23 所示。

（9）系数　根据指定系数 a、b、c 和 d 来创建基准平面。若是工作坐标系（WCS），平面决定于等式 $a \cdot X_c + b \cdot Y_c + c \cdot Z_c = d$。若是绝对坐标系，平面决定于等式 $a \cdot X + b \cdot Y + c \cdot Z = d$，设置界面如图 2-24 所示。

（10）🔲 点和方向　经过指定点以指定的矢量产生基准平面，如图 2-25 所示。

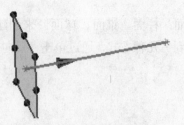
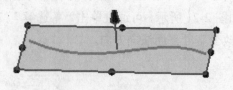

（a）所选为直线时基准平面的创建　　　　　（b）所选为曲线时基准平面的创建

（c）所选为平面时基准平面的创建　　　　　（d）所选为曲面时基准平面的创建

图 2-23　"通过对象"基准平面的创建

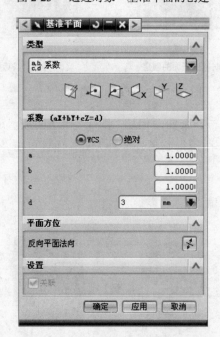

图 2-24　选择"系数"选项时的界面

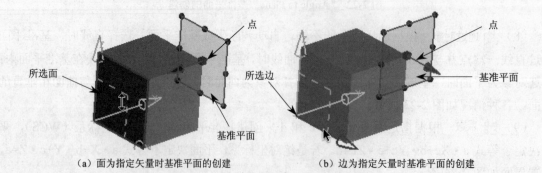

（a）面为指定矢量时基准平面的创建　　　　（b）边为指定矢量时基准平面的创建

图 2-25　"点和方向"基准平面的创建

（11）在曲线上 根据所选择的曲线上一点产生一个基准平面，其设置界面如图 2-26 所示。

图 2-26 "在曲线上"设置界面

① 定义基准平面的矢量方向根据所选曲线类型的不同，定义的方式也是不一样的。当点在曲线上时，可以用曲线的绝对长度和相对长度两种方式来确定。

② 图 2-27 所示为在同一曲线，同一点上创建基准平面时，在"圆弧长"和"%圆弧长"两种情况下创建基准平面的区别。

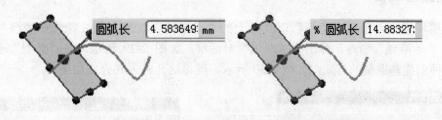

图 2-27 以"圆弧长"和"%圆弧长"基准平面创建的区别

（12）YC-ZC plane、XC-ZC plane、XC-YC plane 这 3 个是指在工作坐标系或者绝对坐标系的相应平面偏移一个距离创建基准平面，图 2-28 所示为在 YC-ZC plane 下基准平面的创建。

提示：关联是确定是否与所选择的定义对象相关联，发生相关联时，若用于定义基准平面的对象改变，基准平面也发生相应的改变。

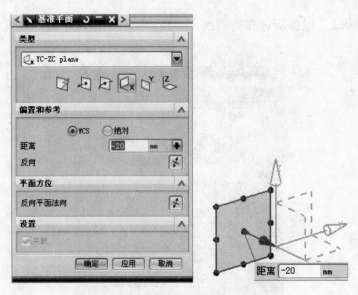

图 2-28 在 YC-ZC plane 下基准平面的创建

2.2 基准轴

2.2.1 基准轴及其使用

1．基准轴分类

（1）固定基准轴　固定在工作坐标系 WCS 的 3 个坐标轴上，如 XC 轴、YC 轴、ZC 轴。

（2）相对基准轴　通过几何对象定义的基准轴，基准轴与定义它的面、边、点等相关联。

2．基准轴的使用

建模过程中常常根据不同的需要变换基准轴，基准轴的作用主要体现在以下几个方面。

（1）尺寸标注的参考轴；

（2）旋转特征的参考轴；

（3）作为中心线，如圆柱、圆孔及旋转特征的中心线；

（4）作为矢量的参考轴；

（5）作为草图的定向参考轴。

2.2.2 创建基准轴

在建模环境下，单击"特征"工具条上的"基准轴"按钮 ，或者选择"插入"→"基准/点"→"基准轴"命令，弹出"基准轴"对话框，如图 2-29 所示。在"类型"下拉列表中列出了 9 种创建基准轴的方式，如图 2-30 所示。现将这几种方式介绍如下。

图 2-29 "基准轴"对话框

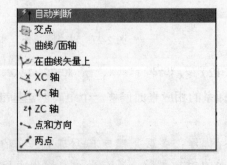

图 2-30 创建基准轴的几种方式

（1）自动判断　根据选择的图素来自动判断基准轴的方向和位置。单击 自动判断 选项，接着单击点 1 和点 2，然后单击"确定"按钮，完成基准轴的绘制，绘制过程如图 2-31 所示。

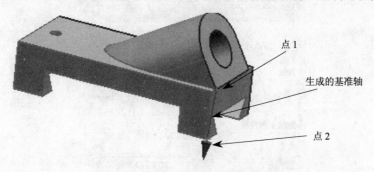

图 2-31　"自动判断"基准轴的创建

（2）交点　根据两个平面或者基准平面的交线的方式创建基准轴。单击 交点 选项，接着分别单击平面 1 和平面 2，然后单击"确定"按钮，完成基准轴的绘制，绘制过程如图 2-32 所示。

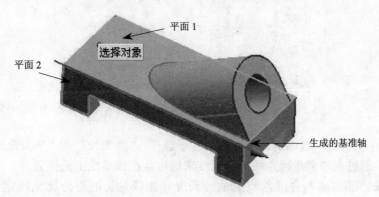

图 2-32　"交点"基准轴的创建

（3）曲线/面轴　根据所选择的曲线、基准轴或者柱面及锥面来创建基准轴，图 2-33（a）所示为选择曲线时创建的基准轴，当选择柱面或者锥面时，将在其中心产生一条基准轴，图 2-33（b）所示为选择柱面时创建的基准轴。

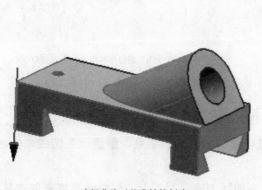

（a）选择曲线时基准轴的创建　　　　　　　　　　（b）选择柱面时基准轴的创建

图 2-33　"曲线/面轴"基准轴的创建

（4）在曲线矢量上　根据选择的曲线来创建基准轴。选择 在曲线矢量上选项，弹出的设置界面如图 2-34 所示。

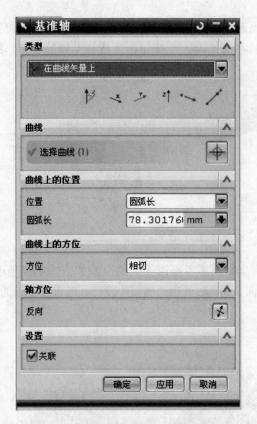

图 2-34 "在曲线矢量上"的设置界面

其中"曲线上的位置"选项组的设置有两种子选择："圆弧长"和"%圆弧长"。

① 圆弧长：通过点与曲线起点的曲线长度来确定点在该曲线上的位置。

② %圆弧长：通过点与曲线起点的曲线长度和曲线总长的百分比来确定点在曲线上的位置。

图 2-35 所示为同一曲线分别选择"圆弧长"和"%圆弧长"点定位方式的情形。

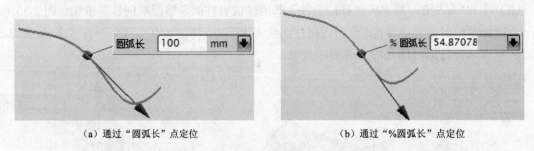

（a）通过"圆弧长"点定位　　　　　　　　　（b）通过"%圆弧长"点定位

图 2-35 "曲线上的位置"的两种点定位方式

"曲线上的方位"选项组用于确定基准轴在曲线上的方位，有以下 5 种选择。

① 相切：在曲线所在的平面上，通过在曲线上确定的某点，创建一条切线来创建基准轴，如图 2-36（a）所示。

② 正常：在曲线所在的平面上，通过在曲线上确定的某点，与曲线垂直来创建基准轴，如图 2-36（b）所示。

③ 双法向：通过在曲线上确定的某点，垂直于曲线所在的平面来创建基准轴，如图 2-36（c）所示。

④ 垂直于对象：通过在曲线上确定的某点，并且基准轴方向与选择的对象垂直来创建基准

轴，如图 2-36（d）所示。

　　⑤ 平行于对象：通过在曲线上确定的某点，并且基准轴方向与选择的对象平行来创建基准轴，如图 2-36（e）所示。

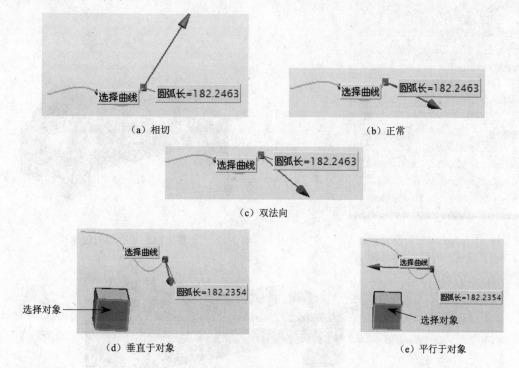

（a）相切　　　　　　　　　　　　　　（b）正常

（c）双法向

（d）垂直于对象　　　　　　　　　　　（e）平行于对象

图 2-36　确定方位的 5 种方式

　　（5）　XC 轴、　YC 轴、　ZC 轴　根据工作坐标系的 XC 轴、YC 轴、ZC 轴来创建基准轴，如图 2-37 所示。

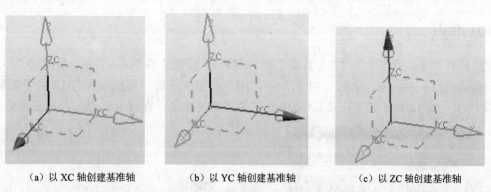

（a）以 XC 轴创建基准轴　　　（b）以 YC 轴创建基准轴　　　（c）以 ZC 轴创建基准轴

图 2-37　根据 XC 轴、YC 轴、ZC 轴来创建基准轴

　　（6）　点和方向　根据选择一个点和一个矢量来创建基准轴。单击　点和方向 选项，弹出其设置界面，如图 2-38 所示，接着选择点 1 和一条曲线作为矢量，然后单击"确定"按钮，完成基准轴的绘制，如图 2-39 所示。

　　（7）　两点　根据选择两个点来创建基准轴，其中以第一个点到第二个点的方向作为基准轴的方向。单击　两点 选项，接着选择点 1 和点 2，然后单击"确定"按钮，完成基准轴的绘制，如图 2-40 所示。

　　🔍提示：单击　按钮可改变产生基准轴的方向。勾选☑关联复选框时，其创建的基准轴与定义它的对象相关联，当选择的对象发生改变时，其创建的基准轴也将改变。

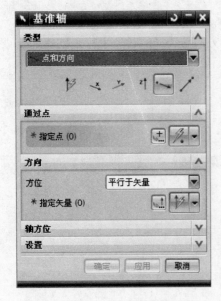

图 2-38 "点和方向"的设置界面

图 2-39 "点和方向"基准轴的创建

图 2-40 "两点"基准轴的创建

2.3 基准点

在建模环境下，单击"曲线"工具条上的 十 按钮，或者选择"插入"→"基准/点"→"点"命令，弹出"点"对话框，如图 2-41 所示。其中"类型"下拉列表框中含有 12 种子类型，如图 2-42 所示，这 12 种子类型在 2.1.3 节中已做了详细的描述，在这里就不一一详细介绍。

图 2-41 "点"对话框

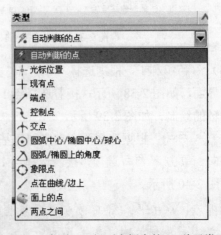

图 2-42 "类型"下拉列表框中的 12 种子类型

2.4 坐标系

2.4.1 坐标系的基本概念

用户在建模过程中离不开坐标系,当遇到复杂的特征或者在装配时,只有一个固定的坐标系是不便于设计的。UG NX 5.0 的动态 WCS 功能可以帮助用户根据自己的需要,对坐标系进行自由转换或者设置,从而提高了设计效率,减少了出错的概率。UG NX 5.0 系统中用到的坐标系主要有两种形式,分别是 ACS(绝对坐标系)和 WCS(工作坐标系),它们都遵循右手螺旋法则。ACS 是空间模型坐标系,其原点和方位固定不变,而 WCS 是用户当前使用的坐标系,其原点和方位可以随时改变。在一个部件文件中,可以有多个坐标系,但只能有一个工作坐标系可以将当前的工作坐标系保存,使其成为已存坐标系,一个部件文件中可以有多个已存坐标系。

2.4.2 创建工作坐标系

选择"格式"→WCS 子菜单里的命令,如图 2-43 所示,或者单击"实用工具"工具条上的相关按钮,如图 2-44 所示。

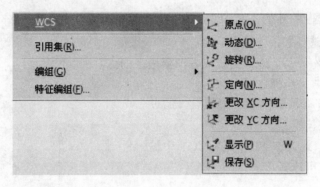

图 2-43 "WCS" 菜单

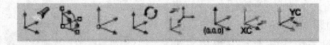

图 2-44 "实用工具" 工具条

现将 WCS 子菜单中的命令介绍如下。

1. WCS 原点

选择"格式"→WCS→"原点"命令,或者单击"实用工具"工具条上的 按钮,弹出"点"对话框,如图 2-45 所示。用户构造一个点,指定这个点后,当前工作坐标系的原点就移到指定点的位置,其中"类型"下拉列表框中有 12 种子类型可用来选择点,如图 2-46 所示,现在将其介绍如下。

(1) 自动判断的点 选择任意点。

(2) 光标位置 选择光标所在的位置点。

(3) 现有点 选择已经存在的点。

(4) 端点 选择图素的端点。

(5) 控制点 选择图素中的控制点。

(6) 交点 选择图素间的交点。

(7) 圆弧中心/椭圆中心/球心 选择圆弧、椭圆或球的圆心点。

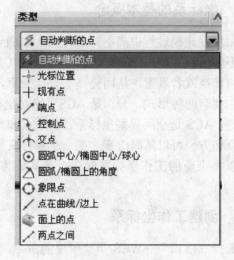

图 2-45　"点"对话框　　　　　　　　　　图 2-46　12 种子类型

（8）△ 圆弧/椭圆上的角度　选择圆弧或者椭圆上的角度点。

（9）○ 象限点　选择圆的象限点。

（10）／ 点在曲线/边上　选择曲线或者图素边上的点。

（11）● 面上的点　选择曲面上的点。

（12）／ 两点之间　选择两点之间的点，通过控制两点间的位置来控制点。

另：（13）坐标　通过在 XC、YC、ZC、中输入需要的坐标值，也可选择点。

2. 动态 WCS

选择"格式"→WCS→"动态"命令，或者单击"实用工具"工具条上的 按钮，当前坐标系变成临时状态，如图 2-47 所示。

从图 2-47 中可以看出，共有 3 种坐标系的标志，即原点、移动柄和旋转柄。现将这 3 种动态坐标系的改变方式介绍如下。

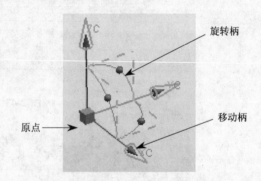

图 2-47　临时坐标系状态

（1）原点　单击坐标系原点的正方体，拖动到所需位置，即可改变工作坐标系，如图 2-48 所示。

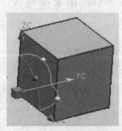

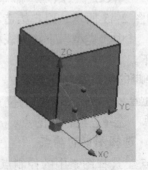

（a）拖动原点前　　　　　　　　　　　（b）拖动原点后

图 2-48　拖动原点改变坐标系

（2）移动柄　单击坐标轴上的箭头，如单击 YC 轴上面的箭头，则显示如图 2-49 所示的移动"非模式"对话框。这个时候既可以在"距离"文本框中直接输入数值来确定坐标系，也可以直接拖动坐标轴。在拖动过程中，为便于精确定位，也可以设置捕捉单位，如图 2-50 所示，在"捕捉"文本框中设置"20"，这样每移动 20 个单位距离，系统会自动捕捉一次。

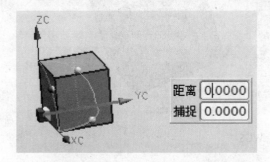

图 2-49　移动"非模式"对话框

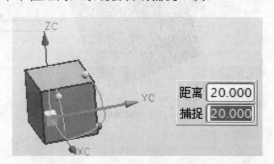

图 2-50　移动设置捕捉单位

（3）旋转柄　单击坐标系中的小圆球，如 XC-ZC 平面内的，则显示如图 2-51 所示的旋转"非模式"对话框。这个时候既可以在"角度"文本框中直接输入数值来确定坐标系，也可以单击小圆球，直接旋转坐标系。在旋转过程中，为便于精确定位，也可以设置捕捉单位，如图 2-52 所示，在"捕捉"文本框中设置"20"，这样每旋转 20 个单位角度，系统会自动捕捉一次。

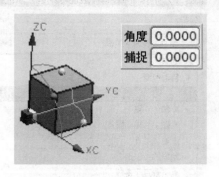

图 2-51　旋转"非模式"对话框

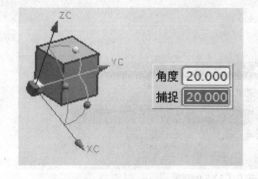

图 2-52　旋转设置捕捉单位

3. 旋转 WCS

选择"格式"→WCS→"旋转"命令，或者单击"实用工具"工具条上的 按钮，弹出"旋转 WCS 绕"对话框，如图 2-53 所示。选择任意一个旋转轴，如图 2-54 所示，在"角度"文本框中输入旋转角度值"120"。单击"确定"按钮，完成旋转工作坐标系，绘制旋转过程如图 2-55 所示，旋转轴是 3 个坐标轴的正负方向，旋转方向按正向法则确定。

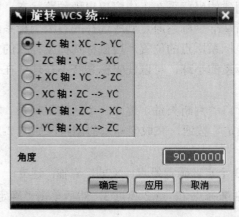

图 2-53　"旋转 WCS 绕"对话框（1）

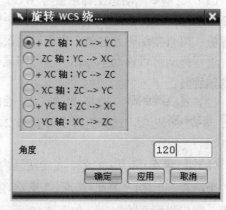

图 2-54　"旋转 WCS 绕"对话框（2）

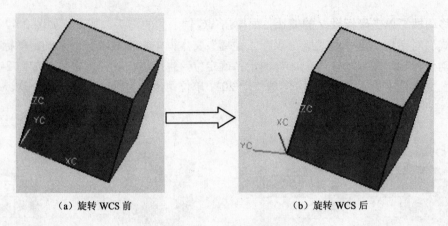

（a）旋转 WCS 前　　　　　　　　　　　（b）旋转 WCS 后

图 2-55　旋转 WCS

4．WCS 方位

选择"格式"→WCS→"定向"命令，或者单击"实用工具"工具条上的 按钮，弹出 CSYS 对话框，如图 2-56 所示。用户可以根据工作需要，在 CSYS 对话框中指定 WCS 的原点和轴，重新定义工作坐标系的位置。在 CSYS 对话框中的"类型"下拉列表框中有 13 种子类型，如图 2-57 所示。现将这 13 种子类型介绍如下。

图 2-56　CSYS 对话框

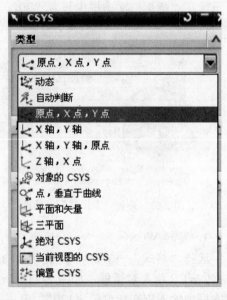

图 2-57　"类型"下拉列表框中的 13 种子类型

（1） 动态　动态坐标系参考 WCS 为基准，创建的坐标系在工作窗口出现预览状态，如图 2-58 所示。图中的 X、Y、Z 文本框中的数值为新基准坐标系原点到所选择的参考坐标系的坐标值。可直接编辑此数值，也可以用鼠标选择新坐标系原点的位置。用鼠标选择坐标系的箭头，进行拖动可以移动坐标轴。也可用鼠标选择坐标系的小球，可以使坐标系绕不在球所在平面的轴旋转。

（2） 自动判断　选择 X 轴、Y 轴的方向进行自动判断矢量，建立一个新的坐标系。单击 自动判断 选项，选择直线 1 和直线 2，单击"确定"按钮，完成坐标系的创建，如图 2-59 所示。

（3） 原点，X 点，Y 点　在绘图区内任意选择 3 个点，确定原点、X 轴、Y 轴，建立一个新的坐标系。单击 原点，X 点，Y 点选项，接着分别选择点 1、点 2 和点 3，然后单击"确定"按钮，完成坐标系的创建，如图 2-60 所示。

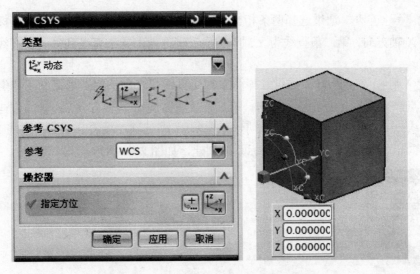

图 2-58 以"动态"方式构建基准坐标系

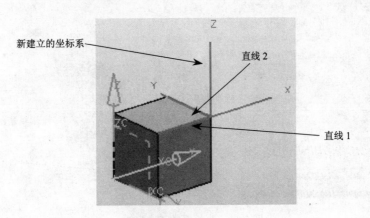

图 2-59 坐标系的建立（1）

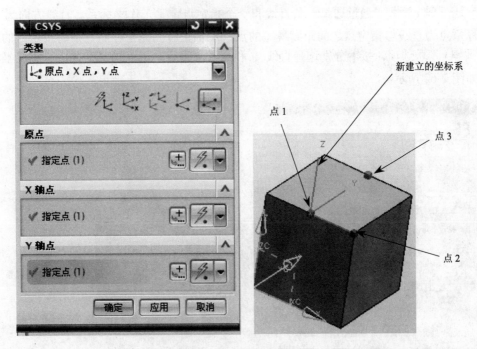

图 2-60 坐标系的建立（2）

（4）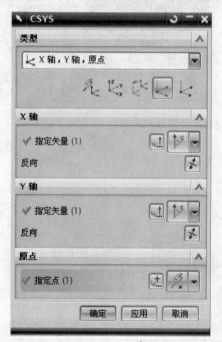 X 轴，Y 轴　通过选择两条相交的直线定义工作坐标系。其交点为坐标系原点，第一条直线为 X 轴方向，第二条直线为 Y 轴方向，Z 轴方向由一条直线到另一条直线按右手定则确定。

（5）X 轴，Y 轴，原点　通过选择两条相交直线和一个指定点来定义工作坐标系。指定点为坐标原点，第一条直线为 X 轴方向，第二条直线方向为 Y 轴方向，Z 轴的方向由一条直线到另一条直线按右手定则确定。单击原点，X 点，Y 点选项，接着分别选择直线 1、直线 2 和点 1，然后单击"确定"按钮，完成坐标系的创建，如图 2-61 所示。

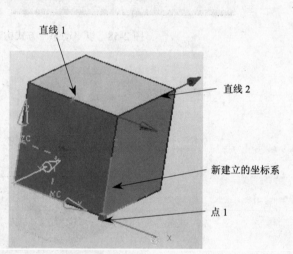

图 2-61　坐标系的建立（3）

（6）Z 轴，X 点　通过选择一条直线和一个指定点定义工作坐标系。直线方向为 Z 轴方向，坐标原点为直线与指定点之间距离最短的点，X 轴正方向为坐标原点指向指定点的方向。单击 Z 轴，X 点选项，接着分别选择直线 1 和点 1，然后单击"确定"按钮，完成坐标系的创建，如图 2-62 所示。

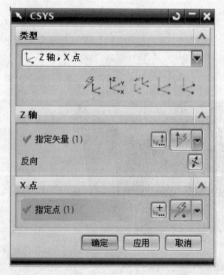

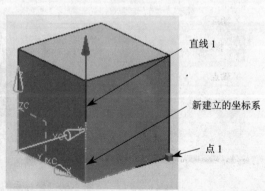

图 2-62　坐标系的建立（4）

（7） 对象的 CSYS   通过已存在某图素的绝对坐标系定义工作坐标系。

（8） 点，垂直于曲线   通过单击一条曲线或直线，在指定曲线或直线上的点定义工作坐标系，直线方向为 Z 轴方向，指定点为原点。

（9） 平面和矢量   通过选择 X 向平面和要在平面上投影为 Y 的矢量来定义坐标系。单击 平面和矢量 选项，接着分别选择平面 1 和直线 1，然后单击"确定"按钮，完成坐标系的创建，如图 2-63 所示。

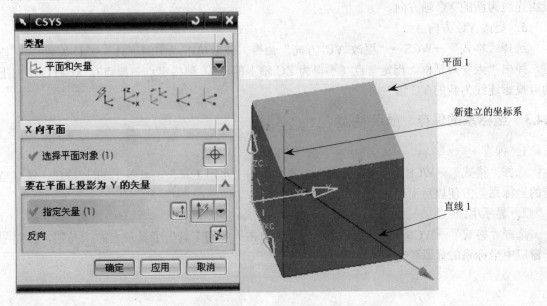

图 2-63　坐标系的建立（5）

（10） 三平面   通过选择 3 个平面定义工作坐标系。单击" 三平面"选项，接着分别选择平面 1、平面 2 和平面 3，然后单击"确定"按钮，完成坐标系的创建，如图 2-64 所示。

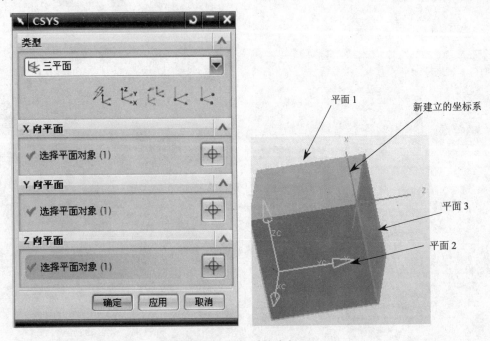

图 2-64　坐标系的建立（6）

（11） 绝对 CSYS   以绝对的（0，0，0）点创建坐标系。X 轴和 Y 轴是绝对坐标系的 X 轴和 Y 轴，原点是绝对坐标系的原点。

（12） 当前视图的 CSYS   通过选择当前视图显示的坐标系定义工作坐标系。

（13） 偏置 CSYS   通过偏移当前坐标系定义工作坐标系。新工作坐标系各轴的方向与原坐标系相同。

5. 更改 XC 方向

选择"格式"→WCS→"更改 XC 方向"命令，或者单击"实用工具"工具条上的 按钮，弹出"点"对话框，指定一点（不得为 ZC 轴上的点），则指定点与原点在 XC-YC 平面上的点投影连线为新的 XC 轴方向。

6. 更改 YC 方向

选择"格式"→WCS→"更改 YC 方向"命令，或者单击"实用工具"工具条上的 按钮，弹出"点"对话框，指定一点（不得为 ZC 轴上的点），则指定点与原点在 XC-YC 平面上的点投影连线为新的 YC 轴方向。

2.4.3 坐标系的保存、显示/隐藏

1. 保存

选择"格式"→WCS→"保存"命令，或者单击"实用工具"工具条上的 按钮，保存当前的坐标系，方便以后引用。

2. 显示/隐藏

选择"格式"→WCS→"显示"命令，或者单击"实用工具"工具条上的 按钮，控制图形窗口中坐标系的显示和隐藏属性。

第3章 草 图

UG NX 5.0 中的草绘指的是使用直线、圆弧、圆等草图绘制命令绘制形状和尺寸大致精确的几何图形。草绘是建立三维模型的基础，草绘贯穿整个零件的建模过程，创建的集合特征，诸如加材料或减材料，都需要用草绘来定义特征的截面。其他特征，如基准曲线、扫描轨迹以及草绘孔等也需要用草绘定义元素。因此草绘通常是零件造型的第一步。在 UG NX 5.0 中，草图的尺寸实际上是一个参数，因而可以根据需要编辑草图，而且还可以通过重新编辑已经生成特征的截面草图来更改零件造型，这样就增加了设计的灵活性。本章将介绍建构 UG NX 5.0 特征所需要的基本草绘技巧，内容主要包括：

（1）绘制几何图元；
（2）编辑几何图元；
（3）几何约束；
（4）尺寸的标注与修改；
（5）草绘实例。

3.1 绘制几何图元

3.1.1 绘制轮廓线

配置文件可以创建连续的直线和圆弧。绘制时，可以在直线和圆弧之间相互切换，连续绘制带有直线和圆弧的草图轮廓，绘制完一段后，再绘制下一段时，它自动以前一段的端点为起点进行绘制。在"草图曲线"工具条上单击"配置文件"图标↙或者选择"插入"→"配置文件"命令，弹出"配置文件"对话框，如图 3-1 所示。"对象类型"选项组包括"直线"按钮↗和"圆弧"按钮↷。"输入模式"选项组包括"坐标模式"按钮XY和"参数模式"按钮凸。

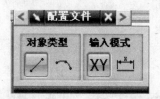

图 3-1 "配置文件"对话框

（1）直线↗ 指连续绘制轮廓直线。在绘制直线时，若选择坐标模式，则每一条线段起点和终点都以坐标显示；若选择参数模式，则可以通过直接输入线段长度和角度来绘制轮廓线，如图 3-2 所示。

（a）坐标模式　　　　　　（b）参数模式

图 3-2 直线的坐标模式和参数模式

（2）圆弧 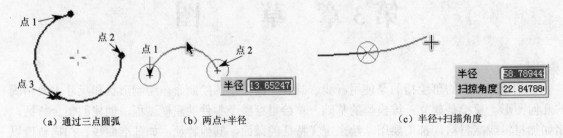 指连续绘制轮廓圆弧。绘制圆弧有 3 种方法，分别为"通过三点的圆弧"、"两点+半径"、"半径+扫描角度"。图 3-3 所示为 3 种绘制圆弧的方法。

（a）通过三点圆弧　　　　　（b）两点+半径　　　　　（c）半径+扫描角度

图 3-3　绘制圆弧的 3 种方法

一般情况下，利用直线功能绘制一段直线，再利用圆弧功能绘制圆弧时，圆弧会自动捕捉直线终点为起点，然后在参数文本框中输入半径和扫描角度，系统会自动锁定圆弧大小，然后通过移动光标位置确定圆弧所在的象限，如图 3-4 所示。

图 3-4　确定圆弧的放置位置

（3）坐标模式 XY　通过输入绝对坐标值 XC 和 YC 来确定轮廓线位置及距离，如图 3-5 所示。

（4）参数模式 凸　以参数模式确定轮廓线位置及距离，如图 3-6 所示。

图 3-5　坐标模式　　　　　　　　　　　图 3-6　参数模式

🔍提示：按住鼠标左键并拖动，可以在"直线"选项和"圆弧"选项之间切换。而在参数文本框中输入数值时，可以按 Tab 键进行数值之间的切换。

3.1.2　点的绘制

点功能是一个基础建模功能，几乎所有的曲线都需要直接或者间接调用该功能。在"草图曲线"工具条中单击 ＋ 按钮或者选择"插入"→"点"命令，弹出"点"对话框，如图 3-7 所示。

在对话框中的"类型"下拉列表框中有 11 种创建点的方式。下面将其一一介绍。

（1）🖊 自动判断的点　可以根据鼠标所选择的元素来自动判断建立点元素，建立的可以是光标点、中点、圆心等各种类型的点，创建比较自由。这个类型基本包括下面所述的各种创建功能。

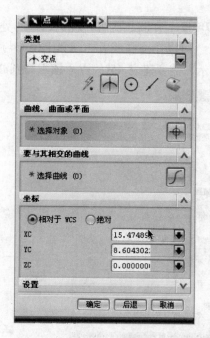

图 3-7　"点"对话框

（2）-◇- 光标位置　可以在光标的位置建立点。在 ✦ 自动判断的点和 -◇- 光标位置 这两种点类型中，还可以在"点"对话框中的"坐标"选项组中，设置 XC、YC、ZC3 个坐标分量，单击"确定"按钮确定点的位置。

（3）十 现有点　可以在已经存在的点元素位置新建一个点。

（4）✒ 端点　可以在任何元素的端点处建立一个点，例如曲线的两个端点、直线的端点等。这里只能建立一个点，系统自动在距离鼠标单击位置最近的端点处建立。

（5）✐ 控制点　在曲线的极点处建立点，包括端点和中点。

（6）✦ 交点　可以在所有元素的交点处建立，如图 3-8 所示，选择一条圆弧和一条直线求取交点，即使这两个元素并没有相交。但需要注意的是，如果两个元素并没有相交，并且延伸后也不会相交，那么将无法求得交点。

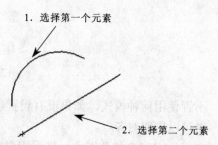

1. 选择第一个元素

2. 选择第二个元素

图 3-8　未相交元素交点的创建

（7）⊙ 圆弧中心/椭圆中心/球心　在圆、圆弧、椭圆、球心处建立点。

（8）△ 圆弧/椭圆上的角度　可以在圆弧或者椭圆弧上建立与圆弧/椭圆弧所在平面的 X 轴呈一定角度的点，如图 3-9 所示，需要建立 45°的点，该点与圆心的连线与 X 轴的夹角为 45°。

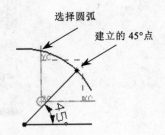

图 3-9　建立与圆心为 45

（9）⊙ 象限点　可以在圆、圆弧、椭圆弧等元素的 0°、90°、180°、270°等位置建立点，所建立的象限点是在距离鼠标单击位置最近的地方。

（10）／ 点在曲线/边上　可以在曲线、直线、圆弧上的任何位置建立点。在"U 向参数"文本框中，数值在 0~1 范围内点是在所选择的曲线上，如果数值不在这个范围内，那么可以通过外插得到。

（11）┃ 面上的点　可以在曲面上的任何位置建立点。

在所有的"点"对话框中的"设置"选项组中，都有"关联"复选框，如果选中"关联"复选框，那么表示所建立的点与参考元素具有关联关系。所谓关联点就是该点是建立在其他几何元素（如直线、圆弧、曲线、曲面等）上的，如果几何元素改变了（如位置、参数等），那么相关联的点也随之改变。而不关联的点在建立之后与其他元素之间是独立的，不存在关联关系。

3.1.3　绘制直线

直线是最常用的一种图素。在"草图曲线"工具条上单击"直线"按钮／或者选择"插入"→"直线"命令，指定直线的起点与终点即可完成直线绘制。

绘制直线时，将显示"直线"对话框，如图 3-10 所示，可以选择"输入模式"选项组中的 XY 或 ┗ 按钮绘制直线。

图 3-10　"直线"对话框

不管使用何种模式，如果没有设置值，都可以直接拾取特征点或者指定点，如端点、圆心等，也可以拾取对齐点。

在 UG NX 5.0 的草图中，将采用自动约束的方式。如水平线、竖直线、平行线、切线都可以使用自动约束的方式进行快速地创建。

1．水平/竖直直线绘制

绘制直线时，经常需要绘制水平/竖直直线，如图 3-11 所示，指定第二点时，在水平方向，光标与起点大致对齐时，系统将显示延长的虚线并显示对齐图标 $\longrightarrow$，表示创建的直线将是水平线，单击鼠标左键即可创建一条水平线，如图 3-12 所示。同样，在竖直方向也可以自动约束为竖直线。

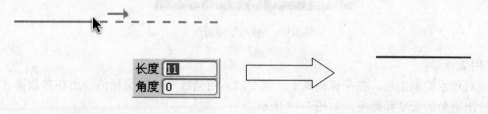

图 3-11　水平约束显示　　　　　　　图 3-12　绘制水平直线

2．平行线

光标到达所创建平行线位置的附近时，原有直线将高亮显示，而在所绘制直线上显示延长的虚线并显示平行图标 //，表示创建平行约束，如图 3-13 所示。

3．垂直线

与平行线相同，垂直线创建时也会自动约束，其图标显示为 ⌐，图 3-14 所示为垂直线创建。

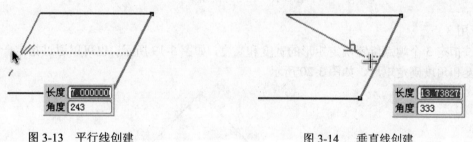

图 3-13　平行线创建　　　　　　　图 3-14　垂直线创建

4．切线

切线也可以使用自动约束，其图标显示为 ○，图 3-15 所示为切线创建。

在创建切线时，直线长度较短，系统将显示一条虚线延伸到切点位置，如图 3-16 所示。

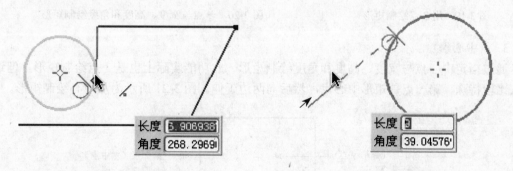

图 3-15　切线创建　　　　　　　图 3-16　延伸的切线

3.1.4　矩形的绘制

单击"草图曲线"工具条上的 ▭ 按钮，或者选择"插入"→"矩形"命令，弹出"矩形"对话框，如图 3-17 所示。该工具条包括 3 种类型，分别为"用 2 点"、"用 3 点"和"从中心"

绘制矩形。

图 3-17 "矩形"对话框

1. 用 2 点

指定对角点绘制矩形。在坐标模式下，需要输入对角线端点的坐标值；而在参数模式下，则需要给出矩形的长度和高度，如图 3-18 所示。

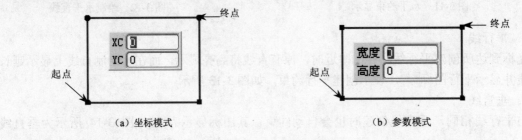

（a）坐标模式　　　　　　　　　　　　（b）参数模式

图 3-18 用 2 点绘制矩形

2. 用 3 点

通过指定 3 个端点位置确定矩形的宽度和高度，如图 3-19 所示。也可以通过指定一点与宽度、高度和角度确定矩形，如图 3-20 所示。

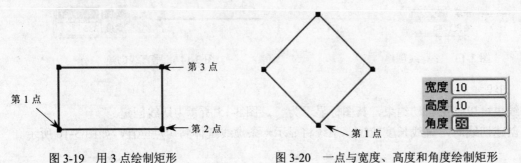

图 3-19 用 3 点绘制矩形　　　　　　图 3-20 一点与宽度、高度和角度绘制矩形

3. 从中心

通过指定中心点与宽度、高度和角度绘制矩形。此功能实际上也是 3 点绘制矩形，但这种画法比较特殊，第一点是矩形中心点，然后向两边延伸。图 3-21 所示为从中心绘制矩形。

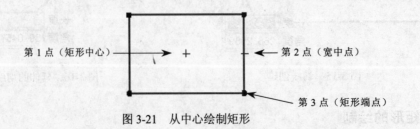

图 3-21 从中心绘制矩形

3.1.5 圆的绘制

在"草图曲线"工具条上单击○按钮，或者选择"插入"→"圆"命令，弹出"圆"对

话框，如图 3-22 所示，绘制圆有两种方法，分别为"中心和半径决定的圆"与"通过三点的圆"。

图 3-22 "圆"对话框

1．中心和半径决定的圆 ⊙

通过圆心和半径来创建圆。"中心和半径决定的圆"功能在应用时需要输入直径，但 UG 软件支持表达式输入，所以在绘制圆时，也可以在文本框中输入"半径*2"定义圆直径，例如绘制一个直径为 20 的圆，可以有两种输入方法，如图 3-23 所示。

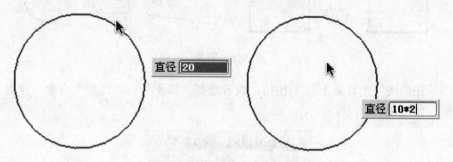

图 3-23 中心和半径决定的圆

2．通过三点的圆 ○

通过指定 3 点绘制圆，也可以采用两点和直径画圆，如图 3-24 所示。

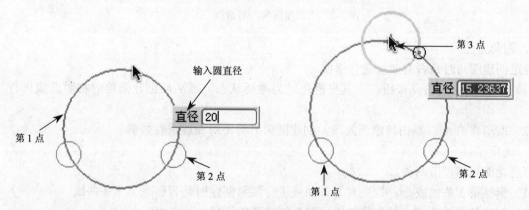

图 3-24 通过三点绘制圆或者采用两点和直径画圆

3.1.6 圆弧的绘制

单击"草图曲线"工具条上的 ↘ 按钮，或者选择"插入"→"圆弧"命令，弹出"圆弧"对话框，如图 3-25 所示。绘制圆弧有两种方法，分别为"通过三点的圆弧"和"中心和端点决定的圆弧"。

1．通过三点的圆弧 ↷

通过指定 3 点确定一段圆弧，3 点可以是任意位置的点。

2．中心和端点决定的圆弧 ↘

通过指定圆心和圆弧端点及半径和扫描角度绘制圆弧。

图 3-25 "圆弧"对话框

3.1.7 倒圆角

圆角是将图素中的棱角位置进行圆弧过渡处理，或对未闭合的边通过圆角进行圆弧闭合处理，如图 3-26 所示。

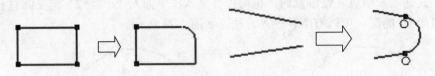

图 3-26 圆角

单击"草图曲线"工具条上的 █ 按钮，或者选择"插入"→"圆角"命令，弹出"创建圆角"对话框，如图 3-27 所示。

图 3-27 "创建圆角"对话框

1．圆角方法

确定创建圆角时是否对曲线进行修剪。

（1）修剪 █：单击此按钮，当其呈橙色时为激活状态。激活后创建圆角时将对曲线进行修剪。

（2）取消修剪 █：单击将激活此项，创建圆角时将不对曲线进行修剪。

2．选项

可选功能包括以下两种。

（1）删除第 3 条曲线 █：控制对 3 条曲线进行圆角创建时是否删除第 3 条曲线。

（2）创建备选圆角 █：单击此按钮，则为创建圆角的另一种方式。

3．创建圆角的一般步骤

（1）设置修剪模式（是否对曲线进行修剪）。

（2）选择要进行圆角的两条曲线。

（3）如果是创建 3 条曲线的圆角，则选择 3 条曲线，完成圆角的创建，系统自动判断半径和圆角的位置。

（4）直接输入半径值后单击鼠标来确定半径，完成圆角的创建。

> 提示：对第 3 条曲线进行圆角创建时，选择曲线的顺序不同及在选择第 3 条曲线时光标在曲线的位置不同，其所创建的圆角也将是不一样的。但选择曲线顺序相同和选择第 3 条曲线的位置确定后，创建的圆角是唯一的。

对于两条曲线的圆角，不管选择曲线的顺序和光标选择曲线的位置如何，移动光标可产生4种不同的圆角，需要用户指定在何处创建圆角及指定半径值。

4. 不同修剪模式下创建的圆角

效果如图3-28所示。

（a）原始曲线　　　　　（b）取消修剪　　　　　（c）修剪

图3-28　不同修剪模式下创建的圆角

5. "删除第3条曲线"功能的使用

效果如图3-29所示。

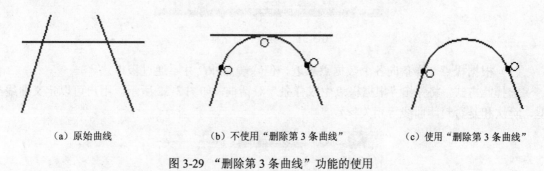

（a）原始曲线　　　　　（b）不使用"删除第3条曲线"　　　　　（c）使用"删除第3条曲线"

图3-29　"删除第3条曲线"功能的使用

6. "创建备选圆角"与正常圆角的区别

如图3-30所示的"创建备选圆角"功能的使用，其中图3-30（b）为正常圆角的情形，图3-30（c）为使用"创建备选圆角"功能时的情形。

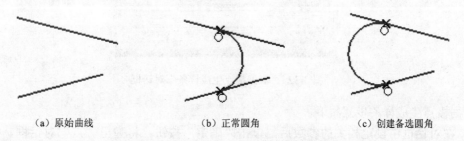

（a）原始曲线　　　　　（b）正常圆角　　　　　（c）创建备选圆角

图3-30　"创建备选圆角"与正常圆角的区别

提示：在创建3条曲线的圆角时，选择曲线的位置不同，以及选择曲线的顺序不同，将得到不一样的结果，圆角半径值不可以大于倒圆角的特征的最小长度。大于最小长度将导致圆角创建失败。

3.1.8　绘制样条

1. 样条曲线 ～

此功能用来创建样条曲线，在UG NX 5.0中对样条的定义如下。

（1）曲线类型　包括多段和单段两种。

① 多段：创建的样条曲线由多条曲线构成，曲线的阶次可由用户指定，但不能大于24。

② 单段：创建的样条曲线由一条曲线构成。曲线的阶次不可自行指定。

（2）曲线阶次　曲线阶次与曲线段数有关，阶次越高，曲线越平滑。3 次样条曲线的极点和节点数量相同，形状易于控制。

（3）封闭曲线　样条曲线封闭时，形成一个曲率连续的闭环。

2．样条生成方式

单击"草图曲线"工具条上的 ～ 按钮，或者选择"插入"→"样条"命令，弹出"样条"对话框，如图 3-31 所示，对话框提供了 4 种样条生成方式。

图 3-31　"样条"对话框

（1）根据极点　样条向各个数据点靠近，但除端点外，并不通过极点。

选择此方式，将弹出"根据极点生成样条"对话框，如图 3-32 所示。用户可以定义曲线类型、阶次和是否封闭曲线等相关参数。

图 3-32　"根据极点生成样条"对话框

根据极点生成样条步骤如下。

① 在对话框中设定相关的参数后，单击"确定"按钮，将弹出"点"对话框，以定义样条的极点。

② 定义完极点后，在"点"对话框中单击"确定"按钮，弹出"指定点"对话框，如图 3-33 所示，以确定是否还需要定义点，在该对话框中单击"确定"按钮，完成样条创建，如图 3-34 所示。

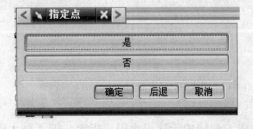

图 3-33　"指定点"对话框

图 3-34　通过极点的样条创建

（2）通过点　样条通过定义点。

选择此方式后，弹出"通过点生成样条"对话框，如图 3-35 所示。单击"确定"按钮，弹出如图 3-36 所示的"样条"对话框，其中提供了 4 种选择点的方式。

图 3-35　"通过点生成样条"对话框

图 3-36　"样条"对话框

① 全部成链：在选择起点和终点后，系统自动选择起点与终点之间的点，并通过选择点生成样条。选择此方式后，弹出如图 3-37 所示的"指定点"对话框，系统在提示栏中提示用户选择起点和终点，如图 3-38 所示。选择终点后，系统返回到"通过点生成样条"对话框，并激活"赋斜率"和"赋曲率"功能，如图 3-39 所示，单击"确定"按钮完成样条的创建，如图 3-38 所示。再单击"取消"按钮，退出"通过点生成样条"对话框。

图 3-37　"指定点"对话框

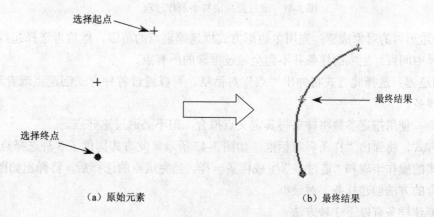

（a）原始元素

（b）最终结果

图 3-38　用户选择起点和终点

② 在矩形内的对象成链：先用矩形方式框选定点的范围，然后选择起点和终点，系统自动选择中间点，生成的样条并不完全通过框选的所有点。选择此方式，将弹出如图 3-40 所示的

55

"指定点"对话框，提示栏提示用户用指定矩形拐点。制作的过程如图 3-41 所示。

图 3-39 激活"赋斜率"和"赋曲率"功能的"通过点生成样条"对话框

图 3-40 "指定点"对话框

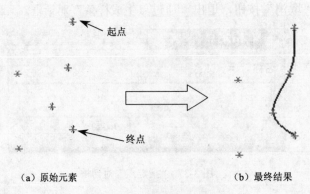

（a）原始元素　　　　　　　（b）最终结果

图 3-41 通过点生成样条制作过程

③ 在多边形内的对象成链：先用多边形方式框选确定点的范围，然后再选择起点和终点，系统自动选择中间点，生成的样条并不完全通过框选的所有点。

④ 点构造器：选择此方式将弹出"点"对话框，可以通过各种方式创建点或者选择已有的点来生成样条。

（3）拟合　使用指定参数将样条与其定义点拟合，但不必通过这些点。

选择此方式，将弹出"样条"对话框，如图 3-42 所示。此方式提供了 5 种选择点的方式，各种选择方式的操作步骤和"通过点"生成样条一样。当完成点的选择后，将弹出如图 3-43 所示的"用拟合的方法创建样条"对话框。

拟合法创建样条有以下 3 种方法。

① 根据公差：设定样条曲线与定义点之间的最大允许偏差和曲线阶次。

② 根据分段：根据设定的曲线的阶次和段数来生成样条曲线，分段数越多，曲线越靠近定义点。

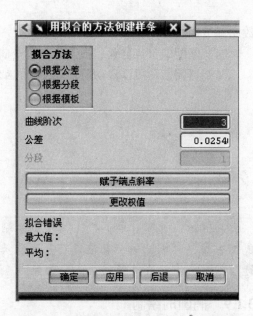

图 3-42 "样条"对话框 　　　　　图 3-43 "用拟合的方法创建样条"对话框

③ 根据模板：根据模板曲线的参数（阶次、段数和极点）拟合样条。

（4）垂直于平面　所生成的样条曲线垂直于每一个平面。

3．艺术样条 ～

艺术样条曲线是指通过给出特定的点来绘制有规律的曲线。在"草图曲线"工具条上单击 ～ 按钮，或者选择"插入"→"艺术样条"命令，弹出"艺术样条"对话框。如图 3-44 所示，进行艺术样条曲线的操作。

（1）样条设置方法：有两种方法，分别是通过点和根据极点。

① 通过点 ～：指艺术样条曲线通过所有指定的点，如图 3-45 所示

② 根据极点 ～：根据指定点自动计算出与点相切的曲线，如图 3-46 所示。

图 3-44 艺术样条曲线操作

图 3-45 通过点曲线 　　　　　　　　　图 3-46 根据极点曲线

（2）次数：控制曲线曲率变化，但最大数值不能超过 24，如图 3-47 所示。

（3）单段：根据节点的数目来改变曲线的样式。在节点变化过程中，次数也在改变，但次

数比总节点小 1。

（4）匹配的节点位置：根据节点改变曲线的另一种变化样式。

（5）封闭的：可以自动将曲线闭合，如图 3-48 所示。

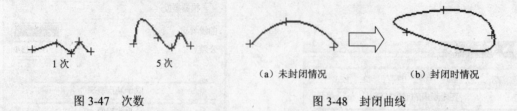

| 1 次 | 5 次 | （a）未封闭情况 | （b）封闭时情况 |

图 3-47 次数　　　　　　　　　　图 3-48 封闭曲线

🔍提示：选择"根据极点"功能绘制样条曲线时，节点数目要大于次数，否则不能生成样条线。"匹配的节点位置"复选框只有在选择"通过点"功能时才激活，"单段"复选框则只有在选择"根据极点"功能时才激活。

3.1.9 椭圆的绘制

1．创建椭圆操作步骤

在"草图曲线"工具条中单击 ⊙ 按钮，或者选择"插入"→"椭圆"命令，弹出"点"对话框，指定椭圆中心点位置。弹出"创建椭圆"对话框，设置椭圆的各参数，单击"确定"按钮，绘制出椭圆，再返回"点"对话框，单击"取消"按钮，退出"椭圆"命令，操作步骤如图 3-49 所示。

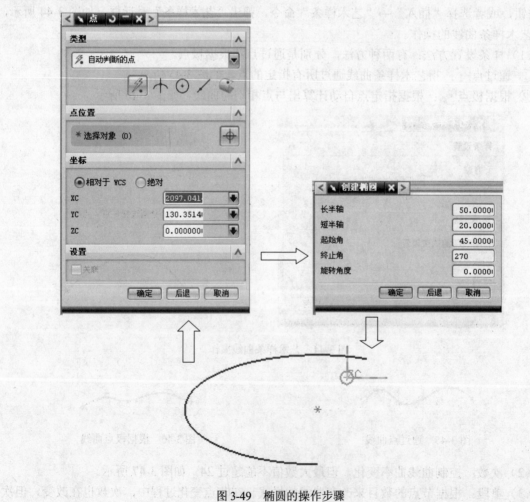

图 3-49 椭圆的操作步骤

2．创建椭圆对话框参数定义

（1）长半轴：指椭圆 XC 方向的距离。

（2）短半轴：指椭圆 YC 方向的距离。

（3）起始角：指确定椭圆轮廓线起点位置。

（4）终点角度：指确定轮廓线终点位置。

（5）旋转角度：以椭圆为起点作为椭圆旋转角度。

3.2 编辑几何图素

编辑几何图素就是对基本几何图素进行偏移、修剪或延长等操作，熟练使用可以提高绘制草图的速度。

3.2.1 派生直线

派生直线实际就是将已存在的直线作为参考线进行平行偏移或产生平分线。

1．派生直线操作步骤

在"草图曲线"工具条中单击 ⊾ 按钮，然后根据如图 3-50 所示进行操作。

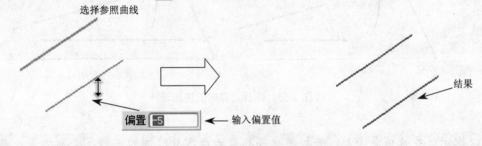

图 3-50 派生直线操作步骤

2．派生直线使用技巧

（1）在输入派生直线偏置距离前，可先拖动光标位置，观察"偏置"文本框中的值是正值还是负值，然后再根据需要输入偏置值。否则，得到的派生直线不一定是需要的直线。

（2）派生直线也可以是选择已经存在的两条直线作为参考生成一条平分线，如图 3-51 所示。

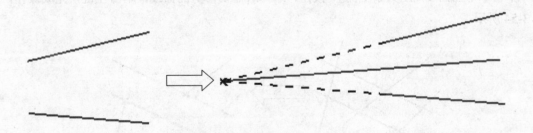

图 3-51 生成角平分线

🔍提示：派生直线只对直线有效，对圆、圆弧、椭圆、曲线等都不起作用。

3.2.2 快速延伸

将曲线延伸到距离最近的曲线或者直线上，其操作步骤如下。

（1）单击"草图曲线"工具栏中的 ⅴ 按钮，弹出"快速延伸"对话框，在图 3-52 左图中选择三条要延伸的曲线，图 3-52 右图所示为延伸后的状态。

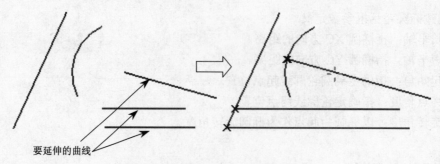

图 3-52　在不选择边界时的快速延伸

（2）单击"草图曲线"工具栏中的 按钮，弹出"快速延伸"对话框，在"边界曲线"选项组中选择"选择曲线"选项，在图 3-53 左图中选择边界曲线，再单击鼠标中键，在图 3-53 左图中选择要延伸的曲线，图 3-53 右图所示为有边界时快速延伸后的状态。

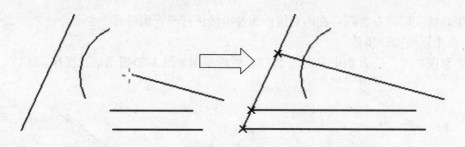

图 3-53　选择边界时的快速延伸

提示：在选择曲线时，光标要选择在靠近曲线欲延伸的一端，否则将无法延伸。

3.2.3　快速修剪

使用快速修剪功能进行修剪时，若草图中有相关图素，系统将自动认为交点为断点。

1．快速修剪操作步骤

单击"草图曲线"工具条上的 按钮，选择所需要修剪的曲线，单击左键，完成操作，如图 3-54 所示。

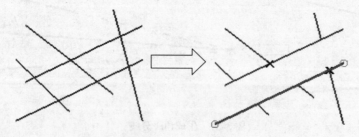

图 3-54　快速修剪

2．快速修剪的使用技巧

（1）UG NX 5.0 软件默认直线交点为断点，有时修剪直线需要选择多段直线才能完成操作。UG NX 5.0 提供一种简便的方法，通过选择修剪边界来修剪曲线，操作步骤如图 3-55 所示。

（2）若对一个区域内多条线进行修剪，可以按住左键移动光标，画出一个修剪范围，在该范围内被选中的图素将全部被修剪，如图 3-56 所示。

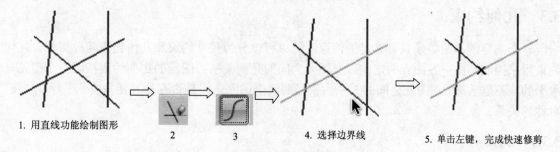

1. 用直线功能绘制图形　　2　　3　　4. 选择边界线　　5. 单击左键，完成快速修剪

图 3-55　快速修剪操作步骤

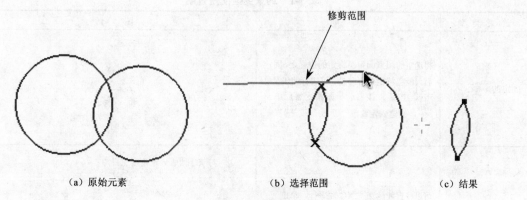

修剪范围

（a）原始元素　　　　　（b）选择范围　　　　　（c）结果

图 3-56　快速修剪技巧

3.2.4　制作拐角

制作拐角就是将两条曲线修剪或者延伸到其交点。单击"草图曲线"工具条中的 ⊣ 按钮，弹出"制作拐角"对话框，如图 3-57 所示。先画出 4 条曲线，系统会根据实际情况对其进行修剪或者延伸。用鼠标分别选择如图 3-58 左图所示的 1、2、3、4 处相应的曲线，完成的拐角效果如图 3-58 右图所示。

图 3-57　"制作拐角"对话框

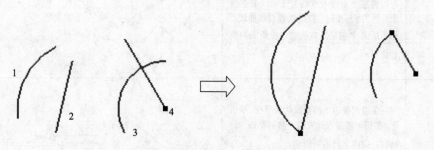

图 3-58　制作拐角

3.3 几何约束

一个确定的草图必须具有充足的约束，约束可以分为尺寸约束和几何约束两种类型。几何约束用来控制草图中各图元的定向以及图元之间的几何关系。图元的定向约束指明一个图元是水平的，还是垂直的；图元之间的关系约束指明两个图元之间是否存在互相垂直、平行、共线、对称等关系。

3.3.1 约束

表 3-1 将各约束类型的使用说明及使用情况都做了介绍。

表 3-1　约束类型使用说明

约束类型	说　　明	图　　解
固定的	将选定的图素固定在特定的位置上，固定后只能在特定位置移动，可进行编辑。单击按钮，接着选择图素，然后单击，创建固定约束	 固定标记
水平 →	可以将直线约束与 XC 轴平行。单击按钮，接着选择直线，然后单击 → 按钮，完成水平约束创建	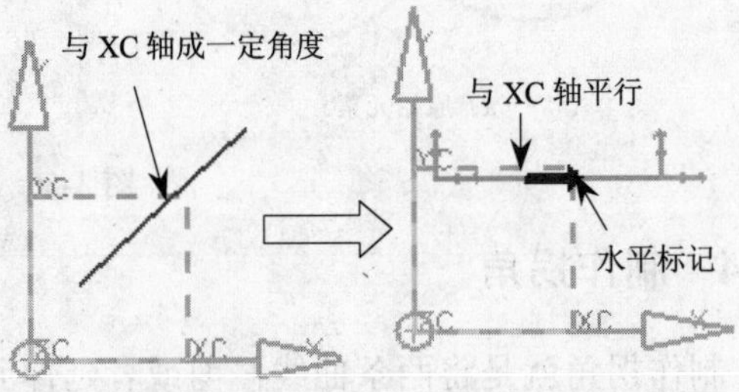 与 XC 轴成一定角度　与 XC 轴平行　水平标记
竖直 ↑	可以将直线约束与 YC 轴平行。单击按钮，接着选择直线，然后单击 ↑ 按钮，完成竖直约束创建	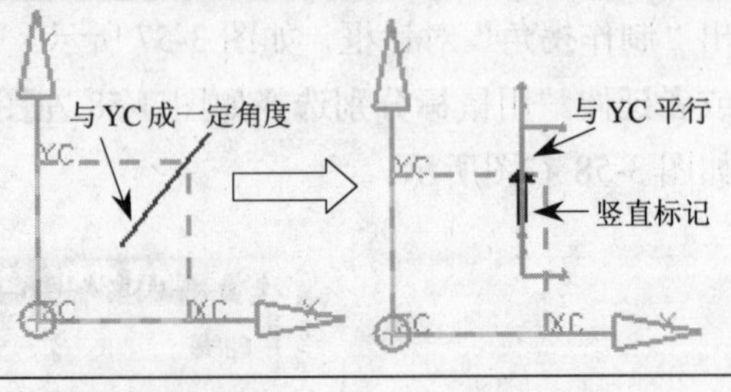 与 YC 成一定角度　与 YC 平行　竖直标记
重合	使两个或多个点重合。单击按钮，接着选择点，然后单击按钮，完成重合约束创建	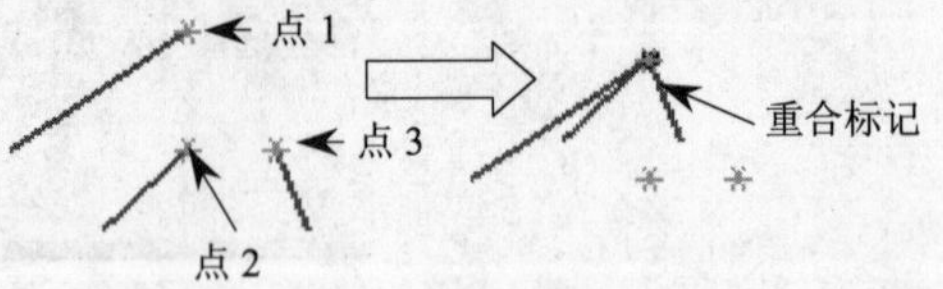 点 1　点 3　点 2　重合标记
点在曲线上 ↑	可以将某个点或端点约束在曲线或直线上。单击按钮，接着选择点和曲线，然后单击 ↑ 按钮，完成点在曲线上约束创建	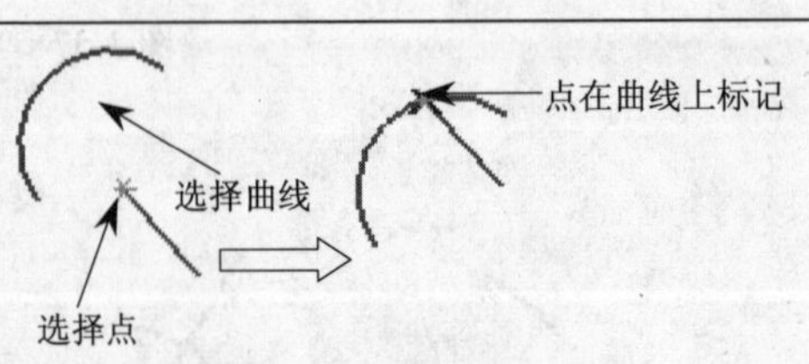 点在曲线上标记　选择曲线　选择点
平行 //	将两条或两条以上的直线约束平行。单击按钮，接着选择直线，然后单击 // 按钮，完成平行约束创建	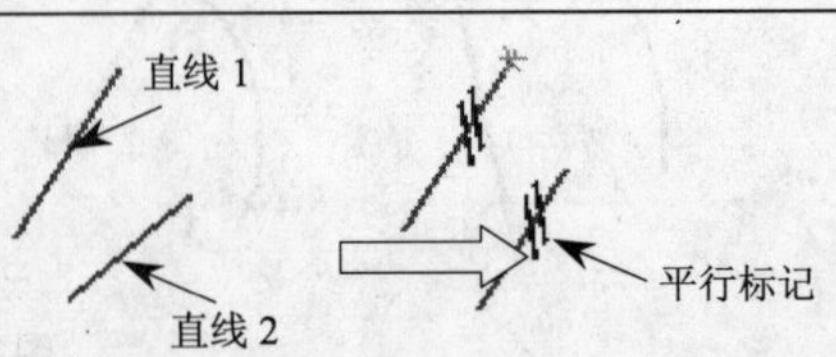 直线 1　直线 2　平行标记

续表

约束类型	说　明	图　解
垂直 ⊥	将两条直线约束垂直。单击 ∥ 按钮，接着选择直线，然后单击 ⊥ 按钮，完成垂直约束创建	
相切 ○	将两个元素之间设置为相切约束。单击 ∥ 按钮，接着选择两个元素，然后单击 ○ 按钮，完成相切约束创建	
等长 ＝	将两条或多条直线约束相等。单击 ⊥ 按钮，接着选择需要等长的元素，然后单击 ＝ 按钮，完成等长约束创建	
等半径 ≈	将两个或多个圆或圆弧的半径约束相等。单击 ∥ 按钮，接着选择圆或圆弧，然后单击 ≈ 按钮，完成等半径约束创建	
同心 ◎	将两个或多个圆弧的圆心约束重合。单击 ∥ 按钮，接着选择圆或圆弧，然后单击 ◎ 按钮，完成同心约束创建	
共线 ╲	将两条或多条直线约束重合。单击 ∥ 按钮，接着选择直线，然后单击 ╲ 按钮，完成共线约束创建	
恒定长度 ↔	将一条或多条直线长度约束固定。单击 ∥ 按钮，接着选择直线，单击 ↔ 按钮，完成恒定长度约束创建	
中点 ┼	将一点约束到直线的中点法线上。单击 ∥ 按钮，接着选择点和直线，然后单击 ┼ 按钮，完成中点约束创建	
均匀比列 ∿	使得移动曲线端时，曲线以固定的形状比例缩放。单击 ∥ 按钮，接着选择曲线，然后单击 ∿ 按钮，即可完成均匀比例约束创建	
非均匀比例 ∿	使得移动曲线端时，曲线以非均匀比例变化。单击 ⊥ 按钮，接着选择曲线，然后单击 ∿ 按钮，即可完成非均匀比例约束创建	

3.3.2 显示所有约束

按钮用于在图形上显示约束条件。单击 按钮，则关闭所有的约束条件显示。图 3-59 所示为是否显示所有约束的对比。

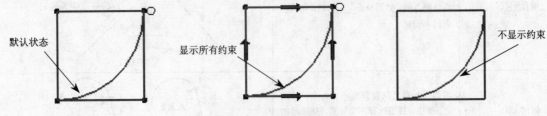

默认状态
显示所有约束
不显示约束

图 3-59 显示约束与否的对比

3.3.3 自动约束

在绘制草图的过程中，系统根据选择的约束类型，将符合约束条件的几何图素自动识别为某种约束。单击 按钮，弹出"自动约束"对话框，如图 3-60 所示。然后根据需要在"要应用的约束"选项组中选择相应的选项。

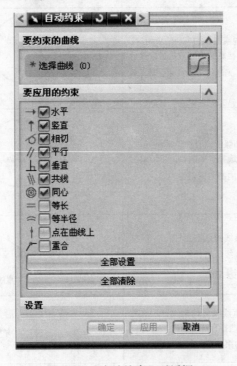

图 3-60 "自动约束"对话框

3.3.4 显示/移除约束

当草图自动约束或者创建约束时产生错误的、不必要的约束条件，可以使用 按钮，进行查看和移动。选择对象，则选中的对象的所有约束都将在列表中显示，如图 3-61 所示，显示了圆弧的 4 个约束条件。可以使用"移除高亮显示的"按钮或"移除所列的"按钮删除约束条件。图 3-62 所示为删除了相切条件。

3.3.5 备选解

当草图没有被完全约束时，想对其形状进行修改，可以通过尺寸控制特征重定位进行修改而不用重画草图，如图 3-63 所示为备选解的操作过程。

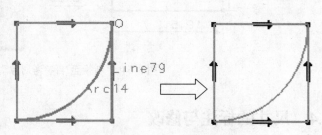

图 3-61　"显示/移除约束"对话框　　　　图 3-62　删除相切约束

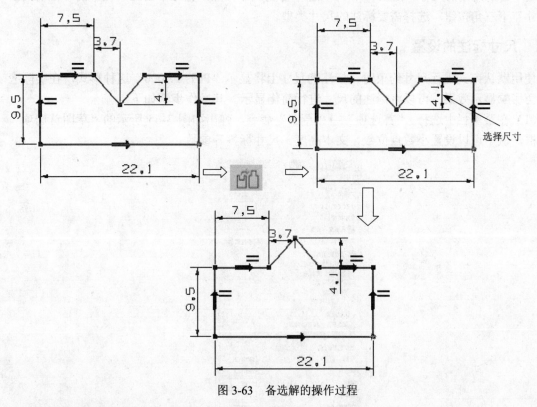

图 3-63　备选解的操作过程

3.3.6　转换至/自参考对象

　　草图绘制过程经常需要应用到参考线，可使用该功能将几何图素转换为参考线，转换为参考线以后，它们不能表达轮廓线，但可以像轮廓线一样被约束。约束尺寸也可以转换为参考尺寸，如在一张草图中出现的约束尺寸，可以将它转换为参考尺寸，使该尺寸不再约束图形。图

3-64 所示为转换至/自参考对象操作步骤。

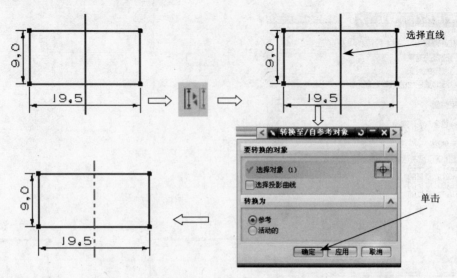

图 3-64 "转换至/自参考对象"操作步骤

3.4 尺寸的标注与修改

尺寸标注用于限制对象的长度、距离、角度、半径、直径等尺寸。在"草图约束"工具栏中单击"自动判断的尺寸"按钮，可以进行智能尺寸标注，也可单击工具栏中的"自动判断的尺寸"下三角按钮，选择需要标注的尺寸类型。

3.4.1 尺寸标注的设置

使用默认方式进行尺寸约束时，标注的尺寸上将显示"P61=17,000"这种形式，在实际应用中会影响显示效果，可以将标注的尺寸进行简化显示。其操作步骤如下。

（1）在菜单栏中选择 "首选项"→"草图"命令，弹出如图 3-65 所示的"草图首选项"对话框，从中可以设置小数点位数、文本高度、尺寸标签等参数。

图 3-65 "草图首选项"对话框

（2）在"尺寸标签"下拉列表中，有 3 个选项，即"表达式"、"名称"、"值"，不同的尺寸标签形式如图 3-66 所示。

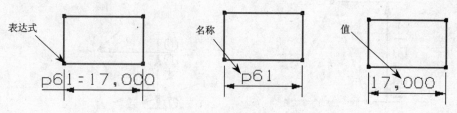

图 3-66　尺寸标签的 3 种形式

3.4.2　尺寸约束类型

在菜单栏上选择"插入"→"尺寸"命令，或者单击"草图约束"工具条中"自动判断的尺寸"下三角按钮即可选择"自动判断的尺寸标注"、"水平标注"、"竖直标注"等尺寸约束类型，下面就将各种尺寸类型一一介绍如下。

1．自动判断的尺寸

根据光标位置和所选图形，系统自动判断标注内容，如图 3-67 所示，选择点和直线，根据光标位置会出现 3 种尺寸标注形式。

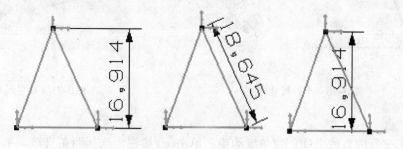

图 3-67　3 种尺寸标注形式

2．水平

标注水平方向的尺寸或距离值。单击　按钮，接着选择点 1 和点 2，单击左键，结果如图 3-68 所示。

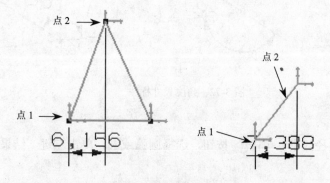

图 3-68　水平尺寸标注

3．竖直

标注竖直方向的尺寸或距离值。单击　按钮，接着选择点 1 和点 2，单击左键，结果如图 3-69 所示。

4．平行

标注点或者端点之间的距离，通常为斜线。单击　按钮，接着选择点 1 和点 2，单击左键，结果如图 3-70 所示。

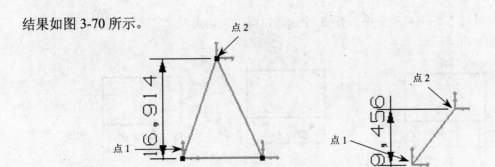

图 3-69　竖直尺寸标注

5．垂直

在直线和点之间创建垂直距离约束。单击 按钮，接着选择点 1 和直线，单击左键，结果如图 3-71 所示。

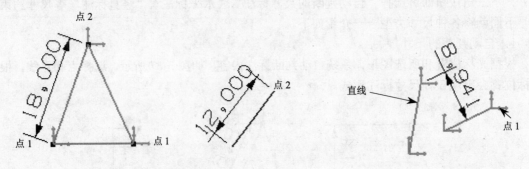

图 3-70　平行尺寸标注　　　　　　　　图 3-71　垂直尺寸标注

6．角度

在两条不平行的直线之间创建角度约束。单击 按钮，选择两条直线，单击左键，光标位于不同位置时，会标出不同的角度，结果如图 3-72 所示。

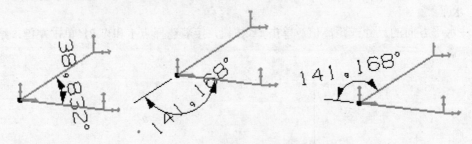

图 3-72　角度尺寸标注

7．直径

为圆弧或圆创建直径约束。单击 按钮，选择圆弧或圆，单击左键，结果如图 3-73 所示。

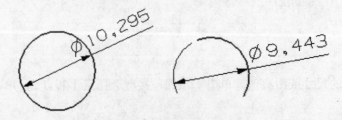

图 3-73　直径尺寸标注

8. 半径

为圆弧或圆创建半径约束。单击 按钮，选择圆弧或圆，单击左键，结果如图 3-74 所示。

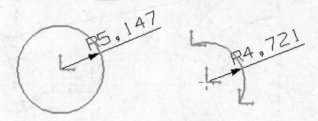

图 3-74 半径尺寸标注

9. 周长

创建周长约束，以控制选定直线和圆弧的集体长度。

3.4.3 尺寸的修改

尺寸标注完成以后，就需要对尺寸进行必要的修改来获得精确的图形。修改尺寸的方法有以下两种。

（1）直接用鼠标单击所需要修改的尺寸数值，接着在弹出的表达式文本框中输入新数值，单击中键或者按 Enter 键确定，然后系统自己根据尺寸值，驱动草图变化。这种方法比较快捷，通常用于草图比较简单的时候。

（2）若一个草图中有多个尺寸，难以通过光标进行修改时，可以在"草图尺寸"悬浮工具条中单击"草图尺寸对话框"按钮 ，在弹出的"尺寸"对话框中的表达式列表框中选择相应的尺寸，然后进行修改。下面通过如图 3-75 所示的实例来说明。

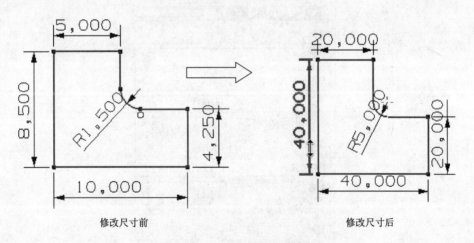

图 3-75 尺寸的修改示意图

① 绘制形状大致与图 3-75 的左图相似的轮廓，并标注尺寸。

② 单击 按钮，弹出"草图尺寸"悬浮工具条，接着单击"草图尺寸对话框"按钮 ，在弹出的"尺寸"对话框中选择表达式，被选中的表达式在绘图区中就会高度显亮，输入所需的精确数值，按 Enter 键确定，一个一个修改，直到修改完毕，单击关闭按钮，退出"尺寸"对话框，完成对草图的修改。

3.5 草绘实例

【实例 1】 绘制如图 3-76 所示的草图。

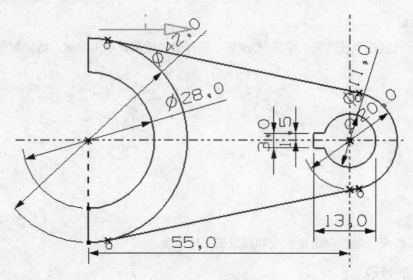

图 3-76　草绘实例

本例中图形上下对称，因此，绘制前先绘制一条中心线作为图形的参考，绘制步骤如下。

步骤一　新建草绘文件。

（1）打开 UG，选择"文件"→"新建"命令，或者单击"标准"工具条上的 "新建"按钮，弹出"文件新建"对话框，接着在"名称"文本框中输入"Chapter03-1"，然后单击"确定"按钮，出现标准界面。

（2）选择"插入"→"草图"命令或者单击"特征"工具条上的 按钮。

（3）弹出"创建草图"对话框，如图 3-77 所示。单击"确定"按钮，进入草绘环境。

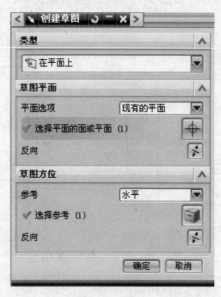

图 3-77　"创建草图"对话框

步骤二　绘制参考中心线。

（1）单击"草图曲线"工具条上的 按钮，绘制一条水平线和一条垂直线，如图 3-78 所示。

（2）单击"草图约束"工具条上的 按钮，弹出"转换至/自参考对象"对话框，选择两条直线，单击"确定"按钮，绘制一条水平中心线和一条垂直线，如图 3-79 所示。

步骤三　绘制左右两半部分基本图形。

（1）单击"草图曲线"工具条上的 按钮，将鼠标移动到两条参考线的交点处，出现"交点"按钮 ，单击左键确定圆心约束于交点处，画一个圆，单击左键确定。依照此法，再画另一个圆，如图 3-80 所示。

图 3-78　绘制两条直线　　　　　　　　　　　图 3-79　绘制中心线

（2）在草图的右边，绘制与实例中大致相似的两个圆，要求圆心在水平参考线上，如图 3-81 所示。

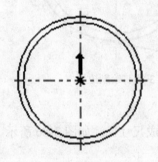

图 3-80　绘制两个同心圆　　　　　　　　　图 3-81　绘制另外两个同心圆

步骤四　绘制外公切线。

单击"草图曲线"工具条上的 ╱ 按钮，先单击左边大圆上一点，然后移动光标到右圆上的适当位置时，两个圆上都出现 ○ 按钮，单击左键，完成相切线的绘制，依照此法，完成另一条切线的绘制，结果如图 3-82 所示。

步骤五　绘制左半部分图形。

（1）单击"草图曲线"工具条上的 ╱ 按钮，绘制一条垂直线，如图 3-83 所示。

（2）单击"草图约束"工具条上的 ⊥ 按钮，分别选择图 3-83 中的直线 1 和圆心，接着在"约束"工具条中单击 ↑ 按钮，结果如图 3-84 所示。

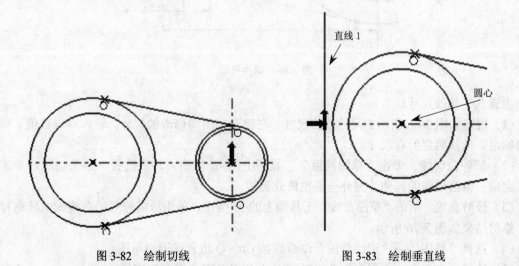

图 3-82　绘制切线　　　　　　　　　　　图 3-83　绘制垂直线

步骤六　绘制右半部分图形。

（1）单击"视图"工具条上的 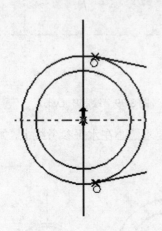 按钮，左键单击右半部分不放，并上下拖动鼠标，将右部分图形放大，或者滚动中键，将右部分图形放大。

（2）单击"草图曲线"工具条上的 □ 按钮，绘制矩形如图 3-85 所示。

图 3-84　点在曲线上的约束

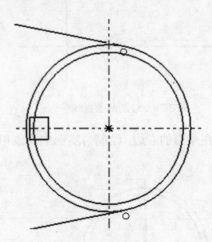

图 3-85　绘制矩形

步骤七　标注尺寸。

单击"草图约束"工具条上的 按钮进行尺寸标注。完成尺寸标注如图 3-86 所示。

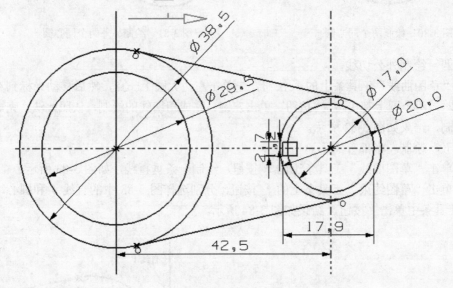

图 3-86　标注尺寸

步骤八　修改尺寸。

（1）根据如图 3-86 所示的尺寸修改尺寸。左键双击所需修改的尺寸，输入精确数值，单击中键确定。依次确定所有尺寸。

（2）延伸公切线。单击"草图约束"工具条上的 按钮，然后选择一条公切线，单击左键，完成一条公切线的延伸，另外一条也依此照做。

（3）修剪曲线。单击"草图曲线"工具条上的 按钮，单击所需修剪的直线或曲线进行修剪，修剪结果如图 3-76 所示。

（4）选择"草图"→"退出草图"命令或按 Ctrl+Q 组合键退出草图。

（5）选择"文件"→"保存"命令或按 Ctrl+S 组合键，保存该文件。

【实例 2】　绘制如图 3-87 所示的草图。

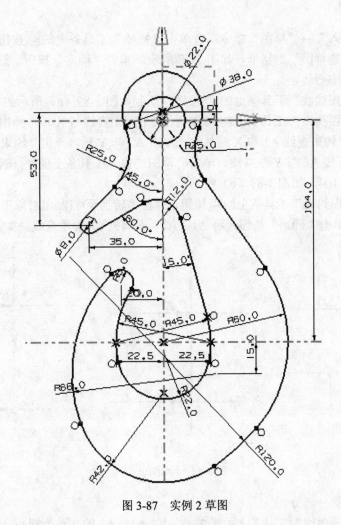

图 3-87 实例 2 草图

本例中的草图比较复杂，因此试图一次完成该图的绘制比较困难，应该分步进行。该草图的绘制可以分为如图 3-88 所示的几块进行绘制，剩下的部分连接起来即可。本例中所有两两连接的图元之间都相切。

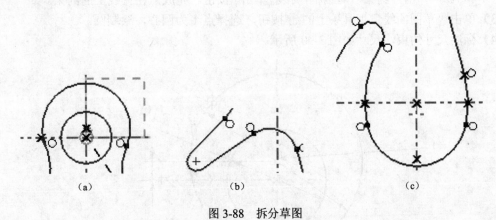

图 3-88 拆分草图

（a）第一部分；（b）第二部分；（c）第三部分

步骤一 新建草绘文件。

（1）打开 UG，选择"文件"→"新建"命令，或者单击"标准"工具条上的"新建"按钮 ，弹出"文件新建"对话框，接着在"名称"文本框中输入"Chapter03-2"，然后单击"确定"按钮，出现标准界面。

（2）选择"插入"→"草图"命令或者单击"特征"工具条上的🔲按钮。

（3）弹出"创建草图"对话框，如图 3-77 所示。单击"确定"按钮，进入草绘环境。

步骤二　绘制中心线。

（1）单击"草图曲线"工具条上的╱按钮，绘制如图 3-89（a）所示的三条直线，

（2）单击"草图约束"工具条上的🔲按钮，单击 A1 直线与 X 轴，弹出"约束"对话框，接着单击 ╲ 按钮，约束直线 A1 与 X 轴共线。单击 A2 与 Y 轴，弹出"约束"对话框，接着单击 ╲ 按钮，约束直线 A2 与 Y 轴共线。单击"草图约束"工具条上的🔲按钮，添加 A1 与 A3 之间的约束尺寸为 104，如图 3-89（b）所示。

（3）单击"草图约束"工具条上的🔲按钮，弹出"转换至/自参考对象"对话框，选择 A1、A2、A3 三条直线单击"确定"按钮，将 A1、A2、A3 转换为参考直线，如图 3-89（c）所示。

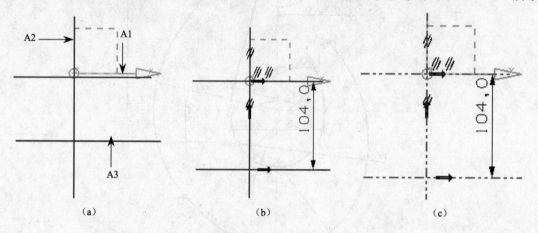

图 3-89　绘制中心线

步骤三　绘制第一部分。

（1）单击"草图曲线"工具条上的○按钮，以 A1、A2 的交点为圆心，绘制圆。

（2）单击"草图曲线"工具条上的＋按钮，弹出"点"对话框，在"坐标"中的 YC 文本框中输入"4"，单击"确定"按钮，完成点 1 的绘制。单击"草图约束"工具条上的🔲按钮，单击点 1 和 A2，弹出"约束"对话框，接着单击 ╎ 按钮，完成点在直线上的约束。

（3）单击"草图曲线"工具条上的○按钮，选择点 1 为圆心，绘制圆。

（4）标注尺寸约束，尺寸如图 3-90 所示。

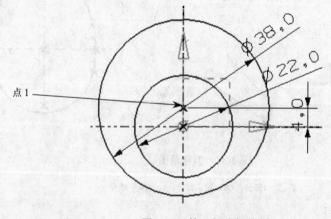

图 3-90　第一部分的绘制

步骤四　绘制第二部分。

（1）单击"草图曲线"工具条上的＋按钮，弹出"点"对话框，在"坐标"选项组中的

XC 文本框中输入 "−35"，YC 文本框中输入 "−49"，单击 "确定" 按钮，完成点 2 的绘制。

（2）单击 "草图曲线" 工具条上的 ○ 按钮，以点 2 为圆心，以 "8" 为直径，绘制圆。

（3）单击 "草图曲线" 工具条上的 ╱ 按钮，弹出 "直线" 对话框，在 "输入模式" 选项组中选择 "参数模式" 按钮 ☐，在草图上单击圆上一点，输入如图 3-91（a）所示的数值。按 Enter 键确定。依照此法绘制另一直线，输入数值如图 3-91（b）所示。

图 3-91 直线的绘制

（4）单击 "草图约束" 工具条上的 ⊥ 按钮，分别选择直线和圆，弹出 "约束" 对话框，选择 ○ 按钮，完成相切约束的创建。单击 "草图约束" 工具条上的 ╌ 按钮，添加尺寸约束，结果如图 3-92 所示。

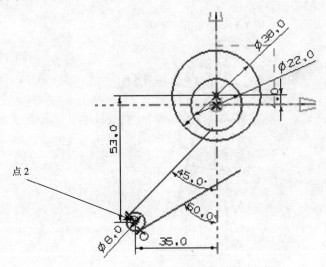

图 3-92 第二部分的绘制

步骤五 绘制第三部分。

（1）单击 "草图曲线" 工具条上的 ＋ 按钮，弹出 "点" 对话框，在 "坐标" 选项组中的 XC 文本框中输入 "−22.5"，YC 文本框中输入 "−104"，单击 "确定" 按钮，完成点 3 的绘制。在 "坐标" 选项组中的 XC 文本框中输入 "22.5"，YC 文本框中输入 "−104"，单击 "确定" 按钮，完成点 4 的绘制。

（2）单击 "草图曲线" 工具条上的 ╲ 按钮，弹出 "圆弧" 对话框，在 "圆弧方法" 选项组中选择 "中心和端点决定圆弧" 选项，以点 3 为圆心，以 "45" 为半径，绘制圆弧 1。同理绘制圆弧 2。

（3）单击 "草图曲线" 工具条上的 ╲ 按钮，弹出 "圆弧" 对话框，选择圆弧 1 上一点和圆弧 2 上一点，再在参考线上选择一点，完成圆弧 3 的绘制。

（4）单击 "草图约束" 工具条上的 ╌ 按钮，添加尺寸约束。单击 "草图约束" 工具条上的 ⊥ 按钮，选择圆弧 3 的圆心和 A3，弹出 "约束" 对话框，单击 ┼ 按钮，完成点在直线上的约束。选择圆弧 1 和圆弧 3，弹出 "约束" 对话框，单击 ○ 按钮，完成相切约束。选择圆弧 2 和圆弧 3，弹出 "约束" 对话框，单击 ○ 按钮，完成相切约束。最终结果如图 3-93 所示。

步骤六 绘制剩余部分。

（1）绘制如图 3-94 所示的圆弧和直线，并且进行约束和标注尺寸，再进行修剪。操作步骤如下。

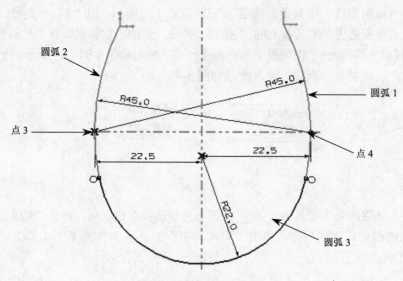

图 3-93　绘制第三部分

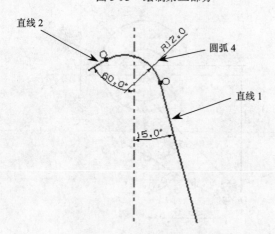

图 3-94　直线和圆弧的绘制

① 单击"草图曲线"工具条上的 ✏ 按钮，弹出"直线"对话框，在"输入模式"选项组中选择 ⊔ "参数模式"按钮，单击圆弧 1 上一点，在"长度"文本框中输入"70"，在"角度"文本框输入"105"，完成直线的绘制。

② 单击"草图曲线"工具条上的 ⌒ 按钮，弹出"圆弧"对话框，选择直线 1 和直线 2 上任意一点，然后在文本框内输入半径"12"，完成圆弧 4 的绘制。

③ 单击"草图约束"工具条上的 🔩 按钮，添加尺寸约束，尺寸如图 3-94 所示。单击"草图约束"工具条上的 ⫽，选择直线 1 和圆弧 4，弹出"约束"对话框，单击 ○ 按钮，完成相切约束。选择直线 2 和圆弧 4，弹出"约束"对话框，单击 ○ 按钮，完成相切约束。选择直线 1 和圆弧 1，弹出"约束"对话框，单击 ○ 按钮，完成相切约束。

④ 单击"草图曲线"工具条上的 ⤙ 按钮，根据图 3-94，对多余曲线进行修剪。

（2）绘制如图 3-95 所示的两段圆弧，并进行约束和标注尺寸，再进行修剪。操作步骤如下。

① 单击"草图曲线"工具条上的 ⌒ 按钮，弹出"圆弧"对话框，选择圆弧 2 上任意一点，然后在文本框内输入半径"6"，绘制如图 3-95 所示的圆弧 5。

② 单击"草图曲线"工具条上的 ⌒ 按钮，弹出"圆弧"对话框，选择圆弧 5 上任意一点，然后在文本框内输入半径"68"，绘制如图 3-95 所示的圆弧 6。

③ 单击"草图约束"工具条上的 🔩 按钮，添加尺寸约束，尺寸如图 3-95 所示。单击"草

图约束"工具条上的 ，选择圆弧 2 和圆弧 5，弹出"约束"对话框，单击 ○ 按钮，完成相切约束。选择圆弧 5 和圆弧 6，弹出"约束"对话框，单击 ○ 按钮，完成相切约束。

④ 单击"草图曲线"工具条上的 按钮，根据图 3-95，对多余曲线进行修剪。

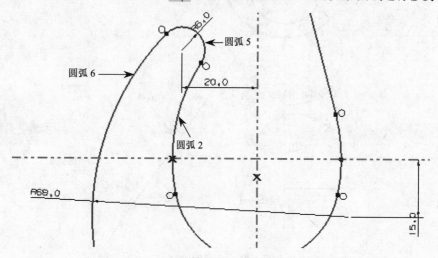

图 3-95　绘制两段圆弧

（3）绘制如图 3-96 所示的 R60 圆弧 7，并且标注尺寸。其中该段圆弧的中心在中心线 A2 和 A3 交点上。操作步骤如下。

① 单击"草图曲线"工具条上的 按钮，弹出"圆弧"对话框，单击 按钮，以 A2 和 A3 的交点为圆心，以 60 为半径绘制如图 3-96 所示的圆弧。

② 单击"草图约束"工具条上的 按钮，添加尺寸约束，尺寸如图 3-96 所示。

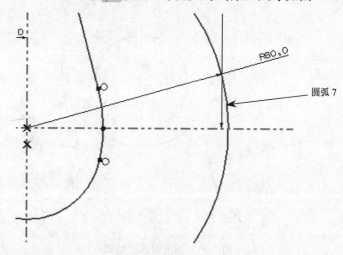

图 3-96　绘制圆弧

（4）绘制如图 3-97 所示的直线 3，并且进行约束，接着进行修剪。该直线与圆 1 的圆心在同一直线上。操作步骤如下。

① 单击"草图曲线"工具条上的 按钮，弹出"直线"对话框，以 A1 和 A2 的交点为圆心，绘制圆弧 7 的切线。

② 单击"草图曲线"工具条上的 按钮，根据图 3-97，对多余曲线进行修剪。

（5）绘制如图 3-98 所示的圆弧 8 和圆弧 9，并进行标注尺寸和约束，接着进行修剪。操作步骤如下。

① 单击"草图曲线"工具条上的 按钮，弹出"圆弧"对话框，分别选择直线 3 和圆 1

一点，绘制圆弧8。

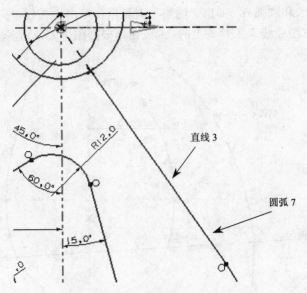

图 3-97　直线的绘制

② 单击"草图约束"工具条上的 按钮，添加尺寸约束，尺寸如图 3-98 所示。单击"草图约束"工具条上的 按钮，选择圆 1 和圆弧 8，弹出"约束"对话框，单击 按钮，完成相切约束。选择直线 3 和圆弧 8，弹出"约束"对话框，单击 按钮，完成相切约束。

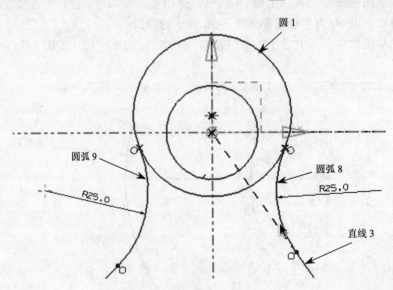

图 3-98　两段圆弧的绘制（1）

③ 单击"草图曲线"工具条上的 按钮，根据图 3-98，对多余曲线进行修剪。

④ 按同样步骤绘制圆弧 9。

（6）绘制如图 3-99 所示的圆弧 10 和圆弧 11，并进行标注和约束，接着进行修剪。操作步骤如下。

① 单击"草图曲线"工具条上的 按钮，弹出"圆弧"对话框，单击 按钮，选择 A2 上一点为圆心，分别以圆弧 6 和 A2 上一点为端点画圆弧 10。

② 单击"草图约束"工具条上的 按钮，添加尺寸约束，尺寸如图 3-99 所示。单击"草图约束"工具条上的 ，选择圆弧 6 和圆弧 10，弹出"约束"对话框，单击 按钮，完成相切约束。

③ 按同样步骤绘制圆弧 11。

④ 单击"草图曲线"工具条上的 按钮，根据图 3-99，对多余曲线进行修剪。

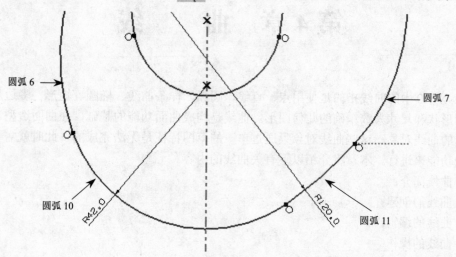

图 3-99　两段圆弧的绘制（2）

　　由于本例比较复杂，读者在绘制本例的过程中肯定会碰到很多问题，故使用了分步绘制的方法，分步绘制可以简化草图，使问题解决起来相对简单，读者可在绘制过程中仔细体会。

　　通过上述几个例子的练习，相信读者已经初步掌握了草图的绘制方法。但是这还远远不够，只有通过大量的练习，才能够灵活运用草绘的各个功能，提高绘图效率。需要指出的是，上述两个例子的绘制方法并不固定，可以通过尝试改变绘图步骤来体会草绘过程的不同点。

第 4 章 曲　　线

UG NX 5.0 中的曲线指的是使用点、直线、圆弧、样条曲线、椭圆、矩形、多边形等曲线命令绘制形状和尺寸大致精确的几何图形。曲线是构成曲面功能的基础，在曲面造型过程中会应用大量的曲线对象，这些曲线对象只通过单一的草图特征是无法完成的，此时就需要结合强大的曲线功能来进行。本章将介绍以下有关曲线的内容。

（1）曲线简介；
（2）曲线的创建；
（3）曲线的编辑；
（4）曲线的操作；
（5）曲线实例。

4.1　曲线简介

曲线功能分为 3 个部分：曲线生成、曲线编辑和曲线操作。

曲线生成用于建立遵循设计要求的点、直线、圆弧、样条曲线、椭圆、矩形、多边形、二次曲线和样条曲线等几何要素。其中，样条曲线是所有曲线功能中最重要的，使用样条曲线可以创建复杂的曲面轮廓线，并且可以设置曲线之间的位置、相切和曲率连续。

编辑功能是对这些几何要素进行编辑修改，如修剪曲线、编辑曲线参数和曲线拉伸等。

曲线操作是对这些已存在的曲线进行几何运算处理，如连接曲线、桥接曲线、镜像曲线等。

用户在创建扫掠和旋转等特征时，都需要选择相关的曲线或者边缘线。用户使用 UG NX 5.0 的曲线功能可以直接在模型空间中创建相应的曲线，并且可以设置曲线是否关联，从而将参数建模与非参数建模有效地结合在一起，快速对相应的模型进行创建和编辑。

4.2　曲线的创建

4.2.1　直线

在建模环境下，选择“插入”→“曲线”→“直线”命令，或者单击“曲线”工具条上的 ╱ 按钮，弹出“直线”对话框，如图 4-1 所示。

下面将“直线”对话框中各个选项的作用介绍如下。

1. 起点

在“起点选项”下拉列表中有“自动判断”、“点”和“相切”3 种方法来指定直线的起点位置，如图 4-1 所示。

（1）⌁ 自动判断　自动判断直线的起点位置。

（2）点　选择此选项后，对话框中多出一个“点参考”选项，其中有 3 个选项，分别为 WCS、“绝对”和 CSYS。用户可以选择这 3 种坐标系创建点，或者捕捉现有对象的相关点创建点，单击对话框中的 ⟂ 按钮，也可以直接创建直线的起点，可参照节点构造器的相关内容。

（3）相切　选择圆、圆弧或曲线确定直线与其相切的起始位置。

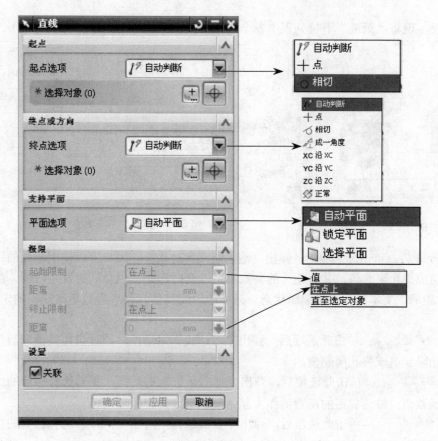

图 4-1　"直线"对话框

2. 终点和方向

在"终点选项"下拉列表中除了有与起点中类似的选项外，还有其他几个选项，如图 4-1 所示，现将其他选项介绍如下。

（1）成一角度　通过指定与要创建直线成一定角度的直线来创建直线，用户只能选择直线或者直的边缘线作为参考对象创建直线。

（2）XC 沿 XC / YC 沿 YC / ZC 沿 ZC　通过选择点，创建一条与 XC、YC、ZC 其中一轴平行的直线。

3. 支持平面

在"支持平面"下拉列表中有"自动平面"、"锁定平面"和"选择平面"3 个选项，如图 4-1 所示，现将其介绍如下。

（1）自动平面　通过自动平面确定创建直线的平面，一般为默认状态。

（2）锁定平面　通过锁定某一平面创建直线的平面，用户可以通过直接用鼠标双击基准平面来锁定或解锁。

（3）选择平面　通过选择现有的平面创建直线的平面。当选择此选项后，也可以通过单击对话框中的按钮，直接创建出直线所在的平面。

4. 极限

极限用来确定直线的长度，分别有"值"、"在点上"和"直至选定对象"3 种类型，如图 4-1 所示，现将它们介绍如下。

（1）值　通过数值来限制直线的长度，如图 4-2 所示。如果指定起始限制的值，此值是直线起点与起点定义点之间的距离值，如果指定终止限制的值，此值是直线终点与起点定义点之间的距离值。

选择"值"选项后，还可以单击"距离"选项后的按钮，系统弹出如图 4-3 所示的"距离"下拉列表，现将"距离"下拉列表中各个选项的内容介绍如下。

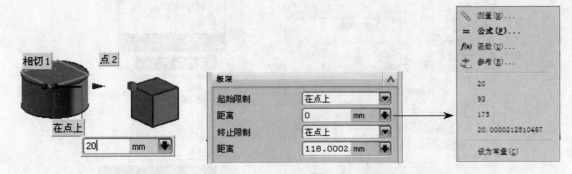

图 4-2 通过"值"限制直线长度　　　　　　　　　图 4-3 "距离"下拉列表

① 测量(M)...：单击此选项后，弹出"测量距离"对话框，用户可以使用测量的距离值作为起始限制值或终止限制值，并且相关的参数发生改变时，此值也会同时发生改变。当定义测量距离后，"距离"文本框为不可编辑状态，只能编辑距离值，或者通过更改距离的定义方式，编辑距离值。

② = 公式(F)...：单击此选项后，弹出"表达式"对话框，通过指定数值和数学运算关系来确定起始限制值或终止限制值。

③ f(x) 函数(U)...：单击此选项后，弹出"插入函数"对话框，接着选择相应的函数关系式，再输入函数值，将运算后的函数值作为起始限制值或终止限制值。

④ 参考(R)...：单击此选项后，弹出"参数选择"对话框，接着选择已有的特征，系统会将选择对象的有关参数在"参数选择"对话框中列出来，只需要选择相应的参数值。

⑤ 设为常量(C)：将不可编辑的测量值、公式值和函数值转换为常数值，接着也可以修改此常数值。

（2）在点上　通过参考点确定直线长度，如图 4-4 所示。将直线的起点定义点作为直线起点，或者将终点定义点作为直线终点。

（3）直至选定对象　通过指定参考对象确定直线长度，如图 4-5 所示。选择曲线、曲面和基准平面等对象作为直线起点或终点的限制位置。

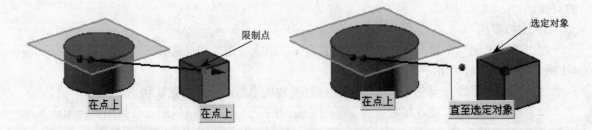

图 4-4 通过"在点上"限制直线长度　　　　图 4-5 通过"直至选定对象"限制直线长度

除了上面 3 种设置限制的方式外，用户还可以在工作区域中右击直线起点的圆形操作图柄处，弹出快捷菜单，选择相应的选项，如图 4-6 所示。

5. 设置

在"设置"下拉列表中有"延伸至视图边界"、"备选解"、"关联" 3 个选项，现将其介绍如下。

（1）延伸至视图边界　将创建的直线延伸至视图边界，如图 4-7 所示。

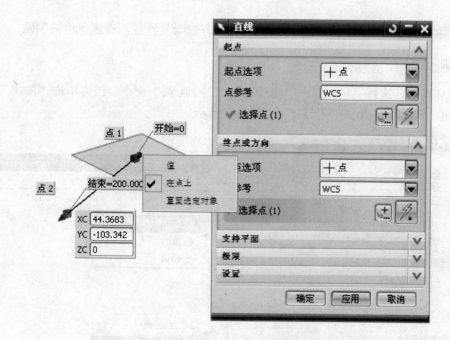

图 4-6 右键快捷菜单

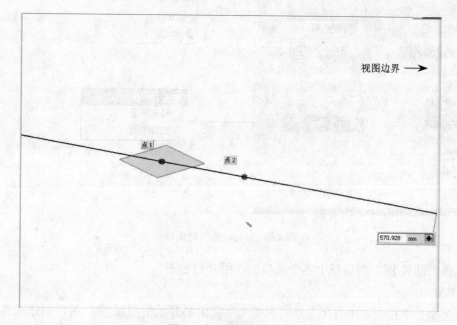

图 4-7 延伸至视图边界

（2）备选解 当用户创建的直线存在多个解时，此时多出了"备选解"选项，用户可以单击 按钮，切换不同的直线解，如图 4-8 所示。

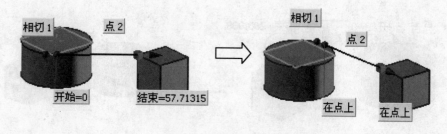

图 4-8 切换备选解

（3） ☑关联　创建的直线与约束图素相关联，若删除父特征，直线也将被删除。

4.2.2　圆弧/圆

在建模环境下，选择"插入"→"曲线"→"圆弧/圆"命令，或者单击"曲线"工具条上的 🖜 按钮，弹出"圆弧/圆"对话框，如图 4-9 所示。

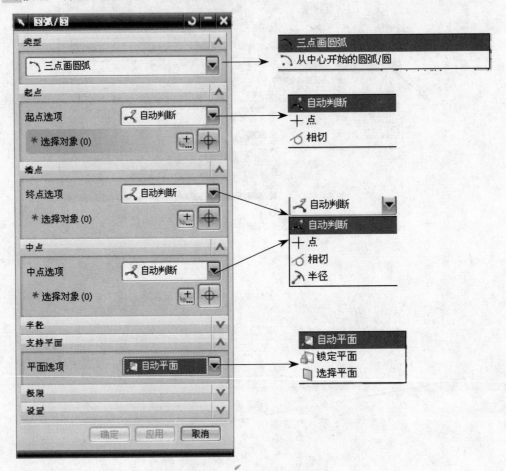

图 4-9　"圆弧/圆"对话框

下面将"圆弧/圆"对话框中各个选项的作用介绍如下。

1. 类型

在"类型"下拉列表中有"三点画圆弧"、"从中心开始的圆弧/圆"两种创建圆弧的方式，现将其介绍如下。

（1） 🖜 三点画圆弧　通过指定 3 点创建圆弧或圆，如图 4-10 所示。

（2） 🖜 从中心开始的圆弧/圆　通过中心点和圆弧起点创建圆弧或圆，如图 4-11 所示。

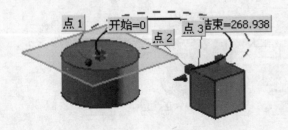

图 4-10　三点画圆弧

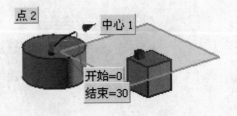

图 4-11　从中心开始的圆弧/圆

当选择了"从中心开始的圆弧/圆"选项后，此时的对话框如图4-12所示，用户可以通过"中心点"和"通过点"两种方式来创建圆弧和圆。"中心点"是指圆弧或圆的中心位置，"通过点"是指圆弧上的点，下拉列表如图4-12所示。

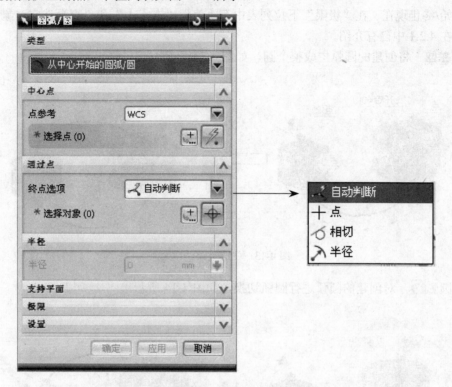

图4-12 "圆弧/圆"对话框

2. 起点

在"起点选项"下拉列表中有"自动判断"、"点"和"相切"3种方法来指定圆弧或圆的起点位置，如图4-9所示。

（1） 🖉 自动判断　自动判断圆弧的起点的位置。

（2）点　选择此选项后，对话框中多出一个"点参考"选项，其中有3个选项，分别为WCS、"绝对"和CSYS。用户可以选择这3种坐标系创建点，或者通过捕捉现有对象的相关点来创建点，可以通过单击对话框中的 ⋤ 按钮来创建，也可以直接创建直线的起点，可参照3.13节点构造器的相关内容。

（3）相切　选择要与创建的圆弧或圆相切的参考曲线，拖动鼠标，系统自动更新相切的位置，并以此确定圆弧的起点位置。

3. 端点

"端点选项"与"起点选项"唯一的不同是多出了一个"半径"方式，选择此方式后，用户可以直接定义圆弧或圆的半径。

4. 中点

当用户选择"端点选项"为"半径"后，此项就不能再定义"半径"方式，用户只能选择其他选项，具体内容可参考本节起点的相关内容。

5. 半径

用户可在"半径"文本框中输入创建圆弧和圆的半径值。

6. 支持平面

在"支持平面"下拉列表中有"自动平面"、"锁定平面"和"选择平面"3个选项，在4.2.1中已有介绍。

7．极限

在"极限"下拉列表中有"起始|终止现在"、"整圆"和"补圆弧"3个选项，现将其介绍如下。

（1）起始/终止现在　在"极限"下拉列表中有"值"、"在点上"和"直至选定对象"3种创建方式，在4.2.1中已有介绍。

（2）☑整圆　将创建的圆弧生成整个圆，如图4-13所示。

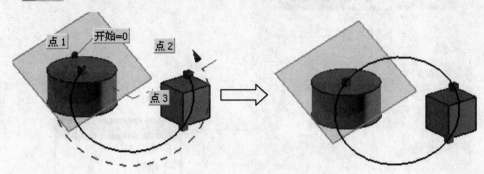

图4-13　生成整圆

（3）补圆弧⊙　对创建的圆弧进行圆弧切换，如图4-14所示。

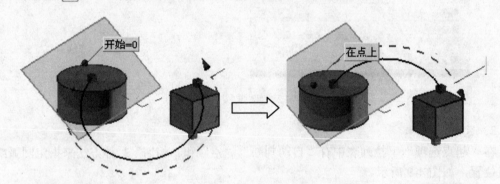

图4-14　补圆弧

8．设置

在"设置"下拉列表中有"关联"和"备选解"两个选项。现将其介绍如下。

（1）☑关联　定义创建的圆弧/圆是否关联。

（2）备选解⊕　当创建的圆弧/圆存在多个解时，单击⊕按钮，可以切换不同的解，以得到自己想要的解。

4.2.3　基本曲线

基本曲线是草图几何设计的基础，它提供了一些最常用的曲线设计方法。由于基本曲线没有变量表达式，所以它的修改具有一定的局限性。基本曲线的功能包括直线、圆弧、圆、圆角、修剪和编辑曲线参数，其中，直线、圆弧和圆在前面已做了介绍，下面介绍其他功能。

在建模环境下，选择"插入"→"曲线"→"基本曲线"命令，或者单击"曲线"工具条上的⊙按钮，弹出"基本曲线"对话框，如图4-15所示。

1．圆角

在建模环境下，选择"插入"→"曲线"→"基本曲线"命令，或者单击"曲线"工具条上的⊙按钮，弹出"基本曲线"对话框，接着单击⌐按钮，弹出"曲线倒圆"对话框，如图4-16所示。

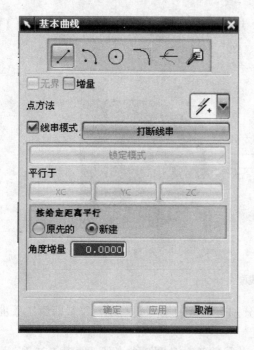

图4-15 "基本曲线"对话框

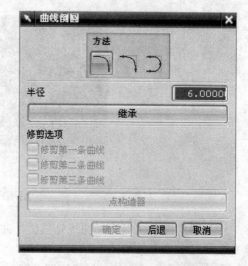

图4-16 "曲线倒圆"对话框

（1）方法　曲线圆角有"简单圆角"、"2曲线圆角"和"3曲线圆角"3种创建方式，现将这3种创建方式介绍如下。

① 简单圆角：通过输入圆角半径和选择曲线创建圆角。选择直线时，光标必须接近两条直线的交点位置，否则将出现"错误"对话框提示。图4-17所示为简单圆角。

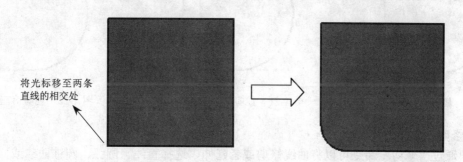

图4-17 简单圆角

② 2曲线圆角：通过输入圆角半径和选择两条曲线以及指定大概圆角中心位置创建倒圆角，如图4-18所示。

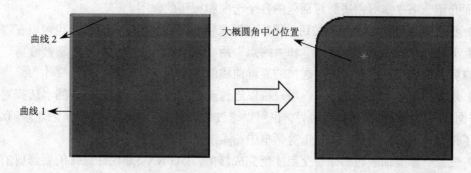

图4-18 2曲线圆角

③ 3 曲线圆角 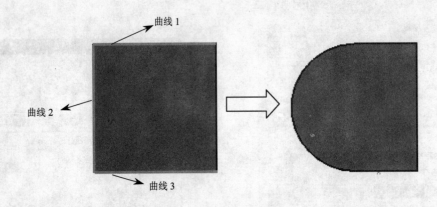：通过选择 3 条曲线并指定大概圆角中心位置创建倒圆角，如图 4-19 所示。

图 4-19　3 曲线圆角

（2）修剪选项　当选择曲线修剪后，曲线状态分别有"裁剪第一条曲线"、"裁剪第二条曲线"和"裁剪第三条曲线"3 种。

① ▢修剪第一条曲线：创建倒圆角时，系统将自动裁剪第一条圆角参考线，如图 4-20 所示。

② ▢删除第二条曲线：创建倒圆角时，系统将自动裁剪第二条圆角参考线，如图 4-21 所示。

③ ▢修剪第三条曲线：创建倒圆角时，系统将自动裁剪第三条圆角参考线，如图 4-22 所示。

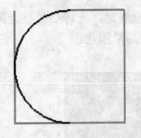
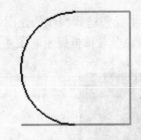
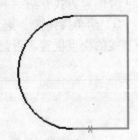

图 4-20　裁剪第一条曲线　　　　图 4-21　裁剪第二条曲线　　　　图 4-22　裁剪第三条曲线

2．修剪

用户通过"修剪"命令可以将曲线修剪或者延伸，选择直线、圆弧、圆锥曲线或样条曲线作为需要修剪的对象，将其修剪至曲线、边缘线、平面和点等修剪边界处。

在建模环境下，选择"插入"→"曲线"→"基本曲线"命令，或者单击"曲线"工具条上的 ▢ 按钮，弹出"基本曲线"对话框，接着单击 ▢ 按钮，弹出"修剪曲线"对话框，如图 4-23 所示。

下面介绍一下"修剪曲线"对话框中各个选项和按钮的作用。

（1）要修剪的曲线　单击 ▢ 按钮，用户可以直接选择需要修剪的曲线，也可以在"要修剪的端点"下拉列表框中选择"开始"和"终点"两个选项，确定曲线的哪一端被修剪。当用户选择要修剪的曲线时，用鼠标单击选择的靠近曲线的一端作为开始端，另一端作为终点端。

（2）边界对象 1 和边界对象 2　用户可以通过选择"对象"下拉列表中的"选择对象"和"指定平面"两个选项来指定修剪边界，也可以通过单击对话框中的 ▢ 按钮来创建修剪边界点，在选择了指定平面后，用户可以单击对话框中的 ▢ 按钮来创建修剪平面。

（3）交点　修剪曲线时必须有交点才能完成修剪，UG NX 5.0 允许选择的要修剪的曲线与修剪边界不相交，用户可以通过图 4-23 中"方向"下拉列表中的 4 个选项运算出交点的位置。

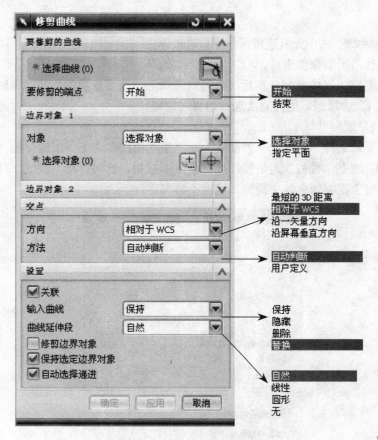

图4-23 "修剪曲线"对话框

① 最短的3D距离：使用曲线间的最短距离的交点作为修剪边界，如果曲线位于一个平面内，系统会将曲线沿着自然方向延伸以产生交点。

② 相对于WCS：将边界对象沿着WCS的Z轴方向拉伸，形成的拉伸面作为修剪边界。

③ 沿一矢量方向：将边界对象沿着指定的矢量方向拉伸，形成的拉伸面作为修剪边界。

④ 沿屏幕垂直方向：将边界对象沿着屏幕垂直方向拉伸，形成的拉伸面作为修剪边界。

当用户选择的要修剪的曲线与边界对象只有一个交点时，选择"自动判断"选项，当用户选择的要修剪的曲线与边界对象产生多个交点时，可以选择"用户定义"选项，然后选择其中的一个交点作为修剪边界点。

（4）设置 在"设置"选项组中有多种设置方法，现将其介绍如下。

① ☑关联：设置修剪后的曲线是否有关联特征。

② 输入曲线：设置修剪前曲线的保存、隐藏、删除和替换操作，用户可以选择删除将修剪前的曲线删除，并创建修剪后的曲线；选择隐藏可以将修剪前的曲线隐藏，并创建修剪后的曲线。

③ 曲线延伸段：当用户选择样条曲线作为要修剪的曲线，并进行延伸修剪时，可以选择"曲线延伸段"下拉列表中的相关选项进行延伸。

● 自然：将样条曲线沿着自然轨迹方向进行延伸，修剪后的样条曲线不一定与边界对象相交。

● 线性：将样条曲线沿端点处的切线方向进行延伸。

● 圆形：以样条曲线在端点处的曲率半径作为圆半径并进行圆弧线延伸。

● 无：不对样条曲线进行任意的延伸操作。

④ ☑修剪边界对象：选中此复选框后，在"修剪曲线"对话框中的"边界对象1"和"边界对象2"两个选项组的下面多出了"要修剪的端点"一栏，用户可以同时对这两个边界对象进

行修剪操作。

⑤ ☑保持选定边界对象：选中此复选框后，用户可以单击 应用 按钮完成修剪，系统便直接将上一次的修剪边界作为当前修剪边界。

⑥ ☑自动选择递进：选中此复选框后，当用户选择了一个要修剪的曲线对象时，系统自动跳转至"选择对象 1"选项组，用户直接选择边界对象即可。

3．编辑曲线参数

在建模环境下，选择"插入"→"曲线"→"基本曲线"命令，或者单击"曲线"工具条上的 🖈 按钮，弹出"基本曲线"对话框，接着单击 🖉 按钮，此时"基本曲线"对话框如图 4-24 所示，这个命令将会在编辑曲线中提到，这里不再赘述。

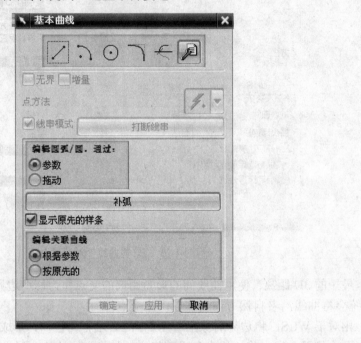

图 4-24 "基本曲线"对话框

4.2.4 样条

样条曲线可以构造复杂曲率的曲线，一般在曲面造型时会大量使用，该功能可以通过多种方式构造曲线。其功能和应用在 3.1.8 已有叙述，这里不再赘述。

4.2.5 艺术样条

艺术样条曲线指在绘图区内通过特定的点来绘制有规律的曲线，它是曲面造型使用最多的命令之一。其功能和应用在 3.1.8 已有叙述，这里不再赘述。

4.2.6 拟合样条

用户可以使用"拟合样条"功能将数据点拟合成样条曲线，与"样条"命令下的拟合方式相同，不同的是，拟合命令允许用户进行交互式创建与修改。

在建模环境下，选择"插入"→"曲线"→"拟合样条"命令，或者单击"曲线"工具条上的 🖈 按钮，弹出"拟合样条"对话框，如图 4-25 所示。

下面将"拟合样条"对话框中各个选项和按钮的作用介绍如下。

1．类型

拟合类型有 ▨ （阶次和段）、▨ （阶次和公差）和 ▨ （模板曲线）3 种。

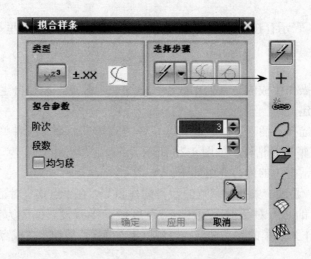

图 4-25 "拟合样条"对话框

（1）阶次和段　根据设定的曲线的阶次和段数来生成样条曲线，分段数越多，曲线越靠近定义点。

（2）阶次和公差　设定样条曲线与定义点之间的最大允许偏差和曲线阶次。

（3）模板曲线　根据模板曲线的参数（阶次、段数和极点）拟合样条。

2．选择步骤

（1）选择点方式的下拉列表框如图 4-25 所示，用户可以选择相应的选项，接着选择拟合定义点。

① 自动判断 ⚡：系统自动判断用户选择的几何对象来作为拟合定义点。

② 点构造器 ＋：使用点构造器创建拟合定义点。

③ 点—链来自所有 🔗：用户指定起点和终点后，系统自动将起点和终点之间的点作为拟合定义点，对应"样条"→"全部成链"命令的选择点方式。

④ 点—蜡笔工具 ⬭：单击鼠标左键确定框选多边形的范围，或者直接按住鼠标左键拖拽出一个封闭的轨迹，系统将轨迹范围内的点拟合成样条曲线，对应"样条"→"在多边形内的对象成链"命令的选择方式。

⑤ 点—来自文件 📂：从外部的*.dat 文件中导入点的数据。

⑥ 曲线 ∫：捕捉曲线上的点作为拟合定义点。

⑦ 曲面 🏵：捕捉曲面上的点作为拟合定义点。

⑧ 小平面化的体 🔲：捕捉小平面化的体上的点作为拟合定义点。

（2）模板曲线 🖋　在使用"模板曲线"拟合类型时，此选项变为可用，用户只要选择参照曲线即可。

（3）预览 ○　在选择了定义点之后，用户就可以预览生成的样条曲线，此时可以在曲线的两个端点处单击右键，在弹出的快捷菜单中选择"指定约束"命令，约束样条曲线的两个端点。

3．拟合参数

此选项组中的选项会随着拟合类型的不同而发生相应的变化，这里不再赘述。

4．编辑样条 λ

单击此按钮后，选择需要编辑的样条曲线，重新对样条曲线进行拟合操作。

"拟合样条"命令创建的样条曲线是非关联的，可以用鼠标双击样条曲线对其进行编辑，也可以将其转换为关联的样条曲线。

4.2.7　点

点作为一个单独的几何要素，可以通过"点构造器"对话框创建，也可以在绘图区以任意点创建，并且以"+"表示存在位置。其说明和应用在前面已叙述，这里不再赘述。

4.2.8　点集

点集是通过一次操作生成的一系列零散点，但这些零散点不能独自生成，它们必须在曲线或者曲面的基础上创建。

在建模环境下，选择"插入"→"基准/点"→"点集"命令，或者单击"曲线"工具条上的 ⁺+ 按钮，弹出"点集"对话框，如图 4-26 所示。

现将"点集"对话框中的内容介绍如下。

（1）曲线上的点　通过一条曲线和点的数目创建点集。在"点集"对话框中单击 曲线上的点 按钮，弹出"曲线上的点"对话框，如图 4-27 所示。接着设置间隔方法、点数和点集百分比，然后选择曲线 1 作为点集的参考曲线，最后单击"确定"按钮，完成点集的创建，如图 4-28 所示。

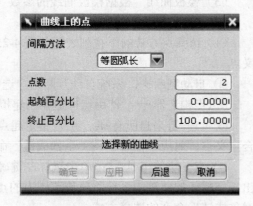

图 4-26　"点集"对话框　　　　　　　图 4-27　"曲线上的点"对话框

图 4-28　"点集"的创建

在"间隔方法"下拉列表中有以下 5 种方法："等圆弧长"、"等参数"、"几何级数"、"弦公差"和"增量圆弧长"，现将其介绍如下。

① 等圆弧长：根据圆弧长度确定两点间隔。

② 等参数：根据参数来确定两点间隔。

③ 几何级数：根据几何关系来确定两点间隔。

④ 弦公差：根据弦的公差来确定两点间隔。

⑤ 增量圆弧长：根据递增的圆弧长来确定两点间隔。

（2）在曲线上加点　通过指定曲线和点的位置创建点集。在"点集"对话框中单击 在曲线上加点 按钮，弹出"在曲线上加点"对话框，如图 4-29 所示。接着选择曲线 1 作为点集的参考曲线，然后利用"点构造器"创建点，最后单击"确定"按钮，完成点集的创建，如图4-30所示。

图4-29　"在曲线上加点"对话框

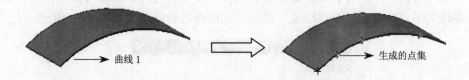

图4-30　"点集"的创建

（3）曲线上的百分点　通过一条曲线和曲线上的百分比位置创建点集。在"点集"对话框中单击曲线上的百分点按钮，弹出"曲线百分比"对话框，如图4-31所示。接着选择曲线1作为点集的参考曲线，然后在"曲线百分比"文本框中输入曲线的百分比，最后单击"确定"按钮，完成点集的创建，如图4-32所示。

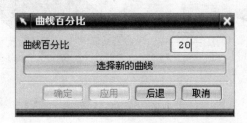

图4-31　"曲线百分比"对话框

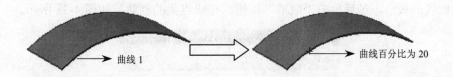

图4-32　"点集"的创建

（4）样条定义点　通过一条样条曲线创建点集。在"点集"对话框中单击样条定义点按钮，弹出"样条定义点"对话框，如图4-33所示。接着选择样条1作为点集的参考曲线，然后系统自动捕捉样条曲线的定义点，最后单击"取消"按钮，完成点集的创建，如图4-34所示。

图4-33　"样条定义点"对话框

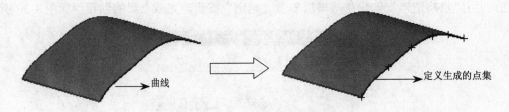

图 4-34 "点集"的创建

（5）样条结点　通过一条样条曲线创建点集。在"点集"对话框中单击 样条结点 按钮，弹出"样条节点"对话框，如图 4-35 所示。接着选择样条 1 作为点集的参考曲线，然后系统自动捕捉样条曲线的节点，最后单击"取消"按钮，完成点集的创建，如图 4-36 所示。

图 4-35 "样条节点"对话框

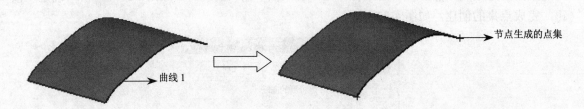

图 4-36 "点集"的创建

（6）样条极点　通过一条样条曲线创建点集。在"点集"对话框中单击样条极点 按钮，弹出"样条极点"对话框，如图 4-37 所示。接着选择样条 1 作为点集的参考曲线，然后系统自动捕捉样条曲线的极点，最后单击"取消"按钮，完成点集的创建，如图 4-38 所示。

图 4-37 "样条极点"对话框

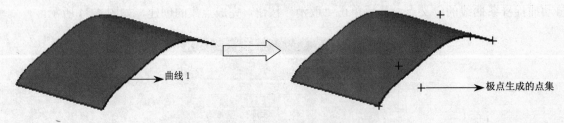

图 4-38 "点集"的创建

（7）面上的点　通过一曲面和点的数目创建点集。在"点集"对话框中单击面上的点 按钮，弹出"面上的点"对话框，如图 4-39 所示。接着选择曲面，弹出"面上的点"对话框，如图 4-40 所示，然后在对话框中输入U和V方向上点的数目和点集百分比，最后单击"确定"按钮，完成点集的创建，如图 4-41 所示。

图 4-39 "面上的点"对话框（一）   图 4-40 "面上的点"对话框（二）

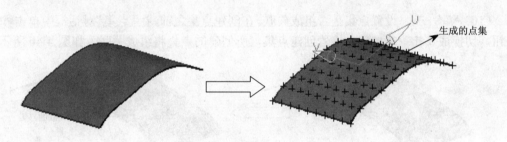

图 4-41 "点集"的创建

（8） 曲面上的百分点 通过一个曲面和曲面上的百分比位置创建点集。在"点集"对话框中单击 曲面上的百分点 按钮，弹出"面百分比"对话框，如图 4-42 所示。接着在对话框中输入U向百分比和V向百分比，然后选择曲面，最后单击"确定"按钮，完成点集的创建，如图 4-43所示。

图 4-42 "面百分比"对话框

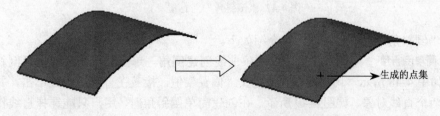

图 4-43 "点集"的创建

（9）面（B曲面）极点　通过一曲面和曲面边界创建点集。在"点集"对话框中单击面（B曲面）极点按钮，弹出"B极点"对话框，如图4-44所示。接着选择曲面，最后单击"取消"按钮，完成点集的创建，如图4-45所示。

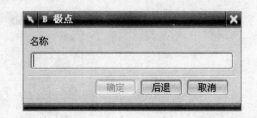

图4-44　"B极点"对话框

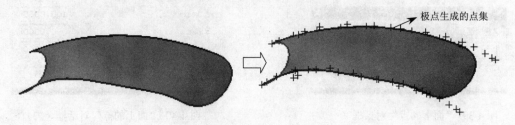

图4-45　"点集"的创建（1）

（10）点组合 - 关　设置点集是否组成关联。在创建点集之前，在"点集"对话框中单击点组合 - 关按钮，切换成点组合 - 开按钮，接着创建点集，所创建的点集将组成关联，如图4-46所示。

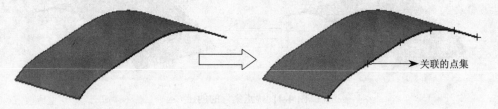

图4-46　"点集"的创建（2）

4.2.9　曲线倒斜角

倒斜角只能应用于同一平面的曲线上。在建模环境下，选择"插入"→"曲线"→"倒斜角"命令，或者单击"曲线"工具条上的按钮，弹出"倒斜角"对话框，如图4-47所示。

图4-47　"倒斜角"对话框（1）

现将"倒斜角"对话框中的内容介绍如下。

（1）简单倒斜角　对同一平面上的两条曲线创建倒角。单击此按钮，弹出"倒斜角"对话框（1），如图4-48所示，用户可以直接定义"偏置"值，接着在直线交点处单击，并且光标内必须含有两个直线对象，如图4-49所示。在创建简单倒斜角时，用户只能选择直线作为倒斜角的对象，在系统默认的情况下会修剪非关联的曲线。

图 4-48 "倒斜角"对话框（2）

图 4-49 "倒斜角"的创建

（2）用户定义倒斜角 自定义倒角的曲线是否裁剪。单击此按钮，弹出"倒斜角"对话框，如图 4-50 所示，用户可以定义不同的修剪方式。

图 4-50 "倒斜角"对话框

① 自动修剪 系统根据倒角参数自动裁剪边界，如图 4-51 所示。
② 手工修剪 用户可以根据需要裁剪倒角后的边界，如图 4-52 所示。
③ 不修剪 不进行边界修剪，如图 4-53 所示。

图 4-51 自动修剪 图 4-52 手工修剪 图 4-53 不修剪

4.2.10 矩形

在建模环境下，选择"插入"→"曲线"→"矩形"命令，或者单击"曲线"工具条上的 按钮来创建矩形，"矩形"命令创建的矩形是非关联的。

用户可以通过捕捉或者直接定义矩形的两个对角点创建矩形，与草图矩形不同的是，用户可以创建三维空间中的矩形。如果用户定义的对角点不在平行于 XC-YC、YC-ZC 和 XC-ZC 的平面内，则所创建的矩形的一条边线就会平行于工作坐标系的 YC 轴。

4.2.11 多边形

利用"多边形"命令可以快速创建指定边数的正多边形，如三角形、四边形和五边形等，正多边形广泛应用于工程设计的二维图形。

选择"插入"→"曲线"→"多边形"命令，或者单击"曲线"工具条上的 ⊙ 按钮，弹出"多边形"对话框，如图 4-54 所示。单击"确定"按钮，系统弹出如图 4-55 所示的"多边形"对话框，下面将"多边形"对话框中各个按钮的作用介绍如下。

图 4-54 "多边形"对话框（1）　　　　图 4-55 "多边形"对话框（2）

1．内接半径

单击此按钮后，系统弹出内接半径"多边形"对话框，用户可以定义多边形的内接半径与方位角。方位角是指多边形角点与工作坐标 XC 轴形成的夹角，具体含义如图 4-56 所示。

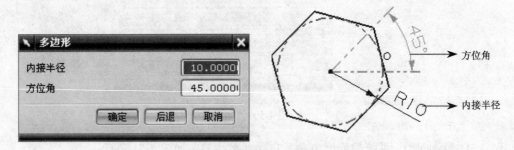

图 4-56 内接半径"多边形"对话框

2．多边形边数

单击此按钮后，系统弹出多边形边数 "多边形"对话框，用户可以定义多边形的"侧"与"方位角"。"侧"实际指的是多边形的长度，如图 4-57 所示。

图 4-57 多边形边数"多边形"对话框

3．外切圆半径

单击此按钮后，系统弹出外切圆半径"多边形"对话框，用户可以定义多边形的"圆半径"与"方位角"。"方位角"是指多边形角点与工作坐标 XC 轴形成的夹角，具体含义如图 4-58

所示。

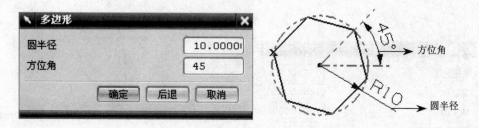

图 4-58 外切圆半径"多边形"对话框

4.2.12 椭圆

椭圆是模型设计过程中经常出现的基本曲线，其说明和应用在 3.1.9 节中已有叙述，这里不再赘述。

4.2.13 抛物线

抛物线是常用于模型设计中的基本曲线，用户只需要指定抛物线的顶点和输入参数，就可以创建一条抛物线。

选择"插入"→"曲线"→"抛物线"命令，或者单击"曲线"工具条上的 按钮，弹出"点"对话框，如图 4-59 所示，输入顶点的坐标值，接着单击"确定"按钮，系统弹出"抛物线"对话框，如图 4-60 所示，"抛物线"对话框中各选项的意义如图 4-61 所示。其中抛物线的宽度参数"最小 DY"和"最大 DY"限制抛物线在对称轴两侧的范围。抛物线的旋转角度是指对称轴与 XC 轴之间的角度，它是沿着逆时针方向测量的。

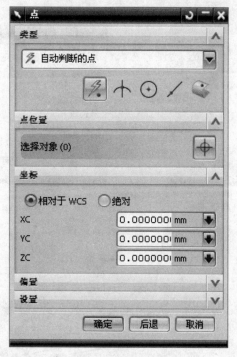

图 4-59 "点"对话框

4.2.14 双曲线

双曲线也是常用于设计模型中的基本曲线，用户只需要指定双曲线的中心和输入参数就可以创建一条双曲线。

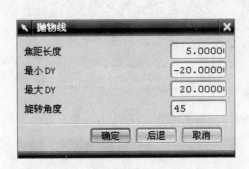

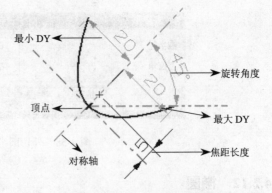

图4-60 "抛物线"对话框

图4-61 "抛物线"对话框中各选项的意义示意图

选择"插入"→"曲线"→"双曲线命令，或者单击"曲线"工具条上的 ⟨ 按钮，弹出"点"对话框，如图4-62所示，输入双曲线中心的坐标值，接着单击"确定"按钮，系统弹出"双曲线"对话框，如图4-63所示，"双曲线"对话框中各选项的意义如图4-64所示。其中双曲线的宽度参数"最小 DY"和"最大 DY"限制双曲线在对称轴两侧的范围。双曲线的旋转角度是指对称轴与 XC 轴之间的角度，它是沿着逆时针方向测量的。

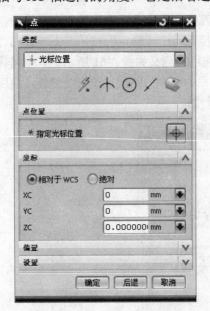

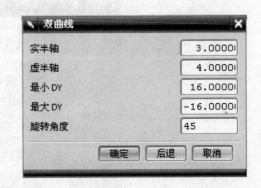

图4-62 "点"对话框

图4-63 "双曲线"对话框

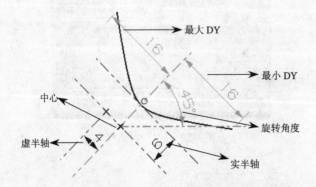

图4-64 "双曲线"对话框中各选项的意义示意图

4.2.15　一般二次曲线

一般二次曲线通过使用各种放样方法或一般二次曲线公式建立。根据输入数据的不同，曲线构造结果为圆、椭圆、抛物线、双曲线。一般二次曲线选项比椭圆、抛物线和双曲线选项更灵活，因为该选项能够使用 7 种不同的方式来定义曲线。

选择"插入"→"曲线"→"一般双曲线"命令，或者单击"曲线"工具条上的 按钮，弹出"一般二次曲线"对话框，如图 4-65 所示。下面将"一般二次曲线"对话框中的曲线创建方式介绍如下。

图 4-65　"一般二次曲线"对话框

（1）**5 点**　该选项通过定义 5 个共面的点来生成一个二次曲线段，用户可以使用点构造器来定义这些点。如果所生成的二次曲线段是圆弧、椭圆或抛物线，那么它就会通过这些点（起始于第 1 个点，终止于第 5 个点），如图 4-66 所示。

如果所生成的二次曲线是双曲线，则不需要连接第 1 点与第 5 点。即使定义了两个分支上的点，也只能生成两个分支的一个，如图 4-67 所示。

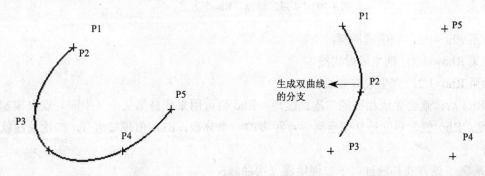

图 4-66　"5 点"方式　　　　　图 4-67　"5 点"方式生成的双曲线

（2）**4 点,1 个斜率**　通过 4 个共面点和第 1 个点处的斜率来创建二次曲线段。该斜率不必位于或平行于该曲线所在的平面。

控制端点（二次曲线中的第 1 个点）处的斜率的方式有 4 种，如表 4-1 所示。

表 4-1　控制斜率

曲线斜率方式	说　　明
矢量分量	定义一条假象线的斜率，该线从原点出发并通过用户在工作坐标系内输入的一个位置
方向点	能够使用相对于曲线上第一个点的沿该斜率的方向
曲线的斜率	能通过选择一条曲线的端点来定义斜率
角度	能够通过输入角度来定义斜率

（3）**3点，2个斜率** 通过3个点、第一个点处的斜率和第三个点处的斜率来生成二次曲线段。在端点处控制曲线的斜率的方式有4种，如表4-1所示。一旦指定了终止斜率，就可生成二次曲线段，如图4-68所示。

（4）**3点，顶点** 通过3个点和两端点处斜率的交点创建的二次曲线段，如图4-69所示。

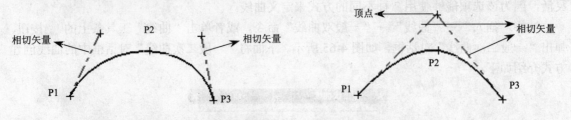

图4-68 "3点，2个斜率"方式　　　　图4-69 "3点，顶点"方式

使用点构造器来指定3个点。顶点的位置用于计算第一个点和第三个点处二次曲线的斜率。顶点提供了修改曲线斜率的一种方式，顶点离端点越远，曲线的斜率就越小。

（5）**2点，锚点，Rho** 通过给定二次曲线段上的两个点、一个确定起始和终止斜率的顶点以及投影判别式，来创建一条二次曲线。投影判别式（Rho）用于确定二次曲线上的第三个点。假定有一条从锚点到二次曲线段的两个端点连线的中点的线，该二次曲线段的第三个点就这条线的某个位置上，如图4-70所示。

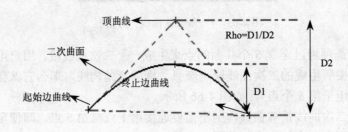

图4-70 "2点，锚点，Rho"方式

① 如果 Rho<1/2，则生成椭圆。

② 如果 Rho= 1/2，则生成抛物线。

③ 如果 Rho>1/2，则生成双曲线。

输入 Rho 后，就会生成相应的二次曲线段，Rho 值可用来代替第三个（中间）点来控制曲线的伸张度，Rho 值表示的是从端点到锚点距离的一个分数，Rho 值越接近 1，二次曲线就被拉得越长。

（6）**系数** 该方式是通过以下方程生成二次曲线：

$$Ax^2 + Bxy + Cy^2 + Dx + Ey + F = 0$$

其中，二次曲线控制参数（*A*、*B*、*C*、*D*、*E*、*F*）是用户自定义的，生成的二次曲线位于工作平面内，二次曲线的方向和形状、二次曲线的限制形式和退化的二次曲线都可通过输入所需的系数来定义。从另一种图形系统转换为曲线时，系数方式非常有用，因为它表示的数据是数据库中通常用作重新定义二次曲线的数据。默认系数会定义单位半径、圆心在工作坐标系原点的圆。

（7）**2点，2个斜率，Rho** 通过给定二次曲线段上的两个点、起始和终止斜率以及投影判别式，生成一条二次曲线。由两点与其各自的斜率确定的直线相交后形成一个顶点，如图4-71所示。在端点处控制曲线的斜率的方式，如表4-1所示。

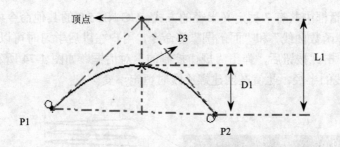

图 4-71　"2 点、2 个斜率、Rho"方式

4.2.16　螺旋线

选择"插入"→"曲线"→"螺旋线"命令，或者单击"曲线"工具条上的 ⬭ 按钮，弹出"螺旋线"对话框，如图 4-72 所示。下面将"螺旋线"对话框中的各个按钮和选项的作用介绍如下。

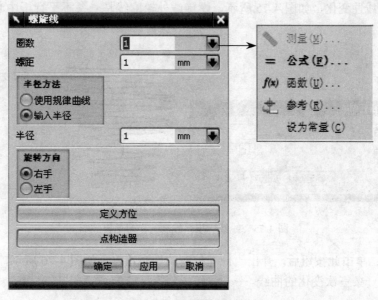

图 4-72　"螺旋线"对话框

1．圈数

定义螺旋线的圈数，用户可以单击文本框后面的 ▼ 按钮，通过设置图 4-72 中相关的参数来定义圈数，具体可参照 4.2.1 节直线中相关的内容。

2．螺距

定义螺旋线的螺距值，此值必须大于或等于零。

3．半径方法

对话框中有"使用规律曲线"和"输入半径"两种方式定义螺旋线的半径。

（1）🔘 使用规律曲线　单击此选项后，弹出如图 4-73 所示的"规律函数"对话框。

图 4-73　"规律函数"对话框

  "规律函数"对话框中共有 7 种定义半径的方式，UG NX 5.0 的其他命令中也有相关的规律函数定义，如"规律函数曲线"和"面倒圆"等命令，用户在以后学习时可以参照此部分内容。

  ① 恒定：单击此按钮后，弹出"规律控制的"对话框，如图 4-74 所示，用户只需要定义 1 个值作为螺旋线的半径，此值在创建螺旋线时恒定不变。

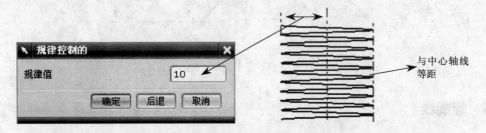

图 4-74 恒定"规律控制的"对话框

  ② 线性：单击此按钮后，弹出"规律控制的"对话框，如图 4-75 所示，用户可以指定螺旋线的半径沿线性变化，如图 4-75 所示，螺旋线外轮廓线是一条不平行于中心轴线的直线。

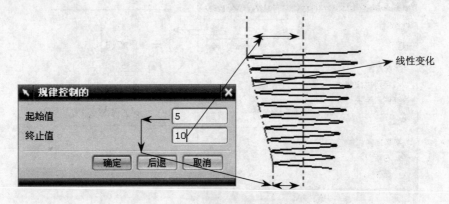

图 4-75 线性"规律控制的"对话框

  ③ 三次：单击此按钮后，弹出"规律控制的"对话框，如图 4-76 所示，此时生成的螺旋线外轮廓线是一条三次变化的曲线。

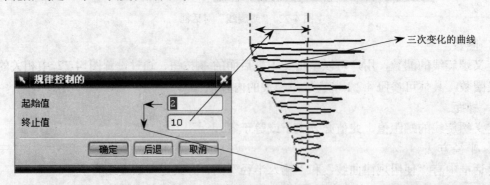

图 4-76 三次"规律控制的"对话框

  ④ 沿着脊线的值-线性：单击此按钮后，系统提示选择脊线，选择脊线后，系统弹出如图 4-77 所示的沿着脊线的值的一线性"规律控制"对话框，接着选择脊线上的首点和尾点分别定义半径值，用户也可以在曲线上的首点和尾点之间添加多个定义点。用户还可以单击"规律控制"对话框中的点构造器按钮，利用点构造器定义脊线上的点，最后所创建的螺旋线的外轮廓线是一条沿着脊线上各个点的规律值线性变化的多段直线。

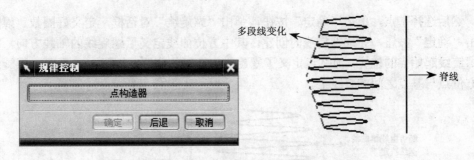

图 4-77 沿着脊线的值-线性"规律控制的"对话框

⑤ 沿着脊线的值-三次 [图标]：单击此按钮后，系统提示选择脊线，选择脊线后，系统弹出如图 4-78 所示的沿着脊线的值的一线性"规律控制"对话框，接着选择脊线上的点，分别定义各个位置的半径值，最后所创建的螺旋线的外轮廓线是一条沿着脊线上各个点的规律值三次变化的样条曲线，如图 4-78 所示。

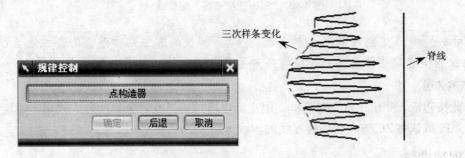

图 4-78 沿着脊线的值-三次"规律控制的"对话框

⑥ 根据方程 [图标]：单击此按钮后，用户要依次定义参数和函数表达式，接着系统将自动将表达式的值作为半径，如图 4-79 所示，定义的公式是一个余弦函数，那么创建的螺旋线的外轮廓线也是呈余弦变化的。

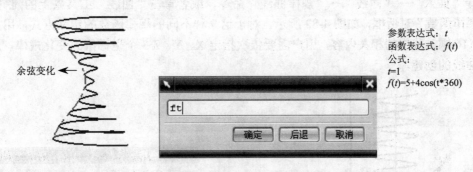

图 4-79 "根据方程"螺旋线

⑦ 根据规律曲线 [图标]：单击此按钮后，用户选择一条规律曲线，接着单击"确定"按钮选择规律基线（此规律基线必须是直线），选择相应的方向，单击"确定"按钮，弹出"螺旋线"对话框，单击"确定"按钮，完成曲线的创建，最后创建的螺旋线外轮廓由规律曲线与基线之间的距离决定，趋势同规律曲线与规律基线之间的距离相似，如图 4-80 所示。

（2）⊙ 输入半径 直接定义螺旋线的半径为一个恒定的值。

4. 旋转方向

定义螺旋线是左旋还是右旋。

5. 定义方位

单击此按钮后，弹出"指定方位"对话框，选定方位曲线，单击"确定"按钮，接着选择

105

方位点，然后选择基点，单击"确定"按钮，弹出"螺旋线"对话框，定义好圈数、螺距和半径，单击"确定"按钮，完成螺旋线的创建。其中方位曲线定义了螺旋线的轴线方向，方位点定义了螺旋线起始点的位置，而基点定义了螺旋线中心轴的位置，如图4-81所示，螺旋线的起点位于方位点与基点之间的直线上。

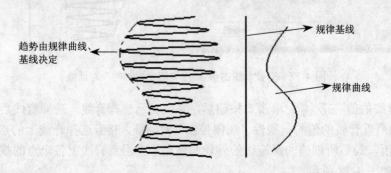

图4-80 "根据规律曲线"螺旋线

🔍提示：图4-81中创建的定义方位螺旋线，当捕捉的方位点和基点的直线发生改变时，螺旋线的位置不会发生改变，但是螺旋线并不是非关联的，只是位置是非关联的。

6. 点构造器

单击此按钮后，弹出"点"对话框，用户可以通过捕捉或者定义的方式来确定螺旋线基点的位置，系统默认将 ZC 方向作为螺旋线的轴线方向。

4.2.17 规律曲线

规律曲线也称为公式曲线，用户可以指定 X、Y、Z 3 个坐标值按照定义的变化规律改变样条曲线，利用规律曲线可以创建螺旋线和余弦曲线等各种曲线，一般当用户知道了曲线的方程后，就可以快速创建出所需的曲线。

选择"插入"→"曲线"→"规律曲线"命令，或者单击"曲线"工具条上的 按钮，弹出"规律函数"对话框，如图4-82所示。对于这 7 种不同的规律函数的定义方式，用户可以参照4.2.16螺旋线中的相关内容，用户需要依次指定 X、Y、Z 3 个坐标值的变化规律，最终完成规律曲线的创建。

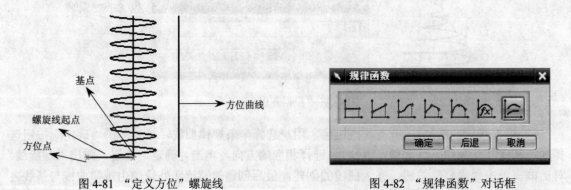

图4-81 "定义方位"螺旋线　　　　　　　图4-82 "规律函数"对话框

4.2.18 文本

在模型设计过程中，当产品模型需要雕刻文字时，应用一般的设计软件将文字变成实体是有一定困难的，而 UG NX 5.0 软件就能轻松地解决这方面的问题。

选择"插入"→"曲线"→"文本"命令，或者单击"曲线"工具条上的 **A** 按钮，弹出"文本"对话框，如图4-83所示。接着选择文本起点，单击左键，弹出"文本"对话框，如图4-84所示。

如图 4-84 所示的文本四周高亮显示的实心球和箭头称做操作图柄,用户可以通过拖拽操作图柄改变文本的高度、宽度等参数。现将图 4-84 "文本"对话框中各个选项和按钮的作用介绍如下。

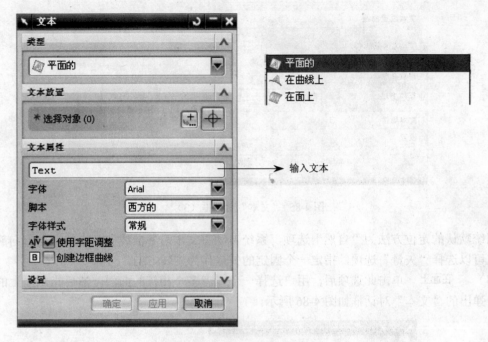

图 4-83 "文本"对话框(1)

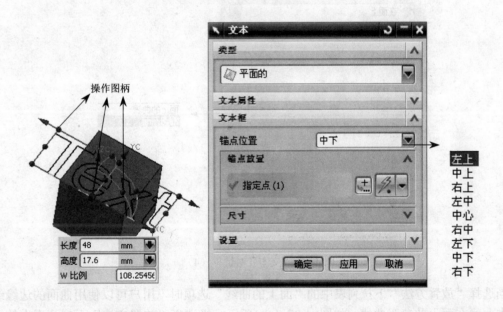

图 4-84 "文本"对话框(2)

1. 类型

"类型"下拉列表中有 3 种创建文本的方法:"平面的"、"在曲线上"和"在面上"。

(1) 平面的 创建的文本在一个平面内,可以通过拖动文本上的动态坐标系更改文本所在的平面。

(2) 在曲线上 单击此选项后,对话框中多出"文本放置曲线"与"竖直方向"两个选项组,如图 4-85 所示。

图 4-85 "文本"对话框（3）

系统默认的定位方法为"自然"选项，系统自动将文本沿着曲线各个点的法向方向旋转。用户也可以选择"矢量"选项，指定一个固定的矢量作为旋转方向。

（3） 在面上　单击此选项后，用户选择一个或者多个相接的曲面，然后指定面上的参考曲线，弹出的"文本"对话框如图 4-86 所示。

图 4-86 "文本"对话框（4）

当选择"放置方法"下拉列表中的"面上的曲线"选项时，用户可以使用曲面的边缘线作为文本曲线在面上的参照曲线，如图 4-87（a）所示。当选择"放置方法"下拉列表中的"剖切平面"选项时，用户通过单击 按钮创建一个剖切平面，将剖切平面与曲线的交线作为放置文本曲线的参照曲线，如图 4-87（b）所示。

2．文本属性

在如图 4-84 所示的位置输入文本，用户可以通过选择字体、脚本和字体样式来进行设置。

（1） 使用字距调整　选择此选项，可以调整文本字符间的距离。

（2） 创建边框曲线　选择此选项，可以在文本四周创建边框曲线。

3．文本框

文本框的内容如图 4-88 所示，现将文本框的内容介绍如下。

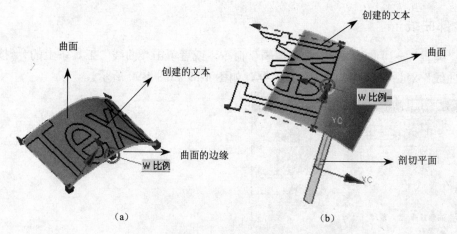

图 4-87 "文本"的创建

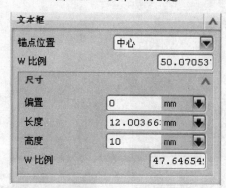

图 4-88 "文本框"内容

（1）锚点位置　锚点位置是指文本的原点相对于文本曲线的位置。当用户选择"在曲线上"或"在面上"的文本曲线时，用户只能选择中心、左和右 3 种方式，当用户选择"平面的"文本曲线时，用户可以选择 9 种方式。

（2）W 比例　当用户在"在曲线上"或"在面上"创建文本时，此时的"W 比例"表示文本锚点相对于参考曲线长度比例的位置。

（3）偏置　当用户在"在曲线上"或"在面上"创建文本时，用户可以设置文本与参考曲线之间的偏置值。

（4）长度/高度　用来指定文本的长度和高度。

（5）W 比例　如果用户指定了长度和高度，那么此栏显示了创建文本相对于原始文本单个字符的长度与高度的比例，此值越小，单个字符就越长，方向也越窄。

4．设置

（1）☑关联　设置创建文本是否关联。

（2）☑连结曲线　选中此复选框后，可以尽可能地减少生成文本的数量。

（3）☑投影曲线　当用户选择"在面上"创建文本时，可以选中此复选框，将生成的文本曲线沿曲面法向投影至放置面，将投影的曲线作为最终的文本曲线。

文本可以用来拉伸，也可以通过与原有的实体模型求和或者求差得到凹或者凸的字符。

4.3　曲线的编辑

在创建了曲线之后，为了满足设计的需要，就需要对曲线进行相关的编辑，如修剪曲线、修剪拐角、分割曲线和拉长曲线等。

4.3.1　全部曲线

选择"编辑"→"曲线"→"全部编辑"命令，或者单击"曲线"工具条上的  按钮，弹出"编辑曲线"对话框和"跟踪条"对话框，如图 4-89 和图 4-90 所示。

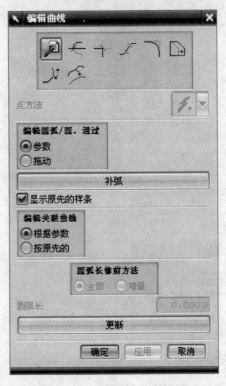

图 4-89　"编辑曲线"对话框

图 4-90　"跟踪条"对话框

"全部编辑"命令不仅可以编辑曲线的基本参数，它还包括了其他全部的命令，如修剪曲线、分割曲线、拉长曲线等。这里不再赘述，在下面章节将有详细介绍。

4.3.2　编辑曲线参数

选择"编辑"→"曲线"→"参数"命令，或者单击"曲线"工具条上的 按钮，弹出"编辑曲线参数"对话框和"跟踪条"对话框，如图 4-91 和图 4-92 所示。

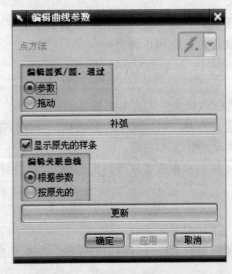

图 4-91　"编辑曲线参数"对话框

图 4-92　"跟踪条"对话框

下面将简单介绍图 4-90 中各个选项和按钮的作用。

1. 点方法

在选择了需要编辑的点之后，"点方法"选项组变为可用。将需要编辑的点移动至新的位置，可以通过"点方法"下拉列表快速捕捉移动至新的位置，或者使用点构造器直接创建一个新的位置点，也可在"跟踪条"对话框中定义点的坐标值、长度值和角度值。

2. 编辑圆弧/圆·通过

（1）**⊙参数** 当用户编辑圆弧或圆时，可以直接在"跟踪条"中定义圆弧的半径、直径、起始点和终止点，然后按下 Enter 键，完成圆弧或圆的编辑。

（2）**⊙拖动** 当用户选择此选项时，将鼠标放在圆弧或圆上会出现空心的小圆，这些小圆就是控制点。当选择圆弧或圆上的控制点时，可以通过拖动来更改圆弧或圆的起始角和终止角。当选择的是弧线时，可以拖动圆弧至所需的尺寸，也可在"跟踪条"对话框中的半径文本框中输入精确尺寸。当用户选择的是圆弧或圆的中心点时，可以编辑中心位置。

（3）**补弧** 在 **⊙参数** 模式下，用户选择一个圆弧后，单击此按钮可以创建当前选定的圆弧的互补圆弧。

3. ☑显示原先的样条

用户在编辑样条曲线时，可以选择此复选框，显示原始的样条曲线，便于用户在编辑时可和原始曲线进行比较。

4. 编辑关联曲线

（1）**⊙根据参数** 编辑曲线时保留曲线的关联性，当用户选择此选项并编辑有参数的曲线时，系统会自动跳转至重定义选择的特征进行操作。

（2）**⊙按原先的** 把当前的曲线作为原始曲线，如果当前曲线有关联性，那么编辑曲线后，关联性将被移除。

5. 更新

当用户编辑的曲线对象有关联的后续特征时，如将曲线进行拉伸和旋转等操作，单击此按钮可以更新模型中的相关特征。

以上选项是针对直线、圆弧和圆等规则曲线的编辑，当用户选择样条曲线时，系统弹出"编辑样条"对话框，如图 4-93 所示。

下面就将如图 4-93 所示对话框中的内容介绍如下。

1. 编辑点

单击此选项后，系统弹出如图 4-94 所示的"编辑点"对话框。下面将"编辑点"对话框中的各个按钮和选项的作用一一介绍如下。

图 4-93 "编辑样条"对话框

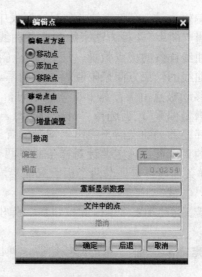

图 4-94 "编辑点"对话框

（1）编辑点方法　用户可以通过选择移动、添加和移除样条曲线的通过点来改变样条曲线。

（2）移动点由　当编辑点方式为"移动点"时，显示了两种移动样条曲线通过点的方式，"目标点"和"增量偏置"，当选择了"目标点"时，用户直接定义目标点的位置，当选择"增量偏置"时，在选择要移动的点后，弹出"增量偏置"对话框，用户可以直接定义点的偏置坐标。

（3）☑微调　选中此复选框后，移动点的移动距离的1/10，有助于用户精确调整样条曲线。

（4）重新显示数据　当用户刷新工作区域后，单击此按钮可以重新显示样条曲线的通过点和定义的斜率。

（5）文件中的点　从文件中读取点坐标，创建新的样条曲线。

（6）撤消　恢复样条曲线至前一次的编辑状态。

2.　编辑极点

单击此选项后，系统弹出如图 4-95 所示的"编辑极点"对话框。下面将"编辑点"对话框中各个按钮和选项的作用介绍如下。

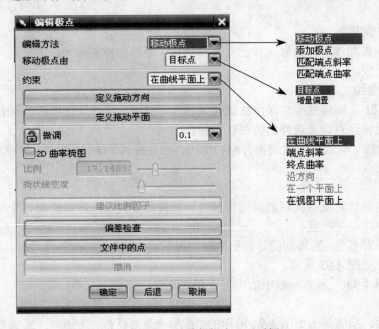

图 4-95　"编辑极点"对话框

（1）编辑方法　"编辑方法"下拉列表中有"移动极点"、"添加极点"、"匹配端点斜率"和"匹配端点曲率"4 种方法来编辑样条曲线。"移动极点"可以移动极点的位置，"添加极点"可以增加曲线样条的极点数量，"匹配端点斜率"和"匹配端点曲率"可以在样条曲线的端点处使用参照曲线的约束方向来限制斜率或曲率。

（2）移动极点由　在其下拉列表中时，显示了两种移动样条曲线通过极点的方式，"目标点"和"增量偏置"，当选择"目标点"时，用户直接定义目标点的位置，当选择"增量偏置"时，在选择要移动的点后，弹出"增量偏置"对话框，用户可以直接定义点的偏置坐标。

（3）约束　此选项主要针对样条曲线两个端点的极点进行设置，如果设置为"终点斜率"方式，则样条曲线终点处的两个极点只能沿着两个极点的直连线的方向移动，其他的约束方式，用户也可以尝试一下。

（4）定义拖动方向　单击此按钮后，弹出"矢量"对话框，通过创建一个矢量，控制点的移动方向。

（5）定义拖动平面　单击此按钮后，弹出"平面"对话框，通过创建一个平面，控制点的移动平面。

（6）🔒微调　用于精确调整样条曲线的极点。

（7）□ 2D 曲率梳图　选中此复选框后，可以直接分析样条曲线的曲率梳，辅助用户分析样条曲线的奇异点，改变"比例"与"梳状线密度"可以修改曲率梳的显示状态，单击 建议比例因子 按钮，系统为用户自动计算曲率梳状线的比例。

（8）偏差检查　单击此按钮后，系统弹出"偏差测量"对话框，用以分析编辑后曲线与原曲线的偏差。

（9）文件中的点　从文件中读取点坐标，创建新的样条曲线。

（10）撤消　恢复样条曲线至前一次的编辑状态。

3．更改斜率

单击此按钮后，弹出"更改斜率"对话框，如图 4-96 所示。现将"更改斜率"对话框中的选项和按钮介绍如下。

（1）〇自动斜率　系统根据用户选择的样条曲线通过点自动运算曲线的斜率方向。

（2）〇矢量分量　用户选择此选项后，可以通过输入 DXC、DYC 和 DZC 3 个坐标增量定义斜率方向。

（3）〇指向一点的方向　用户选择需要定义斜率方向的通过点，然后使用"点"对话框定义另一个点，将两个点之间的直线连线作为斜率方向。

（4）〇指向一个点的矢量　与上一种方式的定义方法相同，不过"指向一个点的矢量"会根据点之间的距离来限制相切方向的权重值。

（5）〇曲线的斜率　选择用户需要约束的定义点，接着选择曲线的端点，将参照曲线端点处的斜率定为定义点的约束方向。

（6）〇角度　选择此选项后，用户可以输入"角度"，此角度值是斜率方向与 XC 轴夹角的角度值，逆时针方向为正，并且矢量在 XC-YC 平面内。

（7）移除斜率　选择一个已经定义了斜率方向的定义点，单击此按钮可移除定义点的斜率。

（8）移除所有斜率　单击此按钮可移除用户定义的所有斜率。

（9）重新显示数据　用户在刷新操作后，单击此按钮可以将所有的定义点、斜率、曲率方向及活动点在工作区域中高亮显示出来。

（10）撤消　恢复至前一次的编辑状态。

4．更改曲率

单击此按钮后，弹出"更改曲率"对话框，如图 4-97 所示，现将"更改曲率"对话框中的选项和按钮介绍如下。

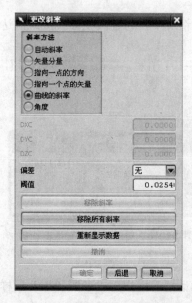

图 4-96　"更改斜率"对话框

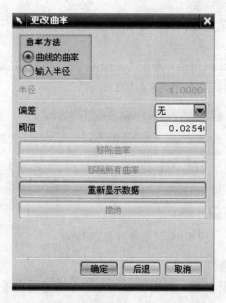

图 4-97　"更改曲率"对话框

（1）◉曲线的曲率　选择用户需要约束的定义点，接着选择曲线的端点，将参照曲线端点处的曲率方向作为定义点的曲率方向。

（2）◉输入半径　通过输入半径值来指定定义点的曲率。

其他几个按钮是针对曲率进行操作的，可参照"更改斜率"对话框了解相关内容。

5．更改阶次

单击此按钮后，弹出"更改阶次"对话框，如图 4-98 所示，单击 是(Y) 按钮，弹出"更改阶次"对话框，如图 4-99 所示。

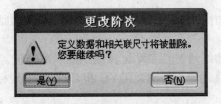

图 4-98　"更改阶次"对话框（1）　　　　图 4-99　"更改阶次"对话框（2）

在"阶次"文本框中输入用户所需的值，单击"确定"按钮完成阶次的更改，用户可以增加或者减少单段样条曲线的阶次，而多段样条曲线只能增加阶次，并且定义的阶次范围是 1～24。

6．移动多个点

此方式只移动点之间的曲线段，而不影响样条曲线的其他部分，单击此按钮后，弹出"点"对话框，接着在样条曲线中选择两个控制点，然后选择需要移动的点，弹出"位移方式"对话框，如图 4-100 所示。

下面将"位移方式"对话框中按钮的作用介绍如下。

（1）至曲线的法向距离　单击此按钮后，系统将选择移动的点的法向作为移动方向，只需定义一个距离即可完成点的移动。

（2）Vector and Distance　单击此按钮后，弹出"矢量"对话框，只需定义需要移动的点的移动方向，再定义一个距离即可完成点的移动。

（3）Direction Point　单击此按钮后，弹出"点"对话框，用户可以创建一个点，将需要移动的点移动到创建点的位置，完成样条曲线点的移动。

7．更改刚度

此选项是在保持原有样条曲线控制点数量不变的情况下，通过改变曲线的阶次达到修改曲线的目的。

单击此按钮后，弹出"更改刚度"对话框，如图 4-101 所示，单击 是(Y) 按钮，弹出"更改刚度"对话框，如图 4-102 所示。

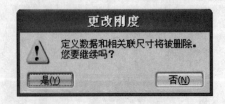

图 4-100　"位移方式"对话框　　　　图 4-101　"更改刚度"对话框（1）

8．拟合

单击此按钮，弹出"用拟合的方法编辑样条"对话框，用户可以参照 3.1.7 节样条中的相关内容。

114

9. 光顺

此选项就是将样条曲线进行光滑处理，当用户可以直接定义样条曲线的段时，光滑处理后的曲线阶次为 5。

单击此按钮后，弹出"光顺样条"对话框，如图 4-103 所示。

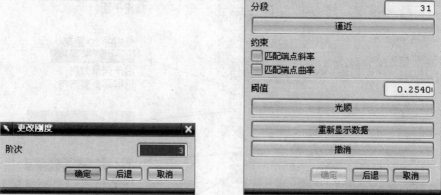

图 4-102 "更改刚度"对话框（2）　　　图 4-103 "光顺样条"对话框

下面将"光顺样条"对话框中各个选项和按钮的作用介绍如下。

（1）源曲线　指定光顺样条时，是使用原样条曲线的斜率和曲率，还是使用目录样条曲线的斜率和曲率。

（2）分段　定义样条曲线的段时，段数越小越光滑，但也会使偏离原始样条曲线的距离越大。

（3）逼近　在指定分段数值后，单击此按钮可以更新光滑后的样条曲线。

（4）约束　可以选择☑匹配端点斜率和☑匹配端点曲率复选框，约束光顺后，样条曲线端点的斜率和曲率方向与原样条曲线方向相同。

（5）阀值　定义光顺操作时样条曲线上的点允许的最大偏差距离。

（6）光顺　用户设置了段数和阀值进行逼近操作后，此按钮变为可用，单击此按钮后系统对样条曲线的所有点进行光顺处理。

（7）重新显示数据　当用户在刷新操作后，单击此按钮，可以将所有的定义点、斜率、曲率方向及活动点在工作区域中高亮显示出来。

（8）撤消　恢复至前一次的编辑状态。

4.3.3　修剪曲线

修剪曲线首先需要选定直线、圆弧、圆锥曲线或样条曲线为修剪目标，接着再选择修剪参照（点、线、平面），对选定的曲线进行修剪或延伸。

选择"编辑"→"曲线"→"修剪"命令，或者单击"曲线"工具条上的 ⌐ 按钮，弹出"修剪曲线"对话框，如图 4-104 所示。此部分内容在 4.2.3 节中已有叙述，这里不再赘述。

4.3.4　修剪拐角

当需要修剪相交的曲线，并需要保留其中需要的部分曲线时可以通过修剪拐角来完成。

选择"编辑"→"曲线"→"圆角"命令，或者单击"曲线"工具条上的 ┼ 按钮，弹出"修剪拐角"对话框，如图 4-105 所示。

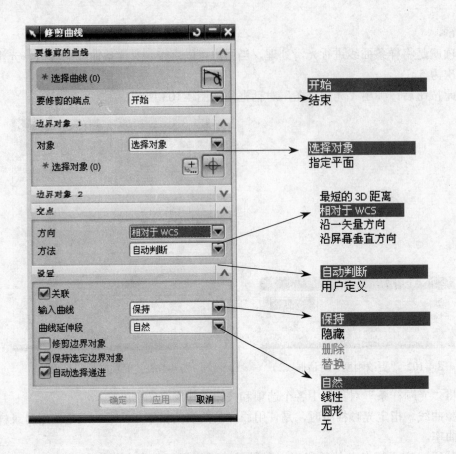

图 4-104 "修剪曲线"对话框

图 4-105 "修剪拐角"对话框

当用户选择曲线时，光标靠近的曲线侧将会被移除，若是两条曲线的端点都未超过自然方向的交点位置，则修剪后两条曲线延伸至交点位置。

如果用户选择的修剪对象具有关联性，系统会弹出"修剪角"对话框，需要用户确定是否删除对象的关联性。

4.3.5　分割曲线

"分割曲线"命令可以将曲线分成多段独立的曲线。

选择"编辑"→"曲线"→"分割"命令，或者单击"曲线"工具条上的 $\int$ 按钮，弹出"分割曲线"对话框，如图 4-106 所示。

"分割曲线"对话框中有 5 种方式对曲线进行分割，这 5 种方式都有对应的选项组，现将这 5 种方式介绍如下。

1．$f=$ 等分段

选择此选项后，对话框如图 4-106 所示，用户可以选择"分段长度"下拉列表中的选项，设置分割方式。

图 4-106 "分割曲线"对话框（1）

（1）等参数　使用分割曲线的参数点作为分割点。

（2）等圆弧长　使用等长度的参数点作为分割点。

样条曲线的等参数点和等圆弧长分割点不重合，等圆弧长分割后的每段曲线都相同。选择此选项后，对话框如图 4-106 所示，用户可以在"段数"文本框中输入用户所需分割曲线的段数。

2．按边界对象

选择此选项后，此时的对话框如图 4-107 所示，用户可以选择"现有曲线"、"投影点"、"2点定直线"、"点和矢量"和"按平面"这 5 种方式的其中一种来分割边界对象。

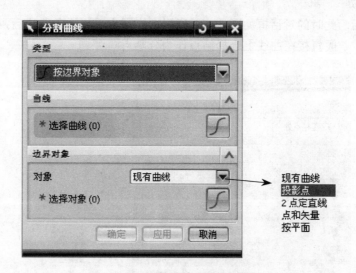

图 4-107 "分割曲线"对话框（2）

（1）现有曲线　直接选择图中现有的曲线作为分割边界，如果存在多个交点，用户可以选择交点位置，如果现有的对象与分割曲线没有相交，系统会将边界对象沿 WCS 的 Z 轴方向投影至分割曲线形成交点，再将交点作为分割点。

（2）投影点　将定义点沿垂直于分割曲线的方向投影至分割曲线上，将生成的投影点作为分割点，也就是分割曲线上定义点距离最短的点的位置。

（3）2 点定直线　通过两点创建一条直线，将直线与分割曲线形成的交点作为分割点。

（4）点和矢量　定义一个点和矢量，将定义点沿矢量方向投影至分割曲线上，生成的投影点为分割点。

（5）按平面　创建或选择一个平面，用平面和分割曲线的交点作为分割点。

3.　 圆弧长段数

选择此选项后，此时的对话框如图 4-108 所示，用户可以指定分割后各段曲线的长度，分割曲线的起始端由靠近鼠标单击位置的曲线端点确定，最后不够长度的曲线作为曲线段，在对话框中显示长度和段数，其中段数是指定圆弧长的分段个数，不包括剩余的曲线段。

图 4-108　"分割曲线"对话框（3）

4.　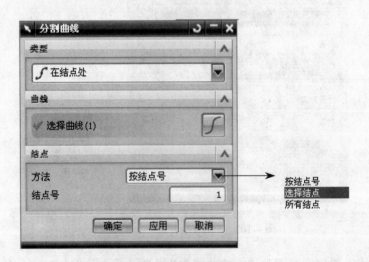 在结点处

选择此选项后，此时的对话框如图 4-109 所示，当用户选择样条曲线后，样条曲线上的结点就会显示出来，一般直接在曲线上选择结点作为分割点即可。

图 4-109　"分割曲线"对话框（4）

5.　∫ 在拐角上

选择此选项后，此时的对话框如图 4-110 所示，当用户选择样条曲线后，样条曲线上的拐角点就会显示出来，一般直接在曲线上选择拐角点作为分割点即可。

如果分割对象有关联性，会弹出"分割曲线"对话框，需要用户确定是否删除分割对象的关联性。

图 4-110　"分割曲线"对话框（5）

4.3.6　编辑圆角

用户可以选择"圆角"命令编辑现有的圆角，自定义圆角半径。

在建模环境下，选择"插入"→"曲线"→"圆角"命令，或者单击"曲线"工具条上的
按钮，弹出"编辑圆角"对话框，如图 4-111 所示。当用户选择如图 4-111 所示的任意一个
按钮后，接着依次选择对象 1、所要编辑的圆弧和对象 2，然后弹出"编辑圆角"对话框，如
图 4-112 所示。

现将"编辑圆角"对话框中各个选项和按钮的作用介绍如下。

图 4-111　"编辑圆角"对话框（1）

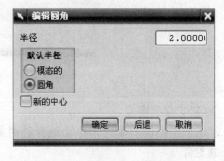

图 4-112　"编辑圆角"对话框（2）

1．半径

指定编辑后圆弧的半径。

2．默认半径

（1）◉模态的　　在第一次编辑圆角的操作中，选择此选项，则第 2 次编辑圆角的半径与第
1 次编辑圆角的半径相同。

（2）◉圆角　　使用指定的半径。

3．☑新的中心

选中此复选框，用户在选择了编辑对象后，可以指定新圆角中心的大致中心位置，然后创
建出圆角。

用户也可以将未相切的圆弧编辑成圆角。在弹出"圆角"对话框后，选择"自动修剪"按
钮，接着依次选择曲线 1、圆弧和曲线 2，弹出"编辑圆角"对话框（1），输入用户需要定义的
半径值，选中☑新的中心复选框，单击"确定"按钮，弹出"点构造器"对话框，然后选择需
要创建圆弧的位置，单击"确定"按钮，完成圆角的创建，过程如图 4-113 所示。

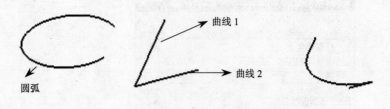

图 4-113　圆角的创建

4.3.7　拉长曲线

用户可以选择"拉长"命令将无参数的曲线和点移动至新的位置，如果用户选的对象是直线，可以将直线拉长或者缩短。

在建模环境下，选择"插入"→"曲线"→"拉长"命令，或者单击"曲线"工具条上的 按钮，弹出"拉长曲线"对话框，如图 4-114 所示。

现将"拉长曲线"对话框中各个选项和按钮的作用介绍如下。

图 4-114　"拉长曲线"对话框

1．**XC/YC/ZC 增量**

指定三个坐标值增量用来移动选择的对象。

2．**重置值**

单击此按钮后，所有的增量坐标都归零。

3．**点到点**

单击此按钮后，系统弹出"点"对话框，首先定义需要移动曲线的参考点，接着定义目标点，然后系统会根据参考点与目标点的位置来移动选择的曲线对象。

4．**撤消**

单击此按钮，撤销前一次的移动操作。

4.3.8　曲线长度

"曲线长度"在曲面造型中使用得比较多，此命令编辑后的曲线是有关联的。

在建模环境下，选择"插入"→"曲线"→"曲线长度"命令，或者单击"曲线"工具条上的 按钮，弹出"曲线长度"对话框，如图 4-115 所示。

现将"曲线长度"对话框中各个选项和按钮的作用介绍如下。

1．曲线

弹出"曲线长度"对话框后，此选项组的 按钮默认为激活状态，用户可以选择一条或多条曲线，如果选择多条曲线，这些曲线必须是连接在一起的曲线。

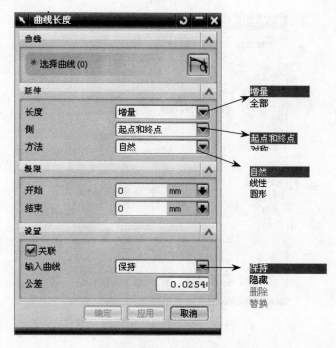

图 4-115 "曲线长度"对话框

2．延伸

（1）长度　在"长度"下拉列表中有"增量"和"全部"两个选项。在"增量"方式下，用户可以指定曲线延伸或者缩短与原始曲线端点之间的距离。在"全部"方式下，"极限"选项组变为"全部"选项，用户直接定义曲线的总长度即可。

（2）侧　在"侧"选项中有"起点和终点"和"对称"两个选项。在"起点和终点" 方式下，分别对曲线的两端进行不同的延伸或缩短。在"对称"方式下，曲线两端以相同的数值延伸或缩短。

3．极限

设置起始端点和终点端点的延伸距离与修剪距离。

4．设置

（1）✓关联　设置编辑长度后的曲线是否有关联性。

（2）输入曲线　在编辑长度后，进行原有曲线的"保存"、"隐藏"、"删除"和"替换"操作，具体可参照章节 4.2.3 的有关内容。

（3）公差　指定编辑曲线长度后生成的曲线和原有曲线之间允许的最大距离公差。

用户在使用曲线创建曲面时，需要将曲线修剪到一个大致的位置，而修剪还需要指定边界对象，操作起来不是很方便，而选择了"曲线长度"命令可以不指定边界，用户在选择了编辑对象后，直接拖拽两端的操作手柄就可以将曲线进行延伸或缩短，大大提高了效率。

4.3.9　光顺样条

用户可以选择"光顺样条"命令将 B-样条曲线中不理想的部分进行光顺处理，并且可以实时预览光顺后的效果。

在建模环境下，选择"插入"→"曲线"→"光顺样条"命令，或者单击"曲线"工具条上的 按钮，弹出"光顺样条"对话框，如图 4-116 所示。

现将"光顺样条"对话框中各个选项和按钮的作用介绍如下。

1．光顺类型

（1）　使用曲线曲率大小光顺样条曲线。

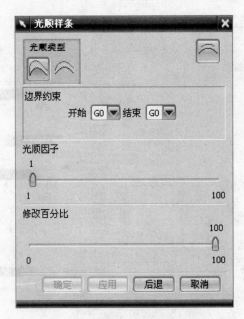

图 4-116 "光顺样条"对话框

（2） 使用曲线曲率变化的大小光顺样条曲线。

2．部分

单击此按钮后，在光顺样条曲线的两端会出现两个实心球的操作图柄，用户可以拖拽操作图柄至适当位置，系统只光顺处理操作图柄之间的样条曲线段。

3．边界约束

定义样条曲线在光顺操作时两个端点的约束状态，用户通过下拉列表选择相应的约束类型即可。

4．光顺因子/修改百分比

通过滑块拖动光顺因子与修改百分比，可以动态地修改光顺的样条曲线，修改百分比决定了每次光顺操作的幅度，当修改百分比为 0 时，曲线不发生任何变化。

用户在单击 应用 按钮后，可以再次单击 应用 按钮对曲线进行光顺，一直光顺至期望的效果。光顺后的样条曲线无关联性，与"编辑曲线"命令中的光顺操作有所不同，"光顺样条"可以进行交互式修改，并且可以指定样条曲线的一部分进行光顺操作。

4.4 曲线操作

用户可以通过曲线操作用原有曲线创建出新的曲线，如桥接曲线、连接曲线等，并且多数由"曲线操作"命令生成的曲线都具有关联性。

4.4.1 桥接曲线

"桥接曲线"命令在曲面造型时用得比较多，用户可以通过"桥接曲线"命令快速连接两段曲线，或者在曲面之间创建连线，并且可以设置与原有曲线/曲面的约束状态。

在建模环境下，选择"插入"→"来自曲线集的曲线"→"桥接曲线"命令，或者单击"曲线"工具条上的 按钮，弹出"桥接曲线"对话框，如图 4-117 所示。首先选择第一条曲线，再选择第二条曲线，设置有关选项，最后单击"确定"或"应用"按钮，完成桥接曲线操作。

对话框中的其他功能选项用来设定桥接过程中桥接曲线的形式，说明如下。

1．连续性

本项用于设置桥接曲线和欲桥接的第一条曲线、第二条曲线在连接点间的连续方式。它包含了4种方式。

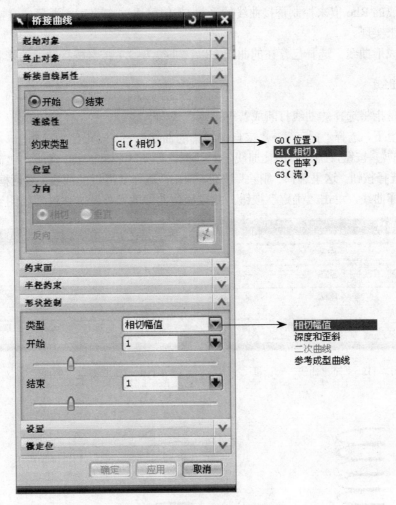

图 4-117 "桥接曲线"对话框

（1）G0（位置）　曲线在端点处连接，通常称为 G0 连续。

（2）G1（相切）　对于曲线的斜率连续，要求曲线在端点处连接，并且两条曲线在连接处具有相同的切向并且切向夹角为0。斜率连续通常称为 G1 连续。

（3）G2（曲率）　通常称为 G2 连续。对于曲线的曲率连续，要求在 G1 连续的基础上，还要求曲线在连接点处曲率具有相同的方向，并且曲率大小相等。

（4）G3（流）　通常称为 G3 连续。对于曲线的曲率变化连续，要求曲线具有 G2 连续，并且要求曲率流具有 G1 连续。

2．形状控制

本选项用于设定桥接曲线的形状控制方式。桥接曲线的形状控制方式有以下4种选择，不同的方式其下方的参数设置选项也不同。

（1）相切幅值　该方式允许通过改变桥接曲线与第一条或第二条曲线连接点的相切幅值，来控制曲线的形状。相切幅值的改变可通过分别拖动"开始"和"终点"滑尺或直接在"开始"和"终点"文本框中输入相切幅值来实现。

（2）深度和歪斜　当选择该形状控制方式时，允许通过改变桥接曲线的深度和歪斜值来控制桥接曲线的形状。

深度和歪斜值是桥接曲线峰值点的深度，即影响曲线形状的曲率的百分比，其值可通过拖动"深度"和"歪斜"滑尺或直接在"深度"和"歪斜"文本框中输入百分比来实现。

（3）二次曲线　该方式仅在切线量连续的方式下才有效。选择该形状控制方式后，允许通过改变桥接曲线的 Rho 值来控制桥接曲线的形状。其值可通过拖动 Rho 滑尺或直接在 Rho 文本框中输入数值来实现。

（4）参考成形曲线　选择已存在的曲线，以该曲线为参考控制桥接曲线的形状。

4.4.2　简化曲线

简化曲线是指将选择的曲线打断成若干条直线或圆弧段。

在建模环境下，选择"插入"→"来自曲线集的曲线"→"简化曲线"命令，或者单击"曲线"工具条上的 按钮，弹出"简化曲线"对话框，如图 4-118 所示。在弹出"简化曲线"对话框后，任意选择按钮，这里选择"删除"按钮，弹出"选择要逼近的曲线"对话框，如图 4-119 所示，接着选择曲线，单击"确定"按钮，完成简化曲线的操作，具体过程如图 4-120 所示。

图 4-118　"简化曲线"对话框　　　　图 4-119　"选择要逼近的曲线"对话框

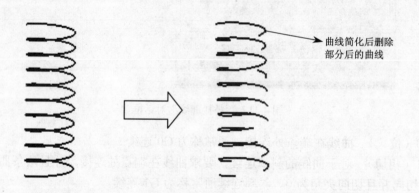

曲线简化后删除部分后的曲线

图 4-120　简化曲线操作

"简化曲线"对话框中按钮的作用如下。

（1）保持　当生成简化曲线后保持原有曲线不变。

（2）删除　当生成简化曲线后原有曲线自动删除。

（3）隐藏　当生成简化曲线后原有曲线自动隐藏。

4.4.3　连接曲线

连接曲线就是将若干线段连接成单一的曲线。

在建模环境下，选择"插入"→"来自曲线集的曲线"→"连接曲线"命令，或者单击"曲线"工具条上的 按钮，弹出"连接曲线"对话框，如图 4-121 所示。在弹出"连接曲线"对话框后，选择需要进行连接的曲线，接着在"输出曲线类型"下拉列表中选择类型，单击"确定"按钮，完成曲线的连接。

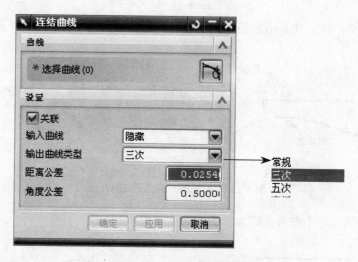

图 4-121　"连接曲线"对话框

4.4.4　投影曲线

投影曲线用于将曲线或点沿某一方向投影到现有曲面、平面或参考平面上。但是，如果投影曲线与面上的孔或面上的边缘相交，则投影曲线将会被面上的孔或边缘线所修剪。投影方向可以设置成某一角度、某一矢量方向、向某一点方向或沿面的法向方向。

在建模环境下，选择"插入"→"来自曲线集的曲线"→"投影曲线"命令，或者单击"曲线"工具条上的 按钮，弹出"投影曲线"对话框，如图 4-122 所示。在弹出"投影曲线"对话框后，选择需要进行投影的曲线，接着选择投影面，选定后，在"方向"下拉列表中选择投影方向，再在"输入曲线"下拉列表中选择投影曲线的复制方式，单击"确定"或"应用"按钮，完成投影曲线操作。现将对话框中其他主要选项说明如下。

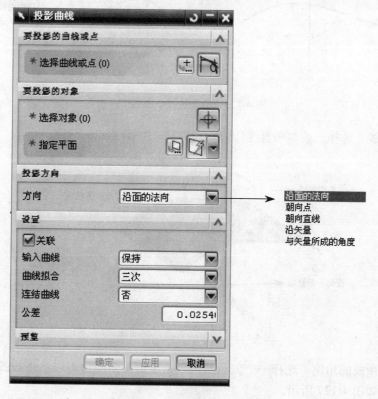

图 4-122　"投影曲线"对话框

（1）沿面的法向　该方式是沿着投影面的法向方向投影曲线，如图 4-123 所示。

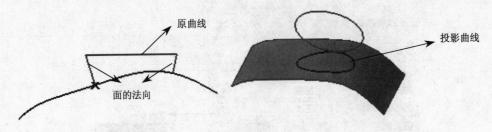

图 4-123　沿面的法向投影曲线

（2）朝向点　选择一个参考点作为投影方向，如图 4-124 所示。

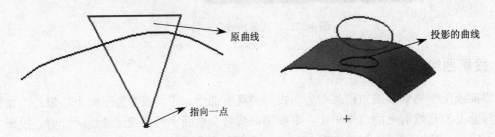

图 4-124　指向一点投影曲线

（3）沿矢量　选择一个矢量作为投影方向，如图 4-125 所示。

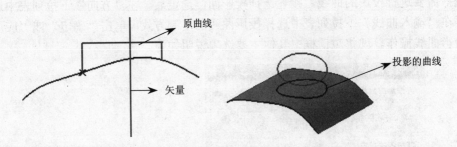

图 4-125　沿矢量投影曲线

（4）朝向直线　选择一条参考直线作为投影方向，如图 4-126 所示。

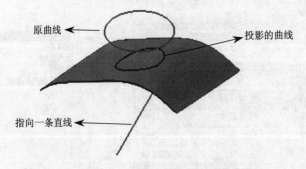

图 4-126　指向一直线投影曲线

（5）与矢量所成的角度　选择一个矢量和输入角度值，角度值可以是正数或负数，角度方向为投影方向，如图 4-127 所示。

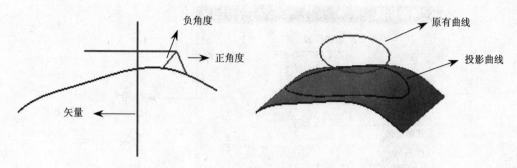

图 4-127　与矢量所成的角度投影曲线

4.4.5　组合投影曲线

组合投影曲线用于将两条选定的曲线沿各自的投影方向投影生成一条新曲线，但是所选的两条曲线的投影必须是相交的。

在建模环境下，选择"插入"→"来自曲线集的曲线"→"组合投影"命令，或者单击"曲线"工具条上的 按钮，弹出"组合投影"对话框，如图 4-128 所示。

在对话框中"选择步骤"选项组中的 按钮是自动激活的，提示选择第一条曲线，选定以后单击 按钮，接着选择第二条曲线，选定以后单击 按钮。这时系统提示选择第一条曲线的投影方向，此时对话框如图 4-129 所示。对话框中出现定义向量的下拉菜单，在下拉菜单中提供了 7 种定义向量的方法。用户可以选择一种来定义，接着单击 按钮，同时选择第二条曲线的投影方向。同样，用户可用定义向量的下拉菜单来定义一个方向，接着单击"确定"按钮，完成组合投影。

图 4-128　"组合投影"对话框（1）

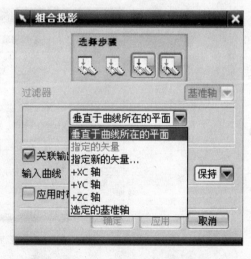

图 4-129　"组合投影"对话框（2）

4.4.6　镜像曲线

镜像曲线是指通过面或基准面将几何图素对称复制的操作。

在建模环境下，选择"插入"→"来自曲线集的曲线"→"镜像曲线"命令，或者单击"曲线"工具条上的 按钮，弹出"镜像曲线"对话框，如图 4-130 所示。

在对话框中"选择步骤"选项组中的 按钮是自动激活的，系统提示选择曲线、边、曲线特征或者草图，选定以后单击 按钮，接着在"平面方法"下拉列表中选择一个平面或者确定一种建立平面的方式，单击"确定"或"应用"按钮，完成镜像曲线的操作。

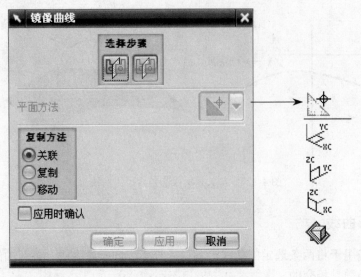

图 4-130　"镜像曲线"对话框

4.4.7　缠绕/展开

缠绕/展开是指将展开的曲线从平面缠绕到圆柱或圆台面上，或者是将缠绕到圆柱或圆台面上的曲线展开到平面上。缠绕/展开要求的条件是展开面与圆柱或圆台必须是相切的，否则将无法生成。

在建模环境下，选择"插入"→"来自曲线集的曲线"→"缠绕/展开"命令，或者单击"曲线"工具条上的 按钮，弹出"缠绕/展开曲线"对话框，如图 4-131 所示。

图 4-131　"缠绕/展开曲线"对话框

在对话框中"选择步骤"选项组中的 按钮是自动激活的，系统提示选择柱形或锥形缠绕面，选定以后单击 按钮，接着选择一个平行于缠绕平面的基准平面或平行面，选定以后单击 按钮，选择要缠绕/展开的曲线，单击"确定"或"应用"按钮，完成缠绕/展开曲线的操作。现将对话框中其他主要的选项说明如下。

（1）选择步骤　选择创建缠绕/展开曲线的操作步骤，分别有"缠绕面"、"缠绕平面"和"曲线"3 种。

① 缠绕面 ：选择圆柱或圆台面作为被缠绕的面。

② 缠绕平面 ：选择参考平面作为原曲线的放置面，该平面必须与缠绕面相切。

③ 曲线 ：选择参考线作为缠绕的曲线，该曲线必须在缠绕平面上。

（2）类型　选择对曲线进行操作的方式，分别有"缠绕"和"展开"两种。

① 缠绕：曲线在一个平面上展开时，将其两个端点对接在一起，然后绕在一个选择的参考圆柱和圆台面上。

② 展开：展开与缠绕功能的操作步骤相类似，它是将圆柱或圆台面上的曲线展开到平面上，同样圆柱或圆台面必须与参考平面相切，如图 4-132 所示。

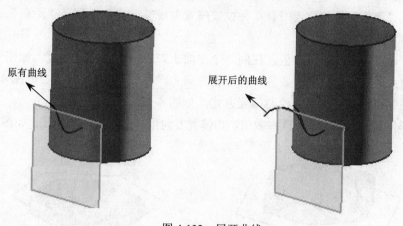

图 4-132　展开曲线

（3）切割线角度　当圆柱或圆台面上的曲线要展开到平面上时，给定一个曲线的起始位置，切割线的角度从相切位置开始计算。

4.4.8　偏置曲线

偏置曲线是指将曲线沿指定的方向偏置一个距离，从而得到新的曲线。该操作可生成直线、圆弧、二次曲线、样条曲线和边的偏置曲线。其操作步骤是：计算曲线每点的法向矢量，沿曲线的法向矢量将曲线偏移一个距离，从而得到新的曲线。

在建模环境下，选择"插入"→"来自曲线集的曲线"→"偏置"命令，或者单击"曲线"工具条上的 按钮，弹出"偏置曲线"对话框，如图 4-133 所示。

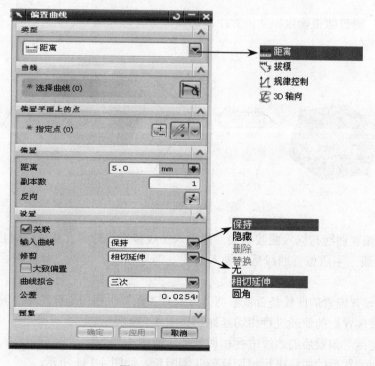

图 4-133　"偏置曲线"对话框

在弹出对话框后，首先选择需要进行偏置的图形，接着在"偏置曲线"对话框中的"类型"下拉列表中选择偏置曲线的类型，这里选择"距离"选项，然后设置相应的偏置参数及偏置方向，单击"确定"或"应用"按钮，完成缠绕/展开曲线的操作。现将对话框中其他一些主要选项说明如下。

（1）类型 "类型"下拉列表中有4种设置偏置曲线的方式，分别是"距离"、"拔模角"、"规律控制"和"3D轴向"。

① 距离：通过输入一个距离值，在同一个平面上产生一个等距离曲线，如图4-134所示。

② 拔模角：通过一个拔模参数值，在偏置方向上产生相对应的曲线， 如图4-135所示。

③ 规律控制：通过规律曲线控制偏置方式，如图4-136所示。

④ 3D轴向：通过输入一个3D参数值，在偏置方向上产生相对应的曲线，如图4-137所示。

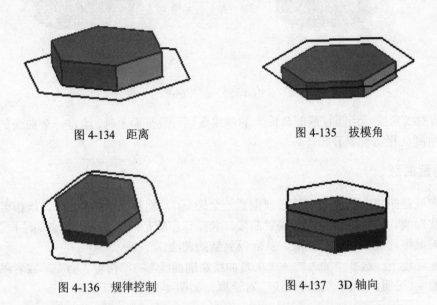

图4-134 距离　　　　　　　　　　　图4-135 拔模角

图4-136 规律控制　　　　　图4-137 3D轴向

（2）副本数 通过数值确定相同偏置距离的曲线数目，如图4-138所示。

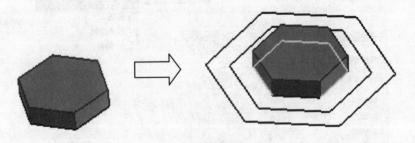

图4-138 副本数

（3）关联 偏置曲线与输入曲线相关，当输入曲线被修改时偏置曲线同时也修改。

（4）输入曲线 生成偏置曲线后，输入曲线（即原曲线）可以选择保持、隐藏、删除或替换。

（5）修剪 设置偏置的曲线是否被修剪，分别有"无"、"相切延伸"和"圆角"3种类型。

① 无：不对偏置后的曲线进行相切延伸，如图4-139所示。

② 延伸相切：对偏置后的曲线进行相切延伸，如图4-140所示。

③ 圆角：对偏置后的曲线进行相切延伸并倒圆角，如图4-141所示。

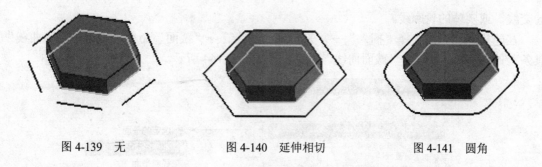

图 4-139 无   图 4-140 延伸相切   图 4-141 圆角

4.4.9 相交曲线

相交曲线用于生成两组对象的交线，各组对象可分别为一个表面（若为多个表面，则必须属于同一个实体）、一个参考面，一个片体或一个实体。

在建模环境下，选择"插入"→"来自体的曲线"→"求交"命令，或者单击"曲线"工具条上的 按钮，弹出"相交曲线"对话框，如图 4-142 所示。

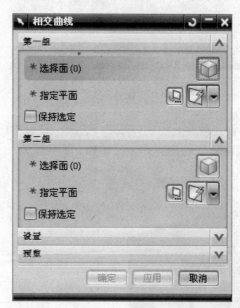

图 4-142 "相交曲线"对话框

在弹出对话框后，首先选择第一组曲面或实体表面，接着在"第二组"选项组中单击 选择面(0) 按钮，然后选择第二组曲面或者实体表面，选定后并设置对话框中的其他选项，单击"确定"或"应用"按钮，完成相交曲线的创建，如图 4-143 所示。

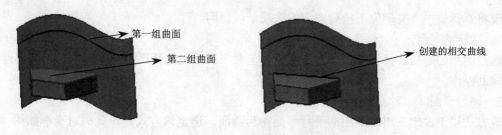

图 4-143 相交曲线的创建

4.4.10 截面曲线

截面曲线功能可以使设定的截面与选定的实体、平面、表面等相交，从而产生平面或表面的交线，或实体的轮廓线。

在建模环境下，选择"插入"→"来自体的曲线"→"截面"命令，或者单击"曲线"工具条上的 按钮，弹出"截面曲线"对话框，如图 4-144 所示。

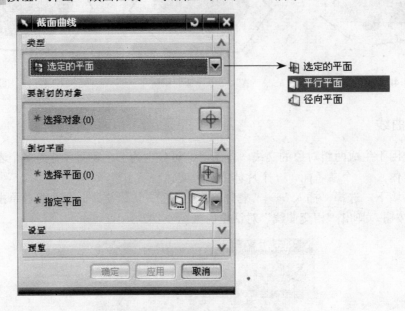

图 4-144　"截面曲线"对话框

弹出对话框后，选择要创建截面线的实体或者平面等，接着再选择截面。选定以后单击"确定"或"应用"按钮，完成截面线的创建，如图 4-145 所示。

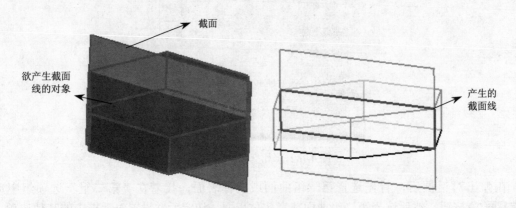

图 4-145　截面线的创建

现将对话框中"类型"下拉列表中的选项予以说明。

1. 选定的平面

选定的平面是指选择若干个参考平面作为剖截平面，在选择平面的过程中可以应用过滤器功能辅助操作。

2. 平行平面

该方式用于设定一组等间距的平行平面作为截面。选定该方式后，此时对话框如图 4-146 所示。接着只要在"开始"、"结束"和"步骤"文本框中输入与参考平面平行的一直平面的间距、起始距离和终止距离（与参考平面之间的距离），并选定参考平面后即可完成操作。

3. 径向平面

该方式用于设定一组等角度扇形展开的放射平面作为截面。

4．垂直于曲线的平面

该方式用于设定一个或一组与选定曲线垂直的平面作为截面。

4.4.11　抽取曲线

抽取曲线可以从曲面、实体等对象中提取边界曲线、等参数曲线等曲线元素，抽取的曲线与原对象无相关性。

在建模环境下，选择"插入"→"来自体的曲线"→"抽取"命令，或者单击"曲线"工具条上的 按钮，弹出"抽取曲线"对话框，如图 4-147 所示。在"抽取曲线"对话框中提供了 6 种抽取曲线的类型。从中选择欲抽取的曲线类型后，再选择欲从中抽取曲线的对象即可完成操作。现将 6 种抽取曲线类型的用法介绍如下。

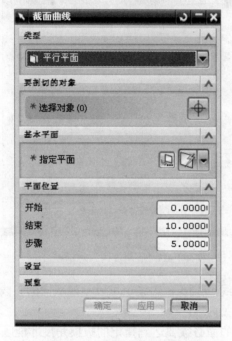

图 4-146　"截面曲线"对话框

图 4-147　"抽取曲线"对话框

1．边缘曲线

边缘曲线是指抽取一个面或实体的边界曲线，包括孔的内边界。图 4-148 所示为抽取边缘曲线。

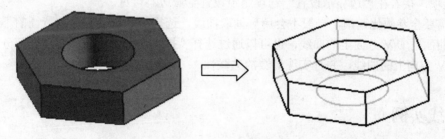

图 4-148　边缘曲线

2．等参数曲线

单击此按钮后，弹出如图 4-149 所示的"等参数曲线"对话框。选择 U 恒定 或者 V 恒定 选项，可以指定生成曲面的 U 向或者 V 向上的曲线，在"曲线数量"文本框中输入所需要抽取的曲线数量，系统将会生成 U/V 向百分比参数位于最小值与最大值之间的指定数量的曲线。

3．轮廓线

单击此按钮，可以生成当前视角方向上模型的最大轮廓线，一般可以使用此功能快速抽取模具的分型线。

4．所有在工作视图中者

单击此按钮，可以抽取工作区域中所有曲面和实体的边缘线，以及当前视角方向上的最大轮廓线。

5．等斜度曲线

该选项可以抽取出与定义矢量方向成一定角度的曲线，单击此按钮，系统弹出"矢量"对话框，用户指定一个矢量，弹出如图 4-150 所示的"等斜度角"对话框。

图 4-149　"等参数曲线"对话框

图 4-150　"等斜度角"对话框

用户选择 ⊙ 单个 选项可以创建一个方向上的斜线，选择 ⊙ 族 选项可以创建双向的斜线，有关"步骤"的含义，可参考 4.4.10 节截面曲线的相关内容。

如果用户设计的模型需要开模，并且某个指定的面必须要达到指定的拔模角度才能顺利拔模，就可以利用此功能快速分析曲面的哪部分不符合拔模要求。

6．阴影轮廓

使选择对象的可见轮廓线生成抽取曲线，此方式只有用户在设置静态边框并且设置隐藏边不可见时才会生效。选择"首选项"→"可视化"命令，弹出"可视化首选项"对话框，单击"视觉"选项，接着在"边显示设置"选项组中设置隐藏边不可见。

如果需要全参数化建模，一般不会用到抽取曲线，选择此命令后会导致特征的不关联性；如果需要曲面的 U/V 方向上的曲线，也可以通过选择"扩大"命令将曲面缩小一部分，同样可以得到 U/V 方向上的曲线，并且实现参数的关联性。

4.5　曲线实例

以下将展开三维曲线综合练习的操作，在操作过程中应该了解三维线架的构建方法和技巧，并注意平面的选择，避免产生扭曲现象。

【实例】　绘制如图 4-151 所示的三维线架。

步骤一　新建文件。

在建模环境下，选择"文件"→"新建"命令，或单击"标准"工具条上的 ▢ 按钮，弹出"文件新建"对话框，在名称中输入"Chapter04-1"，单击"确定"按钮，完成文件的新建。

步骤二　绘制如图4-152所示的矩形1。

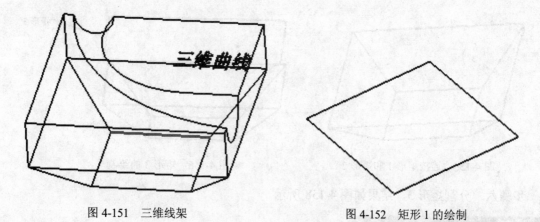

图4-151　三维线架　　　　　　　　　　　　图4-152　矩形1的绘制

选择"插入"→"曲线"→"矩形"命令，或者单击"曲线"工具条上的 ▭ 按钮，弹出"点"对话框，通过（0，0，0）和（20，20，0）两点绘制20×20的矩形1。如图4-152所示。

步骤三　绘制如图4-153所示的矩形2。

选择"插入"→"来自曲线集的曲线"→"偏置"命令，或者单击"曲线"工具条上的 ⬡ 按钮，弹出"偏置曲线"对话框，如图4-154所示。在"类型"下拉列表中选择"拔模"选项，接着选择矩形1，在"偏置"选项组中的"高度"文本框中输入"10"，在"角度"文本框中输入"45"，然后单击"确定"按钮，完成矩形2的绘制。

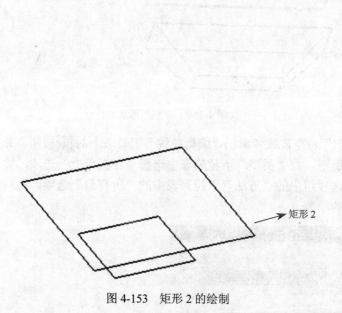

图4-153　矩形2的绘制

图4-154　"偏置曲线"对话框

步骤四　连接矩形1和矩形2，结果如图4-155所示。

选择"插入"→"曲线"→"直线"命令，或者单击"曲线"工具条上的 ╱ 按钮，弹出"直线"对话框，接着依次连接矩形1和矩形2的各边的端点，结果如图4-155所示。

步骤五　绘制如图4-156所示的矩形3。

选择"插入"→"来自曲线集的曲线"→"偏置"命令，或者单击"曲线"工具条上的 ⬡ 按钮，弹出"偏置曲线"对话框，如图4-157所示。在"类型"下拉列表中选择"3D轴向"选项，接着选择矩形2，在"偏置"选项组中的"距离"文本框中输入"10"，然后单击"确定"

按钮，完成矩形 3 的绘制。

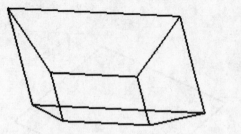

图 4-155　连接矩形 1 和矩形 2

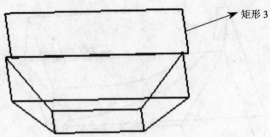

图 4-156　矩形 3 的绘制

步骤六　分割矩形 3，结果如图 4-158 所示。

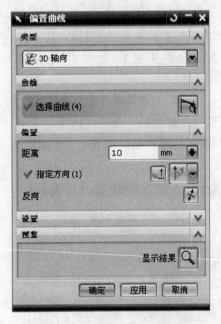

图 4-157　"偏置曲线"对话框

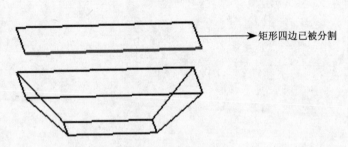

图 4-158　分割矩形 3

　　选择"编辑"→"曲线"→"分割"命令，或者单击"编辑曲线"工具条上的 ∫ 按钮，弹出"分割曲线"对话框，如图 4-159 所示。在"类型"下拉列表中选择"在拐角上"选项，接着选择矩形 3，然后选择在"拐角"选项组中的"方法"下拉列表中的"所有角"选项，最后单击"确定"按钮，完成分割矩形 3 的绘制。

图 4-159　"分割曲线"对话框

步骤七 连接矩形 2 和矩形 3，结果如图 4-160 所示。

选择"插入"→"曲线"→"直线"命令，或者单击"曲线"工具条上的 ╱ 按钮，弹出"直线"对话框，接着依次连接矩形 2 和矩形 3 的各边的端点，结果如图 4-160 所示。

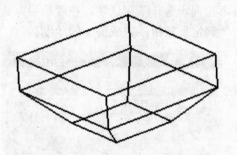

图 4-160 连接矩形 2 和矩形 3

步骤八 移动坐标系，结果如图 4-161 所示。

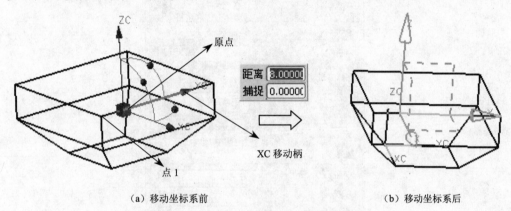

（a）移动坐标系前　　　　　　　　　　　　　　（b）移动坐标系后

图 4-161 移动坐标系

选择"插入"→"基准/点"→"基准 CSYS"命令，弹出"基准 CSYS"对话框，如图 4-162 所示，当前坐标系变成临时状态，在"类型"下拉列表中选择"动态"选项，在"参考"下拉列表中选择 WCS 选项，接着拖动原点到点 1，然后单击 XC 移动柄，在"距离"文本框中输入"8"，如图 4-161（a）所示，最后按 Enter 键，单击中键确定，完成坐标系的移动。

步骤九 绘制如图 4-163 所示的圆 1。

图 4-162 "基准 CSYS"对话框

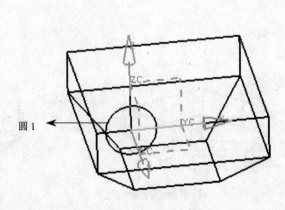

图 4-163 圆 1 的绘制

　　选择"插入"→"曲线"→"圆弧/圆"命令，或者单击"曲线"工具条上的  按钮，弹出"圆弧/圆"对话框，如图 4-164 所示，在"类型"下拉列表中选择"从中心开始的圆弧/圆"选项，接着选择坐标系的原点，在"半径"文本框中输入"6"，在"平面选项"下拉列表中选择"选定平面"选项，通过下拉列表选择  选项，在"极限"选项组中的终止"角度"文本框中输入"360"，最后单击"确定"按钮，完成圆 1 的绘制。

图 4-164　"圆弧/圆"对话框

　　步骤十　移动坐标系，结果如图 4-165 所示。

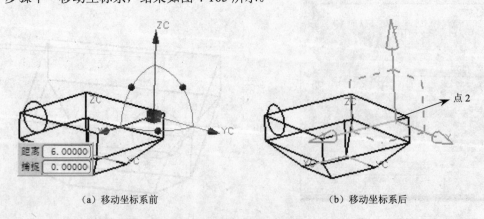

（a）移动坐标系前　　　　　　　　　　（b）移动坐标系后

图 4-165　移动坐标系

选择"插入"→"基准/点"→"基准 CSYS"命令，弹出"基准 CSYS"对话框，当前坐标系变成临时状态，在"类型"下拉列表中选择"动态"选项，在"参考"下拉列表中选择WCS 选项，接着拖动原点到点 1，然后单击 YC 移动柄，在"距离"文本框中输入"6"，如图4-165（a）所示，最后按 Enter 键，单击中键确定，完成坐标系的移动。

步骤十一　绘制如图 4-166 所示的圆 2。

选择"插入"→"曲线"→"圆弧/圆"命令，或者单击"曲线"工具条上的 ⌒ 按钮，弹出"圆弧/圆"对话框，在"类型"下拉列表中选择"从中心开始的圆弧/圆"选项，接着选择坐标系的原点，在"半径"文本框中输入"4"，在"平面选项"下拉列表中选择"选定平面"选项，通过下拉列表选择 Y· 选项，在"极限"选项组中的终止"角度"文本框输入"360"，最后单击"确定"按钮，完成圆 2 的绘制。

步骤十二　使用"分割曲线"命令打断曲线，结果如图 4-167 所示。

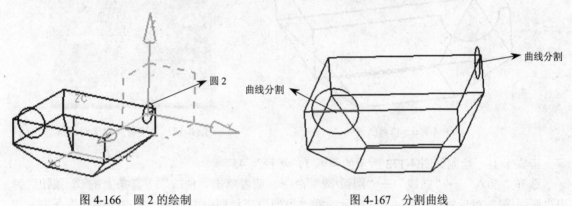

图 4-166　圆 2 的绘制　　　　　　　　　　图 4-167　分割曲线

选择"编辑"→"曲线"→"分割"命令，或者单击"编辑曲线"工具条上的 ∫ 按钮，弹出"分割曲线"对话框，在"类型"下拉列表中选择"按边界对象"选项，如图 4-168 所示，接着依次选择圆 1 所在直线、圆 1，单击"确定"按钮，完成对圆 1 所在直线的分割，重复操作完成对圆 2 所在直线的分割。

步骤十三　删除多余曲线，结果如图 4-169 所示。

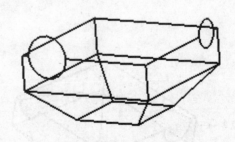

图 4-168　"分割曲线"对话框　　　　　　图 4-169　删除多余曲线

步骤十四　使用"修剪"命令修剪圆弧，结果如图 4-170 所示。

选择"编辑"→"曲线"→"修剪"命令，或者单击"编辑曲线"工具条上的 ✄ 按钮，弹出"修剪曲线"对话框，如图 4-171 所示，接着依次选择要修剪的曲线、边界对象 1 和边界对象 2，然后单击"确定"按钮，完成对曲线修剪的操作。

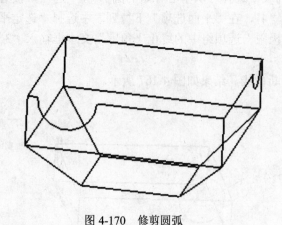

图 4-170　修剪圆弧　　　　　　　　图 4-171　"修剪曲线"对话框

步骤十五　绘制如图 4-172 所示的圆弧 1，半径为 45。

选择"插入"→"曲线"→"圆弧/圆"命令，或者单击"曲线"工具条上的 按钮，弹出"圆弧/圆"对话框，如图 4-173 所示，在"类型"下拉列表中选择"三点画圆弧"选项，接着选择点 3 和点 4，在"半径"文本框中输入"45"，按 Enter 键，然后单击 按钮，得到所需要的圆弧，最后单击"确定"按钮，完成圆弧的绘制。

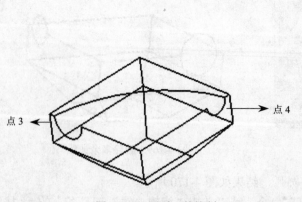

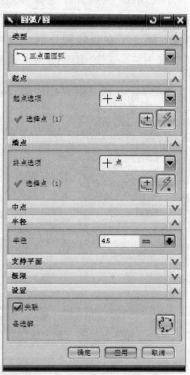

图 4-172　圆弧 1 的绘制　　　　　　图 4-173　"圆弧/圆"对话框

步骤十六 绘制直线段，直线长度为 20，结果如图 4-174 所示。

选择"插入"→"曲线"→"直线"命令，或者单击"曲线"工具条上的 ╱ 按钮，弹出"直线"对话框，选择点 5，接着按住鼠标左键往 XC 轴方向拖动，当出现 X 标志时，在"长度"文本框中输入"–20"，按 Enter 键，最后单击"确定"按钮，完成直线段的绘制，如图 4-175 所示。

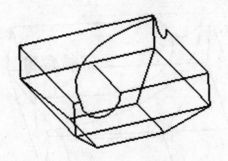

图 4-174 直线段的绘制

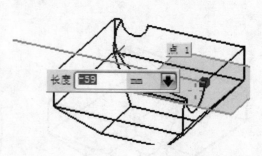

图 4-175 绘制直线过程

步骤十七 绘制如图 4-176 所示的圆弧 2，半径为 20。

选择"插入"→"曲线"→"圆弧/圆"命令，或者单击"曲线"工具条上的 ╮ 按钮，弹出"圆弧/圆"对话框，如图 4-177 所示，在"类型"下拉列表中选择"三点画圆弧"选项，接着选择点 5，在"终点选项"下拉列表中选择"相切"选项，然后选择上一步骤所绘直线，在"半径"文本框中输入"20"，按 Enter 键，然后单击 ↻ 或 ↺ 按钮，得到所需要的圆弧，最后单击"确定"按钮，完成圆弧 2 的绘制。

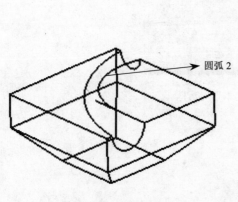

图 4-176 圆弧 2 的绘制

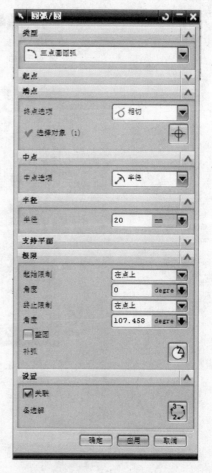

图 4-177 "圆弧/圆"对话框

步骤十八　使用"修剪"命令修剪直线，结果如图 4-178 所示。

选择"编辑"→"曲线"→"修剪"命令，或者单击"编辑曲线"工具条上的 ⤴ 按钮，弹出"修剪曲线"对话框，如图 4-171 所示，接着依次选择要修剪的曲线、边界对象 1 和边界对象 2，然后单击"确定"，完成对曲线修剪的操作。

步骤十九　书写文字，结果如图 4-179 所示。

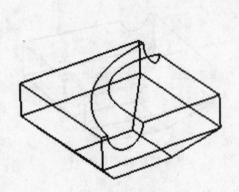

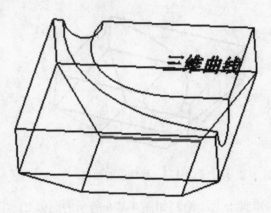

图 4-178　修剪直线　　　　　　　　　　图 4-179　书写文字

选择"插入"→"曲线"→"文本"命令，或者单击"曲线"工具条上的 **A** 按钮，弹出"文本"对话框，如图 4-180 所示，在"类型"下拉列表中选择"平面的"选项，接着选择曲线，在"文本属性"文本框中输入"三维曲线"，在"锚点位置"下拉列表选择"右下"选项，然后拖动锚点到如图 4-179 所示的大概位置，最后单击"确定"按钮，完成文字的书写。

图 4-180　"文本"对话框

第 5 章 零件造型的基本方法

5.1 基础知识

5.1.1 概述

UG 的建模技术是一种基于特征和约束的建模技术，具有交互式建立和编辑复杂实体模型的能力。应用 UG 的建模功能，用户可快速进行概念设计和详细设计。用户可通过定义设计中的不同部件间的数学关系，将设计需求和设计约束结合在一起。基于特征的实体建模和编辑功能使得用户可以直接编辑实体特征的尺寸，或通过使用其他几何编辑和构造技巧来改变和更新实体模型。

UG 是一个基于特征的三维建模软件，它不同于 AutoCAD 等二维制图软件，也不同于注重模型效果的三维制图软件，如 3D Studio Max 等，UG 注重于对三维实体的精确建模，包含了产品模型的体积、面积、质量等。因此，在学习 UG 强大的建模功能之前，有必要了解 UG 中几个重要的概念，诸如特征、关联、参数化等。

5.1.2 特征

在 UG 中，特征是指所有实体、片体、参考特征、抽取对象和某些线框对象等。特征具有下述特性。

（1）特征的输入称之为"父"，所得的特征对象称之为"子"，父—子特征相互关联。

（2）父特征可以是几何对象或是数字变量（称作表达式）。在数字变量的情况下，数字被称为子对象的"参数"，子对象则被称为"参数化模型"。

（3）修改任何一个对象后，其修改会反映到它的相应子特征里，子特征会自动更新。

（4）父特征及其创建操作过程的组合有时也称为对象的"历史"。

改变与特征相关的形状与位置的定义，可以改变与模型相关的形位关系。对于某个特征，既可以将其与某个已有的零件相联结，也可以把它从某个已有的零件中删除掉，还可以与其他多个特征共同组合创建新的实体。

基于特征指的是：零件模型的构造是由各种特征来生成的，零件的设计过程就是特征的累积过程。

一个特征的尺寸有几何形状尺寸和定位尺寸两种。与之相对应的是，一个特征的参数也可分为几何形状尺寸参数和定位尺寸参数。通过控制各种参数即可达到控制零件几何形体的目的。

在创建零件模型时，一般应根据部件的结构特点先建立体素特征或扫描特征作为部件的毛坯，然后参照零件的粗加工过程逐步创建零件的孔、键槽或用户定义的特征等有关特征，最后参照零件的精加工过程创建倒圆、倒角和阵列等特征。简单地说，就是先创建一个毛坯，然后通过在毛坯上进行加料或减料完成零件模型的创建。

另外，在建模过程中，可根据建模的需要创建相关的参考特征。

下面给出了一个例子，该例反映了建模的大概过程，如图 5-1 所示。

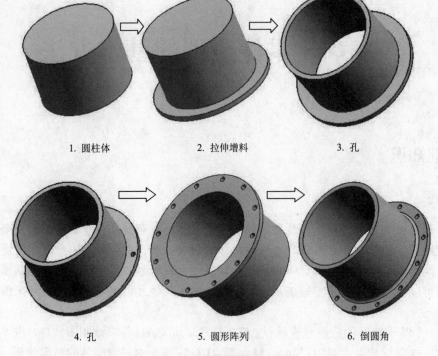

1. 圆柱体　　　　　　2. 拉伸增料　　　　　　3. 孔

4. 孔　　　　　　5. 圆形阵列　　　　　　6. 倒圆角

图 5-1　由特征建模的过程

下面介绍其他的一些建模术语。

（1）体　指实体和片体。

（2）实体　指形成封闭体积的面和边缘的集合。

（3）片体　指没有形成封闭体积的一个或多个面的集合。

（4）面　指由边缘围成的体的外表区域。

（5）边缘　指围成体的外表区域的边界曲线。

（6）对象　对象包括很多内容，它可以是点、曲线、实体或片体边缘、面以及特征等。

5.1.3　关联

UG 采用统一的数据库管理，不论是零件还是装配，都共享同一数据库，并且系统使用了数据库关联方法。所谓关联就是在任意层面上更改设计，系统都会自动在所有层面上做相应的改动。比如将某个零件进行修改（如修改尺寸、添加约束、添加删除特征等），并且保存修改后的文件，那么所有包括此零件的模型都会相应地进行变化。如果在装配件中修改某个零件，那么该零件模型也会相应地进行变化。所有这些关联变化都是自动进行的，它的本质就是使用统一数据库管理机制。

5.1.4　参数化

UG 是一个参数化系统。所谓参数化是指对零件上各种特征施加各种约束形式，将模型所有尺寸定义为参数尺寸。各个特征的几何形状与尺寸大小用变量参数的方式来表达，这个变量参数不仅可以是常数，而且可以是某种代数式。如果定义某个特征的变量参数发生了改变，则零件的这个特征的几何形状或尺寸大小将随着参数的改变而改变，UG 会随之重新生成该特征及其相关的各个特征，而不需要重新绘制。系统默认的参数名是 "p#"，其中 "#" 是尺寸标注的流水号，如图 5-2 所示，分别是 p6、p7、p8。当修改参数的数值时，系统在保持模型拓扑关系不变的情况下，几何大小、相对位置和相对比例等将随着参数的修改而变化。另外，系统默认的参数名是可以进行修改的。

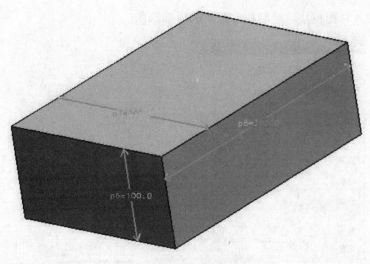

图 5-2 参数化

此外，用户可以定义各参数之间的相互关系，这样使得特征之间存在依存关系，当修改某一单独特征的参数值时，同时会牵动其他与之存在依存关系的特征进行相应的变更，以保持整体的设计意图。

5.1.5 父子关系

参数化模型由建立了关系的特征构成。在其他特征的基础上创建特征，有点类似于一个家庭关系，因此称之为父—子关系。实际上，UG 中模型里特征之间的历史关系和一张网相似。零件上的第一个创建的特征是网的中心，也是其他所有特征的父特征。子特征是基础特征的分支，并且他们也会变成父特征。与典型的家庭关系不同，一个子特征可能有多个父特征。

特征之间建立的父子关系可以是隐含的，也可以是清楚的。隐含的关系可以通过加入关系选项的数学方程来建立。例如，可以让两个尺寸等于同一个数值。在这种方法里，一个尺寸的数值控制了另一个尺寸。尺寸处于控制地位的特征就是尺寸处于被控制地位的特征的父特征。修改父特征时应该小心，如果父特征被选中删除，其子特征会一起被删除。

用一个特征来建构另一个特征时，就可以得到清楚的关系。例如，选择一个特征里的平面作为另一个特征的草图平面时，新生成的特征就成为选出特征的子特征。

5.2 创建草绘实体特征

创建草绘实体特征是指几何体截面沿引导线或某一指定的方向扫描生成特征的方法，这也是用二维轮廓图形生成三维实体的有效方法，这些方法包括拉伸、回转、沿引导线扫掠及管道等。

5.2.1 拉伸实体特征

"拉伸"命令需要选择截面曲线，用户可选择实体表面或草图等进行拉伸，拉伸的结果可以是片体或实体。对于有时创建复杂的模型时，拉伸是不错的选择。

选择"插入"→"设计特征"→"拉伸"命令，或单击"特征"工具条上的"拉伸"按钮，弹出如图 5-3 所示的"拉伸"对话框。

下面介绍"拉伸"对话框中各选项和按钮的作用。

1. 截面线

该选项组用于选择拉伸截面的对象，其中"曲线"按钮默认为是激活的。单击"草图截面"按钮 进入草图模块，绘制拉伸截面的内部草图。

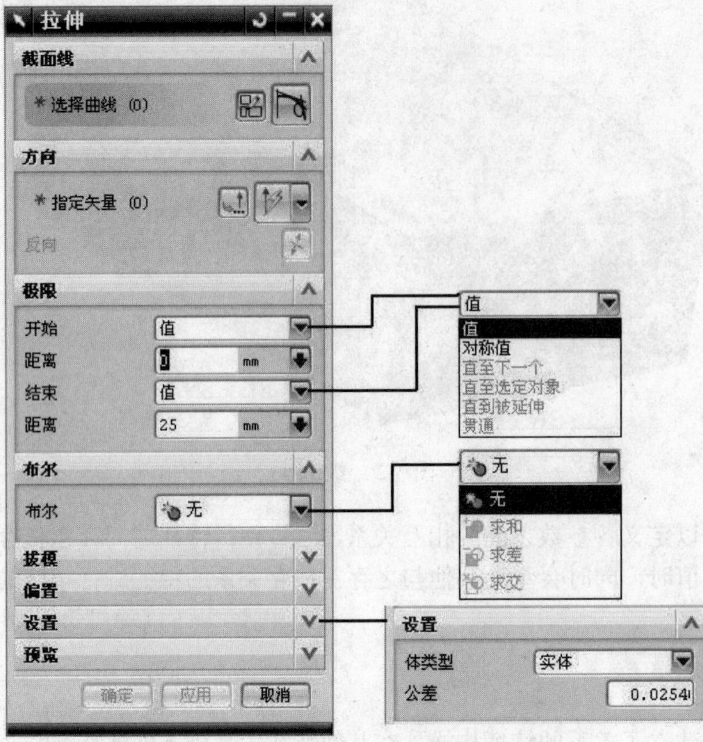

图 5-3 "拉伸"对话框

2．方向

该选项组用于定义拉伸的方向，可通过矢量构造器创建拉伸矢量，单击按钮 则可更改拉伸方向。

3．极限

该选项组用于选择拉伸的方式和距离，包括"值"、"对称值"、"直至下一个"、"直至选定对象"、"直到被延伸"、"贯通"6 种。

（1）值 使用指定的距离进行拉伸，该值可正可负。拉伸轮廓之上的值为正，之下的为负。也可通过直接拖动工作区域中的手柄来改变此值。

（2）对称值 将拉伸截面向两个相反的方向拉伸，拉伸的截面线位于拉伸体的中心位置。选择该选项，用户只需给出一个值即可。

（3）直至下一个 将拉伸截面拉伸至下一个特征。

（4）直至选定对象 将拉伸截面拉伸到选择的面或曲面上。该方式要求选择的面须能完全覆盖截面几何图形在选择面上的投影。

（5）直到被延伸 将拉伸截面拉伸到选择的平面或曲面上。若选择的面不能完全覆盖截面几何图形在选择面上的投影，系统会自动将扩大平面作为限制对象。所以，相对于"直至选定对象"方式，一般会更多地偏向于使用该方式。

（6）贯通 将拉伸截面拉伸并通过所有与其相交的实体。

4．布尔

该选项组用于选择在创建拉伸特征时使用的布尔运算，包括 4 种选项。

（1）无 直接创建拉伸特征。

（2）求和 将生成的特征与原特征进行合并，生成新的特征（相交部分将自动被删除）。

（3）求差 原特征减去生成的特征来生成新的特征。

（4）求交   将两特征的共有部分作为新的实体，即保留相交的部分。

5．拔模

该选项组用于设置拉伸的拔模操作，如图 5-4 所示，共有 6 种方式。

（1）无   对拉伸后的特征不进行拔模操作。

（2）从起始限制   从拉伸对象的开始距离端进行拔模操作。当开始距离为 "0" 时，与 "从截面" 的方式效果相同。

（3）从截面   从拉伸截面位置端进行拔模操作，在该方式下对话框会多出一个 "角度选项"。若选择 "单个"，生成的拉伸体各侧面的拔模角度都相等；选择 "多个"，则可以设置各个拉伸侧面的拔模角度。

（4）从截面—不对称角   从截面处开始拔模，且可设置截面两侧不同的拔模角度。

（5）从截面—对称角   从截面处开始拔模，截面两侧的拔模角度相同。

（6）从截面匹配的终止处   从截面处开始拔模，且将开始端的截面形状与终点端的截面形状匹配，即开始端形状由终点处拔模后的形状决定。

仅当拉伸截面在生成的拉伸体的开始与终止之间时，（4）、（5）、（6）3 种方式才可用。

6．偏置

将拉伸截面向内或向外偏置一定的距离，把偏置后的图形作为拉伸对象，如图 5-5 所示，共有 4 种偏置方式。偏置距离都是相对于原始截面而言的。

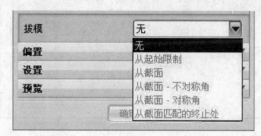

图 5-4 "拔模" 选项   图 5-5 "偏置" 选项

（1）无   对原始截面不进行偏置。

（2）单侧   在拉伸截面曲线内或外的一定距离处创建拉伸体。若设置负值则表示向内偏置。

（3）两侧   分别指定两侧的偏置值，系统将偏置后的曲线拉伸生成拉伸体。

（4）对称   指定一偏置值，系统将截面图形向两侧偏置相同距离后的曲线拉伸生成拉伸体。

7．设置

在 "设置" 选项组中设定创建的特征是实体还是片体。

8．预览

展开 "预览" 选项组后，选中 "预览" 复选框，则在创建拉伸体的过程中便可观察到拉伸的效果。单击 "显示结果" 🔍 按钮，也可以预览生成拉伸体后的效果。

下面以一个简单的实例来创建一个拉伸特征。

【实例1】 简单拉伸特征的创建。

步骤一   新建零件文件 "Chapter05-1.prt"。

（1）启动 UG，选择 "文件" → "新建" 命令，或者单击 ▯ 按钮，系统弹出 "文件新建" 对话框，如图 5-6 所示。

（2）在 "名称" 文本框中输入 "Chapter05-1.prt"，单击 "确定" 按钮完成新文件建立。

步骤二   绘制拉伸特征的草图。

（1）单击 "标准" 工具条上的 "开始" 按钮 🔧 开始▾，然后单击选择 "建模" 命令 🔧 建模(M)...，进入建模环境。

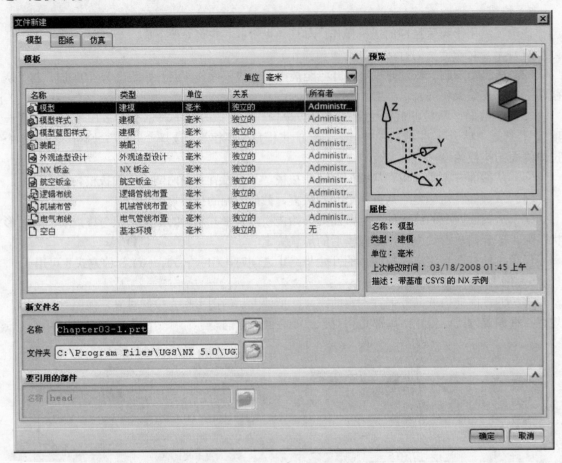

图 5-6 "文件新建"对话框

（2）选择"插入"→"设计特征"→"拉伸"命令，或单击"特征"工具条上的"拉伸"按钮 ，弹出如图 5-3 所示的"拉伸"对话框。

（3）单击"拉伸"对话框中的"草图截面"按钮 进入草图模块，系统弹出"创建草图"对话框，如图 5-7 所示。

（4）单击"确定"按钮进入草图界面。

（5）绘制如图 5-8 所示的草图，完成后单击"完成草图"按钮 完成草图 完成草图。

图 5-7 "创建草图"对话框

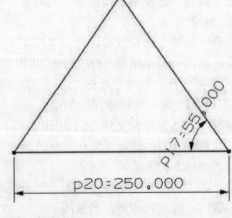

图 5-8 绘制草图

步骤三 完成拉伸特征。

（1）在"开始"文本框下面的"距离"文本框中输入"0"，在"结束"文本框下面的"距离"文本框中输入"100"。

（2）单击"确定"按钮，完成拉伸特征的建立，如图 5-9 所示。

（3）完成了零件的建模。选择"文件"→"保存"命令，或者单击"标准"工具条上的"保存"按钮 ，保存该文件。

5.2.2 回转实体特征

回转特征是由特征截面绕旋转中心线旋转而成的一类特征，它适合于构造回转体零件特征。它可以生成旋转实体或片体。

选择"插入"→"设计特征"→"回转"命令，或单击"特征"工具条上的"回转"按钮 ，弹出如图 5-10 所示的"回转"对话框。该对话框与"拉伸"对话框相似，操作也相似。

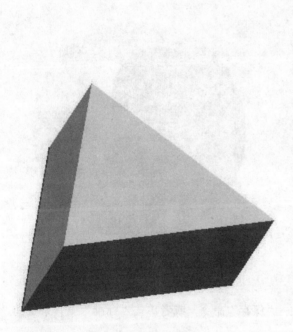

图 5-9 完成拉伸特征　　　　　　　图 5-10 "回转"对话框

下面建立一个简单的回转特征来说明该特征的创建方式。

【实例 2】 回转特征的创建。

步骤一 新建零件文件"Chapter05-2.prt"。

（1）启动 UG，选择"文件"→"新建"命令，或者单击 按钮，系统弹出"文件新建"对话框，如图 5-6 所示。

（2）在"名称"文本框中输入"Chapter05-2.prt"，单击"确定"按钮完成新文件的建立。

步骤二 绘制回转特征的草图。

（1）单击"标准"工具条上的"开始"按钮 开始▾，然后单击选择"建模…"命令 建模(M)…，进入建模环境。

（2）绘制一条直线作为旋转轴。

（3）选择"插入"→"设计特征"→"回转"命令，或单击"特征"工具条上的"回转"按钮 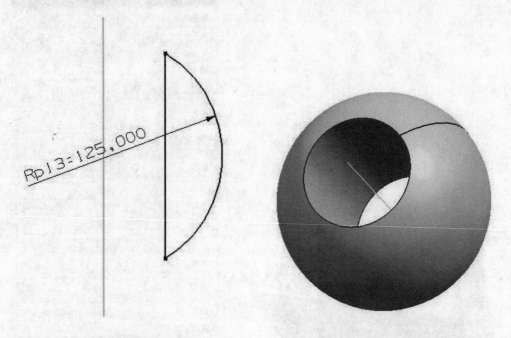，弹出如图 5-10 所示的"回转"对话框。

（4）单击"回转"对话框中的"草图截面"按钮 进入草图模块，系统弹出"创建草图"对话框，如图 5-7 所示。

（5）单击"确定"按钮进入草图界面。

（6）绘制如图 5-11 所示的草图，完成后单击"完成草图"按钮 完成草图。

步骤三　完成回转特征。

（1）选择图 5-11 中绘制的草图。

（2）单击"回转"对话框"轴"选项组中的"指定矢量"选项，然后选取绘制的直线，则该直线即为旋转轴。

（3）"回转"对话框中的"极限"选项组中系统默认的"开始"值为 0，"结束"值为 360，使用默认值。

（4）单击"确定"按钮，完成回转特征的建立，如图 5-12 所示。

图 5-11　回转特征的草图　　　　　　　图 5-12　回转特征的建立

（5）完成了零件的建模。选择"文件"→"保存"命令，或者单击"标准"工具条上的"保存"按钮 ，保存该文件。

5.2.3　沿引导线扫掠实体特征

"沿引导线扫掠"命令是将截面（实体边缘、曲线或链接曲线等）沿引导线串（直线、圆弧及样条曲线等）扫掠创建实体或片体。

> 注意：此命令只能选择一组引导线和一组截面线。

选择"插入"→"扫掠"→"沿引导线扫掠"命令，或单击"特征"工具条上的"沿引导线扫掠"按钮 ，系统弹出"沿引导线扫掠"对话框，如图 5-13 所示。

先选择要扫掠的截面线串，然后单击"确定"按钮，再选择扫掠的引导线串，单击"确定"按钮，此时系统弹出如图 5-14 所示的"沿引导线扫掠"对话框。

图 5-13　"沿引导线扫掠"对话框（1）　　　图 5-14　"沿引导线扫掠"对话框（2）

定义好偏置值之后，单击"确定"按钮，完成沿引导线扫掠特征的创建。

下面以一个简单的实例来创建一个沿引导线扫掠特征。

【实例 3】 沿引导线扫掠特征的创建。

步骤一　新建零件文件"Chapter05-3.prt"。

（1）启动 UG，选择"文件"→"新建"命令，或者单击 □ 按钮，系统弹出"文件新建"对话框，如图 5-6 所示。

（2）在"名称"文本框中输入"Chapter05-3.prt"，单击"确定"按钮完成新文件的建立。

步骤二　绘制扫掠引导线。

（1）单击"标准"工具条上的"开始"按钮 开始▼，然后单击选择"建模"命令 建模(M)...，进入建模环境。

（2）选择"插入"→"草图"命令，或者单击"特征"工具条上的"草图"按钮 品，弹出如图 5-7 所示的"创建草图"对话框。

（3）单击"确定"按钮进入草图界面。

（4）绘制如图 5-15 所示的草图，完成后单击"完成草图"按钮 完成草图 完成草图。

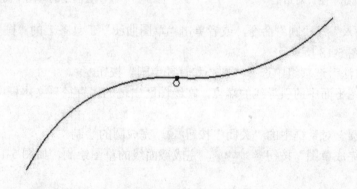

图 5-15　绘制扫掠引导线

步骤三　绘制扫掠截面线。

（1）选择"插入"→"草图"命令，或者单击"特征"工具条上的"草图"按钮 品，弹出如图 5-7 所示的"创建草图"对话框。

（2）在"创建草图"对话框的"类型"选项组中，单击右边的下拉按钮 ▼，选择"在轨迹上"选项（注意：选择为此类型后，下面选择的"路径"必须是相切连续的），如图 5-16 所示。

（3）在"平面方位"选项组中的"方位"下拉列表中，单击右边的下拉按钮 ▼，选择"垂直于轨迹"选项。

（4）选择图 5-15 中绘制的引导线。

（5）在"平面位置"选项组中的"位置"下拉列表中，单击右边的下拉按钮 ▼，选择"通过点"选项。

（6）单击"指定点"下拉列表中的"自动判断的点"按钮 ，选择引导线的端点。

（7）单击"确定"按钮。完成绘制截面线的草图平面设置，如图 5-17 所示。

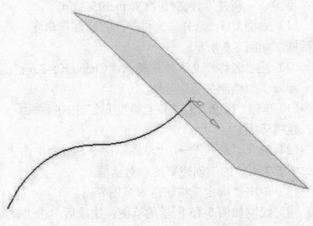

图 5-16　"创建草图"对话框　　　　　图 5-17　绘制截面线的草图平面设置

（8）选择"插入"→"圆"命令，或者单击"草图曲线"工具条上的"圆"按钮 ◯，弹出"圆"对话框，如图 5-18 所示。

（9）在"圆方法"选项组中选择"圆心和直径定圆"按钮 ⊙。

（10）选择草图平面中的引导线的端点，在绘图区出现的"直径"文本框中输入"30"，按 Enter 键确认。

（11）单击"圆"对话框中的"关闭"按钮 ✖，完成圆的绘制。

（12）单击"完成草图"按钮 💹完成草图，完成截面线的草图绘制，如图 5-19 所示。

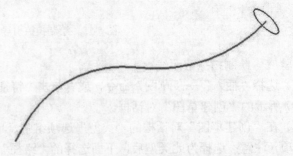

图 5-18　"圆"对话框　　　　　　　图 5-19　绘制扫掠截面线

步骤四　完成扫掠特征。

（1）选择"插入"→"扫掠"→"沿引导线扫掠"命令，或单击"特征"工具条上的"沿引导线扫掠"按钮 ，系统弹出"沿引导线扫掠"对话框（1），如图 5-13 所示。

（2）选择图 5-19 绘制的扫掠截面线作为扫掠截面线串，单击"确定"按钮。

（3）选择图 5-15 绘制的扫掠引导线作为扫掠引导线串，单击"确定"按钮。

152

（4）此时系统弹出如图 5-14 所示的"沿引导线扫掠"对话框（2），接受默认值。

（5）单击"确定"按钮，此时系统弹出"布尔运算"对话框，如图 5-20 所示。

（6）单击图 5-20（a）"布尔运算"对话框中的"创建"按钮或"确定"按钮，完成沿引导线扫掠特征的创建，如图 5-20（b）所示。

（a）"布尔运算"对话框　　　　　（b）沿引导线扫掠出的特征

图 5-20　沿引导线扫掠特征的创建

（7）完成了零件的建模。选择"文件"→"保存"命令，或者单击"标准"工具条上的"保存"按钮 ，保存该文件。

5.2.4　管道实体特征

"管道"是以一个圆形截面沿着一条指定的路径扫掠完成的，它主要根据给定曲线的内外直径创建各种管状实体，可用于创建管、电气线路、电缆或管路应用。

选择"插入"→"扫掠"→"管道"命令，或单击"特征"工具条上的"管道"按钮 ，弹出如图 5-21 所示的"管道"对话框。

下面介绍"管道"对话框中各选项和按钮的作用。

1．横截面

在"横截面"选项组中的"外径"和"内径"文本框中输入管道的外径和内径。外径不能为零。

2．设置

在"设置"选项组中设定管道的输出类型，它包括"多段"和"单段"两种类型，如图 5-22 所示。

图 5-21　"管道"对话框　　　　　图 5-22　"设置"选项组

（1）多段　选择"多段"选项，则生成的管道由多段表面组成，即沿引导线产生一系列圆柱形或环形的侧向截面，如图5-23（a）所示。

（2）单段　选择"单段"选项，则生成的管道只有一段（内部直径为0时）或两段表面（内部直径大于0时），如图5-23（b）所示。

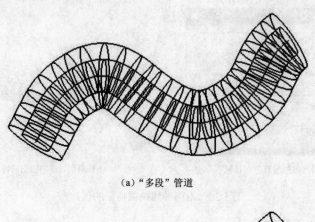

(a)"多段"管道

(b)."单段"管道

图5-23　"多段"管道与"单段"管道

5.3　创建放置实体特征

零件建模的放置特征通常是指由系统提供的或用户自定义的一类模板特征，它的特征几何形状是确定的，可以通过改变其尺寸大小得到大小不同的相似几何特征。如孔特征，通过改变孔的直径尺寸，可以得到一系列大小不同的孔。UG提供了许多类型的放置特征，如孔特征、圆角特征、抽壳特征等。这些特征必须依赖于已经存在的实体特征，例如一个孔必须建立在一个实体上而不能脱离实体存在。

在零件建模过程中使用放置特征，一般需要给系统提供以下几方面的信息。

（1）放置特征的尺寸　如孔特征的直径尺寸、圆角特征的半径尺寸、抽壳特征的壁厚等。

（2）放置特征的位置　如孔特征，首先需要为系统指定在哪一个平面上打孔，然后需要确定孔在该平面上的定位尺寸。

5.3.1　孔特征

用户可以使用"孔"命令直接创建简单孔、沉头孔或埋头孔。对于所有创建的孔，深度值必须为正值。另外，孔属于除料特征，所以在建孔之前，文件中必须存在实体或片体作为孔的除料对象，也即用来放置孔。

1. 孔的类型

选择"插入"→"设计特征"→"孔"命令，或者单击"特征操作"工具条中的"孔"按

钮 ，系统弹出"孔"对话框，如图5-24所示。

如图5-24所示的"孔"对话框，在"类型"选项组中有3个按钮，可以创建3种类型的孔，即简单孔、沉头孔和埋头孔。

下面分别介绍3种孔的创建方法。

（1）简单孔 简单孔即直孔，它由"直径"、"深度"和"顶锥角"3个参数控制，如图5-24所示。它们的意义如图5-25所示。

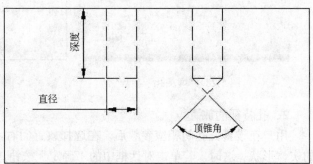

图5-24 "孔"对话框　　　　　　　　　　图5-25 "简单孔"参数示意图

提示：若创建平底孔，则只需把"顶锥角"定义为0即可。如果选择了"通过面"选项，"深度"和"顶锥角"文本框就变为不可编辑。

（2）沉头孔 沉头孔及阶梯孔，它的形状由"沉头孔直径"、"沉头孔深度"、"孔径"、"孔深度"和"顶锥角"5个参数控制，如图5-26所示。它们的意义如图5-27所示。

提示："孔深度"是指较大孔和较小孔的深度之和。

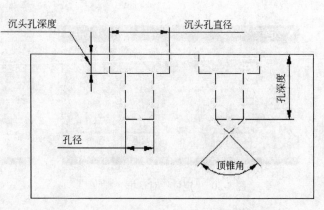

图5-26 "沉头孔"参数　　　　　　　　　　图5-27 "沉头孔"参数示意图

（3）埋头孔  埋头孔的形状由"埋头孔直径"、"埋头孔深度"、"孔径"、"孔深度"和"顶锥角"5个参数控制，如图5-28所示。它们的意义如图5-29所示。

图5-28 "埋头孔"参数　　　　　　　图5-29 "埋头孔"参数示意图

2．孔特征的放置

用户在设置好孔的相应参数后，在选择放置面时，系统就会在鼠标点击处显示出设置的孔的实体形状。这时，若单击对话框中的"确定"按钮，系统则弹出如图5-30所示的"定位"对话框。

下面介绍孔的定位方式。

孔是按照孔的中心来定位的，图5-30中的6种定位方式都是相对于圆心的位置来确定定位尺寸的。在用户选择了一种定位方式后，系统就会在绘图区中显示相应的定位尺寸。

（1）水平 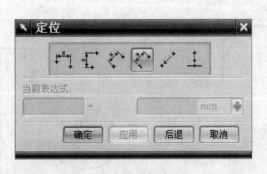 它使用目标对象与圆心在水平方向上的距离进行定位。

选择"水平"方式后，系统弹出"水平参考"对话框，如图5-31所示，先选择水平参考，然后再选择目标对象，这时，图5-30"定位"对话框中的"当前表达式"选项变为可选，在右侧的文本框中输入相应的值即可。

图5-30 "定位"对话框　　　　　　图5-31 "水平参考"对话框

（2）竖直 它 该方式与"水平"方式相似，它使用目标对象与圆心在竖直方向上的距离进行定位。

选择"竖直"方式后，系统弹出"水平参考"对话框，如图 5-31 所示，须先选择水平参考，然后选择目标对象。这时，图 5-30"定位"对话框中的"当前表达式"选项变为可选，在右侧的文本框中输入相应的值即可。

（3）平行 它使用圆心与目标对象点投影在放置平面上的直线距离进行定位，定位尺寸平行于两点的连线。

> 🔍提示：若选择的是曲线或者边缘，则系统自动捕捉靠近鼠标单击位置的端点作为定位的参考点。

选择"平行"方式后，系统弹出"平行"对话框，如图 5-32 所示，然后选择目标对象，这时，图 5-30"定位"对话框中的"当前表达式"选项变为可选，在右侧的文本框中输入相应的值即可。

（4）垂直 它是使用圆心到目标边的垂直距离进行定位。

选择"垂直"方式后，系统弹出"定位"对话框，如图 5-30 所示。选择目标对象，这时，图 5-30"定位"对话框中的"当前表达式"选项变为可选，在右侧的文本框中输入相应的值即可。

（5）点到点 它通过将圆心与目标对象点在放置平面上的投影点进行重合进行定位。

选择"点到点"方式后，系统弹出"点到点"对话框，如图 5-33 所示。选择目标对象后，则系统完成定位。

> 🔍提示：若选择的是曲线或者边缘，则系统自动捕捉靠近鼠标单击位置的端点作为定位的参考点。

　　　　图 5-32　"平行"对话框　　　　　　　　图 5-33　"点到点"对话框

（6）点到线 它是将圆心垂直定位到目标直线或直线边缘在放置平面上的投影直线上。

> 🔍提示：该方式不能选择曲线作为目标对象。

选择"点到线"方式后，系统弹出"点到线"对话框，如图 5-34 所示。选择目标对象后，则系统完成定位。

图 5-34　"点到线"对话框

5.3.2　圆角特征

圆角特征在零件设计中起着重要的作用。大多数情况下，如果能在零件特征上加入圆角特征，则有助于造型上的变化，或是产生平滑的效果。一般绘制圆角时应注意以下几点。

（1）圆角的建立最好是在实体绘制的末期。

（2）在标注特征的位置尺寸时，尽量不要以圆角的边作为参考边，以免产生父子关系，不利于往后的变更设计。

圆角的类型主要分为以下几种。

5.3.2.1　边倒圆

"边倒圆"是按指定的半径对所选的实体或者片体的边缘进行倒圆。在创建圆角时，相当于用一个圆球沿着要倒圆角的边滚动，并与相交于该边的两个面保持紧贴。球在两个面的内部还是外部滚动取决于所选边的类型。

"边倒圆"命令可以创建等半径倒角、变半径倒角和拐角倒角，且可以指定倒角的终止点。

选择"插入"→"细节特征"→"边倒圆"命令，或者单击"特征操作"工具条中的"边倒圆"按钮　，系统弹出"边倒圆"对话框，如图 5-35 所示。

图 5-35　"边倒圆"对话框

下面介绍图 5-35"边倒圆"对话框中各选项和按钮的作用。

1. 要倒圆的边

（1）选择边　弹出"边倒圆"对话框后，则"选择边"按钮　默认为激活状态，用户可直接选择要倒圆的边。

（2）半径 1　定义第一个选择集的倒圆角半径。若添加新集，则此选项后的数字会依次增加。

（3）添加新集　在一次边倒圆的操作中，单击"添加新集"按钮　可以设置不同的选择集。每个新集可设置不同的半径，所有的集都在"列表"下拉列表中显示出来。

158

2．可变半径点

（1）指定新的位置　定义半径变化的位置点。

（2）V Radius1　定义第一个指定点位置的半径。若增加指定点，则此选项后的数字会依次增加。

（3）位置　在该选项中可以设置指定可变半径点的位置方式，它包括"圆弧长"、"%圆弧长"和"通过点"3 种方式，如图 5-36 所示。

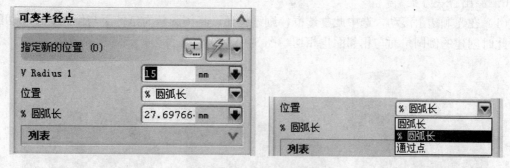

图 5-36　"可变半径点"选项组

3．拐角回切

拐角回切即拐角倒角，有时也称 3 边倒圆。当选择的倒圆角边有 3 条以上且有共同的端点时，此时若单击该选项组中的"选择终点"按钮，如图 5-37 所示，然后选择要倒圆角的边缘线的公共端点，则系统会在绘图区中的拐角点处沿着各边缘线的方向退回一段距离。此时可在出现的文本框中输入相应的值，按 Enter 键即可。

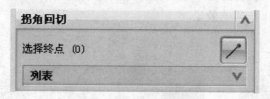

图 5-37　"拐角回切"选项

4．拐角突然停止

若想将倒圆角终止在某点，则可单击如图 5-38 所示的"选择终点"按钮，然后选择相应的点即可。"停止位置"选项有"按某一距离"和"在交点"两种方式。若选择的是"按某一距离"，则在选择一端点后，在对话框中会出现"位置"选项，其也有"圆弧长"、"%圆弧长"和"通过点"3 种方式。

图 5-38　"拐角突然停止"选项

5．修剪选项

设置倒圆角产生的端盖面的修剪方式，它包括"默认"和"选定的面"两种方式，如图 5-39 所示。

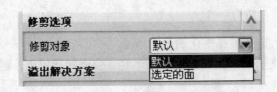

图 5-39　"修剪选项"选项

6. 溢出解决方案

（1）在光顺边上滚动　选中此复选框，则系统允许将倒圆角面延伸至与倒圆角边相切的面上，此时创建的倒圆角面与相邻面也相切。图 5-40 给出了是否选择该选项的效果。

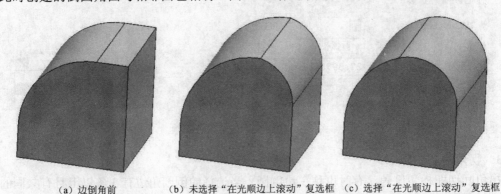

（a）边倒角前　　　　（b）未选择"在光顺边上滚动"复选框　　（c）选择"在光顺边上滚动"复选框

图 5-40　是否选中"在光顺边上滚动"复选框的不同效果

（2）在边上滚动（光顺或尖锐）　控制是否将倒圆角滚动至与倒圆角面相切的边缘线上。图 5-41 给出了是否选择该选项的效果。

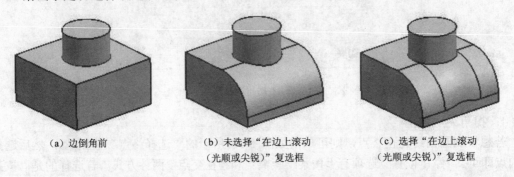

（a）边倒角前　　　　（b）未选择"在边上滚动　　　（c）选择"在边上滚动
　　　　　　　　　　　　（光顺或尖锐）"复选框　　　　（光顺或尖锐）"复选框

图 5-41　是否选中"在边上滚动（光顺或尖锐）"复选框的不同效果

（3）保持圆角并移动锐边　它用来保留创建的倒圆角面，并且移除与倒圆角面相交的尖锐边缘线。

在"显示溢出解决方案"选项组中有"选择要强制执行滚边的边"和"选择要禁止执行滚边的边"两个选项。例如，单击"选择要强制执行滚边的边"选项右边的"边"按钮 ⬚，然后选择相应的边缘线，则创建的倒圆角将保留原有滚边的形状。

7. 设置

"设置"选项组如图 5-42 所示。

（1）倒圆所有的实例　选择此复选框，则可以对所有相关的阵列特征进行相同的倒圆角操作。

（2）凸/凹 Y 处的特殊圆角　当倒圆角时遇到同时存在内侧和外侧的圆角时，则可以选中该复选框，在两侧相交处创建特殊的圆角。

（3）移除自相交　移除在倒圆角过程中自相交的曲面，系统会自动运算出一个平滑的相切面来代替自相交处的倒圆角面。

（4）拐角回切 该选项主要用于设置拐角回切的类型，它包括"从拐角分离"和"带拐角包含"两种类型，如图 5-42 所示。

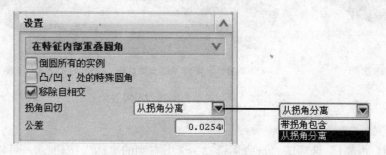

图 5-42 "设置"选项

5.3.2.2 面倒圆

面倒圆是指对实体或片体的面以指定的半径进行倒圆，并对面进行修剪操作。倒圆角可以定义为圆形或为二次曲线形状的圆角，且可以使用规律控制圆角半径的变化。

选择"插入"→"细节特征"→"面倒圆"命令，或者单击"特征操作"工具条中的"面倒圆"按钮 ，系统弹出"面倒圆"对话框，如图 5-43 所示。

图 5-43 "面倒圆"对话框

下面介绍图 5-43"面倒圆"对话框中各选项和按钮的作用。

1．类型

（1）滚动球 相当于用一个球沿着两个要倒圆角的曲面滚动。该项为默认的选项，使用的场合较多。

（2）扫掠截面 它是使用沿着脊线的扫掠截面来创建面倒圆。

下面给出以上两种类型面倒圆后的效果，如图 5-44 所示。

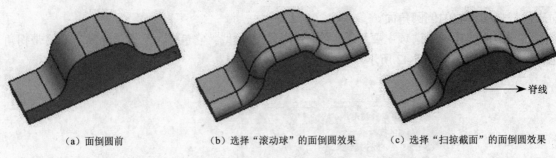

（a）面倒圆前　　　　　　（b）选择"滚动球"的面倒圆效果　　　（c）选择"扫掠截面"的面倒圆效果

图 5-44　两种类型面倒圆的不同效果

2．面链

单击"选择面链 1"选项或"选择面链 2"选项右侧的"面"按钮 ，可以选择需要倒圆角的面。单击"反向"按钮 可以改变倒圆角的方向。

> 提示：在选择要倒圆角的面时，必须注意选择的面的矢量的箭头方向，箭头方向表示倒圆角的创建位置。可以单击"反向"按钮 来改变倒圆角的方向（即改变倒圆角的创建位置）。

3．倒圆横截面

（1）选择脊线　当类型中选择"扫掠截面"时，在"倒圆横截面"选项组中会出现此选项。

（2）形状　它用来控制倒圆横截面的形状，有"圆形"和"二次曲线"两种方式，如图 5-45（a）所示。

（3）半径方法　共有"恒定"、"规律控制的"和"相切约束"三种方式控制半径的大小，如图 5-45（b）所示。

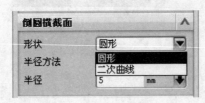　　　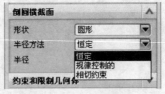

（a）"形状"下拉列表　　　　　　　（b）"半径方法"下拉列表

图 5-45　"倒圆横截面"选项组

4．约束和限制几何体

"约束和限制几何体"选项组如图 5-46 所示。

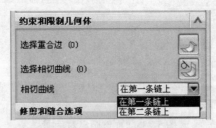

图 5-46　"约束和限制几何体"选项组

（1）选择重合边　在进行面倒圆操作时，选择一条边缘线，在面倒圆后此边缘线与面倒圆边线重合。只有当生成的倒圆面超过倒圆面链范围时，才需要设置重合边。

（2）选择相切曲线　当"半径方法"下拉列表中选择"相切约束"选项时，系统会激活"选择相切曲线"选项右侧的"曲线"按钮 ，然后选择需要相切的曲线。

（3）相切曲线　它是用选择的相切曲线在面链 1 或面链 2 上的投影曲线来控制面倒圆的半径。

5. 修剪和缝合选项

"修剪和缝合选项"选项组如图 5-47 所示。

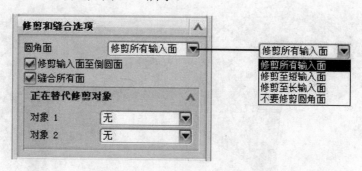

图 5-47 "修剪和缝合选项"选项

（1）圆角面　它用来设置倒圆角曲面的修剪方式，它有以下几种类型。

① 修剪所有输入面：修剪所有与圆角面相连的倒圆输入面，倒圆角曲面在两组曲面间过渡。

② 修剪至短输入面：修剪圆角曲面至较短的输入面。

③ 修剪至长输入面：修剪圆角曲面至较长的输入面。

④ 不要修剪圆角面：不修剪圆角曲面。

下面给出上述几种修剪方式的修剪效果，如图 5-48 所示。

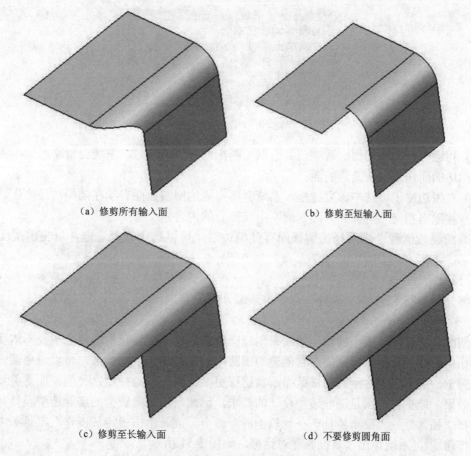

（a）修剪所有输入面　　　　　　　　　　　（b）修剪至短输入面

（c）修剪至长输入面　　　　　　　　　　　（d）不要修剪圆角面

图 5-48 圆角面的几种不同修剪方式

（2）修剪输入面至倒圆角面　选中该复选框，则在创建面倒圆角时，系统将输入面修剪至倒圆面的边缘。图 5-49 所示为是否选中该复选框的不同效果。

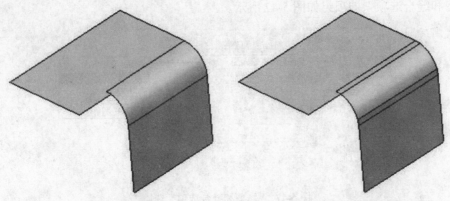

（a）选中"修剪输入面至倒圆角面"复选框　　　（b）未选择"修剪输入面至倒圆角面"复选框

图 5-49 "修剪输入面至倒圆角面"使用与否的不同效果

（3）缝合所有面　选中该复选框，则系统将输入面与倒圆角面缝合成一体。

（4）正在替代修剪对象　该选项主要用于面倒圆两端的修剪控制。可以通过使用基准平面指定修剪范围，也可以使用"平面构造器"创建修剪平面。

6．设置

"设置"选项组如图 5-50 所示。

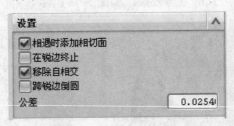

图 5-50 "设置"选项

（1）相遇时添加相切面　选中该复选框，则在创建面倒圆时，系统会自动添加与需要倒圆角的面相切的面作为要倒圆角的面。

（2）在锐边终止　选中该复选框，系统会将生成的倒圆曲面自动在陡峭边缘终止。

（3）移除自相交　可参照"边倒圆"中该部分的内容。

（4）跨锐边倒圆　当选择的倒圆面有陡峭边时，可以选中该复选框，以使倒圆面穿过陡峭边。

7．预览

该部分可参照 5.2.1 中"拉伸"命令中该部分的内容。

5.3.2.3　软倒圆

软倒圆是通过倒圆面上的相切曲线来创建圆角的。软倒圆创建的圆角的半径不需要设置，它是由相切曲线的位置来确定的。它创建的倒圆面的横截面不是圆弧形，可以避免圆弧面相对僵硬的感觉。同时它能对倒圆的横截面形状进行更多、更有效地控制，使倒圆面更美观、更具有艺术效果，能更好地满足工业造型设计的要求，因此常用于流线型的工业造型设计。

选择"插入"→"细节特征"→"软倒圆"命令，或者单击"特征操作"工具条中的"软倒圆"按钮 ，系统弹出"软倒圆"对话框，如图 5-51 所示。

下面介绍图 5-51 "软倒圆"对话框中各选项和按钮的作用。

1．选择步骤

（1）"第一组"按钮 和"第二组"按钮 　依次单击这两个按钮，然后分别选择要倒圆的曲面。单击"法向反向"按钮 法向反向 ，可以改变倒圆的方向。

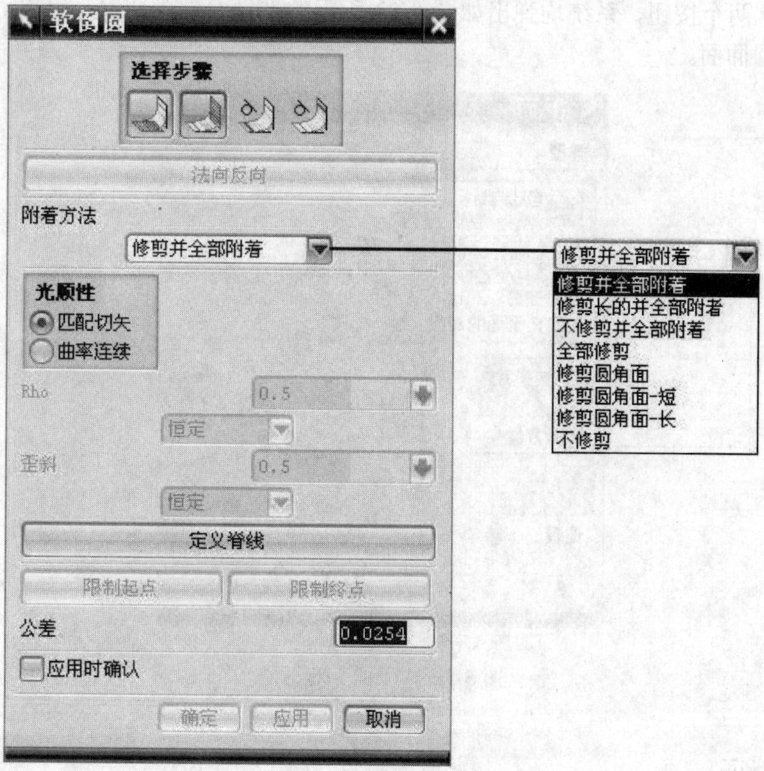

图 5-51 "软倒圆"对话框

（2）"第一相切曲线"按钮和"第二相切曲线"按钮 依次单击这两个按钮，然后分别选择第一组面和第二组面上的相切曲线。若选择的曲线不相切于所在的平面，则系统会将曲线沿面的法向投影至曲面上，将投影后的曲线作为相切曲线。

2．附着方法

单击"附着方法"下拉列表中的下拉按钮，系统提供了 8 种方法，如图 5-51 所示。具体可参照 5.3.2 中"面倒圆"中的相关内容。

3．光顺性

该选项组用于确定圆角与两组要倒圆的面的连接方式。

（1）匹配切矢　选择该选项，则创建的圆角与原曲面相切连续。此时，圆角的横截面为椭圆形。

（2）曲率连续　选择该选项，则创建的圆角与原曲面的切向和曲率都连续。此时，系统以 Rho 和"歪斜"两个参数来控制外形。

① Rho 值用于定义圆角的外形，它的值必须在 0.001～0.99 之间。当 Rho 的值接近于 0 时，将出现平缓的圆角；当 Rho 值接近于 1 时，将出现尖锐的圆角。

② 当"歪斜"的值接近于 0 时，则圆角的尖峰接近第一组面；当"歪斜"的值接近于 1 时，则圆角的尖峰接近第二组面。

4．定义脊线

选择了要倒圆的面和相切曲线之后，即可选择脊线。选择脊线后，则生成的软倒圆截面均垂直于脊线的法向平面。

注意：必须指定一条脊线，否则无法创建软倒圆面。

5．"限制起点"按钮 限制起点 和"限制终点"按钮 限制终点

165

当在"附着方法"下拉列表中选择 "修剪圆角面"或"不修剪"选项时,这两个按钮变为可用。单击这两个按钮,系统均弹出如图 5-52 所示的"平面"对话框,用户可以指定平面修剪生成的软倒圆曲面。

图 5-52 "平面"对话框

5.3.3 倒角特征

在零件设计过程中,通常在锐利的零件边角进行倒角处理,以防止伤人或便于搬运、装配等操作。下面介绍 UG 系统中的"倒斜角"命令。

倒斜角是工程中经常用到的倒角方式,它是指按指定的尺寸斜切实体的棱边,在实体的边缘上形成相应的斜角。对于凸棱边是去除材料,对于凹棱边则是增加材料,如图 5-53 所示。

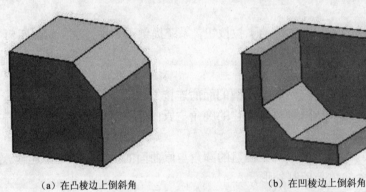

(a) 在凸棱边上倒斜角   (b) 在凹棱边上倒斜角

图 5-53 凸棱边倒斜角和凹棱边倒斜角

选择"插入"→"细节特征"→"倒斜角"命令,或者单击"特征操作"工具条中的"倒斜角"按钮 ，系统弹出"倒斜角"对话框,如图 5-54 所示。

下面介绍图 5-54"倒斜角"对话框中各选项和按钮的作用。

1. 边

该选项组中的"选择边"选项默认处于激活状态,用户可以直接选择要倒角的边。

2. 偏置

横截面 单击该下拉列表右侧的下拉按钮 ，其列出了以下几种倒角方式。

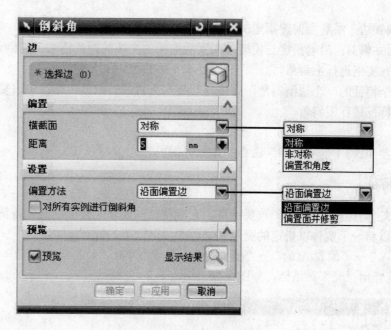

图 5-54 "倒斜角"对话框

① 对称：创建两个方向切除量相同的倒角，即倒角为 45°。

② 非对称：创建两个方向切除量不相同的倒角，即倒角不为 45°。若选择该方式，则对话框中会多出一个"反向"按钮⊠。单击该按钮，则两个偏置的方向互换。

③ 偏置和角度：通过一个角度和偏置值来创建圆角。若选择该方式，则对话框中会多出一个"反向"按钮⊠。单击此按钮，则偏置的方向反向。

图 5-55 所示为 3 种不同的倒角方式。

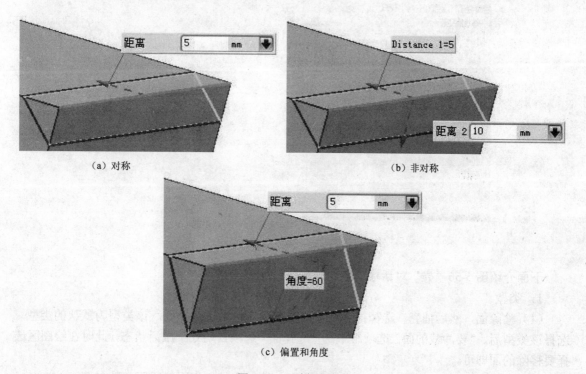

（a）对称　　　　　　　　　　　　　（b）非对称

（c）偏置和角度

图 5-55　3 种倒角方式

3. 设置

（1）偏置方法有以下两种。

① 沿面偏置边：沿着面偏置指定的距离。它是默认的偏置方法。

② 偏置面并修剪：沿着指定与模型面偏置后曲面的交线的距离值来创建倒角边缘。

（2）对所有实例进行倒斜角。

如果对某个特征的一个边倒斜角，而该特征是实例特征的成员，则选中该复选框后，系统将对所有实例特征进行倒斜角。

4．预览

该部分可参照 5.2.1 的"拉伸"命令中该部分的内容。

5.3.4 抽壳特征

抽壳特征是零件建模过程中的重要特征，它能使一些复杂壳体的创建变得简单。通过"抽壳"命令，可以将一个实体以指定的壁厚挖空以生成薄壁类的壳体。

选择"插入"→"偏置/缩放"→"抽壳"命令，或者单击"特征操作"工具条中的"抽壳"按钮 ，系统弹出"壳"对话框，如图 5-56 所示。

图 5-56 "壳"对话框

下面介绍图 5-56"壳"对话框中各选项和按钮的作用。

1．类型

（1）移除面，然后抽壳　选择抽壳后要移除的面，然后进行抽壳。该类型为默认的类型，选择该类型后，"要冲裁的面"选项组中的"选择面"选项自动处于激活状态，此时在绘图区选择要移除的面即可。

（2）抽壳所有面　对选择的实体进行抽壳，创建一个具有相同偏置距离的封闭壳体。

2．厚度

在"厚度"的文本框中可直接输入要抽壳的厚度。单击"反向"按钮 可以改变抽壳的方向。当改为向外抽壳时，相当于在原实体的外表面向外增加厚度。

3．备选厚度

当要进行不同厚度的抽壳时，单击该选项组中的"选择面"选项，然后选择相应的面，再在"厚度"下拉列表右边的文本框中输入相应的厚度值即可。当抽壳需要有多于两个的厚度值时，这时对每个厚度值进行抽壳，单击"添加新集"按钮 ，选择相应的面，在"厚度"下拉列表右边的文本框中输入相应的厚度值即可。这时"列表"下拉列表框会列出各个面集的厚度值。

4．设置

"设置"选项组如图 5-57 所示。

图 5-57　"设置"选项组

（1）相切边

① 在相切边添加支撑面：允许选择的移除面与其他面相切，抽壳后在移除面的边缘处添加支撑面。

② 相切延伸面：沿着移除面延伸相切面对实体进行抽壳。

（2）逼近偏置面　选中此复选框，可以让系统自动修复因抽壳实体产生的自相交部分。

注意：对于曲面实体，不一定能抽壳成功，这是因为曲面实体有曲率半径。类似的，加厚片体也一样，均不能超过曲率半径的值。

5.3.5　三角形加强筋特征

三角形加强筋主要用来加强零件薄弱环节处的强度。

选择"插入"→"设计特征"→"三角形加强筋"命令，或者单击"特征"工具条中的"三角形加强筋"按钮 ，系统弹出"三角形加强筋"对话框，如图 5-58 所示。

图 5-58　"三角形加强筋"对话框

下面介绍图 5-58 "三角形加强筋"对话框中各选项和按钮的作用。

1. "第一组"按钮和 "第二组"按钮

分别单击这两个按钮，选择创建三角形加强筋的两组面。

2. "位置曲线"按钮

当两组面间已有创建的三角形加强筋特征时，则选择完第二组面后该按钮会处于激活状态。它用来选择在两组面之间的哪段曲线间创建新的三角形加强筋特征。

3. "位置平面"按钮

它用来确定三角形加强筋特征的放置位置，具体的放置方式见下面的"方法"选项组。

4. "方位平面"按钮

它用来确定三角形加强筋特征的放置方式，即用该选项来控制具体以何种"姿势"去摆放三角形加强筋特征。

5. 过滤器

当单击"位置平面"按钮或"方位平面"按钮时，过滤器变为可用，如图 5-59 所示，它包括"全部"、"平面"、"基准平面" 3 种过滤方式。

6. 修剪选项

该选项用来选择创建三角形加强筋特征时的修剪方式。它包括"不修剪"，"修剪与缝合"两种方式。当两组面间已有创建的三角形加强筋特征时，则会多出一个"全部修剪"的修剪方式，如图 5-60 所示。默认的修剪方式为"修剪与缝合"。

图 5-59 "过滤器"

图 5-60 "修剪选项"

7. 方法

该选项用来选择放置三角形加强筋的具体方法，它包括"沿曲线"和"位置"两种方法。默认的方法为"沿曲线"。

（1）沿曲线　如图 5-58 所示，有"圆弧长"和"%圆弧长"两种方式，可以在右侧的文本框中直接输入相应的值，也可通过拖动下方的滑块确定放置位置。

（2）位置　如图 5-61 所示，它通过 WCS 或绝对坐标系中的相应的坐标值来确定放置位置。

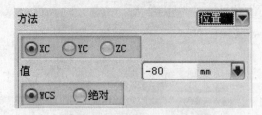

图 5-61 "方法"选项中的"位置"方式

8. 角度，深度，半径

它们是三角形加强筋的具体参数，具体的含义如图 5-58 的对话框中所示。

5.3.6 拔模特征

拔模是使实体相对于指定的方向产生一定的倾斜角度的造型工具，主要用于模具设计。

选择"插入"→"细节特征"→"拔模"命令，或者单击"特征操作"工具条中的"拔模"按钮，系统弹出"拔模"对话框，如图 5-62 所示。

图 5-62　"拔模"对话框

如图 5-62 所示，共有 4 种拔模类型，每种类型都有一些不同的选项。下面介绍这 4 种拔模类型。

1．从平面

从固定平面开始，与拔模方向成拔模角度，对指定的实体表面进行拔模。其对话框如图 5-62 所示。下面介绍一下图 5-62 中各选项和按钮的作用。

（1）展开方向　用于指定拔模的方向。选定实体的一个边或单击"矢量构造器"按钮 来指定拔模的方向。系统默认的拔模方向是 Z 轴的正向。

单击"反向"按钮 ，可以反向拔模。

（2）固定面　指定实体拔模的参考平面。在拔模过程中，实体在该拔模平面上的截面曲线不发生变化。

（3）要拔模的面　选择要进行拔模的面。

① 角度：定义拔模的角度，其值可正可负。

② 添加新集：单击"添加新集"按钮 ，添加不同的选择集，可对每个选择集设置不同的拔模角度。

（4）设置　对所有实例进行拔模：如果对某个实体特征进行拔模，而该特征是实例特征的成员，则选中该复选框后，系统将对所有实例特征进行相同的拔模操作。

（5）预览

该部分可参照 5.2.1 "拉伸"命令中的内容。

2．从边

通过指定的边缘线进行拔模。从一个实体的边缘开始，以选定的边集为固定边集，按指定的角度对具有这些边的面进行拔模。选择的边缘线在拔模时固定不变。

这种方法适用于对不在同一平面内的边缘进行拔模。该类型的对话框如图 5-63 所示。

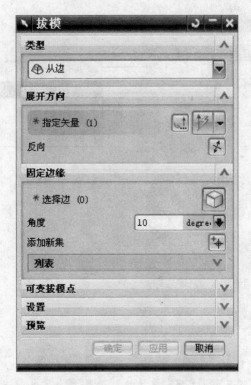

图 5-63 "从边"的"拔模"对话框

下面介绍图 5-63 中各选项和按钮的作用,其中与图 5-62 中相同的选项和按钮将不再介绍。

(1)固定边缘 此选项组包括"选择边"、"角度"、"添加新集"3 个选项。

① 选择边:选择实体的边缘,拔模时该边缘线的位置和大小保持不变。

② 角度:定义拔模的角度,其值可正可负。

③ 添加新集:单击"添加新集"按钮 ，添加不同的选择集,可对每个选择集设置不同的拔模角度。

(2)可变拔模点 用于在选择的实体边缘上设置实体拔模的控制点,并为各控制点设置相应的角度,从而实现沿选择的边缘对实体进行变角度拔模。

"可变拔模点"选项组如图 5-64 所示。

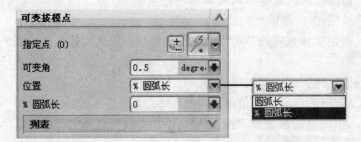

图 5-64 "可变拔模点"选项组

① 指定点:用户可在选择的实体边缘上定义一个或多个点作为控制点。

可通过"自动判断点"按钮 或单击下拉按钮 选择其他的点捕捉方式,或通过单击"点构造器"按钮 来指定在边缘线上的点。系统在指定的点处定义一个拔模角度。

② 可变角:定义指定点处的拔模角度值。

③ 位置:在该选项中设置控制点的位置方式,它包括"圆弧长"和"%圆弧长"两种方式,如图 5-64 所示。

(3)设置 "设置"选项组如图 5-65 所示。

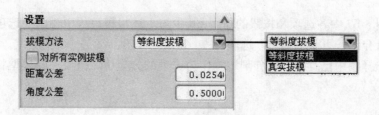

图 5-65 "设置"选项组

3．与多个面相切

该类型用于与拔模方向成一定的拔模角度对实体进行拔模，并使拔模面相切于指定的实体表面。

该类型的拔模方法适用于对相切表面拔模后仍然要求保持相切的情况。该类型的对话框如图 5-66 所示。

下面介绍图 5-66 中各选项和按钮的作用，其中与上述拔模过程中相同的选项和按钮将不再介绍。在此只介绍一下"相切面"选项组。

① 选择面：选择一个或多个相切表面作为拔模的表面。

② 角度：设置拔模的角度，该值必须大于原有面与拔模方向的角度。

一般情况下，该类型的拔模用得不多。若是从其他 CAD 系统导入的模型，且已有倒圆角时，可以使用该方式。若是直接在 UG 中设计的且比较复杂的模型，那么拔模不成功的可能性就较大。故建议先进行拔模，然后再进行倒圆角。

4．至分型边

该类型通过直接分型边和固定面进行拔模。它可使拔模实体在分型边处具有分割边缘的形状，适用于实体中部具有特殊形状的情况。该类型的对话框如图 5-67 所示。

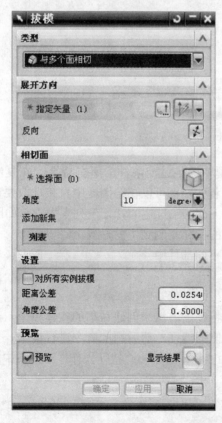

图 5-66 "与多个面相切"的"拔模"对话框

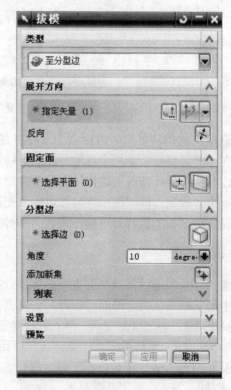

图 5-67 "至分型边"的"拔模"对话框

下面介绍图 5-67 中各选项和按钮的作用,其中与上述拔模过程中相同的选项和按钮将不再介绍。在此,只介绍一下"选择边"选项。

选择边　选择图中已有的实体分割边缘作为拔模的分型边。拔模后的模型将从该分割边缘分离。

5.4　特征的复制

5.4.1　复制特征

用"复制特征"命令可以将文件中的特征复制到剪贴板上。

选择"编辑"→"复制特征"命令,系统弹出"复制特征"对话框,如图 5-68 所示。

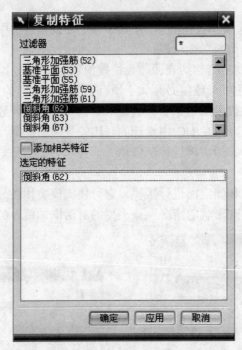

图 5-68　"复制特征"对话框

对话框上部的特征列表框中列出了文件的模型中满足过滤条件的所有特征。在复制特征时,可在上部的特征列表框中选取要复制的特征的名称,也可以在绘图区中直接选取要复制的特征。选择特征后,则所选的特征会显示在对话框下部的"选定的特征"列表框中,如图 5-68 所示。单击"确定"或"应用"按钮,则就把所选的特征复制到了剪贴板上。

复制到剪贴板上的特征可粘贴到同一部件中或不同部件中。

5.4.2　镜像特征

镜像特征是指通过基准平面或平面镜像选择的特征的方法来创建对称的实体模型。当设计的零件中的某些特征关于平面对称时,可只创建一侧的特征,然后用此命令进行镜像。

选择"插入"→"关联复制"→"镜像特征"命令,或者单击"特征操作"工具条中的"镜像特征"按钮，系统弹出"镜像特征"对话框,如图 5-69 所示。

下面介绍图 5-69"镜像特征"对话框中各选项和按钮的作用。

1. 特征

(1) 选择特征　该选项组中的"特征"按钮默认处于激活状态。用户可在"候选特征"

列表框中选取要镜像的特征的名称，也可以在绘图区中直接选取要镜像的特征。

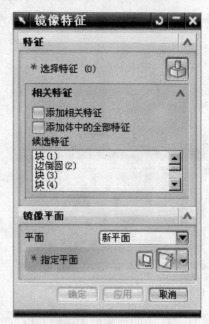

图 5-69　"镜像特征"对话框

（2）添加相关特征　添加与需要镜像的特征相关的其他特征作为要镜像的特征。

（3）添加体中的全部特征　把当前体中的所有特征都作为要镜像的特征。

2．镜像平面

平面下拉列表用来选择镜像平面的方式，有"现有的平面"和"新平面"两种方式，如图 5-69 所示。

（1）现有的平面　单击"选择平面"选项或单击该选项右侧的"平面"按钮 ，选择基准平面或平面作为镜像对称面。

（2）新平面　可通过"指定平面"栏的"平面构造器"按钮 或"自动判断"按钮 来指定新的平面作为镜像对称面。

5.4.3　实例特征

实例是根据存在的特征产生实例特征，也就是将选择的一个或一组特征按照一定的规律进行复制，来建立实例特征阵列。它避免了相同特征的重复性操作。实例特征有矩形阵列、圆形阵列和图样面 3 种实例类型。所有的实例特征的成员是相关的，所以当编辑一个实例特征成员后，编辑后的变化也会体现在其他实例特征成员上。

使用实例特征可以实现以下功能。

（1）快速创建多个相同的特征，例如法兰盘上的螺栓孔。

（2）通过编辑一个实例特征的成员可以编辑其他所有实例特征成员。

选择"插入"→"关联复制"→"引用特征"命令（注意：在菜单栏中该命令的名字叫"引用特征"，而不是"实例特征"），或者单击"特征操作"工具条中的"实例特征"按钮 ，系统弹出"实例"对话框，如图 5-70 所示。

下面介绍图 5-70 "实例"对话框中的 3 种阵列方式。

1．矩形阵列

矩形阵列可以由一个或多个特征产生线性阵列，它按照 WCS 坐标系，沿 XC 轴和 YC 轴方向创建阵列特征。

🔍注意：当选择多个特征时，所选的全部特征必须属于同一个实体。

单击图 5-70 中的"矩形阵列"按钮，系统弹出"实例"对话框，如图 5-71 所示。

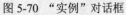

图 5-70　"实例"对话框　　　　　　　图 5-71　"实例"对话框之过滤器

用户可在图 5-71 中的列表框中选取要阵列的特征的名称，也可以在绘图区中直接选取要阵列的特征。选择后，单击"确定"按钮，系统弹出"输入参数"对话框，如图 5-72 所示。

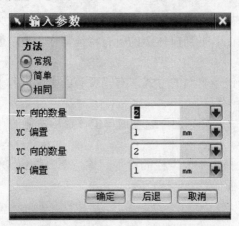

图 5-72　"输入参数"对话框

下面介绍在"输入参数"对话框中提供的 3 种矩形阵列方法及其他选项的意义。

（1）常规　该方法是用存在的特征创建一个阵列，并对所有的几何特性及可行性进行分析和验证。其阵列允许和表面边缘相交，也可以从一个面贯穿到另一个面。

一般推荐使用该方法，以使创建的阵列特征尽可能地不出错。

（2）简单　该方法与"常规"方法相似，但它不进行分析和验证，故创建的速度较快。在阵列与表面边缘相交或相切时，将无法创建实例特征。

（3）相同　该方法是创建实例特征最快的方法。它是在尽可能少的分析和验证的情况下，复制和转换原始特征的所有面和边缘。每个实例特征的成员都是原始特征的精确复制。它只是简单地执行主特征面和边的复制和位移。

（4）XC 向的数量　它用来设定沿 WCS 的 XC 轴方向的实例特征的总数量。此数量包括已选择的正要进行实例操作的原有特征。

（5）YC 向的数量　它用来设定沿 WCS 的 YC 轴方向的实例特征的总数量。此数量包括已选择的正要进行实例操作的原有特征。

（6）XC 偏置 它用来设定沿 XC 轴方向的实例特征间的间距。其间距是指沿 XC 轴方向的一个实例特征上的一点到相邻的下一个实例特征上的同一点间的距离。可以输入负值，负值是指沿轴的负向进行实例操作。

（7）YC 偏置 它用来设定沿 YC 轴方向的实例特征间的间距。其间距是指沿 YC 轴方向的一个实例特征上的一点到相邻的下一个实例特征上的同一点间的距离。可以输入负值，负值是指沿轴的负向进行实例操作。

"XC/YC 向的数量"和"XC/YC 偏置"的意义如图 5-73 所示。

在图 5-72 "输入参数"对话框中输入"XC/YC 向的数量"和"XC/YC 偏置"，单击"确定"按钮即完成矩形阵列。

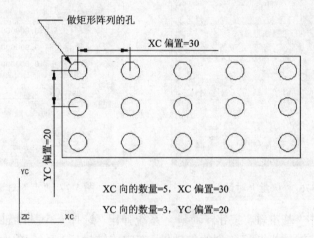

图 5-73 矩形阵列参数的意义

2. 圆形阵列

圆形阵列是指用一个或多个选中的特征创建一个环形阵列。

> 注意：当选择多个特征时，所选的全部特征必须属于同一个实体。

单击图 5-70 中的"圆形阵列"按钮，系统弹出"实例"对话框，如图 5-71 所示。

用户可在图 5-71 的列表框中选取要阵列的特征的名称，也可以在绘图区中直接选取要阵列的特征。选择后，单击"确定"按钮，系统弹出"实例"对话框，如图 5-74 所示。在图 5-74 的对话框中设置好"方法"、"数量"和"角度"后，单击"确定"按钮，系统弹出如图 5-75 所示的"实例"对话框。

图 5-74 "实例"对话框（1）

图 5-75 "实例"对话框（2）

（1）点和方向 单击"点和方向"按钮 点和方向 ，系统弹出"矢量"对话框，如图 5-76 所示。可通过矢量构造器来建立圆形阵列的旋转轴。确定旋转轴后，单击图 5-76 中的"确定"按钮，系统弹出"点"对话框，如图 5-77 所示。选择圆形阵列的参考点之后，系统弹出如图 5-78

所示的"创建实例"对话框，单击"是"按钮或"确定"按钮即完成圆形阵列。

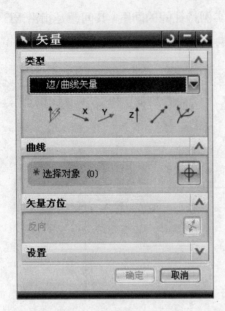

图 5-76 "矢量"对话框 图 5-77 "点"对话框

（2）基准轴 单击"基准轴"按钮 ，系统弹出"选择一个基准轴"对话框，如图 5-79 所示。选择已有的基准轴作为圆形阵列的旋转轴。选定旋转轴后，系统弹出如图 5-78 所示的"创建实例"对话框，单击"是"按钮或"确定"按钮即完成圆形阵列。

图 5-78 "创建实例"对话框 图 5-79 "选择一个基准轴"对话框

3．图样面

图样面与其他的两种阵列方式不同，它是阵列面而不是阵列特征。使用"图样面"命令可以制作面集的副本。它一般用于无参数的面的阵列，因为参数被清除，不能选择相应的特征，此时就可以通过"图样面"方式将面进行阵列。另外，它与"实例"功能相似。

单击图 5-70 中的"图样面"按钮，系统弹出"图样面"对话框，如图 5-80 所示。它共有"矩形图样"、"圆形图样"和"镜像" 3 种类型。

下面介绍图 5-80"图样面"对话框中的 3 种类型。

（1）矩形图样

① 面：该选项用来选择要阵列的面。弹出"图样面"对话框后，则"面"按钮 默认处于激活状态，用户可直接选择要阵列的面。

② X 向：该选项组用来选择要进行矩形阵列的 X 轴的方向。可通过"指定矢量"选项右侧的"矢量构造器"按钮 或"自动判断的矢量"按钮 来指定 X 轴的方向。单击"反向"按钮 可以改变 X 轴的方向。

图 5-80 "图样面"对话框

③ Y 向：该选项组用来选择要进行矩形阵列的 Y 轴的方向。可通过"指定矢量"选项右侧的"矢量构造器"按钮 或"自动判断的矢量"按钮 来指定 Y 轴的方向。单击"反向"按钮 可以改变 Y 轴的方向。

④ 图样属性："X 距离"和"Y 距离"的意义可参照"矩形阵列"中的"XC 偏置"和"YC 偏置"的解释。"X 数量"和"Y 数量"的意义可参照"矩形阵列"中的"XC 向的数量"和"YC 向的数量"的解释。

（2）圆形图样　在图 5-80"图样面"对话框的类型中，选择"圆形图样"，则对话框如图 5-81 所示。

下面介绍图 5-81 中各选项和按钮的作用，其中与上述阵列过程中相同的选项和按钮将不再介绍。在此，只介绍一下"轴"选项组。

① 指定矢量：可通过"矢量构造器"按钮 或"自动判断的矢量"按钮 来指定圆形阵列的旋转轴的方向。单击"反向"按钮 可以改变阵列旋转轴的方向。

② 指定点：可通过"点构造器"按钮 或"自动判断的点"按钮 来指定圆形阵列中心的参考点。

（3）镜像　在图 5-80"图样面"对话框的类型中，选择"镜像"，则对话框如图 5-82 所示。

图 5-81 "图样面"之"圆形图样"对话框

图 5-82 "图样面"之"镜像"对话框

下面介绍图 5-82 中各选项和按钮的作用,其中与上述阵列过程中相同的选项和按钮将不再介绍。这里,只介绍"镜像平面"选项。

单击"选择平面"选项或单击该选项的"平面"按钮,选择基准平面或平面作为镜像对称面。

5.4.4 特征分组

"实例特征"命令一般用于一次复制一个特征的情况。若要用"实例特征"命令一次复制多个特征的话,这些特征必须满足"属于同一个实体"这个条件,而这就较大程度上限制了用"实例特征"命令一次复制多个特征的情况。

那么,如何才能达到一次复制任意多个特征的目的呢?本节要讲的"特征分组"命令就可以解决这个问题。也就是说,若想一次复制任意多个特征,则必须先将要复制的特征进行"特征分组",将它们加入一个"特征集"中。本节将介绍如何使用"特征分组"命令来建立特征集。

选择"格式"→"特征分组"命令,系统弹出如图 5-83 所示的"特征集"对话框,或者单击资源导航器的"部件导航器"按钮,展开部件导航器,选择要加入一个"特征集"的所有特征,然后单击鼠标右键,弹出一个快捷菜单,如图 5-84 所示。然后选择"组"命令,系统弹出如图 5-85 所示的"特征集"对话框。图 5-83 和图 5-85 略有不同,下面简单介绍图 5-83 对话框中的内容以及它与图 5-85 略有不同的原因。

图 5-83 "特征集"对话框

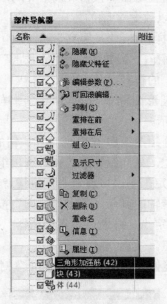

图 5-84 部件导航器中的快捷菜单

1. 特征集名称

在"特征集名称"文本框中输入要创建的特征集的名称,这是必须要填的内容。

2. 部件中的特征

该选项的下拉列表框中列出了部件中所有符合过滤器要求的特征。

3. 组中的特征

该选项的下拉列表框中列出了即将要创建的特征集中所包含的特征。

4. "添加"按钮

在创建特征集时,可在图 5-83"特征集"对话框中左半部分的"部件中的特征"列表框中选取相应的特征的名称,然后单击"添加"按钮,则所选的特征会显示在对话框右半部分的"组中的特征"列表框中,如图 5-85 所示。

图 5-85　"特征集"对话框

也可以直接在绘图区中选取要创建特征集的特征，此时选取的特征会自动显示在对话框右半部分的"组中的特征"列表框中，如图 5-85 所示。

当在部件导航器中选择要加入一个"特征集"的所有特征后，然后单击鼠标右键，弹出一个如图 5-84 所示的快捷菜单，再选择"组"命令时，则系统弹出如图 5-85 所示的"特征集"对话框。此时类似于直接在绘图区中选取要创建特征集的特征的情况。也就是说，在部件导航器中选取的特征会自动显示在对话框右半部分的"组中的特征"列表框中，这就是图 5-83 对话框与图 5-85 的内容略有不同的原因。

5．"移除"按钮◀

选择图 5-85"特征集"对话框右半部分的"组中的特征"列表框中的特征，然后单击"移除"按钮◀，即可把该特征从要创建的"特征集"中移除。

6．隐藏特征集成员

选中该复选框后，则单击"确定"按钮后，特征集的成员在部件导航器中会被隐藏。该选项默认是不选的，即不隐藏。

🔍注意：只是在部件导航器中会被隐藏，在绘图区中仍会显示出来。

5.5　零件造型实例

5.5.1　拉伸实例 1

绘制如图 5-86 所示的零件。

图 5-86　拉伸实例 1

该零件模型的建模流程如图 5-87 所示。

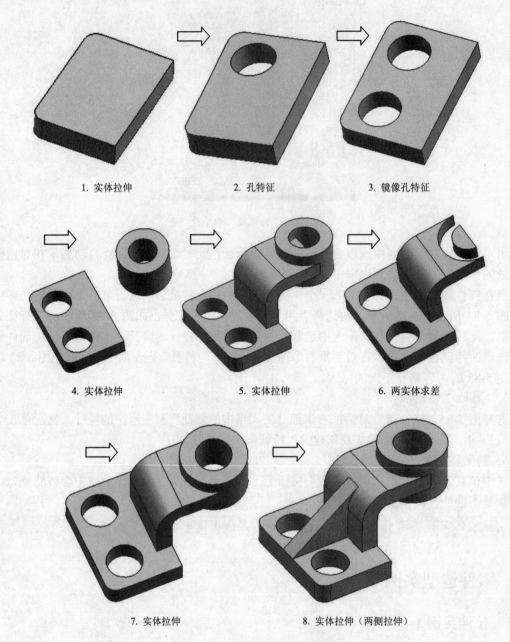

1. 实体拉伸   2. 孔特征   3. 镜像孔特征

4. 实体拉伸   5. 实体拉伸   6. 两实体求差

7. 实体拉伸   8. 实体拉伸（两侧拉伸）

图 5-87　拉伸实例 1 的建模流程

绘图步骤如下。

步骤一　实体拉伸 1。

（1）启动 UG，选择"文件"→"新建"命令，或者单击 按钮，系统弹出"文件新建"对话框，如图 5-6 所示。

（2）在"名称"文本框中输入"Chapter05-4.prt"，单击"确定"按钮完成新文件建立。

（3）单击"标准"工具条上的"开始"按钮 开始▼，然后选择"建模"命令 建模(M)...，进入建模环境。

（4）选择"插入"→"草图"命令，或者单击"特征"工具条上的"草图"按钮 ，系统弹出如图 5-88 所示的"创建草图"对话框。

（5）单击"确定"按钮，进入草图界面。

（6）绘制如图 5-89 所示的草图，完成后单击"完成草图"按钮  完成草图。

图 5-88 "创建草图"对话框

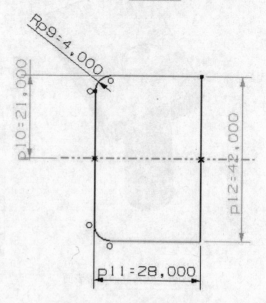

图 5-89 实体拉伸 1 的草图

（7）选择"插入"→"设计特征"→"拉伸"命令，或者单击"特征"工具条上的"拉伸"按钮 ，系统弹出如图 5-3 所示的"拉伸"对话框。

（8）选择图 5-89 绘制的草图，在"结束"选项下面的"距离"文本框中输入"7"。

（9）单击"确定"按钮，完成实体拉伸特征 1 的建立，如图 5-90 所示。

图 5-90 完成的实体拉伸特征 1

步骤二 孔特征。

（1）选择"插入"→"设计特征"→"孔"命令，或者单击"特征操作"工具条中的"孔"按钮 ，系统弹出"孔"对话框，如图 5-24 所示。

（2）选择图 5-90 实体拉伸特征 1 的上表面作为孔特征的放置表面，如图 5-91 所示。

（3）选择图 5-90 实体拉伸特征 1 的下表面作为孔特征的通过面，然后单击"确定"按钮。此时系统弹出"定位"话框，如图 5-92 所示。

（4）选择"垂直"定位方式按钮 ，选择如图 5-93 所示的一条边，在"当前表达式"下面右侧的文本框中输入"10"。

（5）单击"应用"按钮，此时系统弹出的仍是图 5-92 的"定位"对话框，仍选择"垂直"定位方式按钮 。

（6）选择如图 5-93 所示的另一条边，在"当前表达式"下面右侧的文本框中输入"10"。

183

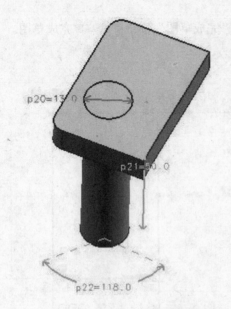

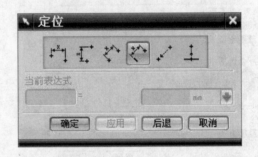

图 5-91 选择孔的放置表面　　　　　图 5-92 "定位"对话框

（7）单击"应用"或"确定"按钮完成孔特征的创建，如图 5-93 所示。

图 5-93 完成的孔特征

步骤三 镜像孔特征。

（1）选择"插入"→"关联复制"→"镜像特征"命令，或者单击"特征操作"工具条中的"镜像特征"按钮 ，系统弹出"镜像特征"对话框，如图 5-69 所示。

（2）选择图 5-93 所示的孔特征，然后在图 5-69 的"镜像特征"对话框中的"镜像平面"选项组的"平面"文本框中选择"新平面"选项。

（3）单击"指定平面"选项右侧的"平面构造器"按钮 ，如图 5-94 所示。此时系统弹出"平面"对话框，如图 5-95 所示。

（4）单击图 5-95"平面"对话框中"类型"选项组中的下拉按钮 ，然后选择"平分"命令 平分，此时图 5-95 的"平面"对话框变成如图 5-96 所示的"平面"对话框。

（5）分别选择图 5-90 中拉伸实体特征 1 两端的短平面作为"第一平面"和"第二平面"。

（6）单击"确定"按钮，完成镜像平面的构造，如图 5-97 所示。

（7）此时系统返回到图 5-94 的"镜像特征"对话框，单击"确定"或"应用"按钮，完成镜像特征的创建，如图 5-98 所示。

图 5-94　"镜像特征"对话框

图 5-95　"平面"对话框（1）

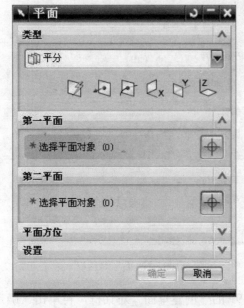

图 5-96　"平面"对话框（2）

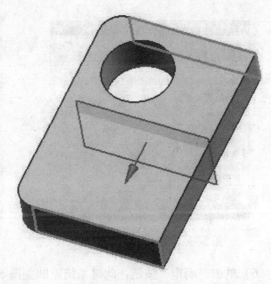

图 5-97　构造镜像平面

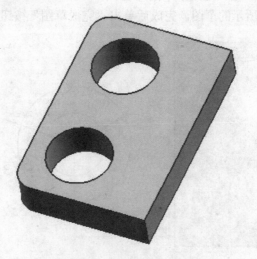

图 5-98　镜像特征的创建

步骤四　实体拉伸 2。

（1）选择"插入"→"草图"命令，或者单击"特征"工具条上的"草图"按钮 ，系统弹出如图 5-88 所示的"创建草图"对话框。

（2）单击"草图平面"选项组中的"平面选项"选项右侧的下拉按钮 ，然后选择"创建平面"选项，此时图 5-88 的"创建草图"对话框变成如图 5-99 所示的"创建草图"对话框。

（3）单击"指定平面"选项右侧的"平面构造器"按钮 ，此时系统弹出"平面"对话框，如图 5-95 所示。

（4）单击图 5-95"平面"对话框"类型"下拉列表中的下拉按钮 ，然后选择"按某一距离"选项 按某一距离，此时图 5-95 的"平面"对话框变成如图 5-100 所示的"平面"对话框。

（5）选择图 5-90 实体拉伸特征 1 的上表面作为"平面参考"，然后在图 5-100 对话框中"距离"选项右侧的文本框中输入"11"。

图 5-99　"创建草图"对话框

图 5-100　"平面"对话框

（6）单击"确定"按钮，此时系统返回到图 5-99 的"创建草图"对话框，再单击"确定"按钮，确定了创建草图的平面，进入了草图环境。

（7）绘制如图 5-101 所示的草图，完成后单击"完成草图"按钮 完成草图完成草图。

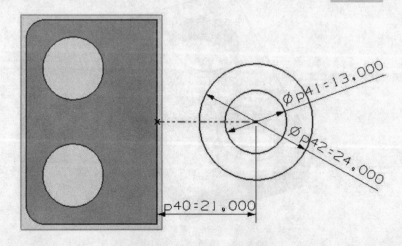

图 5-101　实体拉伸 2 的草图

（8）选择"插入"→"设计特征"→"拉伸"命令，或者单击"特征"工具条上的"拉伸"按钮 ，系统弹出如图 5-3 所示的"拉伸"对话框。

（9）选择图 5-101 绘制的草图，在"结束"选项下面的"距离"文本框中输入"16"。

（10）单击"确定"按钮，完成实体拉伸特征 2 的建立，如图 5-102 所示。

图 5-102 完成的实体拉伸特征 2

步骤五 实体拉伸 3。

（1）选择"插入"→"草图"命令，或者单击"特征"工具条上的"草图"按钮 ，系统弹出如图 5-88 所示的"创建草图"对话框。

（2）单击"草图平面"选项组中的"平面选项"选项右侧的下拉按钮 ，然后选择"创建平面"命令，此时图 5-88 的"创建草图"对话框变成如图 5-99 所示的"创建草图"对话框。

（3）单击"指定平面"选项右侧的"平面构造器"按钮 ，此时系统弹出"平面"对话框，如图 5-95 所示。

（4）单击图 5-95"平面"对话框"类型"选项组中的下拉按钮 ，然后选择"按某一距离"命令 按某一距离，此时图 5-95 的"平面"对话框变成如图 5-100 所示的"平面"对话框。

（5）选择图 5-102 实体拉伸特征 1 一较短的端面作为"平面参考"，然后在图 5-100 对话框中"距离"右侧的文本框中输入"–9"，如图 5-103 所示。

（6）单击"确定"按钮，此时系统返回到图 5-99 的"创建草图"对话框，再单击"确定"按钮，确定创建草图的平面，进入草图环境。

图 5-103 创建实体拉伸特征 2 的草图生成平面

（7）绘制如图 5-104 所示的草图，完成后单击"完成草图"按钮 完成草图 完成草图。

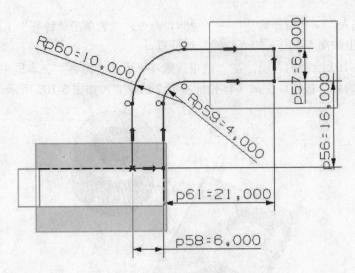

图 5-104　实体拉伸 3 的草图

（8）选择"插入"→"设计特征"→"拉伸"命令，或者单击"特征"工具条上的"拉伸"按钮 ，系统弹出如图 5-3 所示的"拉伸"对话框。

（9）选择图 5-104 绘制的草图，在"结束"下面的"距离"输入框中输入 24。

（10）单击"确定"按钮，完成实体拉伸特征 3 的建立，如图 5-105 所示。

步骤六　求差。

（1）选择"插入"→"组合体"→"求差"命令，或者单击"特征操作"工具条上的"求差"按钮 ，系统弹出如图 5-106 所示的"求差"对话框。

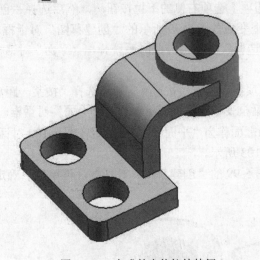

图 5-105　完成的实体拉伸特征 3

图 5-106　"求差"对话框

（2）选取图 5-105 的实体拉伸特征 3 作为目标体，选取图 5-102 的实体拉伸特征 2 作为工具体。

（3）单击"确定"按钮，完成求差运算，如图 5-107 所示。

（4）删去图 5-107 中求差后的月牙形的实体。

步骤七　重新进行实体拉伸 2。

（1）选择"插入"→"设计特征"→"拉伸"命令，或者单击"特征"工具条上的"拉伸"按钮 ，系统弹出如图 5-3 所示的"拉伸"对话框。

（2）选择图 5-101 绘制的草图，在"结束"选项下面的"距离"文本框中输入"16"。

（3）单击"确定"按钮，完成实体拉伸特征 2 的重建，如图 5-108 所示。

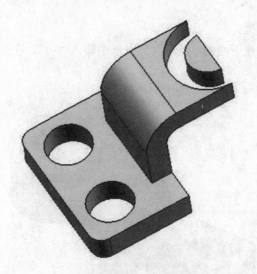

图 5-107　求差的结果　　　　　　　　　图 5-108　重生成实体拉伸特征 2

步骤八　实体拉伸 4（两侧拉伸）。

（1）选择"插入"→"草图"命令，或者单击"特征"工具条上的"草图"按钮 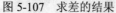，系统弹出如图 5-88 所示的"创建草图"对话框。

（2）单击"草图平面"选项组中的"平面选项"选项右侧的下拉按钮，然后选择"创建平面"命令，此时图 5-88 的"创建草图"对话框变成如图 5-99 所示的"创建草图"对话框。

（3）单击"指定平面"选项右侧的"平面构造器"按钮，此时系统弹出"平面"对话框构造平面，如图 5-95 所示。

（4）单击图 5-95"平面"对话框"类型"选项中的下拉按钮，然后选择"平分"命令 平分，此时图 5-95 的"平面"对话框变成如图 5-96 所示的"平面"对话框。

（5）分别选择图 5-90 中拉伸实体特征 1 两端的短平面作为"第一平面"和"第二平面"，如图 5-109 所示。

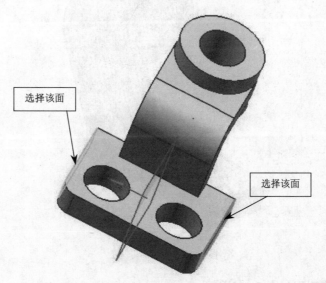

图 5-109　创建实体拉伸 4 的草图生成平面

（6）单击"确定"按钮，此时系统返回到图 5-99 的"创建草图"对话框，再单击"确定"按钮，确定创建草图的平面，进入草图环境。

（7）绘制如图 5-110 所示的草图，完成后单击"完成草图"按钮 完成草图 完成草图。

（8）选择"插入"→"设计特征"→"拉伸"命令，或者单击"特征"工具条上的"拉伸"

按钮 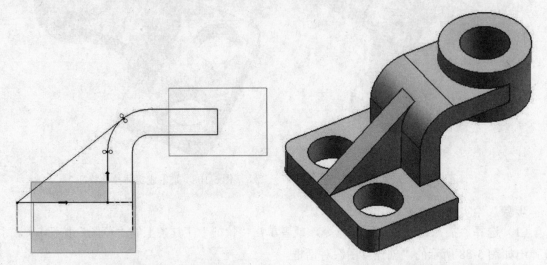，系统弹出如图 5-3 所示的"拉伸"对话框。

（9）选择图 5-110 绘制的草图，在"开始"选项下面的"距离"文本框中输入"–3"，在"结束"选项下面的"距离"文本框中输入"3"。

（10）单击"确定"按钮，完成实体拉伸特征 4 的建立，如图 5-111 所示。

图 5-110　实体拉伸 4 的草图　　　　图 5-111　完成的实体拉伸特征 4

（11）完成了整个零件的建模。选择"文件"→"保存"命令，或者单击"标准"工具条上的"保存"按钮 ，保存该文件。

5.5.2　拉伸实例 2

绘制如图 5-112 所示的零件。

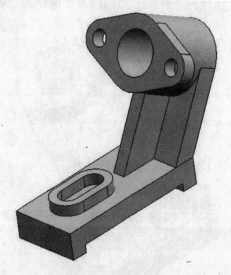

图 5-112　拉伸实例 2

该零件模型建模流程如图 5-113 所示。

绘图步骤如下。

步骤一　实体拉伸 1。

（1）启动 UG，选择"文件"→"新建"命令，或者单击 按钮，系统弹出"文件新建"对话框，如图 5-6 所示。

（2）在"名称"文本框中输入"Chapter05-5.prt"，单击"确定"按钮完成新文件的建立。

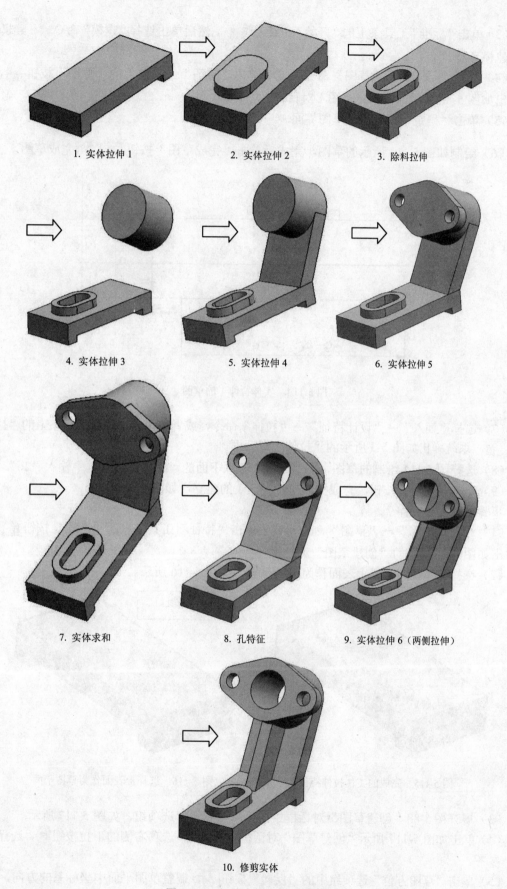

1. 实体拉伸 1 2. 实体拉伸 2 3. 除料拉伸

4. 实体拉伸 3 5. 实体拉伸 4 6. 实体拉伸 5

7. 实体求和 8. 孔特征 9. 实体拉伸 6（两侧拉伸）

10. 修剪实体

图 5-113　拉伸实例 2 的建模流程

（3）单击"标准"工具条上的"开始"按钮 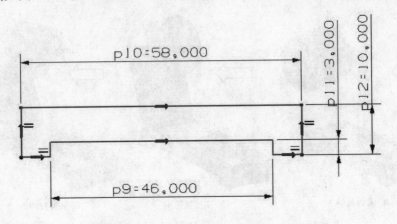 开始▾，然后单击选择"建模"命令 🗲 建模(M)，进入建模环境。

（4）选择"插入"→"草图"命令，或者单击"特征"工具条上的"草图"按钮 📇，系统弹出如图 5-88 所示的"创建草图"对话框。

（5）单击"确定"按钮进入草图界面。

（6）绘制如图 5-114 所示的草图，完成后单击"完成草图"按钮 ▨ 完成草图 完成草图。

图 5-114　实体拉伸 1 的草图

（7）选择"插入"→"设计特征"→"拉伸"命令，或者单击"特征"工具条上的"拉伸"按钮 🎛，系统弹出如图 5-3 所示的"拉伸"对话框。

（8）选择图 5-114 绘制的草图，在"结束"选项下面的"距离"文本框中输入"26"。

（9）单击"确定"按钮，完成实体拉伸特征 1 的建立，如图 5-115 所示。

步骤二　实体拉伸 2。

（1）选择"插入"→"草图"命令，或者单击"特征"工具条上的"草图"按钮 📇，系统弹出如图 5-88 所示的"创建草图"对话框。

（2）选择实体拉伸 1 的上表面作为草图平面，如图 5-116 所示。

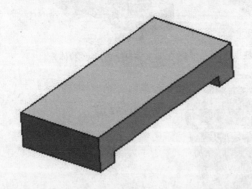

图 5-115　完成的实体拉伸特征 1

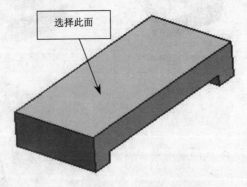

选择此面

图 5-116　选择上表面作为草图平面

（3）展开图 5-88 "创建草图"对话框中的"草图方位"选项组，如图 5-117 所示。

（4）单击如图 5-117 所示"创建草图"对话框中"参考"选项右侧的下拉按钮 🔽，选择"竖直"参考。

（5）单击"草图方位"选项组中的"反向"按钮 ⚡，调整草图平面中坐标系的方向，使之如图 5-118 所示。

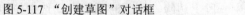

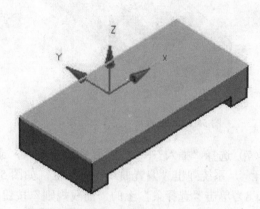

图 5-117　"创建草图"对话框　　　　　　图 5-118　调整草图平面坐标系的方向

（6）单击"确定"按钮，确定创建草图的平面，进入草图环境。

（7）绘制如图 5-119 所示的草图，完成后单击"完成草图"按钮 ✕ 完成草图 完成草图。

（8）选择"插入"→"设计特征"→"拉伸"命令，或者单击"特征"工具条上的"拉伸"按钮 █，系统弹出如图 5-3 所示的"拉伸"对话框。

（9）选择图 5-119 绘制的草图，在"结束"选项下面的"距离"文本框中输入"4"。

（10）单击"确定"按钮，完成实体拉伸特征 2 的建立，如图 5-120 所示。

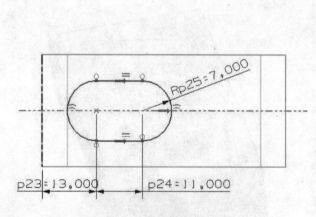

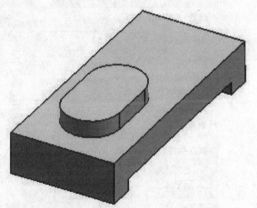

图 5-119　实体拉伸 2 的草图　　　　　　图 5-120　完成的实体拉伸特征 2

步骤三　除料拉伸。

（1）选择"插入"→"草图"命令，或者单击"特征"工具条上的"草图"按钮 █，系统弹出如图 5-88 所示的"创建草图"对话框。

（2）选择实体拉伸 2 的上表面作为草图平面，如图 5-121 所示。

（3）展开图 5-88"创建草图"对话框中的"草图方位"选项组，如图 5-117 所示。

（4）单击图 5-117 所示"创建草图"对话框中"参考"选项右侧的下拉按钮 ▼，选择"水平"参考。

（5）单击"草图方位"选项组中的"反向"按钮 █，调整草图平面中坐标系的方向，使之如图 5-122 所示。

（6）单击"确定"按钮，确定创建草图的平面，进入草图环境。

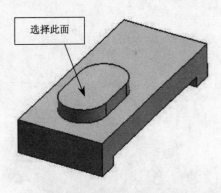

选择此面

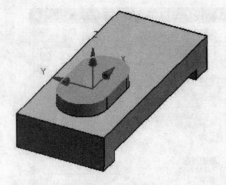

图 5-121 选择上表面作为草图平面　　　　图 5-122 调整草图平面坐标系的方向

（7）选择"插入"→"偏置曲线"命令，或者单击"草图操作"工具条上的"偏置曲线"
按钮，系统弹出"偏置曲线"对话框，如图 5-123 所示。

（8）单击"选择条"上的"曲线规则"按钮  ，选择"相切曲线"。

（9）选择图 5-120 实体拉伸特征 2 的其中一段上边缘，则此时系统自动选中拉伸特征 2 的
所有上边缘，如图 5-124 所示。

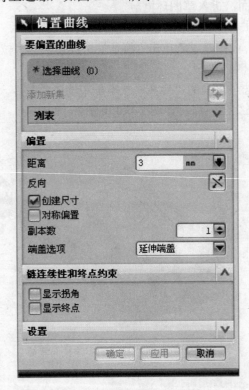

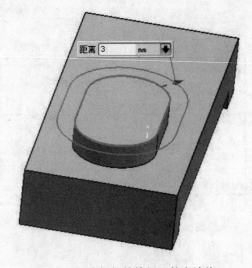

图 5-123 "偏置曲线"对话框　　　　图 5-124 选择拉伸特征 2 的上边缘

（10）单击图 5-123"偏置曲线"对话框中的"反向"按钮，然后在"距离"文本框中输
入"3"。

（11）单击"确定"按钮，完成草图绘制，如图 5-125 所示。

（12）单击"完成草图"按钮 完成草图。

（13）选择"插入"→"设计特征"→"拉伸"命令，或者单击"特征"工具条上的"拉伸"
按钮，系统弹出如图 5-3 所示的"拉伸"对话框。

（14）选择图 5-125 绘制的草图，单击图 5-3"拉伸"对话框中的"反向"按钮，使拉伸
方向指向底面。

194

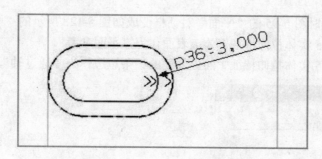

图 5-125　除料拉伸的草图

（15）把"开始"选项下面的"距离"设为 0，把"结束"选项的拉伸方式设为"贯通"，如图 5-126 所示。

（16）把布尔操作设为"求差"，如图 5-126 所示。

（17）按住 Shift 键，用鼠标左键单击拉伸特征 1，即取消贯通拉伸特征 1 而只贯通拉伸特征 2。

（18）单击"确定"按钮，完成除料拉伸特征的建立，如图 5-127 所示。

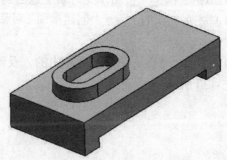

图 5-126　"拉伸"对话框　　　　　图 5-127　完成的除料拉伸特征

步骤四　实体拉伸 3。

（1）选择"插入"→"草图"命令，或者单击"特征"工具条上的"草图"按钮 ，系统弹出如图 5-88 所示的"创建草图"对话框。

（2）单击"草图平面"选项组中的"平面选项"选项右侧的下拉按钮 ，然后选择"创建平面"命令，此时图 5-88 的"创建草图"对话框变成如图 5-99 所示的"创建草图"对话框。

（3）单击"指定平面"选项右侧的"平面构造器"按钮 ，此时系统弹出"平面"对话框，如图 5-95 所示。

（4）单击图 5-95"平面"对话框"类型"选项组中的下拉按钮 ，然后选择"成一角度"

命令 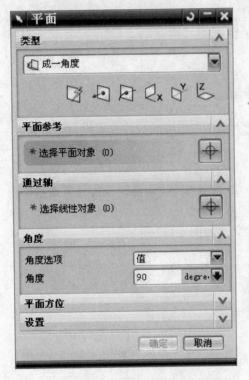 成一角度，此时图 5-95 的"平面"对话框变成如图 5-128 所示的"平面"对话框。

（5）选择图 5-115 实体拉伸特征 1 的上表面作为"平面参考"。

（6）选择图 5-115 实体拉伸特征 1 的上表面的一条短边作为"通过轴"，如图 5-129 所示。

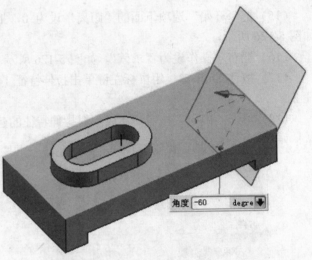

图 5-128　"平面"对话框

图 5-129　创建实体拉伸 3 的草图生成平面

（7）在图 5-128 "平面"对话框的"角度"文本框中输入"–60"，按 Enter 键，如图 5-129 所示。

（8）单击"确定"按钮，此时系统返回到如图 5-117 所示的"创建草图"对话框。

（9）单击如图 5-117 所示"创建草图"对话框中"参考"选项右侧的下拉按钮 ，选择"竖直"参考。

（10）单击"草图方位"选项组中的"反向"按钮 ，调整草图平面中坐标系的方向，使之如图 5-130 所示。

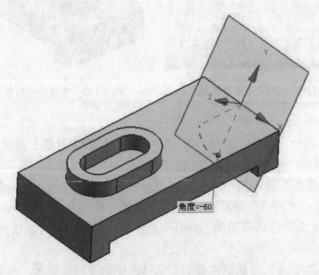

图 5-130　调整草图平面坐标系的方向

（11）单击"确定"按钮，确定创建草图的平面，进入草图环境。

（12）绘制如图 5-131 所示的草图，完成后单击"完成草图"按钮 完成草图 完成草图。

（13）选择"插入"→"设计特征"→"拉伸"命令，或者单击"特征"工具条上的"拉伸"按钮 ，系统弹出如图 5-3 所示的"拉伸"对话框。

（14）选择图 5-131 绘制的草图，在"结束"选项下面的"距离"文本框中输入"21"。

（15）单击"确定"按钮，完成实体拉伸特征 3 的建立，如图 5-132 所示。

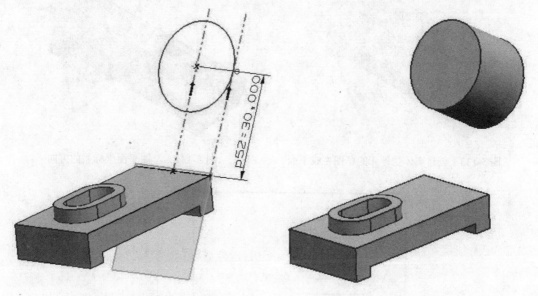

图 5-131 实体拉伸 3 的草图   图 5-132 完成的实体拉伸特征 3

步骤五 实体拉伸 4。

（1）选择"插入"→"草图"命令，或者单击"特征"工具条上的"草图"按钮 ，系统弹出如图 5-88 所示的"创建草图"对话框。

（2）单击"草图平面"选项组中的"平面选项"选项右侧的下拉按钮 ，然后选择"创建平面"命令，此时图 5-88 的"创建草图"对话框变成如图 5-99 所示的"创建草图"对话框。

（3）单击"指定平面"选项右侧的"平面构造器"按钮 ，此时系统弹出"平面"对话框，如图 5-95 所示。

（4）单击图 5-95 "平面"对话框"类型"选项中的下拉按钮 ，然后选择"成一角度"命令 成一角度，此时图 5-95 的"平面"对话框变成如图 5-128 所示的"平面"对话框。

（5）选择如图 5-129 所示的创建实体拉伸特征 3 草图生成平面时的基准面作为"平面参考"。

（6）仍选择如图 5-129 所示的创建实体拉伸特征 3 草图生成平面时的实体拉伸特征 1 的上表面的那条短边作为"通过轴"，如图 5-133 所示。

（7）在图 5-128 "平面"对话框的"角度"文本框中输入"90"，按 Enter 键，如图 5-133 所示。

（8）单击"确定"按钮，此时系统返回到图 5-99 所示的"创建草图"对话框。

（9）单击"确定"按钮，接受系统的草图平面坐标系的方向，如图 5-134 所示，确定创建草图的平面，进入草图环境。

（10）绘制如图 5-135 所示的草图，完成后单击"完成草图"按钮 完成草图 完成草图。

（11）选择"插入"→"设计特征"→"拉伸"命令，或者单击"特征"工具条上的"拉伸"按钮 ，系统弹出如图 5-3 所示的"拉伸"对话框。

（12）选择图 5-135 绘制的草图，接受默认的拉伸方向。

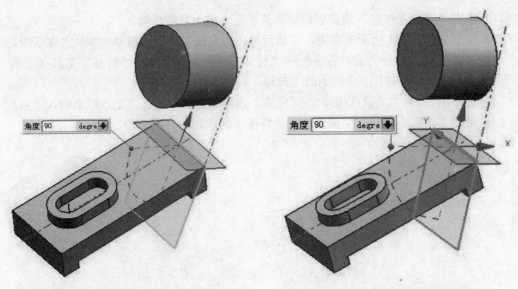

图 5-133　创建实体拉伸 4 的草图生成平面　　　　图 5-134　草图平面坐标系的方向

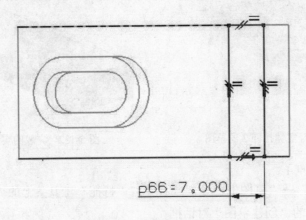

p66 = 7.000

图 5-135　实体拉伸 4 的草图

（13）把"开始"选项和"结束"选项的拉伸方式均设为"直至下一个"，如图 5-136 所示。

（14）把布尔操作设为"无"，如图 5-136 所示。

（15）单击"确定"按钮，完成实体拉伸特征 4 的建立，如图 5-137 所示。

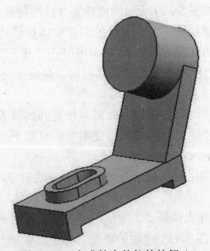

图 5-136　"拉伸"对话框　　　　图 5-137　完成的实体拉伸特征 4

步骤六 实体拉伸 5。

（1）选择"插入"→"草图"命令，或者单击"特征"工具条上的"草图"按钮 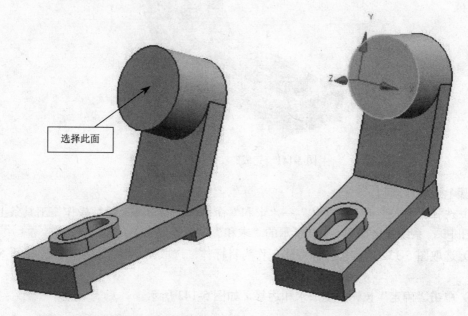，系统弹出如图 5-88 所示的"创建草图"对话框。

（2）选择实体拉伸 3 的前端面作为草图平面，如图 5-138 所示。

（3）展开图 5-88"创建草图"对话框中的"草图方位"选项组，如图 5-117 所示。

（4）单击如图 5-117 所示"创建草图"对话框中"参考"选项右侧的下拉按钮 ▼，选择"竖直"参考。

（5）此时草图平面中坐标系的方向如图 5-139 所示。

图 5-138 选择端面作为草图平面　　　　图 5-139 草图平面坐标系的方向

（6）单击"确定"按钮，确定创建草图的平面，进入草图环境。

（7）绘制如图 5-140 所示的草图，完成后单击"完成草图"按钮 完成草图 完成草图。

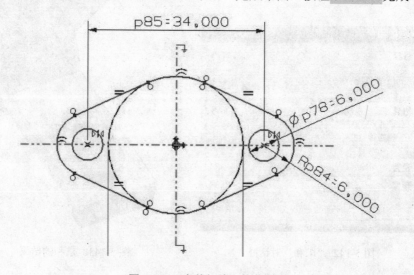

图 5-140 实体拉伸 5 的草图

（8）选择"插入"→"设计特征"→"拉伸"命令，或者单击"特征"工具条上的"拉伸"按钮 ，系统弹出如图 5-3 所示的"拉伸"对话框。

（9）选择图5-140绘制的草图，在"结束"选项下面的"距离"文本框中输入"5"。

（10）单击"确定"按钮，完成实体拉伸特征5的建立，如图5-141所示。

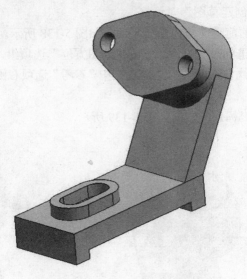

图 5-141　完成的实体拉伸特征 5

步骤七　实体求和。

（1）选择"插入"→"组合体"→"求和"命令，或者单击"特征操作"工具条上的"求和"按钮，系统弹出如图5-142所示的"求和"对话框。

（2）选取图5-132的实体拉伸特征3作为目标体，选取图5-141的实体拉伸特征5作为工具体。

（3）单击"确定"按钮，完成求和运算，如图5-143所示。

图 5-142　"求和"对话框

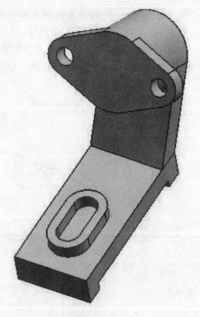

图 5-143　求和的结果

步骤八　孔。

（1）选择"插入"→"设计特征"→"孔"命令，或者单击"特征操作"工具条中的"孔"按钮，系统弹出"孔"对话框，如图5-24所示。

（2）在图5-24"孔"对话框中，选择孔的类型为"简单孔"。

（3）设置孔的直径为"16"。

（4）选择求和特征的前端面，即原实体拉伸特征 5 的前端面，作为"放置面"，如图 5-144 所示。

（5）选择求和特征的后端面，即原实体拉伸特征 3 的后端面，作为"通过面"，如图 5-144 所示。

（6）单击"确定"按钮，此时系统弹出"定位"对话框，如图 5-92 所示。

（7）单击"点到点"按钮，此时系统弹出"点到点"对话框，如图 5-145 所示。

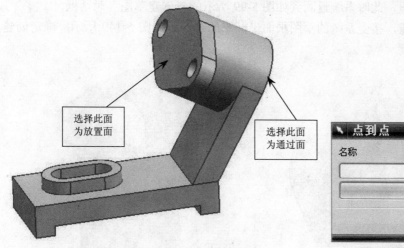

图 5-144　选择孔的放置面和通过面　　　　　图 5-145　"点到点"对话框

（8）单击图 5-145"点到点"对话框中的"标识实体面"按钮，此时系统弹出"标识实体面"对话框，如图 5-146 所示。

（9）选择求和特征的外圆柱表面，即原实体拉伸特征 3 的外圆柱表面，则系统自动完成孔特征的创建，如图 5-147 所示。

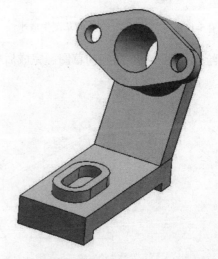

图 5-146　"标识实体面"对话框　　　　　图 5-147　完成的孔特征

步骤九　实体拉伸 6（两侧拉伸）。

（1）选择"插入"→"草图"命令，或者单击"特征"工具条上的"草图"按钮，系统弹出如图 5-88 所示的"创建草图"对话框。

（2）单击"草图平面"选项组中的"平面选项"选项右侧的下拉按钮，然后选择"创建平面"命令，此时图 5-88 的"创建草图"对话框变成如图 5-99 所示的"创建草图"对话框。

（3）单击"指定平面"选项右侧的"平面构造器"按钮 ，此时系统弹出"平面"对话框，如图 5-95 所示。

（4）单击图 5-95"平面"对话框"类型"选项中的下拉按钮 ，然后选择"平分"命令 平分，此时图 5-95 的"平面"对话框变成如图 5-96 所示的"平面"对话框。

（5）分别选择图 5-115 中拉伸实体特征 1 两侧的长平面作为"第一平面"和"第二平面"，如图 5-148 所示。

（6）单击"确定"按钮，此时系统返回到如图 5-99 所示的"创建草图"对话框。

（7）单击"确定"按钮，接受系统的草图平面坐标系的方向，如图 5-149 所示，确定创建草图的平面，进入草图环境。

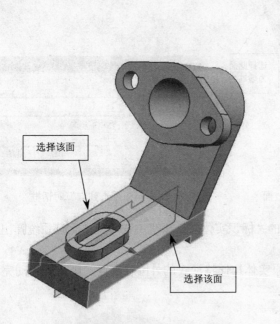
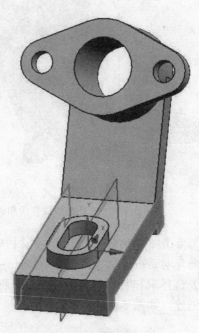

图 5-148　创建实体拉伸 6 的草图生成平面　　　图 5-149　草图平面坐标系的方向

（8）绘制如图 5-150 所示的草图，完成后单击"完成草图"按钮 完成草图 完成草图。

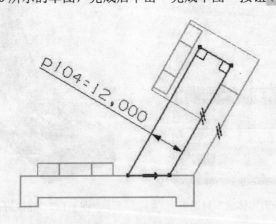

图 5-150　实体拉伸 6 的草图

（9）选择"插入"→"设计特征"→"拉伸"命令，或者单击"特征"工具条上的"拉伸"按钮 ，系统弹出如图 5-3 所示的"拉伸"对话框。

（10）选择图 5-150 绘制的草图，在"开始"选项下面的"距离"文本框中输入"–2.5"，在"结束"选项下面的"距离"文本框中输入"2.5"。

（11）单击"确定"按钮，完成实体拉伸特征6的建立，如图5-151所示。

步骤十　修剪实体。

（1）选择"插入"→"关联复制"→"抽取"命令，或者单击"特征操作"工具条上的"抽取"按钮，或者单击"特征"工具条上的"抽取几何体"按钮，系统弹出如图5-152所示的"抽取"对话框。

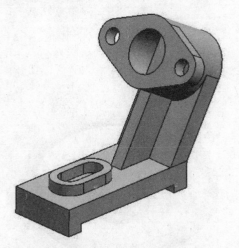

图5-151　完成的实体拉伸特征6　　　　　图5-152　"抽取"对话框

（2）选择求和特征的外圆柱表面，即原实体拉伸特征3的外圆柱表面。

（3）单击"确定"按钮，完成面的抽取，如图5-153所示（注：为了能看见抽取的面，把求和特征临时隐藏了）。

（4）选择"插入"→"修剪"→"修剪体"命令，或者单击"特征操作"工具条上的"修剪体"按钮，系统弹出如图5-154所示的"修剪体"对话框。

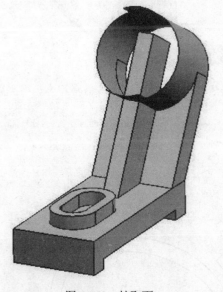

图5-153　抽取面　　　　　　　图5-154　"修剪体"对话框

（5）选择图5-151的实体拉伸特征6作为要修剪的目标体。

（6）选择图5-153中抽取的面作为修剪的工具体。

（7）单击图5-154"修剪体"对话框中"刀具"选项组中的"反向"按钮，调整绘图区中箭头的方向，以确定修剪后要保留的实体。

（8）单击"确定"按钮，完成对实体拉伸特征 6 的修剪，如图 5-155 所示。

（9）完成了整个零件的建模。选择"文件"→"保存"命令，或者单击"标准"工具条上的"保存"按钮 █，保存该文件。

5.5.3　回转与扫掠实例

绘制如图 5-156 所示的方向盘零件。

该零件模型的建模流程如图 5-157 所示。

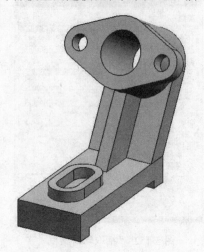

图 5-155　修剪后的实体拉伸特征 6　　　　　图 5-156　方向盘零件

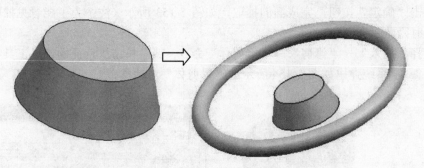

1. 回转实体特征 1　　　　　　　　　　2. 回转实体特征 2

3. 创建曲线

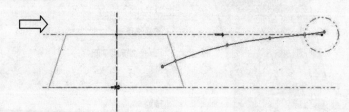

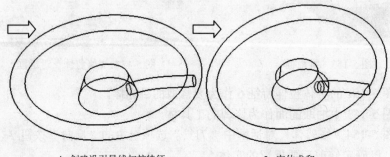

4. 创建沿引导线扫掠特征　　　　　　　5. 实体求和

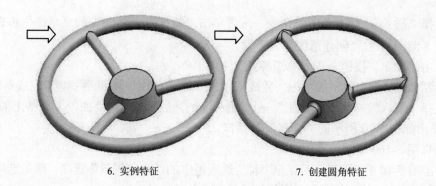

6. 实例特征　　　　　　　7. 创建圆角特征

图 5-157　方向盘零件的建模流程

绘图步骤如下。

步骤一　回转实体特征 1。

（1）启动 UG，选择"文件"→"新建"命令，或者单击 按钮，系统弹出"文件新建"对话框，如图 5-6 所示。

（2）在"名称"文本框中输入"Chapter05-6.prt"，单击"确定"按钮完成新文件的建立。

（3）单击"标准"工具条上的"开始"按钮 开始，然后单击选择"建模"命令 建模(M)...，进入建模环境。

（4）选择"插入"→"草图"命令，或者单击"特征"工具条上的"草图"按钮 ，系统弹出如图 5-88 所示的"创建草图"对话框。

（5）单击"确定"按钮，进入草图界面。

（6）绘制如图 5-158 所示的草图，完成后单击"完成草图"按钮 完成草图 完成草图。

（7）选择"插入"→"设计特征"→"回转"命令，或单击"特征"工具条上的"回转"按钮 ，弹出如图 5-10 所示的"回转"对话框。

（8）选择图 5-158 绘制的草图。

（9）单击图 5-10 的"回转"对话框"轴"选项组中的"指定矢量"选项，然后选取图 5-158 中竖直方向的虚线，则该直线即为旋转轴。

（10）图 5-10 "回转"对话框"极限"选项组中系统默认的"开始"值为 0，"结束"值为 360，使用默认值。

（11）单击"确定"按钮，完成回转特征的建立，如图 5-159 所示。

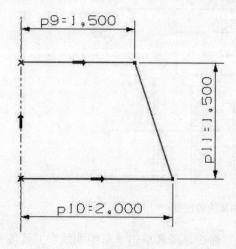

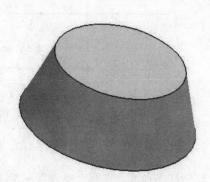

图 5-158　回转实体特征 1 的草图　　　　图 5-159　完成的回转实体特征 1

步骤二　回转实体特征 2。

（1）选择"插入"→"草图"命令，或者单击"特征"工具条上的"草图"按钮 ，系统弹出如图 5-88 所示的"创建草图"对话框。

（2）单击"确定"按钮，进入草图界面。

（3）绘制如图 5-160 所示的草图，完成后单击"完成草图"按钮 完成草图。

（4）选择"插入"→"设计特征"→"回转"命令，或单击"特征"工具条上的"回转"按钮 ，弹出如图 5-10 所示的"回转"对话框。

（5）选择图 5-160 绘制的草图。

（6）单击图 5-10 的"回转"对话框"轴"选项组中的"指定矢量"选项，然后选取图 5-158 中竖直方向的虚线，则该直线即为旋转轴。

（7）图 5-10"回转"对话框"极限"选项组中系统默认的"开始"值为 0，"结束"值为 360，使用默认值。

（8）单击"确定"按钮，完成回转特征的建立，如图 5-161 所示。

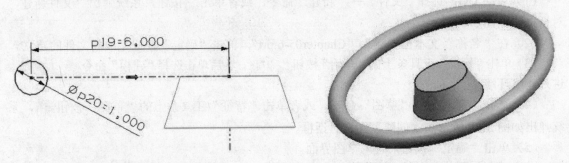

图 5-160　回转实体特征 2 的草图　　　　图 5-161　完成的回转实体特征 2

步骤三　创建曲线。

（1）选择"插入"→"草图"命令，或者单击"特征"工具条上的"草图"按钮 ，系统弹出如图 5-88 所示的"创建草图"对话框。

（2）单击"确定"按钮，进入草图界面。

（3）绘制如图 5-162 所示的 6 个点，其中 3 个点有较严格的位置要求。

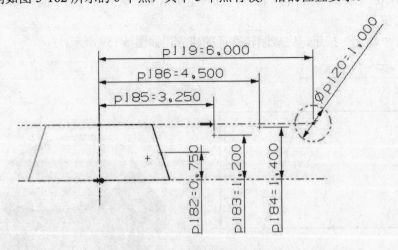

图 5-162　绘制曲线的控制点

（4）绘制样条曲线。选择"插入"→"样条"命令，或者单击"草图曲线"工具条上的"样条"按钮 ，系统弹出如图 5-163 所示的"样条"对话框。

（5）单击图 5-163"样条"对话框中的"通过点"按钮 通过点 ，此时系统弹出"通过点生成样条"对话框，如图 5-164 所示。

图 5-163 "样条"对话框

图 5-164 "通过点生成样条"对话框

（6）单击图 5-164 "通过点生成样条"对话框中的"确定"按钮，此时系统弹出"样条"对话框，如图 5-165 所示。

（7）单击图 5-165 "样条"对话框中的"点构造器"按钮 **点构造器**，此时系统弹出"点构造器"对话框，如图 5-166 所示。

图 5-165 "样条"对话框

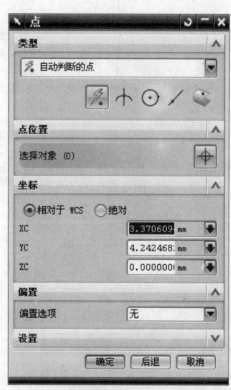

图 5-166 "点构造器"对话框

（8）从左到右依次选取图 5-162 绘制的曲线控制点。

（9）最后单击图 5-166 "点构造器"对话框中的"确定"按钮，此时系统弹出"指定点"对话框，如图 5-167 所示。

（10）单击图 5-167 "指定点"对话框中的"是"或"确定"按钮，此时系统弹出"通过点生成样条"对话框，如图 5-168 所示。

（11）单击"确定"按钮，生成样条曲线，如图 5-169 所示。

步骤四　创建沿引导线的扫掠特征。

1. 创建辅助基准面。

（1）选择"插入"→"基准/点"→"基准平面"命令，或者单击"特征操作"工具条上的"基准平面"按钮 🔲，系统弹出如图 5-170 所示的"基准平面"对话框。

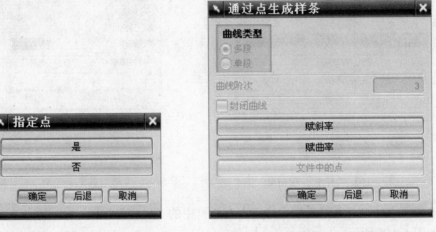

图 5-167 "指定点"对话框　　　　图 5-168 "通过点生成样条"对话框

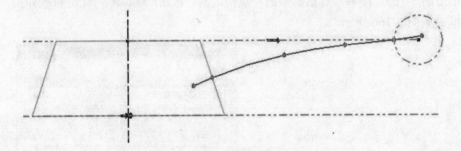

图 5-169　绘制的样条曲线

（2）单击图 5-170 "基准平面"对话框（1）"类型"选项组中的下拉按钮 🔽，然后选择"相切"命令 🔲 相切，此时图 5-170 的"基准平面"对话框（1）变成如图 5-171 所示的"基准平面"对话框（2）。

（3）单击图 5-171 "基准平面"对话框（2）"相切子类型"选项组中的下拉按钮 🔽，然后选择"通过线条"方式，如图 5-171 所示。

图 5-170 "基准平面"对话框（1）　　　图 5-171 "基准平面"对话框（2）

（4）选择图 5-159 的回转实体特征 1 的圆锥表面作为相切面。

（5）选择图 5-158 回转实体特征 1 草图中的那条斜直线作为通过的线条。

（6）单击图 5-171"基准平面"对话框（2）中的"确定"按钮，完成基准平面的创建，如图 5-172 所示。

2．创建沿引导线扫掠特征的截面线草图。

（1）选择"插入"→"草图"命令，或者单击"特征"工具条上的"草图"按钮 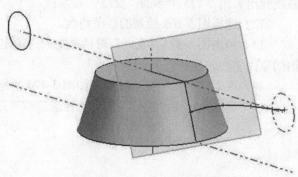，系统弹出如图 5-88 所示的"创建草图"对话框。

图 5-172　创建基准平面

（2）单击"草图平面"选项组中的"平面选项"选项右侧的下拉按钮 ▼，然后选择"创建平面"命令，此时图 5-88 的"创建草图"对话框变成如图 5-99 所示的"创建草图"对话框。

（3）单击"指定平面"选项右侧的"平面构造器"按钮 ▣，此时系统弹出"平面"对话框，如图 5-95 所示。

（4）单击图 5-95"平面"对话框"类型"选项组中的下拉按钮 ▼，然后选择"按某一距离"命令 按某一距离，此时图 5-95 的"平面"对话框变成如图 5-100 所示的"平面"对话框。

（5）选择图 5-172 创建的基准平面作为"平面参考"，然后在图 5-100 对话框中"距离"选项右侧的文本框中输入"-0.3"。

（6）单击"确定"按钮，此时系统返回到图 5-99 的"创建草图"对话框。

（7）展开图 5-99"创建草图"对话框中的"草图方位"选项组，如图 5-173 所示。

（8）单击如图 5-173 所示的"创建草图"对话框"草图方位"选项组中"参考"选项中的下拉按钮 ▼，选择"竖直"参考。

（9）单击"草图方位"选项组中的"反向"按钮 ⚡，调整草图平面中坐标系的方向，使之如图 5-174 所示。

图 5-173　"创建草图"对话框

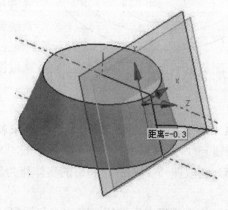

图 5-174　调整草图平面坐标系的方向

（10）单击"确定"按钮，确定创建草图的平面，进入草图环境。

（11）选择"插入"→"交点"命令，或者单击"草图操作"工具条上的"交点"按钮 ⤢，系统弹出如图 5-175 所示的"交点"对话框。

（12）选择图 5-169 绘制的样条曲线。

（13）单击图 5-175"交点"对话框中的"确定"按钮，则在图 5-169 绘制的样条曲线与当前的草图平面间生产一个交点。

（14）在上述产生的交点处绘制如图 5-176 所示的草图。

（15）完成后单击"完成草图"按钮 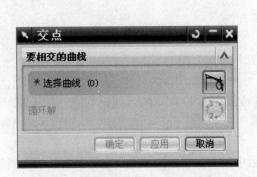 完成草图。

图 5-175 "交点"对话框

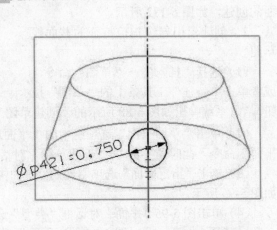

图 5-176 沿引导线扫掠实体的截面线草图

3. 创建沿引导线扫掠的实体。

（1）选择"插入"→"扫掠"→"沿引导线扫掠"命令，或单击"特征"工具条上的"沿引导线扫掠"按钮，系统弹出"沿引导线扫掠"对话框，如图 5-13 所示。

（2）选择图 5-176 绘制的草图作为扫掠截面线串，单击"确定"按钮。

（3）选择图 5-169 绘制的样条曲线作为扫掠引导线串，单击"确定"按钮。

（4）此时系统弹出如图 5-14 所示的"沿引导线扫掠"对话框，接受默认值。

（5）单击"确定"按钮，此时系统弹出"布尔运算"对话框，如图 5-20 所示。

（6）单击图 5-20"布尔运算"对话框中的"创建"按钮或"确定"按钮，完成沿引导线扫掠特征的创建，如图 5-177 所示。

步骤五 实体求和。

（1）选择"插入"→"组合体"→"求和"命令，或者单击"特征操作"工具条上的"求和"按钮，系统弹出如图 5-142 所示的"求和"对话框。

（2）选取图 5-161 的回转实体特征 2 作为目标体，选取图 5-177 的沿引导线扫掠实体特征作为工具体。

（3）单击"确定"按钮，完成求和运算，如图 5-178 所示。

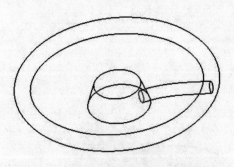

图 5-177 完成的沿引导线扫掠实体特征

（4）选择"插入"→"组合体"→"求和"命令，或者单击"特征操作"工具条上的"求和"按钮，系统弹出如图 5-142 所示的"求和"对话框。

（5）选取图 5-178 的求和后的实体作为目标体，选取图 5-159 的回转实体特征 1 作为工具体。

（6）单击"确定"按钮，完成求和运算，如图 5-179 所示。

步骤六 实例特征。

（1）选择"插入"→"关联复制"→"引用特征"命令（注意：在菜单栏中该命令叫"引

用特征"，而不是"实例特征"），或者单击"特征操作"工具条中的"实例特征"按钮，系统弹出"实例"对话框，如图 5-70 所示。

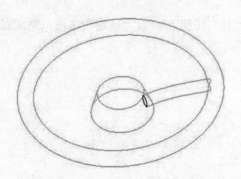

图 5-178　第一次求和的结果

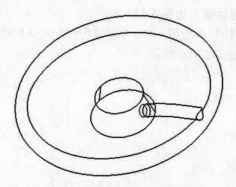

图 5-179　第二次求和的结果

（2）单击图 5-70 中的"圆形阵列"按钮 圆形阵列 ，此时系统弹出"实例"对话框，如图 5-180 所示。

（3）选择图 5-180 "实例"对话框中的"扫掠（9）"选项，或在绘图区中直接选取图 5-177 的沿引导线扫掠的特征。

（4）单击图 5-180 "实例"对话框中的"确定"按钮，此时系统弹出"实例"对话框，如图 5-181 所示。

图 5-180　"实例"对话框（1）

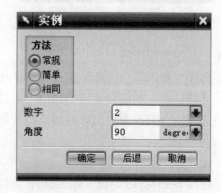

图 5-181　"实例"对话框（2）

（5）在图 5-181 "实例"对话框（2）中的"数字"文本框中输入阵列的个数"3"，在"角度"文本框中输入阵列的角度"120"。

（6）单击"确定"按钮，系统弹出"实例"对话框，如图 5-182 所示。

（7）单击图 5-182 中的"基准轴"按钮 基准轴 ，此时系统弹出"选择一个基准轴"对话框，如图 5-183 所示。

图 5-182　"实例"对话框（3）

图 5-183　"选择一个基准轴"对话框

（8）选择系统的基准轴 Y 轴，如图 5-184 所示。

（9）单击图 5-183 "选择一个基准轴" 对话框中的 "确定" 按钮，此时系统弹出 "创建实例" 对话框，如图 5-185 所示。

（10）单击图 5-185 "创建实例" 对话框中的 "是" 按钮 <u>是</u> 或 "确定" 按钮，完成圆形阵列，如图 5-186 所示。

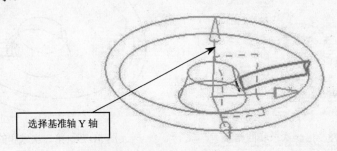

图 5-184　选择系统的基准轴 Y 轴

图 5-185　"创建实例" 对话框

图 5-186　完成的实例阵列

步骤七　创建圆角特征。

（1）选择 "插入" → "细节特征" → "边倒圆" 命令，或者单击 "特征操作" 工具条中的 "边倒圆" 按钮 🔲，系统弹出 "边倒圆" 对话框，如图 5-187 所示。

（2）选择图 5-186 中沿引导线扫掠特征两端的边，或选择图 5-186 中任一实例阵列成员两端的边。

（3）设置圆角半径为 "0.25"。

（4）在图 5-187 "边倒圆" 对话框的 "设置" 选项组中，选中 "倒圆所有的实例" 复选框。

（5）单击图 5-187 "边倒圆" 对话框中的 "确定" 按钮，完成圆角特征的创建，如图 5-188 所示。

（6）完成整个零件的建模。选择 "文件" → "保存" 命令，或者单击 "标准" 工具条上的 "保存" 按钮 🔲，保存该文件。

5.5.4　飞锤实例

绘制如图 5-189 所示的飞锤零件。

该零件模型的建模流程如图 5-190 所示。

绘图步骤如下。

步骤一　创建实体拉伸 1。

（1）启动 UG，选择 "文件" → "新建" 命令，或者单击 🔲 按钮，系统弹出 "文件新建" 对话框，如图 5-6 所示。

图 5-187 "边倒圆"对话框

图 5-188 完成的倒圆角特征

图 5-189 飞锤零件

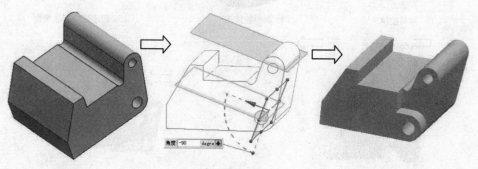

1. 实体拉伸 1　　　　　　2. 创建辅助基准平面　　　　　　3. 除料拉伸 1

图 5-190 飞锤零件的建模流程

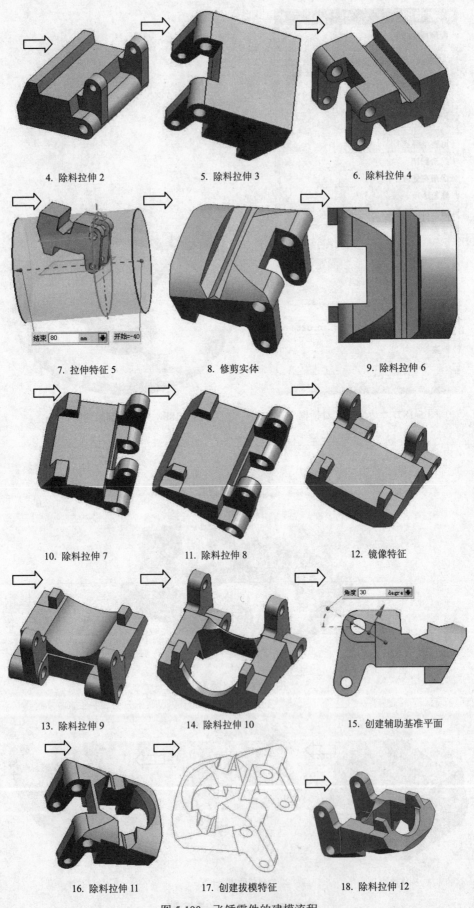

4. 除料拉伸 2   5. 除料拉伸 3   6. 除料拉伸 4

7. 拉伸特征 5   8. 修剪实体   9. 除料拉伸 6

10. 除料拉伸 7   11. 除料拉伸 8   12. 镜像特征

13. 除料拉伸 9   14. 除料拉伸 10   15. 创建辅助基准平面

16. 除料拉伸 11   17. 创建拔模特征   18. 除料拉伸 12

图 5-190 飞锤零件的建模流程

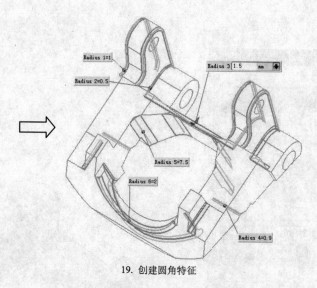

19. 创建圆角特征

图 5-190 飞锤零件的建模流程

（2）在"名称"文本框中输入"Chapter05-7.prt"，单击"确定"按钮完成新文件的建立。

（3）单击"标准"工具条上的"开始"按钮 ⚙ 开始▾，然后单击选择"建模"命令 🗲 建模(M)...，进入建模环境。

（4）选择"插入"→"草图"命令，或者单击"特征"工具条上的"草图"按钮 🔲，系统弹出如图 5-88 所示的"创建草图"对话框。

（5）单击"确定"按钮，进入草图界面。

（6）绘制如图 5-191 所示的草图，完成后单击"完成草图"按钮 🔲 完成草图 完成草图。

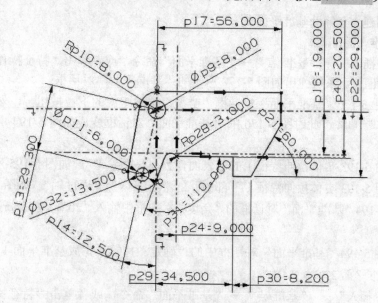

图 5-191 实体拉伸 1 的草图

（7）选择"插入"→"设计特征"→"拉伸"命令，或者单击"特征"工具条上的"拉伸"按钮 🔲，系统弹出如图 5-3 所示的"拉伸"对话框。

（8）选择图 5-191 绘制的草图，在"开始"选项右侧的下拉列表框中选择"对称值"，此时图 5-3 的"拉伸"对话框变成如图 5-192 所示的"拉伸"对话框。

（9）在如图 5-192 所示的"拉伸"对话框"极限"选项组中的"距离"文本框内输入"35"。

（10）其他选项，均使用默认设置。单击"确定"按钮，完成实体拉伸特征 1 的建立，如

图 5-193 所示。

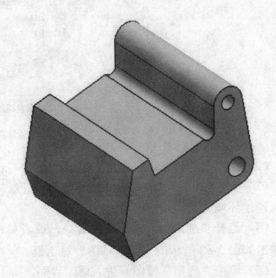

图 5-192 "拉伸"对话框

图 5-193 完成的实体拉伸特征 1

步骤二 创建 3 个辅助基准平面。

1. 创建基准平面 1。

（1）选择"插入"→"基准/点"→"基准平面"命令，或者单击"特征操作"工具条上的"基准平面"按钮 ，系统弹出如图 5-170 所示的"基准平面"对话框。

（2）单击图 5-170"基准平面"对话框"类型"选项组中的下拉按钮 ，然后选择"成一角度"命令 成一角度，此时图 5-170 的"基准平面"对话框变成如图 5-194 所示的"基准平面"对话框。

（3）选择图 5-193 实体拉伸特征 1 的下表面作为"平面参考"，如图 5-195 所示。

（4）选择图 5-193 实体拉伸特征 1 下部的孔的中心线作为"通过轴"，如图 5-195 所示。

（5）在图 5-194"基准平面"对话框的"角度"文本框中输入"20"，按 Enter 键，如图 5-195 所示。

（6）单击图 5-194"基准平面"对话框中的"确定"按钮，完成基准平面 1 的创建。

2. 创建基准平面 2。

（1）选择"插入"→"基准/点"→"基准平面"命令，或者单击"特征操作"工具条上的"基准平面"按钮 ，系统弹出如图 5-170 所示的"基准平面"对话框。

（2）单击图 5-170"基准平面"对话框"类型"选项组中的下拉按钮 ，然后选择"按某一距离"命令 按某一距离，此时图 5-170 的"基准平面"对话框变成如图 5-196 所示的"基准平面"对话框。

（3）选择图 5-195 创建的基准平面 1 作为"平面参考"，然后在图 5-196 对话框中"距离"右侧的文本框中输入"32"，如图 5-197 所示。

（4）单击图 5-196"基准平面"对话框中的"确定"按钮，完成基准平面 2 的创建。

图 5-194　"基准平面"对话框（1）

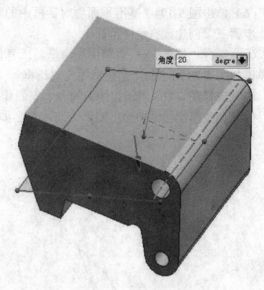

图 5-195　创建基准平面 1

图 5-196　"基准平面"对话框（2）

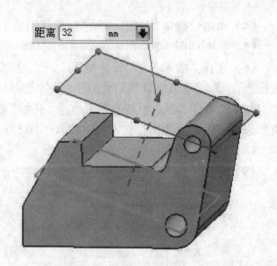

图 5-197　创建基准平面 2

3．创建基准平面 3。

（1）选择"插入"→"基准/点"→"基准平面"命令，或者单击"特征操作"工具条上的"基准平面"按钮，系统弹出如图 5-170 所示的"基准平面"对话框。

（2）单击图 5-170"基准平面"对话框"类型"选项组中的下拉按钮，然后选择"成一角度"命令 成一角度，此时图 5-170 的"基准平面"对话框变成如图 5-194 所示的"基准平面"对话框。

（3）选择图 5-195 创建的基准平面 1 作为"平面参考"，如图 5-198 所示。

（4）选择图 5-193 实体拉伸特征 1 下部的孔的中心线作为"通过轴"，如图 5-198 所示。

（5）在图 5-194 "基准平面"对话框的"角度"文本框中输入"-90"，按 Enter 键，如图 5-198 所示。

（6）单击图 5-194 "基准平面"对话框中的"确定"按钮，完成基准平面 3 的创建。

步骤三　创建除料拉伸特征 1。

（1）选择"插入"→"草图"命令，或者单击"特征"工具条上的"草图"按钮 品，系统弹出如图 5-88 所示的"创建草图"对话框。

（2）选择图 5-193 实体拉伸 1 的一个表面作为草图平面，如图 5-199 所示。

（3）调整草图平面中坐标系的方向，使之如图 5-199 所示。

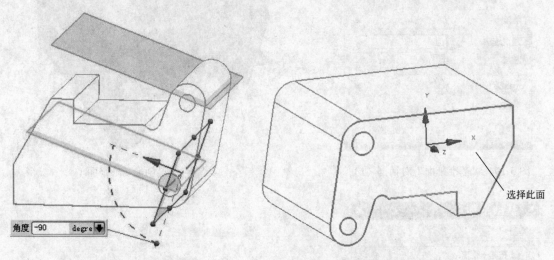

图 5-198　创建基准平面 3　　　　　　　图 5-199　选择除料拉伸特征 1 的草图平面

（4）单击"确定"按钮，确定创建草图的平面，进入草图环境。

（5）绘制如图 5-200 所示的草图，完成后单击"完成草图"按钮 完成草图 完成草图。

（6）选择"插入"→"设计特征"→"拉伸"命令，或者单击"特征"工具条上的"拉伸"按钮 ，系统弹出如图 5-3 所示的"拉伸"对话框。

（7）选择图 5-200 绘制的草图，在"开始"选项下面的"距离"文本框中输入"0"，在"结束"选项下面的"距离"文本框中输入"10.5"。

（8）把布尔操作设为"求差"。

（9）单击"确定"按钮，完成除料拉伸特征 1 的建立，如图 5-201 所示。

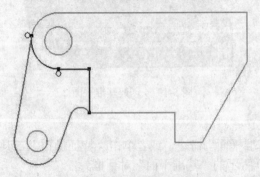

图 5-200　除料拉伸特征 1 的草图　　　　图 5-201　完成的除料拉伸特征 1

步骤四　创建除料拉伸特征 2。

（1）选择"插入"→"草图"命令，或者单击"特征"工具条上的"草图"按钮 品，系统弹出如图 5-88 所示的"创建草图"对话框。

（2）单击"草图平面"选项组中的"平面选项"选项右侧的下拉按钮▼，然后选择"创建平面"命令，此时图 5-88 的"创建草图"对话框变成如图 5-99 所示的"创建草图"对话框。

（3）单击"指定平面"选项右侧的"平面构造器"按钮 🔲，此时系统弹出"平面"对话框，如图 5-95 所示。

（4）单击图 5-95"平面"对话框"类型"选项中的下拉按钮▼，然后选择"平分"命令 🔳 平分，此时图 5-95 的"平面"对话框变成如图 5-96 所示的"平面"对话框。

（5）分别选择图 5-193 的实体拉伸特征 1 两端的平面作为"第一平面"和"第二平面"，如图 5-202 所示。

（6）调整草图平面中坐标系的方向，使之如图 5-202 所示。

（7）单击"确定"按钮，此时系统返回到图 5-99 的"创建草图"对话框，再单击"确定"按钮，确定创建草图的平面，进入草图环境。

（8）绘制如图 5-203 所示的草图，完成后单击"完成草图"按钮 📄 完成草图 完成草图。

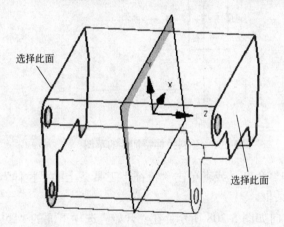

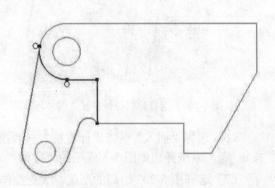

图 5-202　选择除料拉伸特征 2 的草图平面　　　　图 5-203　除料拉伸特征 2 的草图

（9）选择"插入"→"设计特征"→"拉伸"命令，或者单击"特征"工具条上的"拉伸"按钮 🔳，系统弹出如图 5-3 所示的"拉伸"对话框。

（10）选择图 5-203 绘制的草图，改变拉伸方向如图 5-204 所示。在"开始"选项下面的"距离"文本框中输入"–16.5"，在"结束"选项下面的"距离"文本框中输入"26.5"。

（11）把布尔操作设为"求差"。

（12）单击"确定"按钮，完成除料拉伸特征 2 的建立，如图 5-205 所示。

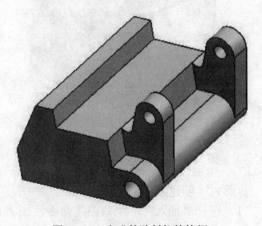

图 5-204　除料拉伸特征 2 的拉伸参数　　　　图 5-205　完成的除料拉伸特征 2

219

步骤五　创建除料拉伸特征3。

（1）选择"插入"→"草图"命令，或者单击"特征"工具条上的"草图"按钮，系统弹出如图5-88所示的"创建草图"对话框。

（2）选择图5-193实体拉伸1的下表面作为草图平面，如图5-206所示。

（3）调整草图平面中坐标系的方向，使之如图5-206所示。

（4）单击"确定"按钮，确定创建草图的平面，进入草图环境。

（5）绘制如图5-207所示的草图，完成后单击"完成草图"按钮 完成草图。

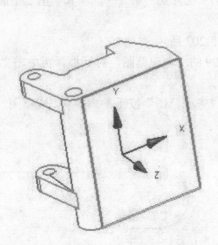

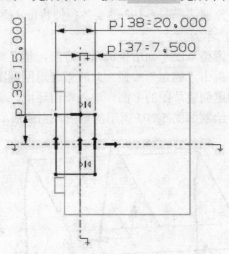

图5-206　选择除料拉伸特征3的草图平面　　　　图5-207　除料拉伸特征3的草图

（6）选择"插入"→"设计特征"→"拉伸"命令，或者单击"特征"工具条上的"拉伸"按钮，系统弹出如图5-3所示的"拉伸"对话框。

（7）选择图5-207绘制的草图，改变拉伸方向如图5-208所示。在"开始"选项下面的"距离"文本框中输入"0"，把"结束"选项的拉伸方式选择为"贯通"。

（8）把布尔操作设为"求差"。

（9）单击"确定"按钮，完成除料拉伸特征3的建立，如图5-209所示。

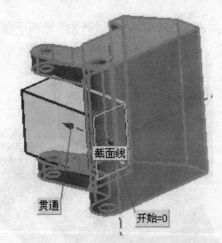

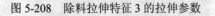

图5-208　除料拉伸特征3的拉伸参数　　　　图5-209　完成的除料拉伸特征3

步骤六　创建除料拉伸特征4。

（1）选择"插入"→"草图"命令，或者单击"特征"工具条上的"草图"按钮，系统弹出如图5-88所示的"创建草图"对话框。

（2）单击"草图平面"选项组中的"平面选项"选项右侧的下拉按钮▼，然后选择"创建平面"命令，此时图 5-88 的"创建草图"对话框变成如图 5-99 所示的"创建草图"对话框。

（3）单击"指定平面"选项右侧的"平面构造器"按钮，此时系统弹出"平面"对话框，如图 5-95 所示。

（4）单击图 5-95 "平面"对话框"类型"选项中的下拉按钮▼，然后选择"平分"命令平分，此时图 5-95 的"平面"对话框变成如图 5-96 所示的"平面"对话框。

（5）分别选择图 5-193 的实体拉伸特征 1 两端的平面作为"第一平面"和"第二平面"，如图 5-202 所示。

（6）调整草图平面中坐标系的方向，使之如图 5-202 所示。

（7）单击"确定"按钮，此时系统返回到图 5-99 的"创建草图"对话框，再单击"确定"按钮，确定创建草图的平面，进入草图环境。

（8）绘制如图 5-210 所示的草图，完成后单击"完成草图"按钮完成草图。

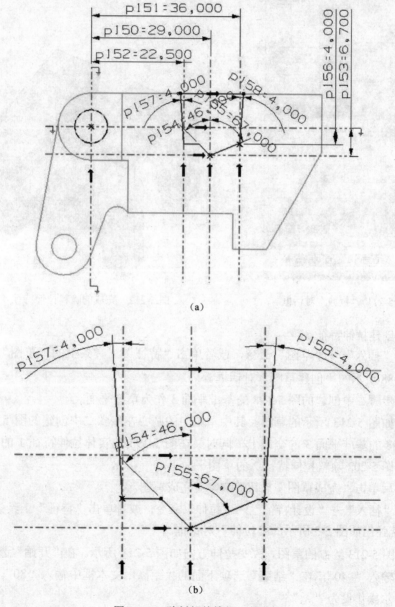

（a）

（b）

图 5-210　除料拉伸特征 4 的草图

（a）草图的整体；（b）局部放大图

（9）选择"插入"→"设计特征"→"拉伸"命令，或者单击"特征"工具条上的"拉伸"按钮 ，系统弹出如图 5-3 所示的"拉伸"对话框。

（10）把"开始"选项和"结束"选项的拉伸方式均选择为"贯通"，此时图 5-3 的"拉伸"对话框变成如图 5-211 所示的"拉伸"对话框。

（11）把布尔操作设为"求差"，如图 5-211 所示。

（12）单击图 5-211"拉伸"对话框中的"确定"按钮，完成除料拉伸特征 4 的建立，如图 5-212 所示。

图 5-211　"拉伸"对话框

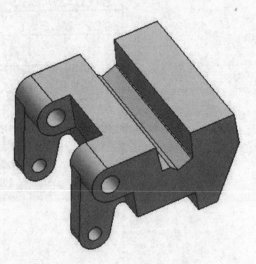

图 5-212　完成的除料拉伸特征 4

步骤七　创建拉伸特征 5。

（1）选择"插入"→"草图"命令，或者单击"特征"工具条上的"草图"按钮 ，系统弹出如图 5-88 所示的"创建草图"对话框。

（2）选择步骤二中创建的图 5-198 的基准平面 3 作为草图平面。

（3）绘制如图 5-213 所示的草图。其中草图中的圆心在步骤二中创建的图 5-197 的基准平面 2 和图 5-198 的基准平面 3 的交线上，同时又在图 5-193 的实体拉伸特征 1 的中心对称平面上，也就是在图 5-202 除料拉伸特征 2 的草图平面上。

（4）完成后单击"完成草图"按钮 完成草图。

（5）选择"插入"→"设计特征"→"拉伸"命令，或者单击"特征"工具条上的"拉伸"按钮 ，系统弹出如图 5-3 所示的"拉伸"对话框。

（6）选择图 5-213 绘制的草图，改变拉伸方向如图 5-214 所示。在"开始"选项下面的"距离"文本框中输入"–40"，在"结束"选项下面的"距离"文本框中输入"80"。

（7）把布尔操作设为"无"。

（8）单击"确定"按钮，完成拉伸特征 5 的建立，如图 5-214 所示。

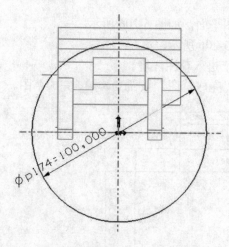

图 5-213　拉伸特征 5 的草图

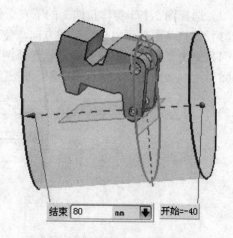

结束 80 mm | 开始=-40

图 5-214　拉伸特征 5 的拉伸参数

步骤八　修剪实体。

（1）选择"插入"→"关联复制"→"抽取"命令，或者单击"特征操作"工具条上的"抽取"按钮 ，或者单击"特征"工具条上的"抽取几何体"按钮 ，系统弹出如图 5-152 所示的"抽取"对话框。

（2）选择步骤七中创建的拉伸特征 5 的外圆柱表面。

（3）单击图 5-152"抽取"对话框中的"确定"按钮，完成面的抽取，如图 5-215 所示（注：为了能看见抽取的面，把步骤七中创建的拉伸特征 5 隐藏了）。

（4）选择"插入"→"修剪"→"修剪体"命令，或者单击"特征操作"工具条上的"修剪体"按钮 ，系统弹出如图 5-154 所示的"修剪体"对话框。

（5）选择图 5-212 中除料拉伸特征 4 所在的整个实体作为要修剪的目标体。

（6）选择图 5-215 中抽取的面作为修剪的工具体。

（7）单击图 5-154"修剪体"对话框中"刀具"选项组中的"反向"按钮 ，调整绘图区中箭头的方向，以确定修剪后要保留的实体。

（8）单击"确定"按钮，完成对实体的修剪，如图 5-216 所示。

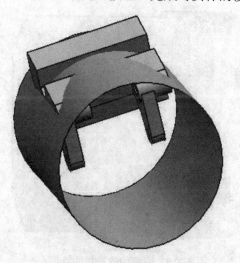

图 5-215　抽取面

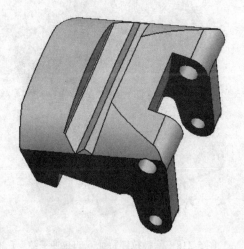

图 5-216　修剪后的实体

步骤九　创建除料拉伸特征 6。

（1）选择"插入"→"草图"命令，或者单击"特征"工具条上的"草图"按钮 ，系统弹出如图 5-88 所示的"创建草图"对话框。

（2）选择图 5-193 实体拉伸 1 的下表面作为草图平面，如图 5-206 所示。

（3）调整草图平面中坐标系的方向，使之如图 5-206 所示。

（4）单击"确定"按钮，确定创建草图的平面，进入草图环境。

（5）绘制如图 5-217 所示的草图，完成后单击"完成草图"按钮 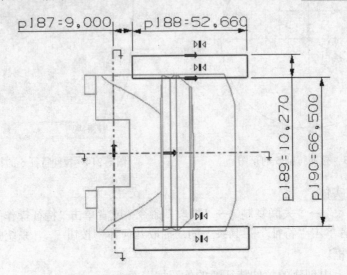 完成草图。

图 5-217　除料拉伸特征 6 的草图

（6）选择"插入"→"设计特征"→"拉伸"命令，或者单击"特征"工具条上的"拉伸"按钮 ，系统弹出如图 5-3 所示的"拉伸"对话框。

（7）选择图 5-217 绘制的草图，改变拉伸方向如图 5-218 所示。在"开始"选项下面的"距离"文本框中输入"0"，把"结束"选项的拉伸方式选择为"贯通"。

（8）把布尔操作设为"求差"。

（9）单击"确定"按钮，完成除料拉伸特征 6 的建立，如图 5-219 所示。

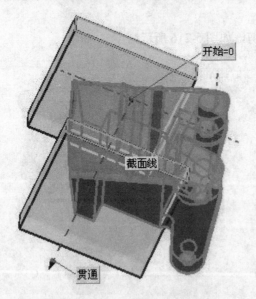

图 5-218　除料拉伸特征 6 的拉伸参数

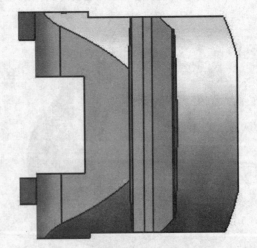

图 5-219　完成的除料拉伸特征 6

步骤十　创建除料拉伸特征 7。

（1）选择"插入"→"草图"命令，或者单击"特征"工具条上的"草图"按钮 ，系统弹出如图 5-88 所示的"创建草图"对话框。

（2）选择图 5-220 所示的实体表面作为草图平面。

（3）调整草图平面中坐标系的方向，使之如图 5-220 所示。

（4）单击"确定"按钮，确定创建草图的平面，进入草图环境。

（5）绘制如图 5-221 所示的草图，完成后单击"完成草图"按钮 ※完成草图 完成草图。

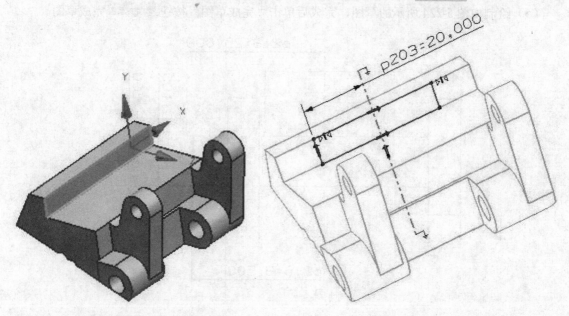

图 5-220　选择除料拉伸特征 7 的草图平面　　　　图 5-221　除料拉伸特征 7 的草图

（6）选择"插入"→"设计特征"→"拉伸"命令，或者单击"特征"工具条上的"拉伸"按钮 ，系统弹出如图 5-3 所示的"拉伸"对话框。

（7）选择图 5-221 绘制的草图，改变拉伸方向如图 5-222 所示。在"开始"选项下面的"距离"文本框中输入"0"，把"结束"选项的拉伸方式选择为"贯通"。

（8）把布尔操作设为"求差"。

（9）单击"确定"按钮，完成除料拉伸特征 7 的建立，如图 5-223 所示。

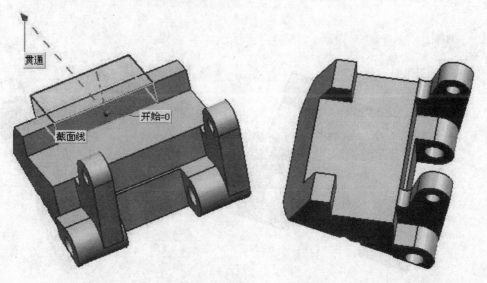

图 5-222　除料拉伸特征 7 的拉伸参数　　　　图 5-223　完成的除料拉伸特征 7

步骤十一　创建除料拉伸特征 8。

（1）选择"插入"→"草图"命令，或者单击"特征"工具条上的"草图"按钮 ，系统弹出如图 5-88 所示的"创建草图"对话框。

（2）选择如图 5-220 所示的实体表面作为草图平面。

（3）调整草图平面中坐标系的方向，使之如图 5-220 所示。

（4）单击"确定"按钮，确定创建草图的平面，进入草图环境。

（5）绘制如图 5-224 所示的草图，完成后单击"完成草图"按钮 ^{完成草图} 完成草图。

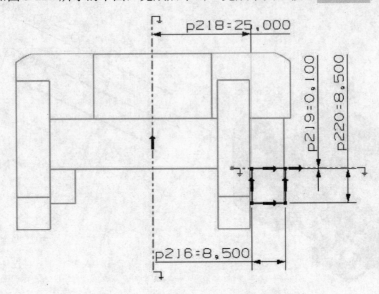

图 5-224　除料拉伸特征 8 的草图

（6）选择"插入"→"设计特征"→"拉伸"命令，或者单击"特征"工具条上的"拉伸"按钮 ，系统弹出如图 5-3 所示的"拉伸"对话框。

（7）选择图 5-224 绘制的草图，改变拉伸方向如图 5-225 所示。在"开始"选项下面的"距离"文本框中输入"0"，把"结束"选项的拉伸方式选择为"贯通"。

（8）把布尔操作设为"求差"。

（9）单击"确定"按钮，完成除料拉伸特征 8 的建立，如图 5-226 所示。

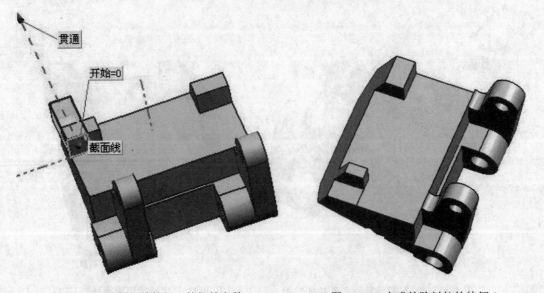

图 5-225　除料拉伸特征 8 的拉伸参数　　　　图 5-226　完成的除料拉伸特征 8

步骤十二　创建镜像特征。

（1）选择"插入"→"关联复制"→"镜像特征"命令，或者单击"特征操作"工具条中的"镜像特征"按钮，系统弹出"镜像特征"对话框，如图 5-69 所示。

（2）选择图 5-226 创建的除料拉伸特征 8。

（3）单击图 5-69"镜像特征"对话框"镜像平面"选项组中"选择平面"选项。

（4）选择系统的 X-Y 基准平面作为镜像平面，如图 5-227 所示。

（5）单击图 5-69"镜像特征"对话框中的"确定"或"应用"按钮，完成镜像特征的创建，如图 5-228 所示。

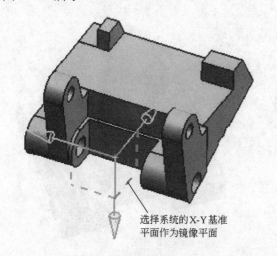

选择系统的X-Y基准
平面作为镜像平面

图 5-227　选择镜像平面

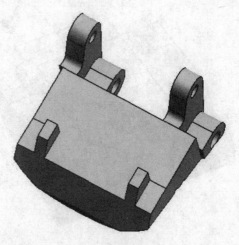

图 5-228　完成镜像特征的创建

步骤十三　创建除料拉伸特征 9。

（1）选择"插入"→"草图"命令，或者单击"特征"工具条上的"草图"按钮，系统弹出如图 5-88 所示的"创建草图"对话框。

（2）选择如图 5-229 所示的实体表面作为草图平面。

（3）调整草图平面中坐标系的方向，使之如图 5-229 所示。

（4）单击"确定"按钮，确定创建草图的平面，进入草图环境。

（5）绘制如图 5-230 所示的草图，其中草图中的圆心在图 5-193 实体拉伸特征 1 的中心对称平面上，也就是在图 5-202 除料拉伸特征 2 的草图平面上。

（6）完成后单击"完成草图"按钮完成草图。

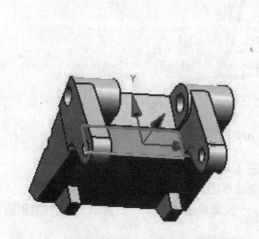

图 5-229　选择除料拉伸特征 9 的草图平面

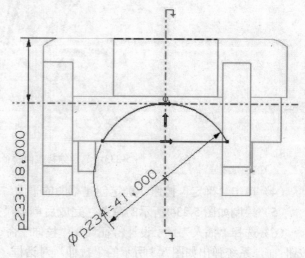

图 5-230　除料拉伸特征 9 的草图

（7）选择"插入"→"设计特征"→"拉伸"命令，或者单击"特征"工具条上的"拉伸"

按钮 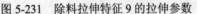，系统弹出如图5-3所示的"拉伸"对话框。

（8）选择图5-230绘制的草图，改变拉伸方向如图5-231所示。在"开始"选项下面的"距离"文本框中输入"0"，把"结束"选项的拉伸方式选择为"贯通"。

（9）把布尔操作设为"求差"。

（10）单击"确定"按钮，完成除料拉伸特征9的建立，如图5-232所示。

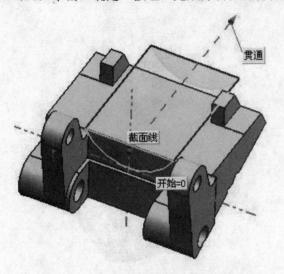
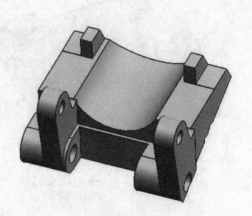

图5-231　除料拉伸特征9的拉伸参数　　　　图5-232　完成的除料拉伸特征9

步骤十四　创建除料拉伸特征10。

（1）选择"插入"→"草图"命令，或者单击"特征"工具条上的"草图"按钮 ，系统弹出如图5-88所示的"创建草图"对话框。

（2）选择图5-193实体拉伸1的下表面作为草图平面，如图5-233所示。

（3）调整草图平面中坐标系的方向，使之如图5-233所示。

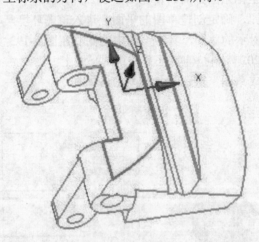

图5-233　选择除料拉伸特征10的草图平面

（4）单击"确定"按钮，确定创建草图的平面，进入草图环境。

（5）绘制如图5-234所示的草图，完成后单击"完成草图"按钮 完成草图。

（6）选择"插入"→"设计特征"→"拉伸"命令，或者单击"特征"工具条上的"拉伸"按钮 ，系统弹出如图5-3所示的"拉伸"对话框。

（7）选择图5-234绘制的草图，改变拉伸方向如图5-235所示。在"开始"选项下面的"距离"文本框中输入"0"，把"结束"选项的拉伸方式选择为"贯通"。

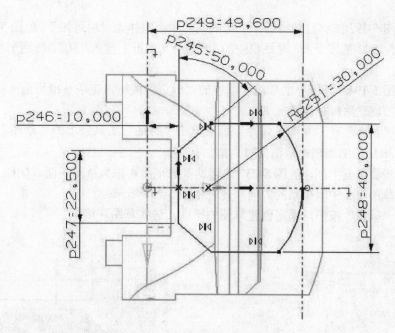

图 5-234　除料拉伸特征 10 的草图

（8）把布尔操作设为"求差"。

（9）单击"确定"按钮，完成除料拉伸特征 10 的建立，如图 5-236 所示。

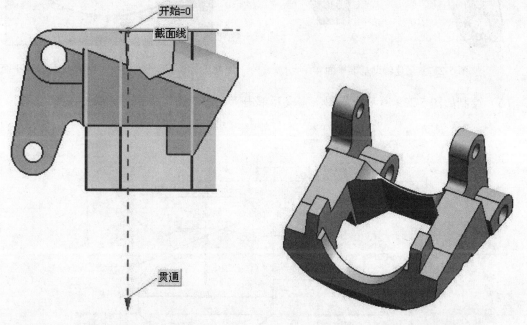

图 5-235　除料拉伸特征 10 的拉伸参数　　　图 5-236　完成的除料拉伸特征 10

步骤十五　创建辅助基准平面。

（1）选择"插入"→"基准/点"→"基准平面"命令，或者单击"特征操作"工具条上的"基准平面"按钮，系统弹出如图 5-170 所示的"基准平面"对话框。

（2）单击图 5-170"基准平面"对话框"类型"选项中的下拉按钮，然后选择"成一角度"命令 成一角度，此时图 5-170 的"基准平面"对话框变成如图 5-194 所示的"基准平面"对话框。

（3）选择图 5-193 实体拉伸特征 1 的下表面作为"平面参考"，如图 5-237 所示。

（4）选择图 5-193 实体拉伸特征 1 下部的孔的中心线作为"通过轴"，如图 5-237 所示。

（5）在图 5-194"基准平面"对话框中的"角度"文本框中输入"30"，按回车键，如图 5-237 所示。

（6）单击图 5-194"基准平面"对话框中的"确定"按钮，完成基准平面 4 的创建。

步骤十六　创建除料拉伸特征 11。

（1）选择"插入"→"草图"命令，或者单击"特征"工具条上的"草图"按钮 ，系统弹出如图 5-88 所示的"创建草图"对话框。

（2）选择步骤十五中创建的图 5-237 的辅助基准平面 4 作为草图平面，如图 5-238 所示。

（3）调整草图平面中坐标系的方向，使之如图 5-238 所示。

（4）单击"确定"按钮，确定创建草图的平面，进入草图环境。

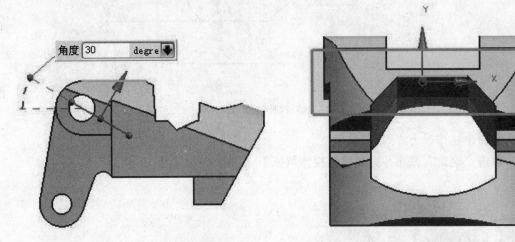

图 5-237　创建辅助基准平面 4　　　　图 5-238　选择除料拉伸特征 11 的草图平面

（5）绘制如图 5-239 所示的草图，完成后单击"完成草图"按钮 完成草图。

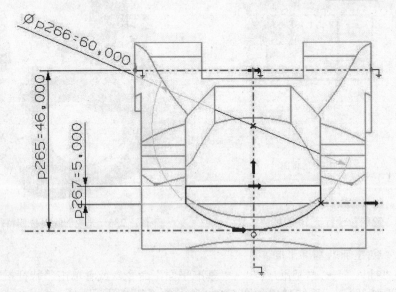

图 5-239　除料拉伸特征 11 的草图

（6）选择"插入"→"设计特征"→"拉伸"命令，或者单击"特征"工具条上的"拉伸"按钮 ，系统弹出如图 5-3 所示的"拉伸"对话框。

（7）选择图 5-239 绘制的草图。在"开始"选项下面的"距离"文本框中输入"–20"，把"结束"选项的拉伸方式选择为"贯通"，如图 5-240 所示。

（8）把布尔操作设为"求差"。

（9）单击"确定"按钮，完成除料拉伸特征 11 的建立，如图 5-241 所示。

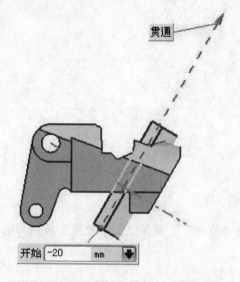

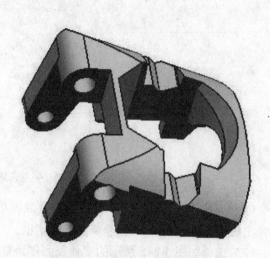

图 5-240　除料拉伸特征 11 的拉伸参数　　　　图 5-241　完成的除料拉伸特征 11

步骤十七　创建拔模特征。

（1）选择"插入"→"细节特征"→"拔模"命令，或者单击"特征操作"工具条中的"拔模"按钮，系统弹出"拔模"对话框，如图 5-62 所示。

（2）选择图 5-242 所示的实体表面，确定拔模方向。

（3）选择图 5-242 所示的实体表面，作为固定面。

（4）选择图 5-243 所示的实体表面，作为要拔模的面。

（5）在图 5-62"拔模"对话框"要拔模的面"选项组中的"角度"文本框中输入"6"，按 Enter 键确认，如图 5-243 所示。

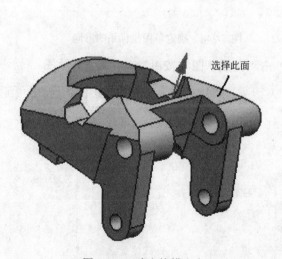

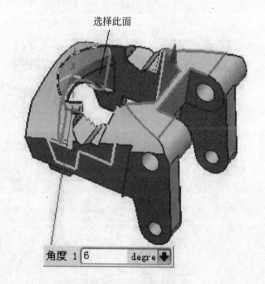

图 5-242　确定拔模方向　　　　　　　　图 5-243　选择拔模面

（6）单击图 5-62"拔模"对话框中的"确定"按钮，完成拔模特征的创建，如图 5-244 所示。

步骤十八　创建除料拉伸特征 12。

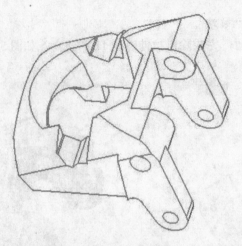

图 5-244　完成的拔模特征

（1）选择"插入"→"草图"命令，或者单击"特征"工具条上的"草图"按钮 ⊞，系统弹出如图 5-88 所示的"创建草图"对话框。

（2）选择如图 5-245 所示的实体表面作为草图平面。

（3）调整草图平面中坐标系的方向，使之如图 5-246 所示。

（4）单击"确定"按钮，确定创建草图的平面，进了草图环境。

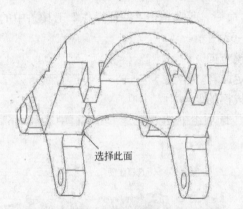

图 5-245　选择除料拉伸特征 12 的草图平面

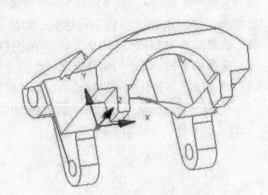

图 5-246　确定草图坐标系的方向

（5）绘制如图 5-247 所示的草图，完成后单击"完成草图"按钮 完成草图 完成草图。

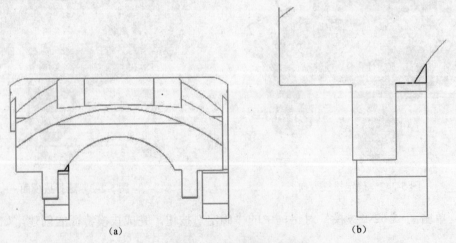

图 5-247　除料拉伸特征 12 的草图

（a）草图的整体；（b）局部放大图

（6）选择"插入"→"设计特征"→"拉伸"命令，或者单击"特征"工具条上的"拉伸"按钮，系统弹出如图5-3所示的"拉伸"对话框。

（7）选择图5-247绘制的草图，改变拉伸方向如图5-248所示。在"开始"选项下面的"距离"文本框中输入"0"，在"结束"选项下面的"距离"文本框中输入"3"。

（8）把布尔操作设为"求差"。

（9）单击"确定"按钮，完成除料拉伸特征12的建立，如图5-249所示。

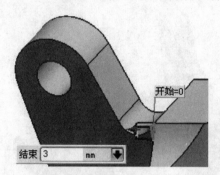

图5-248 除料拉伸特征12的拉伸参数

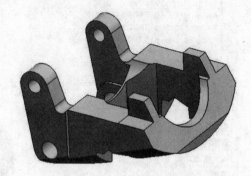

图5-249 完成的除料拉伸特征12

步骤十九 创建圆角特征。

（1）选择"插入"→"细节特征"→"边倒圆"命令，或者单击"特征操作"工具条中的"边倒圆"按钮，系统弹出"边倒圆"对话框，如图5-35所示。

（2）在图5-35"边倒圆"对话框"要倒圆的边"选项组的"半径1"选项右侧的文本框中输入"1"，然后选择两个连杆所在的4条边，如图5-250所示。

（3）单击图5-35"边倒圆"对话框"要倒圆的边"选项组的"添加新集"按钮，设置新的半径值，此时上述（2）中的"半径1"选项自动变成"半径2"选项。

（4）在"半径2"选项右侧的文本框中输入"0.5"，然后选择一条边，如图5-250所示。

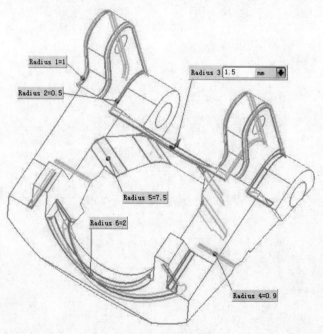

图5-250 创建圆角特征

（5）类似地，重复上述（3）、（4）两步，直至添加完所有的倒圆半径值，如图5-251"边倒圆"对话框所示。

（6）单击"确定"按钮，完成圆角特征的创建，如图5-252所示。

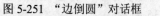

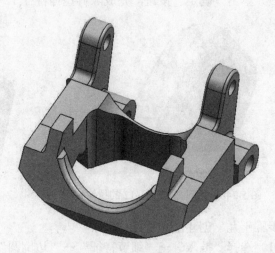

图 5-251 "边倒圆"对话框   图 5-252 完成的圆角特征

（7）完成整个零件的建模。选择"文件"→"保存"命令，或者单击"标准"工具条上的"保存"按钮 🔲，保存该文件。

第6章　特征的操作与图层管理

在建模时，有时需要对某些特征参数进行修改，这时就需要用 UG 提供的特征编辑用的相关命令进行编辑。特征编辑用于改变已有特征的特性，在大多数情况下，可保留与其他对象建立的关联性。

UG NX 5.0 的特征编辑功能可通过从主菜单"编辑"→"特征"来调用，如图 6-1（a）所示。该功能也可通过"编辑特征"工具条来调用，该工具条中具体的命令如图 6-1（b）所示。注意，有些命令只存在于主菜单的下拉菜单中或只在工具条中，使用时请注意。

下面介绍一些常用的特征编辑命令。

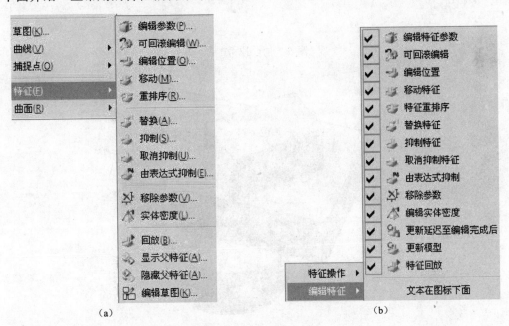

图 6-1　特征编辑的命令

（a）主菜单中的特征编辑命令；（b）"编辑特征"工具条中的特征编辑命令

6.1　父子关系

在特征的绘制过程中，除了要标注界面的尺寸外，还要定义该特征与其他特征之间的关系，即定义特征的形状尺寸及特征的位置尺寸，如图 6-2 所示，若选择长方体的上表面作为除料拉伸特征的草图平面，并使用长方体的边来标注除料圆孔特征界面的位置尺寸，这样，孔特征就与长方体之间存在了一种依赖关系，即父子关系。依照特征创建的先后顺序，先建立者为父特征，后建立者为子特征。

如图 6-2 所示，当修改父特征长方体的尺寸时，子特征拉伸圆孔相对于尺寸参考边的位置并没有改变。另外，如果希望圆孔特征始终位于长方体的中心，则不需标注尺寸，而直接把草图中的圆心约束在长方体的中心即可。

存在依赖关系的特征可以按建立的先后顺序，分为父特征和子特征。但是，模型中的特征并不一定全都互为父子关系。如图 6-3 所示，依次创建 A、B、C 3 个特征，其中 B 特征是放置在 A 特征下表面的一个圆柱；C 特征是以 A 特征的上表面作为草图平面，绘制草图曲线然后拉伸而成的拉伸体，所以 A、C 特征为父子关系。A 特征为父特征，C 特征为子特征。所以，如果删除 A 特征，则 B 特征将继续保留，不受其影响，而 C 特征因为是 A 特征的子特征，则将与 A 特征一起被删除。

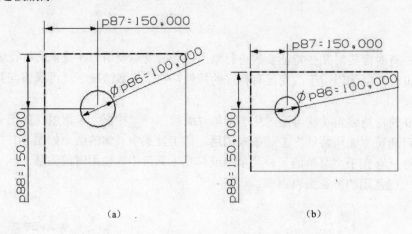

图 6-2 尺寸标注

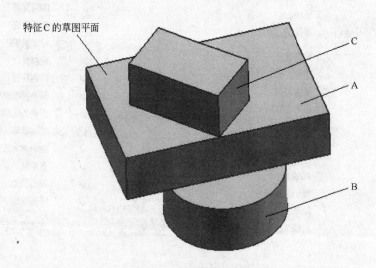

图 6-3 父子特征示例

由此可见，良好的参考选定、几何约束及尺寸约束，将为以后进行的设计变更带来极大的便利。

6.2 编辑特征参数与可回滚编辑

编辑特征参数的作用是对特征的参数进行修改以达到相应的要求。

在 UG NX 5.0 的系统默认的设置中，"编辑特征参数"命令和"可回滚编辑"命令的效果是一样的（编辑草图除外，当用"可回滚编辑"命令编辑草图时，则系统自动进入草图界面编辑所选的草图，这与双击相应的草图效果是一样的）。这是因为在"首选项"→"建模"打开的"建模首选项"对话框中，复选框 ☑双击后使用可回滚编辑 默认是选中的。

选择"编辑"→"特征"→"编辑参数"/"可回滚编辑"命令，或单击"编辑特征"工具条上的"编辑特征参数"按钮 和"可回滚编辑"按钮 ，弹出如图 6-4 所示的"编辑参数"对话框和"可回滚编辑"对话框。

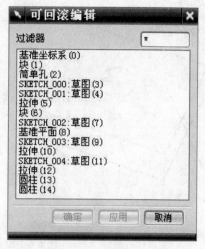

图6-4 "编辑参数"对话框和"可回滚编辑"对话框

因为"编辑特征参数"命令和"可回滚编辑"命令的效果是一样的,所以下面就只介绍"编辑特征参数"命令。

如图 6-4"编辑参数"对话框所示,对话框的特征列表框中列出了文件的模型中满足过滤条件的所有特征。选择特征时,可在对话框的特征列表框中选取要编辑的特征的名称,也可以在图形窗口中直接选取要编辑的特征。选择相应的特征后,单击"确定"按钮,系统弹出"编辑参数"对话框,同时在图形窗口中显示该特征的当前参数。随着选择特征的不同,弹出的"编辑参数"对话框形式也不一样。对于多数特征而言,系统弹出的"编辑参数"对话框如图 6-5 所示。

图6-5 "编辑参数"对话框

下面介绍"编辑参数"对话框中常见的各选项和按钮的作用。

1. 特征对话框

该选项用于编辑所选特征的特征参数。选择该选项,系统弹出创建所选特征时的对应参数对话框,修改相应的参数值即可。

例如,有一个带孔的长方体,想要编辑孔的直径。则选择孔后,它的相关尺寸就出现在图形窗口中。选择直径尺寸,在对话框中输入一个新值,单击"确定"按钮多次,直至退出"编辑参数"对话框。编辑后的特征如图 6-6 所示。

2. 重新附着

该选项用于重新指定所选特征的方向和位置。当所编辑的特征可以重新附着时,才出现此选项。特征参考可以是附着面、边或基准轴等。可以为之重新定义参考的特征包括孔、腔体、沟槽、键槽和凸台等大多数成形特征以及这些特征的拉伸和旋转特征的裁剪面、用户定义的特征等。

选择该选项,系统弹出如图 6-7 所示的"重新附着"对话框。在该对话框中,根据选择特征的不同,其相应的图标按钮和选项的激活状态也不同。

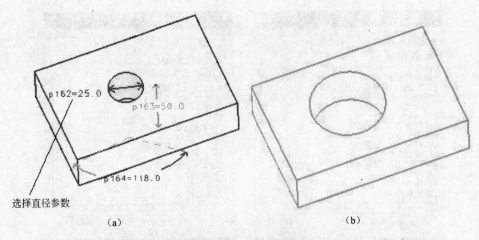

图 6-6 编辑特征参数

图 6-7 "重新附着"对话框

例如，一个带孔的长方体中有个孔特征需变更位置，即可使用"重新附着"按钮来实现，如图 6-8 所示。

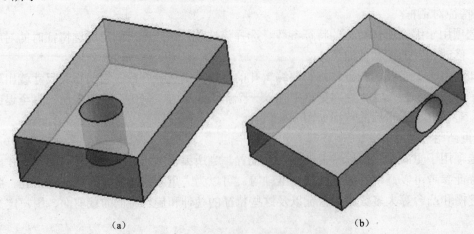

图 6-8 特征的重新附着

(a) 原来的孔特征；(b) 重新附着到新表面的孔特征

下面介绍图 6-7 "重新附着"对话框中一些选项和按钮的作用。

（1）"指定目标放置面"按钮 该按钮用于为所选特征选择一个新的放置面。

（2）"指定水平参考"按钮 该按钮用于为所选特征选择新的水平参考。该按钮只在所选特征存在参考方向时才处于激活状态。

（3）"重新定义定位尺寸"按钮 该按钮用于为所选特征重新定义一个定位尺寸。单击该按钮，在图形窗口中选择一个定位尺寸后，系统弹出该定位尺寸对应的定位方式对话框。重新定义目标体上一点与所选特征上一点，设置好距离，单击"确定"按钮，则即完成对定位尺寸的修改。该按钮只在所选特征存在定位尺寸时才处于激活状态。

（4）"指定第一个通过面"按钮 该按钮用于为所选特征重新定义第一个通过面或修剪面。该按钮只在所选特征存在通过面或修剪面时才处于激活状态，如通孔特征、通槽特征以及在两个面之间拉伸或旋转形成的特征等。

（5）"指定第二个通过面"按钮 该按钮用于为所选特征重新定义第二个通过面或修剪面。该按钮只在所选特征存在通过面或修剪面时才处于激活状态，如通孔特征、通槽特征以及在两个面之间拉伸或旋转形成的特征等。

（6）"指定工具放置面"按钮 该按钮用于为所选的用户自定义特征重新定义工具面。

（7）定位尺寸列表框 该列表框用于显示列出所选特征定位尺寸的类型。若在该列表框中单击某一尺寸类型，则在图形窗口高亮显示其可用参考与定位尺寸值。若在该列表框中双击某一尺寸类型，则弹出该定位尺寸类型对应的定位方式对话框。重新定义目标体上一点与所选特征上一点，设置好距离，单击"确定"按钮，即可重新定义该尺寸类型。

（8）方向参考 该选项用于选择欲定义的新特征参考是水平参考还是竖直参考。

（9）反向 该选项用于将所选特征的参考方向反向。该按钮只在所选特征有参考方向时才处于激活状态。

（10）反侧 该选项用于反转放置面为基准平面的法向。该按钮只在所选特征的放置面为基准平面时才处于激活状态。

（11）指定原点 该选项用于将重新附着的特征移动到指定的原点，可以快速地重新定位特征。

（12）删除定位尺寸 该选项用于删除所选择的定位尺寸。该按钮只在所选特征存在定位尺寸时才处于激活状态。

3．更改类型

该选项用于更改所选特征的类型。选择该选项，系统弹出修改相应特征类型的对话框，选择需要的类型，单击"确定"按钮，则所选特征的类型改变为新的类型。该选项只在所选特征为孔特征或键槽特征时才出现。

（1）更改孔类型 若选择编辑一个孔特征并单击"更改类型"按钮 更改类型 ，则系统弹出如图 6-9 所示的"编辑参数"对话框。通过该对话框，可以做到以下几点。

① 将孔从一种类型改为另外一种类型。

② 通过"通孔"复选框可以将通孔变成非通孔，也可以将非通孔变成通孔。

③ 可以将钣金上的孔改为一般模型孔。

（2）更改键槽类型 若选择编辑一个键槽特征并单击"更改类型"按钮 更改类型 ，则系统弹出如图 6-10 所示的"编辑参数"对话框。通过该对话框，可以做到以下几点。

① 将键槽从一种类型改为另外一种类型。

② 通过"通槽"复选框可以将通槽变成非通槽，也可以将非通槽变成通槽。

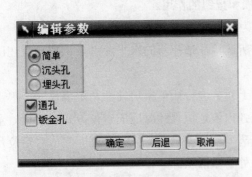

图 6-9 更改孔类型的"编辑参数"对话框

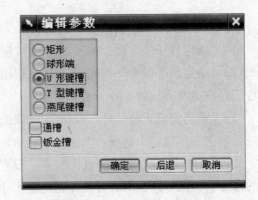

图 6-10 更改键槽类型的对话框

6.3 特征重排序

零件特征生成后，可以根据需要改变特征的生成顺序，即可以进行特征的重排序。

特征重排序就是调整特征创建的先后顺序。通常，系统自动按照特征建立的先后顺序进行特征名的编号，该编号称为时间戳号。用户可在"部件导航器"窗口的空白区中右击，系统弹出如图 6-11 所示的快捷菜单，在该快捷菜单中选择"时间戳记顺序"命令，则此时系统即将模型中的特征按照特征建立的先后顺序进行排序，以特征建立的先后顺序显示在"部件导航器"窗口中。

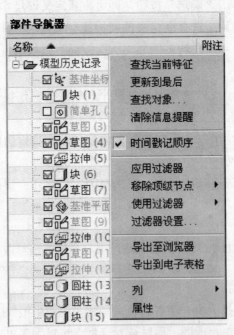

图 6-11 "部件导航器"中的快捷菜单

选择"编辑"→"特征"→"重排序"命令，或单击"编辑特征"工具条上的"特征重排序"按钮 ，系统弹出"特征重排序"对话框，如图 6-12（a）所示。

下面介绍图 6-12（a）"特征重排序"对话框中选项和按钮的作用。

1．参考特征

该特征列表框中列出了满足过滤条件的所有特征。选择参考特征时，可在参考特征列表框中选取,也可以在图形窗口中直接选取。

2.选择方法

该选项用于设置特征排序的方式,有"在前面"和"在后面"两个单选按钮。

(1)在前面 该按钮用于把要进行重新排序的特征放在选择的参考特征之前。

(2)在后面 该按钮用于把要进行重新排序的特征放在选择的参考特征之后。

3.重定位特征

该特征列表框是可调整顺序的特征列表框。该特征列表框中列出的特征是在选择了参考特征之后,系统根据上述"2"中设置的重排方式自动列出的。也就是说,只有系统列出的这些特征才可以排在所选的参考特征之前或之后,如图6-12(b)"特征重排序"对话框所示。可在重定位特征列表框中选取,也可以在图形窗口中直接选取要进行重新排序的特征。

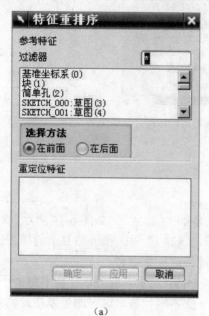

图6-12 "特征重排序"对话框

🔍提示:比较快捷的方法是在"部件导航器"窗口中直接将要重排序的特征拖动至要插入的位置。

6.4 插入特征

一般地,在建立新的特征时,UG 会将该特征建立在所有已建立的特征之后(包括隐藏的特征)。在零件建模过程中,如果发现一个特征应该创建在某些已有特征之前,可以使用"设为当前特征"命令,先将相应的特征设为当前特征,然后插入特征即可。插入特征和"特征重排序"不同的地方在于,特征重排序用于调整已存在的特征建立的顺序,而使用"设为当前特征"命令进行插入特征,则可以在特征建立的过程中绘制新的特征以将其插入。

在"部件导航器"窗口中相应的特征(最后一个特征除外,这是显而易见的)上右击,系统弹出如图6-13所示的快捷菜单。在该快捷菜单中选择"设为当前特征"命令,则此时系统即将该特征设为当前特征,以后建立的特征均在其后,也就是说以后建立的特征均插在该特征的后面。

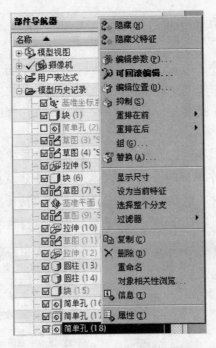

图 6-13 "部件导航器"中的快捷菜单

6.5 特征重命名

在 UG 中,系统默认的特征命名方式是"特征名"+"(数字)",如图 6-14 所示,如"块(1)"、"简单孔(2)"、"拉伸(12)"、"圆柱(13)"、"圆柱(14)"等。在一些复杂的模型中,由于特征较多,为了方便起见,可以对这些系统默认的特征进行重命名。

在"部件导航器"窗口中,用鼠标左键单击某一特征名称,此时该特征名称处于选中状态,稍作停留后,再次单击该名称,则此时原名称被一文本框代替,这时即可以在此输入新名称,如图 6-15 所示。或者也可以在"部件导航器"窗口中右键单击该特征,在弹出的如图 6-13 所示的快捷菜单中选择"重命名"命令,也可以进行特征的重命名。

图 6-14 特征命名格式

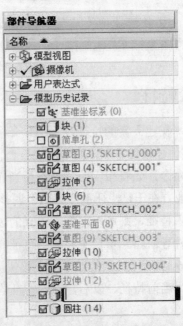

图 6-15 特征的重命名

6.6 编辑位置

"编辑位置"命令是通过编辑特征的定位尺寸来移动特征的位置,它主要用于编辑孔、槽等成形特征的位置。

选择"编辑"→"特征"→"编辑位置"命令,或单击"编辑特征"工具条上的"编辑位置"按钮 ,系统弹出"编辑位置"对话框,如图 6-16 所示。

选择特征时,可在图 6-16"编辑位置"对话框的特征列表框中选取要编辑位置的特征的名称,也可以在图形窗口中直接选取要编辑位置的特征。选择相应的特征后,单击"确定"按钮,系统弹出"编辑位置"对话框(2),如图 6-17 所示,同时在图形窗口中高亮显示该特征的定位尺寸。通过"添加尺寸"、"编辑尺寸值"和"删除尺寸"3 个按钮可对原定位尺寸进行相应的操作,便可实现对特征位置的移动。

图 6-16 "编辑位置"对话框(1)

图 6-17 "编辑位置"对话框(2)

下面介绍图 6-17"编辑设置"对话框中 3 个按钮的作用。

1. 添加尺寸

该选项用于为所选择的特征添加定位尺寸。

单击"添加尺寸"按钮,系统弹出"定位"对话框,如图 6-18 所示。选择相应的定位方式后,设置好距离,单击"确定"按钮,即可增加所需的定位尺寸。

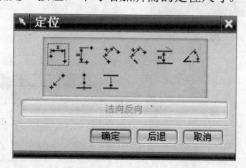

图 6-18 "定位"对话框

2. 编辑尺寸值

该选项用于编辑所选择特征的定位尺寸值。

单击"编辑尺寸值"按钮,系统弹出"编辑位置"对话框,如图 6-19 所示。在图形窗口中选择需要编辑的定位尺寸后,系统弹出"编辑表达式"对话框,如图 6-20 所示。在文本框中输入相应的尺寸值,单击"确定"按钮,即完成对所选定位尺寸数值的修改。

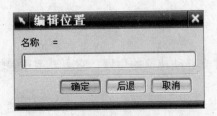
图 6-19 "编辑位置"对话框（3）

图 6-20 "编辑表达式"对话框

3．删除尺寸

该选项用于删除所选择特征的定位尺寸值。

单击"删除尺寸"按钮，系统弹出"移除定位"对话框，如图 6-21 所示。在图形窗口中选择要删除的定位尺寸后，单击"确定"按钮多次，即完成对所选定位尺寸的删除。

图 6-21 "移除定位"对话框

6.7　移动特征

移动特征是指把非关联的特征移动到指定的位置，如长方体、未定位的草图以及未定位的成形特征等。它不能用来移动位置已经用定位尺寸约束的特征，若想移动这样的特征，要使用 6.6 介绍的"编辑位置"命令。

选择"编辑"→"特征"→"移动"命令，或单击"编辑特征"工具条上的"移动特征"按钮 ，系统弹出"移动特征"对话框，如图 6-22 所示。

在如图 6-22 所示的"移动特征"对话框的特征列表框中列出了文件的模型中满足过滤条件的所有特征。选择特征时，可在对话框的特征列表框中选取要进行移动特征操作的特征的名称，也可以在图形窗口中直接选取要进行移动特征操作的特征。选择相应的特征后，单击"确定"按钮，系统弹出如图 6-23 所示的"移动特征"对话框。

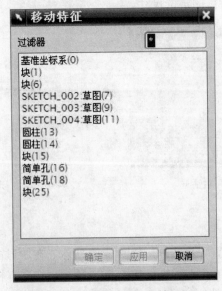
图 6-22 "移动特征"对话框（1）

图 6-23 "移动特征"对话框（2）

下面介绍图 6-23 "移动特征"对话框中选项和按钮的作用。

1．DXC，DYC，DZC

这 3 个参数是指相对于特征的当前位置，沿着相应坐标轴的方向，按照指定的直角坐标增量（XC 增量、YC 增量或 ZC 增量）进行移动。

2．至一点

该选项是按照从参考点到目标点所确定的方向和距离，把所选择的特征从原位置移动到目标位置。

选择该选项后，弹出如图 6-24 所示的 "点"对话框，先指定参考点的位置，然后再指定目标点的位置。

3．在两轴间旋转

该选项是按照从参考轴到目标轴所确定的角度，绕指定点把所选择的特征旋转到一新的位置。

选择该选项后，弹出如图 6-24 所示的 "点"对话框。指定一点后，系统弹出 "矢量"对话框，如图 6-25 所示。先构造一矢量作为参考轴，然后再构造另一矢量作为目标轴。

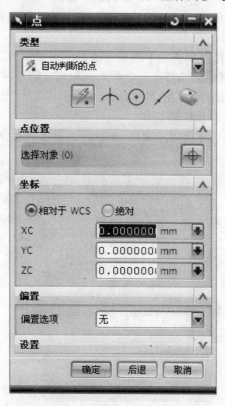

图 6-24　"点"对话框

图 6-25　"矢量"对话框

4．CSYS 到 CSYS

该选项是把所选择的特征从参考坐标系中的位置移动到目标坐标系中，其中所选择的特征相对于目标坐标系的位置与参考坐标系中的相同。

选择该选项后，系统弹出 "CSYS"对话框，如图 6-26 所示。先构造一坐标系作为参考坐标系，然后再构造另一坐标系作为目标坐标系。

　注意：在指定移动特征位置的方式后，单击 "确定"按钮多次，则所选的特征按指定的位置更新。

图 6-26 "CSYS" 对话框

6.8 特征的抑制、取消抑制和删除

1．特征的抑制

特征的抑制可以暂时移去所选择的特征，使其不显示。

选择"编辑"→"特征"→"抑制"命令，或单击"编辑特征"工具条上的"抑制特征"按钮 ，系统弹出"抑制特征"对话框（1），如图 6-27 所示。

在图 6-27 的"抑制特征"对话框（1）上部的特征列表框中列出了文件的模型中满足过滤条件的所有特征。选择要抑制的特征时，可在对话框上部的特征列表框中选取相应特征的名称，也可以在图形窗口中直接选取要进行抑制的特征。选择相应的特征后，该特征出现在下部"选定的特征"列表框中，如图 6-28 所示，单击"确定"按钮即可。

注意：① 抑制特征只是使所选择的特征暂时不显示，既不在实体中显示，也不在工程图中显示，但是其数据是仍然存在的，可通过"取消抑制"命令来恢复显示。

② 通过抑制特征可以加快对象创建、对象选择以及对象的编辑和显示速度，即提高了模型与视图的创建和更新速度。

③ 抑制特征时，若所要进行抑制的特征有关联的子特征，则所有的关联的子特征会一起被抑制，同时所有关联的子特征也会显示在图 6-27 下部的"选定的特征"列表框中（默认是选中"列出相关对象"复选框的），如图 6-28 所示。

④ 如果打开"更新延迟至编辑完成后"命令，则不能进行抑制。

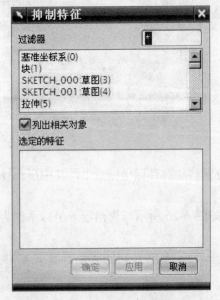

图 6-27 "抑制特征"对话框（1）

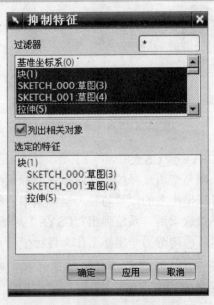

图 6-28 "抑制特征"对话框（2）

2．取消抑制

取消抑制是用来解除对已抑制特征的抑制。

选择"编辑"→"特征"→"取消抑制"命令，或单击"编辑特征"工具条上的"取消抑制特征"按钮 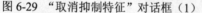，系统弹出"取消抑制特征"对话框，如图 6-29 所示。

在图 6-29 的"取消抑制特征"对话框上部的特征列表框中列出了文件的模型中满足过滤条件的所有已抑制的特征。选择要取消抑制的特征时，在对话框上部的特征列表框中选取要取消抑制的特征的名称，则所选择的特征显示在对话框下部的"选定的特征"列表框中，如图 6-30 所示。单击"确定"按钮，则所选择的特征重新恢复显示在图形窗口中。

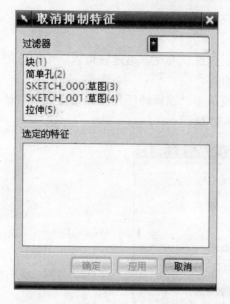

图 6-29　"取消抑制特征"对话框（1）

图 6-30　"取消抑制特征"对话框（2）

3．特征的删除

UG NX 5.0 取消了之前版本中的"删除特征"命令。在想删除某个特征时可以使用"删除"命令。

选择"编辑"→"删除"命令，或使用快捷键 Ctrl+D，系统弹出"类选择"对话框，选择相应的特征后，单击"确定"按钮即可。

> 注意："抑制特征"和"删除"特征从显示的结果上来看十分相似，但"抑制特征"和"删除"特征是不同的。"抑制特征"只是暂时取消特征的显示，是可以随时通过"取消抑制特征"命令恢复显示的；而"删除"特征只能通过"撤消"命令才能恢复，且不具有可以随时恢复的特点。

6.9　移除参数

"移除参数"命令可以从所选的实体或片体中删除特征的所有参数，也可以从与特征相关联的曲线和点删除参数，使其成为非关联的对象。

选择"编辑"→"特征"→"移除参数"命令，或单击"编辑特征"工具条上的"移除参数"按钮 ，系统弹出"移除参数"对话框，如图 6-31 所示。

选择要移除参数的对象，单击图 6-31"移除参数"对话框中的"确定"按钮，此时系统弹出"移除参数"的警告对话框，如图 6-32 所示。单击图 6-32"移除参数"对话框中的"确定"按钮，则移除所选对象的全部特征参数；若单击"取消"按钮，则取消移除特征参数的操作。

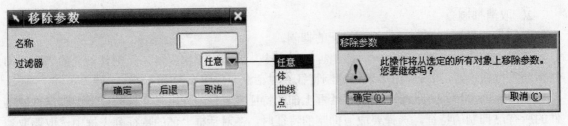

图 6-31 "移除参数"对话框（1）　　　　　　图 6-32 "移除参数"对话框（2）

6.10　特征回放

特征回放是按照特征的时间标记，将零件的创建过程再现。通过它可以逐个特征地观看模型的创建过程，并可在观察的过程中修改特征的参数。

选择"编辑"→"特征"→"回放"命令，或单击"编辑特征"工具条上的"特征回放"按钮，系统弹出"特征回放"对话框，如图 6-33 所示。

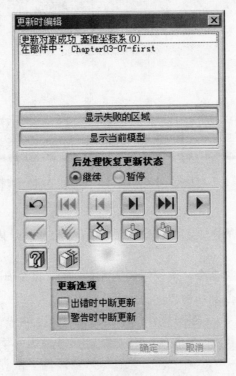

图 6-33 "特征回放"对话框

下面介绍图 6-33"特征回放"对话框中选项和按钮的作用。

1．信息窗口

对话框上部的信息窗口显示更新当前特征的成功信息、应用错误以及警告信息等内容。

2．显示失败的区域

该选项用于显示更新失败的特征。

3．显示当前的模型

该选项用于显示模型重新建立成功的部分。当返回到某个位置时，可用该选项更新显示。

4．后处理恢复更新状态

该选项用于指定完成所选的图标按钮后发生什么。

（1）继续　从回放停止处重新开始自动更新进程。

（2）暂停 可以选择其他"更新时编辑"选项，而不是自动恢复更新。

5. "撤销"按钮 ⤺

该按钮用于取消在更新开始前最后一次的修改。单击该按钮，则退出"特征回放"对话框。

6. "回到"按钮 ⏮

该按钮用于返回到当前特征前面的某个指定的特征位置进行回放。单击该按钮，系统弹出"更新选择"对话框，如图 6-34（a）所示。在对话框的特征列表框中，列出了在当前特征前面的所有特征。从列表框中选择相应的特征后，该特征显示在"对象选择"列表框中，如图 6-34（b）所示，单击"确定"按钮，则系统返回到指定特征的位置进行回放，其中中间已回放的特征自动被撤销。

（a）　　　　　　　　　　　　（b）

图 6-34 "更新选择"对话框

🔍注意：这时图形窗口可能会出现显示混乱的情况，此时单击"显示当前模型"按钮 显示当前模型 即可显示出当前模型。

7. "单步后退"按钮 ⏪

该按钮用于返回到前一个特征进行回放。每单击该按钮一次，则后退一个特征。

8. "步进"按钮 ⏩

该按钮用于回放下一个特征。每单击该按钮一次，则前进一个特征。

9. "单步向前"按钮 ⏭

该按钮用于跳转到当前特征后面的某个指定的特征位置进行回放。单击该按钮，系统弹出"更新选择"对话框，如图 6-34（a）所示。在对话框的特征列表框中，列出了在当前特征后面的所有特征。从列表框中选择相应的特征后，该特征显示在"对象选择"列表框中，如图 6-34（b）所示，单击"确定"按钮，则系统跳转到指定特征的位置进行回放，其中中间没有回放的特征自动显示出来。

🔍注意：这时图形窗口可能会出现显示混乱的情况，此时单击"显示当前模型"按钮 显示当前模型 即可显示出当前模型。

10. "继续"按钮 ▶

该按钮用于连续回放特征,直至模型完全更新或某个特征出现更新失败为止。出现失败时,若单击该按钮,就跳过该特征。

11. "接受"按钮 ✓

当更新特征失败时该按钮激活。

🔍 注意:可在处理完后,选择"信息"→"特征"→"过时",在信息列表框中列出了标记为"过时"的特征,可从中查到失败的原因。在对失败的特征重新编辑后,系统自动从更新状态报告列表中删除其"过时"标记。

12. "接受保留的"按钮 ✓

当更新特征失败时该按钮激活。单击该按钮,则从当前特征起,把所有后续更新失败的特征均标记为"过时",并忽略所有存在的问题,使系统继续进行更新处理。

13. "删除"按钮 🗑

该按钮用于删除当前的特征。

14. "抑制"按钮 📦

该按钮用于抑制当前的特征,其操作与"抑制特征"命令相同。

15. "抑制保留的"按钮 📦

该按钮用于抑制当前的特征以及其后所有的后续特征。

16. "查看模型"按钮 🔍

该按钮用于查看模型,但它只能用来查看模型中已更新成功的特征,不能用来查看模型中更新失败或尚未更新的特征。

单击该按钮后,系统弹出类似于如图 6-35 所示的对话框。其中,对话框的标题栏名称是当前更新成功的特征名称。这时可对图形窗口中的特征进行平移、旋转、缩放操作来查看模型,并且可以查询有关对象的信息,但不能编辑模型。单击图 6-35 对话框中的"确定"、"后退"或"取消"按钮均可返回到"特征回放"对话框。

17. "编辑"按钮 📦

该按钮用于编辑当前被更新特征的参数。单击该按钮,系统弹出"更新时编辑"对话框,如图 6-36 所示。单击图 6-36 对话框中相应的按钮进行编辑即可。

另外,通过图 6-36 "更新时编辑"对话框中的"编辑位置"按钮 📦,可以编辑当前被更新特征的定位尺寸。其操作方法与 6.6 节介绍的"编辑位置"命令相同。

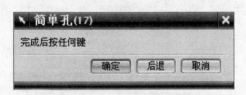

图 6-35 "查看模型"中的对话框

图 6-36 "更新时编辑"对话框

6.11 图层的应用与管理

在设计产品时,为了使设计更具有条理性,可以使用 UG 关于图层的相关命令对产品中的对象进行管理。用户可以通过将不同的特征或对象放置到不同的图层中,再通过设置图层是否可见等来决定对象的显示或隐藏。通过对图层的相应操作,可使原本复杂的设计变得更具有条理性,显著地提高了设计效率。

UG NX 5.0 共提供了 256 个图层供用户使用,在每个图层上可以包含任意数量的对象。所有的对象可以放置在同一个图层上,也可以分布在任意多个图层中。但是在所有的图层中,用户只能设置一个工作层，且用户创建的任何对象均在工作层中。用户可通过图层设置来改变工作层，从而实现工作层的改变。

UG NX 5.0 的图层管理操作可通过主菜单"格式"来调用，如图 6-37（a）所示。该功能也可通过"实用工具"工具条来调用，该工具条中具体的命令如图 6-37（b）所示。

下面介绍一些常用的图层操作命令。

图 6-37 图层操作的命令

（a）主菜单中的图层操作命令；（b）"实用工具"工具条中的图层操作命令

6.11.1 图层设置

"图层设置"命令用于设置图层的各种显示状态，如设定工作层、设定可选取性、设定可见性等，并可对层的信息进行查询。

选择"格式"→"图层设置"命令，或单击"实用工具"工具条上的"图层设置"按钮 ，系统弹出"图层设置"对话框，如图 6-38 所示。

下面介绍图 6-38"图层设置"对话框中选项和按钮的作用。

1. 工作

在其右侧的文本框中输入相应图层的号码后，按 Enter 键，则系统即把输入的图层设置成了工作层。

2. 范围或类别

它用来设定图层的范围或进行类别的过滤操作。

（1）若在其右侧的文本框中输入相应的类别名，然后按 Enter 键，则系统会自动把所有属于该类别的图层选中，并自动把其状态设置成可选择的图层。

（2）若在其右侧的文本框中输入相应图层的范围（如 20～30），按 Enter 键，则系统会自动选中 20～30 层，并自动把其状态设置成可选择的图层。

3. 类别

（1）过滤器 它用来设置对图层类别的过滤。"*"表示接受所有类别。

（2）类别列表框 过滤器下面的类别列表框中列出了满足过滤条件的所有类别。

若在过滤器右侧的文本框中输入相应的类别名，然后按 Enter 键，或者直接用鼠标单击类别列表框中相应的类别名，则系统均会自动把所有属于该类别的图层选中，并自动把其状态设置成可选择的图层，如图 6-39 所示。

4. "编辑类别"按钮 编辑类别

在类别列表框中，单击"编辑类别"按钮，则系统弹出"图层类别"对话框，即可对所选的类别进行编辑。详见 6.11.2 介绍的"图层类别"命令。

5. "信息"按钮 信息

单击"信息"按钮，系统弹出如图 6-40 所示的信息窗口。它显示了当前文件所有图层及图层类别的相关信息，如图层编号、状态和类别等。

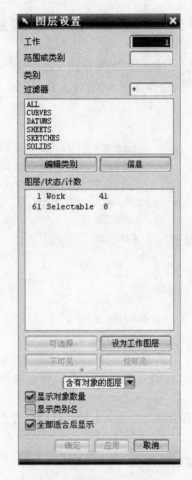

图 6-38 "图层设置"对话框（1）　　　　图 6-39 "图层设置"对话框（2）

图 6-40　信息框口

6. 图层/状态/计数

该列表框主要用于显示图层的状态、所包含对象的数量及所属的图层类别等。

提示：在列表框的图层上双击可以更换其状态，系统会以不同的标签显示其状态。另外，双击"类别过滤器"下面的类别列表框中的类别名，则可以更换其包括的所有图层的状态。

7. "可选择"按钮 可选择

该按钮用于将所选图层设置为可选择的。当图层状态为可选择时，系统允许选取属于该图层的对象，并且在图层状态列表的文字右方会显示 Selectable。

注意：只有当有图层被选中时，该按钮才处于激活状态，如图 6-39 所示。

8. "设为工作层"按钮 设为工作图层

该按钮用于将所选图层设置为工作层（仅可选择一个图层），并且在图层状态列表的文字右方会显示 Work，如图 6-38 所示。

9. "不可见"按钮 不可见

该按钮用于将所选图层设置为不可见的。当图层状态为不可见时，系统会隐藏所有属于该图层的对象。

注意：只有当有图层被选中时，该按钮才处于激活状态，如图 6-39 所示。

10. "仅可见"按钮 仅可见

该按钮用于将所选图层设置为仅可见的。当图层状态为仅可见时，系统会显示所有属于该图层的对象，但是不能进行编辑，也不能被选取。在图层状态列表的文字右方会显示 Visible。

注意：只有当有图层被选中时，该按钮才处于激活状态，如图 6-39 所示。

11. 图层显示控制

该选项主要用于控制图层状态列表的显示情况。该选项包括"所有图层"、"含有对象的图层"以及"所有可选图层"3 个选项，如图 6-41 所示。

图 6-41 图层显示控制选项

（1）所有图层 若选择该选项，则系统在"图层/状态/计数"列表框中显示出所有的图层。

（2）含有对象的图层 若选择该选项，则系统在"图层/状态/计数"列表框中显示出所有包含有对象的图层。

（3）所有可选图层 若选择该选项，则系统在"图层/状态/计数"列表框中显示出所有可选择的图层。

12. 显示对象数量

该选项主要用于控制"图层/状态/计数"列表框的显示情况。若选中该选项，则系统在"图层/状态/计数"列表框中显示图层所包含对象的数量，如图 6-38 所示。

13. 显示类别名

该选项主要用于控制"图层/状态/计数"列表框的显示情况。若选中该选项，则系统在"图层/状态/计数"列表框中显示图层所属的类别名称。

14. 全部适合后显示

该选项主要用于使图面上的对象充满图形窗口。若选中该选项，并完成图层的设置时，单击图 6-38 "图层设置"对话框中的"确定"按钮，则系统除了完成图层的设置外，同时还会自动将对象充满图形窗口。

6.11.2 图层类别

在产品设计中，如果图层的分类仅靠层的名字（即层号）来区分显然是不够的，也是非常麻烦的。UG 提供了把任意多个图层设置为一个集合的方法（即图层类别），也就是它通过命名一个或一组层，将图层进行分类，这样就可以方便地识别某个层上的对象类型，也就使用户按照类别来查找图层变得很方便。

UG NX 5.0 默认建立了 CURVES、DATUMS、SHEETS、SKETCHS 以及 SOLIDS 5 个图层类别。其中，把 1～10 层归为 SOLIDS 类别，把 11～20 层归为 SHEETS 类别，把 21～40 归为 SKETCHS 类别，把 41～60 层归为 CURVES 类别，把 61～80 层归为 DATUMS 类别。

选择"格式"→"图层类别"命令，或单击"实用工具"工具条上的"图层类别"按钮 ，系统弹出"图层类别"对话框，如图 6-42 所示。

下面介绍图 6-42"图层类别"对话框中选项和按钮的作用。

1. 过滤器

它用来设置类别的过滤，"*"表示接受所有类别。其下面的图层"类别"列表框中列出了满足过滤条件的所有类别。

2. 类别

其下面的文本框用于输入要创建或要编辑的类别名。或者单击"类别"列表框中的类别名，则该类别名会自动出现在此文本框中，如图 6-43 所示。

图 6-42 "图层类别"对话框（1）   图 6-43 "图层类别"对话框（2）

3. "创建/编辑"按钮 创建/编辑

该按钮用于创建新的图层类别或编辑已有的图层类别。

在图 6-42 的"类别"文本框中输入图层类别的名称，或直接单击"类别"列表框中的类别名，然后单击该按钮，则系统弹出"图层类别"对话框，如图 6-44 所示。

在图 6-44"图层类别"对话框的"图层"列表框中选取要向该图层类别中添加或从该图层类别中移除的图层，此时"添加"按钮 添加 和"移除"按钮 移除 变为可选，如图 6-45 所示。然后单击"添加"按钮或"移除"按钮，最后单击"确定"按钮即完成对所选图层的添加或移除。

4. "删除"按钮 删除

该按钮用于删除一个已存在的图层类别。

在图 6-42 的"类别"文本框中输入图层类别的名称，或直接单击"类别"列表框中的类别名，然后单击该按钮，即完成对所选图层类别的删除。

5. "重命名"按钮 重命名

该按钮用于重命名一个已存在的图层类别。

首先，单击图 6-42"类别"列表框中的类别名，然后在"类别"文本框中输入图层类别的新名称，最后单击该按钮，即完成对所选图层类别的重命名。

6. "加入描述"按钮 加入描述

该按钮用于添加对一个已存在图层类别的描述。

在图 6-42 的"类别"文本框中输入图层类别的名称，或直接单击类别列表框中的类别名，再在"描述"文本框中输入相应的描述信息，然后单击"加入描述"按钮，最后单击"确定"按钮，即完成对所选图层类别的描述的添加。

图 6-44 "图层类别"对话框（3）　　图 6-45 "图层类别"对话框（4）

6.11.3　图层在视图中可见

该命令用来设置图层在视图中的可见性。

选择"格式"→"在视图中可见"命令，或单击"实用工具"工具条上的"图层在视图中可见"按钮，系统弹出"视图中的可见图层"对话框，如图 6-46 所示。

在图 6-46 的对话框的视图列表框中选择要操作的视图，单击"确定"按钮，此时系统弹出如图 6-47 所示的对话框。在图 6-47 对话框的"图层"列表框中选择欲设置可见性的图层，然后单击"可见"按钮 可见 或"不可见"按钮 不可见 ，最后单击"确定"或"应用"按钮即可。

图 6-46 "视图中的可见图层"对话框（1）　　图 6-47 "视图中的可见图层"对话框（2）

6.11.4 移动至图层

如果用户在创建完所有的特征后，发现图中的对象放置的图层比较混乱，这时可以通过"移动至图层"命令把指定的对象移动至指定的图层中。

选择"格式"→"移动至图层"命令，或单击"实用工具"工具条上的"移动至图层"按钮 ，系统弹出"类选择"对话框，选择相应的要移动的对象后，系统弹出"图层移动"对话框，如图 6-48 所示。

下面介绍图 6-48"图层移动"对话框中选项和按钮的作用。

1. 目标图层或类别

该选项用于输入将所选对象要移动到的目标图层或类别。

> 提示：有 3 种方法来确定目标图层。
> （1）直接在其下面的文本框中输入目标图层号。
> （2）在"图层"列表框中选取目标层。
> （3）直接在图形窗口中选取目标层上的对象来确定目标层。

2. 类别

（1）过滤器　过滤器用来设置对图层类别的过滤。"*"表示接受所有类别。

（2）类别列表框　过滤器下面的类别列表框中列出了满足过滤条件的所有类别。

> 注意：若直接用鼠标单击类别列表框中相应的类别名，则系统会自动把属于该类别的靠最前面的一个图层选中，并自动把该图层号显示在"目标图层或类别"下面的文本框中。例如，假如 SHEETS 类别包括 11~20 层，则若单击类别列表框的 SHEETS，系统会自动把 11 层显示在"目标图层或类别"下面的文本框中，如图 6-49 所示。

图 6-48 "图层移动"对话框（1）

图 6-49 "图层移动"对话框（2）

（3）图层　图层列表框列出了工作层及所有"可选择的"图层。

（4）"重新高亮显示对象"按钮 [重新高亮显示对象]　单击该按钮，则将刚移动至目标层的对象重新高亮显示。

（5）"选择新对象"按钮 [选择新对象]　单击该按钮，则选择新的对象进行移动至图层操作。

6.11.5　复制至图层

通过使用"复制至图层"命令可把指定的对象从一个图层复制至指定的图层中，并且此复制是没有关联性的。

选择"格式"→"复制至图层"命令，或单击"实用工具"工具条上的"复制至图层"按钮 ，系统弹出"类选择"对话框，选择相应的要复制的对象后，系统弹出"图层复制"对话框，如图 6-50 所示。

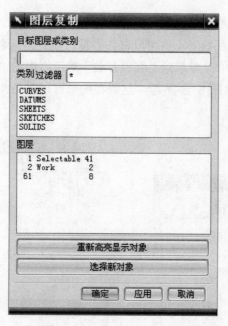

图 6-50　"图层复制"对话框

图 6-50"图层复制"对话框的内容及其操作与图 6-48"图层移动"对话框的内容及操作相似，在此就不再赘述了。

6.12　特征操作实例

6.12.1　【实例 1】编辑特征参数

下面通过完成如图 6-51 所示的例子来说明对特征进行编辑的操作过程。

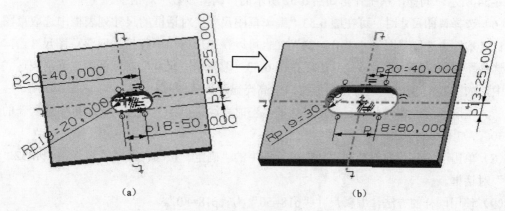

（a）　　　　　　　　　　　　　　（b）

图 6-51　编辑特征参数

下面介绍对特征进行编辑的具体操作步骤。

（1）打开光盘中的文件"Chapter06-1-Edit_Parameters.prt"，如图6-51（a）所示。

（2）单击"标准"工具条上的"开始"按钮 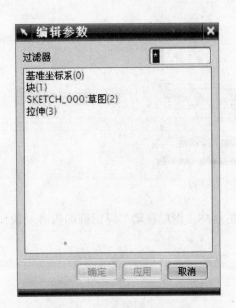 开始▾，然后单击选择"建模"命令 建模(M)...，进入建模环境。

（3）选择"编辑"→"特征"→"编辑参数"命令，或单击"编辑特征"工具条上的"编辑特征参数"按钮 ，系统弹出如图6-52所示的"编辑参数"对话框。

（4）选择草图特征。

选择草图特征时，可在图6-52"编辑参数"对话框的特征列表框中选取草图的名称（本例中选取"SKETCH_000:草图（2）"），也可以在图形窗口中直接选取该草图曲线特征。

（5）选择草图特征后，单击图6-52"编辑参数"对话框中的"确定"按钮，此时系统弹出"编辑草图尺寸"对话框，如图6-53所示。这时在图形窗口中高亮显示该特征，同时显示其草图尺寸。

图6-52 "编辑参数"对话框

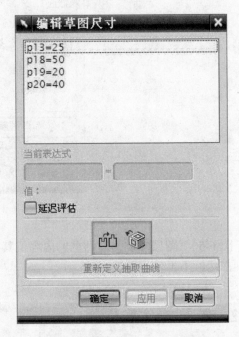

图6-53 "编辑草图尺寸"对话框

或者直接在图形窗口中右击草图曲线，然后从弹出的快捷菜单中选择"编辑参数"命令，如图6-54所示，同样，系统弹出如图6-52所示的"编辑参数"对话框。

（6）选择草图尺寸时，可在图6-53"编辑草图尺寸"对话框的尺寸列表框中选取草图尺寸的名称（本例中选取草图尺寸"p19=20"），也可以在图形窗口中直接选取该草图尺寸。

选择草图尺寸后，此时该尺寸出现在图6-53"编辑草图尺寸"对话框的"当前表达式"文本框中，如图6-55所示。这时在图形窗口中高亮显示该草图尺寸。

（7）在图6-55"编辑草图尺寸"对话框"当前表达式""="右边的文本框中输入新的尺寸值"30"，如图6-56所示。

（8）单击图6-56"编辑草图尺寸"对话框中的"确定"按钮，此时系统弹出图6-52"编辑参数"对话框。

（9）使用同样的方法，编辑尺寸"p18=50"为"p18=80"。

（10）最后系统弹出图6-52"编辑参数"对话框，单击"确定"按钮，此时即完成了在建模环境下对草图尺寸的编辑。编辑后的模型如图 6-51（b）所示。

（11）完成对该特征参数进行编辑的操作。选择"文件"→"另存为"命令，或者按快捷键 Ctrl + Shift +A，保存该文件。

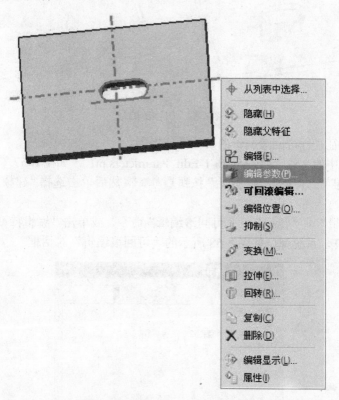

图 6-54　右击草图曲线的快捷菜单

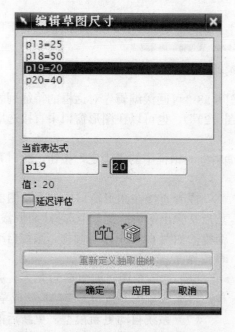

图 6-55　"编辑草图尺寸"对话框（1）

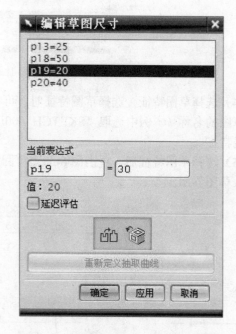

图 6-56　"编辑草图尺寸"对话框（2）

6.12.2　【实例 2】可回滚编辑参数

下面通过完成如图 6-57 所示的例子来说明对特征进行可回滚编辑参数的操作过程。

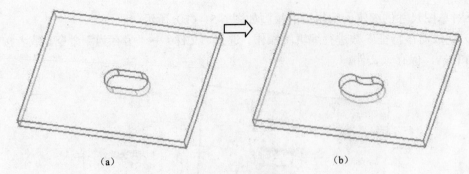

（a）　　　　　　　　　　　　　　　　　（b）

图 6-57　可回滚编辑

下面介绍对特征进行可回滚编辑的具体操作步骤。

（1）打开光盘中的文件"Chapter06-1-Edit_Parameters.prt"，如图 6-57（a）所示。

（2）单击"标准"工具条上的"开始"按钮 [图] 开始，然后单击选择"建模"命令 [图] 建模(M)...，进入建模环境。

（3）选择"编辑"→"特征"→"可回滚编辑"命令，或单击"编辑特征"工具条上的"可回滚编辑"按钮 [图]，系统弹出如图 6-58 所示的"可回滚编辑"对话框。

图 6-58　"可回滚编辑"对话框

（4）选择草图特征　选择草图特征时，可在图 6-58"可回滚编辑"对话框的特征列表框中选取草图的名称（本例中选取"SKETCH_000:草图（2)"），也可以在图形窗口中直接选取该草图曲线特征。

（5）选择草图特征后，单击图 6-58"可回滚编辑"对话框中的"确定"按钮，此时系统自动进入草图界面。

或者直接在图形窗口中右击草图曲线，然后从弹出的快捷菜单中选择"可回滚编辑"命令，如图 6-54 所示，同样，系统自动进入草图界面。

（6）修改草图，如图 6-59 所示，完成后单击"完成草图"按钮 [图] 完成草图 完成草图。

（7）系统自动更新模型，更新后的模型如图 6-57（b）所示。

（8）完成了对该特征的可回滚编辑操作。选择"文件"→"另存为"命令，或者按快捷键 Ctrl + Shift +A，保存该文件。

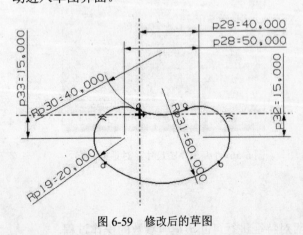

图 6-59　修改后的草图

6.12.3 【实例3】抑制/取消抑制特征与特征重排序

下面通过一个例子来说明进行抑制/取消抑制特征与特征重排序的操作过程。

对该零件模型特征进行编辑操作的具体流程如图 6-60 所示。

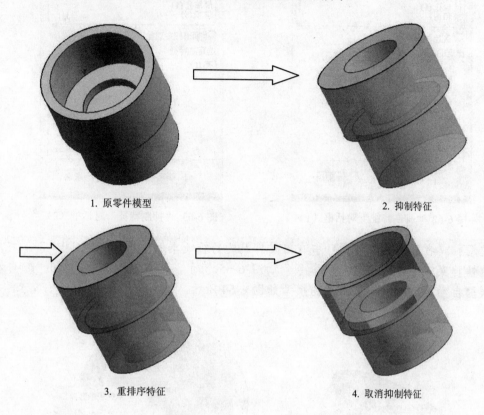

1. 原零件模型　　　　　　　　　　　　　　　　　2. 抑制特征

3. 重排序特征　　　　　　　　　　　　　　　　　4. 取消抑制特征

图 6-60　对特征进行编辑操作流程

编辑步骤如下。

步骤一　抑制特征。

（1）打开光盘中的文件 "Chapter06-2-Suppress_Unsuppress_Reorder.prt"，如图 6-61 所示。

（2）单击 "标准" 工具条上的 "开始"按钮 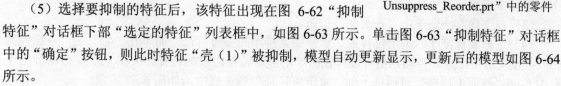 ，然后单击选择 "建模" 命令 ，进入建模环境。

（3）选择 "编辑" → "特征" → "抑制" 命令，或单击 "编辑特征" 工具条上的 "抑制特征" 按钮 ，系统弹出 "抑制特征" 对话框，如图 6-62 所示。

（4）选择要抑制的特征。在图 6-62 "抑制特征" 对话框上部的特征列表框中列出了文件的模型中满足过滤条件的所有特征。选择要抑制的特征时，可在对话框上部的特征列表框中选取相应特征的名称（本例中选取 "壳（1）"），也可以在图形窗口中直接选取该特征。

图 6-61　文件 "Chapter06-2-Suppress_Unsuppress_Reorder.prt" 中的零件

（5）选择要抑制的特征后，该特征出现在图 6-62 "抑制特征" 对话框下部 "选定的特征" 列表框中，如图 6-63 所示。单击图 6-63 "抑制特征" 对话框中的 "确定" 按钮，则此时特征 "壳（1）" 被抑制，模型自动更新显示，更新后的模型如图 6-64 所示。

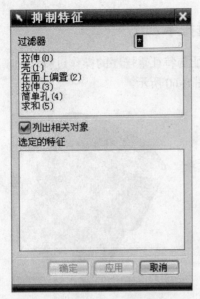

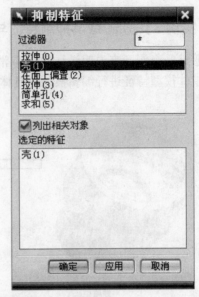

图 6-62 "抑制特征"对话框（1）　　　　图 6-63 "抑制特征"对话框（2）

注意：或者直接在图形窗口中右击要抑制的特征（本例中选取"壳（1）"），然后从弹出的快捷菜单中选择"抑制"命令，如图 6-65 所示，则此时特征"壳（1）"自动被抑制，模型自动更新显示，更新后的模型如图 6-64 所示。

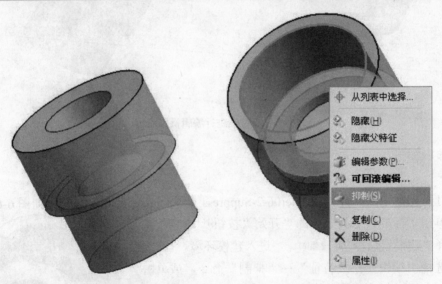

图 6-64　抑制"壳"特征后的模型　　　图 6-65　右击"壳"特征的快捷菜单

步骤二　重排序特征。

（1）选择"编辑"→"特征"→"重排序"命令，或单击"编辑特征"工具条上的"特征重排序"按钮，系统弹出"特征重排序"对话框，如图 6-66 所示。

（2）选择要重排序的参考特征。在图 6-66 "特征重排序"对话框上部的参考特征列表框中列出了文件的模型中满足过滤条件的所有特征。选择要重排序的参考特征时，可在对话框上部的特征列表框中选取要进行重排序的参考特征的名称（本例中选取"简单孔（4）"），也可以在图形窗口中直接选取该特征。

（3）在选择方法中单击"在前面"按钮。

（4）选择要重排序的重定位特征。选择要重排序的参考特征"简单孔（4）"后，系统根据（3）中设置的重排方式自动列出可以排在所选的参考特征之前的特征"求和（5）"。该特征出现在图 6-66 "特征重排序"对话框下部"重定位特征"列表框中，如图 6-67 所示。

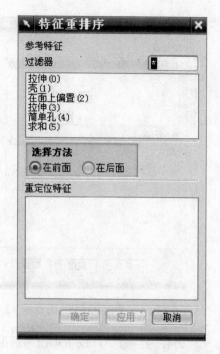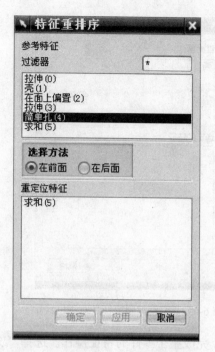

图 6-66 "特征重排序"对话框（1）   图 6-67 "特征重排序"对话框（2）

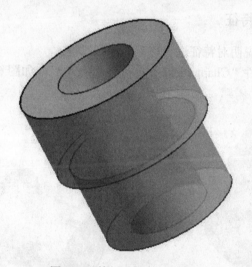

图 6-68 特征重排序后的模型

在图 6-67 "特征重排序"对话框下部的"重定位特征"列表框中选取特征"求和（5）"。

（5）单击图 6-67 "特征重排序"对话框中的"确定"或"应用"按钮，则此时系统将特征"求和（5）"放在特征"简单孔（4）"之前。模型自动更新显示，更新后的模型如图 6-68 所示。

步骤三　取消抑制特征。

（1）选择"编辑"→"特征"→"取消抑制"命令，或单击"编辑特征"工具条上的"取消抑制特征"按钮，系统弹出"取消抑制特征"对话框，如图 6-69 所示。

（2）选择要取消抑制的特征　在图 6-69 "取消抑制特征"对话框上部的特征列表框中列出了文件的模型中满足过滤条件的所有已抑制的特征（本例中只有一个已抑制的特征"壳（1）"）。在对话框上部的特征列表框中选取要取消抑制的特征的名称"壳（1）"，则该特征显示在对话框下部的"选定的特征"列表框中，如图 6-70 所示。

（3）单击图 6-70 "取消抑制特征"对话框中的"确定"按钮，则所选择的特征重新恢复显示在图形窗口中。模型自动更新显示，更新后的模型如图 6-71 所示。

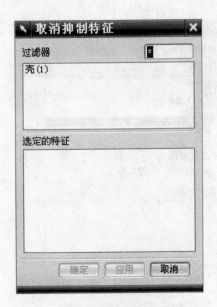

图 6-69 "取消抑制特征"对话框（1）

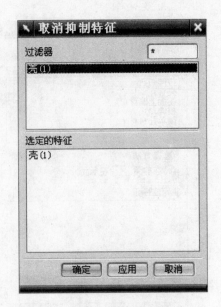

图 6-70 "取消抑制特征"对话框（2）

（4）完成整个零件的特征操作。选择"文件"→"另存为"命令，或者单击"标准"工具条上的"保存"按钮 ，保存该文件。

6.12.4 【实例 4】移动特征

下面通过一个例子来说明对特征进行移动的操作过程。

（1）打开光盘中的文件"Chapter06-3-Move_Feature.prt"，如图 6-72 所示。

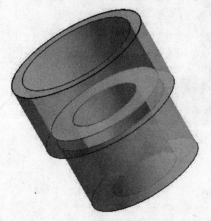

图 6-71 取消抑制特征后的模型

图 6-72 文件"Chapter06-3-Move_Feature.prt"中的零件

（2）单击"标准"工具条上的"开始"按钮 开始▾，然后单击选择"建模"命令 建模(M)...，进入建模环境。

（3）选择"编辑"→"特征"→"移动"命令，或单击"编辑特征"工具条上的"移动特征"按钮 ，系统弹出"移动特征"对话框，如图 6-73 所示。

（4）选择要移动的特征　在图 6-73"移动特征"对话框的特征列表框中列出了文件的模型中满足过滤条件的所有可进行移动特征操作的特征。选择要进行移动特征操作的特征时，可在对话框的特征列表框中选取相应特征的名称（本例中选取"U 形键槽（5）"），也可以在图形窗口中直接选取该特征，如图 6-74 所示。

（5）选择要移动的特征后，单击图 6-74"移动特征"对话框（2）中的"确定"按钮，此时系统弹出如图 6-75 所示的"移动特征"对话框。

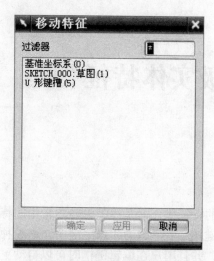

图 6-73 "移动特征"对话框（1）

图 6-74 "移动特征"对话框（2）

（6）在"DXC"右侧的文本框中输入"20"。

（7）单击图 6-75"移动特征"对话框中的"确定"按钮，则此时特征"U 形键槽（5）"沿 XC 坐标轴的方向移动了距离"20"。更新后的模型如图 6-76 所示。

图 6-75 "移动特征"对话框（3）

图 6-76 移动"U 形键槽"特征后的模型

（8）完成对该特征的移动特征操作。选择"文件"→"另存为"命令，或者按快捷键 Ctrl + Shift +A，保存该文件。

第7章　高级实体特征

7.1　键槽特征

键槽是指从实体特征中去除槽形材料而形成的特征操作，是模型设计中常用的特征功能之一，包括 5 种类型，分别是矩形、球形端、U 形键槽、T 形键槽和燕尾键槽。这 5 种类型只是截面形状和原对应的参数不同，其操作基本一致，并且用户在编辑键槽时可以自动更改键槽的类型。

选择"插入"→"设计特征"→"键槽"命令，或者单击"特征"工具条上的 按钮，弹出"键槽"对话框，如图 7-1 所示。

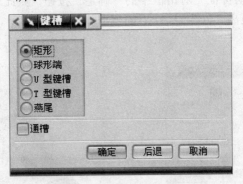

图 7-1　"键槽"对话框

"键槽"对话框中有 5 种键槽类型，用户在选择了相应的类型之后，都需要选择放置面，然后定义水平参考。如果是通槽，还需要选择两个通槽面，再输入键槽的参数，最后对键槽定位，完成键槽的创建。

下面介绍图 7-1"键槽"对话框中各种键槽的创建方式。

1．矩形

（1）先绘制一个长 50、宽 30、高 10 的长方体。

（2）选择"插入"→"设计特征"→"键槽"命令，或者单击"特征"工具条上的 按钮，弹出"键槽"对话框。

（3）选择 矩形 按钮后，单击"确定"按钮，弹出"矩形键槽"对话框，如图 7-2 所示。

（4）在工作窗口中选择如图 7-3 所示的平面作为矩形键槽的放置平面。

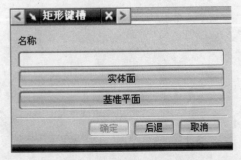

图 7-2　"矩形键槽"对话框

图 7-3　选择矩形键槽的放置平面

（5）弹出"水平参考"对话框，如图 7-4 所示。单击 [实体面] 按钮，弹出"选择对象"对话框，如图 7-5 所示。在工作窗口中选择如图 7-6 所示的实体面作为参考对象。

图 7-4 "水平参考"对话框

图 7-5 "选择对象"对话框

（6）在弹出的"矩形键槽"对话框中输入相关的数值，如图 7-7 所示。单击"确定"按钮。

图 7-6 选择实体面

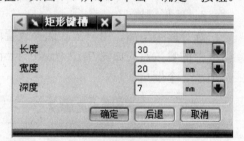

图 7-7 输入的数值

（7）系统弹出"定位"对话框，如图 7-8 所示。然后根据图 7-9 对矩形键槽进行定位。

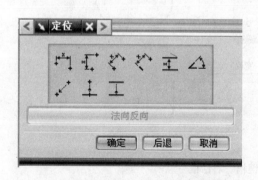

图 7-8 "定位"对话框

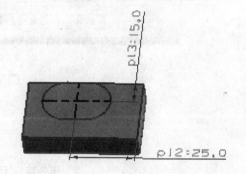

图 7-9 矩形槽定位

（8）单击"定位"对话框中的"确定"按钮，在"矩形键槽"对话框中单击"取消"按钮，完成对矩形键槽的创建，如图 7-10 所示。

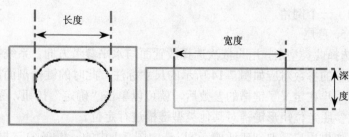

图 7-10 矩形键槽的创建

2. 球形端

选择此类型后，用户依次选择放置面与水平参考方向，系统弹出"球形键槽"对话框，对话框中的参数对应如图 7-11 所示的尺寸标注，此时的键槽剖面图为半球形。

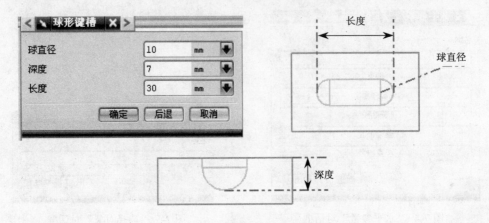

图 7-11 "矩形键槽"对话框

3. U 形键槽

选择此类型后，用户依次选择放置面与水平参考方向，系统弹出"U 形键槽"对话框，对话框中的参数对应如图 7-12 所示的尺寸标注，此时的键槽剖面图为 U 形，也即在矩形槽的底部加了一个倒角。

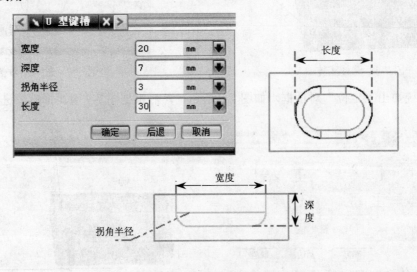

图 7-12 "U 形键槽"对话框

4. T 形键槽

选择此类型后，用户依次选择放置面与水平参考方向，系统弹出"T 形键槽"对话框，对话框中的参数对应如图 7-13 所示的尺寸标注，此时的键槽剖面图为 T 形，也即在矩形键槽的底部加了一个倒角。

5. 燕尾

选择此类型后，用户依次选择放置面与水平参考方向，系统弹出"燕尾形键槽"对话框，对话框中的参数对应如图 7-14 所示的尺寸标注，此时的键槽剖面图为燕尾形。

用户在定义了键槽的参数后，就可以单击"确定"按钮，系统弹出"定位"对话框，用户可以参照定位矩形键槽对其他类型键槽进行定位。

如果用户需要创建通槽，可以选中图 7-1 中的 ✔**通槽** 复选框，用户在定义了水平参考之后，依次选择起始通过面与终止通过面,通过面指的是槽截面方向上的面,如图 7-15 所示,是创建的矩形通槽,起始通过面与终止通过面如图 7-15 所示。

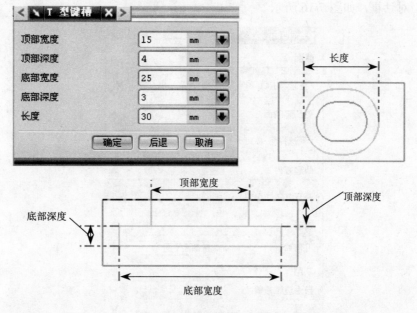

图 7-13 "T 形键槽"对话框

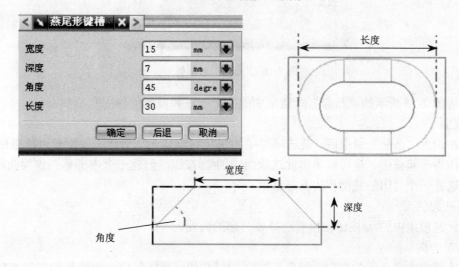

图 7-14 "燕尾形键槽"对话框

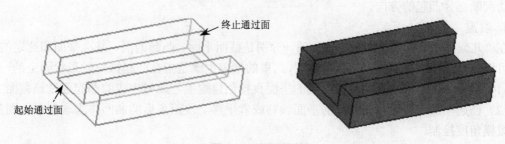

图 7-15 矩形键槽

7.2 凸起特征

用户可以使用"凸起"命令在实体或片体表面创建凸起的块,可以指定凸起的形状和位置,并且可以设置凸起后各个侧面的拔模角度。

选择"插入"→"设计特征"→"凸起"命令，或者单击"特征"工具条上的 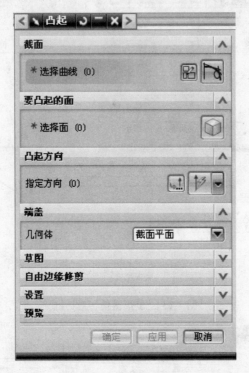 按钮，弹出"凸起"对话框，如图 7-16 所示。

图 7-16 "凸起"对话框

下面将图 7-15 所示的"凸起"对话框中的各个选项和按钮的作用介绍如下。

1. 截面

用户在调用"凸起"命令后，此选项组中的 按钮默认为激活状态，用户可以直接选择现有的对象作为凸起截面，也可以单击此选项组中的 按钮，创建一个内部草图作为凸起截面。用户只能选择一个封闭的截面作为凸起截面。

2. 要凸起的面

单击此选项组中的 按钮，接着选择要凸起的曲面。

3. 凸起方向

此选项组中定义凸起的方向，用户可以单击 按钮，直接创建一个凸起的矢量方向，也可以自动判断选择凸起的方向。

4. 端盖

在"几何体"下拉列表中有 4 个选项，分别是截面平面、凸起的面、基准平面和选定的面，用户可以选择相应的选项控制端盖的位置，这里的端盖也就是指在凸起操作时形状固定的一端。

（1）截面平面 从选择的截面所在的平面直接创建端盖，此时生成的凸起通过该截面。

（2）凸起的面 将选择要凸起的平面偏移或者平移一段距离后的曲面作为端盖面，端盖形状由拔模角度控制。

（3）基准平面 将选择的基准平面作为端盖面，生成的端盖与选择的基准平面重合。

（4）选定的面 将选择的面作为端盖面，生成的端盖与选择的面重合。

下面图 7-17 将这 4 种端盖的效果一一列出。

5. 草图

此选项主要是用于设置创建凸起时面的拔模。

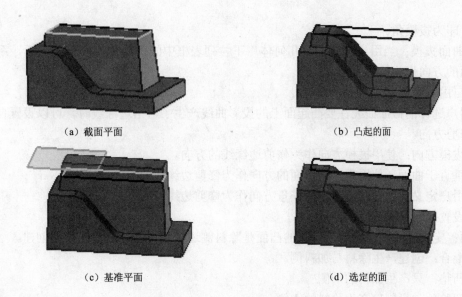

（a）截面平面　　　　　　　　　　　　　（b）凸起的面

（c）基准平面　　　　　　　　　　　　　（d）选定的面

图 7-17　端盖方式

（1）拔模选项　当用户选择了端盖下的"几何体"为凸起的面、基准平面或选定的面时，此时的"拔模选项"下拉列表如图 7-18 所示。

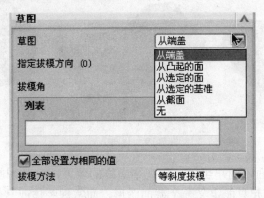

图 7-18　"草图"对话框

① 从端盖：从用户定义的端盖开始拔模，此时端盖形状固定不变。

② 从凸起的面：从要凸起的面开始拔模，以截面图形沿凸起方向在选择的面上的投影曲线作为固定边缘进行拔模。

③ 从选定的面：从选定的面开始拔模，以截面图形沿凸起方向在选择的面上的投影曲线作为固定边缘进行拔模。

④ 从选定的基准：从选定的基准平面开始拔模，以截面图形沿凸起方向在选择的基准平面的投影曲线作为固定边缘进行拔模。

⑤ 从截面：从选定的截面曲线开始拔模，以截面图形作为固定边缘进行拔模。

⑥ 无：凸起后的侧面不拔模。

（2）☑全部设置为相同的值　选中此复选框，可以将所有的侧面使用相同的拔模角。

（3）拔模方法　这里有 3 种拔模方法，分别是等斜度拔模、真实拔模和曲面拔模。他们指的是侧面的拔模参考方式。

① 等斜度拔模：系统使用一个圆锥沿着固定边缘线进行扫描，在扫描过程中保持圆锥中心轴线平行于拔模方向，圆锥的半角即为拔模角。

② 真实拔模：系统创建一个垂直于凸起侧面的平面，此平面平行于拔模方向，系统同时创建出一个位于此平面中的直线，直线的一端通过平面与固定边缘线的交点，此直线与拔模方

向的角度即为拔模角。

③ 曲面拔模：当用户选择了"几何体"下拉列表框中的"选定的面"选项后，系统将垂直于曲面的方向作为拔模方向。

6. 自由边缘修剪

当用户选择的截面曲线在要凸起面上的投影曲线产生了自由边缘线时，可以设置自由边缘线面的修剪方向。

① 拔模方向：使用拔模方向作为修剪边缘线的方向。

② 垂直于曲面：使用垂直于曲面的方向作为修剪边缘线的方向。

③ 用户定义：使用用户指定的矢量方向作为修剪边缘线的方向。

7. 设置

凸面：定义在生成凸面时，创建的凸面是除料侧还是加料侧，或者两者都创建。

① 混合：创建产生除料与加料侧。

② 凸垫：只产生加料的一侧

③ 凹腔体：只创建产生除料的一侧。

下面图 7-19 分别展示了这 3 种创建凸面的方式。

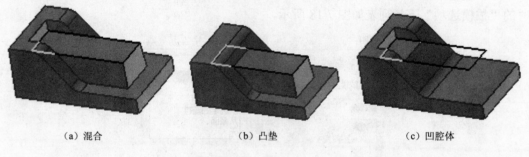

（a）混合   （b）凸垫   （c）凹腔体

图 7-19　凸面方式

凸起命令创建的凸面，用户可以直接观察最终的效果，而常规腔体或常规凸垫只能在最终创建以后看到效果，凸起只能定义一个截面图形，而常规腔体或常规凸垫能选择两个截面图形。用户应该加以区分，不同的情况用不同的命令。

7.3　偏置凸起特征

偏置凸起特征是用面修改体，该面就是基于点或曲线创建具有一定大小的凸垫和腔体而形成的。此命令的选项设置并不多，有一定的局限性。

选择"插入"→"设计特征"→"偏置凸起"命令，或者单击"特征"工具条上的 按钮，弹出"偏置凸起"对话框，如图 7-20 所示。接着单击 按钮，选择要凸起的面，然后单击 按钮，选择曲线，设置好参数，单击"确定"按钮，完成偏置凸起特征的操作，如图 7-21 所示。

下面将图 7-20"偏置凸起"对话框中各个选项和按钮的作用介绍如下。

1. 类型

（1）曲线　选择此类型后，用户首先选择要凸起的面，然后选择一条未封闭的曲线，系统自动运算将曲线进行偏置，最后定义偏置的左右边宽即可。

（2）点　选择此类型后，用户首先选择要凸起的面，然后选择凸起面上的一个点，系统自动将点沿着曲面的 U/V 向创建一处凸起块，最后设置上下边距和左右边宽即可。

2. 偏置

（1）边偏置　定义凸起后顶面与凸起面在原始曲面上的偏置值，通过此值系统自动运算出拔模角度。

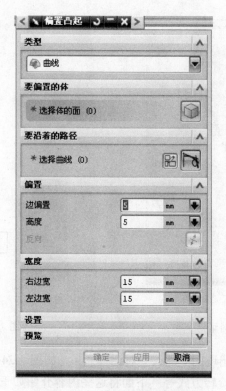

图 7-20　"偏置凸起"对话框

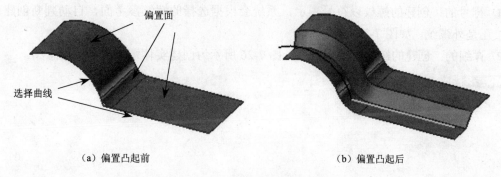

（a）偏置凸起前　　　　　　　　　　　　　　（b）偏置凸起后

图 7-21　"偏置凸起"的创建

（2）高度　定义生成的凸起面的高度。

3. 宽度

（1）右边宽　定义凸起面在原始曲面上右边宽度值。

（2）左边宽　定义凸起面在原始曲面上左边宽度值。

"偏置凸起"与"凸起"都属于凸起，但是偏置凸起只支持曲面操作，并且设置的选项较少，与"凸起"命令中使用端盖为"凸起的面"创建的凸起相似，此命令应用的场合不同。

7.4　螺纹特征

在工程设计中，经常应用到的螺栓、螺柱、螺孔等具有螺纹表面的零件，都需要在表面上创建出螺纹特征。UG NX 5.0 为用户创建螺纹提供了非常方便的方法，用户可以在孔、圆柱或圆台上创建螺纹。

选择"插入"→"设计特征"→"螺纹"命令，或者单击"特征操作"工具条上的█按钮，弹出"螺纹"对话框，如图 7-22 所示。接着单击单选按钮"详细"，然后选择要创建螺纹的圆柱面，设置好参数，最后单击"确定"按钮，完成螺纹特征的创建，制作过程如图 7-23 所示。

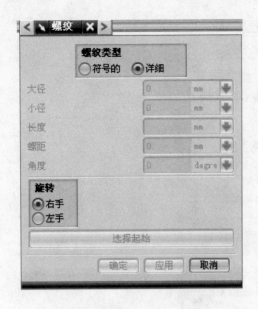

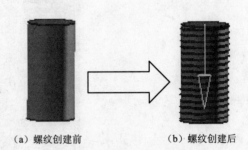

（a）螺纹创建前　　　　　（b）螺纹创建后

图 7-22 "螺纹"对话框　　　　　　　　图 7-23 螺纹的创建

在"螺纹"创建过程中出现的"螺纹"对话框（1），如图 7-24 所示，其主要内容包括螺纹类型、螺纹参数以及螺纹的旋转方式等。下面将这些内容介绍如下。

（1）螺纹类型　选择创建螺纹的类型，包括"符号的"和"详细的"两种类型。

① 符号的：创建的螺纹以符号表示，系统会根据选择的螺纹参考面，自动判断创建的是内螺纹还是外螺纹，如图 7-25 所示。

② 详细的：创建的螺纹以实体表示，图 7-26 所示为创建实体螺纹的参数示意图。

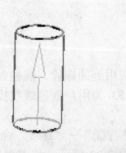

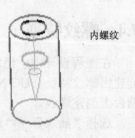

外螺纹　　　　　　　　　　　　　　内螺纹

图 7-24 "螺纹"对话框（1）　　　　　　图 7-25 外螺纹和内螺纹

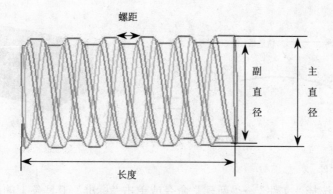

图 7-26 实体螺纹的参数示意图

（2）标注 系统根据选定的螺纹参考面自动定制一个标准螺纹编号。

（3）方法 创建螺纹的方式，包括"切削"、Milled 等。

（4）成形 选择创建螺纹的类型，包括"公制"、"统一标准" UNJ 等类型。

（5）已拔模 设置创建的螺纹是否为拔模螺纹。

（6）完整螺纹 设置创建的螺纹是否为全螺纹，如果不选中该复选框，则需要设置螺纹的长度。

（7）从表格中选择 在"成形"功能选定的螺纹类型中选择螺纹的具体型号，如"成形"功能中选择的是"统一标准"，单击 从表格中选择 按钮，则弹出"螺纹"对话框，如图 7-27 所示。

（8）旋转 选择螺纹的旋转方向。

（9）选择起始 选择一个面作为螺纹的起始面。单击此按钮，弹出"螺纹"对话框，如图 7-28 所示，接着选择起始面，弹出"螺纹"对话框，如图 7-29 所示。

图 7-27 "螺纹"对话框（2）

图 7-28 "螺纹"对话框（3）

图 7-29 "螺纹"对话框（4）

① 螺纹轴反向：翻转原指定螺纹轴的方向。

② 起始条件：设置螺纹起始位置是否延伸，有"从起始处延伸"和"不延伸"两个选项。

7.5 高级实体特征实例

【实例 1】 绘制如图 7-30 所示的实体。

图 7-30 可变剖面扫掠实例

步骤一 新建文件。

在建模环境下，选择"文件"→"新建"命令或单击"标准"工具条上的□按钮，弹出"文件新建"对话框，在"名称"文本框中输入"Chapter07-1"，单击"确定"，完成文件的新建。

步骤二 绘制如图 7-31 所示的截面草图。

（1）选择"插入"→"草图"命令，或者单击"特征"工具条上的□按钮，弹出"创建草图"对话框，如图 7-32 所示，在"平面选项"选项的下拉列表中选择"创建平面"，接着单击□下拉按钮，然后选择□按钮，最后单击"确定"按钮，进入草绘界面。

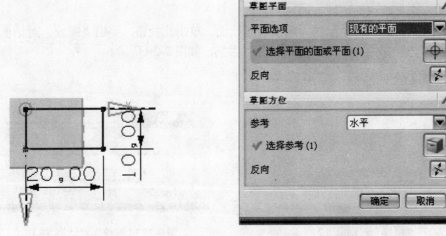

图 7-31 截面草图

图 7-32 "创建草图"对话框

（2）选择"插入"→"矩形"命令，或者单击"草图曲线"工具条上的□按钮，弹出"矩形"对话框，绘制宽"20"，高"10"的矩形，接着单击□按钮，标注矩形尺寸，然后单击□按钮，约束直线 1 与 X 轴共线，约束直线 2 与 Y 轴共线，完成截面草图的绘制，过程如图 7-33 所示，单击"草图生成器"上的□ 完成草图按钮，退出草图环境。

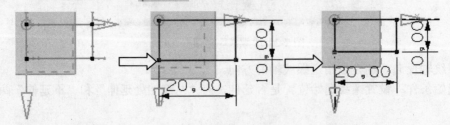

图 7-33 截面草图的绘制

步骤三 绘制如图 7-34 所示的轨迹线草图。

（1）选择"插入"→"草图"命令，或者单击"特征"工具条上的 按钮，弹出"创建草图"对话框，然后单击"确定"按钮，进入草绘界面。

（2）选择"插入"→"直线"命令，或者单击"草图曲线"工具条上的 按钮，选择原点，绘制平行于 Y 轴，长为"30"的直线。选择"插入"→"圆弧"命令，或者单击"草图曲线"工具条上的 按钮，捕捉点 1，单击左键，接着在"半径"文本框中输入"20"，单击左键，任意选择一点，单击左键，完成圆弧的绘制。接着单击 按钮，根据如图 7-35 所示的尺寸标注直线和圆弧的尺寸，完成截面草图的绘制，过程如图 7-35 所示，单击"草图生成器"上的 按钮，退出草图环境。

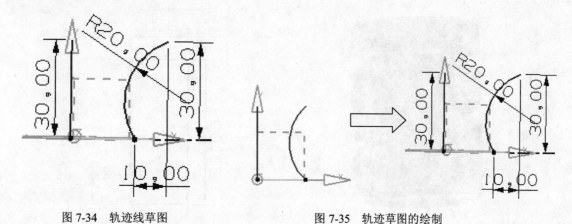

图 7-34　轨迹线草图　　　　　　　　　　图 7-35　轨迹草图的绘制

步骤四　根据轨迹扫掠截面。

选择"插入"→"扫掠"命令，或者单击"特征"工具条上的 按钮，弹出"扫掠"对话框，如图 7-36 所示。单击"截面"选项组中的 按钮，在"曲线规则"选项中选择"相连曲线"，然后选择截面任意曲线，单击中键确定，接着单击"引导线"选项中的 按钮，在"曲线规则"选项中选择"相连曲线"，然后选择曲线 1，单击中键确定，选择曲线 2，单击中键确定，然后在"缩放方法"选项组中选择"横向"，最后单击"确定"按钮，完成实体创建的操作，具体过程如图 7-37 所示。

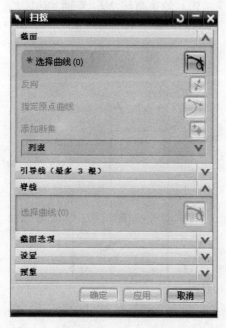

图 7-36　"扫掠"对话框

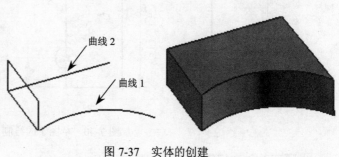

图 7-37　实体的创建

【**实例 2**】 绘制如图 7-38 所示的实体实例。

绘制此实例的基本思路是先绘制中间的圆柱，再绘制中间的凸轮部分，最后对凸轮的上底面进行拉伸求差运算、孔运算。

步骤一 新建文件。

在建模环境下，选择"文件"→"新建"命令或单击"标准"工具条上的 按钮，弹出"文件新建"对话框，在"名称"文本框中输入"Chapter07-2"，单击"确定"按钮，完成文件的新建。

步骤二 绘制如图 7-39 所示的草图 1。

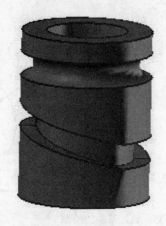

图 7-38 实例 2

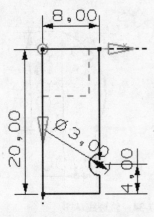

图 7-39 草图 1

（1）选择"插入"→"草图"命令，或者单击"特征"工具条上的 按钮，弹出"创建草图"对话框，如图 7-32 所示，在"平面选项"选项的下拉列表中选择"创建平面"选项，接着单击 下拉按钮，然后选择 按钮，最后单击"确定"按钮，进入草绘界面。

（2）选择"插入"→"矩形"命令，或者单击"草图曲线"工具条上的 按钮，弹出"矩形"对话框，绘制宽"8"，高"20"的矩形，接着选择"插入"→"圆"命令，或者单击"草图曲线"工具条上的 按钮，弹出"圆"对话框，选择直线 1 上任意一点为圆心，绘制一个圆。

（3）单击 按钮，根据图 7-40 标注尺寸，接着单击 按钮，约束直线 2 与 X 轴共线，约束直线 3 与 Y 轴共线，然后单击"草图曲线"工具条上的 按钮，对如图 7-40（b）所示的草图进行修剪，结果如图 7-40（c）所示，完成截面草图的绘制，过程如图 7-40 所示，单击"草图生成器"上的 按钮，退出草图环境。

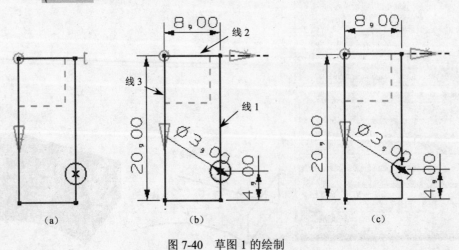

（a）   （b）   （c）

图 7-40 草图 1 的绘制

步骤三 创建旋转体。

选择"插入"→"设计特征"→"回转"命令，或者单击"特征"工具条上的 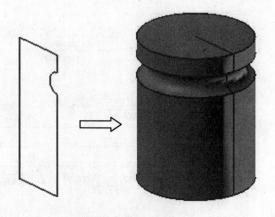 按钮，弹出"回转"对话框，如图7-41所示。选择草图1中所有曲线为截面线，选择直线3为轴，单击"确定"按钮，完成旋转体的创建，过程如图7-42所示。

图7-41 "回转"对话框 　　　　　图7-42 旋转体的创建

步骤四　创建凸轮沟槽特征。

（1）生成表达式。选择"工具"→"表达式"命令，在"表达式"对话框中输入以下设计变量。

t=1　　→　　UG规律曲线系统变量，$0 \leqslant t \leqslant 1$

r=8　　→　　圆柱半径

a_1=30*t　　→　　凸轮远休止过程角度，$0 \leqslant a_1 \leqslant 30°$

a_2=30+120*t　　→　　凸轮回程过程角度，$30° \leqslant a_2 \leqslant 150°$

a_3=150+60*t　　→　　凸轮近休止过程角度，$150° \leqslant a_3 \leqslant 210°$

a_4=210+120*t　　→　　凸轮推程过程角度，$210° \leqslant a_4 \leqslant 330°$

a_5=330+30*t　　→　　凸轮远休止过程角度，$330° \leqslant a_5 \leqslant 360°$

x_{t_1}=r*cos(a_1)　　→　　凸轮远休止过程 X 坐标

x_{t_2}=r*cos(a_2)　　→　　凸轮回程过程 X 坐标

x_{t_3}=r*cos(a_3)　　→　　凸轮近休止过程 X 坐标

x_{t_4}=r*cos(a_4)　　→　　凸轮推程过程 X 坐标

x_{t_5}=r*cos(a_5)　　→　　凸轮远休止过程 X 坐标

y_{t_1}=r*sin(a_1)　　→　　凸轮远休止过程 Y 坐标

y_{t_2}=r*sin(a_2)　　→　　凸轮回程过程 Y 坐标

y_{t_3}=r*sin(a_3)　　→　　凸轮近休止过程 Y 坐标

y_{t_4}=r*sin(a_4)　　→　　凸轮推程过程 Y 坐标

y_{t_5}=r*sin(a_5)　　→　　凸轮远休止过程 Y 坐标

z_{t_1}=10　　→　　凸轮远休止过程 Z 坐标

z_{t_2}=10-4*t　　→　　凸轮回程过程 Z 坐标

z_{t_3}=6　　→　　凸轮近休止过程 Z 坐标

z_{t_4}=6+4*t　　→　　凸轮推程过程 Z 坐标

z_{t_5}=10　　→　　凸轮远休止过程 Z 坐标

"表达式"对话框如图 7-43 所示，单击"确定"按钮生成表达式。

图 7-43 "表达式"对话框

（2）生成规律曲线。选择"插入"→"曲线"→"规律曲线"命令，或者单击"规律曲线"工具按钮 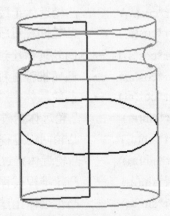，弹出"规律曲线"对话框，如图 7-44 所示。

（3）选择 $f(x)$ "根据方程"选项，单击"确定"按钮，弹出"定义参数"对话框。

（4）按照上一步骤设定的表达式，定义参数为 t、x_{t_1}，同样选择"根据方程"选项定义参数 y_{t_1} 及 z_{t_1}，参数定义完成后，在弹出对话框中单击"确定"按钮，生成凸轮远休止过程曲线。

（5）用同样的方法定义参数 x_{t_2}、y_{t_2}、z_{t_2}，x_{t_3}、y_{t_3}、z_{t_3}，x_{t_4}、y_{t_4}、z_{t_4} 和 x_{t_5}、y_{t_5}、z_{t_5}，分别得到凸轮的回程过程曲线、近休止过程曲线、推程过程曲线以及另一半的远休止过程曲线。如图 7-45 所示。

图 7-44 "规律曲线"对话框

图 7-45 生成规律曲线

（6）将 5 条曲线合并成一条封闭曲线。单击"插入"→"来自曲线的曲线"→"连接"命令或者单击"连接"工具按钮，系统弹出"连接"对话框。

（7）选择上一步骤生成的 5 条规律曲线，在"输入曲线"下拉列表中选择"隐藏"选项，在"输出曲线类型"下拉列表中选择"三次"选项，如图 7-46 所示。

（8）单击"确定"按钮弹出如图 7-47 所示的对话框，单击"是"按钮生成一条样条曲线。

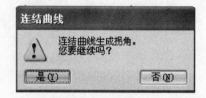

图 7-46 "连接曲线"对话框   图 7-47 "连结曲线"对话框

（9）生成凸轮沟槽实体。选择"插入"→"设计特征"→"拉伸"命令，或者单击"拉伸"工具按钮 ▥，系统弹出"拉伸"控制面板。

（10）选择上一步骤生成的样条曲线，在"限制"选项组的开始"距离"文本框中输入"–1.5"，终止"距离"文本框中输入"1.5"，如图 7-48 所示，在"偏置"选项组的"偏置"文本框中选择"两侧"选项，在"开始"文本框中输入"–2"，"终点"文本框中输入"1"，如图 7-49 所示，在"布尔"选项组中选择"求差"运算，单击"确定"按钮生成凸轮沟槽，如图 7-50 所示。

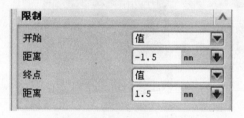

图 7-48 "拉伸"控制面板"限制"区域   图 7-49 "拉伸"控制面板"偏置"区域

步骤五　创建孔特征。

（1）选择"插入"→"设计特征"→"孔"命令，或者单击"特征"工具条上的 ▦ 按钮，系统弹出"孔"对话框，如图 7-51 所示。

（2）选择圆柱下底面圆心为指定点。

（3）在如图 7-52 所示的各个选项中输入如图 7-52 所示的数值。

（4）在"布尔"选项组中选择" ▦ 求差 "按钮，单击"确定"按钮，完成对孔的创建，结果如图 7-53 所示。

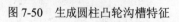

图 7-50 生成圆柱凸轮沟槽特征

【实例 3】　绘制如图 7-54 所示的螺旋扫描实例。

步骤一　新建文件。

在建模环境下，选择"文件"→"新建"命令，或单击"标准"工具条上的 ▦ 按钮，弹出"文件新建"对话框，在名称文本框中输入"Chapter07-3"，单击"确定"按钮，完成文件的新建。

步骤二　绘制如图 7-55 所示的螺旋线。

图 7-51 "孔" 对话框

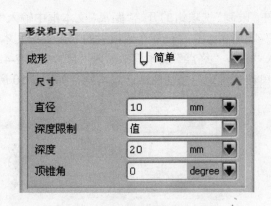

图 7-52 "形状和尺寸" 区域

图 7-53 孔的创建

图 7-54 螺旋扫描实例

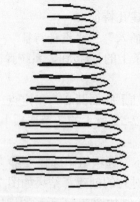

图 7-55 螺旋线

选择 "插入" → "曲线" → "螺旋线" 命令, 或者单击 "曲线" 工具条上的 按钮, 弹出 "螺旋线" 对话框, 如图 7-56 所示。在 "圈数" 文本框中输入 "15", 在 "螺距" 文本框中输入 "1", 单击单选按钮 "使用规律曲线", 弹出 "规律函数" 对话框, 如图 7-57 所示, 单击 ┗ 按钮, 弹出 "规律控制的" 对话框, 如图 7-58 所示, 在 "起始值" 文本框中输入 "5", 在 "终止值" 文本框中输入 "2", 单击 "确定" 按钮, 返回 "螺旋线" 对话框, 然后单击 "确定" 按钮,完成对螺旋线的绘制。

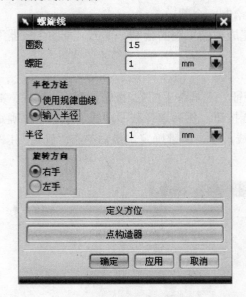

图 7-56 "螺旋线"对话框

图 7-57 "规律函数"对话框

步骤三 绘制如图 7-59 所示的截面草图。

图 7-58 "规律控制的"对话框

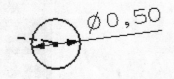

图 7-59 截面草图

（1）选择"插入"→"草图"命令，或者单击"特征"工具条上的 按钮，弹出"创建草图"对话框，如图 7-60 所示，在"平面选项"下拉列表中选择"创建平面"选项，接着单击 下拉按钮，然后选择 按钮，最后单击"确定"按钮，进入草绘界面。

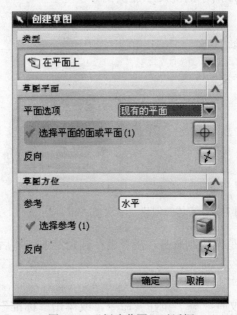

图 7-60 "创建草图"对话框

（2）选择"插入"→"圆"命令，或者单击"草图曲线"工具条上的 ◯ 按钮，弹出"圆"对话框，选择螺旋线端点为圆心，以"1"为直径绘制一个圆。

（3）单击 按钮，根据图 7-59 标注尺寸，完成截面草图的绘制，单击"草图生成器"上的 按钮，退出草图环境。

步骤四　根据轨迹扫掠截面。

选择"插入"→"扫掠"命令，或者单击"特征"工具条上的 按钮，弹出"扫掠"对话框，如图 7-61 所示。单击"截面"选项组中的 按钮，然后选择截面曲线，单击中键确定，接着单击"引导线"中的 按钮，然后选择螺旋线，单击中键确定，最后单击"确定"按钮，完成实体创建的操作，具体过程如图 7-62 所示。

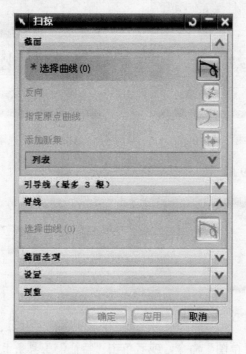

图 7-61　"扫掠"对话框

【实例 4】　绘制如图 7-63 所示的洗发水瓶实例。

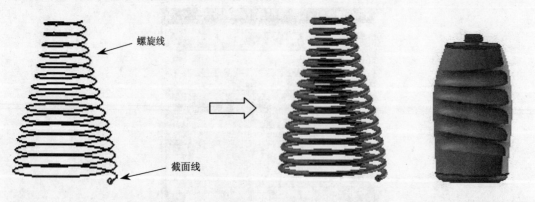

螺旋线

截面线

图 7-62　实体的创建　　　　图 7-63　洗发水瓶实例

绘制此实例的基本思路是先绘制瓶身，接着进行圆角绘制，然后拉伸瓶口，进行抽壳操作，最后绘制瓶口螺纹。

步骤一　新建文件。

在建模环境下，选择"文件"→"新建"命令，或单击"标准"工具条上的 按钮，弹出

"文件新建"对话框，在名称文本框中输入"Chapter07-4"，单击"确定"按钮，完成文件的新建。

步骤二　绘制如图 7-64 所示的草图 1。

（1）选择"插入"→"草图"命令，或者单击"特征"工具条上的 按钮，弹出"创建草图"对话框，单击"确定"按钮，进入草绘界面。

（2）选择"插入"→"直线"命令，或者单击"草图曲线"工具条上的 按钮，以原点为起点，沿 Y 轴绘制长"220"的直线。选择"插入"→"点"命令，或者单击"草图曲线"工具条上的 按钮，弹出"点"对话框，如图 7-65 所示，在 XC 中输入"–60"，YC 中输入"0"，ZC 中输入"0"，单击"确定"按钮，绘制点 1，然后依次绘制以下 4 点：点 2（–62，70，0），点 3（–65，125，0），点 4（–62，160，0），点 5（–45，220，0）。选择"插入"→"艺术样条"命令，或者单击"草图曲线"工具条上的 按钮，弹出"艺术样条"对话框，依次选择以上 5 点，单击"确定"，完成对艺术样条的绘制。

（3）单击 按钮，根据图 7-64 标注尺寸，完成截面草图的绘制，单击"草图生成器"上的 按钮，退出草图环境。

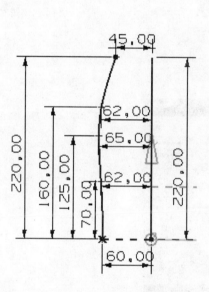

图 7-64　草图 1

图 7-65　"点"对话框

步骤三　绘制如图 7-66 所示的草图 2。

（1）选择"插入"→"草图"命令，或者单击"特征"工具条上的 按钮，弹出"创建草图"对话框，在"平面选项"下拉列表中选择"创建平面"选项，接着单击 下拉按钮，然后选择 按钮，最后单击"确定"按钮，进入草绘界面。

（2）选择"插入"→"直线"命令，或者单击"草图曲线"工具条上的 按钮，以（0，35）为起点，平行于 Y 轴绘制长"50"的直线 1。接着以直线 1 的端点为起点，平行于 Y 轴绘制长"170"的直线 2。单击"草图约束"工具条上的 按钮，弹出"转换至/自参考对象"对话框，如图 7-67 所示，选择直线 2，单击"确定"按钮，将直线 2 设置为参考对象。

（3）根据图 7-68 所示，绘制 5 段圆弧，单击"草图约束"工具条上的 按钮，根据图 7-68 标注尺寸，接着单击"草图约束"工具条上的 按钮，将 5 段圆弧的端点全部约束在直线 2 上，然后将圆弧之间用直线连接，绘制结果如图 7-68 所示。

（4）选择"插入"→"圆角"命令，或者单击"草图曲线"工具条上的 按钮，弹出"创建圆角"对话框，如图 7-69 所示，对所有圆弧与直线之间进行圆角操作，半径为"1"。

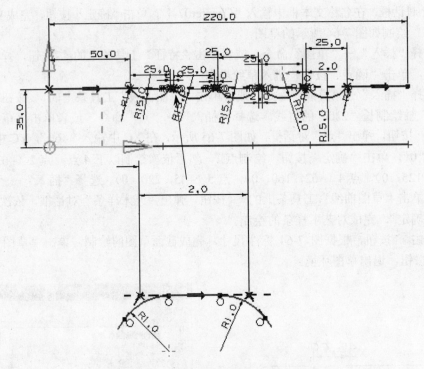

图 7-66 草图 2

图 7-67 "转换至/自参考对象"对话框

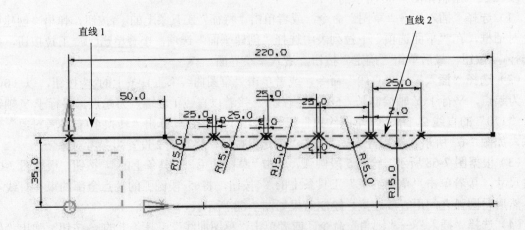

图 7-68 草图 2 的部分绘制

（5）选择"编辑"→"快速修剪"命令，或者单击"草图曲线"工具条上的  按钮，根据图7-68对草图进行修剪，使草图呈完全约束状态。单击"草图生成器"上的 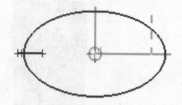 按钮，退出草图环境。

步骤四　绘制如图7-70所示的草图3。

图7-69　"创建圆角"对话框

图7-70　草图3

（1）选择"插入"→"草图"命令，或者单击"特征"工具条上的 品 按钮，弹出"创建草图"对话框，在"平面选项"下拉列表中选择"创建平面"选项，接着单击 ⯑ ▾ 下拉按钮，然后选择 ⯑ 按钮，单击 ⯑ 按钮，最后单击"确定"按钮，进入草绘界面。

（2）选择"插入"→"椭圆"命令，或者单击"草图曲线"工具条上的 ⊙ 按钮，弹出"点"对话框，如图7-71所示，选择原点，单击"确定"按钮，弹出"创建椭圆"对话框，如图7-72所示，在"长半轴"文本框中输入"60"，在"短半轴"文本框中输入"35"，在"起始角"文本框中输入"0"，在"终止角"文本框中输入"360"，在"旋转角度"文本框中输入"0"单击"确定"按钮，完成草图3的绘制。单击"草图生成器"上的 按钮，退出草图环境。

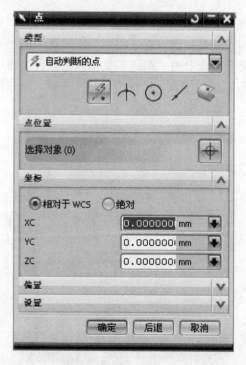

图7-71　"点"对话框

图7-72　"创建椭圆"对话框

步骤五　创建扫掠特征，结果如图7-73所示。

选择"插入"→"扫掠"命令，或者单击"特征"工具条上的 ⯑ 按钮，弹出"扫掠"对话框，单击"截面"中的 ⯑ 按钮，选择草图3中所画曲线为截面曲线，单击中键确定，接着单击"引导线"中的 ⯑ 按钮，选择草图1中所绘曲线中的一条，单击中键确定，接着选择草图1中的另一条曲线，单击中键确定，然后选择草图2中所绘曲线，单击中键确定，单击"确定"按钮，完成扫掠特征的创建，结果如图 7-73 所示。

步骤六　创建拉伸特征，如图 7-74 所示。

图 7-73　扫掠特征的创建　　　图 7-74　创建拉伸特征

（1）选择"插入"→"基准/点"→"基准平面"命令，或者单击"特征"工具条上的□按钮，弹出"基准平面"对话框，如图 7-75 所示，选择扫掠特征的上表面，单击"确定"按钮，完成基准平面的创建。

（2）选择"插入"→"草图"命令，或者单击"特征"工具条上的 🔲 按钮，弹出"创建草图"对话框，选择上一步所创建的基准平面，单击"确定"按钮，进入草绘界面。

（3）选择"插入"→"圆"命令，或者单击"草图曲线"工具条上的〇按钮，弹出"圆"对话框，选择原点为圆心，以直径"28"绘制圆，单击"草图生成器"上的 🏁 完成草图 按钮，退出草图环境。

（4）选择"插入"→"设计特征"→"拉伸"命令，或者单击"特征"工具条上的 🔲 按钮，弹出"拉伸"对话框，如图 7-76 所示，选择上一步绘制的圆，在"极限"选项组中的"开始"选项中的"距离"文本框中输入"0"，在"结束"选项中的"距离"文本框中输入"15"。在"布尔"选项中选择 🔲 求和 按钮，然后选择步骤五扫掠的实体，单击"确定"按钮，完成拉伸特征体的创建。

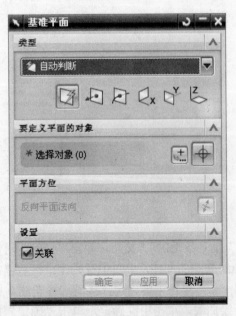

图 7-75　"基准平面"对话框

图 7-76　"拉伸"对话框

288

步骤七　创建圆角特征，如图 7-77 所示。

选择"插入"→"细节特征"→"边倒圆"命令，或者单击"特征操作"工具条上的 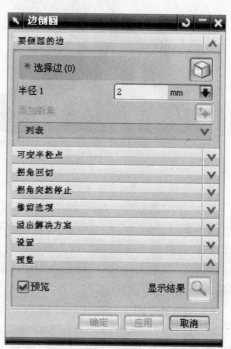 按钮，弹出"边倒圆"对话框，如图 7-78 所示，接着选择顶部边线，输入半径"2"，单击"确定"按钮，完成边倒圆 1 的绘制，依照此法，根据图 7-77，绘制底部边线边倒圆。

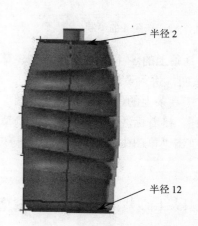

图 7-77　圆角特征的创建

图 7-78　"边倒圆"对话框

步骤八　创建抽壳特征，如图 7-79 所示。

选择"插入"→"偏置/缩放"→"抽壳"命令，或者单击"特征操作"工具条上的  按钮，弹出"壳"对话框，如图 7-80 所示，接着选择瓶口的顶部平面，然后在"厚度"文本框中输入"0.5"单击"确定"按钮，完成抽壳特征的创建。

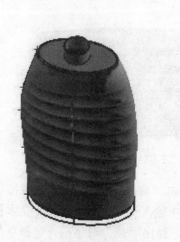

图 7-79　抽壳特征的创建

图 7-80　"壳"对话框

步骤九　绘制如图 7-81 所示的扫掠特征。

（1）创建基准平面。选择"插入"→"基准/点"→"基准平面"命令，或者单击"特征"工具条上的 □ 按钮，弹出"基准平面"对话框，选择步骤五扫掠特征的上表面，在"距离"文本框中输入"5"，单击"确定"按钮，完成基准平面的创建。

（2）绘制草图 4，如图 7-82 所示。

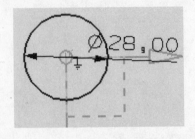

图 7-81　扫掠特征的创建　　　　　　　　图 7-82　草图 4 的绘制

① 选择"插入"→"草图"命令，或者单击"特征"工具条上的 按钮，弹出"创建草图"对话框，选择上一步所创建的基准平面，单击"确定"按钮，进入草绘界面。

② 选择"插入"→"圆"命令，或者单击"草图曲线"工具条上的 ○ 按钮，弹出"圆"对话框，选择原点为圆心，以"28"为直径，单击"确定"按钮，接着标注尺寸，然后单击"草图约束"工具条上的 ，将圆心固定，完成草图 4 的绘制。单击"草图生成器"上的 按钮，退出草图环境。

（3）绘制草图 5，如图 7-83 所示。

① 选择"插入"→"草图"命令，或者单击"特征"工具条上的 按钮，弹出"创建草图"对话框，单击"确定"按钮，进入草绘界面。

② 选择"插入"→"直线"命令，或者单击"草图曲线"工具条上的 ／ 按钮，弹出"直线"对话框，选择草图 1 中的直线端点为起点，平行于 Y 轴，绘制长为"30"的直线。接着选择"草图约束"工具条上的 按钮，弹出"转换至/自参考对象"对话框，选择刚才所绘制直线，单击"确定"按钮，然后标注尺寸，完成参考线的绘制。单击"草图生成器"上的 按钮，退出草图环境。

（4）绘制螺旋线，如图 7-84 所示。

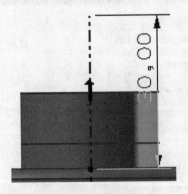

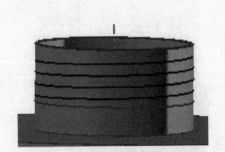

图 7-83　草图 5 的绘制　　　　　　　　图 7-84　螺旋线的绘制

选择"插入"→"曲线"→"螺旋线"命令，或者单击"曲线"工具条上的 按钮，弹出"螺旋线"对话框，如图 7-85 所示。在"圈数"文本框中输入"4"，在"螺距"文本框中输入"2"，单击"定义方位"按钮，选择草图 5 所示的曲线，弹出"点"对话框，选择草图 4 中圆的圆心，单击"确定"按钮，弹出"螺旋线"对话框，单击"确定"按钮，完成螺旋线的绘制。

（5）绘制草图 6，如图 7-86 所示。

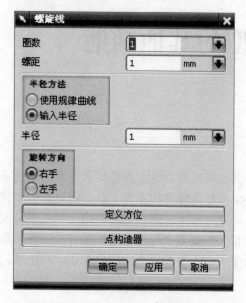

图 7-85　"螺旋线"对话框

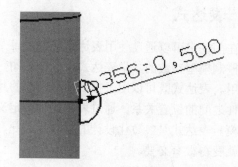

图 7-86　草图 6 的绘制

① 选择"插入"→"草图"命令，或者单击"特征"工具条上的  按钮，弹出"创建草图"对话框，单击"确定"按钮，进入草绘界面。

② 选择"插入"→"圆"命令，或者单击"草图曲线"工具条上的 ◯ 按钮，弹出"圆"对话框，选择螺旋线端点为圆心，绘制半径为"0.5"的圆。选择"插入"→"直线"命令，或者单击"草图曲线"工具条上的 ／ 按钮，弹出"直线"对话框，绘制一条经过圆心，平行于 Y 轴的直线。

③ 选择"编辑"→"快速修剪"命令，或者单击"草图曲线"工具条上的 ╲ 按钮，根据图 7-86 所示进行修剪。

④ 单击"草图约束"工具条上的 按钮，根据图 7-86 标注尺寸，完成草图 6 的绘制。单击"草图生成器"上的 按钮，退出草图环境。

（6）扫掠特征的创建，如图 7-81 所示。

选择"插入"→"扫掠"命令，或者单击"特征"工具条上的 按钮，弹出"扫掠"对话框。单击"截面"中的 按钮，然后选择草图 6 创建的截面曲线，单击中键确定，接着单击"引导线"中的 按钮，然后选择螺旋线，单击中键确定，最后单击"确定"按钮，完成实体扫掠特征的创建，最后结果如图 7-63 所示。

第 8 章　零件造型的其他功能

8.1　表达式

在 UG 中可以通过使用表达式来定义每个尺寸，且可以建立各个参数间的关系。表达式是用于控制模型参数的数学表达式或条件语句，是 UG 参数化建模的重要工具，可以在多个模块下使用。表达式既可以用于控制模型内部的尺寸、尺寸与尺寸之间的关系，也可以控制装配件中零件之间的位置关系。通过表达式可以定义和控制一个或多个尺寸，这样就可以实现参数驱动建模。表达式是参数化设计的基础，因此，对于使用 UG 要求较高的用户来说，熟练使用表达式就变得很有必要。

8.1.1　表达式概述

1. 表达式的概念

表达式是一个算术或条件语句。它由两部分组成，等号左边为变量名，等号右边为表达式的字符串，是一个数学语句或一个条件句。

在创建表达式时，需注意以下几点。

（1）表达式左侧必须是一个简单的变量，等号右边是一个数学语句或一个条件句。

（2）所有表达式均有一个值（实数或整数），该值被赋给表达式等号左边的变量。

（3）表达式等式的右侧可以是含有变量、数字、运算符和符号的组合或常数。

（4）用于表达式等号右侧中的每一个变量，必须作为一个表达式名字出现在某处。

2. 表达式的建立方法

（1）系统自动建立表达式　当用户做下列操作时，系统自动建立表达式，且其名字用一个小写的字母 p 开始。

① 当建立一个特征时，系统对特征的每个参数建立一个表达式。

② 当建立一个草图时，系统对定义草图基准的 XC 和 YC 坐标建立两个表达式。

③ 标注草图的尺寸后，系统对草图的每一个尺寸都建立一个相应的表达式。

④ 定位一个特征或一个草图时，系统对每一个定位尺寸都建立一个相应的表达式。

⑤ 生成一个匹配条件时，系统会自动建立相应的表达式。

（2）手工建立表达式　用户可用下列方法建立表达式。

① 选择"工具"→"表达式"命令，或按快捷键 Ctrl+E，系统弹出 "表达式"对话框，如图 8-1 所示，具体的操作将在下面介绍。

② 在文本文件中加入表达式，然后再将其导入到 UG 中。

3. 表达式语言

表达式有自己的语言，它与 C 语言相类似。下面介绍一下表达式的变量名、运算符、运算符的优先顺序和相关性、机内函数以及条件表达式。

（1）变量名　变量名是字母与数字以及几个特定符号（如"-"、"_"）的组合，但必须是以一个字母开始。变量名的长度限制在 32 个字符内。

> 注意：表达式中的字符是有大小写区分的。

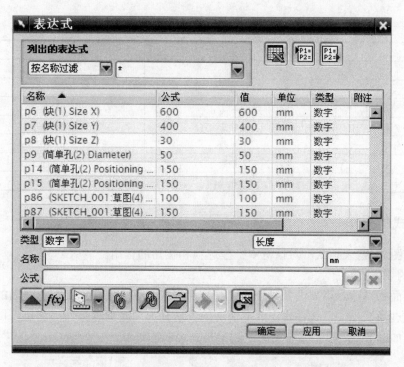

图 8-1 "表达式"对话框

（2）运算符　UG 表达式中可以使用的基本运算有+（加）、−（减）、*（乘）、/（除），其中"−"可以表示负号。这些基本运算符的意义与数学中相应符号的意义是相同的。它们之间的优先级关系也与数学中的情况相同。

在 UG 表达式中除了使用算术运算符外，还可以使用关系及逻辑运算符，这与其他计算机编程语言书中介绍的内容相同。各运算符的优先级别及相关性如表 8-1 所示。在表 8-1 中，同一行运算符的优先级别相同，上一行运算符的优先级别高于下一行的优先级别。

表 8-1　各运算符的优先级别及相关性

优先级别及相关性			
运　算　符	相　关　性	运　算　符	相　关　性
^	右到左	＞ ＜ ＞= ＜=	左到右
−	右到左	== ! =	左到右
* / %	左到右	&&	左到右
+ −	左到右	‖	右到左

（3）机内函数　表达式允许使用机内函数，部分常用函数有 abs（绝对值）、sin（正弦）、cos（余弦）、tan（正切）、arcsin（反正弦）、arccos（反余弦）、arctan（反正切）、ceiling（向上取整）、floor（向下取整）、sqrt（平方根）及 pi（机内常数 π）等。

4. 表达式的分类

表达式可分为数学表达式、条件表达式和几何表达式 3 种类型。

（1）数学表达式　可用数学方法对表达式等式左端进行定义。表 8-2 列出了一些数学表达式。

（2）条件表达式　通过对表达式指定不同的条件来定义变量。

利用 if/else 结构建立表达式时，其句法为：　VAR=if（exp1）（exp2）else（exp3）

例如，width=if（length＜10＝（5）else（6）。

其表示的意思为：如果 length 小于 10，则 width 的值为 5，否则值为 6。

表 8-2　数学表达式

数　学　含　义		例　　子
+	加法	p1＝p2+p3
−	减法	p1＝p2−p3
*	乘法	p1＝p2*p3
/	除法	p1＝p2/p3
%	系数	p1＝p2%p3
^	指数	p1＝p2^p3
=	相等	p1＝p2

8.1.2　表达式的操作

下面介绍图 8-1 "表达式"对话框中一些选项和按钮的作用。

1．列出的表达式

该选项下面的过滤器用来设置对表达式的显示方式。有"用户定义"、"命名的"、"按名称过滤"、"按值过滤"、"按公式过滤"、"不使用的表达式"、"对象参数"、"测量"以及"全部"等过滤方式，如图 8-2 所示。其右侧的过滤器是更详细的过滤。

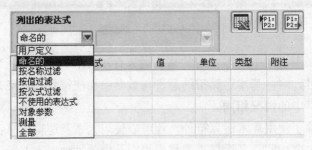

图 8-2　表达式的过滤器

2．"电子表格编辑"按钮

该按钮是用电子表格软件来编辑表达式，单击该按钮，系统自动启动 Microsoft Excel，并将文件中的表达式导入至 Excel 中，如图 8-3 所示。

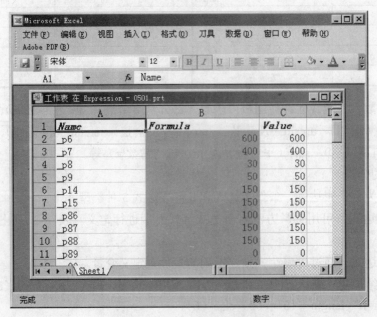

图 8-3　用电子表格编辑表达式

3．"从文件导入表达式"按钮

该按钮用于从文件导入表达式。单击该按钮，系统弹出"导入表达式文件"对话框，如图 8-4 所示。从文件列表框中选取要输入的表达式文件（*.exp），或在"文件名"文本框中直接输入表达式文件名，然后单击 OK 按钮或双击文件列表框中相应的表达式文件名即可。

对于当前部件文件与导入表达式文件中的同名表达式，其处理方式可以通过图 8-4"导入表达式文件"对话框中的"导入选项"选项组来设置。"导入选项"选项组提供了以下 3 种方式。

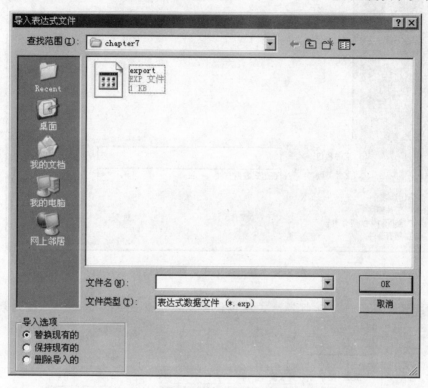

图 8-4 "导入表达式文件"对话框

（1）替换现有的　选取该方式，则系统以表达式文件中的表达式替代与当前部件文件中同名的表达式。

（2）保持现有的　选取该方式，则系统保持当前部件文件中的同名表达式不变。

（3）删除导入的　选取该方式，则在当前部件文件中删除与导入表达式文件中同名的表达式。

4．"导出表达式到文件"按钮

表达式是随所在文件一起保存的，它可以输出为单独的表达式文件（*.exp），以备其他文件使用（即利用上面刚刚讲到的"从文件导入表达式"按钮）。

单击该按钮，系统弹出"导出表达式文件"对话框，如图 8-5 所示。在"文件名"文本框中输入表达式文件名，再设置好相应的"导出选项"选项组，然后单击 OK 按钮即可。"导出选项"选项组包括以下 3 种方式。

（1）工作部件　选取该方式，则系统输出工作部件中的所有表达式。

（2）装配树中的所有对象　选取该方式，则系统输出装配树中所有部件的所有表达式。

（3）所有部件　选取该方式，则系统输出所有部件中的表达式。

5．类型

该选项的左侧下拉列表框用来确定表达式的类型，有"数字"和"线串"两种类型。右侧的下拉列表框用来确定表达式的量纲，有"长度"、"面积"、"体积"、"加速度"、"角加速度"、"时间"、"速度"、"质量密度"、"质量惯性矩"等，如图 8-6 所示。

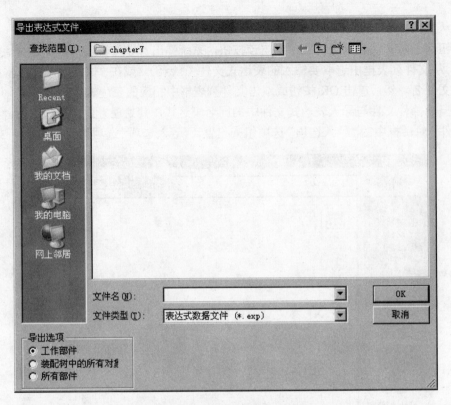

图 8-5 "导出表达式文件"对话框

注意：只有在没选取任何表达式或在创建新的表达式时，这两个下拉列表框才是可选的。

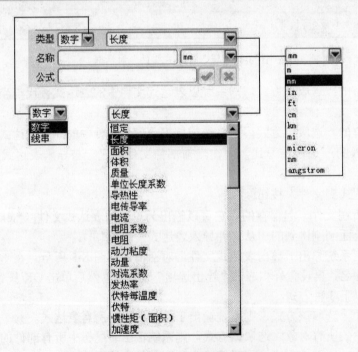

图 8-6 表达式之"类型"选项

6. 名称

该选项左侧的文本框用来确定表达式的名称。右侧的下拉列表框用来确定表达式的单位。

这里需要注意的是，右侧用来确定表达式单位的下拉列表框其列出的单位是根据上述"类型"选项右侧的选择量纲的下拉列表框变化的。例如，若量纲选择为"长度"，则系统提供的单位有 m、mm、in、ft、cm、km、mi、micron、nm 以及 angstrom 等，如图 8-6 所示。

> 🔍注意：只有在没选取任何表达式或在创建新的表达式时，右侧的单位下拉列表框才是可选的。

7．公式

该选项用来确定表达式的计算公式。其中，"接受编辑"按钮✅只有在对已有的表达式进行编辑后或在创建新的表达式时才是可选的。"拒绝编辑"按钮✖表示取消对已有表达式的编辑或取消创建的表达式。

提示：

（1）创建新的表达式　创建新的表达式时，在"名称"文本框中输入相应的变量名，再在"名称"选项右侧的设置单位的下拉列表框中设置相应的单位，然后在"公式"文本框中输入表达式的公式，最后单击图 8-1"表达式"对话框中的"确定"或"应用"按钮即可。

（2）编辑表达式　有如下两种方式。

① 表达式重命名。在图 8-1"表达式"对话框的表达式列表框中选取要编辑的表达式，则该表达式的名称和公式分别出现在"名称"和"公式"文本框中，如图 8-7 所示。在"名称"选项的文本框中输入新的变量名，然后单击图 8-1"表达式"对话框中的"确定"或"应用"按钮即可。

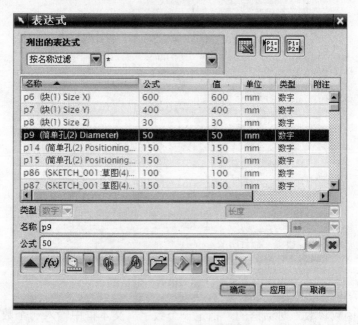

图 8-7　"表达式"对话框（1）

② 编辑表达式公式　在图 8-1"表达式"对话框的表达式列表框中选取要编辑的表达式，则该表达式的名称和公式分别出现在"名称"和"公式"文本框中，如图 8-7 所示。在"公式"选项的文本框中做相应的修改后，然后单击图 8-1"表达式"对话框中的"确定"或"应用"按钮即可。

8．"更少选项"按钮 ▲

该按钮使图 8-1 的"表达式"对话框变得更简洁。单击该按钮，则图 8-1"表达式"对话框变成如图 8-8 所示的"表达式"对话框。

9．"函数"按钮 f(x)

该按钮是使用系统自带的机内函数建立表达式的公式。

图 8-8 "表达式"对话框（2）

单击该按钮，系统弹出"插入函数"对话框，如图 8-9 所示。可在搜索文本框中输入关键字，然后单击其右侧的"查找"按钮 查找 查找函数，或直接在函数列表框中选择相应的函数（例如，选择 sin 函数），然后单击"确定"按钮，此时系统弹出"函数参数"对话框，如图 8-10 所示。

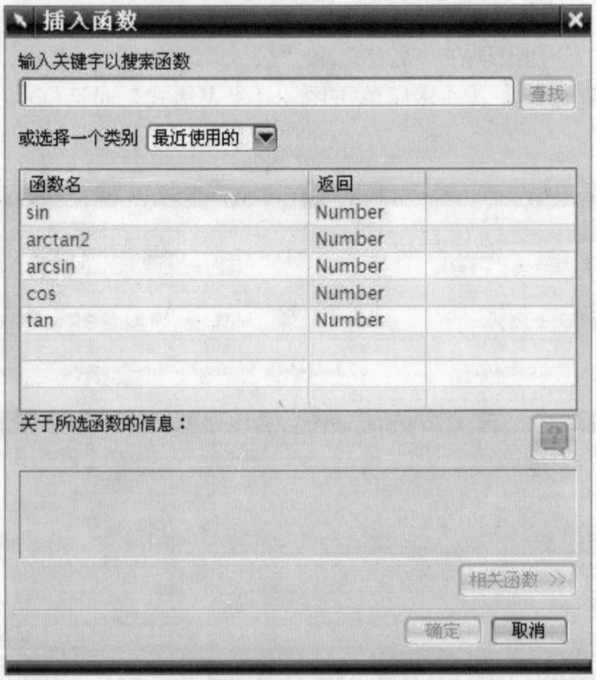

图 8-9 "插入函数"对话框

在图 8-10 "函数参数"对话框的"指定一个数字"文本框中输入一个数字，如"30"，然后单击"确定"按钮，此时系统返回到"表达式"对话框，并将刚刚用函数建立的公式显示在"公式"文本框中，如图 8-11 所示。

10. 创建几何表达式

该按钮是通过具体的测量值来建立表达式的公式。

单击图 8-1 "表达式"对话框中的"测量距离"按钮 右侧的下拉按钮 ，系统提供了通过以下按钮来建立表达式的方式："测量距离"按钮 、"测量长度"按钮 、"测量角度"按钮 、"测量体"按钮 、Measure Area 按钮 。通过使用相应的测量方式测量后，系统将测量的结果显示在"表达式"对话框的"公式"文本框中（与图 8-11 相似）。

11. "创建部件间引用"按钮

不同部件间的表达式可通过链接（或称作"引用"）来协同工作，即一个部件中的某一个表达式可以通过链接与其他部件中的另一个表达式（链接表达式）建立某种联系。当被引用部件中的表达式被更新时，与它连接的部件中的相应表达式值也被更新。"创建部件间引用"按钮即是用来创建部件间表达式的链接的。

单击该按钮，系统弹出"选择部件"对话框，如图 8-12 所示。

图 8-10 "函数参数"对话框

图 8-11 "表达式"对话框

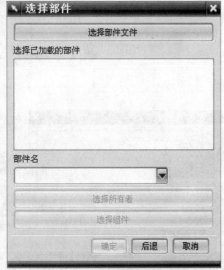

图 8-12 "选择部件"对话框

单击图 8-12"选择部件"对话框中的"选择部件文件"按钮，系统弹出"部件名"对话框，如图 8-13 所示。

找到相应的文件后，单击图 8-13"部件名"对话框中的 OK 按钮，此时，系统弹出"表达式列表"对话框，如图 8-14 所示。

在图 8-14"表达式列表"对话框中选取相应的表达式后，单击"确定"按钮，此时系统返回到"表达式"对话框，并将刚刚用链接建立的公式显示在"公式"文本框中，如图 8-15 所示。其中"0502-Move"是链接的表达式所在的部件文件名，"p376"是具体链接引用的表达式的名称。

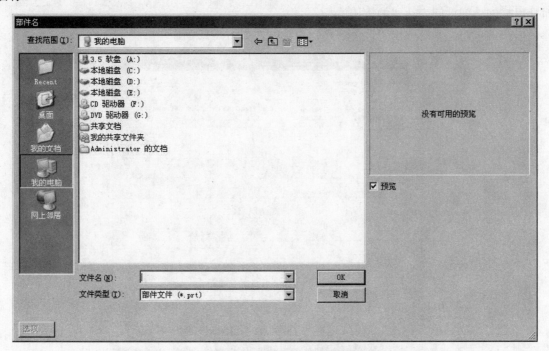

图 8-13 "部件名"对话框

图 8-14 "表达式列表"对话框　　　　图 8-15 用"创建部件间引用"按钮创建表达式的公式

注意：若在图 8-14 的"表达式列表"对话框选中"用于表达式名"复选框（在系统默认状态下是不选中它的），则系统将建立的链接作为表达式的名称显示在图 8-1"表达式"对话框的"名称"文本框中，如图 8-16 所示。

12. "编辑部件间引用"按钮

该按钮用来部件间表达式的引用。单击该按钮，系统弹出"编辑部件间引用"对话框，如图 8-17 所示。在图 8-17 对话框上部的部件文件列表框中列出了所有引用的部件文件，选择相应的部件文件后，此时"更改引用的部件"按钮和"删除引用"按钮变得可选，如图 8-18 所示。

图 8-16 用"创建部件间引用"按钮创建表达式的名称

图 8-17 "编辑部件间引用"对话框（1）   图 8-18 "编辑部件间引用"对话框（2）

下面介绍图 8-18"编辑部件间引用"对话框中 3 个按钮的作用。

（1）"更改引用的部件"按钮 单击该按钮，系统弹出类似图 8-12 的"选择部件"对话框，然后重新选择相应的部件文件即可。

（2）"删除引用"按钮 单击该按钮，系统删除所选部件文件的引用。

（3）"删除所有引用"按钮 单击该按钮，系统删除所有部件文件的引用。

🔍注意："删除引用"和"删除所有引用"只是将部件文件链接引用的关系删除了，将此引用关系删除后，原来链接引用表达式的值被自动赋给创建链接引用的表达式。也就是说，删除的只是链接引用的关系，而原表达式并没有被删除。

13．"删除"按钮 ⊠

该按钮用来删除相应的表达式。

8.2 分析 CAD 模型

UG 不仅具有强大的三维建模功能，而且具有对所建立的三维模型进行几何计算和物理特性分析的能力。用户在建模的过程中，使用这些分析工具可以及时分析检查设计模型，并根据分析结果修改设计参数，以提高设计的可靠性。

从主菜单"分析"可以打开相应的分析工具，如图 8-19 所示。"分析"工具条中的命令如图 8-20 所示。

注意：有些命令只在主菜单的下拉菜单中才有，使用时请注意。

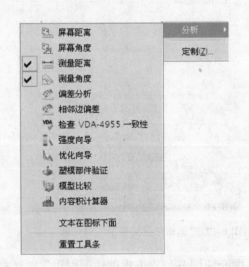

图 8-19 "分析"主菜单 　　　　　图 8-20 "分析"工具条中的命令

下面介绍一些常用的分析工具。

8.2.1 测量距离

选择"分析"→"测量距离"命令，或者单击"分析"工具条上的"测量距离"按钮 ，系统弹出"测量距离"对话框，如图 8-21 所示。

下面介绍图 8-21 "测量距离"对话框中一些选项和按钮的作用。

在"类型"下拉列表框中共提供了 6 种类型："距离"、"投影距离"、"屏幕距离"、"长度"、"半径"以及"组间距"，如图 8-21 所示。

下面分别介绍这几种类型。

图 8-21 "测量距离"对话框

1. 距离

该类型的对话框如图 8-21 所示。

（1）起点 该选项组用来选择测量的起点或要测量的第一个对象。可使用其右侧的"点构造器"按钮 来选择起点，单击该按钮，系统会弹出"点"对话框。

（2）端点 该选项组用来选择测量的端点或要测量的第二个对象。可使用其右侧的"点构造器"按钮 来选择起点，单击该按钮，系统会弹出"点"对话框。

（3）结果显示 该选项组用来控制测量结果的显示方式。

① "显示信息窗口" 该复选框用来控制是否将测量的结果以文本窗口的形式显示出来。若选中该复选框，则测量后，系统会弹出一个信息窗口，如图 8-22 所示。

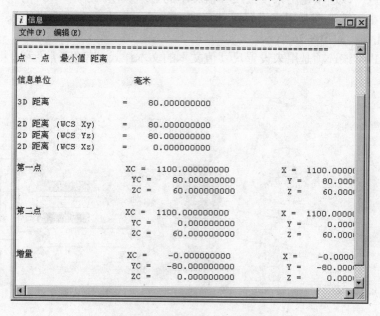

图 8-22 测量距离的信息窗口

② 注释　该选项提供了"无"、"显示尺寸"以及"创建直线"3 种方式，如图 8-21 所示。

● 无：若选择该方式，则系统测量时只是临时在图形窗口显示测量的结果，如图 8-23 所示。当单击图 8-21"测量距离"对话框中的"确定"按钮或"应用"按钮后，该显示结果会自动消失。

● 显示尺寸：若选择该方式，则系统测量时仍在图形窗口显示测量的结果，如图 8-23 所示。但当单击图 8-21"测量距离"对话框中的"确定"按钮或"应用"按钮后，系统会在图形窗口将测量对象间的距离以尺寸的形式显示出来，如图 8-24 所示。

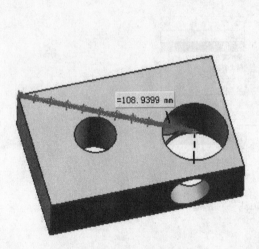

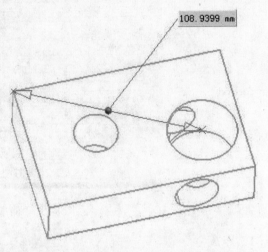

图 8-23　临时显示的测量结果　　　　图 8-24　选择"显示尺寸"后的测量结果

● 创建直线：若选择该方式，则系统测量时仍在图形窗口显示测量的结果，如图 8-23 所示。但当单击图 8-21"测量距离"对话框中的"确定"按钮或"应用"按钮后，系统会在测量对象间创建一条直线，该直线反映了测量的距离，如图 8-25 所示。

（4）设置　该选项组是用来设置"显示尺寸"方式的显示效果的。

① 线条颜色　该选项是用来设置尺寸线以及箭头的颜色。

② 框颜色　该选项是用来设置尺寸值所在文本框的背景色。

③ 文本颜色　该选项是用来设置尺寸值文本的显示颜色。

④ 文本大小　该选项是用来设置尺寸值文本的显示大小，有"非常小"、"小"、"中"以及"超大"等几种，如图 8-26 所示。

⑤ 文本样式　该选项是用来设置尺寸值文本的文本样式，有"正常"和"粗体"两种样式，如图 8-26 所示。

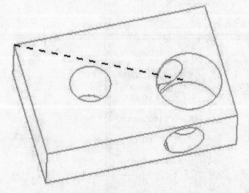

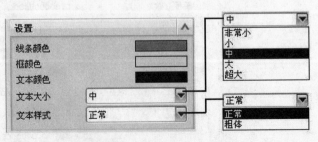

图 8-25　选择"创建直线"后的测量结果　　　　图 8-26　"设置"选项组

2. 投影距离

通过该类型可以测量对象的投影距离。

该类型的对话框如图 8-27 所示。

下面介绍图 8-27 对话框中"矢量"选项的作用，与图 8-21 对话框中相同的选项和按钮将不再介绍。

"矢量"选项用来指定矢量以确定投影方向。可使用其右侧的"矢量构造器"按钮![]构造矢量，单击该按钮，系统会弹出"矢量"对话框。

3．屏幕距离

该类型的对话框如图 8-28 所示。

该对话框与图 8-21 对话框相类似，这里不再赘述。

图 8-27　测量"投影距离"

图 8-28　测量"屏幕距离"

4．长度

通过该类型可以测量所选曲线或边缘的长度。

该类型的对话框如图 8-29 所示。

下面介绍图 8-29 对话框中"曲线"选项的作用，与图 8-21 对话框中相同的选项和按钮将不再介绍。

该选项用来选择要测量的曲线或边缘。

🔍注意：测量时可以选择多条曲线或边缘，这时系统测量的结果是它们的总长度。例如，在图 8-29 "测量距离"对话框的"结果显示"选项组中，把"注释"选项的方式选择为"显示尺寸"，然后在图 8-30 中选择两条边缘，最后单击图 8-29 "测量距离"对话框中的"确定"按钮或"应用"按钮，则图形窗口中显示如图 8-30 所示——"两个对象的总长度是 200.0000mm"。

5．半径

通过该类型可以测量所选圆弧或孔的边缘或圆柱面的半径。

图 8-29　测量"长度"

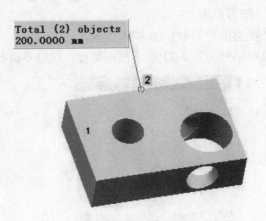

图 8-30　测量多个对象的总长度

该类型的对话框如图 8-31 所示。

下面介绍图 8-31 对话框中"径向对象"选项的作用，与图 8-21 对话框中相同的选项和按钮将不再介绍。

"径向对象"选项用来选择要测量圆弧或孔的边缘或圆柱面。

6．组间距

通过该类型可以测量所选组件间的距离。

该类型的对话框如图 8-32 所示。

该对话框与图 8-21 对话框相类似，这里不再赘述。

图 8-31　测量"半径"

图 8-32　测量"组间距"

8.2.2 测量角度

它用来测量两个对象之间或由三点定义的两直线之间的夹角。

选择"分析"→"测量角度"命令，或者单击"分析"工具条上的"测量角度"按钮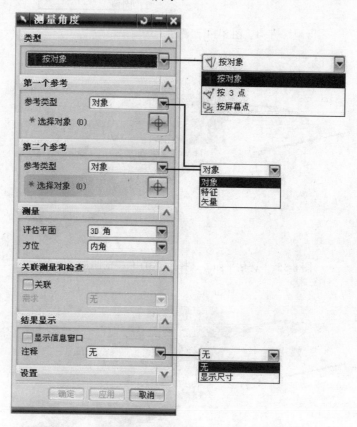，系统弹出"测量角度"对话框，如图 8-33 所示。

图 8-33 "测量角度"对话框

下面介绍图 8-33"测量角度"对话框中一些选项和按钮的作用。

在"类型"下拉列表框中共提供了 3 种类型："按对象"、"按 3 点"以及"按屏幕点"，如图 8-33 所示。

下面分别介绍这几种类型。

1. 按对象

该类型的对话框如图 8-33 所示。

（1）第一/二个参考　该选项组用来选择测量角度的第一/二个参考对象。"参考类型"右侧的下拉列表框共提供了"对象"、"特征"和"矢量" 3 种类型，如图 8-33 所示。

若选择"矢量"，则可使用"矢量构造器"按钮来构造矢量，单击该按钮，系统会弹出"矢量"对话框。

（2）测量　该选项组用来确定测量的平面和角度的方位。

① 评估平面　该选项用来确定测量的平面，它有"3D 角"、"WCS XY 平面里的角度"和"真实角度" 3 种方式，如图 8-34 所示。

• 3D 角：该方式是用来测量在三维空间中的角度，如图 8-35 所示。

• WCS XY 平面里的角度：该方式是用来测量对象在工作坐标系的 XY 平面上投影间的角度，如图 8-36 所示。

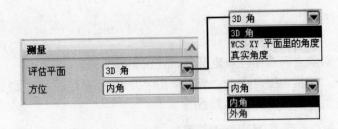

图 8-34 "测量"选项

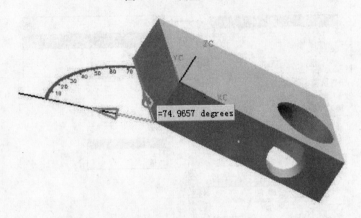

图 8-35 "评估平面"选择为"3D 角"的测量实例

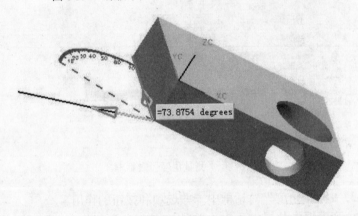

图 8-36 "评估平面"选择为"WCS XY 平面里的角度"的测量实例

● 真实角度：该方式与"3D 角"类似，如图 8-37 所示。

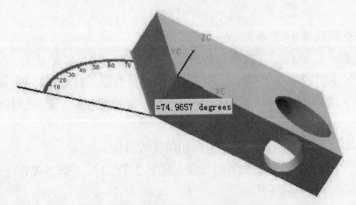

图 8-37 "评估平面"选择为"真实角度"的测量实例

② 方位　该选项用来选择测量的角度是内角还是外角，如图 8-34 所示。

- 内角：选择该方式，则测量的角度是两个对象间的夹角（0°～180°），如图8-38所示。

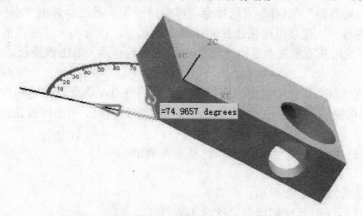

图 8-38　测量"方位"选择为"内角"的测量实例

- 外角：选择该方式，则测量的角度值为（360°－"内角"），如图8-39所示。

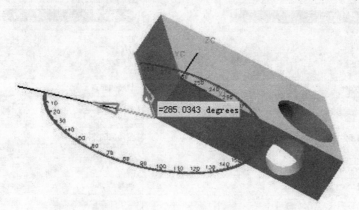

图 8-39　测量"方位"选择为"外角"的测量实例

（3）结果显示　该选项组与图8-21的"结果显示"选项组相似，只是比图8-21的"结果显示"选项组中的"注释"选项少了"创建直线"这种方式，在此就不再赘述。

例如，对于图8-35"评估平面"选择为"3D角"方式，测量后的信息窗口如图8-40所示。

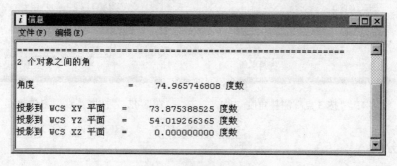

图 8-40　测量角度的信息窗口

（4）设置

该选项组与图8-21的"设置"选项组相同，这里不再赘述。

2. 按3点

该类型的对话框如图8-41所示。

下面介绍图8-41对话框中一些选项和按钮的作用，其中与图8-33对话框中相同的选项和按钮将不再介绍。

（1）基点　该选项组用来选择测量角度的中心点，也就是相对于选择量角器的中心点。可使用其右侧的"点构造器"按钮  来选择点，单击该按钮，系统会弹出"点"对话框。

（2）基线的终点　该选项组用来选择测量角度的起点，该点与上述基点的连线即相当于一个角度的始边。可使用其右侧的"点构造器"按钮 来选择点，单击该按钮，系统会弹出"点"对话框。

（3）量角器的终点　该选项组用来选择测量角度的终点，该点与上述基点的连线即相当于一个角度的终边。可使用其右侧的"点构造器"按钮 来选择点，单击该按钮，系统会弹出"点"对话框。

（4）其他选项与图 8-33 对话框相同，这里不再赘述。

3．按屏幕点

该类型的对话框如图 8-42 所示。

该对话框与图 8-41 对话框相类似，这里不再赘述。

图 8-41　"按 3 点"测量角度　　　图 8-42　"按屏幕点"测量角度

8.2.3　偏差分析

"偏差分析"命令是根据过某点的斜率连续的原则，即通过对第一条曲线、边缘或表面上的检查点与其他曲线、边缘或表面上的对应点进行比较，检查选择对象是否相接、相切以及边界是否对齐等。

选择"分析"→"偏差"→"检查"命令，或者单击"分析"工具条上的"偏差分析"按钮 ，系统弹出"偏差分析"对话框，如图 8-43 所示。

下面介绍图 8-43"偏差分析"对话框中选项和按钮的作用。

（1）曲线至曲线　该选项用来测量两条曲线之间的距离偏差以及曲线上一系列检查点的切向角度偏差。

图 8-43 "偏差分析"对话框

单击该按钮后，系统弹出"偏差检查"对话框，如图 8-44 所示。选择要检查偏差的两条曲线后，系统弹出如图 8-45 所示的"偏差检查"对话框，在该对话框中设置好"检查点"的个数、"距离公差"以及"角度公差"后，单击"确定"按钮，此时系统弹出"报告"对话框，如图 8-46 所示。在"报告"对话框"偏差数"选择方式中选择一种列出偏差情况的方式，如选择"所有偏差"单选按钮，单击"确定"按钮后，系统弹出检查后的信息窗口，如图 8-47 所示。

提示：选择"所有偏差"单选按钮，则系统会列出检查的点数、两个对象间的平均距离、最大距离、最小距离和两个对象间的平均角度、最大角度、最小角度以及检查点的具体数据等信息，如图 8-47 所示。

图 8-44 "偏差检查"对话框（1）

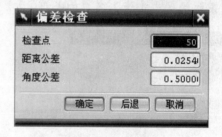

图 8-45 "偏差检查"对话框（2）

图 8-46 "报告"对话框

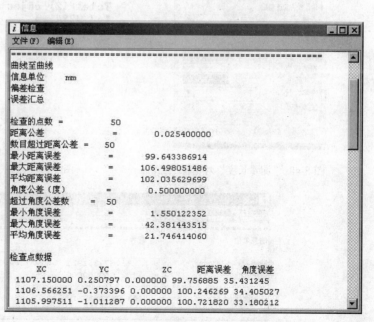

图 8-47 偏差检查后的信息窗口

（2）曲线至面　该选项用来检查曲线是否真正位于表面上。

具体操作过程与"曲线至曲线"的相似，这里不再赘述。

（3）边至面　该选项用来检查一个面上的边缘与另一个面间的偏差。

具体操作过程与"曲线至曲线"的相似，这里不再赘述。

（4）面至面　该选项根据过某点法向对齐的原则，检查两个面间的偏差。

具体操作过程与"曲线至曲线"的相似，这里不再赘述。

（5）边至边　该选项用来检查两条实体边缘或片体边缘间的偏差。

具体操作过程与"曲线至曲线"的相似，这里不再赘述。

8.2.4　测量长度

"测量长度"命令用来测量所选曲线或边缘的长度。

选择"分析"→"测量长度"命令，系统弹出"测量长度"对话框，如图 8-48 所示。

该命令与图 8-29"测量距离"对话框中的测量"长度"类型很相似，这里不再赘述。

> 🔍提示：测量时可以选择多条曲线或边缘，这时系统测量的结果是它们的总长度。例如，在图 8-48"测量长度"对话框的"结果显示"选项组中，选中"显示信息窗口"复选框，把"注释"的方式选择为"显示尺寸"，然后在图 8-49 中选择两条边缘，最后单击图 8-48"测量长度"对话框中的"确定"按钮或"应用"按钮，则图形窗口中显示如图 8-49 所示——"两个对象的总长度是 143.9274mm"。同时，系统弹出测量后的信息窗口，如图 8-50 所示。信息窗口的信息更详细，它不仅给出了所选曲线（或边缘）的总长度，而且列出了每条曲线（或边缘）各自的长度。

图 8-48　"测量长度"对话框

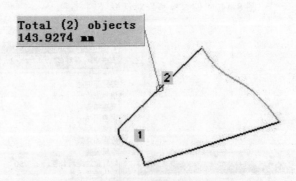

图 8-49　测量多个对象的总长度

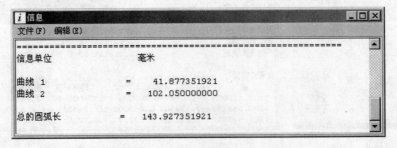

图 8-50　测量长度后的信息窗口

8.2.5　最小半径

"最小半径"命令主要用来分析实体表面或曲面的最小曲率半径，并确定其位置。

选择"分析"→"最小半径"命令，系统弹出"最小半径"对话框，如图 8-51 所示。

若选中"在最小半径处创建点"复选框，则系统在所选表面的最小曲率半径处创建一个点，以此作为一个标记，如图 8-52 所示。同时，系统弹出测量后的信息窗口，如图 8-53 所示。

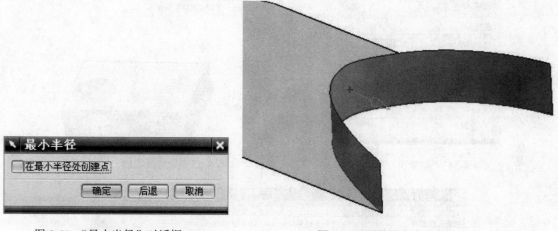

图 8-51　"最小半径"对话框　　　　　　　　　图 8-52　测量最小半径实例

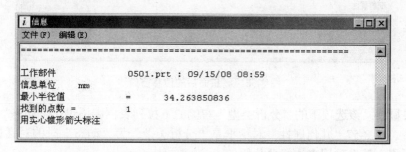

图 8-53　测量最小半径后的信息窗口

8.2.6　测量面

"测量面"命令用来测量面的面积和周长。

选择"分析"→"测量面"命令，系统弹出"测量面"对话框，如图 8-54 所示。

该对话框中的选项与图 8-21 的"测量距离"对话框中的相关选项相似，这里不再赘述。

在图 8-54 "测量面"对话框的"结果显示"选项组中，选中"显示信息窗口"复选框，把"注释"的方式选择为"显示尺寸"，然后在图 8-55 中选择实体的上表面，最后单击图 8-54 "测量面"对话框中的"确定"按钮或"应用"按钮，则图形窗口中显示如图 8-55 所示——"面积：8343.362938564 mm^2　周长：525.663706144 mm"。同时，系统弹出测量后的信息窗口，如图 8-56 所示。

8.2.7　几何属性

"几何属性"命令用来计算和显示曲线、边和面上所选择点的几何属性。

选择"分析"→"几何属性"命令，系统弹出"几何属性"对话框，如图 8-57 所示。

下面介绍图 8-57 "几何属性"对话框中选项和按钮的作用。

图 8-54 "测量面"对话框

图 8-55 测量面实例

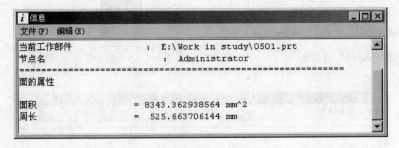

图 8-56 测量面后的信息窗口

（1）结果显示　该选项下的"分析类型"右侧的下拉列表框中提供了"动态"和"静力学"两种分析类型。图 8-57"几何属性"对话框是"分析类型"为"动态"时的对话框。

（2）分析点　该选项用来选择要分析的点。

（3）结果　该选项下的列表框动态地列出了图形窗口中光标所在曲线、边或面上位置的点的几何属性，如图 8-58 所示。在相应的位置点上单击后，系统弹出如图 8-59 所示的信息窗口。

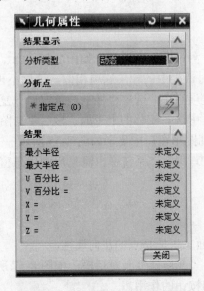

图 8-57 "几何属性"对话框（1）

图 8-58 "几何属性"对话框（2）

（4）"静力学"类型 在图 8-57 "几何属性"对话框"结果显示"选项中"分析类型"右侧的下拉列表框中选择"静力学"类型。此时 8-57 的"几何属性"对话框变成如图 8-60 所示的"几何属性"对话框。

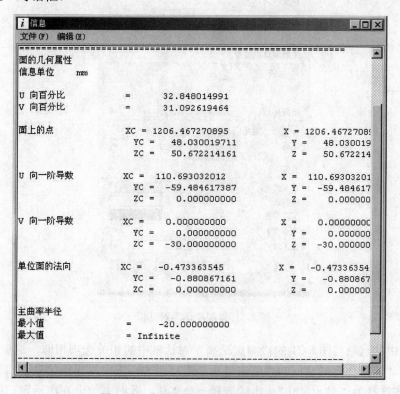

图 8-59 分析点的几何属性的信息窗口

图 8-60 "几何属性"对话框（3）

下面介绍图 8-60 "几何属性"对话框中选项和按钮的作用。

① 用于分析的曲线或面 该选项用来选择要分析的点所在的曲线或面。

② 分析点 该选项用来选择要分析的点。可使用其右侧的"点构造器"按钮来选择点，单击该按钮，系统会弹出"点"对话框。选择相应的点后，系统会弹出类似于如图 8-59 所示的信息窗口。

8.2.8 测量体

"测量体"命令用来计算实体的质量、体积、表面积、回转半径、惯性矩等。

选择"分析"→"测量体"命令，系统弹出"测量体"对话框，如图 8-61 所示。

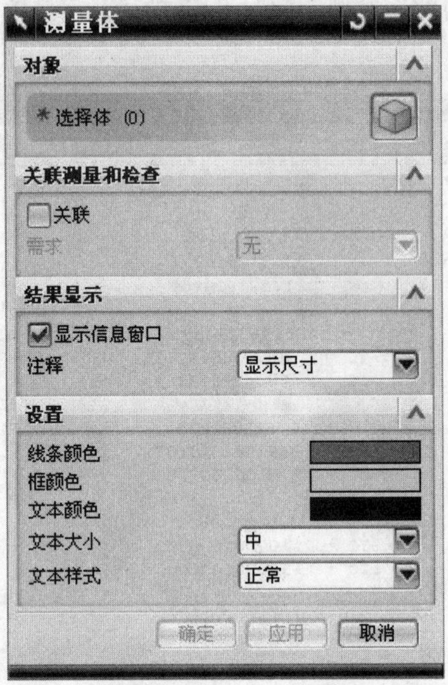

图 8-61 "测量体"对话框

该对话框中的选项与图 8-21 的"测量距离"对话框中的相关选项相似，这里不再赘述。

在图 8-61"测量体"对话框的"结果显示"选项组中，选中"显示信息窗口"复选框，把"注释"的方式选择为"显示尺寸"，然后选择一个实体，此时系统会在图形窗口中临时显示一个下拉列表框，如图 8-62 所示。单击该下拉列表框中的相应选项，如"体积"、"表面积"、"质量"、"回转半径"或"重量"，此时系统会显示相应选项对应的信息。最后单击图 8-61"测量体"对话框中的"确定"按钮或"应用"按钮，则图形窗口中显示如图 8-63 所示——列出了所选实体的体积、表面积、质量和重量。同时，系统弹出测量后的信息窗口，如图 8-64 所示。信息窗口的信息更详细，它不仅给出了所选实体的质量、体积、表面积、回转半径、惯性矩、惯性积、质心等信息，而且列出了它们的误差估计。

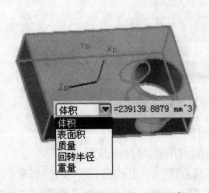

图 8-62 测量体的临时显示窗口

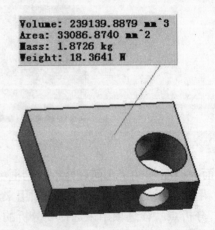

图 8-63 测量体后的图形窗口显示情况

8.2.9 检查几何体

"检查几何体"命令用来分析几何对象，找出错误的或无效的几何体。

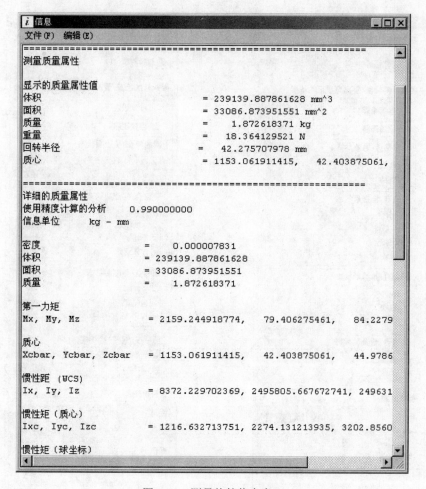

图 8-64　测量体的信息窗口

选择"分析"→"检查几何体"命令，系统弹出"检查几何体"对话框，如图 8-65 所示。

下面介绍图 8-65"检查几何体"对话框中选项和按钮的作用。

1. 要检查的对象

该选项用来选择欲分析的对象。

2. 要执行的检查/要高亮显示的结果

（1）"全部设置"按钮 全部设置 单击该按钮，则选中"要执行的检查/要高亮显示的结果"选项下所有要检查的项目，如图 8-66 所示。

（2）"全部清除"按钮 全部清除 单击该按钮，则取消选中"要执行的检查/要高亮显示的结果"选项下所有要检查的项目，如图 8-65 所示。

（3）对象检查/检查后状态　该选项包括"微小的"和"未对齐的"两个复选框，如图 8-65 所示。

① 微小的：选中该复选框，则在所选择的对象中查找所有微小的实体、面、曲线和边缘。

② 未对齐的：选中该复选框，则检查所选择的对象与坐标轴的对齐情况。

（4）体检查/检查后状态　该选项包括"数据结构"、"一致性"、"面相交"以及"片体边界"4 个复选框，如图 8-65 所示。

① 数据结构：该复选框用于检查所选择的实体中的数据结构问题。

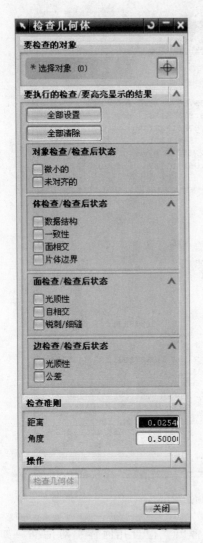

图 8-65 "检查几何体"对话框（1）

图 8-66 "检查几何体"对话框（2）

② 一致性：该复选框用于检查所选择的实体中的内部冲突情况。

③ 面相交：该复选框用于检查所选择的实体中的面是否相交。

④ 片体/边界：该复选框用于查找所选择的片体的所有边界。

（5）面检查/检查后状态　该选项包括"光顺性"、"自相交"以及"锐刺/细缝"3 个复选框，如图 8-65 所示。

① 光顺性：该复选框用于检查 B-曲面的平滑过渡情况。

② 自相交：该复选框用于检查所选择的表面是否自相交。

③ 锐刺/细缝：该复选框用于检查所选择的表面是否被割裂。

3．检查准则

该选项组用来设置检查的距离和角度的公差。

4．操作

当选择了要检查的对象后，"检查几何体"按钮 检查几何体 便处于激活状态。单击该按钮，系统检查所选择的对象，并把检查后的状态显示在图 8-65"检查几何体"对话框中相应检查项目的后面，如图 8-66 所示。同时在"检查几何体"按钮的右侧出现按钮 ⓘ。单击该按钮，系统弹出检查后的信息窗口，如图 8-67 所示。

318

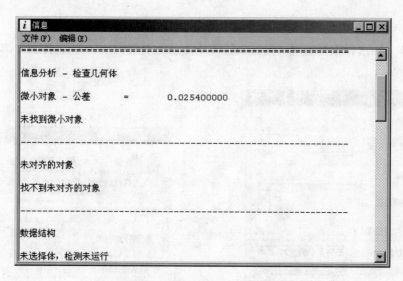

图 8-67 检查几何体后的信息窗口

8.2.10 简单干涉

"简单干涉"命令用来检查两个体是否相交。

选择"分析"→"简单干涉"命令，系统弹出"简单干涉"对话框，如图 8-68 所示。

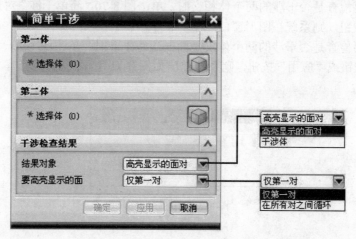

图 8-68 "简单干涉"对话框（1）

下面介绍图 8-68"简单干涉"对话框中选项和按钮的作用。

1. 第一/二体

这两个选项用来选择要检查是否干涉的两个体。

2. 干涉检查结果

该选项组用来控制对干涉的部分如何显示。

结果对象 该选项右侧的下拉列表框提供了"高亮显示的面对"和"干涉体"两种操作方式，如图 8-68 所示。

① 高亮显示的面对 当选择"高亮显示的面对"方式时，其给出了"要高亮显示的面"选项，该选项右侧的下拉列表框提供了"仅第一对"和"在所有对之间循环"两种显示方式，如图 8-68 所示。

- 仅第一对：当选择该方式时，在图形窗口仅高亮显示第一对相交的一对面。
- 在所有对之间循环：当选择该方式时，图 8-68"简单干涉"对话框变成如图 8-69 所示的"简单干涉"对话框。当所选择要检查是否干涉的两个体有多个面对都相交时，"显示下一对"

按钮便处于激活状态。单击该按钮，则在图形窗口显示下一对相交的面对。

②　干涉体　当选择该方式时，图 8-68 "简单干涉"对话框（1）变成如图 8-70 所示的"简单干涉"对话框。

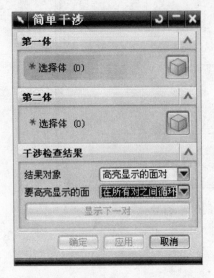 

图 8-69　"简单干涉"对话框（2）　　　　　图 8-70　"简单干涉"对话框（3）

- 当所选择要检查是否干涉的两个体相交时，单击图 8-70 "简单干涉"对话框中的"确定"按钮或"应用"按钮，则系统在图形窗口产生一个干涉体。
- 当所选择要检查是否干涉的两个体仅是面或边缘干涉时，单击图 8-70 "简单干涉"对话框中的"确定"按钮或"应用"按钮，则系统弹出如图 8-71 所示的信息窗口，此时没有干涉体产生。

图 8-71　信息窗口

8.3　文件的转换

　　UG 软件通过其转换接口，可与其他软件共享数据，以充分发挥不同软件的自身优势，实现取长补短。UG 既可以将其实体造型数据转换成多种格式的数据文件，由其他软件灵活调用。同时，UG 也可以有效地读取其他软件所生成的各种格式的数据文件，从而加强或改善了机械产品计算机辅助设计、辅助造型或辅助制造的质量和效果。UG 的数据转换主要是通过文件的导入、导出来实现的。可以导入、导出的数据格式有多种，诸如 CGM、DXF/DWG、STL、IGES 等。UG 可通过这些数据格式实现与 AutoCAD、3DMAX 等软件的数据交换。

　　主菜单"文件"→"导出"命令和"文件"→"导入"命令可以导出或导入相应的数据格式等。"导出"和"导入"命令的子菜单分别如图 8-72 和图 8-73 所示。

　　下面介绍一些常用数据的转换。

8.3.1　数据的导出

8.3.1.1　将 UG 对象转换成 CGM 格式文件

　　选择"文件"→"导出"→CGM 命令，系统弹出"导出 CGM"对话框，如图 8-74 所示。

下面介绍图 8-74 "导出 CGM" 对话框中一些选项和按钮的作用。

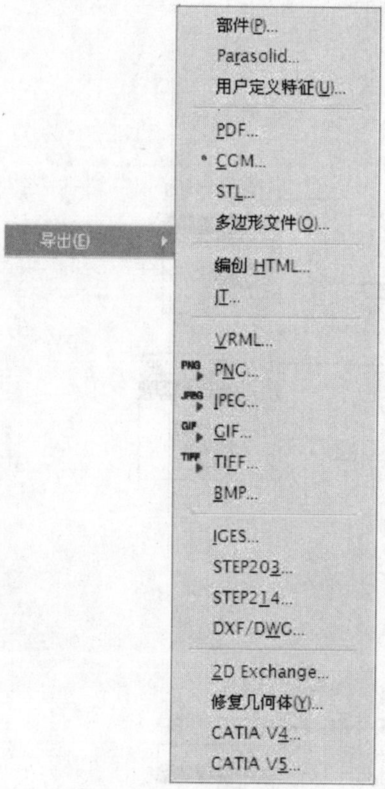

图 8-72 "导出" 子菜单

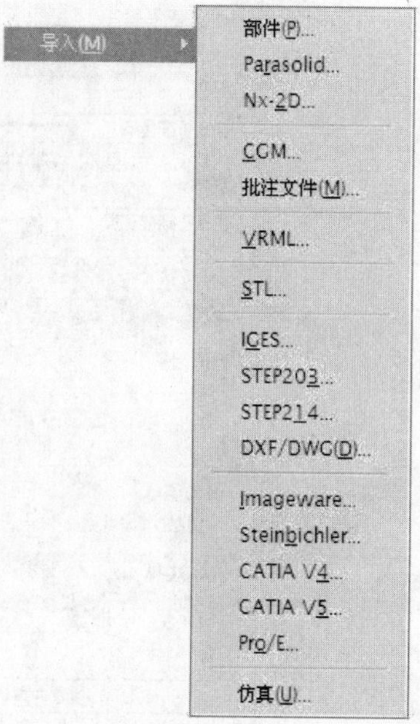

图 8-73 "导入" 子菜单

1. 源

该选项用于指定输出对象的类型，它包括 "显示" 和 "图纸页" 两个单选按钮。

（1）显示 选择该单选按钮，则输出当前图形窗口中显示的内容。

（2）图纸页 选择该单选按钮，则图纸页列表框激活，可在列表框中选取二维工程图的名称。所选二维工程图的所有对象全部作为输出对象。

2. 颜色

该选项用于指定输出后的文件中对象的显示颜色，它包括 "按显示"、"部件颜色"、"定制调色板"、"白纸黑字" 和 "按宽度定色" 5 个选项，如图 8-74 所示。

3. 宽度

选项用于指定输出后的文件中对象的显示宽度，它包括 "标准宽度"、"单线宽度"、"定制3 个宽度"、"定制调色板" 和 "默认值文件" 5 个选项，如图 8-74 所示。

4. CGM 大小

该选项用于指定输出比例和尺寸范围，它包括 "比例" 和 "尺寸" 两个单选按钮。若选择 "比例" 单选按钮，则激活 "比例因子" 右侧的文本框；反之，则激活 "X 尺寸" 和 "Y 尺寸" 右侧的文本框。

（1）比例 该选项用于指定对象的输出比例。

比例因子：该选项用于输入比例因子，系统的默认值是 1。

（2）尺寸 该选项用于指定对象的尺寸范围。

① X 尺寸：该选项用于指定 X 方向的尺寸范围。

② Y 尺寸：该选项用于指定 Y 方向的尺寸范围。

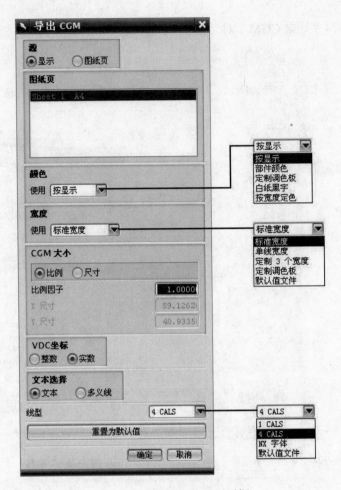

图 8-74 "导出 CGM"对话框

5．VDC 坐标

该选项用于改变可视化坐标，它包括"整数"和"实数"两个单选按钮。

（1）整数　选择该单选按钮，则将几何体的坐标以整数输出。

（2）实数　选择该单选按钮，则将几何体的坐标以实数输出。

6．文本选择

该选项用于指定文本在 CGM 文件中的表达方式，它包括"文本"和"多义线"两个单选按钮。

（1）文本　选择该单选按钮，则将 UG 的文本用点阵方式输出，字体由"线型"选项确定。

（2）多义线　选择该单选按钮，则将 UG 的文本作为矢量文本输出。

7．线型

该选项用于设置输出到 CGM 文件中的字体类型，它包括 1 CALS、4 CALS、"NX 字体"以及"默认值文件" 4 种类型，如图 8-74 所示。

8.3.1.2　将 UG 对象转换成 DXF/DWG 格式文件

选择"文件"→"导出"→DXF/DWG 命令，系统弹出"导出至 DXF/DWG 选项"对话框，如图 8-75 所示。

下面介绍图 8-75"导出至 DXF/DWG 选项"对话框中一些选项和按钮的作用。

图 8-75"导出至 DXF/DWG 选项"对话框有"文件"、"要导出的数据"和"高级" 3 个选项卡，下面分别介绍如下。

1．文件

该选项卡的对话框如图 8-75 所示。

（1）导出自　该选项用于指定要输出对象所在的文件，它包括"显示部件"和"现有部件"两个单选按钮。

① 显示部件：选择该单选按钮，则输出当前图形窗口所在部件文件中的对象。

② 现有部件：选择该单选按钮，指定存在的部件文件作为输出的对象。单击该按钮后，系统出现"部件文件"地址的文本框，如图 8-76 所示。单击"浏览"按钮，可指定相应的部件文件。

图 8-75　"导出至 DXF/DWG 选项"对话框（1）

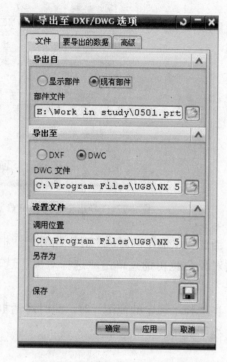

图 8-76　"导出至 DXF/DWG 选项"对话框（2）

（2）导出至　该选项用于指定输出后的文件格式，它包括 DXF 和 DWG 两个单选按钮。

① DXF：选择该单选按钮，则输出 DXF 格式的文件。可以通过单击该按钮下面"DXF 文件"地址文本框右侧的"浏览"按钮，指定输出后的文件的存放地址。

② DWG：选择该单选按钮，则输出 DWG 格式的文件。可以通过单击该按钮下面"DWG 文件"地址文本框右侧的"浏览"按钮，指定输出后的文件的存放地址。

（3）设置文件　该选项用于选择转换设置文件。

① 调用位置：可以通过单击该选项下面地址文本框右侧的"浏览"按钮，选择转换设置文件（其扩展名为.def）。

系统默认的转换设置文件是"dxfdwg.def"。

② 另存为：可以通过单击该选项下面地址文本框右侧的"浏览"按钮，将所选择的转换设置文件另存起来。

③ 保存：在"另存为"选项指定好另存为的地址和文件名后，单击"文件保存"按钮，将所选择的转换设置文件另存起来。

2. 要导出的数据

该选项卡的对话框如图 8-77 所示。

（1）模型数据　该选项用于选择要导出的部件文件中的对象以及要导出的视图。

导出：该选项用于选择要导出的是"整个部件"还是"选定的对象"，如图 8-77 所示。

当选择"整个部件"时，下面列出了可以导出的类型，包括：曲线、曲面、实体、注释以及结构分析，如图 8-77 所示。

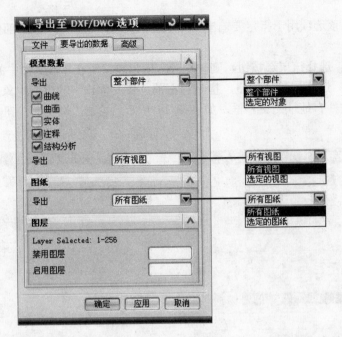

图 8-77 "导出至 DXF/DWG 选项"对话框之"要导出的数据"选项卡

当选择"选定的对象"时，此时对话框如图 8-78 所示。此时可直接在图形窗口中选择要导出的对象，也可通过单击"选择对象"选项的"类选择"按钮 ，弹出"类选择"对话框来选择。

当选择"选定的视图"时，此时对话框如图 8-79 所示。此时直接在视图列表框中选择要导出的视图即可。

图 8-78 导出"选定的对象"

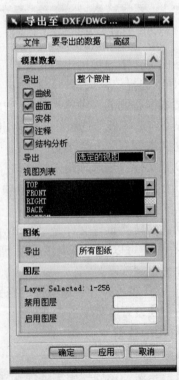

图 8-79 导出"选定的视图"

（2）图纸 该选项用于选择要导出的部件文件中的图纸，它包括"所有图纸"和"选定的图纸"两个选项，如图 8-77 所示。

当选择"所有图纸"时，则导出部件文件中的所有视图。

当选择"选定的图纸"时，此时对话框如图 8-80 所示。此时直接在图纸列表框中选择要导出的图纸即可。

（3）图层 该选项用于设置导出或禁止导出某层上的对象。

3．高级

该选项卡的对话框如图 8-81 所示。该选项卡用于对 DXF/DWG 导出的高级设置。如导出 DXF/DWG 的版本（提供了从 R14 到 2007 共 5 个版本，如图 8-81 所示）、B 曲面分段密度、曲面沿 U 向和 V 向密度等。

图 8-80 导出"选定的图纸"

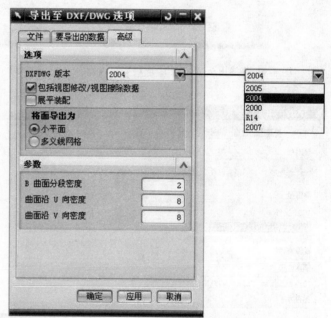

图 8-81 "导出至 DXF/DWG 选项"对话框之"高级"选项卡

8.3.1.3 将 UG 对象转换成 Step203、Step214、IGES 格式文件

选择"文件"→"导出"→Step203 命令，系统弹出"导出至 STEP203 选项"对话框，如图 8-82 所示。

选择"文件"→"导出"→Step214 命令，系统弹出"导出至 STEP214 选项"对话框，如图 8-83 所示。

选择"文件"→"导出"→IGES 命令，系统弹出"导出至 IGES 选项"对话框，如图 8-84 所示。

将 UG 部件文件转换成 Step203、Step214、IGES 格式文件的方法与将 UG 对象转换成 DXF/DWG 格式文件的方法基本相同，其弹出的对话框也相似，如图 8-82～图 8-84 所示，在此就不做过多的介绍了。用户在转换时可参照将 UG 对象转换成 DXF/DWG 格式文件的方法进行相关的选择和设置。

8.3.1.4 将 UG 对象转换成 STL 格式文件

选择"文件"→"导出"→STL 命令，系统弹出"快速成形"对话框，如图 8-85 所示。

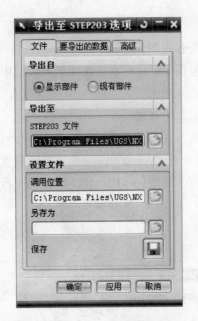

图 8-82 "导出至 STEP203 选项"对话框

图 8-83 "导出至 STEP214 选项"对话框

图 8-84 "导出至 IGES 选项"对话框

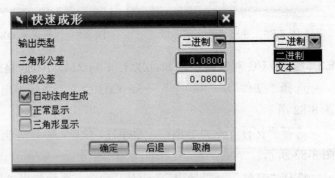

图 8-85 "快速成形"对话框

在"快速成形"对话框中设置完各选项后，单击"确定"按钮，系统弹出"导出快速成形文件"对话框，输入要导出的文件名后，单击"确定"按钮，然后在弹出的对话框中输入文件头信息。再次单击"确定"按钮，此时系统弹出"类选择"对话框，选取相应的对象后，单击"确定"按钮即可。

若在"输出类型"选项中选择为"文本"类型，则输出一个".TXT"文件，如图 8-86 所示。

```
solid
  facet normal -9.9842681E-01 +5.6070447E-02 +0.0000000E+00
    outer loop
      vertex   +1.9968561E+02 +2.4440177E+02 +0.0000000E+00
      vertex   +1.9968561E+02 +2.4440177E+02 +3.0000000E+01
      vertex   +2.0000000E+02 +2.5000000E+02 +3.0000000E+01
    endloop
  endfacet
  facet normal -9.8587101E-01 +1.6750622E-01 +0.0000000E+00
    outer loop
      vertex   +1.9874639E+02 +2.3887395E+02 +0.0000000E+00
      vertex   +1.9874639E+02 +2.3887395E+02 +3.0000000E+01
```

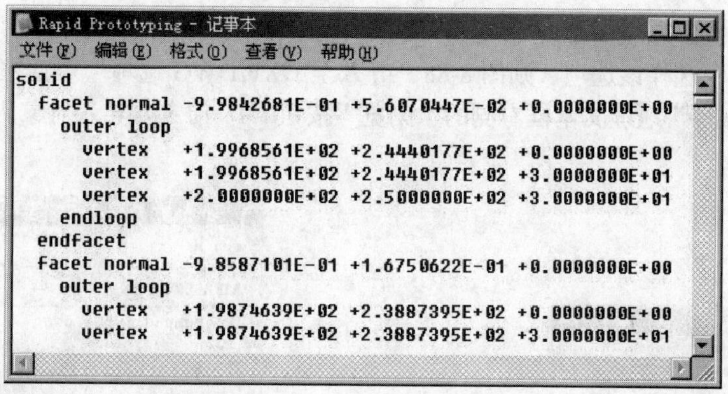

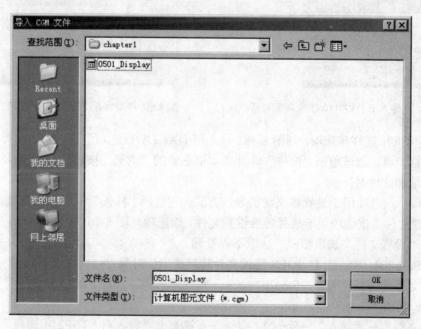

图 8-86　在“快速成形”对话框中输出的“文本”类型文件

8.3.2　数据的导入

8.3.2.1　将 CGM 格式文件转换成 UG 对象

选择“文件”→“导入”→CGM 命令，系统弹出“导入 CGM 文件”对话框，如图 8-87 所示。选择相应的文件后，单击 OK 按钮，则完成了 CGM 文件的导入，导入的对象将显示在图形窗口中。

图 8-87　“导入 CGM 文件”对话框

注意：有时导入 CGM 格式文件后，需用“适合窗口”命令才能看到导入的对象。

8.3.2.2　将 DXF/DWG 格式文件转换成 UG 对象

选择“文件”→“导入”→DXF/DWG 命令，系统弹出“导入至 DXF/DWG 选项”对话框，如图 8-88 所示。

下面介绍图 8-88“导入至 DXF/DWG 选项”对话框中一些选项和按钮的作用。

（1）导入自　该选项用于指定要导入对象所在的文件。可以通过单击该按钮下面“DXF/DWG 文件”地址文本框右侧的“浏览”按钮，指定要导入对象所在的存放地址。

（2）导入至　该选项用于指定将对象导入的部件，它包括“工作”、“新建公制”和“新建英制”3 个选项。

① 工作：选择该选项，则将 DXF/DWG 文件导入到当前的工作部件文件中。

② 新建公制：选择该选项，则图 8-88"导入至 DXF/DWG 选项"对话框如图 8-89 所示。可以通过单击"文件"地址文本框右侧的"浏览"按钮 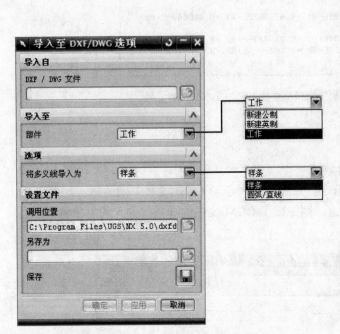，指定要导入对象所在的存放地址和文件名。

图 8-88 "导入至 DXF/DWG 选项"对话框（1）　　图 8-89 "导入至 DXF/DWG 选项"对话框（2）

③ 新建英制：选择该选项，则图 8-88"导入至 DXF/DWG 选项"对话框变成类似如图 8-89 所示的对话框。可以通过单击"文件"地址文本框右侧的"浏览"按钮 ，指定要导入对象所在的存放地址和文件名。

（3）选项　该选项用于设置多义线的导入方式，它包括"样条"和"圆弧/直线"两个选项。

（4）设置文件　该选项用于选择转换设置文件。该选项与图 8-76"导出至 DXF/DWG 选项"对话框中的"设置文件"选项相似，这里不再赘述。

8.3.2.3　将 Step203、Step214、IGES 格式文件转换成 UG 对象

选择"文件"→"导入"→Step203 命令，系统弹出"导入自 STEP203 选项"对话框，如图 8-90 所示。

选择"文件"→"导入"→Step214 命令，系统弹出"导入自 STEP214 选项"对话框，如图 8-91 所示。

选择"文件"→"导入"→IGES 命令，系统弹出"导入自 IGES 选项"对话框，如图 8-92 所示。

将 Step203、Step214、IGES 格式文件转换成 UG 对象的方法与将 DXF/DWG 格式文件转换成 UG 对象的方法基本相同，其弹出的对话框也相似，如图 8-90～图 8-92 所示，在此就不做过多的介绍了。用户在转换时可参照将 DXF/DWG 格式文件转换成 UG 对象的方法进行相关的选择和设置。

8.3.2.4　将 STL 格式文件转换成 UG 对象

选择"文件"→"导入"→STL 命令，系统弹出"导入 STL"对话框，如图 8-93 所示。该对话框可以设置隐藏光顺边缘的开启与关闭，以及角度公差（粗糙、中、精细）和 STL 文件单位（米、毫米、英寸），也可以设置显示信息。设置好各选项后，单击"确定"按钮，系统弹出

"导入 STL" 对话框，选择相应的文件后，单击 OK 按钮，则完成了 STL 文件的导入，导入的对象将显示在图形窗口中。

图 8-90 "导入自 STEP203 选项" 对话框

图 8-91 "导入自 STEP214 选项" 对话框

图 8-92 "导入自 IGES 选项" 对话框

图 8-93 "导入 STL" 对话框

8.4 材料与纹理

每一种物体都具有某种材质和纹理，不同的材质和纹理得到的视觉效果也不相同。模型建立后，应将物体实际的材料和纹理加在模型上，这也是渲染中一个很重要的步骤，其设置的好坏直接影响图像的效果。

8.4.1 材料与纹理类型

单击资源条中的"系统材料"按钮，系统弹出"系统材料"窗口，如图 8-94 所示。

图 8-94 "系统材料"窗口

"系统材料"窗口提供了"汽车"、"陶瓷玻璃"、"彩色塑料"、"构造"、"效果图案"、"内部"以及"金属"等 7 种类型的材料纹理，如图 8-94 所示。下面分别予以简要介绍。

（1）汽车 设置三维实体模型的材料为指定的汽车材料，使其具有汽车材料特性。

（2）陶瓷玻璃 设置三维实体模型的材料为陶瓷或玻璃，使其具有指定的陶瓷或玻璃特性。

（3）彩色塑料 设置三维实体模型的材料为彩色塑料，使其具有指定颜色的塑料材料特性。

（4）构造 设置三维实体模型的材料为构造材料。

（5）效果图案 用来设置三维实体模型的材料为特殊的效果和样式。

（6）内部 设置三维实体模型的材料为内部效果。

（7）金属 设置三维实体模型的材料为金属材料，使其具有金属特性。

8.4.2 材料与纹理的编辑

选择"视图"→"可视化"→"材料/纹理"命令，或者单击"可视化形状"工具条上的"材料/纹理"按钮，系统弹出"材料/纹理"对话框，如图 8-95 所示。

8.4.2.1 "材料/纹理"对话框

1．编辑器

该选项含有一个"启动材料编辑器"按钮。通过该按钮可以对所选材料和纹理进行编辑，包括编辑材料的颜色、材料的亮度、纹理大小、纹理样式、粗糙度以及折射率等。

图 8-95 "材料/纹理"对话框

2．选择

该选项包括 3 个按钮，下面分别介绍如下。

（1）"显示用途"按钮   单击该按钮，显示有哪些对象在使用指定的材料和纹理特性。

（2）"为选择添加已使用项"按钮   将选中的使用某种材料和纹理的对象，改为使用当前使用的材料和纹理。

（3）"继承材料"按钮   单击该按钮，选择要继承材料和纹理的对象后，即把该对象的材料和纹理继承了下来。然后选择新的对象，则该新对象的材料和纹理与所继承对象的相同。

8.4.2.2 "材料编辑器"对话框

单击图 8-95 "材料/纹理"对话框中的"启动材料编辑器"按钮   ，系统弹出"材料编辑器"对话框，如图 8-96 所示。

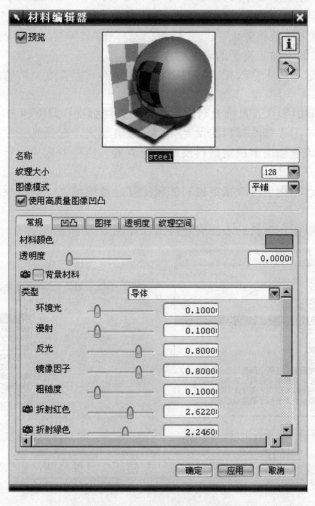

图 8-96 "材料编辑器"对话框

"材料编辑器"对话框中含有"常规"、"凹凸"、"图样"、"透明度"以及"纹理空间"5 个选项卡，如图 8-96 所示。分别介绍如下。

1．常规

在该选项卡上可以指定材料的颜色、透明度、类型、环境光、漫射、镜像因子、粗糙度以及折射红色等选项，如图 8-96 所示。

（1）材料颜色　单击"材料颜色" 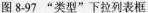 按钮，系统弹出"颜色"对话框，在该对话框中可以设置材料显示的颜色。

（2）透明度　该选项用于设置穿过材料的光量。拖动滑块向右移动时，穿过材料的光量增加，即物体的透明度增加。另外，也可以通过在其右侧的文本框中输入 0～1 之间的数值来指定透明度。

（3）类型　在该选项中设置渲染类型，其下拉列表如图 8-97 所示。常用的类型有以下几种。

① 恒定　物体为同一颜色，且不考虑灯光的影响。

② 无光粗糙　适用于反光量很小的物体，如砖头、纤维等。

③ 金属　产生金属的反射效果。

④ 范奇　产生类似于塑料的效果，适用于抛光陶瓷。

⑤ 塑料　产生塑料效果。

⑥ 导体　产生比金属类型更好的金属反射效果。

⑦ 绝缘体　产生比玻璃更好的玻璃效果。

⑧ 环境　当使用环境贴图作为背景时，采用该选项能将环境反射到材料上。它最适合于反光材料，如光亮金属等。

⑨ 玻璃　常数简化的玻璃效果。

⑩ 镜子　产生类似于抛光镜子的表面效果。

（4）环境光　该选项用于修改指定材料在整个空间的光照亮度。数值越大，则材料的亮度越大。

（5）漫射　该选项用于修改直接光对指定材料的光照强度。数值越大，则材料的亮度越大。

（6）反光　该选项用于修改材料的反光亮度。数值越大，则反光亮度越大。

（7）镜像因子　该选项用于决定材料反射光的数量。当类型选择为导体、绝缘体、环境、玻璃时有效。

（8）粗糙度　该选项用于修改指定材料的粗糙度。数值越大，材料反光锐度越大。

2．凹凸

在该选项卡上可以指定材料的表面突起样式，如图 8-98 所示。

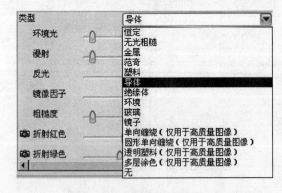

图 8-97　"类型"下拉列表框

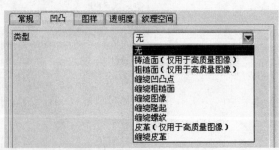

图 8-98　"凹凸"选项卡

表面凹凸纹理样式包括"无"、"铸造面"、"粗糙面"、"缠绕凹凸点"、"缠绕粗糙面"、"缠绕图像"、"缠绕隆起"、"缠绕螺纹"、"皮革"以及"缠绕皮革"等选项，如图 8-99 所示。

🔍注意：须将试图适当地放大显示，才能比较清晰地显示出其纹理样式。

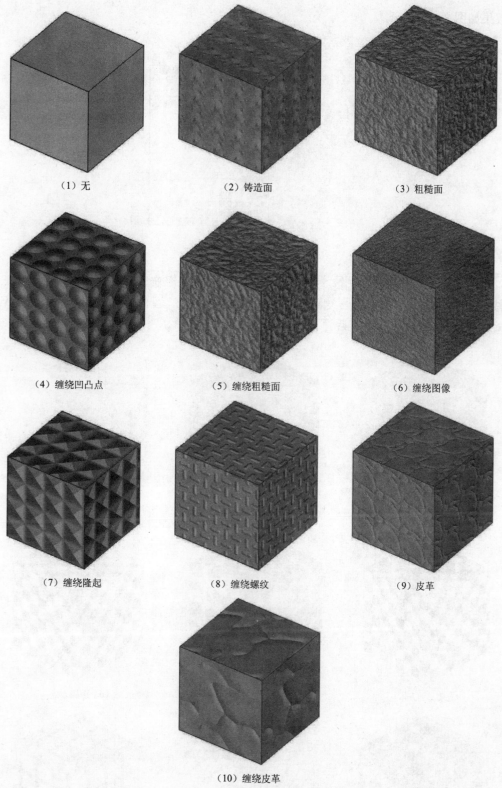

（1）无　　　　　　　　　（2）铸造面　　　　　　　　　（3）粗糙面

（4）缠绕凹凸点　　　　　　（5）缠绕粗糙面　　　　　　　（6）缠绕图像

（7）缠绕隆起　　　　　　　（8）缠绕螺纹　　　　　　　　（9）皮革

（10）缠绕皮革

图 8-99　表面凹凸纹理样式

3. 图样

在该选项卡上可以指定材料的表面纹理样式，如图 8-100 所示。

在"图样"选项卡上可以选择的纹理类型有"无"、"蓝色大理石"、"大理石"、"实心立方体"、"实心云"、"纯光栅"、"缠绕方格"、"缠绕圆点"、"对角线缠绕"、"缠绕栅格"、"缠绕图像"、"缠绕的木质地板"、"花岗石"、"缠绕砖"、"缠绕 T 形砖"、"层叠式砖胶合"等。部分样式的效果如图 8-101 所示。

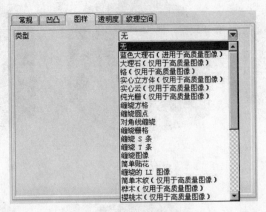

图 8-100 "图样"选项卡

> 🔍 提示：当选择"缠绕图像"类型时，此时会弹出"图像"按钮 图像 和"TIFF 图版"按钮 TIFF 图板 。分别单击这两个按钮，系统会弹出"图像文件"对话框和"TIFF 图版"对话框，可以从弹出的对话框中选择相应的图像。

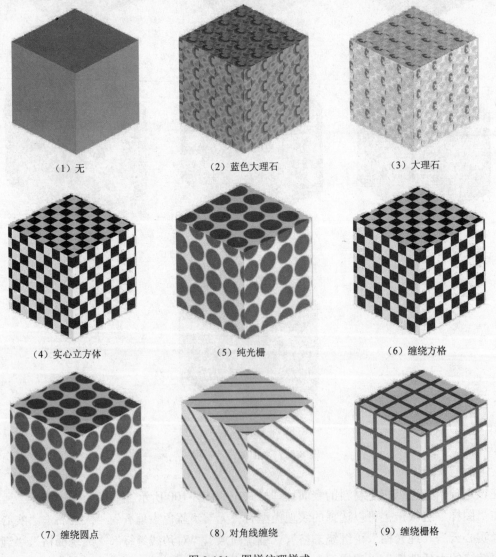

图 8-101 图样纹理样式

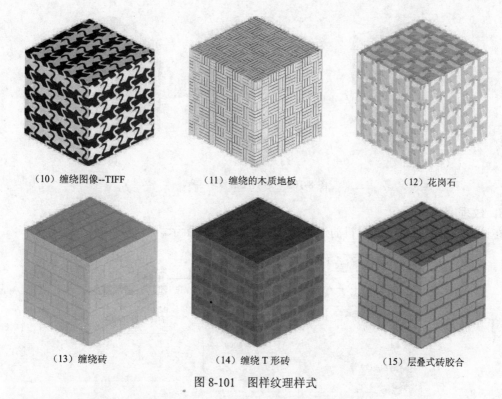

（10）缠绕图像--TIFF   （11）缠绕的木质地板   （12）花岗石

（13）缠绕砖   （14）缠绕 T 形砖   （15）层叠式砖胶合

图 8-101 图样纹理样式

4. 透明度

在该选项卡上可以指定材料的透明样式，如图 8-102 所示。

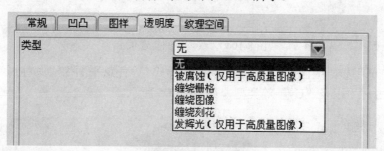

图 8-102 "透明度"选项卡

在"透明度"选项卡上可以选择的材料透明样式有"无"、"被腐蚀"、"缠绕栅格"、"缠绕图像"、"缠绕刻花"以及"发辉光"等。它们的透明样式效果如图 8-103 所示。

🔍 提示：当选择"缠绕图像"和"缠绕刻花"类型时，此时会弹出"图像"按钮 图像 。单击该按钮，系统会弹出"图像文件"对话框，可以从弹出的对话框中选择相应的图像。

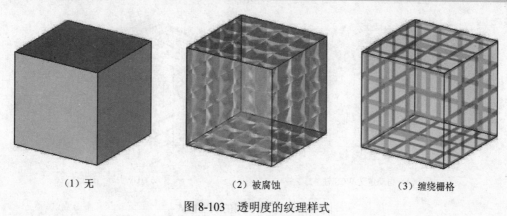

（1）无   （2）被腐蚀   （3）缠绕栅格

图 8-103 透明度的纹理样式

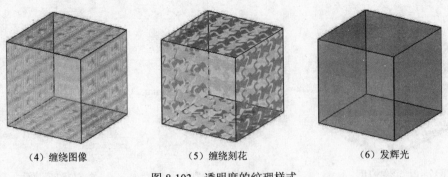

（4）缠绕图像　　　　　　　（5）缠绕刻花　　　　　　（6）发辉光

图 8-103　透明度的纹理样式

5．纹理空间

在该选项卡上可以指定材料的透明样式，如图 8-104 所示。

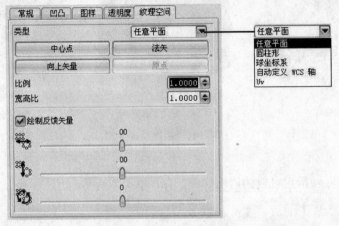

图 8-104　"纹理空间"选项卡

在"纹理空间"选项卡上可以选择的材料纹理样式有"任意平面"、"圆柱形"、"球坐标系"、"自动定义 WCS 轴"以及"Uv"等类型，如图 8-105 所示。

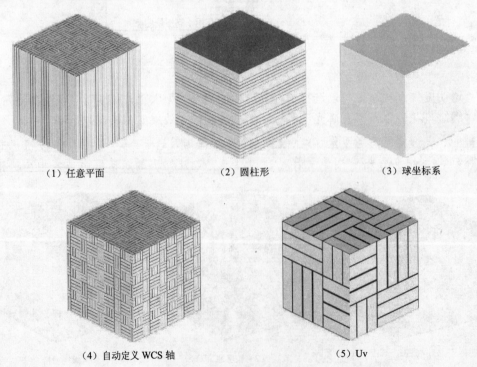

（1）任意平面　　　　　　　（2）圆柱形　　　　　　　（3）球坐标系

（4）自动定义 WCS 轴　　　　　　　　　　（5）Uv

图 8-105　纹理空间的纹理样式

8.5　单位的设置与管理

用主菜单"分析"→"单位"命令可以进行相应的单位设置和单位管理等。"分析"→"单位"命令的子菜单如图 8-106 所示。

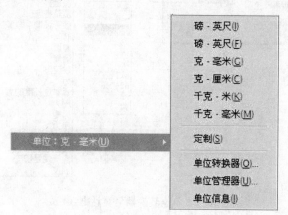

图 8-106　"单位"子菜单

8.5.1　对信息和分析结果设置单位

在图 8-106 的"单位"子菜单上面的一些菜单项单位，如"磅-英寸"（注：图 8-106 的"单位"子菜单最上面的一个菜单项单位实际上是"磅-英寸"，属于显示错误）、"磅-英尺"、"克-毫米"、"克-厘米"、"千克-米"、"千克-毫米"等，它们用来设置在信息和分析结果里显示的单位。通过选择不同的菜单项单位即可以改变信息和分析结果显示的单位。

在"单位"子菜单后显示的单位为当前所用的单位。当在图 8-106 的"单位"子菜单上选择不同的菜单项单位时，则该选择的单位即出现在"单位"子菜单的后面，即在之后的信息窗口和分析结果中显示的单位就是该选择的单位。

8.5.2　定制单位

它是对信息和分析结果设置定制单位，这些单位是通过"单位管理器"来进行定义的。关于"单位管理器"命令的内容将在下面介绍。

8.5.3　单位转换器

选择"分析"→"单位"→"单位转换器"命令，系统弹出"单位转换器"对话框，如图 8-107 所示。

下面介绍图 8-107"单位转换器"对话框中一些选项的作用。

1. 数量

该选项右侧的下拉列表框中列出了可以转换的单位所属的各种量纲，如"长度"、"面积"、"体积"、"质量"、"质量密度"等等，如图 8-107 所示。

2. 从

该选项用于设置要转换的单位及其要转换的具体数量。

左边的文本框用于输入要转换单位的具体数量，右边的单位下拉列表框用于选择要转换的原单位。

> 注意：单位下拉列表中列出的单位依在"数量"选项中所选择的量纲而定。例如，若在"数量"选项中选择的量纲是"长度"，则在"从"选项的单位下拉列表框中列出了可供选择的长度单位：m、mm、in、ft 等等，如图 8-107 所示。

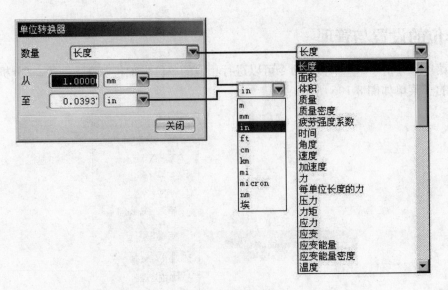

图 8-107 "单位转换器"对话框（1）

3. 至

该选项用于设置要转换成的单位，并显示出在此单位下转换的结果。

在右边的下拉列表框中选择要转换成的单位后，则在左边的文本框中自动显示在该单位下的转换结果。

该选项单位下拉列表中列出的单位也是依在"数量"选项中选择的量纲而定的，它与"从"选项中的单位下拉列表中的内容相同，如图 8-107 所示。

例如，在图 8-107 "单位转换器"对话框中，在"数量"选项中选择量纲为"长度"，然后在"从"选项的单位下拉列表中选择"in"，在其左边的文本输入框中输入"1"，最后在"至"选项的单位下拉列表中选择"mm"，则此时系统自动在其左边的文本框中显示转换的结果：25.40000，如图 8-108 所示。若此时在"至"选项的单位下拉列表中把单位重新改选为"cm"，则此时系统自动重新在其左边的文本框中显示转换的结果：2.54000，如图 8-109 所示。

图 8-108 "单位转换器"对话框（2）

图 8-109 "单位转换器"对话框（3）

8.5.4 单位管理器

选择"分析"→"单位"→"单位管理器"命令，系统弹出"单位管理器"对话框，如图 8-110 所示。

下面介绍一下图 8-110 "单位管理器"对话框中一些选项和按钮的作用。

1. 测量

该选项右侧的下拉列表框中列出用以管理的单位所属的各种量纲，如"长度"、"面积"、"体积"、"质量"、"质量密度"等等，如图 8-110 所示。

2. 单位名

该选项的单位名下拉列表框列出了可供选择的单位。

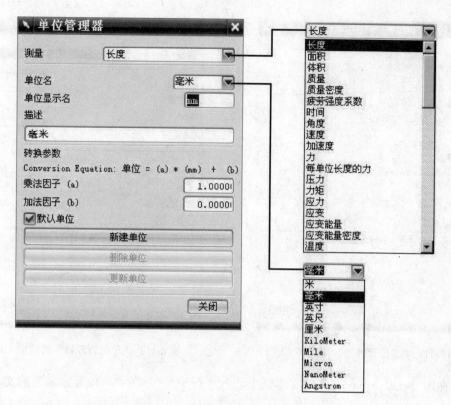

图 8-110 "单位管理器"对话框（1）

🔍 **注意：** 单位名下拉列表中列出的单位名是依在"数量"选项中所选择的量纲而定的。例如，若在"测量"选项中选择的量纲是"长度"，则在"单位名"选项的单位名下拉列表框中列出了可供选择的长度单位名称："米"、"毫米"、"英寸"、"英尺"、"厘米"等，如图 8-110 所示。

3. 单位显示名

该选项右侧的文本输入框中显示的是在信息和分析结果里等显示的该单位的表示法。

4. 描述

该选项和"单位名"有些类似，显示的是对所选单位的描述。例如，若在"单位名"的下拉列表框中选择"KiloMeter"，则此时在"描述"下面的文本框中显示其描述信息为"千米"。

5. 转换参数

该选项列出了所选的单位和当前所使用的单位之间的转换关系。

例如，若在"单位名"的下拉列表框中选择"英尺"，则此时在"转换参数"的"乘法因子"文本框中显示其乘法因子为"304.80000"；在"加法因子"文本框中显示其加法因子为"0.00000"，如图 8-111 所示。

6. 默认单位

若在"单位名"的下拉列表框中所选的单位名是系统当前所使用的单位，则"默认单位"复选框会自动被选中，如图 8-110 所示；相反，若所选的单位名不是系统当前所使用的单位，则"默认单位"复选框不会被选中，如图 8-111 所示。

另外，该选项还能结合"更新单位"按钮 [更新单位] 来重新设置默认使用的单位，这将稍后在下面介绍。

7. "新建单位"按钮 [新建单位]

通过该按钮用户可以新建一个单位。单击该按钮 [新建单位]，图 8-110 的"单位管理器"对话框变成如图 8-112 所示的"单位管理器"对话框。

例如，假如现在根据需要新建一个长度单位 L，并且要求 1L＝11.5mm，则创建的步骤如下。

图 8-111 "单位管理器"对话框（2）

图 8-112 "单位管理器"对话框（3）

（1）在图 8-112"单位名"的文本框中输入"新长度"，在"单位显示名"的文本框中输入 L。

（2）在"描述"下面的文本框中输入对该新建的单位的描述信息："新建的单位"。

（3）在"转换参数"选项的"乘法因子"文本框中输入"11.5"，在"加法因子"文本框中输入"0"，如图 8-113 所示。

（4）单击图 8-113 中的"添加单位"按钮 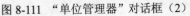，则此时即完成了新单位的建立。

（5）检验：选择"分析"→"单位"→"单位转换器"命令，系统弹出"单位转换器"对话框，如图 8-107 所示。此时在图 8-107 的"单位转换器"对话框的"从"选项的单位下拉列表框中选择刚刚新建的单位 L，其左边的文本框中接受默认值 1 不变。然后在"至"选项的单位下拉列表框中选择单位 mm，则此时系统自动在"至"选项左边的文本框中显示转换的结果：11.50000，如图 8-114 所示。

图 8-113 "单位管理器"对话框（4）

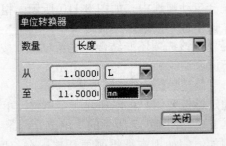

图 8-114 "单位转换器"对话框

8."删除单位"按钮 [删除单位]

该选项用于删除用户建立的单位。当在"单位名"的下拉列表框中选择用户建立的单位时，该按钮才处于激活状态。

9."更新单位"按钮 [更新单位]

通过该按钮再结合"默认单位"选项，可以重新设置默认使用的单位。

若在"单位管理器"对话框"单位名"的下拉列表框中所选择的单位不是系统当前所使用的单位，则"默认单位"复选框不会被选中，且"更新单位"按钮 [更新单位] 处于非激活状态，如图 8-111 所示。若此时选中"默认单位"复选框，则"更新单位"按钮 [更新单位] 这时便处于激活状态。若此时单击"更新单位"按钮 [更新单位]，则该所选的单位便成了默认使用的单位。

8.5.5 单位信息

选择"分析"→"单位"→"单位信息"命令，系统弹出单位信息窗口，如图 8-115 所示。

在该信息窗口中列出了各量纲中系统使用的单位。如在图 8-115 的信息窗口中列出了当前文件中"长度"使用的单位是"毫米"，"面积"使用的单位是"平方毫米"，"质量"使用的单位是"千克"等。

图 8-115　单位信息窗口

8.6　利用部件族建立标准零件库

在实际工作中有很多零件都是相类似的，有些只是其中几个尺寸产生变化。像这些重复性高、相似性大的零件（如螺钉、扳手等）或者标准件，不需要每个规格的都逐一建立一个部件零件。UG NX 5.0 可以依据创建的原始模型，通过电子表格改变模型组对象的数量、类型或尺寸参数来建立系列化的模型，即可以使用一个原始模型零件与一个电子表格代表无数个相似的一类零件，这样就减少了设计人员不必要的大量的重复性劳动，大大提高了工作效率。

部件族是本质上相似的零件（或组件、特征）的集合，但在有些方面稍有不同，如大小或详细特征等。例如，螺钉有各种尺寸规格，但它们看起来是一样的，并且具有相同的功能，这样就可以把它们看成是一类零件的集合，或者说是一个零件族，也就是这里要讲到的部件族。部件族的功能就是建立一系列结构相同而部分参数不同的部件。它的特点是，在一个部件（原始模型）的基础上，通过电子表格设置各个部件的参数，然后利用电子表格设置的参数快速生成一系列部件，而不需要逐一单个创建各个部件，从而大大提高了设计效率。所以，根据其特点，部件族特别适用于标准件和通用件等部件的创建。

使用部件族可以完成以下工作。

（1）产生和存储大量简单而细致的对象。

（2）建立标准零件库或通用件库，既省时又省力。

（3）从零件文件中生成各种零件，而无需重新构造。

（4）可以使零件产生细小的变化而无须用关系改变模型。

（5）产生可以存储到打印文件并包含在零件目录中的零件表。

（6）节省文件存储所需的磁盘空间。

下面介绍"部件族"命令。

选择"工具"→"部件族"命令，系统弹出"部件族"对话框，如图 8-116 所示。

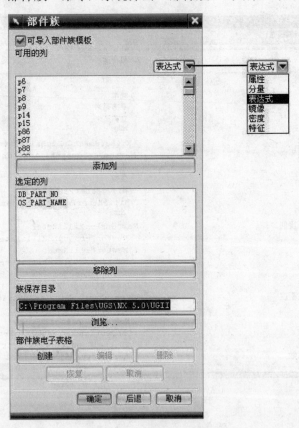

图 8-116 "部件族"对话框

下面介绍图 8-116"部件族"对话框中一些选项和按钮的作用。

1．可用的列

在该选项下面的列表框中给出了"属性"、"分量"、"表达式"、"镜像"、"密度"、"特征"等 6 种选择方式，如图 8-116 所示。在列表框中列出了所选方式的所有可用的相关选项。

2．"添加列"按钮 添加列

在"可用的列"选项下面的列表框中选择相应的选项后，单击该按钮即可把所选的选项添加到"选定的列"列表框中，即把所选的选项创建到部件族电子表格中。

3．选定的列

该选项下面的列表框中列出了创建到部件族电子表格中的内容。

4．"移除列"按钮 移除列

在"选定的列"列表框中选择相应的选项后，单击该按钮即可把所选的选项从"选定的列"列表框中移除出去，即不把所选的选项创建到部件族电子表格中。

5．族保存目录

可在该选项下面的文本框中输入所要创建的部件族的保存地址，也可单击下面的"浏览"按钮 浏览… 进行选择。

6．部件族电子表格

该选项下的"创建"、"编辑"、"删除"、"恢复"、"取消"这6个按钮是用来对电子表格进行操作的。

（1）"创建"按钮 创建 单击该按钮创建部件族，此时系统会自动切换到 Excel 电子表格界面，如图 8-117 所示。在电子表格界面对所要创建的内容进行编辑即可。

（2）"编辑"按钮 编辑 该按钮用于对已存在的部件族进行编辑。单击该按钮系统会自动切换到类似于如图 8-117 所示的 Excel 电子表格界面，在电子表格界面对所要修改的内容进行编辑即可。

> 注意：该按钮只有在部件文件中存在部件族时才会处于激活状态。

（3）"删除"按钮 删除 该按钮用于删除已存在的部件族。单击该按钮系统会弹出"删除部件族"的警告对话框，如图 8-118 所示。单击"是"按钮则删除部件族。

图 8-117 部件族电子表格

图 8-118 "删除部件族"的警告对话框

> 注意：该按钮只有在部件文件中存在部件族时才会处于激活状态。

（4）"恢复"按钮 恢复 单击该按钮系统返回到 Excel 电子表格界面。

> 注意：该按钮只有在部件族电子表格中对部件族进行相应的操作后才会处于激活状态。

（5）"取消"按钮 取消 单击该按钮系统退出 Excel 电子表格界面，并切换到 UG 窗口。

> 注意：该按钮只有在部件族电子表格中对部件族进行相应的操作后才会处于激活状态。

8.7 表达式实例

通过完成下面的例子来说明对表达式进行操作的一些过程，同时也可以发现在参数建模中表达式的作用。

步骤一 未编辑表达式时。

（1）打开光盘中的文件"Chapter08-01-Expression.prt"，如图 8-119 所示。其中，孔中心在长方体的中心处。

图 8-119 文件"Chapter08-01-Expression.prt"

（2）单击"标准"工具条上的"开始"按钮 开始，然后单击选择"建模"命令 建模(M)...，进入建模环境。

（3）选择"编辑"→"特征"→"编辑参数"命令，或单击"编辑特征"工具条上的"编辑特征参数"按钮 ，系统弹出如图 8-120 所示的"编辑参数"对话框。

（4）在如图 8-120 所示"编辑参数"对话框的特征列表中选择特征"块（1）"，或者直接在图形窗口中选择"块（1）"。

（5）单击"确定"按钮，此时系统弹出如图 8-121 所示的"编辑参数"对话框。

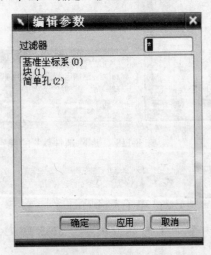

图 8-120 "编辑参数"对话框（1）

图 8-121 "编辑参数"对话框（2）

（6）在图 8-121 所示的"编辑参数"对话框中单击"特征对话框"按钮 特征对话框 ，此时系统弹出如图 8-122 所示的"编辑参数"对话框，在该对话框中列出了特征"块（1）"的原特征参数。

（7）在图 8-122 "编辑参数" 对话框的文本框中重新编辑参数，编辑后的参数如图 8-123 的 "编辑参数" 对话框所示。

图 8-122 "编辑参数" 对话框（3）

图 8-123 "编辑参数" 对话框（4）

（8）单击图 8-123 的 "编辑参数" 对话框中的 "确定" 按钮，此时系统返回到图 8-121 的 "编辑参数" 对话框。

（9）单击图 8-121 的 "编辑参数" 对话框中的 "确定" 按钮，此时系统返回到图 8-120 的 "编辑参数" 对话框。

（10）单击图 8-120 的 "编辑参数" 对话框中的 "确定" 按钮，完成了对特征 "块（1）" 参数的编辑。更新后的特征如图 8-124 所示。

图 8-124 对 "块（1）" 特征参数编辑后更新的模型

步骤二 创建和编辑表达式后再对特征的参数进行编辑。

在步骤一中，没有对表达式进行编辑，此时发现在对长方体"即 "块（1）" "的特征参数进行编辑更新后，孔中心不是在长方体的中心了，而是以原来的定位尺寸 "移动" 到了新的位置。下面我们就通过创建表达式以及对表达式的编辑，使在对长方体"即 "块（1）" "的特征参数进行编辑更新后，孔中心仍处于长方体的中心。

具体操作步骤如下。

1. 创建表达式

（1）选择 "工具" → "表达式" 命令，或按快捷键 Ctrl+E，系统弹出 "表达式" 对话框，如图 8-125 所示。

（2）在图 8-125 "表达式" 对话框 "名称" 文本框中输入 "L"，在 "公式" 文本框中输入 "120"，如图 8-126 所示。

（3）单击 "接受编辑" 按钮，这样就创建了一个名称为 "L" 的表达式。

（4）再以同样的方法分别创建 "名称" 为 "W" 和 "H"，"公式" 为 "80" 和 "30" 的表达式。

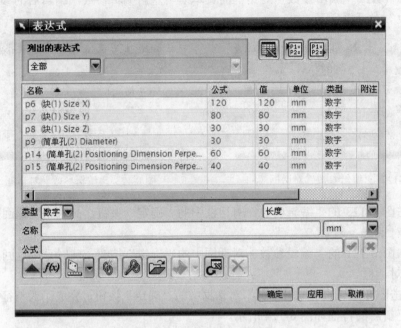

图 8-125 "表达式"对话框

图 8-126 "表达式"对话框——创建表达式

（5）创建完之后的表达式对话框如图 8-127 所示。

（6）单击图 8-127 "表达式"对话框中的"应用"按钮，完成表达式的创建。

2．编辑表达式

（1）在图 8-127"表达式"对话框的表达式列表框中选取表达式 p6，则该表达式的名称"p6"和公式"80"分别出现在"名称"和"公式"文本框中。

（2）在"公式"文本输入框中把表达式 p6 的公式改成"L"。

（3）单击"接受编辑"按钮，完成对表达式 p6 的编辑。

（4）以同样的方法分别编辑表达式 p7 和 p8，将其"公式"分别改为"W"和"H"。

（5）再以同样的方法分别编辑表达式 p14 和 p15（其中，p14 和 p15 均是孔的定位尺寸），将其"公式"分别改为"L/2"和"W/2"。

图 8-127　"表达式"对话框——完成所有表达式的创建

（6）编辑完之后的表达式对话框如图 8-128 所示。

图 8-128　"表达式"对话框——完成对表达式的编辑（1）

（7）单击图 8-128"表达式"对话框中的"确定"按钮，完成对表达式的编辑。

3．编辑表达式以更新模型

（1）选择"工具"→"表达式"命令，或按快捷键 Ctrl+E，系统弹出 "表达式"对话框，此时的"表达式"对话框如图 8-128 所示。

（2）在图 8-128"表达式"对话框的表达式列表框中选取表达式 L，则该表达式的名称"L"和公式"120"分别出现在"名称"和"公式"文本框中。

（3）在"公式"文本框中把表达式 L 的公式改成"180"。

（4）单击"接受编辑"按钮![icon]，完成对表达式 L 的编辑。

（5）以同样的方法编辑表达式 W，将其"公式"改为"120"。

（6）编辑完之后的表达式对话框如图 8-129 所示。此时表达式 p14 和 p15 的值自动更新，如图 8-129 所示。

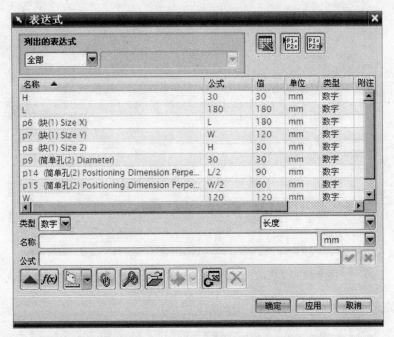

图 8-129 "表达式"对话框——完成对表达式的编辑（2）

（7）单击图 8-129"表达式"对话框中的"确定"按钮，完成对表达式的编辑。

（8）此时图形窗口中的部件特征自动更新，更新后的模型如图 8-130 所示。此时孔中心仍在长方体的中心处。

图 8-130 编辑表达式后更新的模型

（9）完成该例子的操作。选择"文件"→"保存"命令，或者单击"标准"工具条上的"保存"按钮![icon]，保存该文件。

8.8 部件族应用实例

通过完成下面的例子来说明部件族的应用。

首先，创建如图 8-131（a）所示的原始模型零件，然后用部件族创建如图 8-131（b）～（d）所示的 3 个部件族成员。

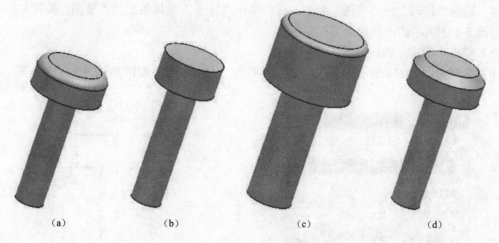

（a）　　　　　　（b）　　　　　　（c）　　　　　　（d）

图 8-131　原始模型零件及其用它创建的部件族成员

步骤一　创建原始模型零件。

（1）启动 UG，选择"文件"→"新建"命令，或者单击"新建"按钮，系统弹出"文件新建"对话框，如图 8-132 所示。

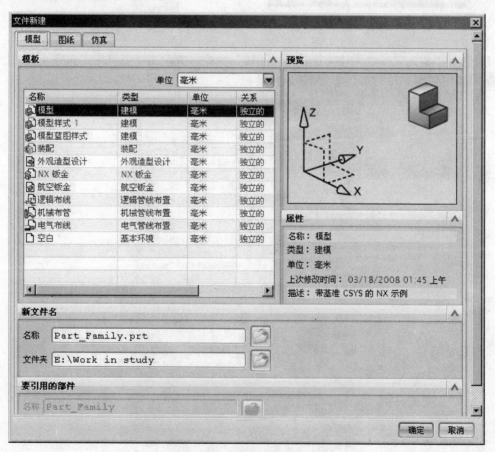

图 8-132　"文件新建"对话框

（2）在"名称"文本框中输入"Chapter08-2-Part_Family.prt"，单击"确定"按钮完成新文件的建立。

（3）单击"标准"工具条上的"开始"按钮 ⚙ 开始▾，然后单击选择"建模"命令 ▣ 建模(M)...，进入建模环境。

（4）选择"插入"→"草图"命令，或者单击"特征"工具条上的"草图"按钮 品，系统弹出如图 8-133 所示的"创建草图"对话框。

（5）单击"确定"按钮，进入草图界面。

（6）绘制如图 8-134 所示的草图，完成后单击"完成草图"按钮 ✍ 完成草图 完成草图。

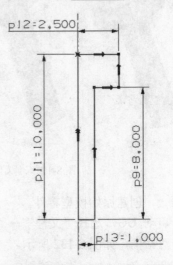

图 8-133　"创建草图"对话框　　　　图 8-134　原始模型零件的草图

（7）选择"插入"→"设计特征"→"回转"命令，或单击"特征"工具条上的"回转"按钮 ⬆，弹出如图 8-135 所示的"回转"对话框。

图 8-135　"回转"对话框

（8）选择图 8-134 绘制的草图作为截面线。

（9）单击图 8-135 "轴"选项组中的"指定矢量"选项，然后选择图 8-134 绘制的草图中的参考线作为回转轴，如图 8-136 所示。

（10）在如图 8-135 所示的"回转"对话框中，把"开始"选项设为"值"，在"开始"选项下面的"角度"文本框中输入"0"；把"结束"选项设为"值"，在"结束"选项下面的"角度"文本框中输入"360"，如图 8-135 所示。

（11）其他采用默认设置。

（12）单击"确定"按钮，完成回转特征的建立，如图 8-137 所示。

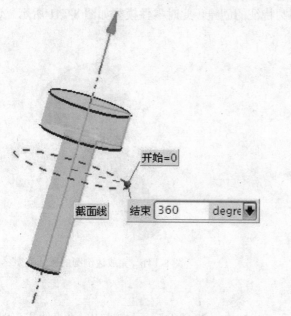

图 8-136 创建回转特征

图 8-137 完成的回转特征

（13）创建边倒圆特征。选择"插入"→"细节特征"→"边倒圆"命令，或者单击"特征操作"工具条中的"边倒圆"按钮 ，系统弹出"边倒圆"对话框，如图 8-138 所示。

图 8-138 "边倒圆"对话框

（14）在"选择边"工具条的"曲线规则"按钮所在的下拉列表框中，选择"单条曲线"方式，如图 8-139 所示。

图 8-139　把"曲线规则"设置成"单条曲线"

（15）选择图 8-137 回转特征的上边缘作为要进行边倒圆的边，如图 8-140 所示。

（16）在"半径 1"右侧的文本框中输入倒圆半径"0.6"。

（17）单击"确定"按钮，完成边倒圆特征的创建，此时零件模型如图 8-141 所示。这就是我们要建立的原始模型零件。

选择此边

图 8-140　选取要倒圆的边

图 8-141　完成边倒圆的原始模型

步骤二　创建表达式。

（1）选择"工具"→"表达式"命令，或按快捷键 Ctrl+E，系统弹出 "表达式"对话框，如图 8-142 所示。

图 8-142　"表达式"对话框

（2）在图 8-142"表达式"对话框"名称"文本框中输入"d1"，在"公式"文本框中输入"2.5"，如图 8-143 所示。

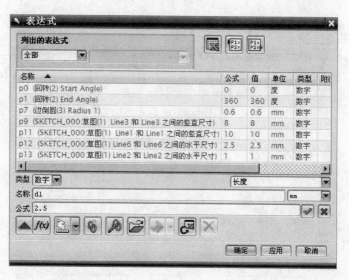

图 8-143 "表达式"对话框——创建表达式

（3）单击"接受编辑"按钮 ，这样就创建了一个"名称"为"d1"的表达式。

（4）再以同样的方法分别创建"名称"为"d2"、"d3"、"d4"和"dy"，"公式"为"1.0"、"8.0"、"10.0"和"0.6"的表达式。

（5）创建完之后的表达式对话框如图 8-144 所示。

图 8-144 "表达式"对话框——完成所有表达式的创建

（6）单击图 8-144"表达式"对话框中的"应用"按钮，完成表达式的创建。

步骤三　编辑表达式。

（1）在图 8-144"表达式"对话框的表达式列表框中选取表达式 p9，则该表达式的名称"p9"和公式"8"分别出现在"名称"和"公式"文本框中。

（2）在"公式"文本框中把表达式 p9 的公式改成"d3"。

（3）单击"接受编辑"按钮 ，完成对表达式 p9 的编辑。

（4）以同样的方法分别编辑表达式 p11、p12 、p13 和 p7，将其"公式"分别改为"d4"、"d1"、"d2"和"dy"。

（5）编辑完之后的表达式对话框如图 8-145 所示。

图 8-145 "表达式"对话框——完成对表达式的编辑

（6）单击图 8-145 "表达式"对话框中的"确定"按钮，完成对表达式的编辑。

步骤四 将相关尺寸与特征加入部件族。

（1）选择"工具"→"部件族"命令，系统弹出"部件族"对话框，如图 8-146 所示。

（2）在图 8-146 对话框"可用的列"选项下面的列表框中选择"d1"。

（3）单击"添加列"按钮 添加列 ，则此时"d1"便出现在"选定的列"下面的列表框中。

（4）以同样的方法分别选择"d2"、"d3"、"d4"和"dy"，然后分别单击"添加列"按钮 添加列 将它们添加到"选定的列"中，如图 8-147 所示。

图 8-146 "部件族"对话框（1）

图 8-147 "部件族"对话框（2）

（5）单击图 8-147"部件族"对话框"可用的列"中的下拉列表框，然后选择"特征"选项，此时"部件族"对话框如图 8-148 所示。

（6）在图 8-148 对话框"可用的列"选项下面的列表框中选择特征"Edge_Blend（3）"。

（7）单击"添加列"按钮 添加列 ，则此时特征"Edge_Blend（3）"便出现在"选定的列"下面的列表框中，如图 8-149 所示。

图 8-148 "部件族"对话框（3）　　　　　图 8-149 "部件族"对话框（4）

（8）在"族保存目录"选项下面的文本框中输入所要创建的部件族的保存地址，也可单击下面的"浏览"按钮 浏览... 进行选择。

（9）单击图 8-149"部件族"对话框中的"创建"按钮 创建 ，此时系统自动切换到 Excel 电子表格界面。其中，"d1"、"d2"、"d3"、"d4"、"dy"和"Edge_Blend（3）"等已经出现在电子表格的文件中，如图 8-150 所示。

图 8-150 部件族电子表格

步骤五　编辑部件族电子表格的内容。

（1）在图 8-150 编辑部件族电子表格界面的 DB_PART_NO 列输入部件零件的顺序号，在 OS_PART_NAME 列输入部件零件的名称，在 d1、d2、d3、d4 和 Edge_Blend（3）列输入相应的数值。

（2）分别创建名为"Family_Inst1"和"Family_Inst2"的部件族成员，并对它们的参数进行相应的定义，如图 8-151 所示。

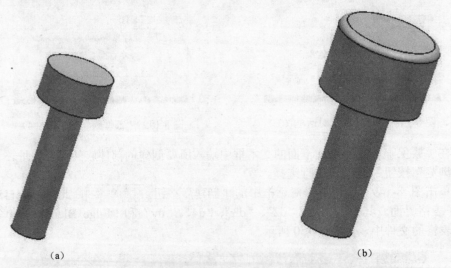

图 8-151　在电子表格中定义部件族成员及其参数

（3）在图 8-151 电子表格界面中选择相应的部件成员后，然后选择"部件族"→"确认部件"命令，则此时在 UG 的图形窗口中临时显示所选择部件成员的三维模型，如图 8-152 所示。

(a)　　　　　　　　　　　　　　　　　　(b)

图 8-152　查看部件成员的三维模型

(a)"Family_Inst1"；(b)"Family_Inst2"

（4）如果显示的结果不符合要求，则可以单击图 8-149"部件族"对话框中的"恢复"按钮 　恢复　（此时该按钮已处于激活状态），此时系统重新返回到如图 8-151 所示的电子表格界面，同时 UG 的图形窗口中自动恢复显示原来的部件模型。

（5）可在图 8-151 电子表格界面中对相应的部件成员进行编辑，然后使用上述步骤（3）、（4）中的方法进行查看，直至达到要求为止。

（6）对部件成员编辑完成后，在图 8-151 电子表格界面中选择"部件族"→"保存族"命令，保存部件族参数的电子表格。保存后系统自动返回到图 8-149 的"部件族"对话框（4）。

（7）此时，在图 8-149 的"部件族"对话框中的"编辑"按钮 　编辑　和"删除"按钮

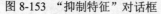处于激活状态。这时还可以单击"编辑"按钮对刚创建的部件族的电子表格进行编辑或单击"删除"按钮删除刚创建的部件族的电子表格等。

（8）单击"确定"按钮，完成部件族的创建。

步骤六 抑制原始模型零件中的边倒圆特征。

（1）选择"编辑"→"特征"→"抑制"命令，或单击"编辑特征"工具条上的"抑制特征"按钮，系统弹出"抑制特征"对话框，如图 8-153 所示。

（2）选择要抑制的特征。在图 8-153"抑制特征"对话框上部的特征列表框中列出了文件的模型中满足过滤条件的所有特征。在特征列表框中选择特征"边倒圆（3）"，另外，也可以在图形窗口中直接选取该特征。

（3）选择"边倒圆（3）"特征后，该特征会自动出现在图 8-153"抑制特征"对话框下部"选定的特征"列表框中。单击"确定"按钮，则此时特征"边倒圆（3）"被抑制，模型自动更新显示，更新后的模型如图 8-154 所示。

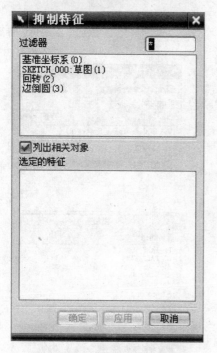

图 8-153 "抑制特征"对话框

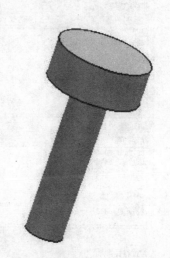

图 8-154 抑制"边倒圆"特征后的原始模型

步骤七 创建倒斜角特征。

（1）选择"插入"→"细节特征"→"倒斜角"命令，或者单击"特征操作"工具条上的"倒斜角"按钮，系统弹出"倒斜角"对话框，如图 8-155 所示。

（2）在图 8-155"倒斜角"对话框"偏置"选项组中，把"横截面"设置为"对称"，在"距离"文本框中输入前面创建的表达式名称"dy"，其他采用默认设置。

（3）单击"确定"按钮，完成"倒斜角"特征的创建，如图 8-156 所示。

步骤八 编辑部件族电子表格，添加倒斜角特征和部件族成员。

（1）选择"工具"→"部件族"命令，系统弹出"部件族"对话框，如图 8-157 所示。

（2）单击图 8-157"部件族"对话框"可用的列"中的下拉列表框，然后选择"特征"选项。

（3）在"可用的列"选项下面的列表框中选择特征"Chamfer（4）"。

（4）单击"添加列"按钮 添加列 ，则此时特征"Chamfer（4）"便出现在"选定的列"下面的列表框中，如图 8-158 所示。

图 8-155 "倒斜角"对话框

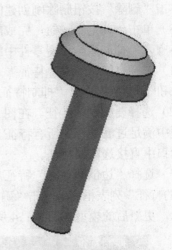

图 8-156 添加"倒斜角"特征

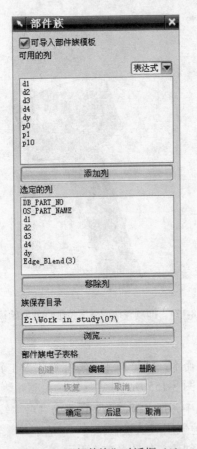

图 8-157 "部件族"对话框（1）

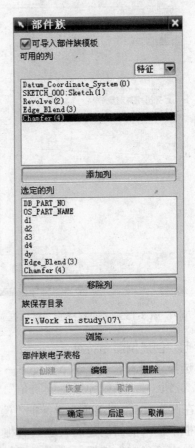

图 8-158 "部件族"对话框（2）

（5）单击"编辑"按钮 [编辑]，对部件族电子表格进行编辑。

此时系统自动切换到如图 8-159 所示的 Excel 电子表格界面。其中，"Chamfer（4）"已经自动出现在电子表格的文件中，如图 8-159 所示。

（6）编辑各部件成员的参数，然后添加新成员"Family_Inst3"，如图 8-160 的电子表格所示。

（7）此时可在图 8-160 的电子表格界面中选择相应的部件成员，然后选择"部件族"→"确认部件"命令，则此时在 UG 的图形窗口中临时显示所选择部件成员的三维模型，可以查看其

是否满足要求 。其中所添加的新成员"Family_Inst3"三维模型即为图 8-156 所示的部件零件。

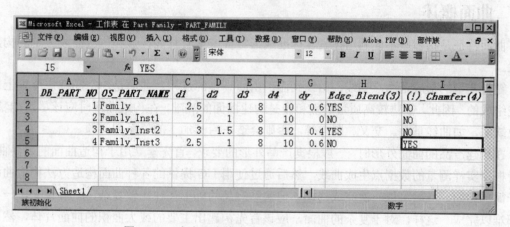

图 8-159　编辑部件族电子表格

图 8-160　在电子表格中编辑参数及添加部件族成员

（8）如果显示的结果不符合要求，则可以单击图 8-158"部件族"对话框中的"恢复"按钮 [恢复]（此时该按钮已处于激活状态），此时系统重新返回到图 8-160 所示的电子表格界面，同时在 UG 的图形窗口中自动恢复显示原来的部件模型。

（9）可在图 8-160 电子表格界面中对相应的部件成员进行编辑，然后使用上述步骤（7）中的方法进行查看，直至达到要求为止。

（10）对部件成员编辑完成后，在图 8-160 电子表格界面中选择"部件族"→"保存族"命令，保存部件族参数的电子表格。保存后系统自动返回到图 8-158 的"部件族"对话框。

（11）这时还可以单击"编辑"按钮 [编辑] 对刚编辑的部件族的电子表格再进行编辑或单击"删除"按钮 [删除] 删除部件族的电子表格等。

（12）单击"确定"按钮，完成部件族的创建和编辑。

（13）选择"文件"→"保存"命令，或者单击"标准"工具条上的"保存"按钮 🔲，保存该文件。

第 9 章　曲面特征的创建与编辑

UG 不仅提供了基本的特征建模，同时还提供了曲面特征的建模与曲面编辑。

曲面特征设计是 CAD 模块的重要组成部分，也是体现 CAD/CAM 软件建模能力的重要标志，也可以说是高端软件的重要标志。曲面设计可用于设计复杂的自由外形，绝大多数实际产品的设计都离不开曲面特征。

曲面设计包括曲面特征建模模块和曲面特征编辑模块。通过曲面特征建模模块可以方便地创建曲面片体或实体模型，通过曲面编辑模块可以对曲面进行各种编辑修改操作。

9.1　曲面概述

曲面特征是指那些不能利用体素、标准成形特征或含有直线、弧和二次曲线之草图构建的形状。

零件模型的形成是由点到线、由线到面、由面到体的过程。曲面是由空间特定位置上的点和线组成的，因此，创建较高质量的点和线是构建曲面的基础。在构造曲线时应该尽可能精确，避免缺陷，如曲线重叠、交叉、断点等，否则会造成后续加工的一系列问题。

在构建产品的曲面外形时，一般根据产品外形的要求，首先建立用于构造曲面的边界曲线，或者根据实样测量的数据点生成曲线，然后通过使用 UG 提供的各种曲面构造方法构造曲面。对于简单曲面，一般可以一次完成建模。但实际产品的外形往往比较复杂，一般说来，一次建模都难以完成。这样，对于复杂的曲面，应该首先构建出主要的或大面积的曲面片体，然后通过进行曲面的过渡连接、光顺处理等曲面编辑的方法完成最终的整个产品造型。

在 UG NX 5.0 中，大多数曲面命令所创建的曲面都具有参数化的特征。这类曲面的共同特点在于它们都是由曲线生成的，曲面与曲线具有关联性，即当构造曲面的曲线被编辑修改后，曲面就会自动更新。

用户在使用"直纹"或者"通过曲线网格"等命令创建曲面时，若选择了封闭的截面线，有时生成的会是实体。若想生成的是片体，可以通过从主菜单选择"首选项"→"建模"命令，此时系统弹出"建模首选项"对话框，如图 9-1 所示。在图 9-1"建模首选项"对话框"常规"选项卡的"体类型"选项中把系统默认的"体"单选按钮 ⊙实体 改选成"图纸页"单选按钮 ⊙图纸页 即可，如图 9-1 所示。

UG NX 5.0 的曲面特征创建和编辑功能可通过从主菜单选择"插入"→"曲面"、"插入"→"网格曲面"、"插入"→"弯边曲面"、"插入"→"偏置/缩放"等命令来调用，如图 9-2 所示。还有部分曲面编辑命令在"插入"主菜单的其他子菜单中，在讲到相关命令时再作介绍。该功能也可通过"水面舰艇"工具条和"编辑曲面"工具条中的命令来调用，这两个工具条中具体的命令如图 9-3 所示。

9.1.1　曲面特征的构造方法

曲面特征生成方法按照原始数据的类型可以大致分为以下 3 类。

1. 基于点的构造方法

这种方法是以原始数据点为输入数据的造型方法，例如，"通过点"、"从极点"、"从点云"

命令。这种方法创建的曲面是非参数化的，即生成的曲面与构造点没有关联性。当对构造点进行编辑修改后，曲面不会产生关联性的更新。建议一般情况下尽量少用这种方法。

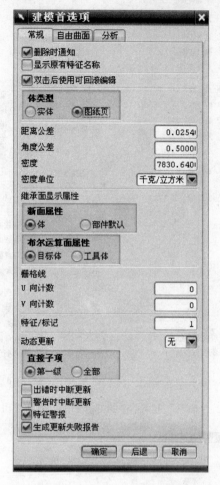

图 9-1 "建模首选项"对话框

2．基于曲线的构造方法

这种方法是以原始曲线为输入数据的造型方法，例如，"直纹"、"通过曲线组"、"通过曲线网格"、"扫掠"、"截型体"等命令。这种方法创建的曲面是全参数化的，即当对构造曲面的曲线进行编辑修改后，曲面会自动更新。工程应用中大多采用这种曲面构造方法。

3．基于曲面的构造方法

这种方法有时又叫派生曲面的构造方法，它是在其他已存片体的基础上进行构造曲面的一种造型方法。例如，"桥接"、"N 边曲面"、"延伸"、"规律延伸"、"曲面偏置"、"大致偏置"、"熔合"等命令。这种方法对于创建很复杂的曲面非常有用。一些很复杂的曲面在用基于曲线的构造方法时有时难以完成，此时就要借助于基于曲面的构造方法，利用已有的曲面片体来完成曲面的创建。这种方法生成的曲面大多数也是参数化的，它也是工程应用中很常用的一种曲面构造方法。

9.1.2 曲面特征的应用范围

曲面特征常用于以下一些情况。

（1）在利用标准实体建模方法很难创建一个要求复杂的形状和外形时。

（2）通过缝合几个片体围成一个封闭的区域，从而生成一个实体。

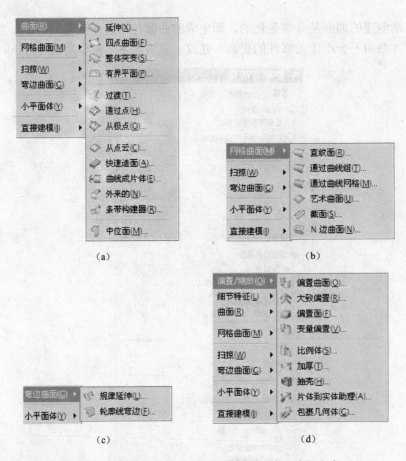

图 9-2 "插入"主菜单中的部分曲面创建和编辑命令

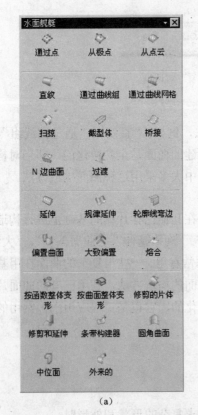

图 9-3 曲面创建和编辑的工具条

(a)"水面舰艇"工具条；(b)"编辑曲面"工具条

（3）通过修剪一个实体，在实体的一个或多个面上产生一定的轮廓和形状，如图 9-4 所示。

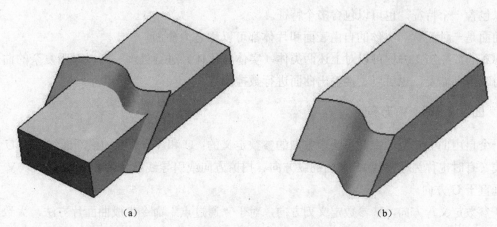

（a）　　　　　　　　　　　　　　　　　（b）

图 9-4　用曲面修剪实体
（a）修剪前的实体；（b）修剪后的实体

9.1.3　曲面创建的基本原则

曲面的创建应遵循以下原则。

（1）尽量避免使用非参数化命令创建曲面特征，例如"通过点"、"从极点"、"从点云"命令。

（2）用于构造曲面的曲线应尽可能简单，曲线阶次≤3；当需要曲率连续时，可考虑使用 5 阶曲线。

（3）用于构造曲面的曲线要保证光顺连续，避免产生尖角、交叉和重叠。在进行构造曲面时，要对所利用的曲线进行曲率分析，避免会造成曲面的不光顺。

（4）曲面的曲率半径应尽可能大，否则会造成加工困难。

（5）曲面阶次≤3，尽可能避免使用高次曲面。如果阶次较高，有可能使生成的曲面无法导出到其他 CAD 系统。

（6）如有测量得到的数据点，建议可先生成曲线，然后利用曲线构造曲面。

（7）面之间的圆角过渡尽可能在实体上进行操作。

（8）对于一些曲面倒角，一般可先使两曲面相交成一棱边，然后再进行倒角。

（9）曲面的内圆角半径应略大于标准刀具的半径，否则会造成加工困难。

（10）曲面要尽量简洁；曲面可尽量做大，然后对不需要的部分进行修剪；曲面的张数应尽量少，不要太碎。这样不仅有利于曲面的光顺，而且有利于后面增加一些圆角、增厚等特征，还有利于下一步的编程加工，这样数控加工刀轨的计算量也会明显减少。

9.2　曲面中的几个概念

在 UG NX 5.0 中，关于曲面方面的概念有一些特别的解释，这里介绍如下。

9.2.1　体的类型

体的类型在 5.1.2 节中讲了一些，这里再补充一些。

在 UG 中，构造的物体类型有两种：实体与片体。

（1）实体　具有厚度、由封闭表面包围的具有体积的物体。

（2）片体　是厚度为 0 的实体，即只有表面，没有体积。一个片体是一个独立的几何体，它可以包含一个特征，也可以包含多个特征。

曲面是一种泛称，实体的自由表面和片体都可以称之为曲面。

UG 的数控加工编程可以对上述两类体（实体与片体）进行处理。所以对于复杂的曲面加工，为减少存储量，也可以直接输出曲面进行数控编程。

9.2.2　曲面的 U、V 方向

一个自由曲面在数学上是用两个方向的参数定义的：U 和 V。曲面的横断面线称为 U 方向网格线（有时也称为栅格线），曲面的纵方向、扫掠方向或引导线称为 V 方向网格线。V 方向大致垂直于 U 方向。

U 参数定义行方向，V 参数定义列方向，对于"通过点"命令生成曲面片方法，大致具有同方向的一组点构成了 U 方向，一组与 U 方向大约垂直的一组点构成了 V 方向。对于"通过曲线组"、"直纹"的生成方法，曲线代表了 U 方向。

所有形体都可以用 U-V 网格线来描绘，U-V 网格线产生的形状与形体的曲率一致。网格线仅表示形体的可视化特征，它的疏密程度与形体的数学模型精度无关。可以通过从主菜单选择"首选项"→"建模"命令，此时系统弹出"建模首选项"对话框，如图 9-1 所示。在图 9-1 "建模首选项"对话框的"栅格线"选项中即可设置创建形体特征时生成网格线（即栅格线）的数量，如图 9-1 所示。

9.2.3　曲面的阶次

曲面的阶次（有时也称为阶数）用来描述曲面的多项式次数，每个片体都有一个 U 向阶次和一个 V 向阶次。

片体在 U、V 方向的阶次必须介于 1～24 之间。也就是说，UG 最多提供 24 阶的高阶曲面。建议构造曲面时使用 3 阶曲面，因为 3 阶曲面足以表达一般的曲面造型。工程中大多使用的也是 3 阶曲面。阶数过高会大幅度增加计算量，使得运算与显示的效率降低。再者，过高的曲面阶数，有可能会由于其他软件系统的不支持而使生成的曲面无法导出完成数据交换，或者使数据丢失。

9.2.4　补片类型

片体是由补片构成的。若所创建的片体只包含一个单个的补片，则称为单补片。若所创建的片体包含多个单个的补片，则称为多补片。用户可以在相应的对话框中控制选择生成"单个"或"多个"补片类型。

使用较多的补片创建的片体可以提供更多的控制曲面的局部区域。补片越多，越能在更小的范围内控制片体的曲面曲率半径。但是，一般情况下，在创建片体时只要能够满足曲面创建功能的要求即可，最好尽量减少使用补片的数量。因为这样不仅可以提高执行效率，并且还可以使所创建的曲面更光顺。

9.3　基于点的曲面的创建

创建曲面的点可以是任意位置上的点，也可以是特定位置上的点（例如，极点），还可以是一个点云。通过这些类型的点，都可以结合相关的命令进行曲面的创建。

9.3.1 通过点

"通过点"是指通过所指定的矩形阵列点来创建一张非参数化的曲面。使用这种功能创建的曲面会完全通过指定的点，且点的位置和数量会影响曲面的光顺度。

选择"插入"→"曲面"→"通过点"命令，或单击"曲面"工具条上的"通过点"按钮◇，系统弹出"通过点"对话框，如图9-5所示。

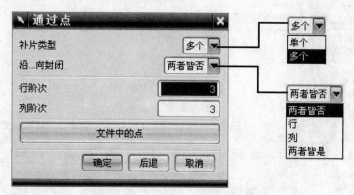

图9-5 "通过点"对话框

下面介绍图9-5"通过点"对话框中的选项和按钮的作用。

（1）补片类型 该选项用于设置补片的类型，它包括"单个"和"多个"两个选项。

① 单个：创建仅包含一个面的片体。

② 多个：创建包含有多个面的片体。

（2）沿…向封闭 该选项用于设置曲面是否闭合或闭合的方式。该选项包括"两者皆否"、"行"、"列"以及"两者皆是"4个选项。如果选择在两个方向上封闭体，或在一个方向上封闭体并且另一个方向的端点是共面的，则生成实体。

① 两种皆否：该方式指定义点或控制点的列方向与行方向都不闭合，即产生的片体行方向和列方向都不封闭，以指定的点开始和结束。

② 行：该方式指定义点的第一行为最后一行，即第一行自动成为最后一行。

③ 列：该方式指定义点的第一列为最后一列，即第一列自动成为最后一列。

④ 两者皆是：该方式指产生的片体在行方向和列方向两个方向都是封闭的，最后将生产实体。

（3）行阶次 该选项用于为"多补片"类型的片体指定行阶次。对于"单补片"类型的片体，系统由点数最高的行开始确定行阶次。

（4）列阶次 该选项用于为"多补片"类型的片体指定列阶次。对于"单补片"类型的片体，系统将此设置为行阶次减1。

（5）文件中的点 该按钮用于从文件中读取数据点来创建曲面。

单击该按钮 文件中的点 ，系统弹出"点文件"对话框，如图9-6所示。选择一个数据文件（.dat）即可。

（6）点的选择方式 设置好上述参数后，单击如图9-5"通过点"对话框中的"确定"按钮，系统弹出如图9-7所示的"过点"对话框。在该对话框中系统提供了"全部成链"、"在矩形内的对象成链"、"在多边形内的对象成链"、"点构造器"4种选点的方式。

① 全部成链：该方式是在指定起点和终点后，则两点之间的所有邻边的点都会被选中，它们之间所有的点为一行。

② 在矩形内的对象成链：该方式通过指定矩形方框的方式选取点，然后再指定起点和终点。

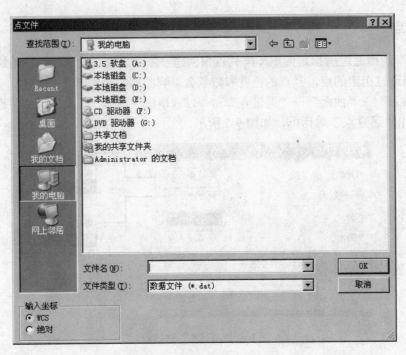

图 9-6 "点文件"对话框

③ 在多边形内的对象成链：该方式通过指定多边形的方式选取点，然后再指定起点和终点。

④ 点构造器：该方式是通过点构造器指定点。

选择上述一种点的选择方式后，即可在屏幕上选择或指定点。

> 提示：每一行的点数应大于等于（阶次+1）。当选择的行数为 V 方向（即列）的（阶次+1）时，系统会弹出如图 9-8 所示的"过点"对话框，提示是结束点的选择（选择"所有指定的点"按钮 所有指定的点 ）还是继续选择下一行（选择"指定另一行"按钮 指定另一行 ）。例如 V 阶次为 3，当选择完第 4 行时，系统即会弹出如图 9-8 所示的"过点"对话框。如果采用"多补片"类型的片体，行数多于（阶次+1），可一直把所有的行选择完。

图 9-7 "过点"对话框（1）　　　　　　图 9-8 "过点"对话框（2）

当在图 9-8"过点"对话框中选择"所有指定的点"按钮 所有指定的点 时，则结束点的选择，立即生成片体。当选择"指定另一行"按钮 指定另一行 时，则允许继续选择另外一行的点。

图 9-9 是"通过点"命令创建曲面的一个实例。

> 注意：选择点时，按行选择，应当按照同样的顺序进行选取，否则可能导致生成的曲面产生扭曲。

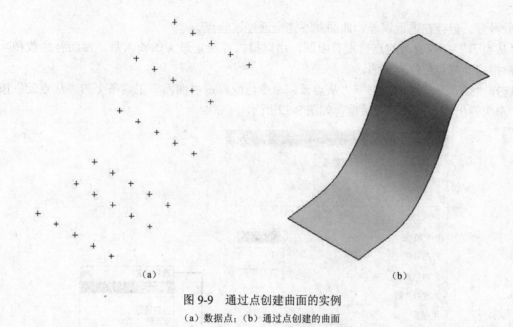

（a）　　　　　　　　　　　　　　　（b）

图 9-9　通过点创建曲面的实例

（a）数据点；（b）通过点创建的曲面

9.3.2　从极点

"从极点"的方法是输入一组控制多边形网格顶点，点的排列大致是 U 方向和 V 方向。通过调整网格顶点来控制曲面的形状，这些点被称为极点，工程上又称为特征多边形顶点。同样，曲面可以是开的，也可以是闭合的。

选择"插入"→"曲面"→"从极点"命令，或单击"曲面"工具条上的"从极点"按钮，系统弹出"从极点"对话框，如图 9-10 所示。

该对话框与图 9-5 的"通过点"对话框相似，相同的部分就不再赘述。

设置好参数后，单击图 9-10 对话框中的"确定"按钮，系统弹出"点构造器"对话框。通过"点构造器"对话框在图形窗口直接选择点。在每连续选择一行点之后，单击"点构造器"对话框中的"确定"按钮，此时系统会弹出如图 9-11 所示的"指定点"对话框。在图 9-11 的"指定点"对话框中单击"是"按钮，开始选择下一行的点，直至选择完所有的点后即可依据选取的点创建曲面。

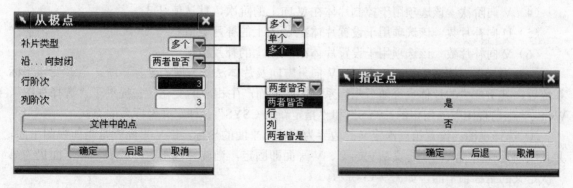

图 9-10　"从极点"对话框　　　　　　　　图 9-11　"指定点"对话框

9.3.3　从点云

点云的概念是因为输入的点数非常多，且这些点不需要按照行或列组织，而是以一种无规律的散乱点的形式给出。这些数据点一般是由扫描仪或三坐标测量仪等得到的，点的数据量很庞大。用这种方法逼近构造出的曲面，在同样数据点的情况下，逼近的曲面比"通过点"方法要光滑得多。但存在逼近误差，曲面并不完全通过这些点。

"从点云"命令输入的点数没有限制，由虚拟内存决定最大的输入量。曲面补片数和阶次由用户指定而与点数没有关系。

选择"插入"→"曲面"→"从点云"命令，或单击"曲面"工具条上的"从点云"按钮，系统弹出"从点云"对话框，如图 9-12 所示。

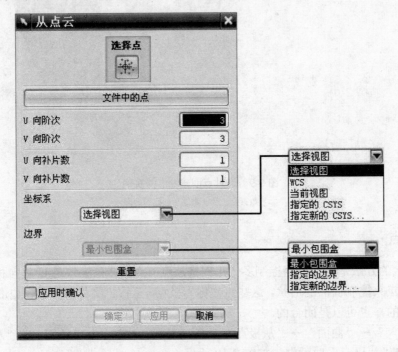

图 9-12 "从点云"对话框

下面介绍图 9-12"从点云"对话框中的选项和按钮的作用。

（1）选择点 该选项中的"点云"按钮用来选择点，是默认的选点方式。

（2）文件中的点 该按钮用于从文件中读取数据点来创建曲面，与图 9-5"通过点"对话框中的该按钮相似，在此就不再赘述。

（3）U 向阶次 该选项用于控制片体在 U 向上的阶次，默认值是 3。

（4）V 向阶次 该选项用于控制片体在 V 向上的阶次，默认值是 3。

（5）U 向补片数 该选项用于设置片体在 U 向上的补片数值。

（6）V 向补片数 该选项用于设置片体在 V 向上的补片数值。

（7）坐标系 该选项用于改变 U、V 向量方向及片体法线方向的坐标系统。当改变该坐标系统后，其所产生的片体也会随着坐标系统的改变而产生相应的变化。它提供了"选择视图"、WCS、"当前视图"、"指定的 CSYS"和"指定新的 CSYS"5 种定义坐标系的方式。

① 选择视图：设置第一次定义的边界为 U、V 平面的坐标，U-V 平面就是当前视图平面，并且法向为视图的法向。定义后它的 U、V 平面即固定，当旋转视图后，其 U、V 平面仍为第一次定义的坐标轴平面，如图 9-13 所示。

② WCS：将当前的工作坐标作为用点云构面的坐标系。

③ 当前视图：该方式是以当前的视角作为 U、V 平面的坐标，如图 9-14 所示。该方式与工作坐标系统无关。

④ 指定的 CSYS：该方式是将定义的新坐标系所设置的坐标轴作为 U、V 的方向。如果还没有在指定的新坐标系选项中设置，系统会弹出 CSYS 对话框，让用户定义坐标系。

⑤ 指定新的 CSYS：该方式用于定义坐标系，并应用于指定的坐标系。当选取该方式后，系统会弹出 CSYS 对话框，让用户定义点云构面的坐标系。

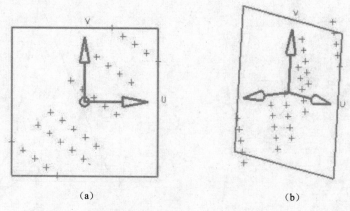

（a）　　　　　　　　　　　（b）

图 9-13　坐标系选择为"选择视图"

（a）将坐标系选择为"选择视图"；（b）旋转视图后 U、V 的方向保持不变

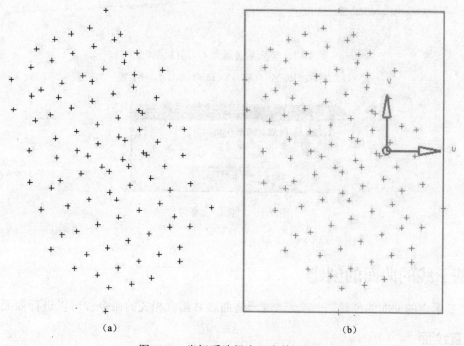

（a）　　　　　　　　　　　（b）

图 9-14　坐标系选择为"当前视图"

（a）未选点云之前；（b）选取点云，并把坐标系选择为"当前视图"

（8）边界　该选项用于设置框选点的范围，配合坐标系所设置的平面选取点。它包括"最小包围盒"、"指定的边界"和"指定新的边界"3 个选项。

① 最小包围盒：该选项是系统根据选取的点数据及当前的视角，沿法线方向，点云中所有的点投影至坐标系所设置的平面，从而产生一个包围所有点的最小矩形作为片体的边界。

② 指定的边界：该选项是沿法线方向，并以选取框选取的方式来指定新的边界。

选择该选项后，系统会弹出"点"对话框，通过点构造器定义 4 个点来指定曲面的边界。

注意：所指定的边界多边形必须是凸多边形，如图 9-15 所示，否则系统会弹出"错误"警告信息，如图 9-16 所示。

③ 指定新的边界：该选项用于定义新边界，并应用于指定的边界。当指定了曲面的边界后，如果需要删除该边界而指定一个新的边界，则可以通过使用该选项来指定，指定的方法同上。

（9）重置　单击该按钮，系统将对话框中的设置恢复到默认值。

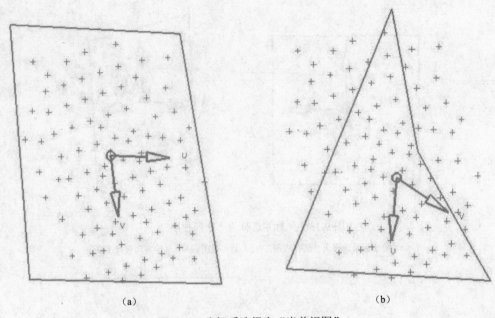

（a）　　　　　　　　　　　　　　　　　　（b）

图 9-15　坐标系选择为"当前视图"

（a）凸多边形边界，合理；（b）凹多边形边界，不合理

图 9-16　"错误"警告

9.4　基于线的曲面的创建

与"基于点的曲面的创建"一样，通过一些曲线并结合相关的命令也可以进行曲面的创建。

9.4.1　直纹面

直纹面特征是通过两条截面线串而生成的片体或实体。每条截面线可以由单个或多个对象组成，且每个对象可以是曲线、实体边缘、片体的边缘，也可以选择点作为两个截面线串中的第一个对象，例如选择一个点和一个圆可以创建一个圆锥。如果所选取的截面线皆为封闭的曲线，则会产生实体。

"直纹面"命令与下面即将要讲到的"通过曲线组"命令相似，区别在于"直纹面"只能选择两条截面线串，并且两条截面线串之间总是线性连接；而"通过曲线组"命令允许选择多达 150 条截面线串，并且可以设置两端的约束关系。因此，可以认为"直纹面"命令是"通过曲线组"命令的特例。

选择"插入"→"网格曲面"→"直纹面"命令，或单击"曲面"工具条上的"直纹"按钮 ，系统弹出"直纹面"对话框，如图 9-17 所示。

下面介绍图 9-17"直纹面"对话框中的选项和按钮的作用。

1．选择步骤

（1）"截面线串 1"按钮 和"截面线串 2"按钮　依次单击这两个按钮，可以分别选择两个截面线串。当在选择完一个截面线串之后，系统会在线串上显示一个箭头。

图 9-17 "直纹面"对话框

在选择第二个截面线串时，应注意保证两个截面线串的箭头方向应大致相同，否则会造成曲面的扭曲，如图 9-18 所示。当选择了封闭线串作为截面线串时，应尽量保持箭头的方向与位置对齐，以防生成的曲面扭曲，箭头位置决定了对齐点的位置。

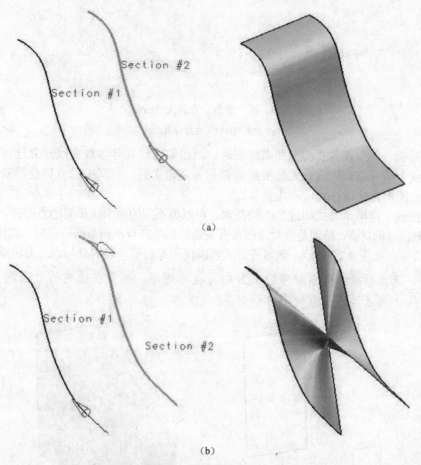

（a）

（b）

图 9-18 截面线的箭头一致与不一致时生成曲面的不同效果

（a）截面线的箭头一致时；（b）截面线的箭头不一致时

提示：若发现选择后箭头的方向不正确，可以按住 Shift 键，再单击刚刚选择的对象以取消选择，然后松开 Shift 键，重新选择以改变箭头的方向。

（2）"脊线串"按钮 当在 "对齐" 选项中选择了"脊线"时，该按钮才可用，通过它选择一条脊线。

2．对齐

该选项用于设置直纹面截面线串上各点的对齐方式，它包括"参数"、"圆弧长"、"根据点"、"距离"、"角度"和"脊线"6 种对齐方式。在设置好对齐方式后，空间中的点会沿着曲线以指定的方式穿过曲线生成实体。

（1）参数　使用该方式构造曲面特征时，等参数曲线与截面线所形成的间隔点是根据相等的参数间隔方式建立的。空间中的点将会沿着所指定的曲线以相等参数的间距穿过曲线产生片体。

如果截面线上包含直线和曲线，点的间隔方式是不同的。若包含直线则用"圆弧长"方式间隔点；若包含曲线则用"角度"方式间隔点，如图 9-19 所示。

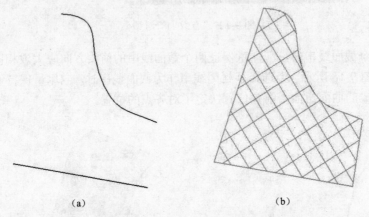

（a）　　　　　　　　　　　　（b）

图 9-19　以"参数"方式生成的曲面

（a）截面线；（b）生成后的曲面

（2）圆弧长　使用该方式构造曲面特征时，两组截面线和等参数曲线建立连接点，这些连接点在截面线上的分布和间隔方式是根据等弧长方式建立的。空间中的点将会沿着所指定的曲线以相等弧长的间距穿过曲线，产生片体。

（3）根据点　使用该方式构造曲面特征时，可以将不同的截面线串间的点对齐。该方式用于不同形状的截面线的对齐，特别是截面线包含有尖锐的拐角或有不同截面形状时，建议使用"根据点"的对齐方式，如图 9-20 所示。该对齐方式可以使用零公差，表明点与点之间精确对齐。

注意：选点时应该注意按照同一方向与次序选择，并且在所有的截面线上均需要有相应的对应点。起点和终点系统会自动对齐。

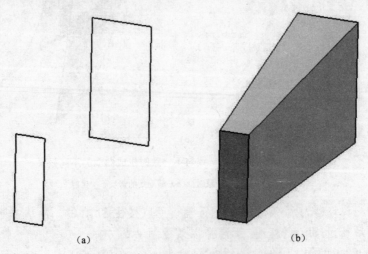

（a）　　　　　　　　　　　　（b）

图 9-20　以"根据点"方式生成的曲面

（a）截面线；（b）生成后的曲面

（4）距离　使用该方式构造曲面特征时，在指定矢量方向上，每一条截面线以相等的距离产生分割点并对齐，这使得曲面所有的等参数曲线都会位于垂直于指定向量方向的平面内。

选择该方式后，系统会弹出"矢量"对话框以指定一个矢量方向。

（5）角度　使用该方式构造曲面特征时，每一条截面线按指定的轴线以等角度的方式分隔点并对齐，这使得曲面所有的等参数曲线都会位于通过对称轴并以等角度间隔的平面内。

选择该方式后，系统会弹出如图 9-21 所示的对话框以指定一个矢量方向。

图 9-21　指定矢量的对话框

（6）脊线　使用该方式构造曲面特征时，在截面线与垂直于脊线的平面的交点位置产生分隔点并对齐，产生的片体范围以脊线的长度为准，如图 9-22 所示。

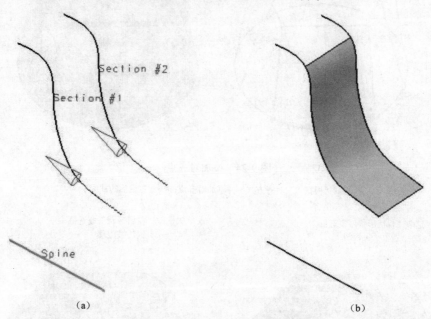

图 9-22　以"脊线"方式生成的曲面

（a）截面线和脊线；（b）生成后的曲面

（7）指定对齐点　当选择"根据点"对齐方式时，"指定对齐点"复选框处于激活状态。

当选择"根据点"对齐方式时，且选中"指定对齐点"复选框时，在截面线中自动显示对齐点，如图 9-23（a）所示。这时可以在图形窗口中拖动对齐点处的手柄以指定对齐点，如图 9-23（b）所示，也可以指定相应的点以添加对齐点，如图 9-24 所示。

（8）"重置"按钮 重置　当选择"根据点"对齐方式时，该按钮处于激活状态。

单击该按钮，则系统将对齐点恢复到系统默认的状态。

3. 保留形状

当选择"参数"和"根据点"对齐方式时，可以选择"保留形状"复选框。选取该复选框，则系统将保持原有曲线的尖锐边；不选取该复选框，则系统在创建直纹面时，会自动将尖锐边进行处理，生成近似的直纹面，如图 9-25 所示。

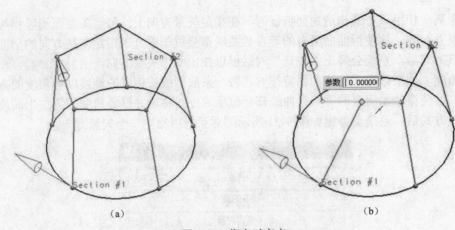

（a） （b）

图 9-23　指定对齐点

（a）选择"根据点"对齐方式；（b）拖动手柄指定对齐点

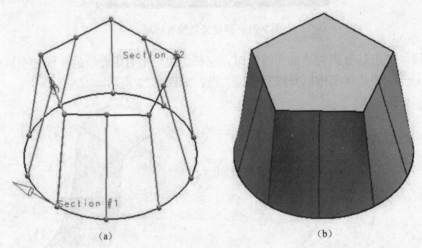

（a） （b）

图 9-24　添加对齐点

（a）"根据点"对齐方式，并添加对齐点；（b）生成后的曲面

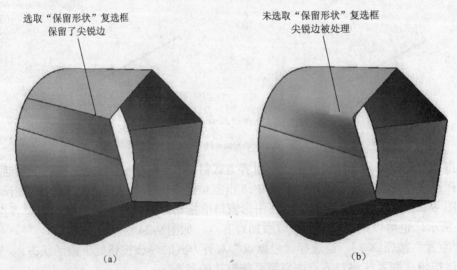

（a） （b）

图 9-25　是否选取"保留形状"复选框的不同效果

（a）选取"保留形状"复选框；（b）未选取"保留形状"复选框

　　是否选择该复选框会有不同的效果，若不选择该复选框，则边缘线就被拟合了，这时有可能与设计意图不相符。

4. 公差

该文本框用于设置所产生的片体与所选取的截面线之间的最大值。

这里"公差"的默认值是"建模首选项"对话框的"距离公差"选项中设置的值。若该处的"公差"设置为"0",则产生片体将会完全沿着所选取的截面线来创建。

9.4.2 通过曲线组

在工程设计中,对于复杂曲面的设计,在很多情况下都是以截面(或叫做剖面)的形式给出的,即通过在每一个剖面上的点先构造样条曲线,再利用构造的曲线构造曲面,这样能保证构造的曲面通过每一条曲线。当设计的数据就是曲面上的点时,这种方法最为简便,所以是工程中一种很常用的方法。

UG NX 5.0中的"通过曲线组"命令即利用曲线进行构造曲面。它通过一系列大致在同一方向上的一组曲线生成一个曲面,这些曲线称为截面线串。截面线串定义了曲面的行,同时也确定了曲面的U、V方向。每条截面线串可以由单个或多个对象组成,且每个对象可以是曲线、实体边缘、片体的边缘等。

"通过曲线组"命令可以定义第一截面线串和最后截面线串与现有曲面的约束关系,使生成的曲面与原有曲面圆滑过渡。

选择"插入"→"网格曲面"→"通过曲线组"命令,或单击"曲面"工具条上的"通过曲线组"按钮 ，系统弹出"通过曲线组"对话框,如图9-26所示。

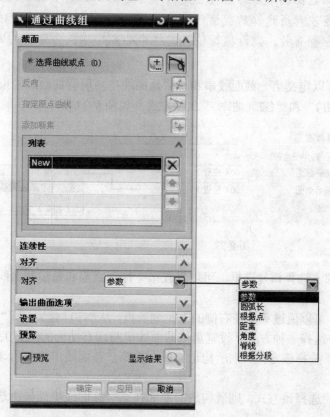

图9-26 "通过曲线组"对话框

下面介绍图9-26"通过曲线组"对话框中的选项和按钮的作用。

1. 截面

(1)选择曲线或点 该选项中的"截面"按钮 默认处于激活状态,此时可以直接在图形窗口中选择截面曲线。也可以单击该选项中的"点"按钮 ，通过弹出的"点"对话框来选取点作为截面线串。"通过曲线组"命令允许选择的截面线串多达150条。

（2）反向　通过单击"反向"按钮，可以切换对齐点的方向。在选择了截面线串后，系统会在截面线串上显示出箭头，与"直纹面"中箭头不同的是，在这里可以通过双击相应的截面线串以更改其方向。

（3）指定原点曲线　当选择了封闭的线串作为截面线串时，该选项处于激活状态。单击该选项或单击该选项中的按钮，然后在截面线串中选择新的起点位置。

（4）添加新集　在选择完一个截面线串后，单击"添加新集"按钮，则此时完成当前截面线串的选择，然后可以选择另外的截面线串。

（5）列表　该列表框中列出了所有的已选截面线串。通过在列表框右侧的"移除"按钮以及"向上移动"和"向下移动"按钮可以对相应的截面线串进行删除或移动。

①"移除"按钮：在列表框中选择相应的截面线串，单击该按钮，可以删除该截面线串。

②"向上移动"按钮：创建曲面时，截面线串的选择是有先后顺序的。在列表框中选择相应的截面线串后，单击该按钮，则将该截面线串（第一个截面线串除外，若选择第一个截面线串，则该按钮不可选）向上移动一行。单击一次，则向上移动一行。

③"向下移动"按钮：该按钮与"向上移动"按钮类似。在列表框中选择相应的截面线串后，单击该按钮，则将该截面线串（最后一个截面线串除外，若选择最后一个截面线串，则该按钮不可选）向下移动一行。单击一次，则向下移动一行。

提示：在选择截面线串时，要按一定的顺序进行，并且截面线串的箭头方向要保持大致一致。另外，要注意所选择的截面线串的位置，因为截面线串的方向（即箭头）与所选择线串时鼠标的位置有关。靠近鼠标位置的线串的那个端点为箭头的起点处。

2．连续性

该选项组用于可以定义第一截面线串和最后截面线串与现有曲面的约束关系，它包括"G0（位置）"、"G1（相切）"和"G2（曲率）"3种方式，如图9-27所示。

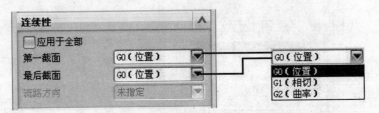

图9-27　"连续性"选项组（1）

（1）应用于全部　选择该复选框，可以设置第一截面线串和最后截面线串与现有曲面相同的约束关系。

（2）第一截面　可以通过单击其右侧的下拉列表框，从"G0（位置）"、"G1（相切）"和"G2（曲率）"3种方式中选择一种方式，设置第一截面线串与现有曲面的约束关系。

① G0（位置）：选择该方式，则所构造的曲面在第一截面线串处与所选取的相邻的曲面是点连续，无约束性。

② G1（相切）：选择该方式，则所构造的曲面在第一截面线串处与所选取的相邻的曲面相切连续。

③ G2（曲率）：选择该方式，则所构造的曲面在第一截面线串处与所选取的相邻的曲面相切，且使其曲率连续。

（3）最后截面　该选项的设置与"第一截面"相似，这里不再赘述。

（4）流路方向　当在"第一截面"或"最后截面"中设置了"G1（相切）"或"G2（曲率）"时，该选项激活。例如，当在"第一截面"和"最后截面"中设置了"G1（相切）"时，此时

图 9-27 的"连续性"选项组如图 9-28 所示。单击"选择面"选项或者单击该选项中的"面"按钮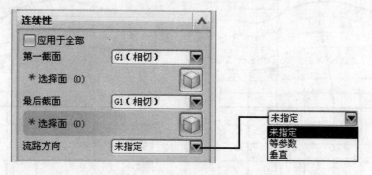，选择相应的约束面即可对所要创建的曲面进行约束。

通过"流路方向"可以设置所要生成的曲面与相邻曲面之间的 U/V 线的流路方向，它包括"未指定"、"等参数"和"垂直"3 个选项，如图 9-28 所示。

图 9-28　"连续性"选项组（2）

① 未指定：选择该方式，则系统直接将各个边按直线方向连接，此时生成的曲面侧边缘线与原有曲线的边缘线连接不平滑。

② 等参数：选择该方式，则使生成的曲面的 U/V 向与相邻曲面的 U/V 向曲线一致，此时生成的曲面侧边缘线与原有曲线的边缘线连接比"未指定"方式平滑。

③ 垂直：选择该方式，则使用垂直于曲面的相邻曲面边缘线的方向定义所生成曲面的 U/V 向。

下面给出 3 种不同流路的效果图，如图 9-29 所示。其中，中间的曲面为使用"通过曲线组"命令生成的曲面，并且第一截面和最后截面都设置了"G1（相切）"约束。从图中可以看出以上 3 种不同的流路方向对曲面的影响。

3．对齐

该选项用于设置截面线串上各点的对齐方式，它与 9.4.1 中的"直纹面"命令中的"对齐"选项相似，在这里它包括"参数"、"圆弧长"、"根据点"、"距离"、"角度"、"脊线"和"根据分段"7 种对齐方式，如图 9-26 所示。其中，"根据分段"方式是"直纹面"命令中没有的，在这里讲一下，其他的几种方式可参照 9.4.1 中"直纹面"命令中的相关内容，这里不再赘述。

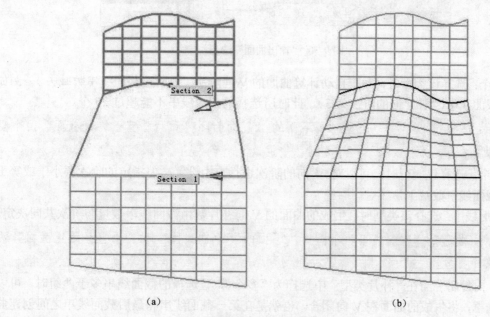

（a）　　　　　　　　　　　　　　　　　　（b）

图 9-29　不同的流路方向

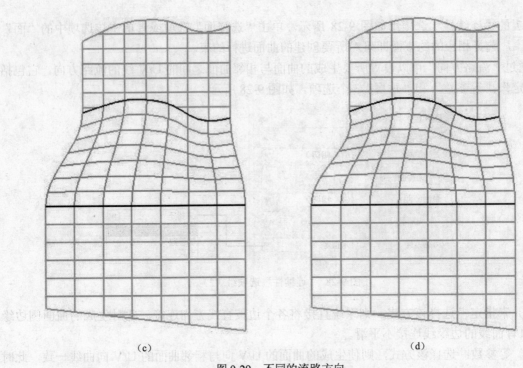

$$(c) \qquad\qquad\qquad (d)$$

图 9-29　不同的流路方向

（a）截面线；（b）未指定；（c）等参数；（d）垂直

"根据分段"是指系统将每一段曲线按等参数方式建立连接点。

4. 输出曲面选项

（1）补片类型　该选项用于设置补片的类型，它包括"单个"、"多个"和"匹配线串"3个选项，如图 9-30 所示。

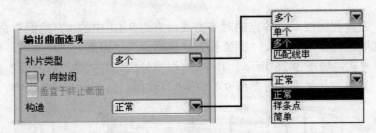

图 9-30　"输出曲面"选项

① 单个：选择该类型时，系统自动计算曲面的 V 向阶次（为所选截面线串数减去 1，例如选择 4 条截面线串，则 V 向的阶次为 3），此时所选择的截面线串不能超过 25 个。

> 🔍提示：当选择"单个"类型时，下面的"V 向封闭"和"垂直于终止截面"两个复选框均不可选。

② 多个：选择该类型时，可以对 V 向的阶次进行自由设置，但指定的阶次要小于或等于所选择的截面线串数减 1。

③ 匹配线串：选择该类型时，生成的曲面的 V 向补片数由截面线串数量与阶次共同决定。

> 🔍提示：当选择"匹配线串"类型时，下面的"V 向封闭"和"垂直于终止截面"两个复选框均不可选。

（2）V 向封闭　当在"补片类型"中选择为"多个"，且选择的截面线串多于两组时，可以选择该复选框，将生成的曲面在 V 向闭合，也就是在第一截面线串和最后截面线串之间创建曲面，使之首尾相连。

选择该复选框与不选该复选框将生成不同的曲面，如图 9-31 所示。

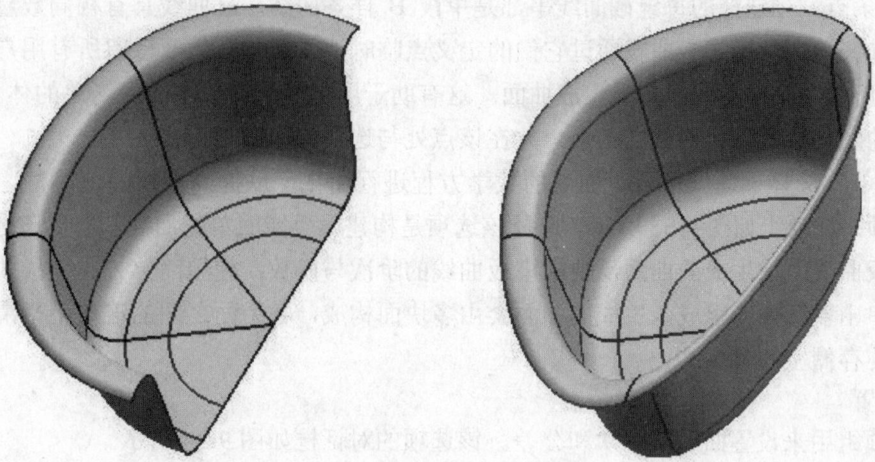

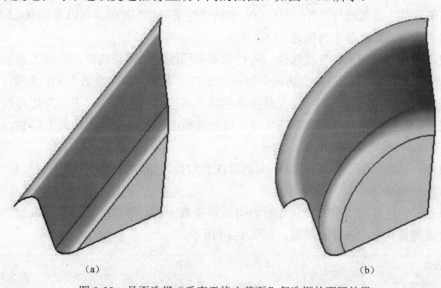

（a）　　　　　　　　　　　　　　　　　　（b）

图 9-31　是否选择"V 向封闭"复选框的不同效果

（a）未选择"V 向封闭"复选框；（b）选择"V 向封闭"复选框

（3）垂直于终止截面　选择该复选框，则所生成的曲面与由第一组截面线串及最后一组截面线串形成的面向垂直。若选择的截面线串是平面曲线，则生成的曲面将垂直于平面曲线所在的平面，也就是与平面曲线沿法向拉伸生成的拉伸面相切约束；若选择的是空间曲线，系统会自动计算出空间曲线的平均法向方向作为约束方向。

> 🔍注意：选取该复选框，则"连续性"选项中的所有选项便均不可选，即均处于非激活状态，也就是此时不可以设置生成的曲面与由第一截面线串和最后截面线串相连接的曲面的"连续性"约束方式。

选择该复选框与不选该复选框将生成不同的曲面，如图 9-32 所示。

（a）　　　　　　　　　　　　　　　　　　（b）

图 9-32　是否选择"垂直于终止截面"复选框的不同效果

（a）未选择"垂直于终止截面"复选框；（b）选择"垂直于终止截面"复选框

（4）构造　该选项用于设置生成的曲面符合各条截面线串的程度，它决定了生成的补片体的数量。它包括"正常"、"样条点"和"简单"3 个选项，如图 9-30 所示。

① 正常：选择该选项时，系统将按照正常的过程创建实体或片体，生成的曲面具有较高的精度。与其他两种选项相比，选择该选项会使用更多的补片体来生成实体或片体，将生成较

多的块，使用该选项占据最多的存储空间。

② 样条点：当选择的每组截面线串都是单段 B 样条曲线，且曲线具有相同数量的定义点时，可以选择该该选项。这些曲线通过它们的定义点临时地重新参数化（保留所有用户定义的斜率值），然后这些临时的曲线用于生成曲面。这有助于用更少的补片生成更简单的体。

生成的实体或片体将通过样条点，并在该点处与选择的曲线相切。

③ 简单：选择该选项可以对曲线的数学方程进行简化，以提高曲线的连续性，此时"输出曲面选项"选项组如图 9-33 所示。选择该选项是构建尽可能简单的曲线，选择该选项后，可以选择模板曲线，使生成的曲面反映出模板曲线的阶次与段数；使用简单方式生成的曲面，如果截面线串由多条曲线组成，生成的曲面会由多块面构成，各个面之间的连接不平滑。使用该选项占据的存储空间最少。

5．设置

该选项组用来设置曲面的阶次和公差。该选项的对话框如图 9-34 所示。

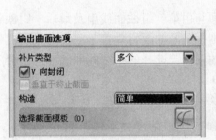

图 9-33 "输出曲面选项"选项组

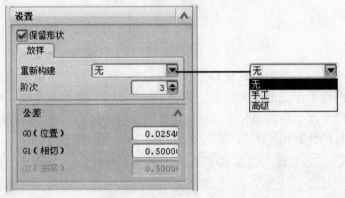

图 9-34 "设置"选项组（1）

（1）保留形状　该选项与"直纹面"命令中的"保留形状"类似，可以参照 9.4.1 "直纹面"命令中的相关内容，在此就不再赘述。

如果取消选中"保留形状"复选框，还可以对截面线进行重新构建，此时"设置"选项组如图 9-35 所示，其中"重新构建"选项中包括"无"、"手工"和"高级"3 个选项。

当选择"无"选项时，不需要定义截面线的阶次和段数；当选择"手工"选项时，只需要定义截面线的阶次；当选择"高级"选项时，要定义截面线的最高阶次和最大段数，如图 9-35 所示。

（2）放样　该选项用于指定曲面 V 向的阶次和段数，它包括"无"、"手工"和"高级"3 个选项，如图 9-34 所示。

当选择"无"选项和"手工"选项时，可以定义截面线的阶次；当选择"高级"选项时，要定义截面线的最高阶次和最大段数，如图 9-36 所示。

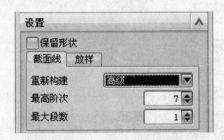

图 9-35 "设置"选项组（2）

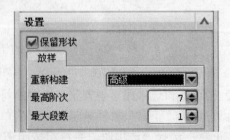

图 9-36 "设置"选项组（3）

提示：①当在"输出曲面选项"选项组的"补片类型"选项中选择"单个"类型，且在"放样"选项的"重新构建"选项中选择"无"选项时，则"放样"选项中的"阶次"选项不可用，即处于非激活状态。

②当在"输出曲面选项"选项组的"补片类型"选项中选择"多个"类型，且在"放样"选项的"重新构建"选项中选择"无"选项时，则"放样"选项中的"阶次"选项为可用状态，即处于激活状态。

③当在"输出曲面选项"选项组的"补片类型"选项中选择"匹配线串"类型，且在"放样"选项的"重新构建"选项中选择"无"选项时，则"放样"选项中的"阶次"选项不可用，即处于非激活状态，同时对曲面连续性的设置为"G0（位置）"约束。

④当在"放样"选项的"重新构建"选项中选择"手工"选项或"高级"选项时，则"输出曲面选项"选项组中的"补片类型"选项对"放样"选项中的"阶次"选项或"最高阶次"选项没有影响。

⑤当在"输出曲面选项"选项组的选项中选中"V 向封闭"复选框时，则"放样"选项不存在。

（3）公差　该选项与"直纹面"命令中的"公差"类似，可以参照 9.4.1 "直纹面"命令中的相关内容，在此就不再赘述。

6．预览

该部分可参照 5.2.1 的"拉伸"命令中该部分的内容。

9.4.3　通过曲线网格

"通过曲线网格"命令是使用一系列在两个不同方向上的曲线创建片体或实体。

与前面介绍的"直纹面"命令和"通过曲线组"命令不同，"通过曲线网格"命令需要指定两个方向上的曲线。构造曲面时应该将一组同方向的截面线串定义为主曲线，而另一组大致垂直于主曲线的截面线串则称为交叉线串（有时也称为横向线串）。主线串与交叉线串可以不相交，但它们之间的最大距离必须在设定的公差范围内，且两个方向的线串要大致垂直。生成的曲线网格体是双三次多项式的，这意味着它在 U 向和 V 向的次数都是三次的（阶次为 3）。

"通过曲线网格"命令在创建曲面时由于指定了两个方向上的控制线，且可以指定 4 个边界与现有曲面的约束关系，所以可以对曲面的形状有很好的控制，可以说该命令是最重要的，也是最常用的曲面命令。

选择"插入"→"网格曲面"→"通过曲线网格"命令，或单击"曲面"工具条上的"通过曲线网格"按钮　，系统弹出"通过曲线网格"对话框，如图 9-37 所示。

下面介绍图 9-37 "通过曲线网格"对话框中的选项和按钮的作用。

1．主曲线

该选项组用于选择创建网格曲面的主曲线。该选项中组的相关按钮和 9.4.2 "通过曲线组"命令中的相关内容相似，具体的可以参照 9.4.2 "通过曲线组"命令中的相关内容，这里不再赘述。

2．交叉曲线

该选项组用于选择创建网格曲面的交叉曲线。该选项组中的相关按钮和 9.4.2"通过曲线组"命令中的相关内容相似，具体的可以参照 9.4.2 "通过曲线组"命令中的相关内容，这里不再赘述。

关于主曲线和交叉曲线的几点说明如下。

（1）每条截面线（指主曲线或交叉曲线）可以由单个或多个对象组成，且每个对象可以是曲线、实体边缘或片体的边缘。

（2）可以选择曲线上的一点或一个端点作为第一个或最后一个主曲线。

图 9-37　"通过曲线网格"对话框

（3）主曲线最少选择 2 条，最多选择 150 条。

（4）若所有选择的主曲线形成一个封闭的环，则可以再次选取第一条交叉曲线作为最后一条交叉曲线，这样可以产生实体。

（5）主曲线和交叉曲线与产生的实体或片体具有关联性，若修改任何一条曲线，则其所产生的实体或片体会自动更新。

（6）选取主曲线和交叉曲线时，必须按顺序选取，即按从体的一侧到另一侧的顺序选取，否则会造成曲面的扭曲，甚至无法创建曲面，如图 9-38 所示。其中，图 9-38（c）是在按图 9-38（b）选择截面线之后，单击"确定"按钮之后系统弹出的信息窗口。信息窗口提示："线串相交或错误选择；未创建曲面"。

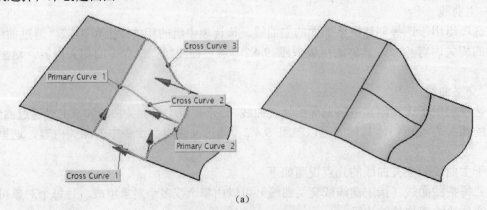

（a）

图 9-38　截面线的选择顺序不同时的不同效果

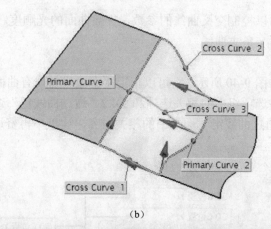

（b）

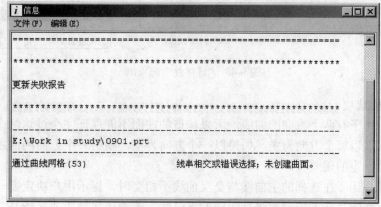

（c）信息窗口

图 9-38　截面线的选择顺序不同时的不同效果

（a）正确的选择顺序及其生成的曲面；（b）错误的选择顺序；（c）选择顺序错误，弹出信息

（7）相同类型的截面线串不能有共同的端点。

（8）当指定完两条主曲线后，此时图 9-37 "通过曲线网格" 对话框中出现 "脊线" 选项，如图 9-39 所示。可以通过该选项选择脊线。脊线不是必选项，可以不选。

图 9-39　"通过曲线网格" 对话框

383

脊线的作用在于它可以控制交叉曲线的参数，提高曲面的光顺度。选择脊线时要注意：脊线需垂直于第一条或最后一条主曲线。

3．连续性

该选项组的对话框如图 9-40 所示，它可以指定 4 个边界与现有曲面的约束关系，故可以很好地控制曲面的形状。该选项组中的相关选项和 9.4.2 "通过曲线组"命令中的相关内容相似，具体的可以参照 9.4.2 "通过曲线组"命令中的相关内容，这里不再赘述。

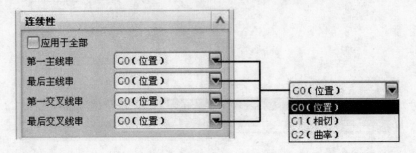

图 9-40 "连续性"选项组

4．输出曲面选项

（1）强调　由于有两个方向的曲线，所以构造的曲面不能保证完全过这两个方向的曲线，因此用户可以强调以哪个方向为主。如果以一个方向为主，则另一个方向的曲线不一定落在曲面上，可能存在一定的误差。

该选项组就是用于在选择的主曲线与交叉曲线不相交时，提示用户决定哪一组曲线对生成的曲面形状最有影响，或者指定两组有同样的重要性。该选项包括"两者皆是"、"主线串"和"交叉线串" 3 个选项，如图 9-41 所示。

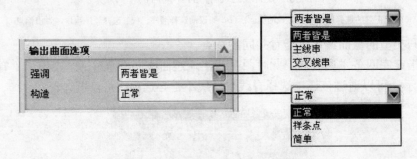

图 9-41 "输出曲面选项"选项组

① 两者皆是：选择该选项，则所生成的曲面位于主曲线和交叉曲线之间。

② 主线串：选择该选项，则所生成的曲面完全通过主曲线。

③ 交叉线串：选择该选项，则所生成的曲面完全通过交叉曲线。

图 9-42 给出了在"强调"选项中选择不同选项时的不同效果，从图中可以比较直观地看出它们的不同之处。

（2）构造　该选项用于设置生成的曲面符合各条截面线串的程度，它决定了生成的补片体的数量。它包括"正常"、"样条点"和"简单" 3 个选项，如图 9-41 所示。

该选项中的 3 个选项与 9.4.2 "通过曲线组"命令中的相关内容相似，下面仅介绍一下"简单"选项。

选择"简单"选项可以对曲线的数学方程进行简化，以提高曲线的连续性，此时"输出曲面选项"选项组如图 9-43 所示。选择该选项是构建尽可能简单的曲线，选择该选项后，可以分别选择主曲线和交叉曲线的模板曲线，使生成的曲面反映出模板曲线的阶次与段数，使用该选项占据的存储空间最少。

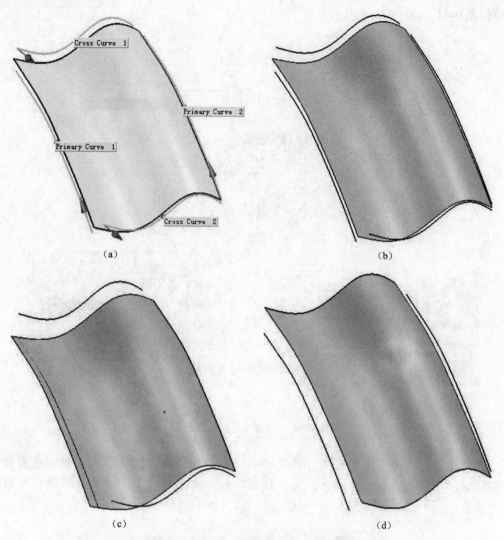

图 9-42　选择"强调"选项中不同选项时的不同效果

（a）主曲线和交叉曲线；（b）选择"两者皆是"选项；（c）选择"主线串"选项；（d）选择"交叉线串"选项

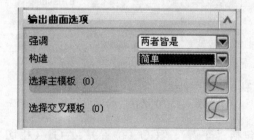

图 9-43　"输出曲面选项"选项组

　　其他两个选项的内容具体的可以参照 9.4.2"通过曲线组"命令中的相关内容，这里不再赘述。

5. 设置

　　该选项组用来设置曲面的阶次和公差。该选项组的对话框如图 9-44 所示。其中，"交叉线串"标签和"主线串"标签的内容是相同的。

　　（1）重新构建　该选项用于定义生成的曲面在两个方向上的阶次和段数，它包括"无"、"手工"和"高级"3 个选项，如图 9-44 所示。选择这 3 个选项时，对话框中的"设置"选项组分别变成如图 9-44（a）～（c）所示。

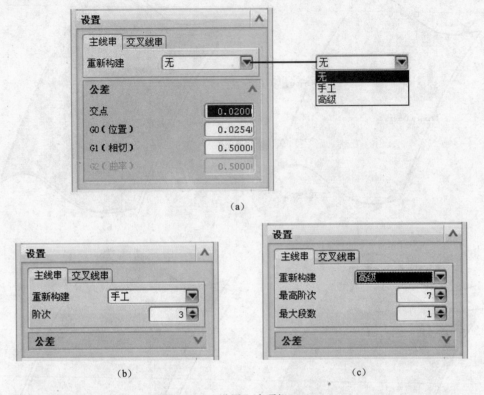

（a）

（b）   （c）

图 9-44 "设置"选项组（1）

Q 提示：当在"输出曲面选项"选项组的"构造"选项中选择"样条点"选项和"简单"选项时，则"主线串"标签和"交叉线串"标签均不存在，即此时的"设置"选项组只有"公差"一个选项，如图 9-45 所示。

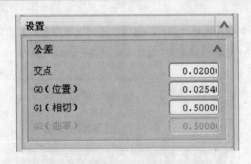

图 9-45 "设置"选项组（2）

（2）公差　公差选项包括"交点"、"G0（位置）"、"G1（相切）"和"G2（曲率）"4 个选项。

① 交点：构建曲面时选择的两个方向上的截面线串（即主线串与交叉线串）允许不相交，但两组截面线串之间的最大距离不得超过所设置的公差，即必须在设定的公差范围内。该选项就是用于设定该公差值的。

在选择主线串与交叉线串的过程中，如果两组截面线串之间的最大距离超过设定的公差范围，系统会弹出如图 9-46 所示的"警报"信息，提示"线串不在公差范围内相交"。在单击"确定"按钮或"应用"按钮时，系统会弹出如图 9-47 所示的"消息"对话框，同时在图形窗口中高亮显示未在公差范围内相交的截面线串，此时无法生成曲面。

图 9-46 "警报"信息　　　　　　　　　图 9-47 "消息"对话框

注意：所设置的公差值必须大于 0，否则系统报错，此时系统弹出"输入验证"对话框，如图 9-48 所示。

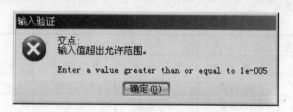

图 9-48 "输入验证"对话框

② 其他几个选项的内容与"直纹面"命令中的"公差"类似，具体的可以参照 9.4.1 "直纹面"命令中的相关内容，这里不再赘述。

9.4.4 扫掠

扫掠特征是使用轮廓曲线沿空间路径曲线扫描而成的，其中空间路径（即扫掠路径）称为引导线，轮廓曲线称为截面线。

选择"插入"→"扫掠"→"扫掠"命令，或单击"曲面"工具条上的"扫掠"按钮，系统弹出"扫掠"对话框，如图 9-49 所示。

图 9-49 "扫掠"对话框

创建曲面时，根据用户选择的引导线数目的不同，对话框的内容也会有所不同。

（1）如果仅定义一条引导线，由于限制条件较少，因此会有较多的选项设置来定义所要创建的曲面。

（2）当定义两条引导线时，由于方位已由第二条引导线控制，所以定义两条引导线时，其设置选项中并不会出现定义方位变化的选项。

（3）当定义 3 条引导线时，其 3 条导引线相互定义曲面的方位及比例变化，故当定义 3 条引导线时，系统并不会显示方位变化及比例变化的设置选项。

表 9-1 所示为定义不同引导线、截面数与设置选项的情况。

表 9-1　定义不同引导线、截面数与设置选项的情况

引导线和截面数	一条引导线		两条引导线		三条引导线	
	单 一 截 面	多 重 截 面	单 一 截 面	多 重 截 面	单 一 截 面	多 重 截 面
插补方式		可以设置		可以设置	可以设置	可以设置
对齐方式	可以设置	可以设置	可以设置	可以设置		可以设置
方位变化	可以设置	可以设置				
比例变化	可以设置	可以设置	可以设置	可以设置		
脊线			可以设置	可以设置	可以设置	可以设置

下面介绍图 9-49 "扫掠" 对话框中的一些选项和按钮的作用。

1．截面

该选项组用于选择创建扫掠曲面的截面线。该选项组中的相关按钮和 9.4.2 "通过曲线组" 命令中的相关内容相似，具体的可以参照 9.4.2 "通过曲线组" 命令中的相关内容，这里不再赘述。

关于截面线的几点说明如下。

（1）每条截面线可以由单个或多个对象组成，且每个对象可以是曲线、实体边缘或片体的边缘，但不可以使用点。

（2）组成每条截面线的所有对象之间不一定相切连续，但必须位置连续。

（3）截面线方位决定了 U 方向。

（4）截面线的数量要求是 1～150 条。

（5）选择截面线时，注意要使所有的截面线的箭头方向保持一致，否则，产生的实体或片体会出现扭曲，甚至无法产生实体或片体，如图 9-50 所示。

2．引导线

该选项组用于选择创建扫掠曲面的引导线。该选项组中的相关按钮和 9.4.2 "通过曲线组" 命令中的相关内容相似，具体的可以参照 9.4.2 "通过曲线组" 命令中的相关内容，这里不再赘述。

关于引导线的几点说明如下。

（1）每条引导线可以由单个或多个对象组成，且每个对象可以是曲线、实体边缘或片体的边缘，但不可以使用点。

（2）引导线控制了扫掠特征沿着 V 向（扫掠方向）的方位和尺寸大小的变化；引导线方位决定了 V 方向。

（3）组成每条引导线的所有对象之间必须相切连续，否则系统会报错，弹出如图 9-51 所示的 "消息" 对话框。

（4）引导线的数量要求是 1～3 条。

（5）如果每一条引导线都形成封闭的回路，在选择截面线时可以重复选择第一组截面线作为最后一组截面线，如图 9-52 所示。

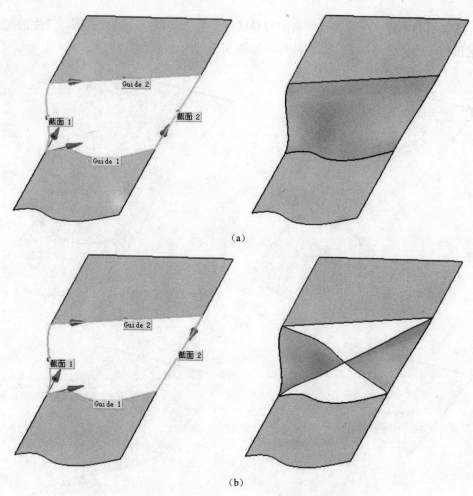

图 9-50　截面线的箭头一致与不一致时生成曲面的不同效果

（a）截面线的箭头一致时；（b）截面线的箭头不一致时

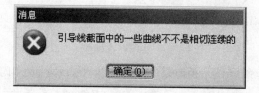

图 9-51　"消息"对话框

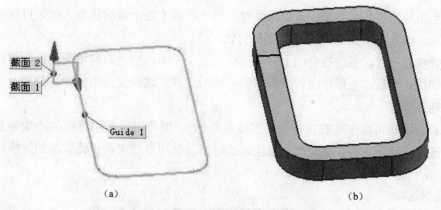

图 9-52　封闭的引导线可重复选择第一组截面线

（a）截面线和引导线；（b）生成的扫掠特征

（6）选择引导线时，注意要使所有的引导线的箭头方向保持一致，否则，产生的实体或片体会出现扭曲，甚至无法产生实体或片体，如图 9-53 所示。

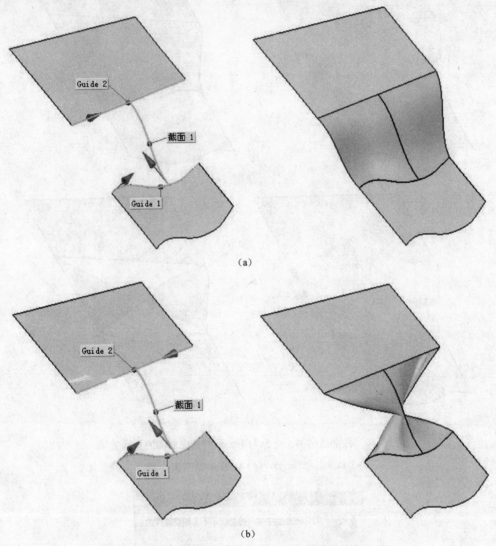

（a）

（b）

图 9-53　引导线的箭头一致与不一致时生成曲面的不同效果

（a）引导线的箭头一致时；（b）引导线的箭头不一致时

3．脊线

只有当用户选择了两条或 3 条引导线时，该选项组才处于激活状态，此时可以单击"选择曲线"选项，或单击"曲线"按钮 选择脊线。

使用脊线扫掠时，系统在脊线上每个点构造一个平面，称之为截平面，该平面垂直于脊线在该点的切线。然后，系统求出截平面与引导线的交点，这些交点用来产生控制方向和收缩比例的矢量轴。

不选择脊线也可以生成扫掠特征（实体或片体），但有时由于引导线的不均匀参数化而导致扫掠特征的形状不理想，甚至产生扭曲，这时可以使用脊线来防止此情况的发生，如图 9-54 所示。

4．截面选项

（1）截面位置　当仅仅选择一条截面线串时，该选项组才是可用的；当选择两条或两条以上的截面线串时，该选项不存在。它包括"沿引导线任何位置"和"引导线末端"两个选项，如图 9-55 所示。

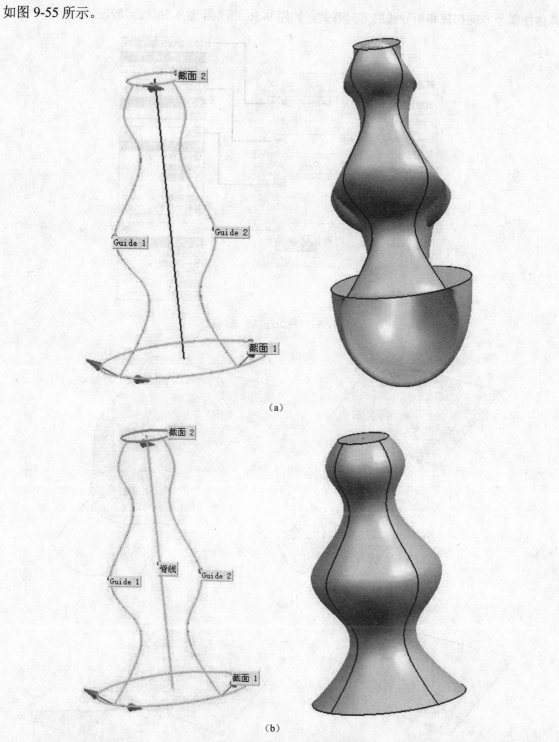

（a）

（b）

图 9-54 是否选择脊线的不同效果

（a）未选择脊线时生成的扫掠特征；（b）选择脊线时生成的扫掠特征

① 沿引导线任何位置：当截面线不是位于引导线的端点处时，选择该选项，可以使截面线沿引导线的两个方向扫掠。

② 引导线末端：当截面线不是位于引导线的端点处时，选择该选项，则截面线仅沿引导线的一个方向扫掠。

上述两种截面位置选项的不同效果如图 9-56 所示。另外，当选择"引导线末端"选项时，具体往哪个方向扫掠和引导线的方向有关，如图 9-56（b）和图 9-56（c）所示。

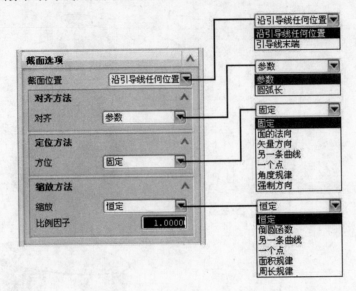

图 9-55 "截面选项"选项组

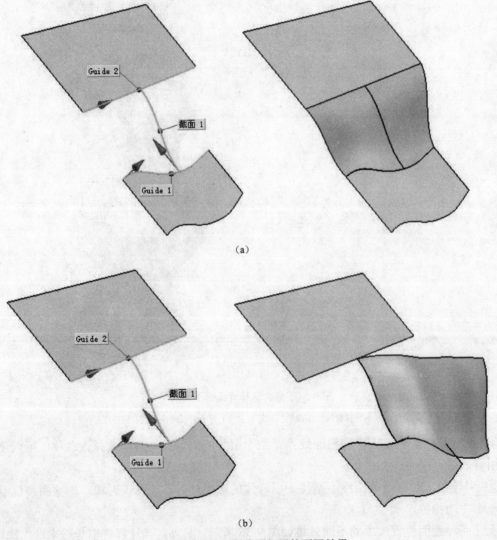

（a）

（b）

图 9-56 选择不同截面位置的不同效果

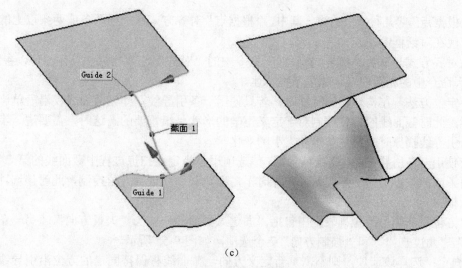

(c)

图 9-56 选择不同截面位置的不同效果

（a）选择"沿引导线任何位置"选项；（b）选择"引导线末端"选项；
（c）选择"引导线末端"选项，但改变引导线的方向

（2）插值 当指定了两条或两条以上的截面线时，系统即会要求指定扫掠的插值方式。此时在"扫掠"对话框的"截面选项"选项组中出现"插值"选项，如图 9-57 所示。该选项包括"线性"和"三次"两种插值方式。

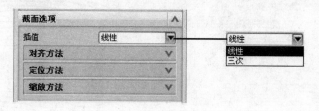

图 9-57 "截面选项"选项组

① 线性：选中该选项，则生成的片体或实体的各条截面线之间的比例按照线性变化。
② 三次：选中该选项，则生成的片体或实体的各条截面线之间的比例变化为三次方程关系。
上述两种插值方式的不同效果如图 9-58 所示。

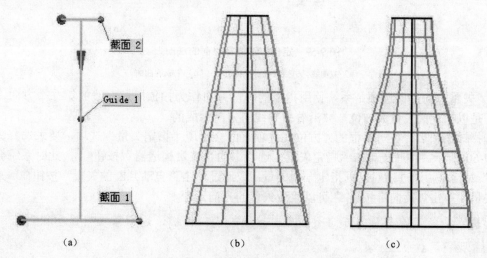

(a)　　　　　　(b)　　　　　　(c)

图 9-58 两种插值方式的不同效果

（a）截面线和引导线；（b）线性插值；（c）三次插值

（3）对齐方式 该选项用于设置截面线串上各点的对齐方式，在这里它包括"参数"、"圆

弧长"、"根据点"等几种对齐方式。其中，"根据点"对齐方式在选择两条或两条以上的截面线时才会出现在对话框中。

以上对齐方式与 9.4.1 中的"直纹面"命令中的"对齐"选项相似，具体的可以参照 9.4.1 "直纹面"命令中的相关内容，这里不再赘述。

（4）定位方法　在构造扫掠特征时，若只使用一条引导线，即当截面线仅沿着单一的引导线移动时，此时截面线的方位控制对于定义正确的形状是很重要的。这时，需要进一步控制截面线在沿引导线扫掠时的方位和尺寸大小的变化。

当仅使用一条引导线时，该选项可用，该选项用于指定在扫掠过程中截面线的第二个方向；当使用两条或两条以上的引导线时，扫掠时不需要对截面线进行方位控制，此时该选项不会出现在对话框中。

在"方位"右侧的下拉列表框中包括"固定"、"面的法向"、"矢量方向"、"另一条曲线"、"一个点"、"角度规律"和"强制方向" 7 个选项，如图 9-55 所示。

① 固定：选择该选项，则不需重新定义方向，截面线将保持固定的方位沿引导线移动，其结果是简单的平行或平移形式的扫掠。

② 面的法向：选择该选项后，在对话框的"方位"选项下面会出现"选择面"选项，要求选择面。系统以所选取的曲面法向方向和沿着导引线的方向产生扫掠特征，如图 9-59 所示。

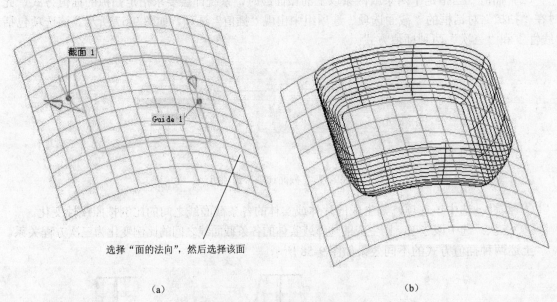

选择"面的法向"，然后选择该面

（a）　　　　　　　　　　　　　　　　（b）

图 9-59　定位方法选择"面的法向"

（a）截面线、引导线以及选择的面；（b）生成的曲面

③ 矢量方向：该选项是系统使用指定的矢量方向作为扫掠时截面线的第二个方向，即扫掠特征是以指定的矢量为方位，并沿着引导线的方向生成的。

选择该选项后，在对话框的"方位"选项下面会出现"指定矢量"选项，要求选择矢量，如图 9-60 所示。可通过单击"指定矢量"选项中的"矢量构造器"按钮，此时系统会弹出"矢量"对话框，通过该对话框指定一个矢量；或通过单击"自动判断的矢量"按钮来指定一个矢量。单击"反向"按钮可以改变矢量的方向。

提示：指定的矢量的方向不能与引导线的方向相切，否则系统将显示错误信息，如图 9-61 所示。

④ 另一条曲线：该选项是系统以所选取的曲线（或者实体或片体的边）来控制截面线的方位，即扫掠时截面线变化的第二个方向由引导线与所选取的曲线（或者实体或片体的边）各对应点之间的连线的方向来控制。

图 9-60 "截面选项"选项组

图 9-61 "消息"对话框

选择该选项后，在对话框的"方位"选项下面会出现"选择曲线"选项，要求选择一条曲线或者选择一条实体或片体的边。

⑤ 一个点：该选项与"另一条曲线"选项相似。选择该选项后，在对话框的"方位"选项下面会出现"指定点"选项，要求选择一个点，如图 9-62 所示。可通过单击"指定点"选项中的"点构造器"按钮 ，此时系统会弹出"点"对话框，通过该对话框指定一个点；或通过单击"自动判断的点"按钮 来指定一个点。

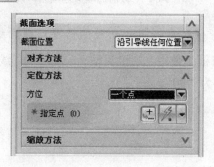

图 9-62 "截面选项"选项组

系统使用指定的点与引导线上各点之间的连线方向作为扫掠时截面线的第二个方向，如图 9-63 所示。

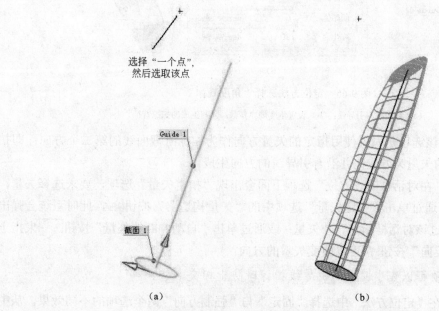

(a)   (b)

图 9-63 定位方法选择"一个点"

(a) 截面线、引导线以及选择的点；(b) 生成的扫掠特征

395

⑥ 角度规律：通过该选项，可以使用规律函数等来指定截面线沿引导线的旋转角度。

选择该选项后，在对话框的"方位"选项下面会出现"规律类型"选项，其中包括了"恒定"、"线性"、"沿脊线的线性"、"根据规律曲线"等 7 种规律控制方式，如图 9-64 所示。当在"规律类型"选项的下拉列表框中选择不同的规律控制方式时，在"规律类型"选项的下方会出现不同的选项，例如当选择"恒定"方式时，此时在"规律类型"选项下面出现"值"选项。

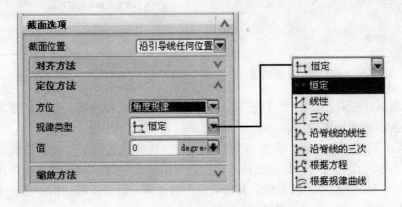

图 9-64 "截面选项"选项组

🔍提示：该选项只适用于仅选取一条截面线的情况，截面线可以开口或封闭。

如图 9-65 所示，该扫掠特征是使用"规律类型"选项中的"线性"控制方式生成的，其中，"起始值"为"0"，"终止值"为"90"。

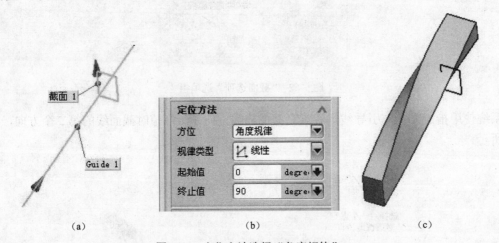

图 9-65 定位方法选择"角度规律"

(a) 截面线与引导线；(b) 设置角度规律参数；(c) 生成的扫掠特征

⑦ 强制方向：该选项是系统使用指定的矢量方向作为扫掠时截面线的第二个方向，即扫掠特征是以所指定的矢量为方位，并沿着引导线的方向生成。

选择该选项后，在对话框的"方位"选项下面会出现"指定矢量"选项，要求选择矢量，如图 9-66 所示。可通过单击"指定矢量"选项中的"矢量构造器"按钮，此时系统会弹出"矢量"对话框，通过该对话框指定一个矢量；或通过单击"自动判断的矢量"按钮来指定一个矢量。单击"反向"按钮可以改变矢量的方向。

🔍提示：该选项可以在小曲率的引导线扫掠时防止相交。

图 9-67 给出了在"定位方法"中选择"固定"与"强制方向"两个选项的不同效果，从中可发现截面线的方位控制对于定义正确的形状的重要性。

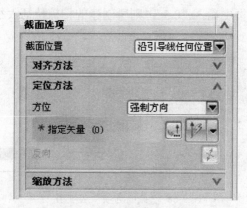

图 9-66　"截面选项"选项组

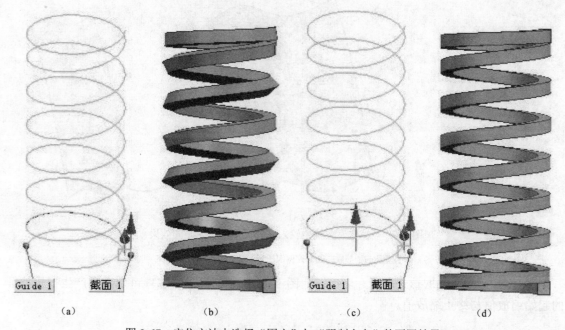

（a）　　　　　　　（b）　　　　　　　（c）　　　　　　　（d）

图 9-67　定位方法中选择"固定"与"强制方向"的不同效果

（a）截面线与引导线；（b）以"固定"方式生成的扫掠特征；
（c）截面线、引导线及指定的强制方向；（d）以"强制方向"方式生成的扫掠特征

（5）缩放方法　缩放方法用于设置截面线在通过引导线时，截面线尺寸放大与缩小的比例。

该选项随着选择的引导线数量的不同而不同。

当仅选择了一条引导线时，该选项的"缩放"下拉列表框中包括"恒定"、"倒圆函数"、"另一条曲线"、"一个点"、"面积规律"以及"周长规律"等 6 个选项，如图 9-55 所示。当在"缩放"选项的下拉列表框中选择不同的缩放方法时，在"缩放"选项的下方会出现不同的选项，例如当选择"恒定"方式时，此时在"缩放"选项下面会出现"比例因子"文本框，如图 9-55 所示。

当选择了两条引导线时，该选项的"缩放"下拉列表框中包括"均匀"和"横向"两个选项，如图 9-68 所示。

当选择了 3 条引导线时，该选项不存在。

① 恒定：若选取该选项，则截面线在进行扫掠时使用恒定的比例进行放大或缩小，默认的比例因子是 1。

系统会以所选取的截面线为基准线，相对于引导线的起始点进行缩放，然后进行扫掠。例

如，若在"比例因子"文本框中输入"0.5"，则所创建的扫掠特征大小将会为原来大小的一半，如图 9-69 所示。

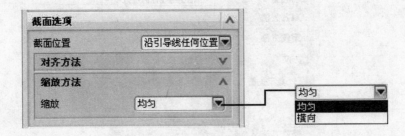

图 9-68 "截面选项"选项组

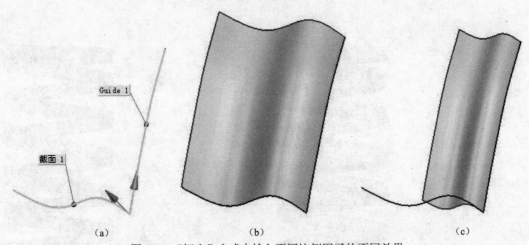

图 9-69 "恒定"方式中输入不同比例因子的不同效果

（a）截面线与引导线；（b）比例因子为 1；（c）比例因子为 0.5

② 倒圆函数：选取该选项后，对话框如图 9-70 所示。通过该选项可定义所产生扫掠特征的起始缩放值与终止缩放值。

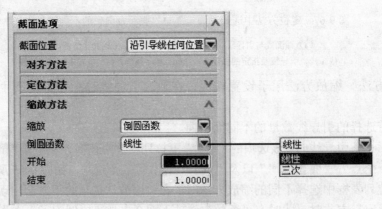

图 9-70 "截面选项"选项组

- "开始"文本框中输入的缩放值用于指定所产生扫掠特征的第一截面的大小。其缩放标准以所选取的截面线为准。
- "结束"文本框中输入的缩放值用于指定所产生扫掠特征的最后截面的大小。其缩放标准以所选取的截面线为准。
- "倒圆函数"选项是用来指定起始端面与终止端面的插补方式的，它包括"线性"和"三次"两种方式, 如图 9-70 所示。

如图 9-71 所示, 该扫掠特征即是使用"缩放方法"选项中的"倒圆函数"方式生成的, 其中, 图 9-71 (b) 选择的是"线性"插值方式, 图 9-71 (c) 选择的是"三次"插值方式;"开始"的缩放值均为"1","结束"的缩放值均为"2"。

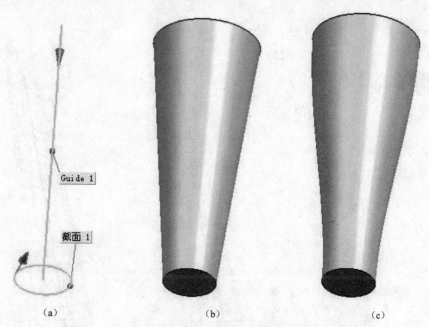

图 9-71　"倒圆函数"缩放方式及其不同插值方式的不同效果

(a) 截面线与引导线; (b)"开始"的缩放值为 1,"结束"的缩放值为 2;线性插值;

(c)"开始"的缩放值为 1,"结束"的缩放值为 2;三次插值

③ 另一条曲线:该选项与方位控制方法中的"另一条曲线"相类似, 系统以所选取的曲线(或者实体或片体的边)来控制截面线的比例, 但该处任意一点的比例是基于引导线和所选曲线对应点之间连线的长度。

选择该选项后, 在对话框的"缩放"选项下面会出现"选择曲线"选项, 要求选择一条曲线或者选择一条实体或片体的边。

④ 一个点:该选项与"另一条曲线"选项相似, 区别是用一个点代替一条曲线。系统使用选择点与引导线之间的距离作为比例参考值。

选择该选项后, 在对话框的"缩放"选项下面会出现"指定点"选项, 要求选择一个点, 如图 9-72 所示。可通过单击"指定点"选项中的"点构造器"按钮，此时系统会弹出"点"对话框, 通过该对话框指定一个点;或通过单击"自动判断的点"按钮来指定一个点。

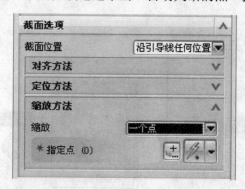

图 9-72　"截面选项"选项组

提示：当在"定位方法"选项中使用"一个点"方式作为方位控制时，可以选择该方法作为比例控制，二者常配合使用，如图 9-73 所示。其中，图 9-73（b）是使用"一个点"的缩放方式和"固定"的方位控制方式；图 9-73（c）是使用"一个点"的缩放方式和"一个点"的方位控制方式，且选取的为同一个点。

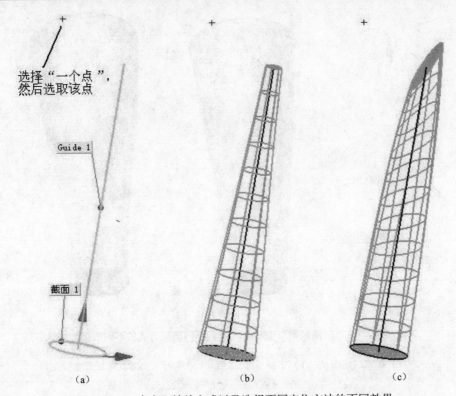

图 9-73 "一个点"缩放方式以及选择不同定位方法的不同效果

（a）截面线、引导线以及选择的点；（b）"定位方法"为"固定"；（c）"定位方法"为"一个点"

⑤ 面积规律：通过该选项，可以使用规律函数等来控制截面线在沿引导线的扫掠过程中的截面面积的变化规律。

选择该选项后，在对话框的"缩放"选项下面会出现"规律类型"选项，其中包括了"恒定"、"线性"、"沿脊线的线性"、"根据规律曲线"等 7 种规律控制方式，如图 9-74 所示。当在"规律类型"选项的下拉列表框中选择不同的规律控制方式时，在"规律类型"选项的下方会出现不同的选项，例如当选择"恒定"方式时，此时在"规律类型"选项下面出现"值"选项。

注意：该选项只适用于仅选取一条截面线的情况，且截面线必须是封闭的，否则系统会报错，如图 9-75 所示。

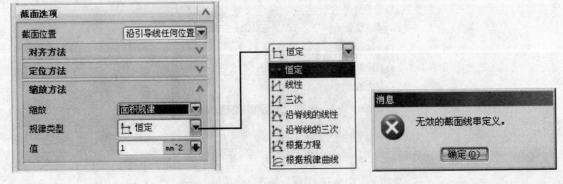

图 9-74 "截面选项"选项组　　　　　图 9-75 "消息"对话框

如图 9-76 所示，该扫掠特征即是使用"规律类型"选项中的"三次"控制方式生成的，其中，"起始值"为"50"，"终止值"为"300"。

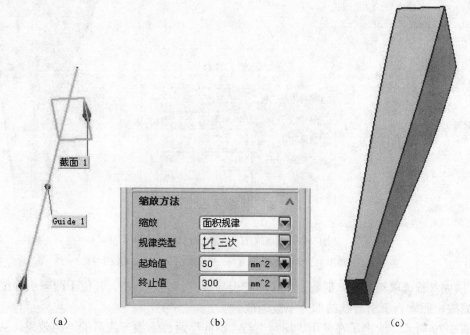

图 9-76 缩放方法选择"面积规律"

(a) 截面线与引导线；(b) 设置面积规律参数；(c) 生成的扫掠特征

⑥ 周长规律：该选项与"面积规律"选项相似。通过该选项，可以使用规律函数等来控制截面线在沿引导线的扫掠过程中的截面周长的变化规律。

选择该选项后，在对话框的"缩放"选项下面会出现"规律类型"选项，其中包括了"恒定"、"线性"、"沿脊线的线性"、"根据规律曲线"等 7 种规律控制方式，如图 9-77 所示。当在"规律类型"选项的下拉列表框中选择不同的规律控制方式时，在"规律类型"选项的下方会出现不同的选项，例如当选择"恒定"方式时，此时在"规律类型"选项下面出现"值"选项。

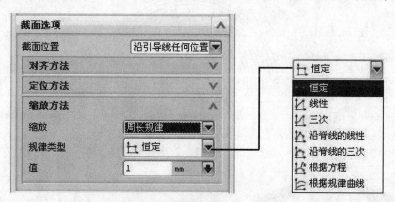

图 9-77 "截面选项"选项组

🔍 提示：在使用该选项时，截面线可以是非封闭的。

如图 9-78 所示，该扫掠特征即是使用"周长类型"选项中的"三次"控制方式生成的，其中，"起始值"为"10"，"终止值"为"30"。

⑦ 均匀：若选取该选项，则截面线在沿着引导线扫掠的过程中，沿着引导线的各个方向都缩放。

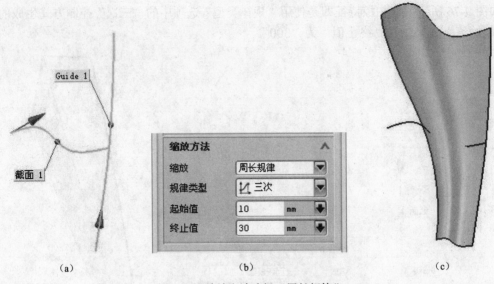

图 9-78 缩放方法选择"周长规律"

（a）截面线与引导线；（b）设置周长规律参数；（c）生成的扫掠特征

⑧ 横向：若选取该选项，则截面线在沿着引导线扫掠的过程中，其位于两条引导线之间的部分被缩放，而垂直于引导线的部分不被缩放。

如图 9-79 所示，给出了在使用"均匀"与"横向"两种缩放方式后的不同效果，从中可发现它们对截面线的不同控制方式。其中，图 9-79（a）是上述两种缩放方式使用的共同的截面线和引导线；图 9-79（b）是使用"均匀"缩放方式生成的扫掠特征的前视图；图 9-79（c）是使用"均匀"缩放方式生成的扫掠特征旋转后的视图；图 9-79（d）是使用"横向"缩放方式生成的扫掠特征的前视图；图 9-79（e）是使用"横向"缩放方式生成的扫掠特征旋转后的视图。

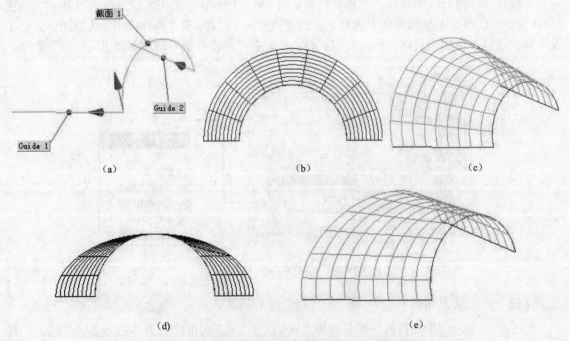

图 9-79 "均匀"与"横向"两种缩放方式的不同效果

（a）两种缩放方式使用的共同的截面线与引导线；
（b）使用"均匀"缩放方式后的前视图；（c）使用"均匀"缩放方式旋转后的视图；
（d）使用"横向"缩放方式后的前视图；（e）使用"横向"缩放方式旋转后的视图

5. 设置

该选项组用来设置引导线和截面线的阶次和公差。该选项的对话框如图 9-80 所示。

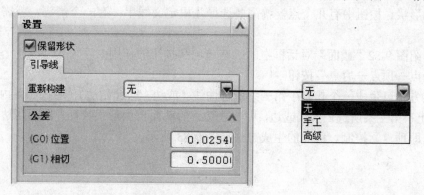

图 9-80 "设置"选项组（1）

（1）保留形状 该选项与"直纹面"命令中的"保留形状"类似，可以参照 9.4.1 "直纹面"命令中的相关内容，在此就不再赘述。

如果取消选中"保留形状"复选框，还可以对截面线进行重新构建，此时"设置"选项如图 9-81 所示，其中"重新构建"选项中包括"无"、"手工"和"高级"3 个选项。

当选择"无"选项时，不需要定义截面线的阶次和段数；当选择"手工"选项时，只需要定义截面线的阶次；当选择"高级"选项时，要定义截面线的最高阶次和最大段数，如图 9-81 所示。

（2）公差 该选项与"直纹面"命令中的"公差"相似，可以参照 9.4.1 "直纹面"命令中的相关内容，这里不再赘述。

6. 预览

这部分内容可参照 5.2.1 "拉伸"命令中的相关叙述。

9.4.5 截型体

就空间几何而言，曲面可以看成是由无限条指定平面的截面曲线堆砌而成的。截型体功能即是利用此原理，由指定的二次曲线沿着指定的起始边、肩线和终止边的轨迹进行扫掠，从而生成片体或实体。

选择"插入"→"网格曲面"→"截面"命令，或单击"曲面"工具条上的"截型体"按钮 ，系统弹出"截面"对话框，如图 9-82 所示。

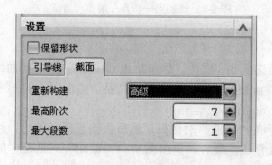

图 9-81 "设置"选项组（2）

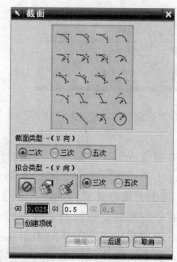

图 9-82 "截面"对话框（1）

403

在如图 9-82 所示的"截面"对话框中，系统提供了 20 种截型体的创建方式。在每种方式的按钮上，都有一些高亮显示的点。这些点实际代表了曲线，按钮图形代表的是截型体的剖面的二次曲线形状。按钮中有几个点，就需要选择几根定义线串；有一个箭头，就需要定义 Rho 或半径值。

下面介绍图 9-82"截面"对话框中的一些选项和按钮的作用。

1. "端点—顶点—肩点"按钮

通过该方式可生成一个起始于第一条所选曲线（或边，即起始边），通过一条内部曲线（即肩点），终止于第三条所选曲线（或边，即终止边）的截面自由形式特征。曲面两边的斜率由指定的曲线（即顶点）控制。截面的生成方式如图 9-83 所示。

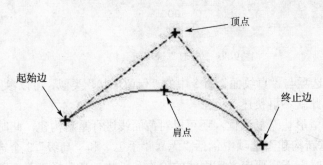

图 9-83 "端点—顶点—肩点"方式

单击该按钮后，系统弹出如图 9-84 所示的"截面"对话框，然后依次选择起始边、肩点、终止边、顶点和脊线。最后，单击图 9-84"截面"对话框中的"确定"按钮，系统即可自动生成一个截面特征。

提示：在分别选择起始边、肩点、终止边和顶点之后，都要单击图 9-84"截面"对话框中的"确定"按钮，然后才能选择下一个边。最后，当选完脊线后，单击图 9-84"截面"对话框中的"确定"按钮，则系统即可自动生成一个截面特征，如图 9-85 所示。

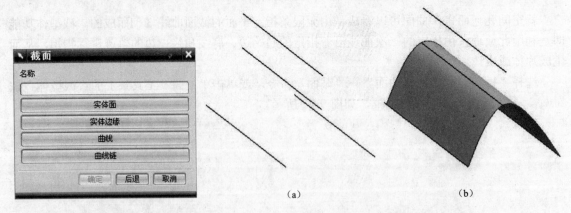

图 9-84 "截面"对话框（2）

图 9-85 "端点—顶点—肩点"方式
(a) 曲线；(b) 生成的截面特征

2. "端点—斜率—肩点"按钮

通过该方式可生成一个起始于第一条所选曲线（或边，即起始边），通过一条内部曲线（即肩点），终止于第三条所选曲线（或边，即终止边）的截面自由形式特征。曲面两边的斜率由两条独立的曲线控制。截面的生成方式如图 9-86 所示。

单击该按钮后，系统弹出如图 9-84 所示的"截面"对话框，然后依次选择起始边、起始斜率控制、肩点、终止边、端点斜率控制以及脊线。最后，单击图 9-84"截面"对话框中的"确定"按钮，系统即可自动生成一个截面特征。

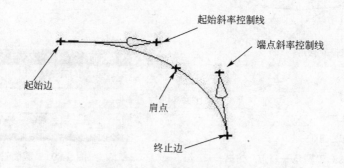

图 9-86　"端点—斜率—肩点"方式

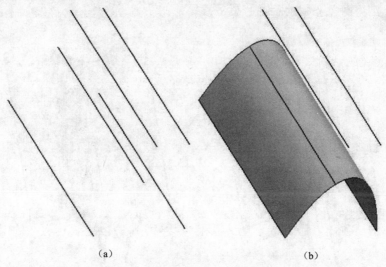

（a）　　　　　　　　　　　　　　　　（b）

图 9-87　"端点—斜率—肩点"方式

（a）曲线；（b）生成的截面特征

3. "圆角—肩点" 按钮 ⌐

用该方式生成的截面特征的特点如下。

（1）生成的特征是在分别位于两组面上的两条曲线间形成的光顺的圆角。

（2）它起始于所选的第一组面上的曲线，终止于所选的第二组面上的曲线，并且通过肩点。

（3）生成的截面特征与指定的第一组面和第二组面相切连续。

截面的生成方式如图 9-88 所示。

单击该按钮后，系统弹出如图 9-89 所示的 "截面" 对话框，选择第一组面，然后单击 "确定" 按钮；这时系统弹出如图 9-84 所示的 "截面" 对话框，然后选择第一组面上的线串、选择肩点；单击如图 9-84 所示的 "截面" 对话框中的 "确定" 按钮后，系统弹出如图 9-89 所示的 "截面" 对话框，选择第二组面，然后单击 "确定" 按钮；这时系统弹出如图 9-84 所示的 "截面" 对话框，然后选择第二组面上的线串、选择脊线。最后，单击图 9-84 "截面" 对话框中的 "确定" 按钮，系统即可自动生成一个截面特征。

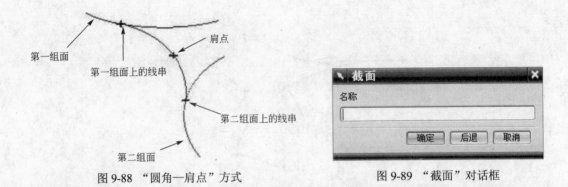

图 9-88 "圆角—肩点"方式　　　　　图 9-89 "截面"对话框

> ⚲提示：
>
> ① 在分别选择第一组面、第二组面之后，都要单击图 9-89"截面"对话框中的"确定"
> 按钮，然后才能选择下一个对象；在分别选择第一组面上的线串、肩点以及第二组面上的
> 线串之后，都要单击图 9-84"截面"对话框中的"确定"按钮，然后才能选择下一个对象。
> 最后，当选完脊线后，单击图 9-84"截面"对话框中的"确定"按钮，则系统即可自动生
> 成一个截面特征，如图 9-90 所示。
> ② 肩点曲线控制着生成曲面的饱满程度。

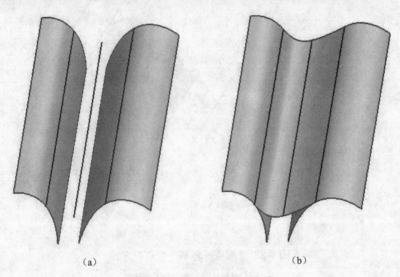

（a）　　　　　　　　　　　　　（b）

图 9-90 "圆角—肩点"方式

（a）曲面与曲线；（b）生成的截面特征

4. "三点作圆弧"按钮 ⌒

通过该方式可生成一个起始于第一条所选曲线（或边，即起始边），继通过一条内部曲线（这
里称之为"第一内部点"），终止于第三条所选曲线（或边，即终止边）的截面自由形式特征。
用该方式生成的截面特征的特点是创建的截面特征的截面线为圆弧曲面，即垂直于样条的平面
与所创建曲面的交线都是圆弧线。截面的生成方式如图 9-91 所示。

单击该按钮后，系统弹出如图 9-84 所示的"截面"对话框，然后依次选择起始边、第一内
部点、终止边以及脊线。最后，单击图 9-84"截面"对话框中的"确定"按钮，系统即可自动
生成一个截面特征。

> ⚲提示：
>
> ① 在分别选择起始边、第一内部点和终止边之后，都要单击图 9-84"截面"对话框中
> 的"确定"按钮，然后才能选择下一个对象。最后，当选完脊线后，单击图 9-84"截面"
> 对话框中的"确定"按钮，则系统即可自动生成一个截面特征，如图 9-92 所示。

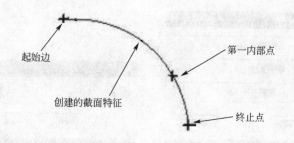

图 9-91 "三点作圆弧"方式

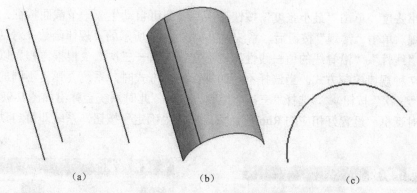

图 9-92 "三点作圆弧"方式

（a）曲线；（b）生成的截面特征；（c）生成的截面特征的前视图

② 生成的圆弧角度要小于 180 度，否则系统将会弹出一个"消息"对话框提示出错，如图 9-93 所示。

5."端点—顶点—Rho"按钮 ↘

通过该方式可生成一个起始于第一条所选曲线（或边，即起始边），终止于第二条所选曲线（或边，即终止边）的截面自由形式特征。曲面两边的切矢向量由选择的顶点控制。截面的生成方式如图 9-94 所示。

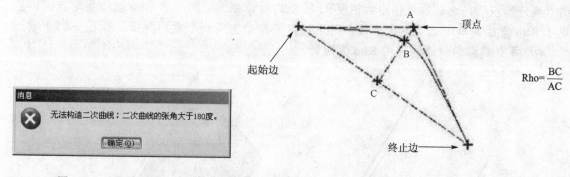

图 9-93 "消息"对话框

图 9-94 "端点—顶点—Rho"方式

单击该按钮后，系统弹出如图 9-84 所示的"截面"对话框，然后依次选择起始边、终止边、顶点以及脊线。最后，单击图 9-84 "截面"对话框中的"确定"按钮，此时系统弹出如图 9-95 所示的对话框，用来选择 Rho 值的指定方式。选择一种 Rho 值的指定方式，指定了 Rho 值后，单击"确定"按钮，则系统即可自动生成一个截面特征。

下面介绍一下图 9-95 对话框中的 3 个按钮的作用。

（1）恒定 单击"恒定"按钮，此时系统弹出如图 9-96 所示的对话框。在"Rho"文本框中直接输入 Rho 值，然后单击"确定"按钮，系统即可自动生成一个截面特征。

图 9-95　选择 Rho 值的指定方式　　　　　图 9-96　指定 Rho 值

（2）最小张度　单击"最小张度"按钮后，系统即可自动生成一个截面特征。

（3）常规　单击"常规"按钮后，系统弹出如图 9-97 所示的"规律函数"对话框。它包括了"恒定"、"线性"、"沿脊线的值—线性"、"沿脊线的值—三次"、"根据方程"以及"根据规律曲线"等 7 种规律控制方式。当选择不同的规律控制方式时，系统会弹出不同的对话框。例如，当单击"三次"按钮，选择"三次"控制方式时，此时系统会弹出如图 9-98 所示的"规律控制的"对话框。设置好相应的 Rho 值，然后单击"确定"按钮，系统即可自动生成一个截面特征。

图 9-97　"规律函数"对话框　　　　　　图 9-98　"规律控制的"对话框

🔍 提示：

① 在分别选择起始边、终止边以及顶点之后，都要单击图 9-84"截面"对话框中的"确定"按钮，然后才能选择下一个边。最后，当选完脊线后，单击图 9-84"截面"对话框中的"确定"按钮，此时系统弹出如图 9-95 所示的对话框。选择一种 Rho 值的指定方式，指定了 Rho 值后，单击"确定"按钮，则系统即可自动生成一个截面特征，如图 9-99 所示。

② 每个截面的饱满程度由 Rho 值控制。

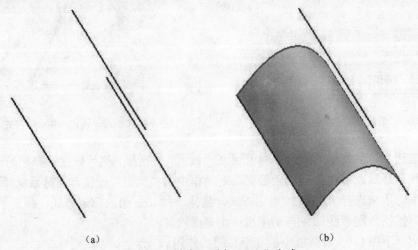

（a）　　　　　　　　　　　　　　　　（b）

图 9-99　"端点—顶点—Rho"方式

（a）曲线；（b）生成的截面特征

6. "端点—斜率—Rho" 按钮

通过该方式可生成一个起始于第一条所选曲线（或边，即起始边），终止于第二条所选曲线（或边，即终止边）的截面自由形式特征。曲面两边的斜率由两条独立的曲线控制。截面的生成方式如图 9-100 所示。

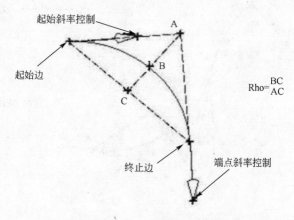

起始斜率控制

起始边

A

B

C

$Rho=\dfrac{BC}{AC}$

终止边

端点斜率控制

图 9-100 "端点—斜率—Rho" 方式

单击该按钮后，系统弹出如图 9-84 所示的 "截面" 对话框，然后依次选择起始边、起始斜率控制、终止边、端点斜率控制以及脊线。最后，单击图 9-84 "截面" 对话框中的 "确定" 按钮，此时系统弹出如图 9-95 所示的对话框，用来选择 Rho 值的指定方式。选择一种 Rho 值的指定方式，指定了 Rho 值后，单击 "确定" 按钮，则系统即可自动生成一个截面特征。

提示：

① 在分别选择起始边、起始斜率控制、终止边和端点斜率控制之后，都要单击图 9-84 "截面" 对话框中的 "确定" 按钮，然后才能选择下一个边。最后，当选完脊线后，单击图 9-84 "截面" 对话框中的 "确定" 按钮，此时系统弹出如图 9-95 所示的对话框。选择一种 Rho 值的指定方式，指定了 Rho 值后，单击 "确定" 按钮，则系统即可自动生成一个截面特征，如图 9-101 所示。

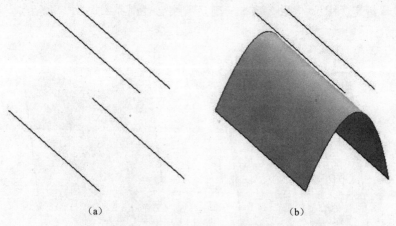

（a）   （b）

图 9-101 "端点—斜率—Rho" 方式

（a）曲线；（b）生成的截面特征

② 每个截面的饱满程度由 Rho 值控制。

7. "圆角—Rho" 按钮

用该方式生成的截面特征的特点如下。

（1）生成的特征是在分别位于两组面上的两条曲线间形成的光顺的圆角。

（2）它起始于所选的第一组面上的曲线，终止于所选的第二组面上的曲线。

（3）生成的截面特征与指定的第一组面和第二组面相切连续。

截面的生成方式如图 9-102 所示。

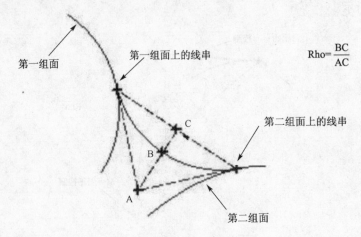

$$Rho=\frac{BC}{AC}$$

图 9-102 "圆角—Rho"方式

单击该按钮后，系统弹出如图 9-89 所示的"截面"对话框，选择第一组面，然后单击"确定"按钮；这时系统弹出如图 9-84 所示的"截面"对话框，然后选择第一组面上的线串；单击如图 9-84 所示的"截面"对话框中的"确定"按钮后，系统弹出如图 9-89 所示的"截面"对话框，选择第二组面，然后单击"确定"按钮；这时系统弹出如图 9-84 所示的"截面"对话框，然后选择第二组面上的线串、选择脊线。最后，单击图 9-84"截面"对话框中的"确定"按钮，此时系统弹出如图 9-95 所示的对话框，用来选择 Rho 值的指定方式。选择一种 Rho 值的指定方式，指定了 Rho 值后，单击"确定"按钮，则系统即可自动生成一个截面特征。

🔍提示：

① 在分别选择第一组面上的线串以及第二组面上的线串之后，都要单击图 9-84"截面"对话框中的"确定"按钮，然后才能选择下一个对象。最后，当选完脊线后，单击图 9-84"截面"对话框中的"确定"按钮，此时系统弹出如图 9-95 所示的对话框。选择一种 Rho 值的指定方式，指定了 Rho 值后，单击"确定"按钮，则系统即可自动生成一个截面特征，如图 9-103 所示。

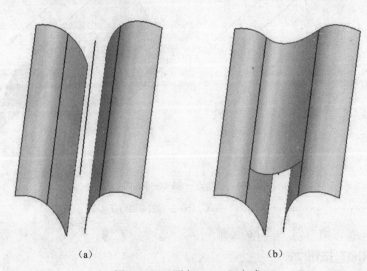

（a）　　　　　　　　　　　　　　　（b）

图 9-103 "圆角—Rho"方式

（a）曲面与曲线；（b）生成的截面特征

② 肩点曲线控制着生成曲面的饱满程度。

③ 生成的曲面的长度由脊线的长度控制，如图 9-103 所示。

8. "两点—半径"按钮 ⌐

通过该方式可生成一个起始于第一条所选曲线（或边，即起始边），终止于第二条所选曲线（或边，即终止边）的截面自由形式特征。用该方式生成的截面特征的特点是创建的截面特征的截面线为圆弧曲面，即垂直于样条的平面与所创建曲面的交线都是圆弧线。截面的生成方式如图 9-104 所示。

单击该按钮后，系统弹出如图 9-84 所示的"截面"对话框，然后依次选择起始边、终止边以及脊线。最后，单击图 9-84 "截面"对话框中的"确定"按钮，此时系统弹出如图 9-105 所示的"截面半径数据"对话框，用来选择半径的指定方式或者直接指定半径的值。选择一种半径的指定方式然后指定半径值，或者直接在图 9-105 的对话框中指定了半径值之后，单击"确定"按钮，则系统即可自动生成一个截面特征。

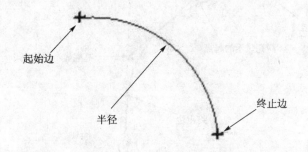

图 9-104　"两点—半径"方式

图 9-105　"截面半径数据"对话框

下面简单介绍图 9-105 "截面半径数据"对话框中的选项和按钮的作用。

半径　该选项用于确定要创建的截面特征的半径值。可在其右侧的文本框中直接输入相应的值，也可单击下面的"使用半径规律"按钮 使用半径规律 ，此时系统弹出如图 9-97 所示的"规律函数"对话框。该对话框在介绍"端点—顶点—Rho"按钮时已介绍过，这里不再赘述。

🔍提示：

① 在分别选择起始边和终止边之后，都要单击图 9-84 "截面"对话框中的"确定"按钮，然后才能选择下一个边。最后，当选完脊线后，单击图 9-84 "截面"对话框中的"确定"按钮，此时系统弹出如图 9-105 所示的"截面半径数据"对话框。选择一种半径的指定方式然后指定半径值，或者直接在图 9-105 的"截面半径数据"对话框中指定了半径值之后，单击"确定"按钮，则系统即可自动生成一个截面特征，如图 9-106 所示。

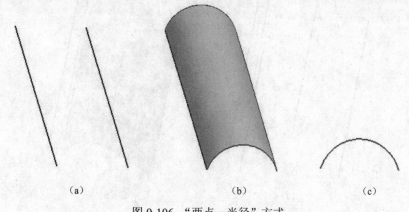

（a）　　　　　　　　（b）　　　　　　　　（c）

图 9-106　"两点—半径"方式

（a）曲线；（b）生成的截面特征；（c）生成的截面特征的前视图

② 输入的半径值必须大于起始边与终止边距离的一半，否则系统将会弹出一个"消息"对话框，提示出错，如图 9-107 所示。

③ 生成的截面特征的位置和脊线的选取位置有关。

9．"端点—顶点—顶线"按钮 ⌐

用该方式生成的截面特征的特点如下。

（1）生成的特征起始于第一条所选曲线（或边，即起始边），终止于第二条所选曲线（或边，即终止边）。

（2）高亮显示的起点和高亮显示的终点之间的连线与生成的截面特征相切。

（3）曲面两边的斜率由指定的曲线（即顶点）控制。

截面的生成方式如图 9-108 所示。

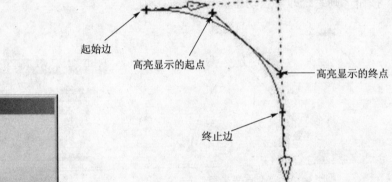

图 9-107 "消息"对话框 　　　　　　图 9-108 "端点—顶点—顶线"方式

单击该按钮后，系统弹出如图 9-84 所示的"截面"对话框，然后依次选择起始边、终止边、顶点、高亮显示的起点、高亮显示的终点以及脊线。最后，单击图 9-84 "截面"对话框中的"确定"按钮，系统即可自动生成一个截面特征。

🔍 提示：在分别选择起始边、终止边、顶点、高亮显示的起点以及高亮显示的终点之后，都要单击图 9-84 "截面"对话框中的"确定"按钮，然后才能选择下一个对象。最后，当选完脊线后，单击图 9-84 "截面"对话框中的"确定"按钮，则系统即可自动生成一个截面特征，如图 9-109 所示。

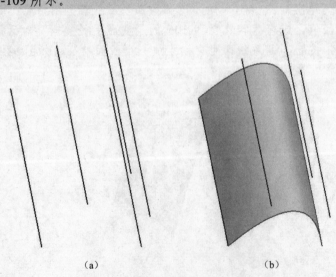

（a）　　　　　　　　　　　　（b）

图 9-109 "端点—顶点—顶线"方式

（a）曲线；（b）生成的截面特征

10. "端点—斜率—顶线"按钮

用该方式生成的截面特征的特点如下。

（1）生成的特征起始于第一条所选曲线（或边，即起始边），终止于第三条所选曲线（或边，即终止边）。

（2）高亮显示的起点和高亮显示的终点之间的连线与生成的截面特征相切。

（3）曲面两边的斜率分别由两条单独的曲线控制。

截面的生成方式如图 9-110 所示。

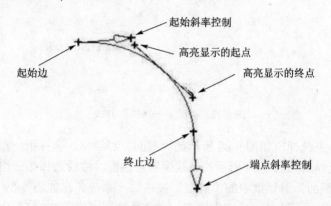

图 9-110 "端点—斜率—顶线"方式

单击该按钮后，系统弹出如图 9-84 所示的"截面"对话框，然后依次选择起始边、起始斜率控制、终止边、端点斜率控制、高亮显示的起点、高亮显示的终点以及脊线。最后，单击图 9-84"截面"对话框中的"确定"按钮，系统即可自动生成一个截面特征。

🔍 提示：在分别选择起始边、起始斜率控制、终止边、端点斜率控制、高亮显示的起点以及高亮显示的终点之后，都要单击图 9-84"截面"对话框中的"确定"按钮，然后才能选择下一个对象。最后，当选完脊线后，单击图 9-84"截面"对话框中的"确定"按钮，则系统即可自动生成一个截面特征，如图 9-111 所示。

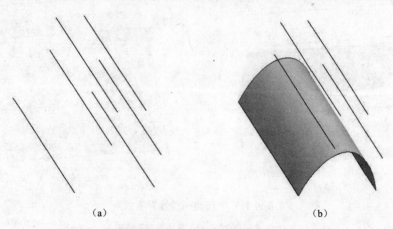

（a）   （b）

图 9-111 "端点—斜率—顶线"方式

（a）曲线；（b）生成的截面特征

11. "圆角—顶线"按钮

用该方式生成的截面特征的特点如下。

（1）生成的特征是在分别位于两组面上的两条曲线间形成的光顺的圆角。

（2）它起始于所选的第一组面上的曲线，终止于所选的第二组面上的曲线。

（3）生成的截面特征相切于高亮显示的起点和高亮显示的终点之间的连线。

截面的生成方式如图 9-112 所示。

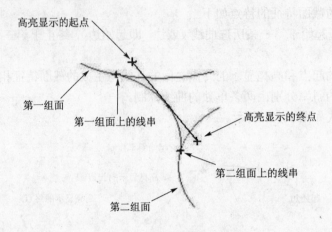

图 9-112 "圆角—顶线"方式

单击该按钮后，系统弹出如图 9-89 所示的"截面"对话框，选择第一组面，然后单击"确定"按钮；这时系统弹出如图 9-84 所示的"截面"对话框，然后选择第一组面上的线串；单击如图 9-84 所示的"截面"对话框中的"确定"按钮后，系统弹出如图 9-89 所示的"截面"对话框，选择第二组面，然后单击"确定"按钮；这时系统弹出如图 9-84 所示的"截面"对话框，然后选择第二组面上的线串、选择高亮显示的起点和高亮显示的终点以及脊线。最后，单击图 9-84"截面"对话框中的"确定"按钮，系统即可自动生成一个截面特征。

提示：在分别选择第一组面、第二组面之后，都要单击图 9-89"截面"对话框中的"确定"按钮，然后才能选择下一个对象；在分别选择第一组面上的线串、第二组面上的线串、高亮显示的起点和高亮显示的终点之后，都要单击图 9-84"截面"对话框中的"确定"按钮，然后才能选择下一个对象。最后，当选完脊线后，单击图 9-84"截面"对话框中的"确定"按钮，则系统即可自动生成一个截面特征，如图 9-113 所示。

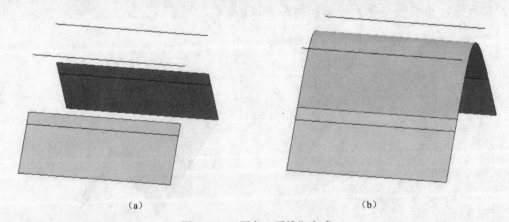

（a）　　　　　　　　　　　　　　（b）

图 9-113 "圆角—顶线"方式

（a）曲面与曲线；（b）生成的截面特征

12. "端点—斜率—圆弧"按钮

用该方式生成的截面特征的特点如下。

（1）生成的特征起始于第一条所选曲线（或边，即起始边），终止于第三条所选曲线（或边，即终止边）。

（2）曲面起始边的斜率由一条单独的曲线控制。

（3）生成的截面特征的截面线为圆弧曲面，即垂直于样条的平面与所创建曲面的交线都是

414

圆弧线。

截面的生成方式如图 9-114 所示。

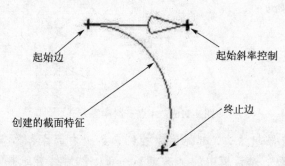

图 9-114　"端点—斜率—圆弧"方式

单击该按钮后，系统弹出如图 9-84 所示的"截面"对话框，然后依次选择起始边、起始斜率控制、终止边以及脊线。最后，单击图 9-84"截面"对话框中的"确定"按钮，系统即可自动生成一个截面特征。

🔍提示：

在分别选择起始边、起始斜率控制和终止边之后，都要单击图 9-84"截面"对话框中的"确定"按钮，然后才能选择下一个对象。最后，当选完脊线后，单击图 9-84"截面"对话框中的"确定"按钮，则系统即可自动生成一个截面特征，如图 9-115 所示。

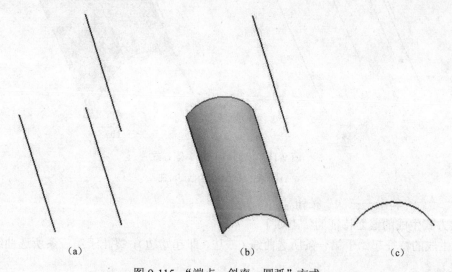

图 9-115　"端点—斜率—圆弧"方式

（a）曲线；（b）生成的截面特征；（c）生成的截面特征的前视图

13. "4 点—斜率"按钮

用该方式生成的截面特征的特点如下。

（1）生成的特征起始于第一条所选曲线（或边，即起始边），终止于第 5 条所选曲线（或边，即终止边），并且通过第一内部点和第二内部点。

（2）曲面起始边的斜率由一条单独的曲线控制。

截面的生成方式如图 9-116 所示。

单击该按钮后，系统弹出如图 9-84 所示的"截面"对话框，然后依次选择起始边、起始斜率控制、第一内部点、第二内部点、终止边以及脊线。最后，单击图 9-84"截面"对话框中的"确定"按钮，系统即可自动生成一个截面特征。

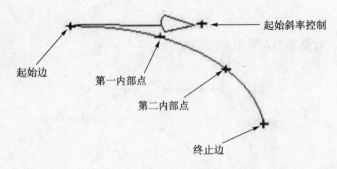

图 9-116 "4 点—斜率"方式

> 提示：在分别选择起始边、起始斜率控制、第一内部点、第二内部点和终止边之后，都要单击图 9-84 "截面"对话框中的"确定"按钮，然后才能选择下一个对象。最后，当选完脊线后，单击图 9-84 "截面"对话框中的"确定"按钮，则系统即可自动生成一个截面特征，如图 9-117 所示。

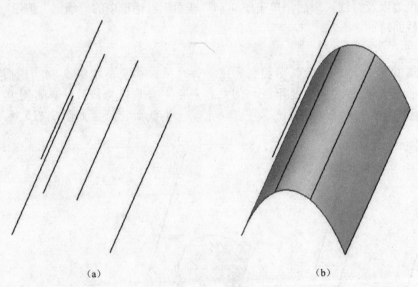

（a）   （b）

图 9-117 "四点—斜率"方式

（a）曲线；（b）生成的截面特征

14. "端点—斜率—三次"按钮

用该方式生成的截面特征的特点如下。

（1）生成的特征起始于第一条所选曲线（或边，即起始边），终止于第三条所选曲线（或边，即终止边）。

（2）曲面两边的斜率分别由两条单独的曲线控制。

截面的生成方式如图 9-118 所示。

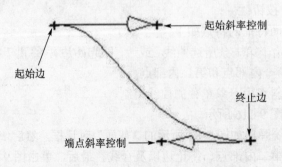

图 9-118 "端点—斜率—三次"方式

单击该按钮后，系统弹出如图 9-84 所示的"截面"对话框，然后依次选择起始边、起始斜率控制、终止边、端点斜率控制以及脊线。最后，单击图 9-84"截面"对话框中的"确定"按钮，系统即可自动生成一个截面特征。

> 提示：在分别选择起始边、起始斜率控制、终止边以及端点斜率控制之后，都要单击图 9-84"截面"对话框中的"确定"按钮，然后才能选择下一个对象。最后，当选完脊线后，单击图 9-84"截面"对话框中的"确定"按钮，则系统即可自动生成一个截面特征，如图 9-119 所示。

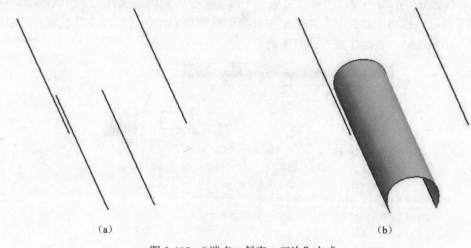

（a）   （b）

图 9-119 "端点—斜率—三次"方式

（a）曲线；（b）生成的截面特征

15．"圆角—桥接"按钮

该方式用于在两组曲面上的两组曲线之间构造一个桥接曲面。用该方式生成的截面特征的特点如下。

- 它起始于所选的第一组面上的曲线，终止于所选的第二组面上的曲线。
- 生成的截面特征与指定的第一组面和第二组面可以相切连续或曲率连续。

截面的生成方式如图 9-120 所示。

单击该按钮后，系统弹出"桥接截面"对话框，如图 9-121 所示。在该对话框中可以选择桥接的方式或选择继承形状。

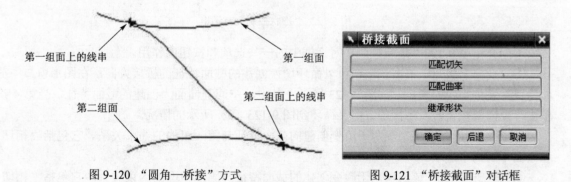

图 9-120 "圆角—桥接"方式   图 9-121 "桥接截面"对话框

图 9-121"桥接截面"对话框中 3 个按钮的作用如下。

- "匹配切矢"按钮 单击该按钮，使生成的截面特征与两组曲面相切连续。
- "匹配曲率"按钮 单击该按钮，使生成的截面特征与两组曲面曲率连续。
- "继承形状"按钮 单击该按钮，使生成的截面特征与两组面相切连续，而且其 U 方向上的总体外形从选定的曲线继承。

下面分别介绍在图 9-121 "桥接截面"对话框选择不同方式时的不同情况。

（1）"匹配切矢"按钮和"匹配曲率"按钮　当在图 9-121 "桥接截面"对话框中单击"匹配切矢"按钮或"匹配曲率"按钮后，系统弹出如图 9-89 所示的"截面"对话框，选择第一组面，然后单击"确定"按钮；这时系统弹出如图 9-84 所示的"截面"对话框，然后选择第一组面上的线串；单击图 9-84 所示的"截面"对话框中的"确定"按钮后，系统弹出如图 9-89 所示的"截面"对话框，选择第二组面，然后单击"确定"按钮；这时系统弹出如图 9-84 所示的"截面"对话框，然后选择第二组面上的线串以及脊线；单击图 9-84 所示的"截面"对话框中的"确定"按钮后，在图形窗口中临时生成一个截面特征，同时系统弹出"形状控制"对话框，如图 9-122 所示。在"形状控制"对话框中对要创建的截面特征进行相应的设置后，单击"确定"按钮，则系统即可自动生成一个截面特征。

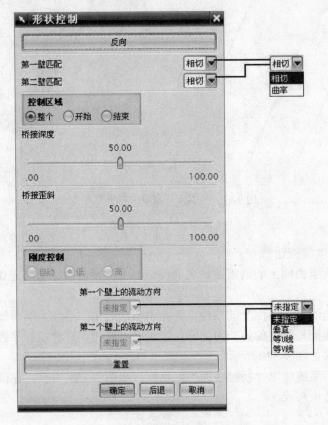

图 9-122　"形状控制"对话框

下面介绍图 9-122 "形状控制"对话框中的一些选项和按钮的作用。

① "反向"按钮　单击该按钮可以循环切换创建的截面特征的桥接方向，在图形窗口中截面特征会发生相应的变化，如图 9-123 所示。其中，中间的曲面为创建的截面特征，当第 4 次单击"反向"按钮时，桥接的方向又循环到图 9-123（a）所示的情况。

② 第一壁匹配　该选项用于改变创建的截面特征与第一组面的约束关系。它包括"相切"和"曲率"两个选项。

③ 第二壁匹配　该选项用于改变创建的截面特征与第二组面的约束关系。它包括"相切"和"曲率"两个选项。

④ 控制区域　该选项用于选择对创建的截面特征的形状是进行整体调整还是局部调整。它包括"整个"、"开始"和"结束"3 个单选按钮。

● "整个"单选按钮：选择该按钮，则可通过下面的"桥接深度"选项和"桥接歪斜"选项对创建的截面特征的整体进行相应的调节。

418

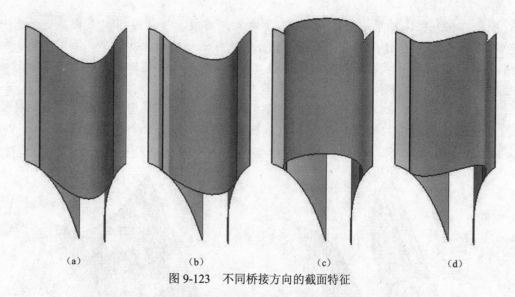

图 9-123　不同桥接方向的截面特征

（a）系统默认的方向；（b）第一次单击"反向"按钮时；
（c）第二次单击"反向"按钮时；（d）第三次单击"反向"按钮时

● "开始"单选按钮：选择该按钮，则可通过下面的"桥接深度"选项和"桥接歪斜"选项对创建的截面特征的开始端进行相应的调节。

● "结束"单选按钮：选择该按钮，则可通过下面的"桥接深度"选项和"桥接歪斜"选项对创建的截面特征的末端进行相应的调节。

⑤ 桥接深度　桥接深度是指影响桥接截面形状的曲率的百分比。可通过拖动它下面的滑尺来改变其值，默认值是"50.0"。

⑥ 桥接歪斜　桥接歪斜是指桥接截面形状的峰值点的倾斜度。可通过拖动其下面的滑尺来改变数值，从而改变峰值点的位置，默认值是"50.0"。

⑦ 刚度控制　只有当"第一壁匹配"和"第二壁匹配"选项中都选择"曲率"选项时，该选项才处于激活状态。

⑧ 第一壁上的流动方向　当未选择脊线时，该选项处于激活状态。通过该选项可以在这里指定桥接曲面在第一组面上的流动方向。它包括"未指定"、"垂直"、"等 U 线"以及"等 V 线" 4 个选项。

● 未指定：选择该选项则创建的截面特征直接通过到另一侧曲面。

● 垂直：选择该选项则创建的截面特征与一个基本棱边垂直，该基本棱边用来指定创建的截面特征。

● 等 U 线：沿着基本曲面的 U 曲线，基本曲面用来指定创建的截面特征。

● 等 V 线：沿着基本曲面的 V 曲线。

⑨ 第二壁上的流动方向　该选项与"第一壁上的流动方向"选项相似，这里不再赘述。

⑩ 重置　单击该按钮，系统将对话框中的设置恢复到默认值。

（2）"继承形状"按钮　当在图 9-121 "桥接截面"对话框中单击"继承形状"按钮后，系统弹出如图 9-89 所示的"截面"对话框，选择第一组面，然后单击"确定"按钮；这时系统弹出如图 9-84 所示的"截面"对话框，然后选择第一组面上的线串；单击图 9-84 所示的"截面"对话框中的"确定"按钮后，系统弹出如图 9-89 所示的"截面"对话框，选择第二组面，然后单击"确定"按钮；这时系统弹出如图 9-84 所示的"截面"对话框，然后选择第二组面上的线串、起始形状曲线、结束形状曲线以及脊线。最后，单击图 9-84 "截面"对话框中的"确定"按钮，系统即可自动生成一个截面特征。

提示：在分别选择第一组面、第二组面之后，都要单击图 9-89 "截面" 对话框中的 "确定" 按钮，然后才能选择下一个对象；在分别选择第一组面上的线串、第二组面上的线串（当在图 9-121 "桥接截面" 对话框中选择 "继承形状"）按钮时，此时还要选择起始形状曲线和结束形状曲线）和脊线之后，都要单击图 9-84 "截面" 对话框中的 "确定" 按钮，然后才能选择下一个对象。最后，在图 9-122 "形状控制" 对话框中对要创建的截面特征进行相应的设置后，单击 "确定" 按钮，则系统即可自动生成一个截面特征，如图 9-124 所示。

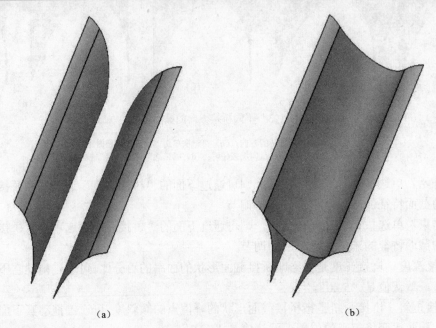

（a）　　　　　　　　　　　　　　　　（b）

图 9-124　"圆角—桥接" 方式

（a）曲面与曲线；（b）生成的截面特征

16. "点—半径—角度—圆弧" 按钮

用该方式生成的截面特征的特点如下。

（1）生成的截面特征的截面线为圆弧曲面。

（2）它起始于所选的第一组面上的曲线，终止位置由所选面的法线方向以及指定的半径和张角共同控制。

截面的生成方式如图 9-125 所示。

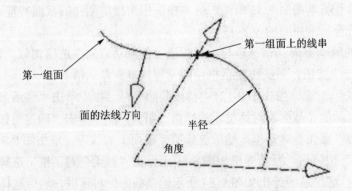

第一组面上的线串

第一组面

面的法线方向

半径

角度

图 9-125　"点—半径—角度—圆弧" 方式

单击该按钮后，系统弹出如图 9-89 所示的 "截面" 对话框，选择第一组面，然后单击 "确定"按钮；这时系统弹出如图 9-84 所示的"截面"对话框，然后选择第一组面上的线串以及脊线；单击图 9-84 所示的"截面"对话框中的"确定"按钮后，系统弹出如图 9-126 所示的"截面选项"对话框。该对话框用来选择半径和角度的指定方式或者直接指定半径和角度的值以及设置面的法线方向。选择一种半径和角度的指定方式然后指定半径和角度值，或者直接在图 9-126"截面选项"对话框中指定了半径和角度值并且设置好面的法线方向之后，单击"确定"按钮，系统即可自动生成一个截面特征。

图 9-126　"截面选项"对话框

下面介绍图 9-126"截面选项"对话框中的选项和按钮的作用。

（1）半径　该选项用于确定要创建的截面特征的半径值。可在其右侧的文本框中直接输入相应的值，也可单击下面的"使用半径规律"按钮 使用半径规律 ，此时系统弹出如图 9-97 所示的"规律函数"对话框。该对话框在介绍"端点—顶点—Rho"按钮时已介绍过，这里不再赘述。

（2）角度　该选项用于确定要创建的截面特征的张角。可在其右侧的文本框中直接输入相应的值，也可单击下面的"使用角度规律"按钮 使用角度规律 ，此时系统弹出如图 9-97 所示的"规律函数"对话框。该对话框在介绍"端点—顶点—Rho"按钮时已介绍过，这里不再赘述。

（3）面的反侧　该按钮用来确定要创建的截面特征的生成位置，也就是确定是在所选的第一组面的哪一侧。单击该按钮，则所选的第一组面的法线方向反向。

提示：

① 在选择第一组面之后，都要单击图 9-89"截面"对话框中的"确定"按钮，然后才能选择下一个对象；在选择第一组面上的线串之后，也要单击图 9-84"截面"对话框中的"确定"按钮，然后才能选择下一个对象。最后，当选完脊线后，单击图 9-84"截面"对话框中的"确定"按钮，则系统弹出如图 9-126 所示的"截面选项"对话框。在图 9-126"截面选项"对话框中设置好半径、角度值以及面的法线方向后，单击"确定"按钮，系统即可自动生成一个截面特征，如图 9-127 所示。

② 输入的半径值必须大于 0。

③ 输入的角度值的范围可以是–180°～180°，但不能输入"0"。

17．"5 点"按钮

用该方式生成的截面特征的特点是：生成的特征起始于第一条所选曲线（或边，即起始边），终止于第 5 条所选曲线（或边，即终止边），并且通过第一内部点、第二内部点和第三内部点。

截面的生成方式如图 9-128 所示。

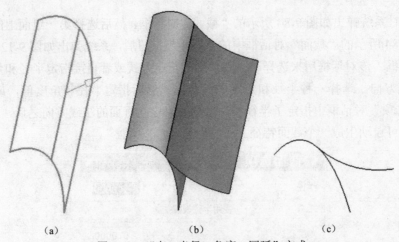

图 9-127 "点—半径—角度—圆弧" 方式

（a）曲面与曲线以及面的法线方向；（b）生成的截面特征；（c）生成的截面特征的前视图

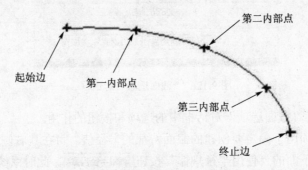

图 9-128 "5 点" 方式

单击该按钮后，系统弹出如图 9-84 所示的 "截面" 对话框，然后依次选择起始边、第一内部点、第二内部点、第三内部点、终止边以及脊线。最后，单击图 9-84 "截面" 对话框中的 "确定" 按钮，系统即可自动生成一个截面特征。

> 🔍提示：
>
> ① 在分别选择起始边、第一内部点、第二内部点、第三内部点和终止边之后，都要单击图 9-84 "截面" 对话框中的 "确定" 按钮，然后才能选择下一个对象。最后，当选完脊线后，单击图 9-84 "截面" 对话框中的 "确定" 按钮，则系统即可自动生成一个截面特征，如图 9-129 所示。

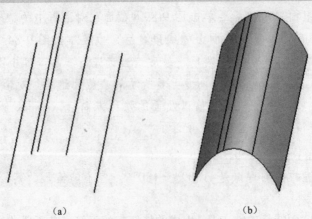

图 9-129 "5 点" 方式

（a）曲线；（b）生成的截面特征

② 起始边、第一内部点、第二内部点、第三内部点和终止边这5条曲线或边必须是不同的，但脊线可以是上面5条曲线或边中的一条也可以另外指定。

18."线性—相切"按钮 ╲

用该方式生成的截面特征的特点是：生成的特征起始于第一条所选曲线（或边，即起始边），终止位置由所选的曲面和指定的角度共同控制。

截面的生成方式如图9-130所示。

单击该按钮后，系统弹出如图9-89所示的"截面"对话框，选择相切面组，然后单击"确定"按钮；这时系统弹出如图9-84所示的"截面"对话框，然后选择起始边以及脊线；单击如图9-84所示的"截面"对话框中的"确定"按钮后，系统弹出如图9-131所示的"截面选项"对话框。该对话框用来选择角度的指定方式或者直接指定角度的值。选择一种角度的指定方式然后指定角度值，或者直接在图9-131中指定了角度值之后，单击"确定"按钮，系统即可自动生成一个截面特征。

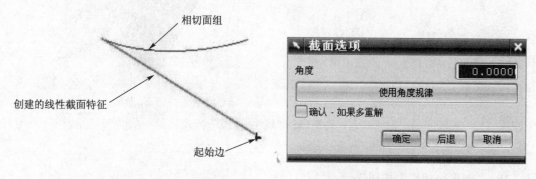

图9-130 "线性—相切"方式　　　　　　　图9-131 "截面选项"对话框

下面介绍图9-131"截面选项"对话框中的选项和按钮的作用。

（1）角度　该选项用于确定通过起始边和曲面相切的曲面与最终生成的曲面之间的角度。可在其右侧的文本框中直接输入相应的值，也可单击下面的"使用角度规律"按钮 使用角度规律 ，此时系统弹出如图9-97所示的"规律函数"对话框。该对话框在介绍"端点—顶点—rho"按钮时已介绍过，这里不再赘述。

（2）确认—如果多重解　若选中该复选框，则当生成的截面特征有多个解时，系统弹出如图9-132所示的对话框。同时图形窗口中显示其解的情况。可在该对话框中单击"接受该解决方案"接受图形窗口中的解；或单击"显示下一个"按钮显示其他解的情况。

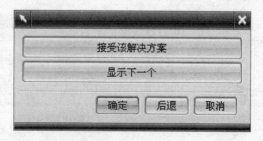

图9-132 多重解对话框

①"接受该解决方案"按钮：单击该按钮，则接受图形窗口中显示的解。

②"显示下一个"按钮：单击该按钮，则在图形窗口中显示其他解的情况。若一直单击该按钮，则在图形窗口中循环显示所有的解。

提示：在选择相切面组之后，须单击图 9-89 "截面" 对话框中的 "确定" 按钮，然后才能选择下一个对象；在选择起始边之后，也要单击图 9-84 "截面" 对话框中的 "确定" 按钮，然后才能选择下一个对象。最后，当选完脊线后，单击图 9-84 "截面" 对话框中的 "确定" 按钮后，系统弹出如图 9-131 所示的 "截面选项" 对话框。在 "截面选项" 对话框中设置好角度值后，单击 "确定" 按钮，系统即可自动生成一个截面特征，如图 9-133 所示。

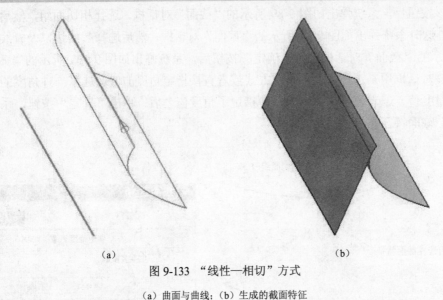

（a） （b）

图 9-133 "线性—相切" 方式

（a）曲面与曲线；（b）生成的截面特征

19. "圆形—相切" 按钮 ⤢

用该方式生成的截面特征的特点如下。

（1）生成的特征起始于第一条所选曲线（或边，即起始边），终止位置由所选的曲面和指定的半径以及创建截面圆弧的类型共同控制。

（2）生成的截面特征的截面线为圆弧曲面。

截面的生成方式如图 9-134 所示。

单击该按钮后，系统弹出如图 9-89 所示的 "截面" 对话框，选择相切面组，然后单击 "确定" 按钮；这时系统弹出如图 9-84 所示的 "截面" 对话框，然后选择起始边以及脊线；单击图 9-84 所示的 "截面" 对话框中的 "确定" 按钮后，系统弹出如图 9-135 所示的 "截面选项" 对话框。在 "截面选项" 对话框中选择一种半径的指定方式然后指定半径值，或者直接在指定了半径值之后，单击 "确定" 按钮，系统即可自动生成一个截面特征。

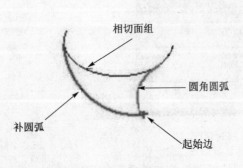

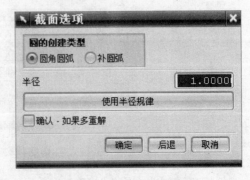

图 9-134 "圆形—相切" 方式　　　　图 9-135 "截面选项" 对话框

下面介绍图 9-135 "截面选项" 对话框中的选项和按钮的作用。

（1）圆的创建类型　该选项用于确定生成的圆弧截面特征的位置以及相对大小。

① 圆角圆弧：选择该选项，则生成的是相对较小的圆弧截面特征。

② 补圆弧：选择该选项，则生成的是相对较大的圆弧截面特征。

分别选择上述两种选项，生成的截面特征的不同效果如图 9-136 所示。从图中可以比较直观地看出它们的不同之处。

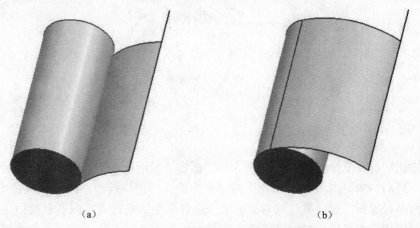

　　　　　（a）　　　　　　　　　　　　　　　　（b）

图 9-136　两种截面圆弧类型的不同效果

（a）圆角圆弧；（b）补圆弧

（2）半径　该选项用于确定要创建的截面特征的半径值。可在其右侧的文本框中直接输入相应的值，也可单击下面的"使用半径规律"按钮 使用半径规律 ，此时系统弹出如图 9-97 所示的"规律函数"对话框。该对话框在介绍"端点—顶点—Rho"按钮时已介绍过，这里不再赘述。

（3）确认—如果多重解　若选中该复选框，则当生成的截面特征有多个解时，系统弹出如图 9-132 所示的对话框。同时在图形窗口中显示其解的情况。该对话框在介绍"线性—相切"按钮时已介绍过，这里不再赘述。

　提示：

① 在选择相切面组之后，必须单击图 9-89 "截面"对话框中的"确定"按钮，然后才能选择下一个对象；在选择起始边之后，也要单击图 9-84 "截面"对话框中的"确定"按钮，然后才能选择下一个对象。最后，当选完脊线后，单击图 9-84 "截面"对话框中的"确定"按钮后，系统弹出如图 9-135 所示的"截面选项"对话框。在"截面选项"对话框中设置好半径值后，单击"确定"按钮，系统即可自动生成一个截面特征，如图 9-137 所示。

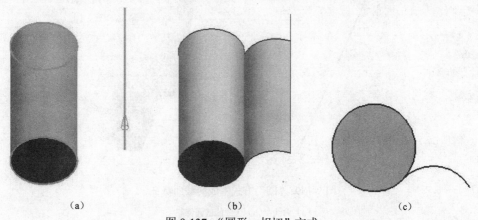

　　　　（a）　　　　　　　　　　　　（b）　　　　　　　　　　　　　（c）

图 9-137　"圆形—相切"方式

（a）相切面组、起始边以及脊线；（b）生成的截面特征；（c）生成的截面特征的前视图

② 生成的截面特征的位置和脊线的选取位置有关。

20."圆"按钮 ⊘

用该方式生成的截面特征的特点是：生成的特征是一个整圆曲面。

截面的生成方式如图 9-138 所示。

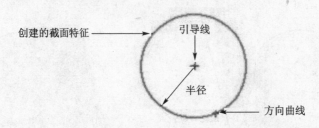

创建的截面特征 —————→ 引导线

半径

方向曲线

图 9-138 "圆"方式

单击该按钮后，系统弹出如图 9-84 所示的"截面"对话框，然后依次选择引导线、方向曲线以及脊线。最后，单击图 9-84"截面"对话框中的"确定"按钮，此时系统弹出如图 9-105 所示的"截面半径数据"对话框。该对话框用来选择半径的指定方式或者直接指定半径的值。选择一种半径的指定方式然后指定半径值，或者直接在图 9-105 的"截面半径数据"对话框中指定了半径值之后，单击"确定"按钮，则系统即可自动生成一个截面特征。

🔍提示：

① 在分别选择引导线和方向曲线之后，都要单击图 9-84"截面"对话框中的"确定"按钮，然后才能选择下一个对象。最后，当选完脊线后，单击图 9-84"截面"对话框中的"确定"按钮，此时系统弹出如图 9-105 所示的"截面半径数据"对话框。选择一种半径的指定方式然后指定半径值，或者直接在图 9-105 的"截面半径数据"对话框中指定了半径值之后，单击"确定"按钮，则系统即可自动生成一个截面特征，如图 9-139 所示。其中，图 9-139（b）的截面特征是按图 9-97"规律函数"对话框中的"沿脊线的值—线性"方式生成的。

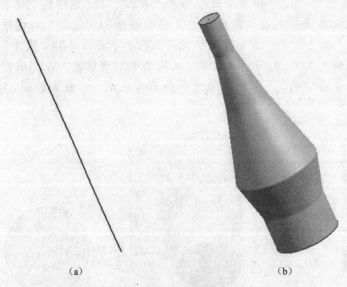

（a）   （b）

图 9-139 "圆"方式生成的截面特征

（a）曲线；（b）生成的截面特征

② 方向曲线可以不选，也就是说在该选方向曲线时，可以直接单击图 9-84"截面"对

话框中的"确定"按钮，跳过方向曲线的选择去选择下一个对象。方向曲线是用来定义要创建的截面特征的起始点的。

21．截面类型—（U 向）

该选项用于控制截面曲线在 U 方向上截面的外形，它所在的平面垂直于脊线线串。它包括"二次"、"三次"和"五次"3 种类型，如图 9-82 所示。

（1）二次　选择该单选按钮，表示 U 方向上曲线为二次曲线。因为有理 B 样条曲线可以精确地表示二次曲线，这个选项产生真正的、精确的二次外形而且曲率中没有反向。它接受在 0.0001～0.9999 之间的 Rho 值。

（2）三次　选择该单选按钮，表示 U 方向上曲线为三次曲线。三次截面类型的截面线与二次曲线形状大致相同。但是产生具有更好参数的曲面。这个选项沿整条曲线分布流动直线，但是并不产生精确的二次外形。例如，由大于 0.75 的 Rho 值生成的截面曲线，其外形并不像二次曲线。因此，生成多项式三次截面时的 Rho 最大允许值是 0.75。

（3）五次　选择该单选按钮，表示 U 方向上曲线为五次曲线。曲面阶次为 5，并且在面片之间为曲率连续。

22．拟合类型—（V 向）

该选项用于控制 V 方向（即平行于脊线线串）上截面特征的阶次和外形。它包括"无"、"手工"和"高级"3 个单选按钮，如图 9-82 所示。

（1）"无"按钮 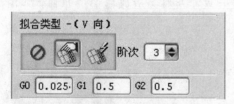　该按钮包括"三次"和"五次"两个单项按钮。

① 三次：选择该单选按钮，表示 V 方向上曲线为 3 次变化。

② 五次：选择该单选按钮，表示 V 方向上曲线为 5 次变化。

（2）"手工"按钮　单击该按钮时，图 9-82 "截面"对话框中的该部分如图 9-140 所示。此时可以定义曲线的阶次。

（3）"高级"按钮　单击该按钮时，图 9-82 "截面"对话框中的该部分如图 9-141 所示。此时可以定义曲线的最高阶次和最大段数。

图 9-140　"手工"拟合类型

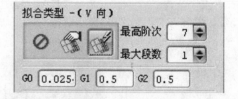

图 9-141　"高级"拟合类型

23．G0/G1/G2

该选项用来设置 G0/G1/G2 的公差，它与"直纹面"命令中的"公差"类似，可以参照 9.4.1 "直纹面"命令中的相关内容，这里不再赘述。

24．创建顶线

选择该复选框后，系统会在创建截面特征的同时，自动产生顶线。系统默认状态下为不选择该复选框。

9.5　基于面的曲面的创建

前面讲了基于点、线的曲面构造方式，UG 还有很多其他特殊的构造曲面的方式，这些基于曲面的曲面创建方法大多是用来创建连接曲面与曲面之间的过渡，可以称之为"过渡曲面"。

9.5.1 桥接

桥接用于在两个已存在的曲面之间建立过渡曲面。可以指定它所创建的曲面与两个原始曲面的连接方式是相切连续或曲率连续。同时，为了进一步精确控制桥接片体的形状，可以选择另外两组曲面或两组曲线（至多两个，可以任意组合）作为片体的侧面边界条件。

选择"插入"→"细节特征"→"桥接"命令，或单击"曲面"工具条上的"桥接"按钮，系统弹出"桥接"对话框，如图 9-142 所示。

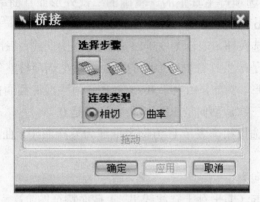

图 9-142 "桥接"对话框

下面介绍图 9-142 "桥接"对话框中的选项和按钮的作用。

1．选择步骤

（1）"主面"按钮 单击该按钮，选择两个需要连接的曲面。主面是必选的参数。

🔍提示：

① 选择主面的时候，鼠标要靠近将要进行桥接的边缘的一侧。在选择主面后，系统会将选择主面时靠近光标位置的边作为桥接的边缘。同时，系统将显示表示向量方向的箭头。

② 选择曲面上不同的边缘和拐角，所显示的箭头方向也将不同，这些箭头表示要创建的曲面的方向。应注意保证两个主面的箭头方向一致，否则会造成曲面的扭曲，如图 9-143 所示。

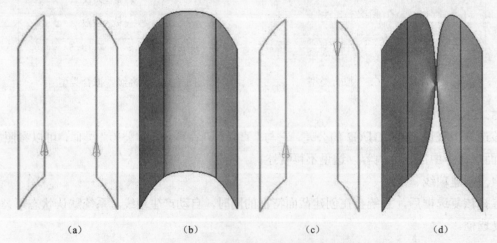

图 9-143 主面的箭头一致与不一致时生成曲面的不同效果

（a）主面的箭头一致；（b）箭头一致时生成的曲面；
（c）主面的箭头不一致；（d）箭头不一致时生成的曲面

（2）"侧面"按钮 单击该按钮，可以选择与主面桥接边相连接的一个或两个曲面作为生成曲面时的引导侧面，系统依据引导侧面的限制而产生曲面的外形。

提示：

① 可以不选择侧面，它不是必选项。

② 若选择了侧面，则即使主面上的箭头方向不一致，系统也会自动"纠错"，生成的正确的曲面，如图 9-144 所示。

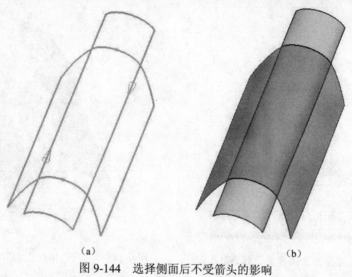

（a） （b）

图 9-144 选择侧面后不受箭头的影响

（a）主面的箭头不一致；（b）生成后的曲面

（3）"第一侧面线串"按钮 单击该按钮，可以选择与主面桥接边相连接的曲线或边缘作为生成曲面时的引导线，系统依据引导线的限制而产生曲面的外形。

（4）"第二侧面线串"按钮 单击该按钮，可以选择另一个与主面桥接边相连接的曲线或边缘作为生成曲面时的引导线，依据引导线的限制而产生曲面的外形。

提示：

① 可以不选择第一侧面线串或第二侧面线串，它们不是必选项。

② 若选择了侧面线串，则即使主面上的箭头方向不一致，系统也会自动"纠错"，生成正确的曲面。这和选择了侧面后的效果相同。

2．连续类型

该选项用于指定在桥接曲面与原有曲面之间是相切连续还是曲率连续。

（1）相切 选择该单选按钮，则沿原来曲面的切线方向和另一个曲面连接。

（2）曲率 选择该单选按钮，则在沿原来曲面圆弧的曲率半径与另一个曲面连接的同时，也保证相切的特性。

3．"拖动"按钮 拖动

在选择了两个主面后，单击图 9-142 "桥接"对话框中的"应用"按钮，这时"拖动"按钮 拖动 便处于激活状态。单击该按钮，系统弹出"拖拉桥接曲面"对话框，如图 9-145 所示。

在需要改变桥接深度的边缘上，只需按着鼠标左键不放进行拖动即可，此时图形窗口中的桥接曲面会发生相应的变化，如图 9-146 所示。如果想要恢复原始的外形，只需单击图 9-145 "拖拉桥接曲面"对话框中的"重置"按钮 重置 即可。

提示：

① 单击"拖动"按钮 拖动 后，也可在图形窗口中任意位置单击鼠标左键，此时图形窗口中的桥接曲面也会发生相应的变化。但若想调整另一主面边缘桥接曲面的位置，就须在靠近相应主面边缘的一侧处按着鼠标左键进行拖动。这样，箭头的位置就换到另一主面的边缘了。

② 当选择了侧面或侧面线串后，虽然单击图 9-142 "桥接"对话框中的"应用"按钮后"拖动"按钮 拖动 处于激活状态，但实际上该按钮是不起作用的。当单击该按钮后，系统弹出"错误"对话框，如图 9-147 所示。也就是说，当选择了侧面或侧面线串后，不能通过"拖动"来改变桥接曲面，这是因为它的侧边已经有了限制。

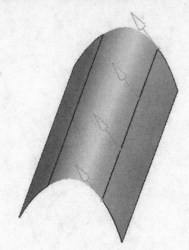

图 9-145 "拖拉桥接曲面"对话框　　图 9-146 通过"拖动"调节桥接的曲面

9.5.2　N 边曲面

N 边曲面允许用户使用一组没有数量限制的封闭的曲线或边建立一个曲面。用户可以指定它与外部曲面的连续性。

选择"插入"→"网格曲面"→"N 边曲面"命令，或单击"曲面"工具条上的"N 边曲面"按钮，系统弹出"N 边曲面"对话框，如图 9-148 所示。

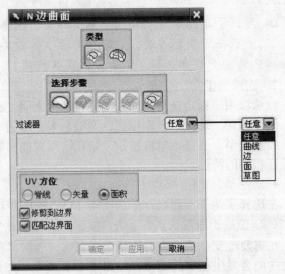

图 9-147 "错误"对话框　　图 9-148 "N 边曲面"对话框

下面介绍图 9-148 "N 边曲面"对话框中的一些选项和按钮的作用。

1. 类型

类型选项提供了 N 边曲面特征能够生成曲面的种类，它包括以下两种类型。

（1）"修剪的单片体"按钮　选择该类型，是通过所选择的封闭的边缘或封闭的曲线生成一个单一的曲面，它覆盖被选定曲面封闭环内的整个区域，如图 9-149（a）所示。若选择的曲线或边不是封闭的，则可以通过"选择步骤"选项中的"UV 方位—面积"按钮 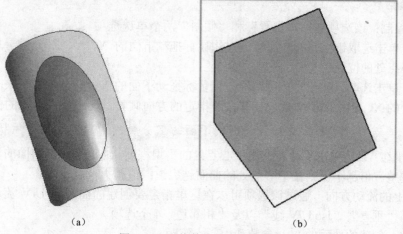 定义一个矩形来生成一个曲面，如图 9-149（b）所示。

（a）　　　　　　　　　　　　　　　　　（b）

图 9-149　"修剪的单片体"类型

(a) 封闭的环生成的曲面；(b) 开环生成的曲面

（2）"多个三角补片"按钮 　　选择该类型，让用户生成一个由单独的、三角形的面片组成的曲面，其中每个面片由每个边和公共中心点之间的三角形区域组成。单击该按钮后，图 9-148 "N 边曲面"对话框如图 9-150 所示。

用户在选择了该类型，并选择了相应的条件之后，系统弹出"形状控制"对话框，如图 9-151 所示。同时在图形窗口中临时显示创建的曲面的情况。用户可以在该对话框中调整相应的参数，以调整要创建的曲面的形状。

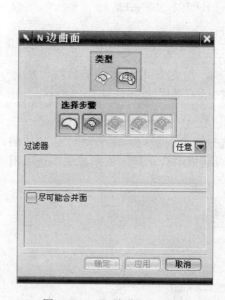

图 9-150　"N 边曲面"对话框

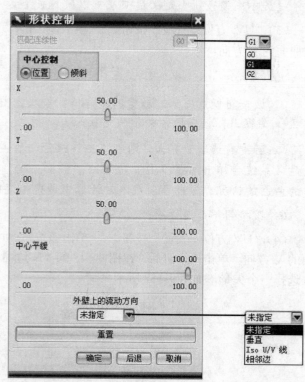

图 9-151　"形状控制"对话框

下面介绍图 9-151 "形状控制"对话框中的一些选项和按钮的作用。

① 匹配连续性：该选项用于控制创建的曲面在边界曲线上与边界面之间的连续条件。它包

431

括 G0、G1、和 G2 3 个选项。

🔍 提示：在通过"选择步骤"选项中的"边界面"按钮 ⬡ 选择了边界约束面之后，该选项才处于激活状态。

② 中心控制：该选项包括"位置"和"倾斜"两个单选选项。

• 位置：单击选取该按钮时，可以通过用鼠标拖动下面的 X、Y、Z 分量滑尺来改变创建的曲面的中心点处的位置。

• 倾斜：单击选取该按钮时，可以通过用鼠标拖动下面的 X、Y 分量滑尺来改变创建的曲面的中心点处的 X、Y 平面法向量，使其按照指定的方向倾斜，但中心点所在的位置不变。

🔍 提示：当选择"倾斜"单选按钮时，下面的 Z 分量的滑尺处于不可用状态。

③ 中心平缓：该选项用于调整曲面中心点处的平坦程度。通过拖动其下面的滑尺来改变值的大小进行调整。值越小，则在中心点处的曲面越尖锐；值越大，越平坦。

④ 外壁上的流动方向：通过该选项可以在这里指定要创建的曲面的 U/V 流动方向。它包括"未指定"、"垂直"、"Iso U/V 线"以及"相邻边"4 个选项。

• 未指定：创建的曲面的 UV 参数和中心点等距。

• 垂直：创建的曲面的 V 向的等参数线开始于外表面的边界并垂直于该边的方向。

• Iso U/V 线：创建的曲面的 V 向等参数线开始于外表面边界并沿着外表面的 U/V 方向。

• 相邻边：创建的曲面的 V 向等参数线将沿着约束面的侧边。

⑤ 重置：单击该按钮，系统将对话框中的设置恢复到默认值。

2. 选择步骤

(1)"边界曲线"按钮 ⬡ 单击该按钮，选择曲线或边作为要创建 N 边曲面的边界线。

(2)"边界面"按钮 ⬡ 单击该按钮，可以选择一个曲面作为要创建 N 边曲面的参照曲面。

🔍 提示：该按钮不是必选项，可以跳过去不选。

(3)"UV 方位—脊线"按钮 ⬡ 单击该按钮，可以选择一条曲线或边用于定义要创建 N 边曲面的 V 方向。

🔍 提示：

① 该按钮仅适用于"修剪的单片体"类型，且当在"UV 方位"中选择"脊线"单选按钮 ⬤脊线 时，该按钮才处于激活状态。

② 若没有选取边界面，则在单击该按钮之后或者单击了"确定"按钮或"应用"按钮之后，系统会弹出如图 9-151 所示的"形状控制"对话框。同时在图形窗口中临时显示创建的曲面的情况。用户可以在该对话框中调整相应的参数以调整要创建的曲面的形状。

③ 该按钮不是必选项，可以跳过去不选。

(4)"UV 方位—矢量"按钮 ⬡ 单击该按钮，可以选择一个矢量用于定义要创建 N 边曲面的 V 方向。单击该按钮后，在图 9-148 的"N 边曲面"对话框中会出现"矢量方法"选项用来选择一个矢量，如图 9-152 所示。

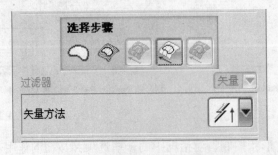

图 9-152 "矢量方法"选项

提示：

① 该按钮仅适用于"修剪的单片体"类型，且当在"UV方位"中选择"矢量"单选按钮 ⊙矢量 时，该按钮才处于激活状态。

② 若没有选取边界面，则在单击该按钮之后或者在单击了"确定"按钮或"应用"按钮之后，系统会弹出如图9-151所示的"形状控制"对话框。同时在图形窗口中临时显示创建的曲面的情况。用户可以在该对话框中调整相应的参数以调整要创建的曲面的形状。

③ 该按钮不是必选项，可以跳过不选。

（5）"UV方位—面积"按钮 🔲 单击该按钮，可以指定两个点从而在XC—YC平面内指定一个矩形。生成的N边曲面在此矩形范围内。

提示：

① 该按钮仅适用于"修剪的单片体"类型，且当在"UV方位"中选择"面积"单选按钮 ⊙面积 时，该按钮才处于激活状态。

② 该按钮不是必选项，可以跳过去不选。

3. 过滤器

该选项用于在选择边界线或边界面时，过滤所需要的对象。它包括"任意"、"曲线"、"边"、"面"和"草图"5种过滤方式，如图9-148所示。

4. UV方位

该选项用于定义要创建的曲面的UV方向，它包括"脊线"、"矢量"和"面积"3个单选按钮。选择其中一个按钮后，在"选择步骤"中会激活相应的步骤按钮，这在前面已讲过，这里不再赘述。

提示：该选项只在类型中选择"修剪的单片体"按钮 🔲 时才出现。

5. 修剪到边界

该复选框用来控制是否将生成的曲面修剪至选择的边界曲线上。

如图9-153所示，图中给出了是否选取"修剪到边界"复选框的不同效果，从图中可以比较直观地看出它们的不同之处。

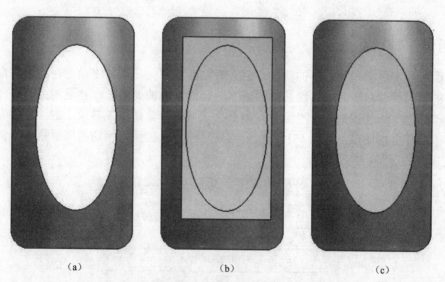

图9-153 是否选取"修剪到边界"复选框的不同效果

（a）创建N边曲面前；（b）未选取"修剪到边界"复选框；（c）选取"修剪到边界"复选框

提示：该选项只有在类型中选择"修剪的单片体"按钮 🔲 时才出现。

6. 匹配边界面

若选择该复选框，则若用户选择的边界曲线是曲面的边缘，系统将自动定义该边缘与曲面相切约束。

如图 9-154 所示，图中给出了是否选取"匹配边界面"复选框的不同效果，从图中可以比较直观地看出它们的不同之处。

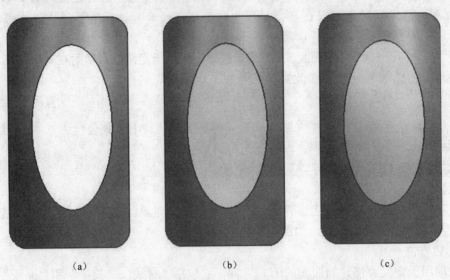

(a)　　　　　　　　　　　(b)　　　　　　　　　　　(c)

图 9-154　是否选取"匹配边界面"复选框的不同效果

（a）创建 N 边曲面前；（b）未选取"匹配边界面"复选框；（c）选取"匹配边界面"复选框

🔍提示：该选项只有在类型中选择"修剪的单片体"按钮🔊，并且在"UV 方位"中选择"面积"单选按钮 ⦿面积 时才出现。

7. 尽可能合并面

当选择该复选框时，系统会将相切连续的边界曲线视为单一曲线，从而生成单一曲面。

🔍提示：该选项只有在类型中选择"多个三角补片"按钮🔘时才出现，如图 9-150 所示。

9.5.3　延伸

在曲面设计中经常碰到这样的情况，已有的曲面不够大，需要将曲面在某个方向上进行延伸。曲面的"延伸"命令可以实现曲面的延伸，延伸后的曲面是一个独立的曲面。

选择"插入"→"曲面"→"延伸"命令，或单击"曲面"工具条上的"延伸"按钮🔲，系统弹出"延伸"对话框，如图 9-155 所示。其延伸方式包括"相切的"、"垂直于曲面"、"有角度的"和"圆形"4 种方式。

图 9-155　"延伸"对话框

下面介绍图 9-155 "延伸" 对话框中几个按钮的作用。

1. "相切的" 按钮

该方式用于生成沿着曲面的边缘线切线方向的延伸曲面，它通常是相邻于现有曲面的边或拐角生成。单击该按钮后，系统弹出 "相切延伸" 对话框，如图 9-156 所示。它包括 "固定长度" 和 "百分比" 两种方式。

（1）固定长度　该方式为使用定义的长度值作为延伸曲面的长度。

单击该按钮后，系统弹出 "固定的延伸" 对话框，如图 9-157 所示，然后在图形窗口中选择要延伸的面；选取面之后，此时图 9-157 "固定的延伸" 对话框如图 9-158 所示，同时图形窗口中光标变成为十字形，然后在靠近要延伸的边的曲面内部单击，这时系统会将靠近光标处的边作为需要延伸的边缘；选取边之后，此时系统弹出 "相切延伸" 对话框，如图 9-159 所示。在该对话框的 "长度" 选项中定义延伸的长度值。最后，单击 "确定" 按钮即完成曲面的延伸。

图 9-156　"相切延伸" 对话框（1）

图 9-157　"固定的延伸" 对话框（1）

图 9-158　"固定的延伸" 对话框（2）

图 9-159　"相切延伸" 对话框（2）

🔍提示：

①　在图 9-159 "相切延伸" 对话框的 "长度" 选项中可以定义延伸的长度值为负值，这样，生成的曲面将进行反向延伸。

②　在图 9-159 "相切延伸" 对话框的 "长度" 选项中设置好延伸的长度并单击 "确定" 按钮生成延伸曲面之后，可以继续选择其他边，然后再设置相应的延伸的长度即可进行在该边的延伸。类似的，可以一直这样进行延伸的操作，直至单击 "取消" 按钮。

（2）百分比　该方式为使用定义的延伸曲面与原始曲面的百分比来确定延伸曲面的长度。

单击该按钮后，系统弹出 "延伸" 对话框，如图 9-160 所示。它包括 "边延伸" 和 "拐角延伸" 两种方式。

①　边延伸：单击该按钮后，系统弹出 "边延伸" 对话框，如图 9-161 所示，然后在图形窗口中选择要延伸的面；选取面之后，此时图 9-161 "边延伸" 对话框如图 9-162 所示，同时图形窗口中光标变成为十字形，然后在靠近要延伸的边的曲面内部单击，这时系统会将靠近光标处的边作为需要延伸的边缘；选取边之后，此时系统弹出 "相切延伸" 对话框，如图 9-163 所示。在该对话框的 "百分比" 选项中定义延伸的百分比。最后，单击 "确定" 按钮即完成曲面的延伸。

🔍提示：

①　在图 9-163 "相切延伸" 对话框的 "百分比" 选项中可以定义延伸的百分比为负值，这样，生成的曲面将进行反向延伸。

② 在图 9-163"相切延伸"对话框的"百分比"选项中设置好延伸的百分比并单击"确定"按钮生成延伸曲面之后，可以继续选择其他边，然后再设置相应的延伸的百分比即可进行在该边的延伸。类似的，可以一直这样进行延伸的操作，直至单击"取消"按钮。

图 9-160 "延伸"对话框

图 9-161 "边延伸"对话框（1）

图 9-162 "边延伸"对话框（2）

图 9-163 "相切延伸"对话框

② 拐角延伸：单击该按钮后，系统弹出"拐角延伸"对话框，如图 9-164 所示，然后在图形窗口中选择要延伸的面；选取面之后，此时图 9-164"拐角延伸"对话框如图 9-165 所示，同时图形窗口中光标变成为十字形，然后在靠近要延伸的拐角的曲面内部单击，这时系统会将靠近光标处的拐角作为需要延伸的拐角；选取拐角之后，此时系统弹出"拐角延伸"对话框，如图 9-166 所示。在该对话框的"U"选项以及"V"选项中定义延伸 U 向和 V 向的百分比。最后，单击"确定"按钮即完成曲面的延伸。

图 9-164 "拐角延伸"对话框（1）

图 9-165 "拐角延伸"对话框（2）

图 9-166 "拐角延伸"对话框（3）

提示：

① 在图 9-166"拐角延伸"对话框的"U"选项以及"V"选项中可以定义延伸的百分比为负值，这样，生成的曲面将进行相应的反向延伸。

② 在图 9-166"拐角延伸"对话框的"U"选项以及"V"选项中设置好延伸 U 向和 V 向的百分比并单击"确定"按钮生成延伸曲面之后，可以继续选择其他拐角，然后再设置相应的延伸 U 向和 V 向的百分比即可进行在该拐角的延伸。类似的，可以一直这样进行延

伸的操作，直至单击"取消"按钮。

如图9-167所示，图中给出了"边延伸"和"拐角延伸"两种延伸方式的不同效果。

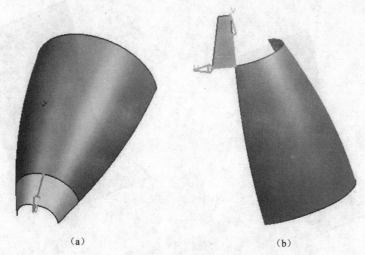

（a）　　　　　　　　　　　　　　　（b）

图9-167　"边延伸"和"拐角延伸"两种延伸方式

（a）边延伸；（b）拐角延伸

2. "垂直于曲面"按钮

该方式为通过沿着位于曲面上的已存在的曲线生成一个沿该面法向方向的延伸面。

单击该按钮后，系统弹出"法向延伸"对话框，如图9-168所示，然后在图形窗口中选择要延伸的面，接着选择面上的曲线；选取曲线之后，此时系统弹出如图9-169所示的"法向延伸"对话框。在该对话框的"长度"选项中定义延伸的长度值。最后，单击"确定"按钮即完成曲面的延伸。

图9-168　"法向延伸"对话框（1）

图9-169　"法向延伸"对话框（2）

🔍提示：

① 在图9-169"法向延伸"对话框的"长度"选项中可以定义延伸的长度值为负值，这样，生成的曲面将进行反向延伸。

② 在图9-169"法向延伸"对话框的"长度"选项中设置好延伸的长度并单击"确定"按钮生成延伸曲面之后，可以继续选择该面上的其他曲线，然后再设置相应的延伸的长度即可生成在该曲线位置处的延伸曲面。类似的，可以一直这样进行延伸的操作，直至单击"取消"按钮。

如图9-170所示，图中给出了用"垂直于曲面"延伸方式生成延伸曲面的效果。

3. "有角度的"按钮

该方式为通过沿着位于曲面上的已存在的曲线生成一个与原曲面成一指定角度的延伸面。

单击该按钮后，系统弹出"沿角度延伸"对话框，如图9-171所示，然后在图形窗口中选择要延伸的面，接着选择面上的曲线；选取曲线之后，此时系统弹出如图9-172所示的"沿角度延伸"对话框。在该对话框的"长度"选项和"角度"选项中分别定义延伸的长度值和与原曲面所成的角度值。最后，单击"确定"按钮即完成曲面的延伸。

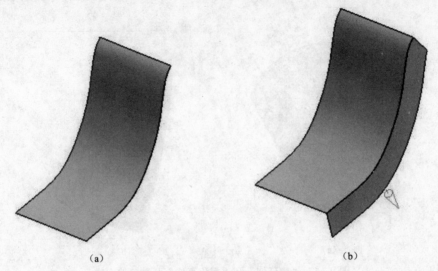

(a)　　　　　　　　　　　　　　　　　(b)

图 9-170　"垂直于曲面"延伸方式

（a）曲面与曲线；（b）生成的延伸曲面

　　　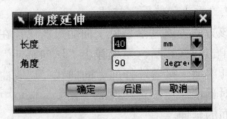

图 9-171　"沿角度延伸"对话框（1）　　　图 9-172　"沿角度延伸"对话框（2）

 提示：

① 在图 9-172"沿角度延伸"对话框的"长度"选项中可以定义延伸的长度值为负值，这样，生成的曲面将进行反向延伸。

② 在图 9-172"沿角度延伸"对话框的"长度"选项和"角度"选项中分别定义延伸的长度值和与原曲面所成的角度值并单击"确定"按钮生成延伸曲面之后，可以继续选择该面上的其他曲线，然后再设置相应的延伸的长度和角度值即可生成在该曲线位置处的延伸曲面。类似的，可以一直这样进行延伸的操作，直至单击"取消"按钮。

③ 在选择了曲面和面上的曲线后，系统会在图形窗口中显示一个由两个方向向量建立的测量角度的参照系，如图 9-173 所示。

如图 9-173 所示，图中给出了用"有角度的"延伸方式生成延伸曲面的效果。

4."圆形"按钮

该方式是以所选曲面的边作为延伸曲面的起始边，以所选曲面在延伸边上的曲率半径为圆弧半径，创建一种圆弧曲面。

单击该按钮后，系统弹出"圆形延伸"对话框，如图 9-174 所示。它包括"固定长度"和"百分比"两种方式。

（1）固定长度　该方式为使用定义的长度值作为延伸曲面的长度。

单击该按钮后，系统弹出"固定的延伸"对话框，如图 9-157 所示，然后在图形窗口中选择要延伸的面；选取面之后，此时图 9-157"固定的延伸"对话框如图 9-158 所示，同时图形窗口中光标变成为十字形，然后在靠近要延伸的边的曲面内部单击，这时系统会将靠近光标处的边作为需要延伸的边缘；选取边之后，此时系统弹出"相切延伸"对话框，如图 9-159 所示。在该对话框的"长度"选项中定义延伸的长度值。最后，单击"确定"按钮即完成曲面的延伸。

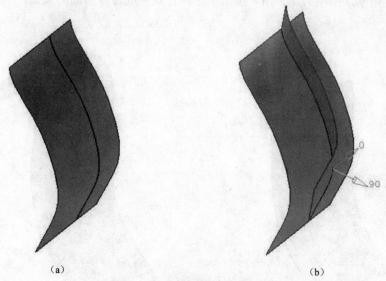

（a）　　　　　　　　　　　　　　　　　　　（b）

图 9-173　"有角度的"延伸方式
（a）曲面与曲线；（b）生成的延伸曲面

图 9-174　"圆形延伸"对话框

🔍提示：

① 在图 9-159"相切延伸"对话框的"长度"选项中可以定义延伸的长度值为负值，这样，生成的曲面将进行反向延伸。

② 在图 9-159"相切延伸"对话框的"长度"选项中设置好延伸的长度并单击"确定"按钮生成延伸曲面之后，可以继续选择其他边，然后再设置相应的延伸的长度即可进行在该边的延伸。类似的，可以一直这样进行延伸的操作，直至单击"取消"按钮。

（2）百分比　该方式为使用定义的延伸曲面与原始曲面的百分比来确定延伸曲面的长度。

单击该按钮后，系统弹出"边延伸"对话框，如图 9-161 所示，然后在图形窗口中选择要延伸的面；选取面之后，此时图 9-161"边延伸"对话框如图 9-162 所示，同时图形窗口中光标变成为十字形，然后在靠近要延伸的边的曲面内部单击，这时系统会将靠近光标处的边作为需要延伸的边缘；选取边之后，此时系统弹出"相切延伸"对话框，如图 9-163 所示。在该对话框的"百分比"选项中定义延伸的百分比。最后，单击"确定"按钮即完成曲面的延伸。

🔍提示：

① 在图 9-163"相切延伸"对话框的"百分比"选项中可以定义延伸的百分比为负值，这样，生成的曲面将进行反向延伸。

② 在图 9-163 "相切延伸" 对话框的 "百分比" 选项中设置好延伸的百分比并单击 "确定" 按钮生成延伸曲面之后，可以继续选择其他边，然后再设置相应的延伸的百分比即可进行在该边的延伸。类似的，可以一直这样进行延伸的操作，直至单击 "取消" 按钮。

如图 9-175 所示，图中给出了用 "圆形" 延伸方式生成延伸曲面的效果。

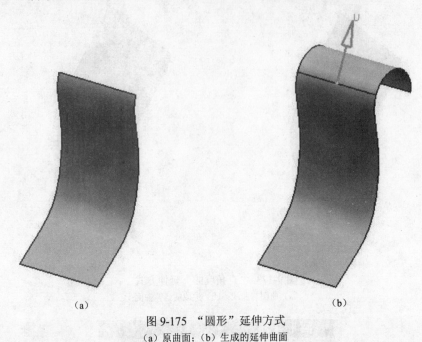

图 9-175 "圆形" 延伸方式
(a) 原曲面；(b) 生成的延伸曲面

注意：

① 当使用 "圆形" 延伸方式以及 "相切的" 延伸方式时，所选的边必须是要延伸的曲面的原始边，而不能是由后来修剪曲面后产生的边，例如使用圆角或倒角修剪的边等，否则系统会报错，弹出 "错误" 对话框，如图 9-176 所示。

② 若要使延伸修剪过的面达到 "相切" 的效果，可以使用 "有角度的" 延伸方式，在图 9-172 "沿角度延伸" 对话框的 "角度" 选项中输入 "0" 即可。

③ 当使用 "圆形" 延伸方式以及 "相切的" 延伸方式时，若所选的边是曲面的原始边但被修剪过，则系统会自动将未修剪的原曲面的边作为延伸的边，也就是仍使用该边所在的原始边作为延伸的边，如图 9-177 所示。

图 9-176 "错误" 对话框

9.5.4　规律延伸

使用 "规律延伸" 命令可以交互式地创建曲面的延伸面，也可以规律地控制延伸生成长度与角度。

选择 "插入" → "弯边曲面" → "规律延伸" 命令，或单击 "曲面" 工具条上的 "规律延伸" 按钮，系统弹出 "规律延伸" 对话框，如图 9-178 所示。

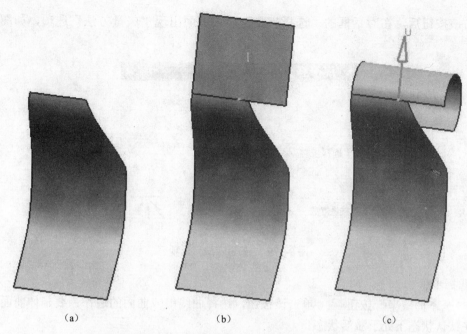

图 9-177　延伸的边为被修剪过的原始边

（a）原始曲面；（b）"相切的"延伸方式生成的曲面；（c）"圆形"延伸方式生成的曲面

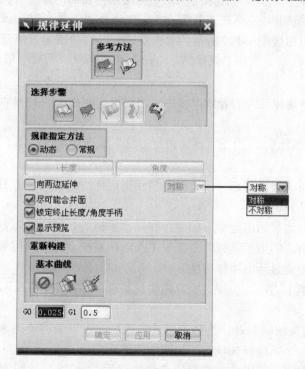

图 9-178　"规律延伸"对话框

下面介绍图 9-178 所示的"规律延伸"对话框中的一些选项和按钮的作用。

1. 参考方法

规律延伸的延伸曲面要求一个参考方向，它包括"面"和"矢量"两个选项。

（1）"面"按钮 该选项表示选择曲面作为参考对象，指定使用一个或多个面来为延伸曲面组成一个参考坐标系。该参考坐标系建立在基线的中点。

（2）"矢量"按钮 该选项表示选择矢量作为延伸面的参考方向，角度是由参考矢量方向控制的。

单击该按钮后，在对话框的"选择步骤"选项下面出现"矢量方法"选项，如图 9-179 所示。

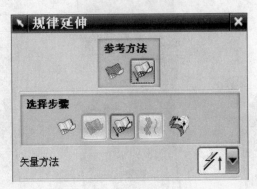

图 9-179 "矢量方法"选项

2. 选择步骤

（1）"基本曲线串"按钮 单击该按钮，选择曲线串或曲面的边作为要延伸曲面的边。该按钮在默认状态下处于激活状态。

（2）"参考面"按钮 当在"参考方法"中选择"面"时，该按钮变为可用。

单击该按钮，选择一个或多个面来定义用于构造延伸曲面的参考方向。

（3）"参考矢量"按钮 当在"参考方法"中选择"矢量"时，该按钮变为可用。

单击该按钮，可以通过图 9-179 所示的"矢量方法"选项指定规律延伸的参考矢量。

（4）"脊线串"按钮 当在"规律指定方法"选项选取"常规"单选按钮 常规 时，该按钮变为可用。

单击该按钮，选择规律延伸的脊线串，生成的规律延伸曲面的 U/V 向由脊线控制。该选项是可选项。

（5）"定义规律"按钮 当在"规律指定方法"选项选取"动态"单选按钮 动态 时，该按钮变为可用。

单击该按钮后，系统会直接在延伸边缘上显示出延伸后的曲面，并且显示出可进行相应操作的操作手柄，如图 9-180 所示。

在图形窗口中动态地显示出延伸后的曲面和操作手柄后，用户可以直接拖动手柄改变延伸面的角度或长度。在所选的边上选择一个位置单击后，系统会在所选位置处添加一个控制点，且在新增的控制点处也会显示出操作手柄。

在不同的操作手柄上右击，会弹出相应的快捷菜单，如图 9-180 所示。

3. 规律指定方法

（1）"动态"单选按钮 动态 选择该单选按钮后，可以通过动态地拖动相应的手柄来改变延伸面的角度或长度。系统默认状态下为选中该选项。

（2）"常规"单选按钮 常规 选择该单选按钮后，"长度"按钮 长度 和"角度"按钮 角度 处于激活状态。

单击这两个按钮后，系统均会弹出如图 9-97 所示的"规律函数"对话框。通过指定长度和角度的规律控制方式控制延伸面。

4. 向两边延伸

选取该复选框后，系统将在所选曲线或边的两侧同时生成延伸面。用户可以选择"对称"和"不对称"两种方式生成两侧的延伸面。

5. 尽可能合并面

当选择的延伸面的曲线或边由多条线串组成时，系统会生成多个曲面。选取该复选框后，系统会将延伸曲面尽可能合并成一个曲面。

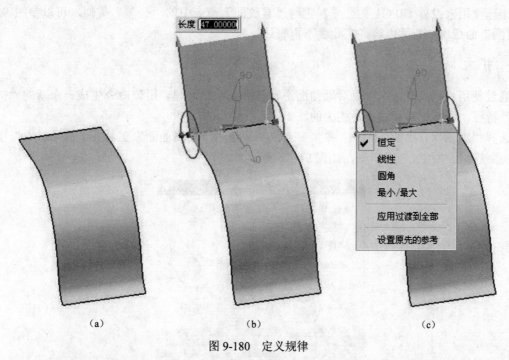

图 9-180　定义规律

（a）原始曲面；（b）动态显示曲面和操作手柄；（c）右击手柄会弹出相应的快捷菜单

图 9-181 给出了是否选取"尽可能合并面"复选框的不同效果，从图中可以比较直观地看出它们的不同之处。

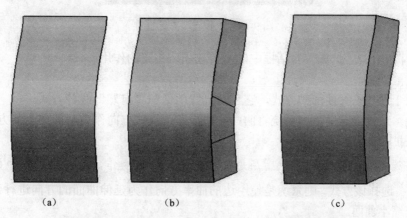

图 9-181　是否选取"尽可能合并面"复选框的不同效果

（a）原始曲面；（b）未选取"尽可能合并面"复选框；（c）选取"尽可能合并面"复选框

6. 锁定终止长度/角度手柄

选取该复选框后，可以将起始与终止位置的长度和角度操作手柄锁定为相同的值。修改一端的值，则另一端会以相同的值自动更新。

7. 显示预览

选取该复选框后，可以在图形窗口临时显示延伸的面，这样可以比较直观地进行调整。该复选框在默认状态下是选中的。

8. 重新构建

用户可以通过该选项下的"无"、"手工"和"高级"3 个按钮对生成的延伸进行重新构建，指定曲面的阶次与段数。该部分内容与 9.4.5 "截型体"中的"拟合类型—（V 向）"选项相似，可以参照其中相关内容，这里不再赘述。

9. G0/G1

该选项用来设置 G0/G1 的公差，它与"直纹面"命令中的"公差"类似，可以参照 9.4.1 "直纹面"命令中的相关内容，在此就不再赘述。

9.5.5 扩大

通过使用"扩大"命令可以对原曲面进行扩大或缩小处理。用该命令生成一个新的"扩大曲面"特征，该特征和原曲面是相关的。

选择"编辑"→"曲面"→"扩大"命令，或单击"编辑曲面"工具条上的"扩大"按钮
，系统弹出"扩大"对话框，如图 9-182 所示。

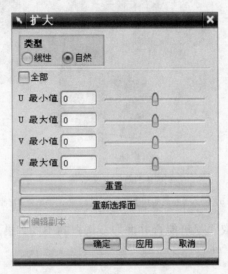

图 9-182 "扩大"对话框

下面介绍图 9-182"扩大"对话框中的一些选项和按钮的作用。

1. 类型

该选项用于设置扩大曲面的方式，它包括"线性"和"自然"两种方式。

（1）线性 选择该方式，则系统将曲面在边缘处的切线方向作为延伸曲面的方向进行直线延伸，依此来扩大曲面。

> 提示：选择该方式，只可以对所选的曲面进行扩大操作，不能进行缩小的操作。

（2）自然 选择该方式，则系统是使用边的曲率方向作为延伸曲面的方向进行延伸或收缩，依此来扩大或缩小曲面。

> 提示：选择该方式，可以对所选的曲面进行扩大操作或缩小操作。

2. 全部

选取该复选框后，系统将把"U 最小值"、"U 最大值"、"V 最小值"、"V 最大值"这 4 个选项作为一个组来控制。拖动上述 4 个选项中的任意一个滑尺，则所有的滑尺会同时移动并保持他们之间的原来的比例。

3. U 最小值

该选项用于沿着相对于 U 向的反方向进行曲面的扩大或缩小。可以通过在其右侧的文本框中输入相应的值或直接拖动滑尺来进行扩大或缩小的操作。

4. U 最大值

该选项用于沿着相对于 U 向的方向进行曲面的扩大或缩小。可以通过在其右侧的文本框中输入相应的值或直接拖动滑尺来进行扩大或缩小的操作。

5. V 最小值

该选项用于沿着相对于 V 向的反方向进行曲面的扩大或缩小。可以通过在其右侧的文本框中输入相应的值或直接拖动滑尺来进行扩大或缩小的操作。

6. V 最大值

该选项用于沿着相对于 V 向的方向进行曲面的扩大或缩小。可以通过在其右侧的文本框中输入相应的值或直接拖动滑尺来进行扩大或缩小的操作。

> 提示：U/V 向以曲面上显示的 U/V 向的箭头方向为准，如图 9-183 所示。

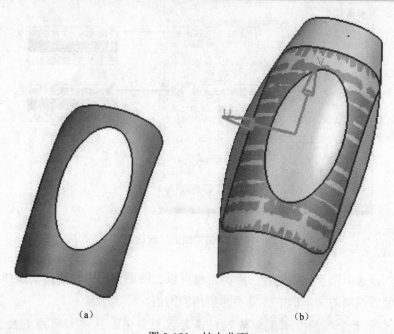

（a）　　　　　　　　　　　　　　　　　　（b）

图 9-183　扩大曲面

（a）原曲面；（b）U/V 向的箭头方向以及生成的扩大曲面特征

7. 重置

单击该按钮，系统将对话框中的设置恢复到默认值。系统将把 "U 最小值"、"U 最大值"、"V 最小值"、"V 最大值" 这 4 个选项的值全部重新置为 0。

8. 重新选择面

单击 "重新选择面" 按钮，系统将取消原来所选的面，然后重新选择面即可。

9.5.6　偏置曲面

"偏置曲面" 命令是将原有的曲面按照指定的距离和方向，在面的法向上偏置生成新的曲面。在同一次偏置中，可以选择多个曲面进行偏置，且可以设置多个偏置距离。

偏置曲面与原曲面具有关联性，修改或移动原曲面，偏置曲面会发生相应的变化。但注意，当修剪原曲面时，偏置曲面不会被修剪。

选择 "插入" → "偏置/缩放" → "偏置曲面" 命令，或单击 "曲面" 工具条上的 "偏置曲面" 按钮 ，系统弹出 "偏置曲面" 对话框，如图 9-184 所示。

下面介绍图 9-184 "偏置曲面" 对话框中的一些选项和按钮的作用。

1. 要偏置的面

（1）选择面　单击该选项，或单击该选项中的 "面" 按钮 ，在图形窗口中选择相应的要偏置的面。

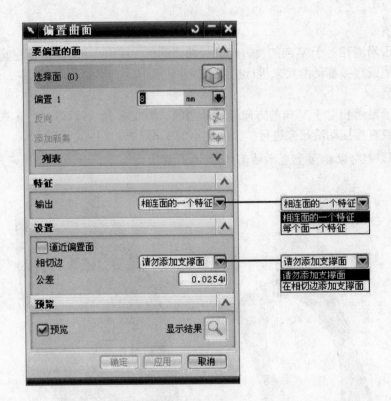

图 9-184 "偏置曲面"对话框

（2）偏置　该选项用于设置偏置的距离，也可以在图形窗口中直接拖动操作手柄来改变偏置距离，这时偏置选项的文本框中会显示同步相应的值。

> 提示：在偏置选项的文本框中输入距离可以为负值，这样，生成的曲面将反向偏置相应的距离。

（3）反向　在选择了要偏置的曲面后，系统会显示出偏置的方向箭头。通过单击"反向"按钮，可以切换偏置的方向。

> 提示：还可以通过双击箭头以更改其方向。

（4）添加新集　在选择完一个要偏置的曲面后，单击"添加新集"按钮，则此时完成当前要偏置的曲面的选择，然后可以选择另外的曲面进行偏置。

（5）列表　该列表框中列出了所有已选的要偏置的曲面。

"移除"按钮：在列表框中选择相应的要偏置的曲面，单击该按钮，可以删除该曲面的偏置，即取消对该曲面进行偏置。

2. 特征

该选项组有两个选项，用于设置偏置曲面特征的输出方式。

（1）相连面的一个特征　选择该方式后，系统会将偏置曲面操作中所有相连的曲面作为一个特征。系统在默认状态下使用该方式。

使用该方式偏置曲面时，系统会自动延伸偏置后的曲面，使它们保持相接。

（2）每个面一个特征　选择该方式后，系统会将每个所选的要偏置的曲面都生成一个偏置曲面特征。

选择该方式后，在对话框的"输出"选项下面会出现"面的法向"选项，要求指定面的法向，如图 9-185 所示。其中，"面的法向"选项有"使用现有的"和"从内部点"两种指定方式。

图 9-185　"特征"选项组（1）

① 使用现有的：选择该方式，则系统使用现有曲面的法向向量作为偏置方向。系统在默认状态下使用该方式。

② 从内部点：选择该方式，则系统使用背离指定点的方向作为偏置方向。

选择该方式后，在对话框的"面的法向"选项下面会出现"指定点"选项，要求选择一个点，如图 9-186 所示。可通过单击"指定点"选项中的"点构造器"按钮 ，此时系统会弹出"点"对话框，通过该对话框指定一个点；或通过单击"自动判断的点"按钮 来指定一个点。

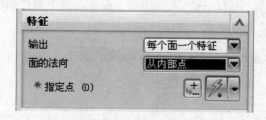

图 9-186　"特征"选项组（2）

如图 9-187 所示，图中给出了分别选择上述两种偏置曲面特征的输出方式后，生成的偏置曲面特征的不同效果。从图中可以比较直观地看出它们的不同之处。

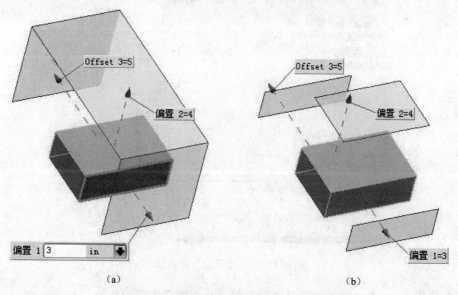

图 9-187　两种偏置曲面特征输出方式的不同效果

(a)"相连面的一个特征"方式；(b)"每个面一个特征"方式

3. 设置

（1）逼近偏置面　选择该复选框，则允许逼近偏置曲面几何图形，而非通过严格的偏置理论来生成。

当偏置操作失败时，可以选择该复选框，然后设置一个合理的公差值，系统会在公差范围内生成近似的偏置曲面。

（2）相切边　当用户偏置相切的曲面时，一部分曲面设置距离为"0"，另一部分以其他的距离进行偏置，此时可以设置该选项的相关内容，设置是否生成相切边偏置后的侧面。

① 请勿添加支撑面：选择该选项，系统不添加偏置操作时相切面之间的支撑面。该方式会导致偏置不成功。

② 在相切边添加支撑面：选择该选项，系统会自动添加偏置操作时相切面之间的支撑面。支撑面将偏置后的各个面连接成一个片体。

4. 预览

本部分内容可参照 5.2.1 "拉伸"命令中的有关叙述。

9.5.7　大致偏置

"大致偏置"命令使用户可以使用大的偏置距离从一组面或片体上创建一个没有自相交、尖锐边缘或拐角的偏置片体。

选择"插入"→"偏置/缩放"→"大致偏置"命令，或单击"曲面"工具条上的"大致偏置"按钮，系统弹出"大致偏置"对话框，如图 9-188 所示。

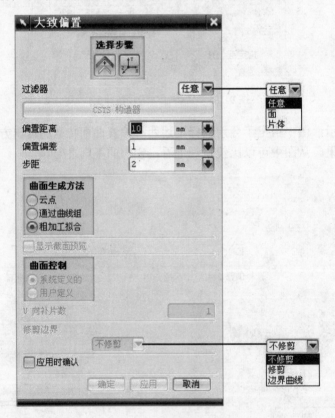

图 9-188　"大致偏置"对话框

下面介绍图 9-188 "大致偏置"对话框中的一些选项和按钮的作用。

1. 选择步骤

（1）"偏置面/片体"按钮　单击该按钮，选择要偏置的面或片体。该按钮在默认状态下处于激活状态。

（2）"偏置 CSYS"按钮　单击该按钮，用户可以为偏置选择或构造一个坐标系（CSYS），其中 Z 方向表示偏置方向，X 方向表示步进或剖截方向，Y 方向表示步距跨越方向。默认的CSYS 为当前的 WCS。

2. 过滤器

该选项用于在选择对象时，限制或过滤所需要的对象。它包括"任意"（面或片体）、"面"和"片体"3种过滤方式，如图9-188所示。

3. "CSYS构造器"按钮 CSYS 构造器

当单击"偏置CSYS"按钮时，该按钮 CSYS 构造器 处于激活状态。

单击该按钮，系统弹出"CSYS"对话框，如图9-189所示。通过该对话框选择或构造一个坐标系，根据坐标系的不同可以产生不同的偏置方式。

图9-189 "CSYS"对话框

4. 偏置距离

该选项用于指定偏置的距离。当指定的值为正时，表示在ZC方向上偏置；当指定的值为负时，表示在ZC的反方向上偏置。

5. 偏置偏差

该选项用于设置偏置距离的偏差。用户指定的值表示允许的偏置距离的变动范围。

该值一般与"偏置距离"选项相互配合使用。例如，如果在"偏置距离"选项中指定其值为"20"，在"偏置偏差"选项中指定其值为"1"，则系统将认为偏置距离的范围是19～21。

6. 步距

该选项用于设置生成偏置曲面时进行运算时的步长。当其值小于一定的值时，系统可能无法产生曲面。

7. 曲面生成方法

该选项用于指定系统建立大致偏置曲面时使用的方法。它包括"云点"、"通过曲线组"和"粗加工拟合"3种方法。

（1）云点 系统使用"云点"命令创建曲面时所采用的方法。

（2）通过曲线组 系统使用"通过曲线组"命令创建曲面时所采用的方法。

（3）粗加工拟合 系统使用另外一种方法来创建曲面，这种方法的精度虽然不如其他方法高，但是在其他方法都无法创建曲面时，这种方法却可以。在偏置精度不太重要，且由于曲面自相交使得其他方法无法生成曲面，或如果用这些方法生成的曲面很差时，可以考虑使用该方法。

8. 显示截面预览

当在"曲面生成方法"选项中使用"通过曲线组"方法或"粗加工拟合"方法时，"显示截面预览"复选框处于激活状态。

选取该复选框后，可以预览要创建的大致偏置曲面的生成情况。但是如果输入的偏置参数对于所选的曲面无效，例如，输入的偏置距离值过大，则系统无法显示出预览。这时系统会报错，弹出如图 9-190 所示的"消息"对话框。

9. 曲面控制

该选项用于让用户决定使用多少补片来建立要创建的片体。仅当在"曲面生成方法"选项中使用"云点"方法时，该选项才处于激活状态。它包括"系统定义的"和"用户定义"两种方式。

（1）系统定义 选择该方式，则在创建片体时系统自动添加 U 向补片数来给出最佳结果。

（2）用户定义 选择该方式，则其下面的"U 向补片数"选项处于激活状态。通过"U 向补片数"选项指定在创建片体过程中所允许的 U 向补片数目。

提示：输入的 U 向补片数必须至少为 1，否则系统会报错，弹出如图 9-191 所示的"消息"对话框。

图 9-190 "消息"对话框（1）　　　　　　图 9-191 "消息"对话框（2）

10. 修剪边界

该选项用于让用户指定新的片体的修剪类型。仅当在"曲面生成方法"选项中使用"云点"方法时，该选项才处于激活状态。它包括"不修剪"、"修剪"和"边界曲线"3 种方式。

（1）不修剪 选择该选项，则片体以近似矩形曲面的形式创建，并且不修剪。

（2）修剪 选择该选项，则片体根据偏置中使用的曲面边界修剪。

（3）边界曲线 选择该选项，则不修剪片体，但是在片体上对应于在使用"修剪"选项时发生修剪的边界处创建一条曲线。

11. 应用时确认

若选取该复选框，则在单击"应用"按钮后，系统弹出"打开应用时确认"对话框，如图 9-192（a）所示。可在此预览结果，并接受、拒绝或分析所得结果。单击图 9-192（a）中的不同按钮会弹出不同的对话框，例如，单击"截面分析"按钮时，系统弹出如图 9-192（b）所示的"截面分析"对话框，在此可对截面进行相应的分析。

（a）　　　　　　　　　　　　　　　　　（b）

图 9-192 "应用时确认"对话框及其部分子对话框

（a）"应用时确认"对话框；（b）"截面分析"对话框

9.5.8 修剪的片体

在曲面设计中，经常碰到已有的曲面或生成的曲面不符合要求，需要对曲面进行修剪的情况。例如，在曲面上挖一个洞，或剪掉多余的部分等。"修剪的片体"命令即提供了对曲面进行修剪的功能。

选择"插入"→"修剪"→"修剪的片体"命令，或单击"曲面"工具条上的"修剪的片体"按钮，系统弹出"修剪的片体"对话框，如图9-193所示。

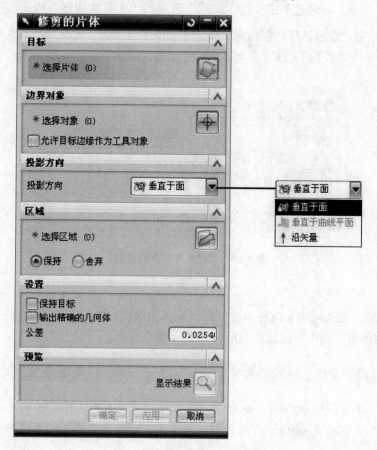

图9-193 "修剪的片体"对话框

下面介绍图9-193"修剪的片体"对话框中的一些选项和按钮的作用。

1. 目标

该选项用于选择要修剪的片体。可以选择多个要修剪的片体。

2. 边界对象

（1）选择对象 该选项用于选择要修剪的对象。单击该选项或单击"对象"按钮 ➕ 选择相应的对象即可。该对象可以是曲面、基准平面、曲线或边缘等。

（2）允许目标边缘作为工具对象 若选取该复选框，则用户可以选择目标片体上的边缘线作为修剪的边界。

3. 投影方向

该选项用于指定修剪边界向目标片体的投影方向。它包括"垂直于面"、"垂直于曲线平面"和"沿矢量"3种选项。

（1）垂直于面 选择该选项，则系统使用垂直于目标片体的方向作为投影的方向。即选择的边界对象将沿目标片体的表面正交方向投影。

（2）垂直于曲线平面　选择该选项，则系统使用垂直于曲线所在平面的方向作为投影的方向。

> 提示：当边界对象选择曲线或边时，该选项才处于激活状态。

（3）沿矢量　选择该选项，则系统使用指定的矢量方向作为投影的方向。

选择该选项后，在对话框的"投影方向"选项下面会出现"指定矢量"选项，要求选择矢量，如图 9-194 所示。可通过单击"指定矢量"选项的"矢量构造器"按钮，此时系统会弹出"矢量"对话框，通过该对话框指定一个矢量；或通过单击"自动判断的矢量"按钮来指定一个矢量。单击"反向"按钮可以改变矢量的方向。

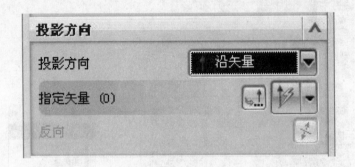

图 9-194　"投影方向"选项组

4. 区域

（1）选择区域　该选项用于选择需要保留或删除的区域。单击该选项或单击"区域"按钮选择相应的区域即可。选中的区域在图形窗口中会高亮显示。

> 提示：在选择目标片体时，光标所在的位置是系统默认选中的一个区域。

（2）"保持"单选按钮　选取该单选按钮，则系统将选择的区域保留。
（3）"舍弃"单选按钮　选取该单选按钮，则系统将选择的区域删除。

5. 设置

（1）保持目标　若选取该复选框，则在进行修剪片体操作后，系统将保留原来的目标片体。该复选框在默认状态下是不选的。

（2）输出精确的几何体　若选取该复选框，系统会精确计算边界对象在曲面上的边界。当所选的边界对象不足以将曲面分成若干部分时，可以取消选取该复选框，然后设置一个公差值，系统会在公差范围内将修剪边界延伸，然后对曲面进行修剪。该复选框在默认状态下是不选的。

6. 预览

本部分内容可参照 5.2.1 的"拉伸"命令中的有关叙述。

9.5.9　修剪和延伸

用户可以使用"修剪和延伸"命令将现有的曲面进行延伸，可以延伸至对象，或直接制作出曲面的拐角，可以达到同时修剪与延伸曲面的效果。

选择"插入"→"修剪"→"修剪和延伸"命令，或单击"曲面"工具条上的"修剪和延伸"按钮，系统弹出"修剪和延伸"对话框，如图 9-195 所示。

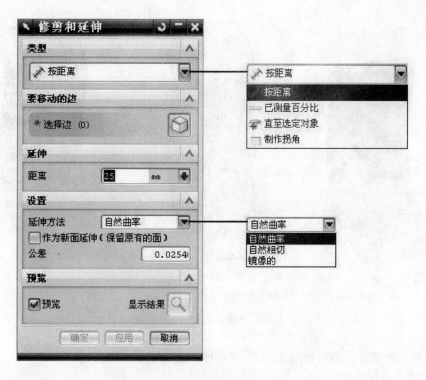

图 9-195　"修剪和延伸"对话框

下面介绍图 9-195"修剪和延伸"对话框中的一些选项和按钮的作用。

如图 9-195 所示，在"类型"选项中共有 4 种修剪和延伸类型，每种类型都有一些不同的选项。下面分别介绍这 4 种类型。

1. 按距离

该类型用于生成通过指定边缘线，并按距离延伸的面。该类型的对话框如图 9-195 所示。

（1）要移动的边　单击该选项或单击"边"按钮 ⬚，选择一个片体上的一条或多条边作为要延伸的边。

该选项在默认状态下处于激活状态。

（2）延伸　该选项用于指定要延伸的距离值。距离值必须大于 0。

（3）设置　该选项用于设置曲面延伸的方法。

① 延伸方法：该选项用于指定延伸的方法，它包括"自然曲率"、"自然相切"和"镜像的"3 种方式。

● 自然曲率

选择该方式，则通过所选的边沿着曲面的曲率方向进行延伸。片体延伸时曲率连续。

● 自然相切

选择该方式，则通过所选的边沿着曲面的切线方向进行直线延伸。

● 镜像的

选择该方式，则通过所选的边，延伸的曲面尽可能反映原有曲面的形状，并沿着边呈现大致的镜像关系。

② 作为新面延伸（保留原有的面）：若选取该复选框，则保留原有曲面的边；若未选取该复选框，则生成的曲面与原有曲面之间无边缘线，它们连接成一体。

如图 9-196 所示，图中给出了是否选取"作为新面延伸（保留原有的面）"复选框时的不同效果，从图中可以比较直观地看出它们的不同之处。

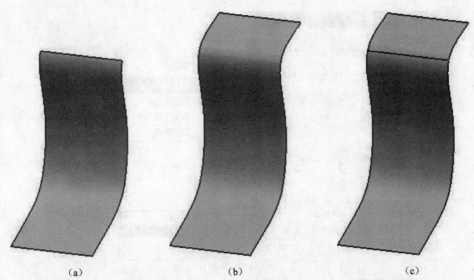

图 9-196　是否选取"作为新面延伸（保留原有的面）"复选框的不同效果

（a）原曲面；（b）未选取"作为新面延伸（保留原有的面）"复选框；
（c）选取"作为新面延伸（保留原有的面）"复选框

（4）预览　本部分内容可参照 5.2.1 的"拉伸"命令中的有关叙述。

2. 已测量百分比

该类型用于生成通过指定边，并按指定的测量边的总长的百分比作为延伸距离的曲面。选择该类型后，图 9-195"修剪和延伸"对话框如图 9-197 所示。

图 9-197　"修剪和延伸"对话框（1）

图 9-197"修剪和延伸"对话框与图 9-195"修剪和延伸"对话框中的选项和按钮基本都是相同的，只有"延伸"选项不同。

（1）已测量边的百分比　该选项用于指定参考的测量边总长的百分比。

（2）选择边　单击该选项或单击"延伸"按钮，选择一个片体或实体上的一条边作为延伸距离的参照。

454

3. 直至选定对象

该类型用于将实体的面或曲面的边修剪或延伸至选定的对象。选择该类型后，图 9-195 "修剪和延伸" 对话框如图 9-198 所示。

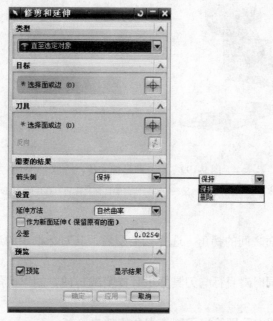

图 9-198　"修剪和延伸" 对话框（2）

下面介绍图 9-198 "修剪和延伸" 对话框中各选项和按钮的作用，其中与图 9-195 "修剪和延伸" 对话框中相同的选项和按钮将不再介绍。

（1）目标　该选项用于选择实体的面或曲面的边作为修剪或延伸的目标对象。

单击 "选择面或边" 选项或单击 "目标" 按钮 ⊕，选择相应的对象即可。

（2）刀具　该选项用于选择面或边作为修剪或延伸目标对象的刀具。

单击 "反向" 按钮 可以改变箭头的方向。

单击 "选择面或边" 选项或单击 "刀具" 按钮 ⊕，选择相应的对象即可。

> 提示：修剪实体时，所选的刀具延伸面必须与实体相交。一般地，推荐刀具选择为边。

（3）需要的结果　该选项下的 "箭头侧" 选项包括 "保持" 和 "删除" 两个选项。

① 保持：选择该选项，则箭头所指的方向是保留的。

② 删除：选择该选项，则箭头所指的方向是删除的。

如图 9-199 所示，图中分别给出了选择的目标体是实体和片体时的修剪和延伸的效果。

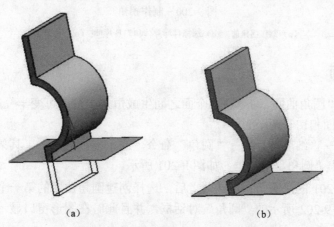

（a）　　　　　　　　　　　（b）

图 9-199　修剪和延伸实体、片体

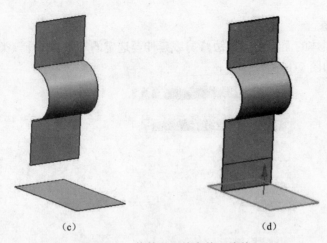

(c) (d)

图 9-199 修剪和延伸实体、片体

(a) 修剪实体；(b) 修剪后的效果；(c) 延伸前的目标片体和刀具片体；(d) 延伸的效果

4. 制作拐角

该类型用于制作曲面之间的拐角。选择该类型后，其对话框中的选项与图 9-198 "修剪和延伸" 对话框中的相同。

使用该类型，可以同时对目标与刀具面进行修剪或延伸，制作拐角后，目标与刀具面合并成一个片体。

如图 9-200 所示，图中分别给出了制作拐角的效果。

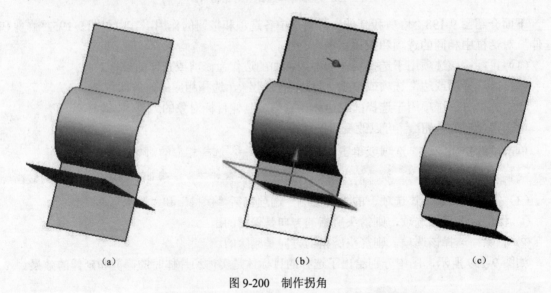

(a) (b) (c)

图 9-200 制作拐角

(a) 制作拐角前；(b) 选择目标片体和刀具片体；(c) 生成的拐角

9.5.10 圆角曲面

用户可以通过 "圆角曲面" 命令在两个面之间生成恒定半径或可变半径的圆角曲面或曲线。其所生成的圆角曲面相切于两个面。

选择 "插入" → "细节特征" → "圆角" 命令，或单击 "曲面" 工具条上的 "圆角曲面" 按钮 ，系统弹出 "圆角" 对话框，如图 9-201 所示。

系统弹出图 9-201 的 "圆角" 对话框之后，选择创建圆角曲面的第一个面，选取相应的面后，系统弹出如图 9-202 所示的 "圆角" 对话框，并且此时在图形窗口显示出所选曲面的法向方向。

图 9-201 "圆角"对话框（1）

图 9-202 "圆角"对话框（2）

1. "是"按钮

单击图 9-202 "圆角"对话框中的"是"按钮，则接受当前所显示的方向。

2. "否"按钮

单击图 9-202 "圆角"对话框中的"否"按钮，则法向反向。

在单击了图 9-202 "圆角"对话框中的"是"或"否"按钮或"确定"按钮后，系统均再次弹出如图 9-201 所示的"圆角"对话框以选取创建圆角曲面的第二个面。

选取第二个面后，系统再次弹出如图 9-202 所示的"圆角"对话框。设置好其法向后，系统弹出与图 9-201 "圆角"对话框类似的对话框，用以选择脊线。在这里，脊线不是必选项。选取相应的脊线或直接单击"确定"按钮后，系统弹出如图 9-203 所示的"圆角"对话框。在图 9-203 "圆角"对话框中可以选择是创建圆角曲面还是创建曲线。

图 9-203 "圆角"对话框（3）

3. "创建圆角—是"按钮 ![创建圆角 -是]

单击该按钮，则该按钮变成"创建圆角—否"按钮 ![创建圆角 -否]。

同样，若再单击"创建圆角—否"按钮 ![创建圆角 -否]，则"创建圆角—否"按钮 ![创建圆角 -否] 又重新变成"创建圆角—是"按钮 ![创建圆角 -是]。

4. "创建曲线—否"按钮 ![创建曲线 -否]

单击该按钮，则该按钮变成"创建曲线—是"按钮 ![创建曲线 -是]。

同样，若再单击"创建曲线—是"按钮 ![创建曲线 -是]，则"创建曲线—是"按钮 ![创建曲线 -是] 又重新变成"创建曲线—否"按钮 ![创建曲线 -否]。

5. 创建圆角曲面，

在图 9-203 的"圆角"对话框中单击"确定"按钮即可。此时，系统弹出如图 9-204 所示的"圆角"对话框。在该对话框中系统提供了"圆形"和"二次曲线"两种截面的类型。

下面仅介绍圆形截面、二次曲线类型和圆形的类似。

单击图 9-204 "圆角"对话框中的"圆形"按钮，系统弹出如图 9-205 所示的"圆角"对话框。

在图 9-205 "圆角"对话框中，系统提供了"恒定"、"线性"和"S 型" 3 种设置圆角的方式。

（1）恒定 若选择该方式，则倒圆半径从起点到终点都是一个固定不变的常数。

457

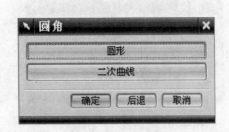

图 9-204 "圆角"对话框（4）

图 9-205 "圆角"对话框（5）

选择该方式后，系统弹出如图 9-206 所示的"圆角"对话框，用以指定圆角曲面的起点。在该对话框中，系统提供了"限制点"、"限制面"和"限制平面"3 种方式。

单击"限制点"按钮，系统弹出"点"对话框。指定一个点后，系统弹出如图 9-207 所示的"圆角"对话框。在该对话框的"半径"文本框中输入相应的半径值，然后单击"确定"按钮，此时系统弹出如图 9-208 所示的对话框，并且此时在图形窗口显示出所要创建的圆角曲面的位置，如图 9-209 所示。

图 9-206 "圆角"对话框（6）

图 9-207 "圆角"对话框（7）

图 9-208 确认方向

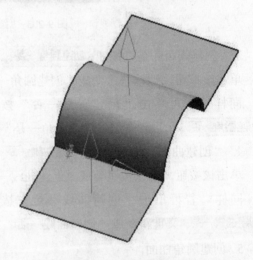

图 9-209 显示要创建圆角曲面的位置

① "是"按钮：单击图 9-208 对话框中的"是"按钮，则接受当前所显示的方向。

② "否"按钮：单击图 9-208 对话框中的"否"按钮，则箭头指示的方向呈反向。

在图 9-208 的对话框中确定好要创建的圆角曲面的位置后，系统再次弹出图 9-206 所示的"圆角"对话框用以指定圆角曲面的终点。

若此时直接单击图 9-206"圆角"对话框中的"确定"按钮，则系统自动生成圆角曲面，终点为系统自动确定。

若只想生成从指定起点后的部分圆角曲面，则可在图 9-206"圆角"对话框中选择一种方式，然后指定相应的终点。指定终点后，系统弹出如图 9-208 所示的对话框。此时若单击"是"按钮或"确定"按钮，则系统生成相应的圆角曲面。若单击"否"按钮，则系统重新弹出图 9-206 所示的"圆角"对话框，需重新指定圆角曲面的终点。

🔍提示：若当系统弹出图 9-206 "圆角"对话框用以指定圆角曲面的起点时，直接单击"确定"按钮，则当设置好半径值时，系统就直接生成圆角曲面，不会再提示要求选择圆角的终点。

"限制面"和"限制平面"方式与"限制点"方式相似。其中，若选择"限制面"方式，系统会弹出与图 9-201 相同的"圆角"对话框，要求选择一个面；若选择"限制平面"方式，系统会弹出"平面"对话框，可以构造一个平面。

（2）线性　若选择该方式，则倒圆半径呈线性变化。此时，需要指定倒圆的起点和终点的半径值，起点和终点之间的半径值是线性变化。

选择该方式后，系统也弹出如图 9-206 所示的"圆角"对话框。

其创建方式和"恒定"方式相似，在此就不做过多的介绍了。

🔍提示：

① 若当系统弹出图 9-206 "圆角"对话框用以指定圆角曲面的起点时，直接单击"确定"按钮，则当设置好半径值时，单击"确定"按钮，系统弹出如图 9-208 所示的对话框，并且此时在图形窗口显示出所要创建的圆角曲面的位置。确定好要创建的圆角曲面的位置后，单击"确定"按钮，系统就直接生成圆角曲面，不会再提示要求选择圆角的终点。此时生成的圆角曲面的半径是一个常数，也就是相当于使用了"恒定"的方式。

② 若当系统弹出图 9-206 "圆角"对话框用以指定圆角曲面的起点时，没有直接单击"确定"按钮，例如用"限制点"方式指定了一个点，则当系统再次弹出图 9-206 所示的"圆角"对话框用以指定圆角曲面的终点时，若此时直接单击图 9-206 "圆角"对话框中的"确定"按钮，则系统自动生成圆角曲面，终点为系统自动确定。若只想生成从指定起点后的部分圆角曲面，则可在图 9-206 "圆角"对话框中选择一种方式，然后指定相应的终点。

（3）S 型　若选择该方式，则倒圆半径呈 S 型变化。此时，需要指定倒圆的起点和终点的半径值，起点和终点之间的半径值是 S 型变化的。

选择该方式后，系统也弹出如图 9-206 所示的"圆角"对话框。

其创建方式和"恒定"方式相似，特别是和"线性"方式很相似，在此不再做过多介绍。

如图 9-210 所示，图中给出了当使用"恒定"、"线性"和"S 型"3 种设置圆角的方式时的不同效果，从图中可以比较直观地看出它们的不同之处。

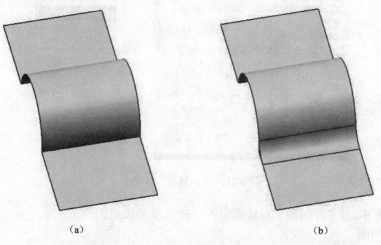

(a)　　　　　　　　　(b)

图 9-210　3 种创建圆角方式的不同效果

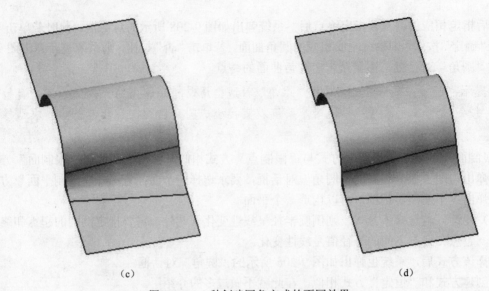

(c)　　　　　　　　　　　　　　　(d)

图 9-210　3 种创建圆角方式的不同效果

（a）原始片体；（b）"恒定"方式；（c）"线性"方式；（d）"S 型"方式

二次曲线类型的截面和圆形的类似，这里不再赘述。创建曲线和创建圆角曲面相似，也不再赘述。

9.5.11　分割面

用户可以通过"分割面"命令将实体或片体的一个面或多个面进行分割。分割后的面还是一个整体，只是在面上会出现分割后的边缘线。

选择"插入"→"修剪"→"分割面"命令，或单击"特征操作"工具条上的"分割面"按钮，系统弹出"分割面"对话框，如图 9-211 所示。

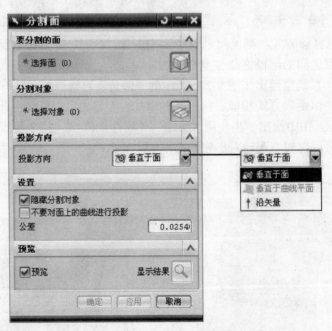

图 9-211　"分割面"对话框

下面介绍图 9-211"分割面"对话框中的一些选项和按钮的作用。

1. 要分割的面

单击"选择面"选项，或单击该选项中的"要分割的面"按钮，在图形窗口中选择要分割的一个或多个面。

2．分割对象

单击"选择对象"选项，或单击该选项中的"对象"按钮 ，在图形窗口中选择作为分割边界的对象。

> 🔍提示：
>
> ① 可以选择多个分割对象，如曲线、边、面、基准平面或体等，把所要分割的一个面或多个面进行分割。
>
> ② 要分割的面和分割对象是关联的，即如果任何一个输入对象被更改，那么结果也会随之更新。

3．投影方向

该选项用于指定分割对象的投影方向。它包括"垂直于面"、"垂直于曲线平面"和"沿矢量"3 种选项。

该选项与 9.5.8 "修剪的片体"中"投影方向"中的内容相似，这里不再赘述，可具体参考 9.5.8 "修剪的片体"中的相关内容。

4．设置

（1）隐藏分割对象　若选取该复选框，则在进行分割面操作之后，系统将自动隐藏选定的分割对象。该复选框在系统默认状态下是选中的。

（2）不要对面上的曲线进行投影　当选择的分割对象曲线位于要分割的面上时，可以通过该复选框来控制是否将分割对象曲线进行投影。

若选取该复选框，则在进行分割面时，系统不会将曲线投影到其他选定要分割的面上。系统在默认状态下不选中该复选框。

如图 9-212 所示，图中给出了是否选取"不要对面上的曲线进行投影"复选框时的不同效果，从图中可以比较直观地看出它们的不同之处。

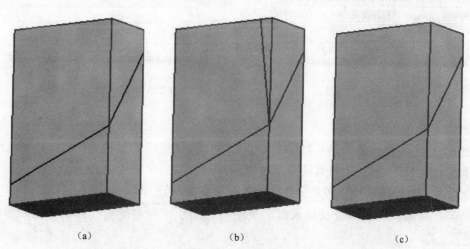

图 9-212　是否选取"不要对面上的曲线进行投影"复选框的不同效果

（a）原曲面和曲线；（b）未选取"不要对面上的曲线进行投影"复选框；
（c）选取"不要对面上的曲线进行投影"复选框

（3）公差　该选项用于指定分割面操作的距离公差值。

分割面时要求所选的分割对象必须能够将面分割成几部分，否则系统会报错，弹出如图 9-213 所示的消息对话框。

图 9-213 "消息"对话框

当分割对象不够大时，可以适当设置一个较大的公差值，以使分割成功。

5. 预览

可参照 5.2.1 的"拉伸"命令中的内容。

分割面并不是把面分成独立的几块，它只是将面分割以形成新的边。通过该命令可以创建面上一些位置处的边，从而建立与部分曲面之间的约束关系。

9.5.12　连结面

"连结面"命令与"分割面"命令相反，用户可以通过"连结面"命令将分割的面重新连结起来。

选择"插入"→"修剪"→"连结面"命令，或单击"特征操作"工具条上的"连结面"按钮，系统弹出"连结面"对话框，如图 9-214 所示。

下面介绍图 9-214 "连结面"对话框中的选项和按钮的作用。

1. "在同一个曲面上"按钮

单击该按钮，系统弹出如图 9-215 所示的"连结面"对话框，提示选择体。选择体后，系统会将所选体上存在的使用"分割面"命令生成的边全部删除。

图 9-214 "连结面"对话框（1）

图 9-215 "连结面"对话框（2）

2. "转换为 B 曲面"按钮

单击该按钮，系统弹出和图 9-215 对话框相似的"连结面"对话框，提示选择要连结的面。可以选择多个片体或实体的面将其转换为 B 曲面。

该方式要求所选的面 U/V 向必须互相匹配，并且连结在一起。

提示：一般，可以在设计结束时，使用"连结"命令将使用"分割面"命令生成的边删除。

9.6　曲面的编辑

9.6.1　移动定义点

通过"移动定义点"命令可以更改相应面上的单个或多个定义点的位置，从而实现对曲面几何形状的编辑。

选择"编辑"→"曲面"→"移动定义点"命令，或单击"编辑曲面"工具条上的"移动定义点"按钮 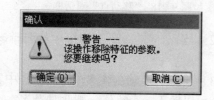，系统弹出"移动定义点"对话框，如图 9-216 所示。

下面介绍图 9-216"移动定义点"对话框中的选项和按钮的作用。

1. 名称

可以通过在该选项的文本框中输入片体的名称来选择片体。当然，也可通过鼠标在图形窗口中直接选择相应的片体。

2. "编辑原先的片体"按钮

若选择该单选按钮，则系统将对原有的片体进行编辑。系统在默认状态下是选取该单选按钮的。

> 注意：若选择该单选按钮，并且选择了一个参数化的片体，则系统将弹出如图 9-217 所示的"确认"对话框，警告用户该操作将移除特征的参数。单击对话框中的"取消"按钮将取消该操作；单击"确定"按钮将继续该操作。

图 9-216 "移动定义点"对话框

图 9-217 "确认"对话框

若选择的是非参数化的片体，则不会弹出如图 9-217 所示的"确认"对话框。

3. "编辑副本"按钮

选择该单选按钮，则系统将编辑后的片体作为一个新的片体生成。新生成的片体与原始片体不相关联。

在选择完上述两个单选按钮之一，并选择了曲面之后，系统弹出"移动点"对话框，如图 9-218 所示。

下面介绍图 9-218"移动点"对话框中的选项和按钮的作用。

（1）要移动的点　该选项用于选择要移动的点的选择方式。它包括下面 4 种方式。

①"单个点"按钮：若选择该单选按钮，则系统仅移动指定的单个点。

②"整行（V 恒定）"按钮：若选择该单选按钮，则系统移动同一行内的所有点。选择要移动的行内的一个点即可移动该行。

③"整列（U 恒定）"按钮：若选择该单选按钮，则系统移动同一列内的所有点。选择要移动的列内的一个点即可移动该列。

④"矩形阵列"按钮：若选择该单选按钮，则系统移动所指定的矩形区域内的所有点。选择要移动的矩形区域的两个对角点即可定义该矩形区域。

（2）"重新显示曲面点"按钮　单击该按钮，系统将重新显示曲面上的所有点。

（3）"文件中的点"按钮　单击该按钮，系统将弹出"点文件"对话框，从文件中读入要移动的点的坐标。

从文件中读取点或选择一种要移动的点的选择方式，然后选择点，系统弹出"移动定义点"对话框，如图 9-219 所示。

下面介绍图 9-219"移动定义点"对话框中的选项和按钮的作用。

（1）"增量"按钮　若选择该单选按钮，则系统以指定的坐标增量来移动点。

图 9-218 "移动点"对话框

图 9-219 "移动定义点"对话框

（2）"沿法向的距离"按钮　若选择该单选按钮，则系统将沿着面的法向将点移动指定的距离。

（3）DXC　通过在该选项的文本框中输入相应的值，将所选的点沿 XC 的方向移动相应的距离。可以输入一个负值，则此时沿 XC 的方向反向移动相应的距离。

　提示：当选择"增量"单选按钮时，该选项的文本框才处于激活状态。

（4）DYC　通过在该选项的文本框中输入相应的值，将所选的点沿 YC 的方向移动相应的距离。可以输入一个负值，则此时沿 YC 的方向反向移动相应的距离。

　提示：只有当选择"增量"单选按钮时，该选项的文本框才处于激活状态。

（5）DZC　通过在该选项的文本框中输入相应的值，将所选的点沿 ZC 的方向移动相应的距离。可以输入一个负值，则此时沿 ZC 的方向反向移动相应的距离。

　提示：当选择"增量"单选按钮时，该选项的文本框才处于激活状态。

（6）距离　该选项用来输入沿面的法向移动的距离值。可以输入一个负值，则此时沿面的法向反向移动相应的距离。

　提示：当选择"沿法向的距离"单选按钮时，该选项的文本框才处于激活状态。

（7）"移至移点"按钮　该按钮是将所选的点移动到指定的点。单击该按钮，系统将弹出"点"对话框，指定要移动到的目标点后，系统将所选的点移动到该点的位置。

　提示：当选择"单个点"单选按钮时，该按钮才处于激活状态。

（8）"定义拖动矢量"按钮　该按钮用于定义拖动选择点的矢量方向。对于点而言，该按钮不可用。

（9）"拖动"按钮　该按钮用于将极点拖动至新位置。对于点而言，该按钮不可用。

（10）"重新选择点"按钮　该按钮用于重新选择点。单击该按钮，系统将返回到图 9-218 的"移动点"对话框。

选择完点并设置好距离或指定好目标点后，单击"确定"按钮即完成对所选点的移动。

9.6.2　移动极点

"移动极点"命令与"移动定义点"命令相似，它主要用于设计过程中零件形状的改变。

选择"编辑"→"曲面"→"移动极点"命令，或单击"编辑曲面"工具条上的"移动极点"按钮 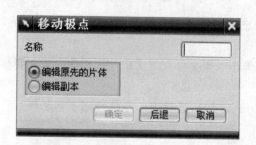，系统弹出"移动极点"对话框，如图9-220所示。

下面介绍图9-220"移动极点"对话框中的选项和按钮的作用。

1. 名称

可以通过在该选项的文本框中输入片体的名称来选择片体。当然，也可通过鼠标在图形窗口中直接选择相应的片体。

2. "编辑原先的片体"按钮

若选择该单选按钮，则系统将对原有的片体进行编辑。系统在默认状态下是选取该单选按钮的。

> 注意：若选择该单选按钮，并且选择了一个参数化的片体，则系统将弹出如图9-217所示的"确认"对话框，警告用户该操作将移除特征的参数。单击对话框中的"取消"按钮将取消该操作；单击"确定"按钮将继续该操作。

若选择的是非参数化的片体，则不会弹出图9-217所示的"确认"对话框。

3. "编辑副本"按钮

选择该单选按钮，则系统将编辑后的片体作为一个新的片体生成。新生成的片体与原始片体不相关联。

在选择完上述两个单选按钮之一、并选择了曲面之后，系统弹出"移动极点"对话框，如图9-221所示。

图9-220　"移动极点"对话框（1）

图9-221　"移动极点"对话框（2）

下面介绍图9-221"移动极点"对话框中的选项和按钮的作用。

（1）要移动的极点　该选项用于选择要移动的极点的选择方式。它包括下面4种方式。

① "单个极点"按钮：若选择该单选按钮，则系统仅移动指定的单个极点。

② "整行（V恒定）"按钮：若选择该单选按钮，则系统移动同一行内的所有极点。选择要移动的行内的一个极点即可移动该行。

③ "整列（U恒定）"按钮：若选择该单选按钮，则系统移动同一列内的所有极点。选择要移动的列内的一个极点即可移动该列。

④ "矩形阵列"按钮：若选择该单选按钮，则系统移动所指定的矩形区域内的所有极点。选择要移动的矩形区域的两个对角点即可定义该矩形区域。

> 提示：若所选的曲面是周期型的，则系统提示选择第三点。必须在矩形阵列内某处指定第三点，第三点决定了要移动的极点组。

（2）"偏差检查"按钮　单击该按钮，系统将弹出"偏差测量"对话框，如图9-222所示。

可动态地生成图形和数字偏差数据，如图 9-223 所示。

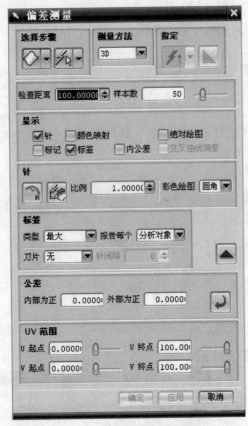

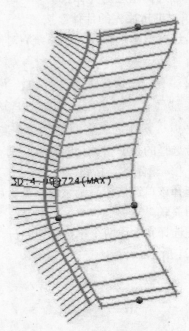

图 9-222 "偏差测量"对话框

图 9-223 偏差测量的图形显示

（3）"截面分析"按钮　单击该按钮，系统将弹出"截面分析"对话框，如图 9-224 所示。可动态地分析指定的截面类型上的曲率。

（4）"文件中的点"按钮　单击该按钮，系统将弹出"点文件"对话框，从文件中读入要移动的极点的坐标。

从文件中读取点或选择一种要移动的点的选择方式，然后选择点，系统弹出"移动极点"对话框，如图 9-225 所示。

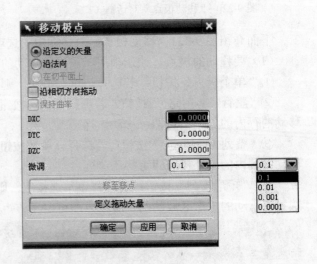

图 9-224 "截面分析"对话框

图 9-225 "移动极点"对话框

下面介绍图 9-225 "移动极点" 对话框中的选项和按钮的作用。

（1）"沿定义的矢量" 按钮　若选择该单选按钮，则系统沿当前定义的矢量拖动所选中的极点进行移动。默认的方向是 Z 方向。

（2）"沿法向" 按钮　若选择该单选按钮，则通过拖动，系统将所选中的极点沿着各自的面的法向方向进行移动。

（3）"在切平面上" 按钮　若选择该单选按钮，则系统在与被投影的极点处的曲面相切的平面上拖动极点。

> 提示：当图 9-221 "移动极点" 对话框中选择 "单个极点" 单选按钮时，该按钮才处于激活状态。

（4）沿相切方向拖动　若选取该复选框，则拖动一行或一列极点，保留相应边处的切向。

> 提示：当图 9-221 "移动极点" 对话框中选择 "整行（V 恒定）" 或 "整列（U 恒定）" 单选按钮时，该按钮才处于激活状态。

（5）保持曲率　若选取该复选框，则拖动一行或一列极点，保留相应边处的曲率。该复选框的可用性根据与表面拓扑相关的选中行或列的位置而变化。若曲面极点少于 6 行（或列），则该复选框不可用。

（6）DXC　通过在该选项的文本框中输入相应的值，将所选的点沿 XC 的方向移动相应的距离。可以输入一个负值，则此时沿 XC 的方向反向移动相应的距离。

（7）DYC　通过在该选项的文本框中输入相应的值，将所选的点沿 YC 的方向移动相应的距离。可以输入一个负值，则此时沿 YC 的方向反向移动相应的距离。

（8）DZC　通过在该选项的文本框中输入相应的值，将所选的点沿 ZC 的方向移动相应的距离。可以输入一个负值，则此时沿 ZC 的方向反向移动相应的距离。

（9）微调　该选项用于指定使用拖动时动作的灵敏度或精细度。它包括 "0.1"、"0.01"、"0.001" 和 "0.0001" 4 种选项。

> 提示：使用 Ctrl+鼠标左键进行拖动的微调。

（10）"移至移点" 按钮　该按钮是将所选的极点移动到指定的点。单击该按钮，系统将弹出 "点" 对话框，指定要移动到的目标点后，系统将所选的极点移动到该点的位置。

> 提示：当选择 "单个极点" 单选按钮时，该按钮才处于激活状态。

（11）"定义拖动矢量" 按钮　该按钮用于定义拖动选择极点的矢量方向。单击该按钮，系统将弹出 "矢量" 对话框。指定一个矢量，拖动所选的极点到相应的位置即可。

选择完极点并设置好距离或指定好目标点后，单击图 9-225 "移动极点" 对话框中的 "确定" 按钮，此时系统返回到图 9-221 "移动极点" 对话框，再次单击 "确定" 按钮，即完成所选极点的移动。

如图 9-226 所示，图中给出了移动极点的例子。其中，在图 9-221 "移动极点" 对话框的 "要移动的极点" 选项中选择的是 "整行（V 恒定）" 单选按钮；在图 9-225 "移动极点" 对话框中的 DYC 和 DZC 文本框中分别输入 "50"。

9.6.3　等参数修剪/分割

通过 "等参数修剪/分割" 命令可以根据曲面在 U、V 方向的百分比参数对曲面进行裁剪、延伸或分割。

选择 "编辑" → "曲面" → "等参数修剪/分割" 命令，或单击 "编辑曲面" 工具条上的 "等参数修剪/分割" 按钮 ◇，系统弹出 "修剪/分割" 对话框，如图 9-227 所示。该对话框包括 "等参数修剪" 和 "等参数分割" 两个按钮。

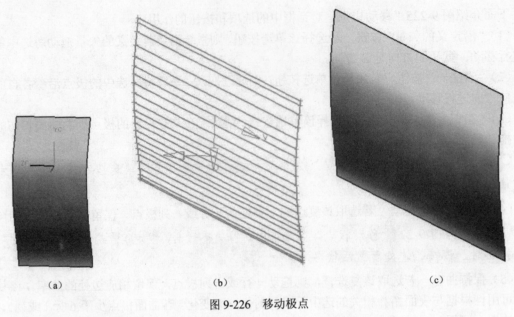

(a)	(b)	(c)

图 9-226　移动极点

(a) 原曲面；(b) 移动极点的过程；(c) 移动极点后的曲面

1. "等参数修剪" 按钮

单击该按钮，系统弹出如图 9-228 所示的 "修剪/分割" 对话框。

该对话框中的选项和按钮与 9.6.1 "移动定义点" 中图 9-216 "移动定义点" 对话框中的选项和按钮相似，具体的可以参照 9.6.1 "移动定义点" 中的相关内容，这里不再赘述。

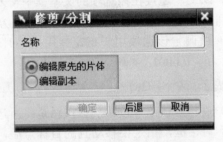

图 9-227　"修剪/分割" 对话框（1）　　　图 9-228　"修剪/分割" 对话框（2）

在选择完上述两个单选按钮之一，并选择了曲面之后，系统弹出 "等参数修剪" 对话框，如图 9-229 所示。

下面介绍图 9-229 "等参数修剪" 对话框中的选项和按钮的作用。

（1）U 最小值（%）　通过在其右侧的文本框中指定沿着 U 最小值方向的百分比数值，从而对曲面进行裁剪或延伸。

　提示：可以指定是正值或负值。若输入的是负值，则系统将原曲面沿着 U 最小值方向反向进行延伸。

（2）U 最大值（%）　通过在其右侧的文本框中指定沿着 U 最大值方向的百分比数值，从而对曲面进行裁剪或延伸。

　提示：

① 在这里也可以指定为正值或负值。但是必须保证在该选项指定的值要大于在 "U 最小值（%）" 选项中指定的值，否则系统会报错，弹出如图 9-230 所示的 "错误" 对话框。

② 在保证在 "U 最大值（%）" 选项中指定的值大于在 "U 最小值（%）" 选项中指定的值的前提下，通过在这两个选项中指定小于 0 的值或大于 100 的值，这样可以在修剪

或延伸曲面的同时移动原曲面到相应的位置，如图 9-231 所示。其中，图 9-231（c）中上面的曲面是修剪后生成的曲面，下面的是原曲面所处的位置。

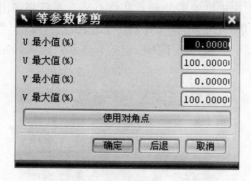

图 9-229 "等参数修剪"对话框

图 9-230 "错误"对话框

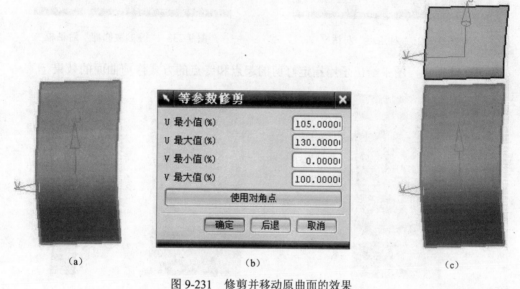

(a)   (b)   (c)

图 9-231 修剪并移动原曲面的效果

（a）原曲面及其 U/V 方向；（b）等参数修剪的参数；（c）生成的曲面及其 U/V 方向

（3）V 最小值（%） 通过在其右侧的文本框中指定沿着 V 最小值方向的百分比数值，从而对曲面进行裁剪或延伸。

 提示：可以指定是正值或负值。若输入的是负值，则系统将原曲面沿着 V 最小值方向反向进行延伸。

（4）V 最大值（%） 通过在其右侧的文本框中指定沿着 V 最大值方向的百分比数值，从而对曲面进行裁剪或延伸。

 提示：

① 在这里也可以指定为正值或负值。但是必须保证在该选项指定的值要大于在"V 最小值（%）"选项中指定的值，否则系统会报错，弹出如图 9-230 所示的"错误"对话框。

② 在保证在"V 最大值（%）"选项中指定的值大于在"V 最小值（%）"选项中指定的值的前提下，通过在这两个选项中指定小于 0 的值或大于 100 的值，这样可以在修剪或延伸曲面的同时移动原曲面到相应的位置。

（5）"使用对角点"按钮 单击该按钮，系统将通过指定的两个曲面上点的对角连线所围成的区域对所选曲面进行修剪。

　　单击该按钮，系统将弹出"对角点"对话框，如图 9-232 所示。此时可以直接在图形窗口中的曲面上指定修剪的起点和终点；也可以单击"点构造器"按钮，此时系统将弹出"点"对话框，通过点构造器来指定修剪的起点和终点。指定完修剪的起点和终点后，系统将弹出类似于图 9-233 的"等参数修剪"对话框。在该对话框"U 最小值（%）"、"U 最大值（%）"、"V 最小值（%）"和"V 最大值（%）"选项的文本框中分别列出了所指定的起点和终点所确定的修剪参数。

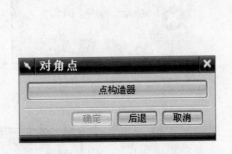

图 9-232　"对角点"对话框　　　　　　图 9-233　"等参数修剪"对话框

　　如图 9-234 所示，图中给出了用指定修剪的起点和终点的方式修剪曲面的效果。

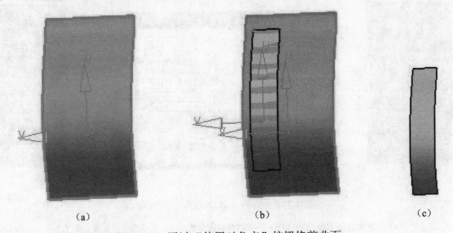

（a）　　　　　　　　　　　　（b）　　　　　　　　　　　　（c）

图 9-234　通过"使用对角点"按钮修剪曲面

（a）原曲面及其 U/V 方向；（b）指定修剪的起点和终点；（c）修剪后的曲面

　　直接在图 9-229"等参数修剪"对话框"U 最小值（%）"、"U 最大值（%）"、"V 最小值（%）"和"V 最大值（%）"选项的文本框中指定沿着相应方向的百分比数值或通过"使用对角点"按钮指定相应的起点和终点后，单击"确定"按钮，即完成对曲面的修剪或延伸。

　　2．"等参数分割"按钮

　　单击该按钮，系统弹出如图 9-228 所示的"修剪/分割"对话框。

　　该对话框中的选项和按钮与 9.6.1"移动定义点"中图 9-216"移动定义点"对话框中的选项和按钮相似，具体的可以参照 9.6.1"移动定义点"中的相关内容，这里不再赘述。

　　在选择完上述两个单选按钮之一，并选择了曲面之后，系统弹出"等参数分割"对话框，如图 9-235 所示。

　　下面介绍图 9-235"等参数分割"对话框中的选项和按钮的作用。

　　（1）"U 恒定"单选按钮　选择该单选按钮，系统将在 U 向上按照指定的百分比分割值对曲面进行分割。

　　（2）"V 恒定"单选按钮　选择该单选按钮，系统将在 V 向上按照指定的百分比分割值对曲面进行分割。

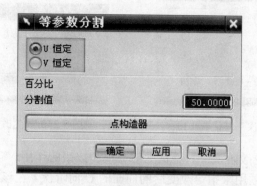

图 9-235　"等参数分割"对话框

（3）百分比分割值　该选项的文本框中用来输入进行分割时的百分比值。

（4）"点构造器"按钮　单击该按钮，系统将弹出"点"对话框，通过点构造器输入一个点的位置或是在图形窗口中选择合适的点，系统将点的位置在 U 向或 V 向的投影作为分割的边界。

指定点后，单击"点"对话框中的"确定"按钮，系统将自动在图 9-235"等参数分割"对话框"百分比分割值"选项的文本框中列出分割的百分比。

如图 9-236 所示，图中给出了用"点构造器"按钮指定点的方式分割曲面的效果。

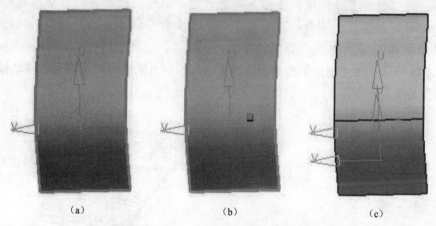

图 9-236　通过"点构造器"按钮分割曲面

（a）原曲面及其 U/V 方向；（b）指定点；（c）分割后的曲面及其 U/V 方向

选择"U 恒定"或"V 恒定"单选按钮，并设置好百分比分割值或通过"点构造器"按钮指定一个点后，单击图 9-235"等参数分割"对话框中的"确定"按钮，即完成对所选曲面的分割。

9.6.4　更改阶次

通过"更改阶次"命令可以改变曲面的阶次。

选择"编辑"→"曲面"→"度"命令，或单击"编辑曲面"工具条上的"更改阶次"按钮，系统弹出"更改阶次"对话框，如图 9-237 所示。

图 9-237"更改阶次"对话框中的选项与按钮与 9.6.1"移动定义点"中图 9-216"移动定义点"对话框中的选项和按钮相似，具体的可以参照 9.6.1"移动定义点"中的相关内容，这里不再赘述。

在选择完上述两个单选按钮之一，并选择了曲面之后，系统弹出"更改阶次"对话框，如图 9-238 所示。

图 9-237 "更改阶次"对话框（1）　　　图 9-238 "更改阶次"对话框（2）

下面介绍图 9-238 "更改阶次"对话框中的选项和按钮的作用。

（1）U 向阶次　该选项用来指定改变后的曲面的 U 向阶次。在该选项的文本框中输入相应的值即可。其中，打开该对话框时在该选项的文本框中列出的值是当前所选曲面在 U 向上的阶次值，可以供更改时参考。

（2）V 向阶次　该选项用来指定改变后的曲面的 V 向阶次。在该选项的文本框中输入相应的值即可。其中，打开该对话框时在该选项的文本框中列出的值是当前所选曲面在 V 向上的阶次值，可以供更改时参考。

指定好 U 向和 V 向阶次后，单击图 9-238 "更改阶次"对话框中的"确定"按钮，即完成对所选曲面阶次的更改。

提示：可以通过更改阶次使曲面具有更好的控制性。例如进行移动极点的操作时，为了对一个曲面的局部进行调整，可是在这个区域没有可以选择的控制点，这时就可以通过更改阶次来增加 U 向和 V 向的控制点个数。

如图 9-239 所示，图中通过更改曲面阶次来增加控制点的个数，使得通过移动极点来改变曲面的形状变得更为方便。

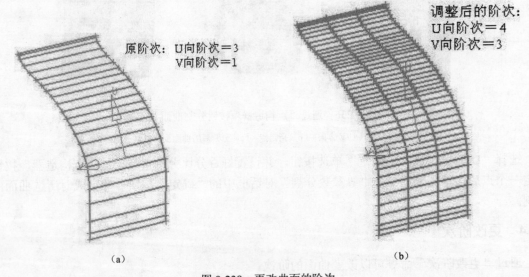

图 9-239　更改曲面的阶次
（a）原曲面；（b）更改阶次后的曲面

9.6.5　更改刚度

通过"更改刚度"命令可以改变曲面的形状。

选择"编辑"→"曲面"→"刚度"命令，或单击"编辑曲面"工具条上的"更改刚度"按钮，系统弹出"更改刚度"对话框，如图 9-240 所示。

472

图 9-240 "更改刚度"对话框中的选项和按钮与 9.6.1 "移动定义点"中图 9-216 "移动定义点"对话框中的选项和按钮相似，具体的可以参照 9.6.1 "移动定义点"中的相关内容，这里不再赘述。

在选择完上述两个单选按钮之一，并选择了曲面之后，系统弹出"更改刚度"对话框，如图 9-241 所示。

图 9-240　"更改刚度"对话框（1）　　　　　图 9-241　"更改刚度"对话框（2）

下面介绍图 9-241 "更改刚度"对话框中的选项和按钮的作用。

（1）U 向阶次　该选项用来指定改变后的曲面的 U 向阶次。在该选项的文本框中输入相应的值即可。其中，打开该对话框时在该选项的文本框中列出的值是当前所选曲面在 U 向上的阶次值，可以供更改时参考。

（2）V 向阶次　该选项用来指定改变后的曲面的 V 向阶次。在该选项的文本框中输入相应的值即可。其中，打开该对话框时在该选项的文本框中列出的值是当前所选曲面在 V 向上的阶次值，可以供更改时参考。

指定好 U 向和 V 向阶次后，单击图 9-241 "更改刚度"对话框中的"确定"按钮，即完成对所选曲面刚度的更改。

"更改刚度"命令和"更改阶次"命令的操作相似，功能有些不同。

① 在使用"更改阶次"命令增大曲面的阶次时，曲面的形状基本不变，但将增加曲面的极点数，曲面的可控性增加；曲面的补片数也将增加。对于多补片曲面和封闭曲面，它们的阶次只能增加不能减少。

② 在使用"更改刚度"命令增大曲面的阶次时，曲面的形状改变，但曲面的极点数不变。此时，曲面的补片数减少，曲面更接近于它的控制多边形。封闭曲面不能改变刚度。

9.6.6　法向反向

通过"法向反向"命令可以改变曲面法向的方向。

选择"编辑"→"曲面"→"法向反向"命令，或单击"编辑曲面"工具条上的"法向反向"按钮 ，系统弹出"法向反向"对话框，如图 9-242 所示。

图 9-242　"法向反向"对话框（1）

弹出图 9-242 "法向反向"对话框后，在图形窗口中选择要法向反向的片体，此时"显示法向"按钮 显示法向 、"确定"按钮以及"应用"按钮均处于激活状态，且在图形窗口中显示所选片体的当前的法向方向。

单击"显示法向"按钮 显示法向 ，则重新显示所选曲面的法向方向。

单击"确定"按钮或"应用"按钮，则系统将所选片体的法向反向，同时系统创建一个"法向反向"特征。若在进行"法向反向"的操作时一次选择了多个片体，则系统会为每个片体创建一个"法向反向"特征。

若已经对一个片体进行了"法向反向"的操作，则当再次对它进行"法向反向"的操作时，系统将弹出如图 9-243 所示的"法向反向"对话框。

图 9-243 "法向反向"对话框（2）

如图 9-244 所示，图中给出了进行"法向反向"的操作后的效果。

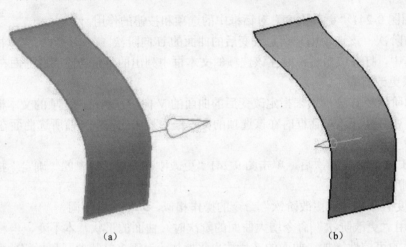

(a) (b)

图 9-244 法向反向

(a) 原曲面及其法向；(b) 进行了"法向反向"的操作后的曲面及其法向

9.7 基本曲面特征及操作综合实例

本例创建如图 9-245 所示的零件，练习基本曲面特征的建立与编辑。

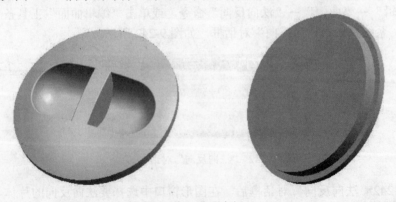

图 9-245 曲面实例 1

该零件模型建模流程如图 9-246 所示。

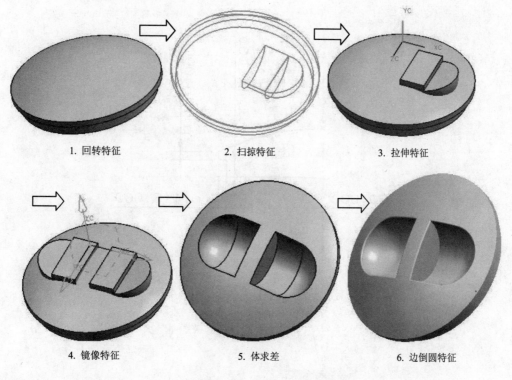

1. 回转特征　　　　　　　2. 扫掠特征　　　　　　　3. 拉伸特征

4. 镜像特征　　　　　　　5. 体求差　　　　　　　6. 边倒圆特征

图 9-246　曲面实例 1 的建模流程

绘图步骤如下。

步骤一　创建回转特征。

（1）启动 UG，选择"文件"→"新建"命令，或者单击 按钮，系统弹出"文件新建"对话框，如图 5-6 所示。

（2）在"名称"选项的文本框中输入"Chapter09-1.prt"，单击"确定"按钮完成新文件的建立。

（3）单击"标准"工具条上的"开始"按钮 开始，然后单击选择"建模"命令 建模(M)...，进入建模环境。

（4）选择"插入"→"草图"命令，或者单击"特征"工具条上的"草图"按钮 ，系统弹出如图 5-88 所示的"创建草图"对话框。

（5）单击"确定"按钮，进入草图界面。

（6）绘制如图 9-247 所示的草图，完成后单击"完成草图"按钮 完成草图 完成草图。

说明：图 9-247 回转特征草图中的参考线通过系统的坐标原点。

（7）选择"插入"→"设计特征"→"回转"命令，或单击"特征"工具条上的"回转"按钮 ，弹出如图 5-10 所示的"回转"对话框。

（8）选择图 9-247 绘制的草图作为截面线，如图 9-248 所示。

（9）选择图 9-247 绘制的草图中的参考线作为回转轴，如图 9-248 所示。

（10）在图 5-10"回转"对话框"极限"选项组的"开始"选项中选择"值"；在其下面的"角度"选项中输入"0"。

（11）在图 5-10"回转"对话框"极限"选项组的"结束"选项中选择"值"；在其下面的"角度"选项中输入"360"。

（12）单击"确定"按钮，完成回转特征的建立，如图 9-249 所示。

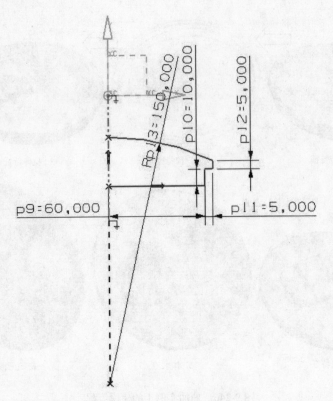

图 9-247　绘制回转特征的草图

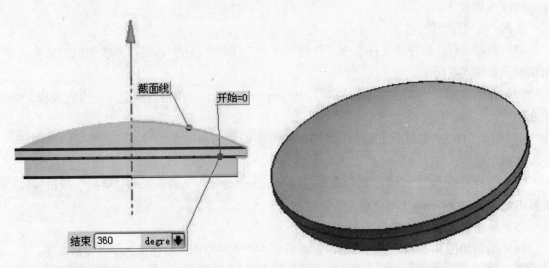

图 9-248　创建回转特征时的参数　　　　　　图 9-249　完成的回转特征的创建

步骤二　创建扫掠特征。

1. 绘制扫掠特征的引导线。

（1）选择"插入"→"草图"命令，或者单击"特征"工具条上的"草图"按钮 ![icon]，系统弹出如图 5-88 所示的"创建草图"对话框。

（2）单击"确定"按钮，进入草图界面。

（3）绘制如图 9-250 所示的草图，完成后单击"完成草图"按钮 ![icon] 完成草图。

2. 绘制扫掠特征的截面线。

（1）创建基准平面 1。

① 选择"插入"→"基准/点"→"基准平面"命令，或者单击"特征操作"工具条上的

"基准平面"按钮 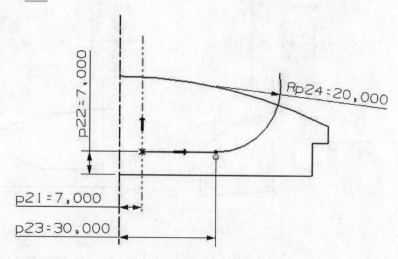 ，系统弹出如图9-251所示的"基准平面"对话框。

图9-250 绘制扫掠特征的引导线

② 单击图9-251"基准平面"对话框"类型"选项中的下拉按钮 ，然后选择"YC-ZC平面"命令 YC-ZC 平面，或者直接单击"类型"选项中的"YC-ZC平面"按钮 ，此时图9-251的"基准平面"对话框变为如图9-252所示的"基准平面"对话框。

图9-251 "基准平面"对话框（1）

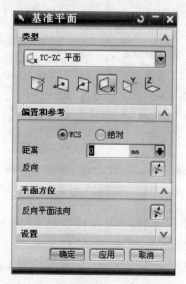

图9-252 "基准平面"对话框（2）

③ 在图9-252"基准平面"对话框"距离和参考"选项组的"距离"文本框中输入"7"，如图9-253所示。

④ 接受系统默认的平面的法向方向。单击"确定"按钮，完成基准平面1的创建，如图9-254所示。

（2）创建基准轴1。

① 选择"插入"→"基准/点"→"基准轴"命令，或者单击"特征操作"工具条上的"基准轴"按钮 ，系统弹出如图9-255所示的"基准轴"对话框。

② 单击图9-255"基准轴"对话框"类型"选项中的下拉按钮 ，然后选择"ZC轴"命令 ZC 轴，或者直接单击"类型"选项中的"ZC轴"按钮 ，此时图9-255的"基准平面"对话框变为如图9-256所示的"基准轴"对话框。

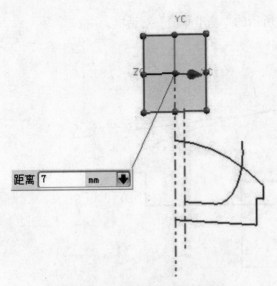

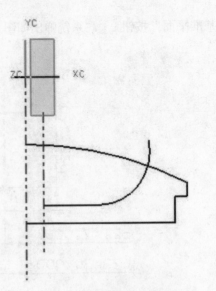

图 9-253　创建基准平面 1 时的参数　　　　图 9-254　完成基准平面 1 的创建

图 9-255　"基准轴"对话框（1）　　　　图 9-256　"基准轴"对话框（2）

　　③ 单击图 9-256 "基准轴" 对话框 "轴方位" 选项中的 "反向" 按钮　，将其方向调整为沿 ZC 轴的负方向，如图 9-257 所示。

　　④ 单击 "确定" 按钮，完成基准轴 1 的创建，如图 9-258 所示。

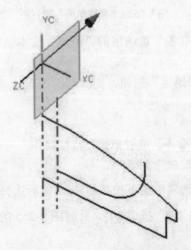

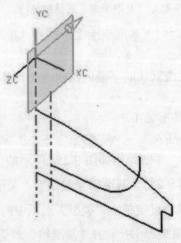

图 9-257　创建基准轴 1 时的参数　　　　图 9-258　完成基准轴 1 的创建

（3）绘制截面线。

① 选择"插入"→　"草图"命令，或者单击"特征"工具条上的"草图"按钮，系统弹出如图 5-88 所示的"创建草图"对话框。

② 选择图 9-254 的基准平面 1 作为草图平面，如图 9-259 所示。

③ 选择图 9-258 的基准轴 1 作为草图方位的水平参考，如图 9-259 所示。

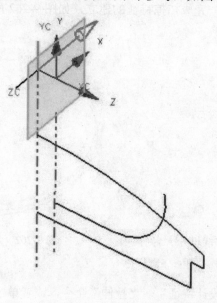

图 9-259　选择草图平面及其水平参考

④ 单击"确定"按钮，确定了创建草图的平面和方位，进入草图环境。

⑤ 绘制如图 9-260 所示的草图，完成后单击"完成草图"按钮 完成草图。

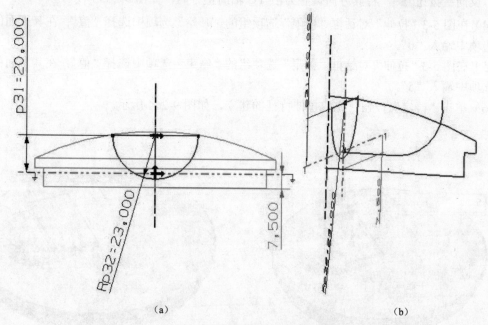

（a）　　　　　　　　　　　　　　　　　　（b）

图 9-260　绘制扫掠特征的截面线

（a）将视图定向到草图平面时的情况；（b）旋转后的情况

说明：其中半径为"23.0"的圆弧的圆心在如图 9-250 所示的引导线草图中的参考线上，如图 9-260（b）所示。

3．创建扫掠特征。

（1）选择"插入"→"扫掠"命令，或单击"曲面"工具条上的"扫掠"按钮 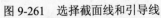，系统弹出"扫掠"对话框，如图9-49所示。

（2）选择图9-260绘制的草图作为截面线，如图9-261所示。

（3）选择图9-250绘制的草图作为引导线，如图9-261所示。

（4）单击"确定"按钮，完成扫掠特征的建立，如图9-262所示。

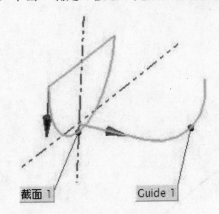

图9-261　选择截面线和引导线

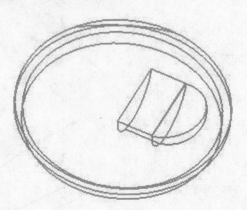

图9-262　创建的扫掠特征

步骤三　创建拉伸特征。

（1）选择"插入"→"设计特征"→"拉伸"命令，或者单击"特征"工具条上的"拉伸"按钮，系统弹出如图5-3所示的"拉伸"对话框。

（2）选择图9-262创建的扫掠特征的4条边作为截面线，如图9-263所示。

（3）此时系统默认的拉伸方向是YC轴的负方向。单击图5-3"拉伸"对话框"方向"选项中的"反向"按钮，将其方向调整为沿YC轴的正方向，如图9-263所示。

（4）在图5-3"拉伸"对话框"极限"选项组的"开始"选项中选择"值"；在其下面的"距离"选项中输入"0"。

（5）在图5-3"拉伸"对话框"极限"选项组的"结束"选项中选择"值"；在其下面的"距离"选项中输入"5"。

（6）单击"确定"按钮，完成拉伸特征的建立，如图9-264所示。

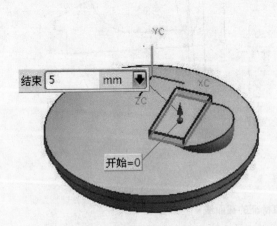

图9-263　创建拉伸特征时的参数

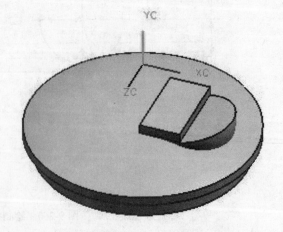

图9-264　完成拉伸特征的创建

步骤四　创建镜像特征。

（1）选择"插入"→"关联复制"→"镜像特征"命令，或者单击"特征操作"工具条上的"镜像特征"按钮 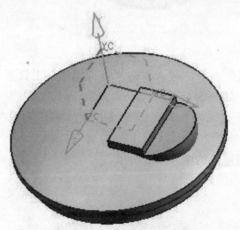，系统弹出如图 9-265 所示的"镜像特征"对话框。

图 9-265　"镜像特征"对话框

（2）在图 9-265 "镜像特征"对话框的"候选特征"列表框中选择特征"扫掠（30）"和"拉伸（31）"，或直接在图形窗口中选择这两个特征。

（3）单击"镜像平面"选项组中的"选择平面"选项，选择系统的 YC-ZC 基准平面作为镜像平面，如图 9-266 所示。

（4）单击"确定"按钮，完成镜像特征的建立，如图 9-267 所示。

图 9-266　选择镜像特征的镜像平面

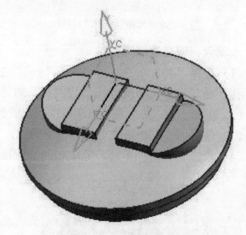

图 9-267　完成镜像特征的创建

步骤五　体求差。

（1）选择"插入"→"组合体"→"求差"命令，或者单击"特征操作"工具条上的"求差"按钮 ，系统弹出如图 9-268 所示的"求差"对话框。

（2）选择图 9-249 的回转特征作为目标体，如图 9-269 所示。

（3）选择图 9-262 的扫掠特征、图 9-264 的拉伸特征以及图 9-267 的镜像特征共同作为刀具。

（4）单击"确定"按钮，完成体的求差，如图 9-270 所示。

图 9-268 "求差"对话框

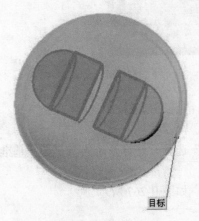

图 9-269 选择目标体和刀具

图 9-270 完成求差后的特征

步骤六 创建边倒圆特征。

（1）选择"插入"→"细节特征"→"边倒圆"命令，或者单击"特征操作"工具条中的"边倒圆"按钮，系统弹出"边倒圆"对话框，如图 5-35 所示。

（2）在图 5-35 "边倒圆"对话框"要倒圆的边"选项的"半径 1"右侧的文本框中输入"1"。

（3）选择图 9-270 完成求差特征后的边，如图 9-271 所示。

（4）单击"确定"按钮，完成边倒圆特征的创建，如图 9-272 所示。

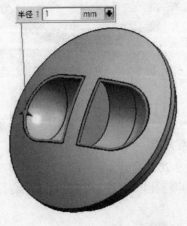

图 9-271 创建边倒圆时的参数

图 9-272 完成的边倒圆特征

（5）完成整个零件的建模。选择"文件"→"保存"命令，或者单击"标准"工具条上的
"保存"按钮 💾，保存该文件。

9.8　高级曲面特征及操作综合实例

本例创建如图 9-273 所示的零件，练习高级曲面特征的建立与编辑。

图 9-273　曲面实例 2

该零件模型建模流程如图 9-274 所示。

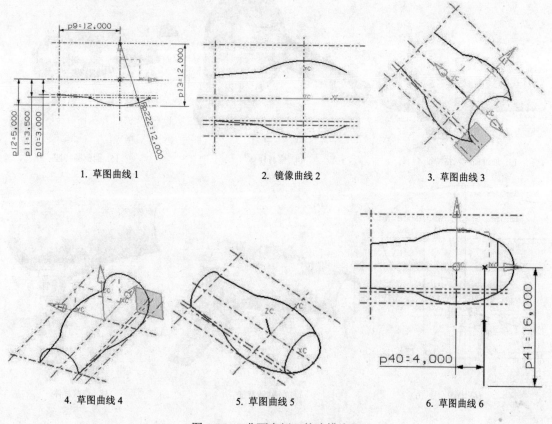

图 9-274　曲面实例 2 的建模流程

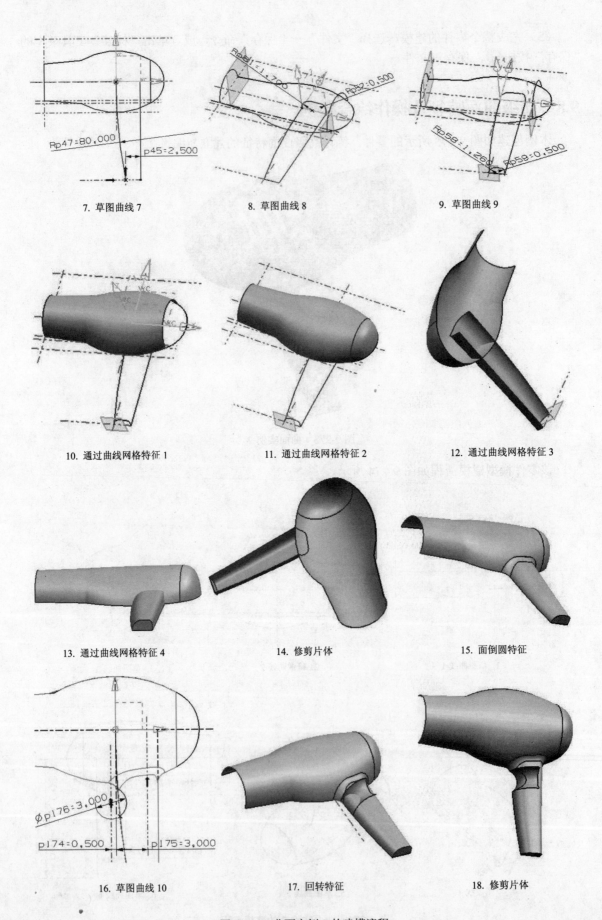

7. 草图曲线 7　　　　　　8. 草图曲线 8　　　　　　9. 草图曲线 9

10. 通过曲线网格特征 1　　11. 通过曲线网格特征 2　　12. 通过曲线网格特征 3

13. 通过曲线网格特征 4　　14. 修剪片体　　　　　　15. 面倒圆特征

16. 草图曲线 10　　　　　　17. 回转特征　　　　　　18. 修剪片体

图 9-274　曲面实例 2 的建模流程

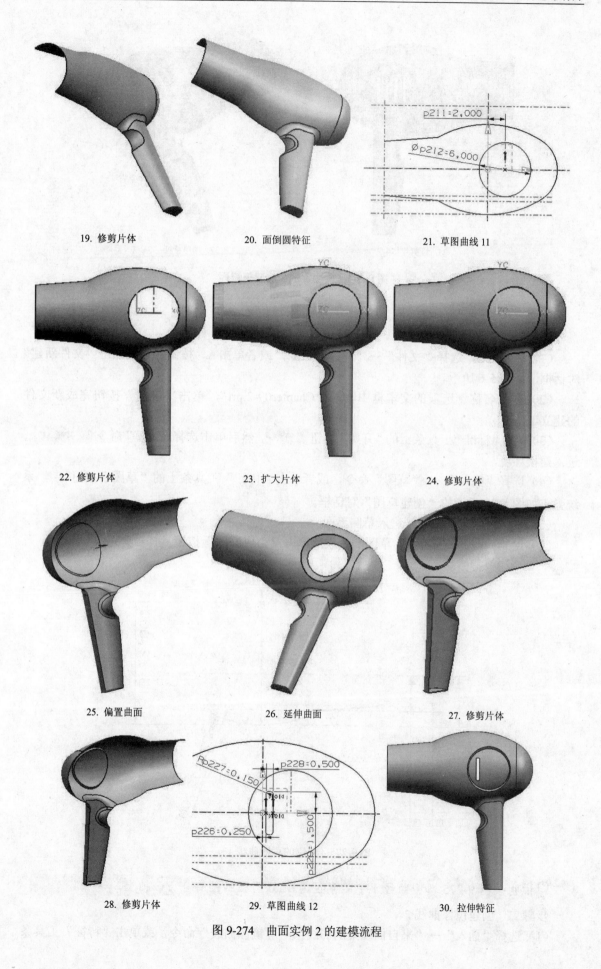

19. 修剪片体　　　　20. 面倒圆特征　　　　21. 草图曲线 11

22. 修剪片体　　　　23. 扩大片体　　　　24. 修剪片体

25. 偏置曲面　　　　26. 延伸曲面　　　　27. 修剪片体

28. 修剪片体　　　　29. 草图曲线 12　　　　30. 拉伸特征

图 9-274　曲面实例 2 的建模流程

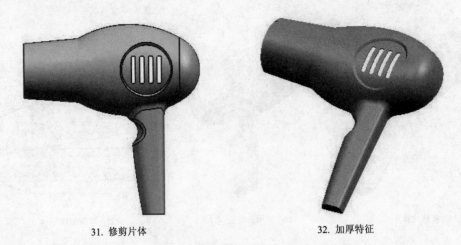

31. 修剪片体　　　　　　　　　　　32. 加厚特征

图 9-274　曲面实例 2 的建模流程

绘图步骤如下。

步骤一　创建草图曲线 1。

（1）启动 UG，选择"文件"→"新建"命令，或者单击 按钮，系统弹出"文件新建"对话框，如图 5-6 所示。

（2）在"名称"选项的文本框中输入"Chapter09-2.prt"，单击"确定"按钮完成新文件的建立。

（3）单击"标准"工具条上的"开始"按钮 开始，然后单击选择"建模"命令 建模(M)...，进入建模环境。

（4）选择"插入"→"草图"命令，或者单击"特征"工具条上的"草图"按钮 ，系统弹出如图 5-88 所示的"创建草图"对话框。

（5）单击"确定"按钮，进入草图界面。

（6）绘制如图 9-275 所示的草图，完成后单击"完成草图"按钮 完成草图 完成草图。

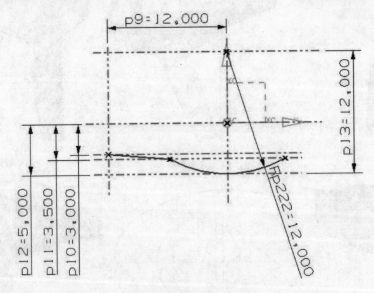

图 9-275　绘制的草图曲线 1

说明：图 9-275 草图曲线 1 中的半径为 12.0 圆弧的圆心在 YC 轴上。

步骤二　创建镜像曲线 2。

（1）选择"插入"→"来自曲线集的曲线"→"镜像曲线"命令，或单击"特征"工具条上的"镜像曲线"按钮，弹出如图9-276所示的"镜像曲线"对话框。

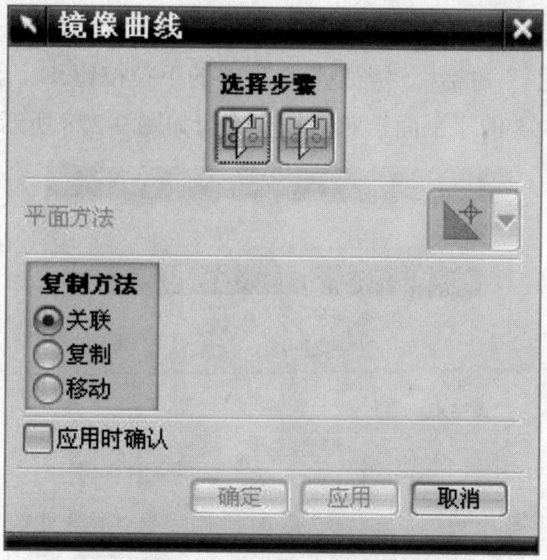

图9-276 "镜像曲线"对话框

（2）选择图9-275绘制的草图曲线1作为要镜像的曲线。

（3）单击图9-276"镜像曲线"对话框的"面/基准平面"按钮，此时"平面方法"选项激活。

（4）单击"平面方法"选项中的下拉按钮，然后选择"设置为XZ平面"按钮，如图9-277（a）所示。

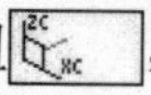

（5）"复制方法"选项中选择"关联"单选按钮。

（6）单击"确定"按钮，完成草图曲线1的镜像，如图9-277（b）所示。

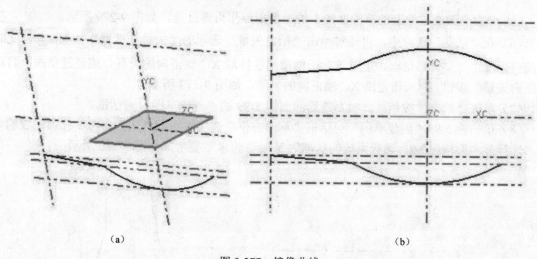

（a）　　　　　　　　　　　　　　　　　　（b）

图9-277 镜像曲线

（a）选择镜像平面；（b）生成的镜像曲线

步骤三 创建草图曲线3。

（1）选择"插入"→"草图"命令，或者单击"特征"工具条上的"草图"按钮，系统弹出如图5-88所示的"创建草图"对话框。

（2）单击"草图平面"选项组中的"平面选项"选项右侧的下拉按钮，然后选择"创建平面"命令，此时图5-88的"创建草图"对话框变成如图5-99所示的"创建草图"对话框。

（3）单击"指定平面"选项中的"平面构造器"按钮 ，此时系统弹出"平面"对话框，如图 5-95 所示。

（4）单击图 5-95"平面"对话框"类型"选项中的下拉按钮 ，然后选择"点和方向"命令 点和方向，此时图 5-95 的"平面"对话框变成为如图 9-278 所示的"平面"对话框。

图 9-278 "平面"对话框

（5）选择图 9-275 绘制的草图曲线 1 的一个端点作为通过点，如图 9-279 所示。

（6）在"法向"选项中，可通过单击"指定矢量"选项的"矢量构造器"按钮 ，此时系统会弹出"矢量"对话框，通过该对话框指定选择沿 XC 轴正向的矢量；或通过单击"自动判断的矢量"按钮 来指定沿 XC 轴正向的矢量，如图 9-279 所示。

（7）单击"确定"按钮，此时系统返回到图 5-99 的"创建草图"对话框。

（8）单击图 5-99"创建草图"对话框"草图方位"选项组中的"选择参考"选项，或的单击"选择参考"按钮 ，选择系统的基准轴 Y 轴作为水平参考，如图 9-280 所示。

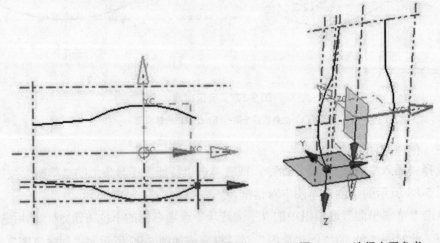

图 9-279 选择创建草图平面的点和矢量   图 9-280 选择水平参考

（9）单击"确定"按钮，确定了创建草图的平面，进入草图环境。

（10）绘制如图 9-281 所示的草图，完成后单击"完成草图"按钮 完成草图 完成草图。

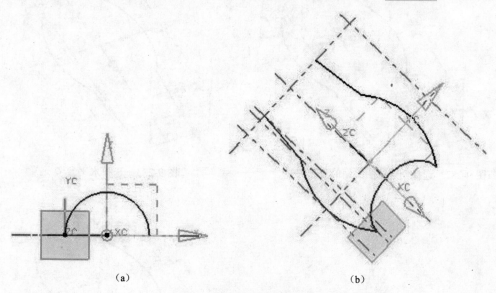

（a）　　　　　　　　　　　（b）

图 9-281　绘制的草图曲线 3

（a）正向视图；（b）旋转后的视图情况

🔍说明：该草图曲线是以图 9-275 绘制的草图曲线 1 的端点和图 9-277 镜像曲线的端点作为所绘制圆弧的直径的端点而绘制的。

步骤四　创建草图曲线 4。

（1）选择"插入"→"草图"命令，或者单击"特征"工具条上的"草图"按钮 ，系统弹出如图 5-88 所示的"创建草图"对话框。

（2）单击"草图平面"选项组中的"平面选项"选项右侧的下拉按钮 ，然后选择"创建平面"命令，此时图 5-88 的"创建草图"对话框变成如图 5-99 所示的"创建草图"对话框。

（3）单击"指定平面"选项中的"平面构造器"按钮 ，此时系统弹出"平面"对话框，如图 5-95 所示。

（4）单击图 5-95"平面"对话框"类型"选项中的下拉按钮 ，然后选择"点和方向"命令 点和方向 ，此时图 5-95 的"平面"对话框变为如图 9-278 所示的"平面"对话框。

（5）选择图 9-277 镜像曲线的一个端点作为通过点，如图 9-282 所示。

（6）在"法向"选项中，可通过单击"指定矢量"选项中的"矢量构造器"按钮 ，此时系统会弹出"矢量"对话框，通过该对话框指定选择沿 XC 轴负方向的矢量；或通过单击"自动判断的矢量"按钮 来指定沿 XC 轴负方向的矢量，如图 9-282 所示。

（7）单击"确定"按钮，此时系统返回到图 5-99 的"创建草图"对话框。

（8）单击图 5-99"创建草图"对话框"草图方位"选项组中的"选择参考"选项，或的单击"选择参考"按钮 ，选择系统的基准轴 Y 轴作为水平参考，如图 9-283 所示。

（9）单击"草图方位"选项组中的"反向"按钮 ，改变水平参考的方向。改变后的水平参考方向如图 9-283 所示。

（10）单击"确定"按钮，确定创建草图的平面，进入草图环境。

（11）绘制如图 9-284 所示的草图，完成后单击"完成草图"按钮 完成草图 完成草图。

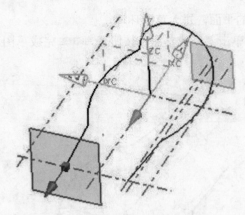

图 9-282　选择创建草图平面的点和矢量

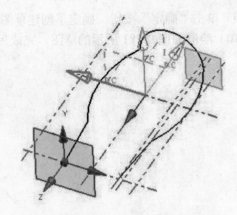

图 9-283　选择水平参考

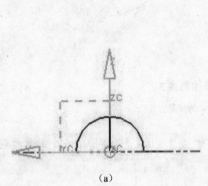

（a）

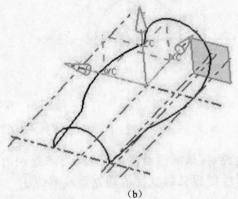

（b）

图 9-284　绘制的草图曲线 4

（a）正向视图；（b）旋转后的视图情况

🔍 说明：该草图曲线是以图 9-275 绘制的草图曲线 1 的端点和图 9-277 镜像曲线的端点作为所绘制圆弧的直径的端点而绘制的。

步骤五　创建桥接曲线 5。

（1）选择"插入"→"来自曲线集的曲线"→"桥接"命令，或单击"曲线"工具条上的"桥接"按钮 ，系统弹出"桥接"对话框。

（2）分别选择图 9-275 绘制的草图曲线 1 和图 9-277 的镜像曲线作为桥接的起始对象和终止对象，如图 9-285 所示。

（3）在"桥接"对话框"桥接曲线属性"选项组中，设置"开始"和"结束"连续性的约束类型为"G2（曲率）"，如图 9-286 和图 9-287 所示。

（4）单击"确定"按钮，完成桥接曲线的建立，如图 9-288 所示。

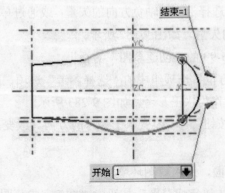

图 9-285　选择桥接的对象

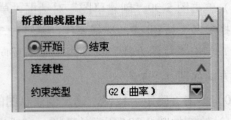

图 9-286　选择"开始"的约束类型

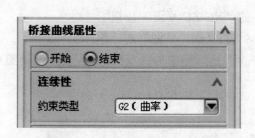

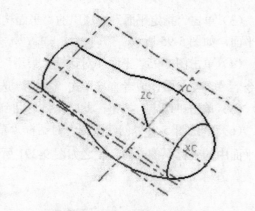

图 9-287 选择"结束"的约束类型　　　　图 9-288 完成桥接曲线的建立

步骤六 创建草图曲线 6。

（1）选择"插入"→"草图"命令，或者单击"特征"工具条上的"草图"按钮 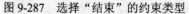，系统弹出如图 5-88 所示的"创建草图"对话框。

（2）单击"确定"按钮，进入草图界面。

（3）绘制如图 9-289 所示的草图，完成后单击"完成草图"按钮 完成草图 完成草图。

步骤七 创建草图曲线 7。

（1）选择"插入"→"草图"命令，或者单击"特征"工具条上的"草图"按钮 ，系统弹出如图 5-88 所示的"创建草图"对话框。

（2）单击"确定"按钮，进入草图界面。

（3）绘制如图 9-290 所示的草图，完成后单击"完成草图"按钮 完成草图 完成草图。

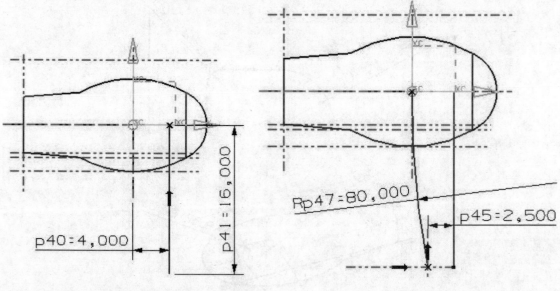

图 9-289 绘制的草图曲线 6　　　　图 9-290 绘制的草图曲线 7

　说明：图 9-290 草图曲线 7 中的半径为 80.0 的圆弧的其中一个端点是坐标原点。

步骤八 创建草图曲线 8。

（1）选择"插入"→"草图"命令，或者单击"特征"工具条上的"草图"按钮 ，系统弹出如图 5-88 所示的"创建草图"对话框。

（2）单击"草图平面"选项组中的"平面选项"选项右侧的下拉按钮 ，然后选择"创建平面"命令，此时图 5-88 的"创建草图"对话框变成如图 5-99 所示的"创建草图"对话框。

（3）单击"指定平面"选项中的"平面构造器"按钮 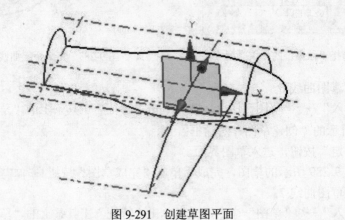，此时系统弹出"平面"对话框构造平面，如图 5-95 所示。

（4）单击图 5-95 "平面"对话框"类型"选项中的下拉按钮，然后选择"XC-ZC 平面"命令 XC-ZC 平面，或者直接单击"类型"选项中的"XC-ZC 平面"按钮。

（5）单击"确定"按钮，此时系统返回到图 5-99 的"创建草图"对话框。

（6）单击图 5-99 "创建草图"对话框"草图平面"选项组中的"反向"按钮，调整草图平面中的坐标系的方向，使之如图 9-291 所示。

图 9-291　创建草图平面

（7）单击"确定"按钮，确定了创建草图的平面，进入草图环境。

（8）绘制图 9-292 所示的草图，完成后单击"完成草图"按钮 完成草图。

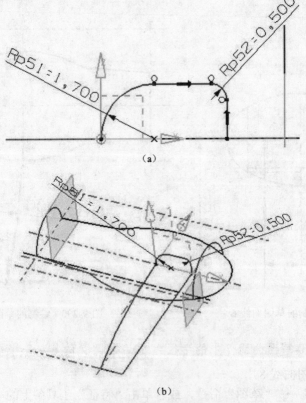

（a）

（b）

图 9-292　绘制的草图曲线 8

（a）正向视图；（b）旋转后的视图情况

步骤九　创建草图曲线 9。

（1）选择"插入"→"草图"命令，或者单击"特征"工具条上的"草图"按钮，系统弹出如图 5-88 所示的"创建草图"对话框。

（2）单击"草图平面"选项组中的"平面选项"选项右侧的下拉按钮，然后选择"创建平面"命令，此时图 5-88 的"创建草图"对话框变成如图 5-99 所示的"创建草图"对话框。

（3）单击"指定平面"选项中的"平面构造器"按钮，此时系统弹出"平面"对话框，如图 5-95 所示。

（4）单击图 5-95"平面"对话框"类型"选项中的下拉按钮，然后选择"点和方向"命令点和方向，此时图 5-95 的"平面"对话框变为如图 9-278 所示的"平面"对话框。

（5）选择图 9-290 草图曲线 7 中半径为 80.0 的圆弧的一个端点作为通过点，如图 9-293（a）所示。

（6）在"法向"选项组中，可通过单击"指定矢量"选项中的"矢量构造器"按钮，此时系统会弹出"矢量"对话框，通过该对话框指定选择沿 YC 轴负方向的矢量；或通过单击"自动判断的矢量"按钮来指定沿 YC 轴负方向的矢量，如图 9-293（a）所示。

（7）单击"确定"按钮，此时系统返回到图 5-99 的"创建草图"对话框。

（8）接受系统默认的水平参考方向，如图 9-293（b）所示。

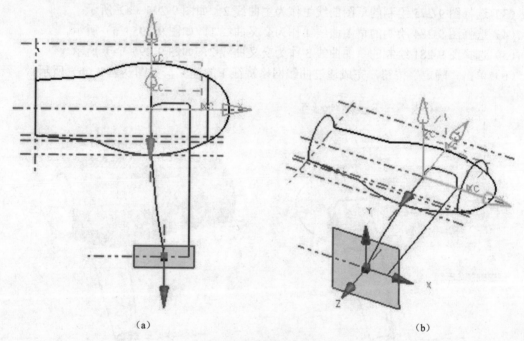

（a）　　　　　　　　　　　　　　　　　　（b）

图 9-293　创建草图平面

（a）选择创建草图平面的点和矢量；（b）选择水平参考

（9）单击"确定"按钮，确定创建草图的平面，进入草图环境。

（10）绘制如图 9-294 所示的草图，完成后单击"完成草图"按钮完成草图。

步骤十　创建通过曲线网格特征 1。

（1）选择"插入"→"网格曲面"→"通过曲线网格"命令，或单击"曲面"工具条上的"通过曲线网格"按钮，系统弹出"通过曲线网格"对话框，如图 9-37 所示。

（2）选择图 9-277 生成的镜像曲线 2 作为主曲线 1，如图 9-295（a）所示。

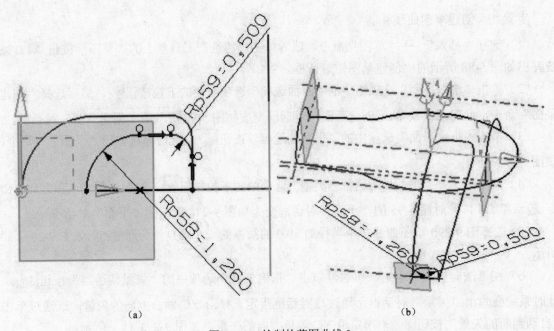

（a）　　　　　　　　　　　　　　　　　　　　（b）

图 9-294　绘制的草图曲线 9

（a）正向视图；（b）旋转后的视图情况

（3）选择图 9-275 绘制的草图曲线 1 作为主曲线 2，如图 9-295（a）所示。

（4）选择图 9-284 绘制的草图曲线 4 作为交叉曲线 1，如图 9-295（a）所示。

（5）选择图 9-281 绘制的草图曲线 3 作为交叉曲线 2，如图 9-295（a）所示。

（6）单击"确定"按钮，完成通过曲线网格特征 1 的建立，如图 9-295（b）所示。

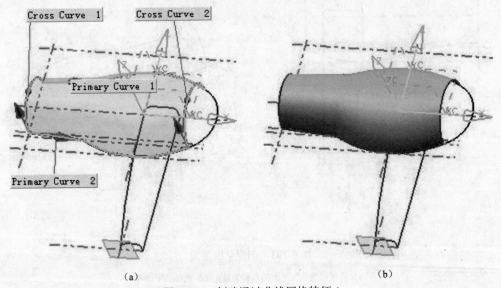

（a）　　　　　　　　　　　　　　　　　　　　（b）

图 9-295　创建通过曲线网格特征 1

（a）选择主曲线和交叉曲线；（b）生成的曲面

步骤十一　创建通过曲线网格特征 2。

（1）选择"插入"→"网格曲面"→"通过曲线网格"命令，或单击"曲面"工具条上的"通过曲线网格"按钮，系统弹出"通过曲线网格"对话框，如图 9-37 所示。

（2）选择图 9-275 绘制的草图曲线 1 和图 9-281 绘制的草图曲线 3 的交点（也是它们的公共端点）作为主曲线 1，如图 9-296 所示。

（3）选择图 9-277 的镜像曲线 2 和图 9-281 绘制的草图曲线 3 的交点（也即它们的公共端点）作为主曲线 2，如图 9-296 所示。

（4）选择图 9-281 绘制的草图曲线 3 作为交叉曲线 1，如图 9-296 所示。

（5）选择图 9-288 创建的桥接曲线 5 作为交叉曲线 2，如图 9-296 所示。

（6）在"通过曲线网格"对话框"连续性"选项中，设置"第一交叉线串"选项的约束类型为"G1（相切）"，如图 9-297 所示。

（7）选择图 9-295 的通过曲线网格特征 1 作为要相切约束的面。

（8）单击"确定"按钮，完成通过曲线网格特征 2 的建立，如图 9-298 所示。

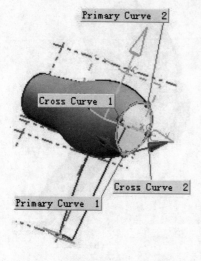

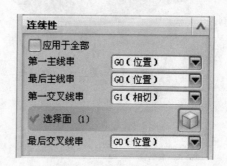

图 9-296　选择主曲线和交叉曲线　　　　　图 9-297　设置约束类型

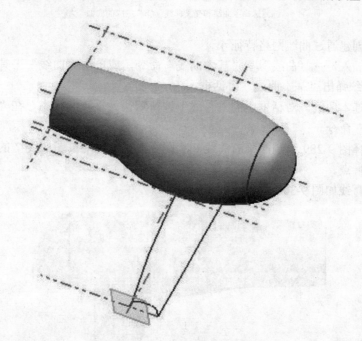

图 9-298　完成的通过曲线网格特征 2

步骤十二　创建通过曲线网格特征 3。

（1）选择"插入"→"网格曲面"→"通过曲线网格"命令，或单击"曲面"工具条上的"通过曲线网格"按钮，系统弹出"通过曲线网格"对话框，如图 9-37 所示。

（2）选择图 9-290 绘制的草图曲线 7 作为主曲线 1，如图 9-299（a）所示。

（3）选择图 9-289 绘制的草图曲线 6 作为主曲线 2，如图 9-299（a）所示。

（4）选择图 9-294 绘制的草图曲线 9 作为交叉曲线 1，如图 9-299（a）所示。

（5）选择图 9-292 绘制的草图曲线 8 作为交叉曲线 2，如图 9-299（a）所示。

（6）在"通过曲线网格"对话框"连续性"选项中，设置主线串和交叉线串的约束类型均为"G0（位置）"。

（7）单击"确定"按钮，完成通过曲线网格特征 3 的建立，如图 9-299（b）所示。

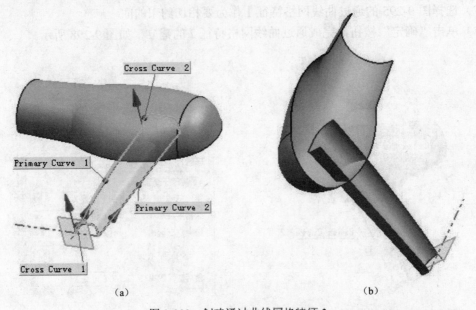

（a）　　　　　　　　　　　　　　　（b）

图 9-299　创建通过曲线网格特征 3

（a）选择主曲线和交叉曲线；（b）生成的曲面

步骤十三　创建通过曲线网格特征 4。

（1）选择"插入"→"曲线"→"基本曲线"命令，或单击"曲线"工具条上的"基本曲线"按钮，系统弹出"基本曲线"对话框。

（2）此时"基本曲线"对话框中的"直线"按钮默认处于激活状态。在"点方法"选项中选择"点构造器"命令。

（3）分别选择图 9-289 绘制的草图曲线 6 和图 9-290 绘制的草图曲线 7 的一个端点作为要绘制直线的两个端点。

（4）生成的直线如图 9-300 所示。

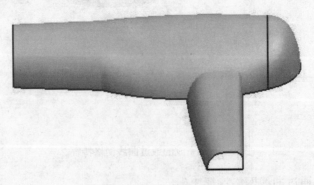

图 9-300　创建直线

（5）选择"插入"→"网格曲面"→"通过曲线网格"命令，或单击"曲面"工具条上的"通过曲线网格"按钮，系统弹出"通过曲线网格"对话框，如图 9-37 所示。

（6）选择图 9-300 绘制的直线作为主曲线 1，如图 9-301（a）所示。

（7）选择图 9-294 绘制的草图曲线 9 中和图 9-300 绘制的直线相对方向的两条线段作为主曲线 2，如图 9-301（a）所示。

（8）分别选择图 9-294 绘制的草图曲线 9 剩下的两个相对方向的线段作为交叉曲线 1 和交叉曲线 2，如图 9-301（a）所示。

（9）在"通过曲线网格"对话框"连续性"选项中，设置主线串和交叉线串的约束类型均为"G0（位置）"。

（10）单击"确定"按钮，完成通过曲线网格特征 4 的建立，如图 9-301（b）所示。

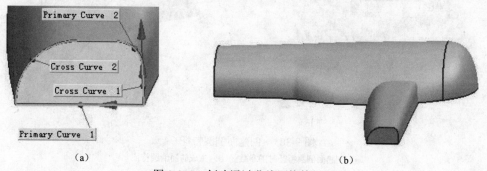

（a）　　　　　　　　　　　　　　　　（b）

图 9-301　创建通过曲线网格特征 4
（a）选择主曲线和交叉曲线；（b）生成的曲面

步骤十四　修剪片体。

（1）选择"插入"→"修剪"→"修剪的片体"命令，或单击"曲面"工具条上的"修剪的片体"按钮，系统弹出"修剪的片体"对话框，如图 9-193 所示。

（2）选择通过曲线网格特征 3 作为目标，如图 9-302（a）所示。

（3）选择图 9-295 创建的通过曲线网格特征 1 作为边界对象，如图 9-302（a）所示。

（4）单击"确定"按钮，完成对图 9-299 通过曲线网格特征 3 的修剪，如图 9-302（b）所示。

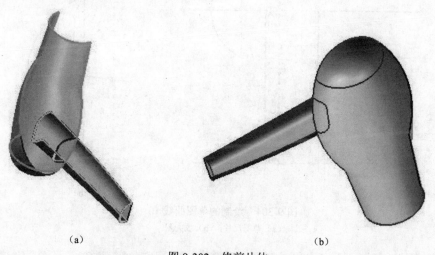

（a）　　　　　　　　　　　　　　　　（b）

图 9-302　修剪片体
（a）选择目标和边界对象；（b）修剪后的曲面

步骤十五　创建面倒圆特征。

（1）选择"插入"→"细节特征"→"面倒圆"命令，或者单击"特征操作"工具条中的"面倒圆"按钮，系统弹出"面倒圆"对话框，如图 5-43 所示。

（2）在"类型"选项中选择"滚动球"类型。

（3）分别选择图 9-295 创建的通过曲线网格特征 1 和图 9-302 修剪后的片体作为面链 1 和面链 2，如图 9-303（a）所示。

（4）在"倒圆横截面"选项中，"形状"选项选择"圆形"，"半径方法"选项选择"恒定"。

（5）在"半径"文本框中输入"1"。

（6）单击"确定"按钮，完成面倒圆特征的建立，如图 9-303（b）所示。

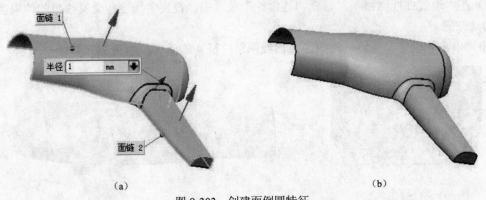

|（a）|（b）|

图 9-303　创建面倒圆特征

（a）创建面倒圆特征时的参数；（b）生成的面倒圆特征

步骤十六　创建草图曲线 10。

（1）选择"插入"→ "草图"命令，或者单击"特征"工具条上的"草图"按钮 ，系统弹出如图 5-88 所示的"创建草图"对话框。

（2）接受系统默认的 XC-YC 平面作为草图平面，单击"确定"按钮，进入草图界面。

（3）绘制如图 9-290 所示的草图，完成后单击"完成草图"按钮 完成草图。

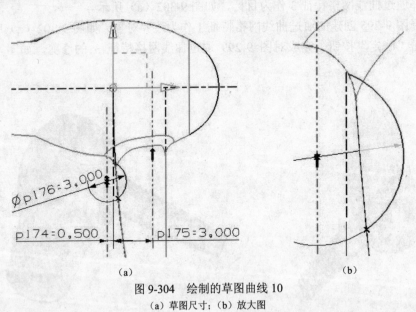

（a）　　　　　　　　　　　　　　　　（b）

图 9-304　绘制的草图曲线 10

（a）草图尺寸；（b）放大图

　说明：图 9-304 草图曲线 10 中圆弧的其中一个端点在图 9-303 面倒圆特征的边界上，另一个端点在图 9-290 的草图曲线 7 上。

步骤十七　创建回转特征。

（1）选择"插入"→"设计特征"→"回转"命令，或单击"特征"工具条上的"回转"按钮 ，弹出如图 5-10 所示的"回转"对话框。

（2）选择图 9-304 绘制的草图曲线 10 作为截面线，如图 9-305（a）所示。

（3）选择图 9-304 绘制的草图曲线 10 中的参考线作为回转轴，如图 9-305（a）所示。

（4）在图 5-10 "回转" 对话框 "极限" 选项组的 "开始" 选项中选择 "值"；在其下面的 "角度" 选项中输入 "0"。

（5）在图 5-10 "回转" 对话框 "极限" 选项组的 "结束" 选项中选择 "值"；在其下面的 "角度" 选项中输入 "－90"。

（6）单击 "确定" 按钮，完成回转特征的建立，如图 9-305 所示。

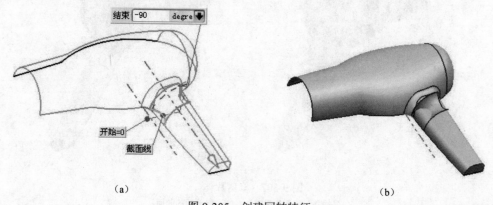

（a）　　　　　　　　　　　　　　（b）

图 9-305　创建回转特征

（a）创建回转特征时的参数；（b）生成的回转特征

步骤十八　修剪片体。

（1）选择 "插入" → "修剪" → "修剪的片体" 命令，或单击 "曲面" 工具条上的 "修剪的片体" 按钮，系统弹出 "修剪的片体" 对话框，如图 9-193 所示。

（2）选择图 9-303 的面倒圆特征及其创建它的面链 1、面链 2（系统默认会自动把它们作为一个整体）作为目标，如图 9-306（a）所示。

（3）选择图 9-305 创建的回转特征作为边界对象，如图 9-306（a）所示。

（4）单击 "确定" 按钮，完成对上述所选片体的修剪，如图 9-306（b）所示。

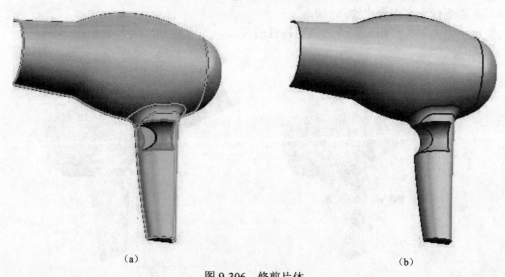

（a）　　　　　　　　　　　　　　（b）

图 9-306　修剪片体

（a）选择目标和边界对象；（b）修剪后的曲面

步骤十九　修剪片体。

（1）选择 "插入" → "修剪" → "修剪的片体" 命令，或单击 "曲面" 工具条上的 "修剪的片体" 按钮，系统弹出 "修剪的片体" 对话框，如图 9-193 所示。

（2）选择图 9-305 创建的回转特征作为目标，如图 9-307（a）所示。

（3）选择图 9-306 修剪后的片体作为边界对象，如图 9-307（a）所示。

（4）单击"确定"按钮，完成对上述所选片体的修剪，如图 9-307（b）所示。

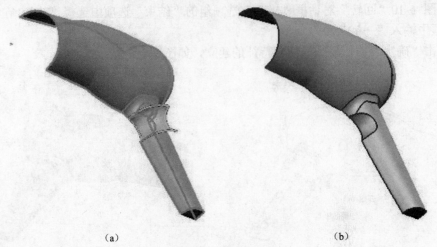

（a）　　　　　　　　　　　　　　　　　　（b）

图 9-307　修剪片体

（a）选择目标和边界对象；（b）修剪后的曲面

步骤二十　创建面倒圆特征。

（1）选择"插入"→"细节特征"→"面倒圆"命令，或者单击"特征操作"工具条中的"面倒圆"按钮，系统弹出"面倒圆"对话框，如图 5-43 所示。

（2）在"类型"选项中选择"滚动球"类型。

（3）选择图 9-303 的面倒圆特征及其创建它的面链 1、面链 2（系统默认会自动把它们作为一个整体）作为面链 1，如图 9-308（a）所示。

（4）选择图 9-307 修剪后的片体作为面链 2，如图 9-308（a）所示。

（5）在"倒圆横截面"选项中，"形状"选项选择"圆形"，"半径方法"选项选择"恒定"。

（6）在"半径"文本框中输入"0.5"。

（7）单击"确定"按钮，完成面倒圆特征的建立，如图 9-308（b）所示。

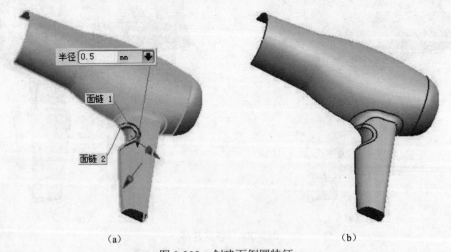

（a）　　　　　　　　　　　　　　　　　　（b）

图 9-308　创建面倒圆特征

（a）创建面倒圆特征时的参数；（b）生成的面倒圆特征

步骤二十一　创建草图曲线 11。

（1）选择"插入"→"草图"命令，或者单击"特征"工具条上的"草图"按钮，系统弹出如图 5-88 所示的"创建草图"对话框。

（2）接受系统默认的 XC-YC 平面作为草图平面，单击"确定"按钮，进入草图界面。

（3）绘制如图 9-309 所示的草图，完成后单击"完成草图"按钮 ✂ 完成草图 完成草图。

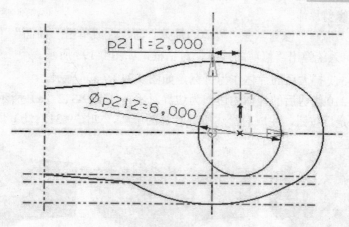

图 9-309　绘制的草图曲线 11

步骤二十二　修剪片体。

（1）选择"插入"→"修剪"→"修剪的片体"命令，或单击"曲面"工具条上的"修剪的片体"按钮 🗾，系统弹出"修剪的片体"对话框，如图 9-193 所示。

（2）选择图 9-303 的面倒圆特征及创建它的面链 1、面链 2（系统默认会自动把它们作为一个整体）作为目标，如图 9-310（a）所示。

（3）选择图 9-309 绘制的草图曲线 11 作为边界对象，如图 9-310（a）所示。

（4）在图 9-193 "修剪的片体"对话框"投影方向"选项中，选择"沿矢量"方式。此时，可通过单击图 9-194 中"指定矢量"选项中的"矢量构造器"按钮 🗾，此时系统会弹出"矢量"对话框，通过该对话框指定选择 ZC 轴矢量；或通过单击"自动判断的矢量"按钮 🗾 来指定 ZC 轴矢量，如图 9-310（a）所示。

（5）单击"确定"按钮，完成对上述所选片体的修剪，如图 9-310（b）所示。

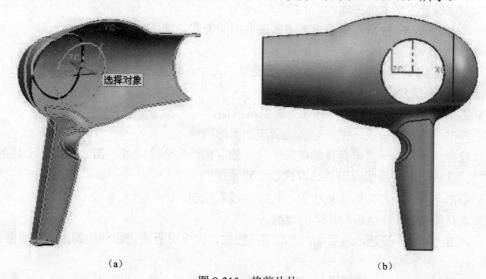

（a）　　　　　　　　　　　　　　　　　　　（b）

图 9-310　修剪片体

（a）选择目标和边界对象；（b）修剪后的曲面

步骤二十三　扩大片体。

（1）选择"编辑"→"曲面"→"扩大"命令，或单击"编辑曲面"工具条上的"扩大"

按钮 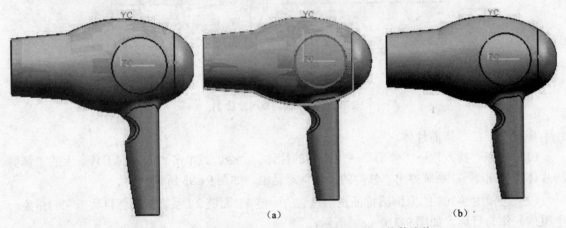，系统弹出"扩大"对话框，如图 9-182 所示。

（2）选择图 9-310 修剪后的片体作为要扩大的面。

（3）单击"确定"按钮，完成对上述所选面的扩大，如图 9-311 所示。

步骤二十四　修剪片体。

（1）选择"插入"→"修剪"→"修剪的片体"命令，或单击"曲面"工具条上的"修剪的片体"按钮，系统弹出"修剪的片体"对话框，如图 9-193 所示。

（2）选择图 9-311 扩大后的片体作为目标，如图 9-312（a）所示。

（3）选择图 9-310 修剪后的片体的边作为边界对象，如图 9-312（a）所示。

（4）单击"确定"按钮，完成对上述所选片体的修剪，如图 9-312（b）所示。

（a）　　　　　　　　　　　　　　（b）

图 9-311　扩大片体　　　　　　　图 9-312　修剪片体

（a）选择目标和边界对象；（b）修剪后的曲面

步骤二十五　偏置曲面。

（1）选择"插入"→"偏置/缩放"→"偏置曲面"命令，或单击"曲面"工具条上的"偏置曲面"按钮，系统弹出"偏置曲面"对话框，如图 9-184 所示。

（2）选择图 9-312 修剪后的片体作为要偏置的面。

（3）在"偏置"文本框中输入"0.25"。

（4）单击"确定"按钮，完成对上述所选曲面的偏置，如图 9-313 所示。

步骤二十六　延伸曲面。

（1）选择"编辑"→"显示和隐藏"→"隐藏"命令，或单击"实用工具"工具条上的"隐藏"按钮，系统弹出"类选择"对话框。

（2）选择图 9-312 修剪后的片体作为要隐藏的面。

（3）单击"确定"按钮，完成对上述所选曲面的隐藏。

（4）选择"插入"→"来自体的曲线"→"抽取曲线"命令，或单击"曲线"工具条上的"抽取曲线"按钮，系统弹出"抽取曲线"对话框。

（5）单击"抽取曲线"对话框中的"边缘曲线"按钮。

（6）选择图 9-310 修剪后的片体的边缘。

（7）单击"确定"按钮，然后单击"取消"按钮，完成对所选边缘曲线的抽取，如图 9-314 所示。

（8）选择"插入"→"曲面"→"延伸"命令，或单击"曲面"工具条上的"延伸"按钮，系统弹出"延伸"对话框，如图 9-155 所示。

（9）单击"延伸"对话框中的"有角度的"按钮。

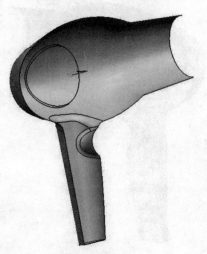
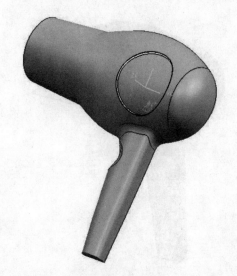

图 9-313　偏置片体　　　　　　　　　　　图 9-314　抽取曲线

（10）选择图 9-310 修剪后的片体作为要进行角度延伸的面，如图 9-315（a）所示。

（11）选择面上的曲线，即图 9-314 抽取的曲线，如图 9-315（a）所示。

（12）在系统弹出的"角度延伸"对话框"长度"文本框中输入"1.0"；"角度"文本输入框中输入"60"。

（13）单击"确定"按钮，完成角度延伸，如图 9-315（b）所示。

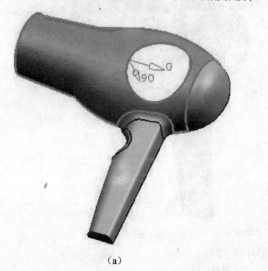

（a）　　　　　　　　　　　　　　　　　　　（b）

图 9-315　延伸片体

（a）选择面和面上的曲线；（b）生成的延伸的片体

步骤二十七　修剪片体。

（1）选择"插入"→"修剪"→"修剪的片体"命令，或单击"曲面"工具条上的"修剪的片体"按钮 ，系统弹出"修剪的片体"对话框，如图 9-193 所示。

（2）选择图 9-315 生成的延伸片体作为目标，如图 9-316（a）所示。

（3）选择图 9-313 偏置后的片体作为边界对象，如图 9-316（a）所示。

（4）单击"确定"按钮，完成对上述所选片体的修剪，如图 9-316（b）所示。

步骤二十八　修剪片体。

（1）选择"插入"→"修剪"→"修剪的片体"命令，或单击"曲面"工具条上的"修剪的片体"按钮 ，系统弹出"修剪的片体"对话框，如图 9-193 所示。

（2）选择图 9-313 偏置后的片体作为目标，如图 9-317（a）所示。

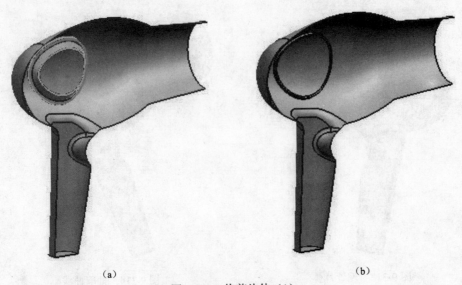

（a） （b）

图 9-316 修剪片体（1）

（a）选择目标和边界对象；（b）修剪后的曲面

（3）选择图 9-316 修剪后的片体的边作为边界对象，如图 9-317（a）所示。

（4）单击"确定"按钮，完成对上述所选片体的修剪，如图 9-317（b）所示。

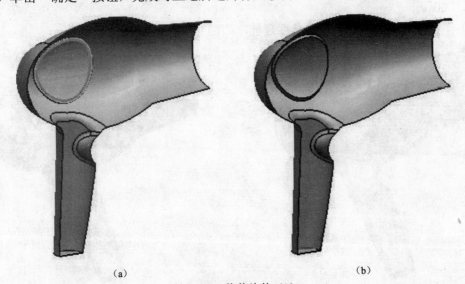

（a） （b）

图 9-317 修剪片体（2）

（a）选择目标和边界对象；（b）修剪后的曲面

步骤二十九 创建草图曲线 12。

（1）选择"插入"→"草图"命令，或者单击"特征"工具条上的"草图"按钮 品，系统弹出如图 5-88 所示的"创建草图"对话框。

（2）接受系统默认的 XC-YC 平面作为草图平面，单击"确定"按钮，进入草图界面。

（3）绘制如图 9-318 所示的草图，完成后单击"完成草图"按钮 完成草图 完成草图。

步骤三十 创建拉伸特征。

（1）选择"插入"→"设计特征"→"拉伸"命令，或者单击"特征"工具条上的"拉伸"按钮 ，系统弹出如图 5-3 所示的"拉伸"对话框。

（2）选择图 9-318 绘制的草图 12 作为截面线，接受默认的沿 ZC 轴的正方向的拉伸方向，如图 9-319（a）所示。

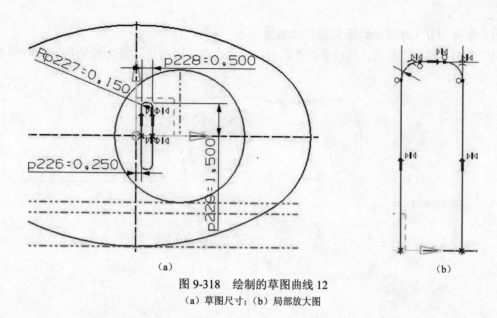

图 9-318　绘制的草图曲线 12

（a）草图尺寸；（b）局部放大图

（3）在图 5-3 "拉伸"对话框"极限"选项组的"开始"选项中选择"值"；在其下面的"距离"选项中输入"0"。

（4）在图 5-3 "拉伸"对话框"极限"选项组的"结束"选项中选择"直至选定对象"。

（5）选择图 9-317 修剪后的片体，如图 9-319（a）所示。

（6）在图 5-3 "拉伸"对话框的"布尔"选项中，把布尔操作设为"求差"。

（7）选择图 9-317 修剪后的片体作为要求差的体，如图 9-319（a）所示。

（8）单击"确定"按钮，完成拉伸特征的建立，如图 9-319（b）所示。

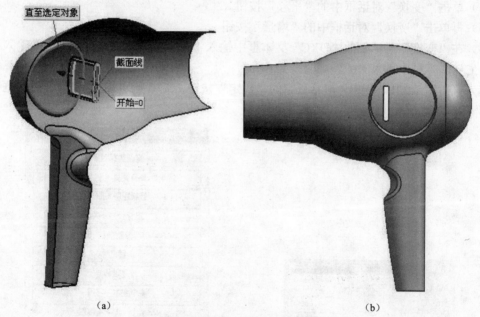

图 9-319　完成拉伸特征的创建

（a）创建拉伸特征时的参数；（b）完成拉伸特征的创建

步骤三十一　修剪片体。

1. 抽取曲线。

（1）选择"插入"→"来自体的曲线"→"抽取曲线"命令，或单击"曲线"工具条上的"抽取曲线"按钮，系统弹出"抽取曲线"对话框。

（2）单击"抽取曲线"对话框中的"边缘曲线"按钮。

（3）选择图 9-319 拉伸特征后的片体的边缘。

（4）单击"确定"按钮，然后单击"取消"按钮，完成对所选边缘曲线的抽取，如图 9-320 所示。

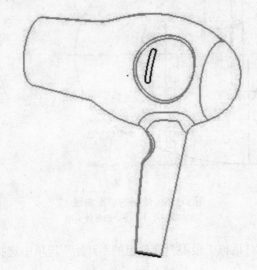

图 9-320　抽取曲线

2. 变换曲线。

（1）选择"编辑"→"变换"命令，或单击"标准"工具条上的"变换"按钮，系统弹出"变换"对话框。

（2）选择图 9-320 抽取的曲线。

（3）单击"变换"对话框中的"平移"按钮。

（4）再单击"变换"对话框中的"增量"按钮。

（5）在"变换"对话框的"DXC"文本框中输入"1.0"；在"DYC"文本框中输入"0"；在"DZC"文本框中输入"0"，如图 9-321 所示。

（6）单击图 9-321"变换"对话框中的"确定"按钮，此时图 9-321"变换"对话框变为图 9-322"变换"对话框。

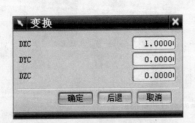

图 9-321　"变换"对话框（1）

图 9-322　"变换"对话框（2）

（7）单击图 9-322"变换"对话框中的"复制"按钮 3 次。

（8）单击图 9-322"变换"对话框中的"取消"按钮，完成曲线的变换，如图 9-323 所示。

图 9-323　曲线的变换

3. 修剪片体。

（1）选择"插入"→"修剪"→"修剪的片体"命令，或单击"曲面"工具条上的"修剪的片体"按钮 ，系统弹出"修剪的片体"对话框，如图 9-193 所示。

（2）选择图 9-317 修剪后的片体作为目标，如图 9-324（a）所示。

（3）选择图 9-323 变换的曲线作为边界对象，如图 9-324（a）所示。

（4）单击"确定"按钮，完成对上述所选片体的修剪，如图 9-324（b）所示。

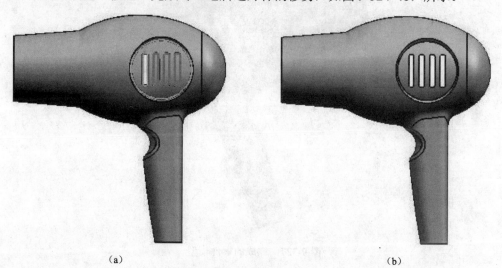

（a）　　　　　　　　　　　　　　　　　　　　　　　　　　（b）

图 9-324　修剪片体

（a）选择目标和边界对象；（b）修剪后的曲面

步骤三十二　创建加厚特征。

（1）选择"插入"→"偏置/缩放"→"加厚"命令，或单击"特征"工具条上的"加厚"按钮 ，系统弹出"加厚"对话框，如图 9-325 所示。

（2）在图 9-325 "加厚"对话框的"偏置 1"文本框中输入"0.125"；在"偏置 2"文本框中输入"0"，加厚的方向为向内。

（3）选择以上步骤中创建的曲面，即图 9-324（b）中的所有曲面，如图 9-326（a）所示。

（4）在图 9-325 "加厚"对话框"设置"选项的"公差"文本框中，设置公差为"0.00254"。

（5）单击"确定"按钮，完成加厚特征的创建，如图 9-326（b）所示。

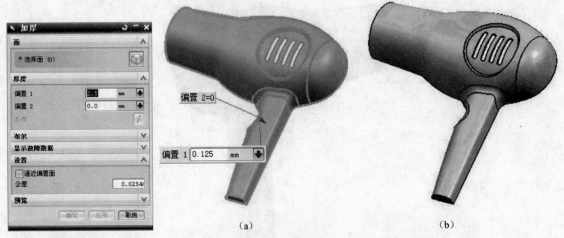

图 9-325 "加厚"对话框

图 9-326 创建加厚特征

（a）创建加厚特征时的参数；（b）完成加厚特征的创建

（6）选择"编辑"→"显示和隐藏"→"隐藏"命令，或单击"实用工具"工具条上的"隐藏"按钮，系统弹出"类选择"对话框。

（7）选择创建图 9-326 加厚特征时的所有片体作为要隐藏的面。

（8）单击"确定"按钮，完成对上述所选曲面的隐藏，如图 9-327 所示。

图 9-327 完成的零件模型

（9）完成整个零件的建模。选择"文件"→"保存"命令，或者单击"标准"工具条上的"保存"按钮，保存该文件。

第 10 章 装　　配

装配是指将产品零件进行组织、定位的一个过程。通过装配，能够形成产品的总体结构、绘制装配图、检查零件之间是否发生干涉等。在计算机上进行装配可以及早发现零件配合之间可能存在的问题，提供一个产品的整体模型。

10.1　装配概述

装配是 CAD 系统中又一个重要的集成模块，UG NX 5.0 提供了丰富而强大的装配建模功能，它可以将产品中的各个零件快速地组合起来，从而形成产品的整体结构。

UG NX 5.0 中的装配是虚拟装配。所谓虚拟装配是指利用零件之间的引用和链接关系形成装配模型。虚拟装配采用了许多先进技术：它将零件放在不同的文件中以减少装配存储量；以主模型为基础保持几何相关性和零件的自动刷新；采用引用集简化显示模型信息；参数化约束零件之间的定位关系；建立装配结构树便于装配的各种操作。

UG NX 5.0 中的装配是通过关联条件在部件间建立约束关系，以确定部件在产品中的位置，也就是通过定义零件模型之间的装配约束过程，从而达到模拟现实环境中的装配关系。与在草图界面中添加二维约束以确定草图曲线之间关系的方法相似，用户在零件模型之间也可以添加约束关系，从而确定各个零件的相对位置，完成组件的装配；或者通过添加约束关系可以检查零件之间的可装配性和干涉等问题。

> 提示：当需要复制整个装配时，注意要将装配体中的零部件也一起复制，因为装配体仅仅包含了模型基本信息和装配关系。

在装配中，零部件或组件的模型是被装配引用进来的，而不是复制到装配体中的。装配体仅仅包含了零部件的模型信息和模型间的装配关系，并不包括模型。所以，当对某个零部件进行编辑后，被引用到装配体中的模型信息也会自动更新，这样就保证了零部件和装配体的关联性。

10.1.1　装配中的几个术语

装配结构表现了一种层次关系，最顶层是装配体，其余的由子装配体和部件组成，如图 10-1 所示。

下面介绍装配中常见的术语。

1. 装配

它是包含有部件对象的一个文件，它有指向各子装配和/或零件的指针。

> 注意：当存储一个装配时，各个部件的实际几何数据并不是存储在装配图文件中，而是存储在相应的部件文件中。

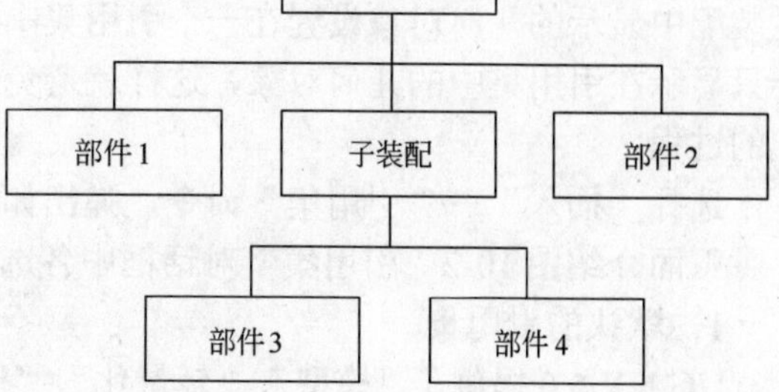

2. 子装配

它是包含有自己的部件对象，有指向各子装配和/或零件的指针，但必须有父指针指向自身。子装配是在高一级装配中被用作组件的装配，

图 10-1　装配结构

它是一个相对的概念，任何一个装配部件可在更高级的装配中用作子装配。

3．组件

组件是按特定位置和方向在装配中使用的部件，它可以是单个部件，也可以是一个子装配。

4．组件对象

组件对象是装配中的组件指向的部件文件或主几何体。一个组件对象记录的信息有部件名称、层、颜色、引用集和配对条件等。

5．自底向上装配

自底向上装配就是首先创建部件几何模型，再组合成子装配，最后生成装配件的装配方法。

6．自顶向下装配

自顶向下装配是指在装配级中创建与其他部件相关的部件模型，是在装配部件的顶级向下产生子装配和部件的装配方法。

7．混合装配

混合装配是指将自底向上装配和自顶向下装配结合在一起的装配方法。例如，先创建几个主要模型，将其装配在一起，然后在装配中再设计其他部件，此即为混合装配。

8．显示部件

显示部件是指显示于图形窗口中的部件。

9．工作部件

工作部件是指在当前的图形窗口中可以对模型进行建立和编辑的部件。

10．引用集

引用集是指部件中已命名的几何体集合，可用于在较高级别的装配中简化组件部件的图形显示。它是为优化大模型装配过程而提出的概念，它包含了组件中的几何对象，在装配时它代表相应的组件进行装配。

11．配对条件

配对条件是指单一组件的位置约束集合。它由一个或多个配对约束组成，通过这些约束可以限制装配组件的自由度。

> 提示：尽管配对条件可能包括一些与其他组件的关系，但装配中的每一个组件只能具有一个配对条件，且配对条件不能被循环引用。例如，组件 1 相对于组件 2 来装配约束后，当用户在添加其他的装配约束时，就不能将组件 2 相对于组件 1 来装配约束了。

10.1.2 引用集

在 UG 装配中，为了优化大模型的装配而提出了引用集的概念。这是因为在零件设计中，包含了大量的草图、基准平面以及其他辅助图形数据，如果要显示装配中的各组件和子装配中的所有数据，不仅容易混淆图形，而且加载了大量的参数，需要占用大量的系统资源，这样就影响了装配的进程。而通过引用集的相应设置，可以在需要的信息之间自由操作，可以把需要在装配中显示的几何对象设置在一个引用集中，在装配时选择相应的引用集，系统在装配中就会只显示在引用集中的几何对象，这样就避免了加载大量不需要的几何信息，大大地优化了装配的过程。

选择"插入"→"引用集"命令，弹出如图 10-2 所示的"引用集"对话框。

下面介绍图 10-2"引用集"对话框中各选项和按钮的作用。

1．默认的引用集

UG NX 5.0 提供了"模型"、"轻量化"、"空"和"整个部件"4 种默认的引用集，如图 10-2 所示。

（1）模型　该引用集包含了组件中的实体与曲面，在添加装配组件时，系统默认使用该方式。

（2）轻量化 该引用集也包含了组件中的实体与曲面，但用户不能对使用该引用集添加到装配中的组件进行配对操作。

（3）空 该引用集为空，在装配件中看不到引用集为空的部件，不过在装配导航器中可以看到该部件。

> 提示：当几何对象不需要在装配中显示时，可以使用"空"引用集以提高系统的装配速度。

（4）整个部件 该引用集包括组件的所有几何数据，一般不使用该引用集。

2. "创建"按钮 $\square$

该按钮用于创建引用集，在组件和子装配中都可以建立引用集，组件的引用集既可以在组件中建立，也可以在装配中建立。若要在装配中为某组件建立引用集，首先要使其成为工作部件。单击该按钮，系统弹出"创建引用集"对话框，如图 10-3 所示。该对话框用于指定将要创建的引用集名称和设置引用集的坐标系。

图 10-2 "引用集"对话框

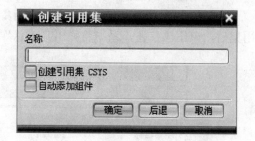

图 10-3 "创建引用集"对话框

3. "删除"按钮 $\times$

该按钮用于删除组件或子装配中已建立的引用集。在图 10-2"引用集"对话框中选择需要删除的引用集后，单击该按钮即可删除该引用集。

> 注意：单击图 10-2"引用集"对话框的列表框中已创建的引用集后，该按钮才处于激活状态。

4. "重命名"按钮

该按钮用于对所选引用集进行重命名。在该对话框中选择列表框中已创建的引用集，然后单击该按钮，在"工作部件"引用集列表框中该引用集名称将处于可编辑状态，此时用户可直接输入要更改的名称即可，如图 10-4 所示。

> 提示：单击图 10-2"引用集"对话框的列表框中已创建的引用集后，该按钮才处于激活状态。

5. "编辑属性"按钮

在该对话框中的列表框中选择一个引用集后，单击该按钮，系统将弹出"引用集属性"对话框，如图 10-5 所示。在图 10-5 的"属性"选项卡中输入"标题"的名称和"值"，单击"确定"按钮即可完成对所选引用集属性的编辑。在图 10-5 的"常规"选项卡的"名称"文本框中输入相应的名称，单击"确定"按钮即可完成对所选引用集名称的编辑。

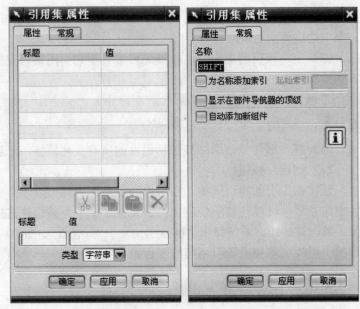

（a）"属性"选项卡　　　　（b）"常规"选项卡

图 10-4　"引用集"对话框　　　　　　图 10-5　"引用集属性"对话框

6．"信息"按钮 ![i]

该按钮用于查看当前组件中已存引用集的相关信息。在该对话框中的列表框中选择一个引用集后，单击该按钮，系统将弹出"信息"窗口，如图 10-6 所示。

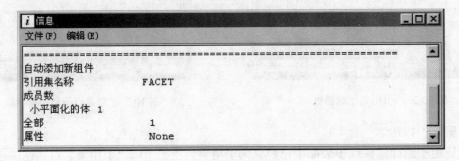

图 10-6　"信息"窗口

7．"设为当前的"按钮 ![设为当前的]

在装配体中，当设置了装配中的一个组件为工作部件时，该按钮激活。单击该按钮，可以将当前所选的引用集激活，将所选择的引用集设置为当前引用集。

8．"添加对象"按钮 ![添加对象]

该按钮用于为引用集添加新的对象。在该对话框中的列表框中选择一个引用集后，单击该按钮，系统将弹出"类选择"对话框，然后在图形窗口中选择相应的对象添加到引用集中即可。

9．"移除对象"按钮 ![移除对象]

该按钮用于从原有的引用集中移去所选的对象。在该对话框中的列表框中选择一个引用集后，单击该按钮，系统将弹出"类选择"对话框，然后从所选引用集包含的对象中选择要移去的对象即可。

10．"编辑对象"按钮 ![编辑对象]

该按钮用于为选择的引用集重新选择引用对象。在该对话框中的列表框中选择一个引用集后，单击该按钮，系统将弹出"类选择"对话框，然后选择相应的对象即可。

10.1.3　装配导航器

装配导航器是将部件的装配结构用图形表示，它类似于树状结构，如图 10-7 所示。每个组件在装配树上显示为一个节点，通过装配导航器能更清楚地表达装配关系。它提供了一种在装配中选择组件和操作组件的简单方法。例如，可以用装配导航器选择组件、改变显示部件、改变工作部件、隐藏或显示组件、删除组件以及替换引用集等。另外，在装配导航器中还可以通过"预览"选项和"相关性"选项查看所选组件的相关情况，如图 10-7 所示。

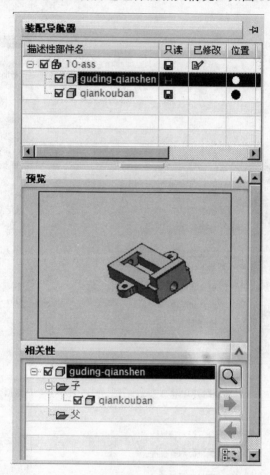

图 10-7　装配导航器

10.2　装配的创建

UG NX 5.0 中包含自底向上和自顶向下两种装配方式，用户可以灵活选用。下面介绍这两种方式的操作步骤。

1. 自底向上

自底向上的装配方式，需要先设计出组件的几何模型，然后将完成的所有模型添加到装配中，从而组成一个装配体。

使用该方式，一般先创建一个装配，再通过"添加组件"命令 ，把现有的零部件添加到装配中。然后，通过"配对组件"命令 ，将各个零部件进行装配约束，最终完成整个装配。

2. 自顶向下

对于有些零部件的装配，需要根据实际情况才能判断要装配件的大小和形状。自顶向下的装配方式可以在装配件中建立一个几何模型，然后在装配件中新建零部件，同时参照原有几何模型设计新的零部件；或者新建一个空的装配件，然后添加新的零部件并设置为"工作部件"，逐个完成零部件的建模。

使用该方式，一般先创建一个装配，再通过"新建组件"命令 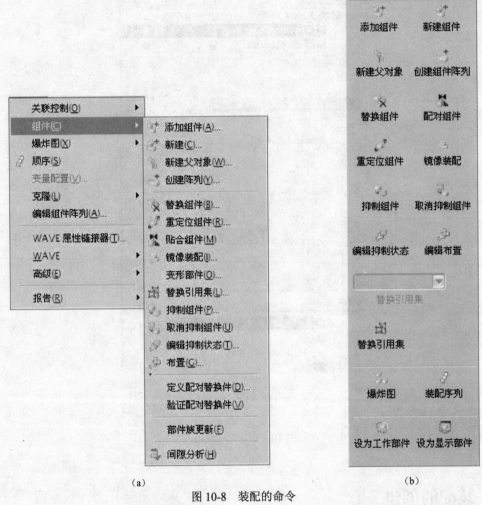，在装配体中新建零部件，然后将其设置为"工作部件"，创建所需装配的零件模型。

UG NX 5.0 的装配功能可通过从主菜单"装配"→"组件"等命令来调用，如图 10-8（a）所示。该功能也可通过"装配"工具条来调用，该工具条中部分常用的命令如图 10-8（b）所示。

（a）   （b）

图 10-8　装配的命令

（a）主菜单中的装配命令；（b）"装配"工具条中的部分命令

下面介绍在装配中常用的一些命令。

10.2.1　添加组件

选择"装配"→"组件"→"添加组件"命令，或单击"装配"工具条上的"添加组件"按钮，系统弹出"添加组件"对话框，如图 10-9 所示。

下面介绍图 10-9"添加组件"对话框中的选项和按钮的作用。

1．部件

该选项组用于选择要添加到装配中的部件。

（1）选择部件　可通过单击该选项或单击"部件"按钮，直接在图形窗口中选择要添加到装配中的部件。

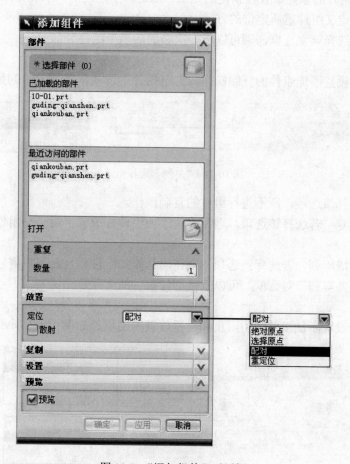

图 10-9　"添加组件"对话框

（2）已加载的部件　该列表框列出了当前已打开的所有部件，可以从该列表框中直接选择需要添加到装配中的部件。

（3）最近访问的部件　该列表框列出了最近加载的所有部件，可以从该列表框中直接选择需要添加到装配中的部件。

（4）打开　单击"打开"按钮🖾，系统将弹出"部件名"对话框。此时可以通过浏览目录以选择要添加到装配中的部件。

（5）重复　通过在该选项下的"数量"文本框中输入相应的数值，可以添加相应数量的部件到装配中。

2．放置

该选项组用于设置要添加组件的定位方式。

（1）定位　它包括"绝对原点"、"选择原点"、"配对"和"重定位"4 种方式。

① 绝对原点：若选择该方式，则系统将组件的原点放置在绝对坐标系的原点上。

② 选择原点：若选择该方式，则单击"确定"按钮后，系统将弹出"点"对话框。通过"点"对话框指定一个点，则系统将组件的原点放置在指定的点上。

③ 配对：该方式是利用配对条件确定组件在装配中的位置。

若选择该方式，则单击"确定"按钮后，系统将弹出"配对条件"对话框。利用配对类型中的各种约束对组件进行定位。

④ 重定位：该方式是在组件添加到装配中之后重新定位组件在装配中的位置。

若选择该方式，则单击"确定"按钮后，系统将弹出"点"对话框。通过"点"对话框指定一个点，系统将组件的原点放置在指定的点上。指定一个点之后，系统将弹出"重定位组件"对话框，要求用户定义组件重新定位的方式。

（2）散射　若选择该复选框，则可以将一次添加的多个组件分散开。

3．复制

该选项组用于设置添加组件的复制操作，它包括 3 个选项，如图 10-10 所示。

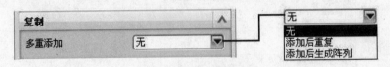

图 10-10　"复制"选项组

（1）无　若选择该选项，则不进行组件的复制操作。

（2）添加后重复　若选择该选项，则在确认添加组件并放置了第一个组件后，还可以继续放置该组件。

（3）添加后生成阵列　若选择该选项，则在确认添加组件后，还可以继续放置该组件。系统将弹出"创建组件阵列"对话框，可以直接创建组件的阵列。

4．设置

该选项组用于设置添加组件的引用集和设置放置的图层，如图 10-11 所示。

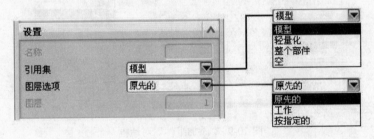

图 10-11　"设置"选项组

（1）名称　当在"部件"选项中指定要添加的部件后，在"名称"右侧的文本框中会显示该组件的名称。另外，用户也可以直接输入新的组件名称。

（2）引用集　该选项用于为要添加的组件指定一个引用集。

（3）图层选项　该选项用于设置添加后的组件所在的图层，它包括"原先的"、"工作"以及"按指定的" 3 个选项。

① 原先的：若选择该选项，则将组件添加到设计时部件所在的图层。

② 工作：若选择该选项，则将组件添加到当前的工作图层中。

③ 按指定的：若选择该选项，则将组件添加到用户指定的图层中。

（4）图层　当在"图层选项"中选择"按指定的"选项时，该选项处于激活状态。在该选项的文本框中输入要放置到的图层即可。

5．预览

若选择该选项组中的"预览"复选框，则单击"确定"按钮后，系统会弹出类似图 10-12 所示的"组件预览"窗口。在将所选的组件或子装配装配到主装配之前，可在该窗口中先对其进行预览，并且可以在该窗口中进行旋转、平移等单独的操作。另外，还可以随时移动该窗口的位置。

10.2.2　新建组件

选择"装配"→"组件"→"新建"命令，或单击"装配"工具条上的"新建组件"按钮，系统弹出"类选择"对话框。用户可以在图形窗口中选择现有的特征作为新组件的特征，也可以不选任何对象直接单击"确定"按钮。单击"确定"按钮后，系统弹出"新建组件"对话框，为该新建的组件指定一个名称后，单击"确定"按钮，系统弹出如图 10-13 所示的"新建组件"对话框。

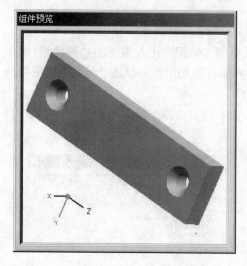

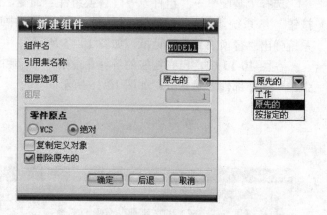

图 10-12　"组件预览"窗口　　　　　　　　图 10-13　"新建组件"对话框

通过图 10-13 所示的"新建组件"对话框，用户可以指定新建组件所在的图层和零件的原点等参数。设置好后，单击"确定"按钮，完成新组件的添加。

若当时在弹出"类选择"对话框时没有选择任何对象，则在图形窗口中看不到变化，但可以在"装配导航器"中看到新建的组件。

10.2.3　新建父对象

选择"装配"→"组件"→"新建父对象"命令，或单击"装配"工具条上的"新建父对象"按钮，系统弹出"新建父对象"对话框，如图 10-14 所示。

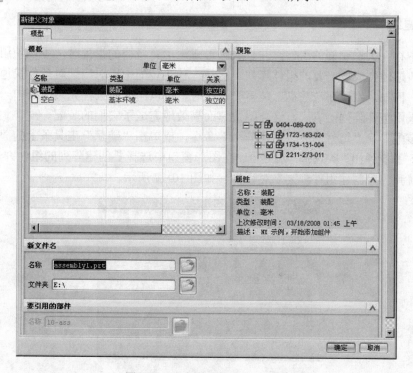

图 10-14　"新建父对象"对话框

为该新建的父对象指定一个名称后，单击"确定"按钮，即完成父对象的创建。

创建的父对象处于装配的顶级，系统将原来所有的组件或子装配全部作为新建的父对象的子装配或组件添加到装配导航器中父对象的树状分支中。

10.2.4　替换组件

选择"装配"→"组件"→"替换组件"命令，或单击"装配"工具条上的"替换组件"按钮 ⚒，系统弹出"类选择"对话框。在图形窗口中选择要替换的组件并单击"确定"按钮后，系统弹出"替换组件"对话框，如图 10-15 所示。

在图 10-15 中，已有相应的解释。单击"移除和添加"或"维持配对关系"按钮，系统均弹出"选择部件"对话框，如图 10-16 所示。

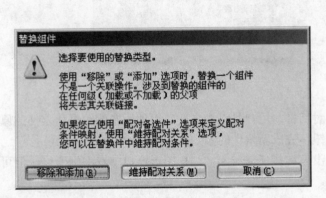

图 10-15　"替换组件"对话框

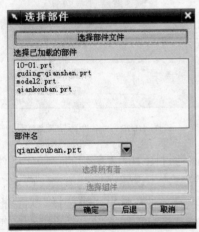

图 10-16　"选择部件"对话框

用户可以在图 10-16"选择部件"对话框中选择已加载的部件，也可通过单击"选择部件文件"按钮选择磁盘中的文件。选择完相应的部件后，单击"确定"按钮完成组件的替换。

10.2.5　创建组件阵列

当装配中存在大量相同的组件，并且成圆形或矩形有规律的排列时，可以使用"创建组件阵列"命令快速地生成所需要的组件阵列。它是一种在装配中用对应配对条件快速地生成多个组件的方法。例如，当要在法兰盘上装多个螺栓时，可以用配对条件先装配其中一个，其他螺栓的装配可采用组件阵列的方式，这样就快速而高效地完成了它们的装配。

选择"装配"→"组件"→"创建阵列"命令，或单击"装配"工具条上的"创建组件阵列"按钮 ⊹，系统弹出"类选择"对话框。在图形窗口中选择要创建阵列的组件并单击"确定"按钮后，系统弹出"创建组件阵列"对话框，如图 10-17 所示。

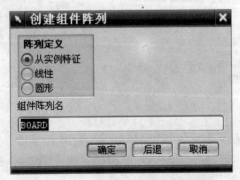

图 10-17　"创建组件阵列"对话框

图 10-17 的对话框中给出了 3 种组件的阵列方式。用户可以选择"从实例特征"单选按钮，然后选择其他组件中存在的阵列特征，使组件沿着特征阵列，并且该方式创建的组件阵列与特征阵列是关联的。

若选择"线性"单选按钮，并单击"确定"按钮后，系统弹出"创建线性阵列"对话框，如图 10-18（a）所示。

若选择"圆形"单选按钮，并单击"确定"按钮后，系统弹出"创建圆形阵列"对话框，如图 10-18（b）所示。

这两种阵列方式与"实例特征"相似，具体可以参考 5.4.3 的实例特征中的相关内容。

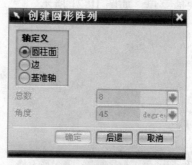

（a）"创建线性阵列"对话框　　　　　　（b）"创建圆形阵列"对话框

图 10-18　线性阵列和圆形阵列的对话框

10.2.6　配对组件

配对组件就是在组件之间建立相互的位置约束，在装配中定位组件。它主要是通过约束组件之间的自由度来实现的。

选择"装配"→"组件"→"贴合组件"命令，或单击"装配"工具条上的"配对组件"按钮，系统弹出"配对条件"对话框，如图 10-19 所示。

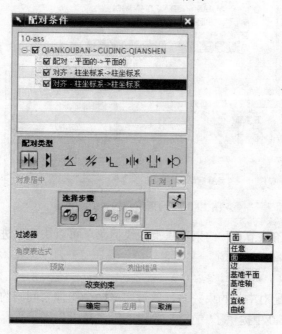

图 10-19　"配对条件"对话框

下面介绍图10-19"配对条件"对话框中一些选项和按钮的作用。

1. 配对条件树

当对部件使用了配对条件之后，在"配对条件"对话框顶部的"配对条件列表框"中列出了当前装配中的所有配对条件。它是一个树状结构，称之为"配对条件树"。配对条件树是一个图形化的操作和显示环境，它用图形表示装配中各组件的配对条件和约束关系，通过它能够产生和编辑配对条件和配对约束。

配对条件树的节点可以分为根节点、条件节点和约束节点3层。

（1）根节点　根节点由工作部件的名称组成，通常是装配和子装配的名称。因为工作部件只有一个，所以根节点只有一个。在根节点上右击，系统会弹出快捷菜单，如图10-20所示。

（2）条件节点　条件节点是根节点的子节点，显示组件的配对条件。在条件节点上右击，系统会弹出快捷菜单，如图10-21所示。

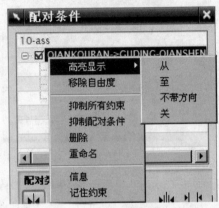

图10-20　根节点的快捷菜单　　　　　图10-21　条件节点的快捷菜单

（3）约束节点　约束节点是最底层的配对约束表示，用于显示组成配对条件的约束。在约束节点上右击，系统会弹出快捷菜单，如图10-22所示。

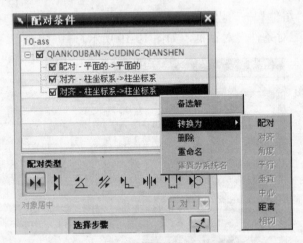

图10-22　约束节点的快捷菜单

通过上述根节点、条件节点和约束节点上的快捷菜单可以快速地进行相关的操作，提高了装配的效率。

2. 配对类型

配对类型用于确定配对中的约束关系，通过定义两个组件之间的约束关系，来确定组件在装配中的位置。UG NX 5.0中提供了"配对"、"对齐"、"角度"、"平行"、"垂直"、"中心"、"距离"以及"相切"等8种配对类型。

（1）配对　该配对类型定位两个同类型对象相一致。所选的对象不同，配对的定位方式也不同，下面分别介绍如下。

① 平面：对于平面对象，配对后，它们共面且法线方向相反，如图 10-23 所示。

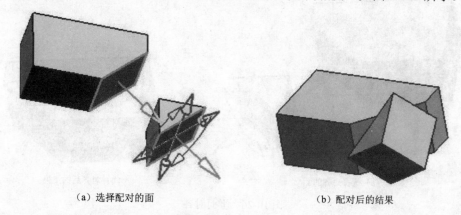

（a）选择配对的面　　　　　　　　　　（b）配对后的结果

图 10-23　平面配对

② 圆锥面：对于圆锥面，在配对时系统首先检查两个所选面的圆锥半角是否相等。若相等，则对齐它们的轴，并定位面以使它们重合，如图 10-24 所示。若不相等，则无法配对定位，此时"列出错误"按钮激活，可单击该按钮查看相关的信息。

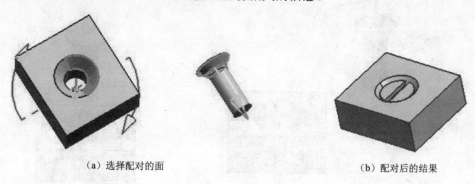

（a）选择配对的面　　　　　　　　　　（b）配对后的结果

图 10-24　圆锥面配对

③ 圆柱面：对于圆柱面，要求相配组件的直径相等，这样可对齐其轴线，如图 10-25 所示。

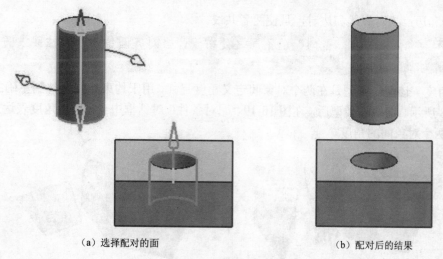

（a）选择配对的面　　　　　　　　　　（b）配对后的结果

图 10-25　圆柱面配对

（2）对齐　该配对类型将两个对象保持对齐。所选的对象不同，配对的定位方式也不同，下面分别介绍如下。

① 平面：对于平面对象，对齐后，它们共面且法线方向相同，如图 10-26 所示。

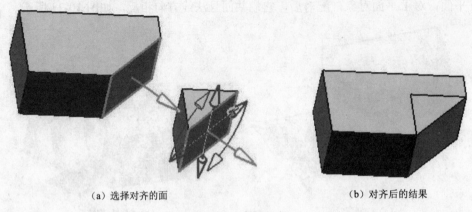

（a）选择对齐的面　　　　　　　　　　　　　（b）对齐后的结果

图 10-26　平面对齐

② 圆锥面、圆柱面或圆环面：对于圆锥面、圆柱面或圆环面，对齐后，它们的轴线相一致，如图 10-27 所示。

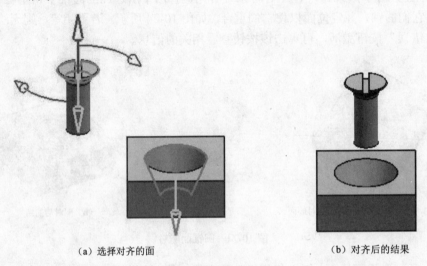

（a）选择对齐的面　　　　　　　　　　　　　（b）对齐后的结果

图 10-27　圆锥面对齐

③ 线和边：当对齐线和边时，是使两者共线。

> 🔍提示："对齐"与"配对"的不同之处在于，当对齐圆锥面、圆柱面或圆环面时，不要求相配对象的直径相等。

（3）角度　该配对类型是在两个对象间定义角度尺寸，用于约束相配组件到正确的方位上，如图 10-28 所示。选择该类型后，在图 10-19 "配对条件"对话框中会出现"角度表达式"选项，用来指定两个对象间的角度。

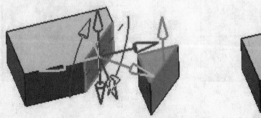

（a）选择要进行角度约束的面　　　　　　　　　（b）角度约束后的结果

图 10-28　角度类型

（4）平行　该配对类型约束两个对象的方向矢量彼此平行，如图 10-29 所示。

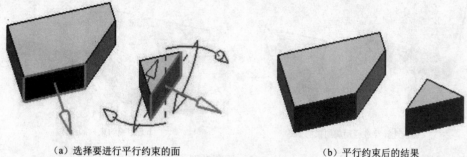

（a）选择要进行平行约束的面　　　　　　　（b）平行约束后的结果

图 10-29　平行类型

（5）垂直　该配对类型约束两个对象的方向矢量彼此垂直，如图 10-30 所示。

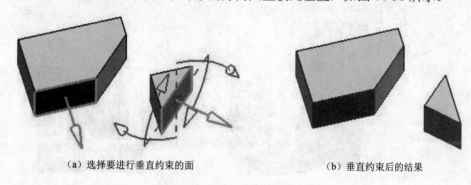

（a）选择要进行垂直约束的面　　　　　　　（b）垂直约束后的结果

图 10-30　垂直类型

（6）中心　该配对类型约束两个对象的中心，使其中心对齐，如图 10-31 所示。
当选择该类型时，"对象居中"选项处于激活状态。

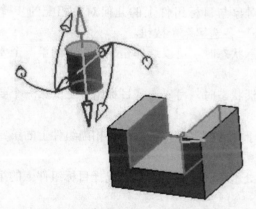

（a）选择要进行中心约束的面　　　　　　　（b）中心约束后的结果

图 10-31　中心类型

（7）距离　该配对类型是通过在两个对象间定义最小距离来约束相配组件的位置，如图
10-32 所示。选择该类型后，在图 10-19 "配对条件"对话框中会出现"距离表达式"选项，用
来指定两个对象间定义的最小距离。

　　提示：在"距离表达式"选项的文本框中可以指定它们间的最小距离为正值或负值。
正值或负值确定了相配对象在目标对象的哪一侧。

（8）相切　该配对类型是定义两个对象相切，如图 10-33 所示。

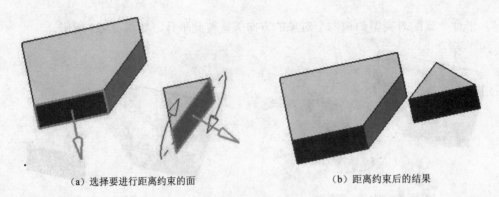

（a）选择要进行距离约束的面　　　　　　（b）距离约束后的结果

图 10-32　距离类型

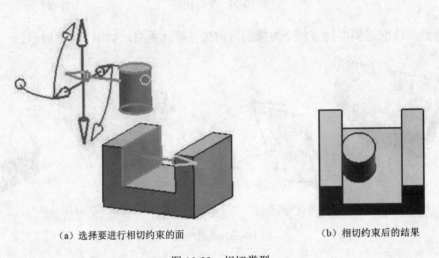

（a）选择要进行相切约束的面　　　　　　（b）相切约束后的结果

图 10-33　相切类型

3．选择步骤

该选项用于从相配组件上选择几何对象与目标组件上的几何对象相配的步骤，它包括"从"、"至"、"第二源"、"第二目标"以及"备选解"个按钮。

（1）"从"按钮 当该按钮处于激活状态时，可以选择相配组件上的第一个要进行约束的几何对象。

（2）"至"按钮 当该按钮处于激活状态时，可以选择目标组件上的第一个要进行约束的几何对象。

（3）"第二源"按钮 当该按钮处于激活状态时，可以选择相配组件上的第二个要进行约束的几何对象。

（4）"第二目标"按钮 当该按钮处于激活状态时，可以选择目标组件上的第二个要进行约束的几何对象。

（5）"备选解"按钮 该按钮用来循环切换不同的装配解。当定义了约束条件后，若有多于 1 个的装配解，则该按钮处于激活状态，例如切换相切的位置侧等。

4．过滤器

该选项用来限制所选对象的类型，通过它可以快速地选择组件上的几何对象进行约束。它过滤的包括"任意"、"面"、"边"、"基准平面"、"基准轴"、"点"、"直线"、"曲线"等类型。

5．"预览"按钮

单击该按钮，则可以查看配对约束的效果。

6．"列出错误"按钮

当配对的约束错误时，该按钮处于激活状态。单击该按钮，则可以查看配对相关的信息。

7. "改变约束"按钮 改变约束

单击该按钮, 系统弹出"改变约束"对话框, 如图 10-34 所示。选择组件后, 通过对话框中的相应按钮可以改变所选组件的位置。

10.2.7 重定位组件

重定位组件是指对已装配的组件进行重新定位。若组件之间没有添加约束条件, 则可以对其进行自由操作, 如旋转、平移等; 若组件的某个方位已经添加了配对约束, 则只能在未定义方位的方向上进行旋转或平移等。

选择"装配"→"组件"→"重定位组件"命令, 或单击"装配"工具条上的"重定位组件"按钮 , 系统弹出"类选择"对话框。在图形窗口中选择要进行重定位的组件并单击"确定"按钮后, 系统弹出"重定位组件"对话框, 如图 10-35 所示。并且此时系统在所选的组件处显示一个动态的坐标系。

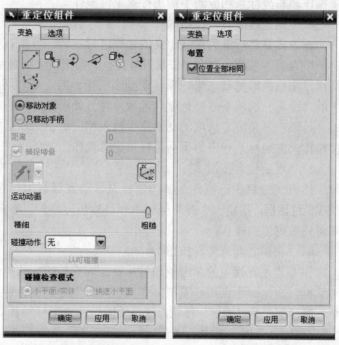

(a) "变换"选项卡　　　　　　(b) "选项"选项卡

图 10-34　"改变约束"对话框　　　　　　图 10-35　"重定位组件"对话框

下面介绍图 10-35 "重定位组件"对话框中一些选项和按钮的作用。

1. "点到点"按钮

该方式是将所选组件从参考点移动到目标点。单击该按钮后, 系统弹出"点"对话框, 指定参考点和目标点后, 即可完成点到点的重定位操作。

2. "平移"按钮

该方式是将所选组件以指定的距离进行移动。单击该按钮后, 系统弹出"变换"对话框, 如图 10-36 所示。

在图 10-36 "变换"对话框 DX/DY/DZ 选项的文本框中输入相应的值, 然后单击"确定"按钮, 即可将所选的组件沿 XC/YC/ZC 的方向移动相应的距离, 从而完成重定位操作。

提示: 可以输入一个负值, 则此时沿 XC/YC/ZC 的方向反向移动相应的距离。

3. "绕点旋转"按钮

该方式是将所选组件绕指定的点进行旋转。单击该按钮后, 系统弹出"点"对话框, 指定一个点后，系统把动态坐标系移动到该点。同时，图 10-35 "重定位组件"对话框中的"距离"选项变成"角度"选项，并且处于激活状态。

图 10-36 "变换"对话框

可以在"角度"选项的文本框中输入相应的值，然后按 Enter 键即可进行旋转；也可以直接操作动态坐标系相应的手柄进行重定位操作。

4．"绕直线旋转"按钮

该方式是将所选组件绕定义的轴线进行旋转。单击该按钮后，系统弹出"点"对话框，指定一个点后，系统会弹出"矢量"对话框。指定一个矢量后，单击"矢量"对话框中的"确定"按钮，则系统即把动态坐标系移动到刚刚指定的点处。同时，图 10-35 "重定位组件"对话框中的"距离"选项变成"角度"选项，并且处于激活状态。

可以在"角度"选项的文本框中输入相应的值，然后按 Enter 键即可进行旋转；也可以直接操作动态坐标系相应的手柄进行重定位操作。

5．"重定位"按钮

该方式是将所选组件从参考坐标系移动到目标坐标系的位置。单击该按钮后，系统弹出CSYS 对话框，指定一个参考坐标系和目标坐标系后，单击"CSYS"对话框中的"确定"按钮，即可完重定位的操作。

6．"在轴之间旋转"按钮

该方式是在指定的参考轴和目标轴之间旋转所选的组件。单击该按钮后，系统弹出"点"对话框，指定一个点后，系统会弹出"矢量"对话框。指定一个参考轴和目标轴后，单击"矢量"对话框中的"确定"按钮，则系统即把动态坐标系移动到刚刚指定的点处。同时，图 10-35 "重定位组件"对话框中的"距离"选项变成"角度"选项，并且处于激活状态。

可以在"角度"选项的文本框中输入相应的值，然后按 Enter 键即可进行旋转；也可以直接操作动态坐标系相应的手柄进行重定位操作。

7．"在点之间旋转"按钮

该方式是在指定的点之间旋转所选的组件。单击该按钮后，系统弹出"点"对话框，指定一个旋转中心点后，则系统即把动态坐标系移动到该点。然后指定一个参考点和目标点，则系统即把组件沿着旋转中心点，从参考点旋转到目标点，完成了组件的重定位。

8．"移动对象"单选按钮

若选择该单选按钮，则对动态坐标系进行旋转或移动时，所选的组件会发生相应的旋转或移动。

9．"只移动手柄"单选按钮

若选择该单选按钮，则对动态坐标系进行旋转或移动时，只是动态坐标系进行的位置发生变化，而所选的组件不会发生相应的旋转或移动。

10．距离

该选项用于输入移动组件的距离值。当拖动动态坐标系对所选组件进行移动时，该选项的文本框中会显示移动的距离值。

当对组件进行旋转操作时，该选项会变成"角度"选项。

11．捕捉增量

若选中该复选框，则通过动态坐标系拖动所选组件进行旋转或移动时，系统将根据所设置的捕捉增量值进行"整倍"的旋转或移动。

12．"捕捉手柄至 WCS"按钮 ▣

单击该按钮，则将动态坐标系移至 WCS 的位置。

13．运动动画

该选项用来设置在确定移动的距离或旋转的角度后，所选组件按指定的距离或角度移动或旋转速度的快慢。可以通过拖动它下面的滑块来改变其运动速度的大小。

滑块越接近"精细"的位置，组件运动的速度就越慢；滑块越接近"粗糙"的位置，组件运动的速度就越快。

14．碰撞动作

该选项用于设置在重定位组件时，物体发生干涉时的操作。它包括"无"、"高亮显示碰撞"、"在碰撞前停止"3 种方式。

（1）无　若选择该选项，则在组件发生碰撞时不采取任何动作。

（2）高亮显示碰撞　若选择该选项，则在组件发生碰撞时高亮显示与重定位组件发生碰撞的组件，并且用户可以继续移动组件。

（3）在碰撞前停止　若选择该选项，则在组件发生碰撞时高亮显示与重定位组件发生碰撞的组件，并且停止往该方向的继续运动。但可以往不发生碰撞的其他方向进行运动。

> 🔍 提示：组件运动停止后，组件与高亮显示组件之间的距离取决于"运动动画"中滑块的位置。一般地，滑块越接近"精细"的位置，组件与高亮显示组件之间的距离就越小；滑块越接近"粗糙"的位置，组件与高亮显示组件之间的距离就越大。

15．"认可碰撞"按钮

当在"碰撞动作"选项中设置为"高亮显示碰撞"或"在碰撞前停止"方式，并且组件发生碰撞时，该按钮才处于激活状态。单击该按钮，则接受该次碰撞，同时不进行高亮显示与重定位组件发生碰撞的组件。

> 🔍 提示：单击"认可碰撞"按钮只是接受当前的碰撞，即只是接受该次碰撞。例如，若第一个组件与第二个组件发生碰撞，单击"认可碰撞"按钮，则接受该次碰撞，使第一个组件可以与第二个组件发生碰撞；如果，之后重定位时第一个组件与第二个组件又发生碰撞，则这时如果想继续使第一个组件从第二个组件中通过使其不受碰撞的影响，就必须再次单击"认可碰撞"按钮。

16．碰撞检查模式

该选项用来指定动态间隙分析要检查的对象的类型，它包括"小平面/实体"和"快速小平面"两个单选按钮。当在"碰撞动作"选项中设置为"高亮显示碰撞"或"在碰撞前停止"方式时，该选项才处于激活状态。

（1）小平面/实体　若选择该单选按钮，则首先检查小平面简化表示，然后检查任何加载的实体。

（2）快速小平面　若选择该单选按钮，则检查装配组件的小平面化表示。

10.2.8　抑制组件

抑制组件是指在当前的显示中移除组件，使其不进行装配操作。

选择"装配"→"组件"→"抑制组件"命令，或单击"装配"工具条上的"抑制组件"按钮 ▣ ，系统弹出"类选择"对话框。在图形窗口中选择要抑制的组件，然后单击"确定"按钮，即完成对所选组件的抑制。

> 🔍提示：抑制组件和"特征的抑制"相似，它并不是删除组件，被抑制的组件的数据仍然保存在装配件中，用户可以随时恢复被抑制的组件。

10.2.9 取消抑制组件

取消抑制组件是用来解除对已抑制组件的抑制。

选择"装配"→"组件"→"取消抑制组件"命令，或单击"装配"工具条上的"取消抑制组件"按钮 ，系统弹出"选择被抑制的组件"对话框，如图 10-37 所示。

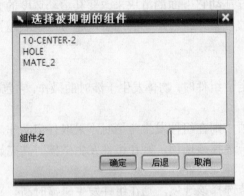

图 10-37 "选择被抑制的组件"对话框

在"选择被抑制的组件"对话框中列出了被抑制的组件列表。从列表中选择需要取消抑制的组件，单击"确定"按钮，则即完成了取消抑制的操作。这时，所选择的组件重新恢复显示在图形窗口中。

10.3 装配爆炸图

爆炸图是在装配模型中拆分指定组件的图形，它是指把装配体中指定的组件或子装配按照装配关系，从实际位置中偏移出来生成的图形，它可以将装配体中的各个组件之间的关系表示得更加清楚。

在爆炸图中指定的组件按照装配关系偏离原来的位置，这样便于用户查看装配中的零件，了解产品的内部结构以及部件之间的装配关系和装配顺序，如图 10-38 所示。爆炸图广泛应用于设计、制造、销售、服务等产品生命周期的各个阶段。特别是在产品的说明书中，常用它来说明和表达某部分的结构。

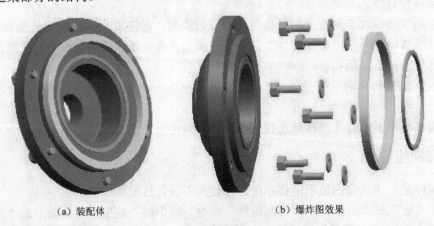

（a）装配体　　　　　　　　　　（b）爆炸图效果

图 10-38 爆炸图

爆炸图在本质上仍是一个视图，爆炸后的组件的装配约束关系并不受影响，只需退出爆炸图即可恢复到装配的约束状态。

UG NX 5.0 的爆炸图功能可通过从主菜单"装配"→"爆炸图"命令来调用，如图 10-39（a）所示。该功能也可通过"爆炸图"工具条来调用，如图 10-39（b）所示。

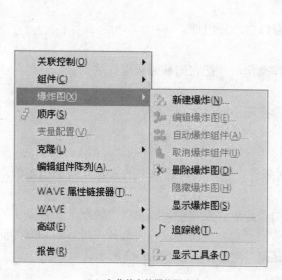

（a）主菜单中的爆炸图命令

（b）"爆炸图"工具条中的命令

图 10-39　装配爆炸图的相关命令

提示：选择"装配"→"爆炸图"→"显示工具条"命令，或单击"爆炸图"工具条上的"爆炸图"按钮，系统将弹出"爆炸图"工具条。

10.3.1　创建爆炸图

选择"装配"→"爆炸图"→"新建爆炸"命令，或单击"爆炸图"工具条上的"创建爆炸图"按钮，系统弹出"创建爆炸图"对话框，如图 10-40 所示。

图 10-40　"创建爆炸图"对话框

在图 10-40"创建爆炸图"对话框中输入爆炸图的名称或使用默认的名称，单击"确定"按钮，就建立了一个新的爆炸图。

创建爆炸图仅是新建一个爆炸图，并不涉及爆炸图具体的参数，具体的爆炸图参数在编辑爆炸图时进行设置。当单击图 10-40"创建爆炸图"对话框中的"确定"按钮时，发现视图中并没有发生变化，其原因就在于此。

10.3.2　编辑爆炸图

创建爆炸图后，组件的位置并没有发生变化，这时可以通过"编辑爆炸图"命令来更改相应的组件的位置，使其达到"真正的"爆炸图的效果。

选择"装配"→"爆炸图"→"编辑爆炸图"命令，或单击"爆炸图"工具条上的"编辑爆炸图"按钮 ，系统弹出"编辑爆炸图"对话框，如图 10-41 所示。

图 10-41"编辑爆炸图"对话框中的一些选项和按钮与图 10-35"重定位组件"对话框中的选项和按钮相似，具体的内容可以参照 10.2.7"重定位组件"中的相关内容，这里不再赘述。下面介绍其他的一些按钮。

1．"选择对象"单选按钮

若选择该单选按钮，则可以在图形窗口中选择组件。

2．"取消爆炸"按钮

若单击该按钮，则取消对组件的爆炸操作，并把它们移回未爆炸的位置。

3．"原始位置"按钮

该按钮只有在其效果与"取消爆炸"按钮不同时才会激活。

10.3.3　自动爆炸组件

"自动爆炸组件"是指基于组件配对条件，按照配对约束中的矢量方向和指定的距离自动爆炸选择的组件。

选择"装配"→"爆炸图"→"自动爆炸组件"命令，或单击"装配"工具条上的"自动爆炸组件"按钮 ，系统弹出"类选择"对话框。在图形窗口中选择要进行自动爆炸的组件并单击"确定"按钮后，系统弹出"爆炸距离"对话框，如图 10-42 所示。

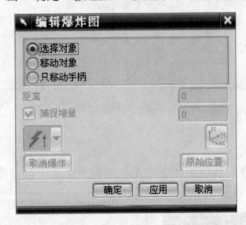

图 10-41　"编辑爆炸图"对话框

图 10-42　"爆炸距离"对话框

下面介绍图 10-42"爆炸距离"对话框中选项的作用。

1．距离

该选项用于指定自动爆炸的组件之间的距离值。

🔍提示：该值可以为正值也可以为负值，数值的正负控制自动爆炸的方向。

2．添加间隙

该复选框用于控制自动爆炸的方式。

若选取该复选框，则指定的距离为组件相对于配对组件移动的距离。

若不选取该复选框，则指定的距离为绝对距离，即组件从当前位置移动到指定距离值所在的位置。

一般地，"自动爆炸组件"可能不能创建一个令人很满意的爆炸图。但它是一个很好的起点。使用"自动爆炸组件"后，可以通过使用"编辑爆炸图"命令来调整个别组件的位置，进一步完善爆炸图。

10.3.4 取消爆炸组件

通过"取消爆炸组件"命令，可以把组件恢复到未爆炸时的位置。

选择"装配"→"爆炸图"→"取消爆炸组件"命令，或单击"装配"工具条上的"取消爆炸组件"按钮 🔧 ，系统弹出"类选择"对话框。在图形窗口中选择要取消爆炸的组件，然后单击"确定"按钮，即完成对所选组件的取消爆炸，组件恢复到未爆炸时的位置。

10.3.5 删除爆炸图

通过"删除爆炸图"命令，可以直接删除已有的爆炸图。

选择"装配"→"爆炸图"→"删除爆炸图"命令，或单击"装配"工具条上的"删除爆炸图"按钮 ✕ ，系统弹出"删除爆炸图"对话框，如图 10-43 所示。

在图 10-43"爆炸图"对话框中列出了当前所有的爆炸图。选择相应的爆炸图后，单击"确定"按钮，即完成了对所选爆炸图的删除操作。

🔍 提示：当前图形窗口中显示的爆炸图不能被删除。

10.3.6 隐藏爆炸图

选择"装配"→"爆炸图"→"隐藏爆炸图"命令，则系统将组件恢复到原来装配约束的位置，也就是未爆炸时的位置。

🔍 提示：当系统中有爆炸图时该命令才处于激活状态。

10.3.7 显示爆炸图

当系统中没有爆炸图时，选择"装配"→"爆炸图"→"显示爆炸图"命令，则系统弹出如图 10-44 所示的"显示爆炸图"对话框，提示没有建立爆炸图。

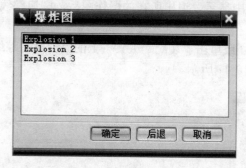

图 10-43 "爆炸图"对话框

图 10-44 "显示爆炸图"对话框

当系统中只有一个爆炸图时，选择"装配"→"爆炸图"→"显示爆炸图"命令，则系统直接将视图切换到该爆炸图。

当系统中有不止一个爆炸图时，选择"装配"→"爆炸图"→"显示爆炸图"命令，则系统会弹出类似于如图 10-43 所示的"爆炸图"对话框，选择相应的爆炸图名称后，单击"确定"按钮，即可切换到该爆炸图。

10.3.8 从视图中移除组件

"从视图中移除组件"可以在爆炸图或原来的装配图中隐藏所选的组件。它就像是将组件移到一个特殊的层里，并且使此层在视图中不可见。

单击"装配"工具条上的"从视图中移除组件"按钮 🔲 ，系统弹出"类选择"对话框。在图形窗口中选择要从视图中移除的组件，然后单击"确定"按钮，即完成对所选组件的移除。

10.3.9　恢复组件到视图

"恢复组件到视图"用来显示从视图中移除的组件。

当系统中没有从视图中移除的组件时，单击"装配"工具条上的"恢复组件到视图"按钮 时，系统弹出如图 10-45 所示的"信息"对话框，提示没有从视图中移除的组件。

当系统中有从视图中移除的组件时，单击"装配"工具条上的"恢复组件到视图"按钮 时，则系统弹出"选择要显示的隐藏组件"对话框，如图 10-46 所示。

在图 10-46"选择要显示的隐藏组件"对话框中列出了当前所有从视图中移除的组件。选择相应的组件后，单击"确定"按钮，则该组件恢复显示在图形窗口中。

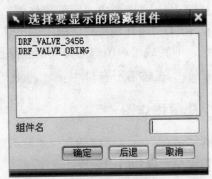

图 10-45　"信息"对话框　　　　　　图 10-46　"选择要显示的隐藏组件"对话框

10.3.10　创建追踪线

在爆炸图中，可以为指定的组件创建追踪线，以显示其在爆炸时所沿用的路径。

创建的追踪线只能在它们创建时所在的爆炸图中显示。退出所在的爆炸图后，则追踪线不再显示。

选择"装配"→"爆炸图"→"追踪线"命令，或单击"装配"工具条上的"创建追踪线"按钮 ，系统弹出"创建追踪线"对话框，如图 10-47 所示。

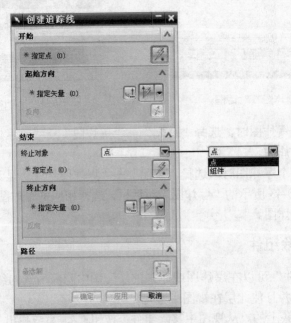

图 10-47　"创建追踪线"对话框

下面介绍图 10-47 "创建追踪线" 对话框中的一些选项和按钮的作用。

1. 开始

该选项用于指定追踪线的起点。

（1）指定点　单击该选项，或单击 "起点" 按钮 ，指定要创建的追踪线的起点。

（2）起始方向　指定追踪线的起点后，在图形窗口中的起点处会自动显示一个矢量的方向，该方向决定了要创建的追踪线在起点处的方向。

可通过单击 "指定矢量" 选项中的 "矢量构造器" 按钮 ，此时系统会弹出 "矢量" 对话框，通过该对话框指定一个矢量；或通过单击 "自动判断的矢量" 按钮 来指定一个矢量。单击 "反向" 按钮 可以改变矢量的方向。

2. 结束

该选项用于指定追踪线的终止对象。

（1）终止对象　该选项用于指定追踪线的终止点或终止组件，它包括 "点" 和 "组件" 两个选项。

① 点：当选择该选项时，单击该选项下面的 "指定点" 选项，或单击 "端点" 按钮 ，指定要创建的追踪线的端点。

② 组件：当选择该选项时，此时 "指定点" 选项变成 "选择对象" 选项。单击该选项，选择要创建的追踪线的组件即可。

（2）终止方向　指定追踪线的端点或端点所在的组件后，在图形窗口中的所选终止对象处会自动显示一个矢量的方向，该方向决定了要创建的追踪线在终止对象处的方向。

可通过单击 "指定矢量" 选项中的 "矢量构造器" 按钮 ，此时系统会弹出 "矢量" 对话框，通过该对话框指定一个矢量；或通过单击 "自动判断的矢量" 按钮 来指定一个矢量。单击 "反向" 按钮 可以改变矢量的方向。

3. 路径

指定了起点和终止对象后，系统会自动在图形窗口显示一组追踪线。该选项用于选择其中的一条追踪线。

单击 "备选解" 按钮 ，则系统循环显示在指定的起点和终止对象间的几种追踪线。通过单击该按钮选择其中的一个解，然后单击 "确定" 按钮即完成追踪线的创建。

提示：在创建追踪线的过程中，系统会临时在追踪线上显示拖动手柄，如图 10-48 所示。用户可以直接拖动该手柄来更改转折部分追踪线的方位。

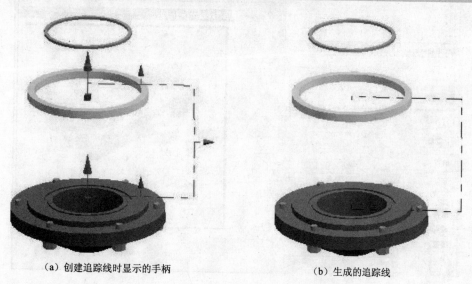

　　　　（a）创建追踪线时显示的手柄　　　　　　　　　　（b）生成的追踪线

图 10-48　创建追踪线

10.4 装配综合实例

本例进行如图 10-49 所示的平口钳的主要零件的装配，练习一下装配步骤以及装配爆炸图的创建操作等。

操作步骤如下。

步骤一 装配固定钳身。

（1）启动 UG，选择"文件"→"新建"命令，或者单击 按钮，系统弹出"文件新建"对话框，如图 5-6 所示。

（2）在"名称"选项的文本框中输入"Chapter10-1.prt"，单击"确定"按钮完成新文件的建立。

（3）单击"标准"工具条上的"开始"按钮 ，然后单击选择"建模"命令 建模(M)... ，进入建模环境。

图 10-49 平口钳

（4）选择"应用"→"装配"命令，调出装配命令。

（5）选择"装配"→"组件"→"添加组件"命令，或单击"装配"工具条上的"添加组件"按钮 ，系统弹出"添加组件"对话框，如图 10-9 所示。选中"预览"选项中的"预览"复选框。

（6）单击"打开"按钮 ，系统将弹出"部件名"对话框。浏览目录，选择零件"guding-qianshen.prt"。

（7）单击"部件名"对话框中的"确定"按钮。此时，系统返回到"添加组件"对话框，并且弹出"组件预览"窗口，所选择的钳身部件单独显示在该"组件预览"窗口中，如图 10-50 所示。

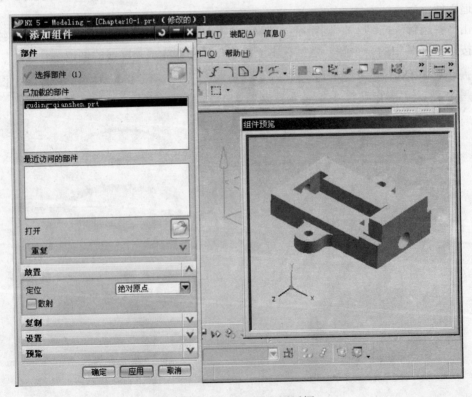

图 10-50 "添加组件"对话框

（8）在"添加组件"对话框"放置"选项组中的"定位"选项中，将定位方式选择为"绝对原点"。

（9）单击"添加组件"对话框中的"确定"按钮，完成该组件的添加。

步骤二　新建装配件 ass_2，装配丝杠与垫圈。

（1）选择"文件"→"新建"命令，或者单击 按钮，系统弹出"新建"对话框，如图 5-6 所示。

（2）在"名称"选项的文本框中输入"ass_2.prt"，单击"确定"按钮完成新文件建立。

（3）单击"标准"工具条上的"开始"按钮 开始，然后单击选择"建模"命令 建模(M)...，进入建模环境。

（4）选择"应用"→"装配"命令，调出装配命令。

（5）选择"装配"→"组件"→"添加组件"命令，或单击"装配"工具条上的"添加组件"按钮 ，系统弹出"添加组件"对话框，如图 10-9 所示。选中"预览"选项中的"预览"复选框。

（6）单击"打开"按钮 ，系统将弹出"部件名"对话框。浏览目录，选择零件"sigang.prt"。

（7）单击"部件名"对话框中的"确定"按钮。此时，系统返回到"添加组件"对话框，并且弹出"组件预览"窗口，所选择的丝杠部件单独显示在该"组件预览"窗口中。

（8）在"添加组件"对话框"放置"选项组中的"定位"选项中，将定位方式选择为"绝对原点"。

（9）单击"添加组件"对话框中的"确定"按钮，完成该组件的添加，如图 10-51 所示。

图 10-51　添加丝杠

（10）选择"装配"→"组件"→"添加组件"命令，或单击"装配"工具条上的"添加组件"按钮 ，系统弹出"添加组件"对话框，如图 10-9 所示。选中"预览"选项中的"预览"复选框。

（11）单击"打开"按钮 ，系统将弹出"部件名"对话框。浏览目录，选择零件"dianquan.prt"。

（12）单击"部件名"对话框中的"确定"按钮。此时，系统返回到"添加组件"对话框，并且弹出"组件预览"窗口，所选择的垫圈部件单独显示在该"组件预览"窗口中。

（13）在"添加组件"对话框"放置"选项组中的"定位"选项中，将定位方式选择为"配对"。

（14）单击"添加组件"对话框中的"确定"按钮，系统弹出类似于图 10-19 的"配对条件"对话框。

（15）在"配对条件"对话框的"配对类型"选项中，单击"中心"按钮 。在"对象居中"选项中，选择"1 对 1"方式。

（16）选取垫圈上的配合表面，如图 10-52（a）所示；再选取丝杠上的配合表面，如图 10-52（b）所示。然后在"配对条件"对话框的"配对类型"选项中，单击"配对"按钮 。

（17）选取垫圈上的配合表面，如图 10-53（a）所示；再选取丝杠上的配合表面，如图 10-53（b）所示。

（18）单击"添加组件"对话框中的"预览"按钮，查看装配的情况是否符合要求。

（a）选取垫圈上的配合表面　　　　　　　（b）选取丝杠上的配合表面

图 10-52　选取配合对象（1）

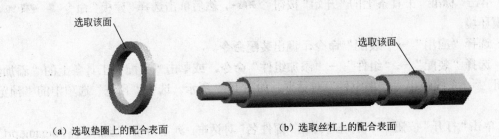

（a）选取垫圈上的配合表面　　　　　　　（b）选取丝杠上的配合表面

图 10-53　选取配合对象（2）

（19）发现装配符合要求。单击"添加组件"对话框中的"确定"按钮两次，完成垫圈的装配，如图 10-54 所示。

图 10-54　完成丝杠和垫圈的装配

（20）选择"文件"→"保存"命令，或者单击"标准"工具条上的"保存"按钮，保存该文件。

说明：一个大型装配件的装配过程通常可以看作由多个子装配组成，因而在创建大型的装配模型时，可以先进行子装配，然后再将各个子装配按照相互的位置关系进行总的装配，最终完成一个大型总装配模型。

步骤三　装配子装配 ass_2。

（1）选择"窗口"→"Chapter10-1.prt"，切换到文件"Chapter10-1.prt"，继续"Chapter10-1.prt"的装配。

（2）选择"装配"→"组件"→"添加组件"命令，或单击"装配"工具条上的"添加组件"按钮，系统弹出"添加组件"对话框，如图 10-9 所示。选中"预览"选项中的"预览"复选框。

（3）单击"打开"按钮，系统将弹出"部件名"对话框。浏览目录，选择零件"ass_2.prt"。

（4）单击"部件名"对话框中的"确定"按钮。此时，系统返回到"添加组件"对话框，并且弹出"组件预览"窗口，所选择的子装配单独显示在该"组件预览"窗口中。

（5）在"添加组件"对话框"放置"选项组中的"定位"选项中，将定位方式选择为"配对"。

（6）单击"添加组件"对话框中的"确定"按钮，系统弹出类似于图 10-19 的"配对条件"对话框。

（7）在"配对条件"对话框的"配对类型"选项中，单击"中心"按钮。在"对象居中"选项中，选择"1 对 1"方式。

（8）选取子装配上的配合表面——圆柱面，如图 10-55（a）所示；再选取钳身上的配合表面——孔表面，如图 10-55（b）所示。

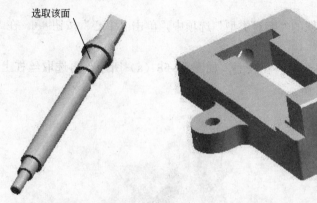

（a）选取子装配上的配合表面　　　　　　（b）选取钳身上的配合表面

图 10-55　选取配合对象（1）

（9）然后在"配对条件"对话框的"配对类型"选项中，单击"配对"按钮▶◀。

（10）选取子装配上的配合表面——垫圈的端面，如图 10-56（a）所示；再选取钳身上的配合表面——钳身端面，如图 10-56（b）所示。

（a）选取子装配上的配合表面　　　　　　（b）选取钳身上的配合表面

图 10-56　选取配合对象（2）

（11）单击"添加组件"对话框中的"预览"按钮，查看装配的情况是否符合要求。

（12）发现装配符合要求。单击"添加组件"对话框中的"确定"按钮两次，完成子装配的装配，如图 10-57 所示。

步骤四　装配左侧垫圈。

（1）在完成子装配的装配后，此时系统返回到"添加组件"对话框。

（2）单击"打开"按钮，系统将弹出"部件名"对话框。浏览目录，选择零件"dianquan-gb972-12.prt"。

（3）单击"部件名"对话框中的"确定"按钮。此时，系统返回到"添加组件"对话框，并且弹出"组件预览"窗口，所选择的垫圈单独显示在该"组件预览"窗口中。

（4）在"添加组件"对话框"放置"选项

图 10-57　完成子装配（丝杠和垫圈）装配后的模型

组中的"定位"选项中，将定位方式选择为"配对"。

（5）单击"添加组件"对话框中的"确定"按钮，系统弹出类似于图 10-19 的"配对条件"对话框。

（6）在"配对条件"对话框的"配对类型"选项中，单击"中心"按钮 ▣。在"对象居中"选项中，选择"1 对 1"方式。

（7）选取垫圈上的配合表面——孔表面，如图 10-58（a）所示；再选取丝杠上的配合表面——圆柱面，如图 10-58（b）所示。

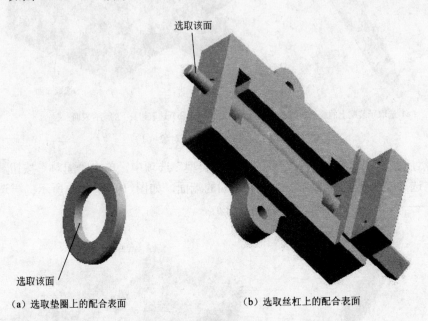

（a）选取垫圈上的配合表面 　　　　　　（b）选取丝杠上的配合表面

图 10-58　选取配合对象（1）

（8）然后在"配对条件"对话框的"配对类型"选项中，单击"配对"按钮 ▣。

（9）选取垫圈上的配合表面，如图 10-59（a）所示；再选取固定钳身上的配合表面，如图 10-59（b）所示。

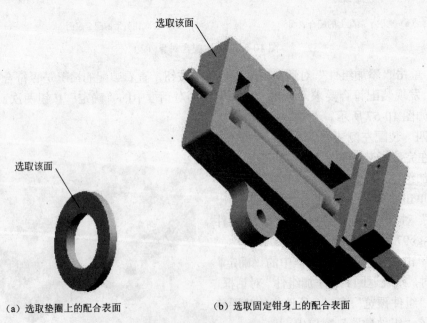

（a）选取垫圈上的配合表面 　　　　　　（b）选取固定钳身上的配合表面

图 10-59　选取配合对象（2）

（10）单击"添加组件"对话框中的"预览"按钮，查看装配的情况是否符合要求。

（11）发现装配符合要求。单击"添加组件"对话框中的"确定"按钮两次，完成垫圈的装配，如图 10-60 所示。

步骤五　装配螺母。

（1）在完成垫圈的装配后，此时系统返回到"添加组件"对话框。

（2）单击"打开"按钮，系统将弹出"部件名"对话框。浏览目录，选择零件"luomu.prt"。

（3）单击"部件名"对话框中的"确定"按钮。此时，系统返回到"添加组件"对话框，并且弹出"组件预览"窗口，所选择的螺母单独显示在该"组件预览"窗口中。

图 10-60　完成左侧垫圈装配后的模型

（4）在"添加组件"对话框"放置"选项组中的"定位"选项中，将定位方式选择为"配对"。

（5）单击"添加组件"对话框中的"确定"按钮，系统弹出类似于图 10-19 的"配对条件"对话框。

（6）在"配对条件"对话框的"配对类型"选项中，单击"中心"按钮。在"对象居中"选项中，选择"1 对 1"方式。

（7）选取螺母上的配合表面——孔表面，如图 10-61（a）所示；再选取丝杠上的配合表面——圆柱面，如图 10-61（b）所示。

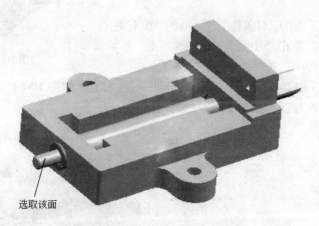

（a）选取螺母上的配合表面

（b）选取丝杠上的配合表面

图 10-61　选取配合对象（1）

（8）然后在"配对条件"对话框的"配对类型"选项中，单击"配对"按钮。

（9）选取螺母上的配合表面——螺母的端面，如图 10-62（a）所示；再选取垫圈上的配合表面——垫圈的端面，如图 10-62（b）所示。

（10）单击"添加组件"对话框中的"预览"按钮，查看装配的情况是否符合要求。

（11）发现装配符合要求。单击"添加组件"对话框中的"确定"按钮两次，完成螺母的装配，如图 10-63 所示。

步骤六　装配套螺母。

（1）在完成螺母的装配后，此时系统返回到"添加组件"对话框。

（2）单击"打开"按钮，系统将弹出"部件名"对话框。浏览目录，选择零件"taoluomu.prt"。

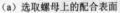

选取该面

（a）选取螺母上的配合表面

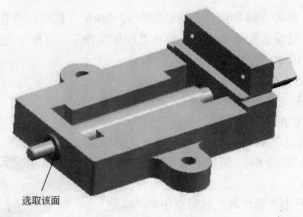

选取该面

（b）选取垫圈上的配合表面

图 10-62　选取配合对象（2）

（3）单击"部件名"对话框中的"确定"按钮。此时，系统返回到"添加组件"对话框，并且弹出"组件预览"窗口，所选择的套螺母单独显示在该"组件预览"窗口中。

（4）在"添加组件"对话框"放置"选项组中的"定位"选项中，将定位方式选择为"配对"。

（5）单击"添加组件"对话框中的"确定"按钮，系统弹出类似于图 10-19 的"配对条件"对话框。

（6）在"配对条件"对话框的"配对类型"选项中，单击"中心"按钮。在"对象居中"选项中，选择"1 对 1"方式。

图 10-63　完成螺母装配后的模型

（7）选取套螺母上的配合表面——孔表面，如图 10-64（a）所示；再选取丝杠上的配合表面——圆柱面，如图 10-64（b）所示。

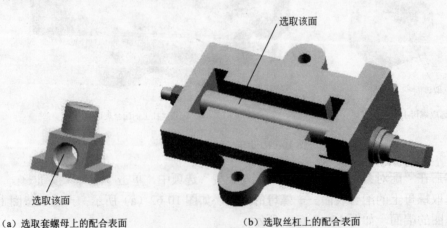

选取该面

选取该面

（a）选取套螺母上的配合表面

（b）选取丝杠上的配合表面

图 10-64　选取配合对象（1）

（8）然后在"配对条件"对话框的"配对类型"选项中，单击"平行"按钮。

（9）选取套螺母上的配合表面，如图 10-65（a）所示；再选取固定钳身上的配合表面，如图 10-65（b）所示。

（10）然后在"配对条件"对话框的"配对类型"选项中，单击"距离"按钮。

（a）选取套螺母上的配合表面   （b）选取钳身上的配合表面

图 10-65 选取配合对象（2）

（11）选取套螺母上的配合表面，如图 10-66（a）所示；再选取固定钳身上的配合表面，如图 10-66（b）所示。

（a）选取套螺母上的配合表面   （b）选取钳身上的配合表面

图 10-66 选取配合对象（3）

（12）在"配对条件"对话框的"距离表达式"文本框中输入"–30"。

（13）单击"添加组件"对话框中的"预览"按钮，查看装配的情况是否符合要求。

（14）发现装配符合要求。单击"添加组件"对话框中的"确定"按钮两次，完成套螺母的装配，如图 10-67 所示。

步骤七 装配活动钳口。

（1）在完成套螺母的装配后，此时系统返回到"添加组件"对话框。

（2）单击"打开"按钮 ，系统将弹出"部件名"对话框。浏览目录，选择零件"huodong-qiankou.prt"。

（3）单击"部件名"对话框中的"确定"按钮。此时，系统返回到"添加组件"对话框，并且弹出"组件预览"窗口，所选择的活动钳口单独显示在该"组件预览"窗口中。

图 10-67 完成套螺母装配后的模型

（4）在"添加组件"对话框"放置"选项组中的"定位"选项中，将定位方式选择为"配对"。

（5）单击"添加组件"对话框中的"确定"按钮，系统弹出类似于图 10-19 的"配对条件"对话框。

（6）在"配对条件"对话框的"配对类型"选项中，单击"配对"按钮 ⚏。

（7）选取活动钳口上的配合表面，如图 10-68（a）所示；再选取固定钳身上的配合表面，如图 10-68（b）所示。

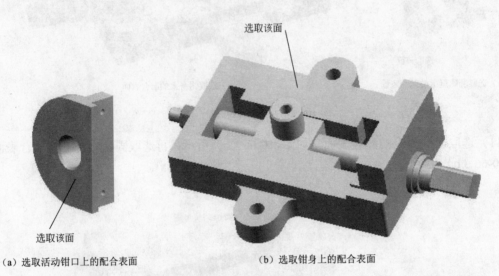

选取该面

（a）选取活动钳口上的配合表面   选取该面   （b）选取钳身上的配合表面

图 10-68 选取配合对象（1）

（8）然后在"配对条件"对话框的"配对类型"选项中，单击"中心"按钮 ⚏。在"对象居中"选项中，选择"1 对 1"方式。

（9）选取活动钳口上的配合表面——孔表面，如图 10-69（a）所示；再选取套螺母上的配合表面——圆柱面，如图 10-69（b）所示。

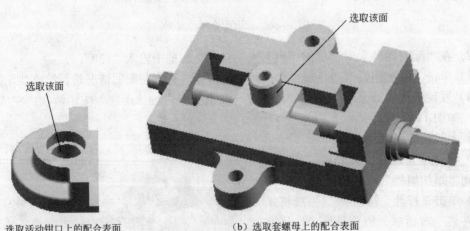

选取该面

选取该面

（a）选取活动钳口上的配合表面   （b）选取套螺母上的配合表面

图 10-69 选取配合对象（2）

（10）然后在"配对条件"对话框的"配对类型"选项中，单击"平行"按钮 ⚏。

（11）选取活动钳口上的配合表面，如图 10-70（a）所示；再选取固定钳身上的配合表面，如图 10-70（b）所示。

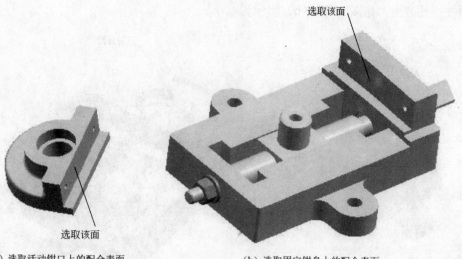

选取该面

选取该面

（a）选取活动钳口上的配合表面　　　　　　　（b）选取固定钳身上的配合表面

图 10-70　选取配合对象（3）

（12）单击"添加组件"对话框中的"预览"按钮，查看装配的情况是否符合要求。

（13）发现装配不符合要求。系统在图形窗口显示装配的情况，如图 10-71 所示。

（14）单击"添加组件"对话框中的"备选解"按钮 ，装配情况如图 10-72 所示，此时符合要求。

图 10-71　预览装配的情况

图 10-72　选择备选解后的装配情况

（15）单击"添加组件"对话框中的"确定"按钮两次，完成活动钳口的装配。

步骤八　装配紧固螺钉。

（1）在完成活动钳口的装配后，此时系统返回到"添加组件"对话框。

（2）单击"打开"按钮 ，系统将弹出"部件名"对话框。浏览目录，选择零件"jingu-luoding.prt"。

（3）单击"部件名"对话框中的"确定"按钮。此时，系统返回到"添加组件"对话框，并且弹出"组件预览"窗口，所选择的紧固螺钉单独显示在该"组件预览"窗口中。

（4）在"添加组件"对话框"放置"选项组中的"定位"选项中，将定位方式选择为"配对"。

（5）单击"添加组件"对话框中的"确定"按钮，系统弹出类似于图 10-19 的"配对条件"对话框。

（6）在"配对条件"对话框的"配对类型"选项中，单击"中心"按钮 。在"对象居中"选项中，选择"1 对 1"方式。

（7）选取紧固螺钉上的配合表面——圆柱面，如图 10-73（a）所示；再选取活动钳口上的配合表面——孔表面，如图 10-73（b）所示。

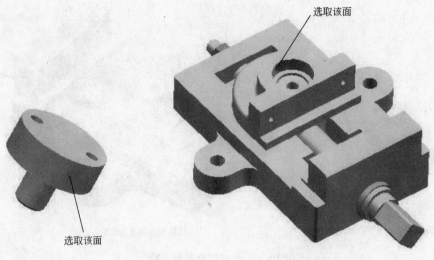

（a）选取紧固螺钉上的配合表面　　　　（b）选取活动钳口上的配合表面

图 10-73　选取配合对象（1）

（8）然后在"配对条件"对话框的"配对类型"选项中，单击"配对"按钮 ▣。

（9）选取紧固螺钉上的配合表面，如图 10-74（a）所示；再选取活动钳口上的配合表面，如图 10-74（b）所示。

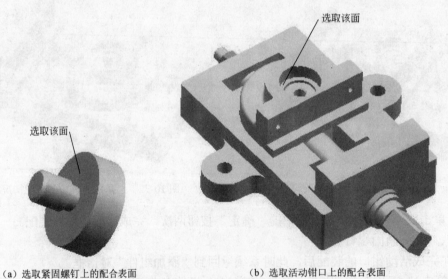

（a）选取紧固螺钉上的配合表面　　　　（b）选取活动钳口上的配合表面

图 10-74　选取配合对象（2）

（10）单击"添加组件"对话框中的"预览"按钮，查看装配的情况是否符合要求。

（11）发现装配符合要求。单击"添加组件"对话框中的"确定"按钮两次，完成紧固螺钉的装配，如图 10-75 所示。

步骤九　装配左钳口板。

（1）在完成紧固螺钉的装配后，此时系统返回到"添加组件"对话框。

（2）单击"打开"按钮，系统将弹出"部件名"对话框。浏览目录，选择零件"qiankouban.prt"。

（3）单击"部件名"对话框中的"确定"按钮。此时，系统返回到"添加组件"对话框，并且弹出"组件预览"窗口，所选择的钳口板单独显示在该"组件预览"窗口中。

（4）在"添加组件"对话框"放置"选项组中的"定位"选项中，将定位方式选择为"配对"。

（5）单击"添加组件"对话框中的"确定"按钮，系统弹出类似于图 10-19 的"配对条件"对话框。

（6）在"配对条件"对话框的"配对类型"选项中，单击"中心"按钮 。在"对象居中"选项中，选择"2 对 2"方式。

（7）选取钳口板上的配合表面——螺钉孔表面，如图 10-76（a）所示；再选取活动钳口上的配合表面——螺钉孔表面，如图 10-76（b）所示。

（8）然后在"配对条件"对话框的"配对类型"选项中，单击"配对"按钮 。

图 10-75　完成紧固螺钉装配后的模型

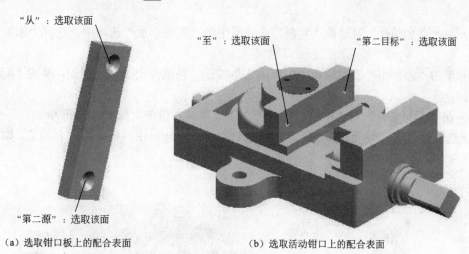

（a）选取钳口板上的配合表面　　　　　　（b）选取活动钳口上的配合表面

图 10-76　选取配合对象（1）

（9）选取钳口板上的配合表面，如图 10-77（a）所示；再选取活动钳口上的配合表面，如图 10-77（b）所示。

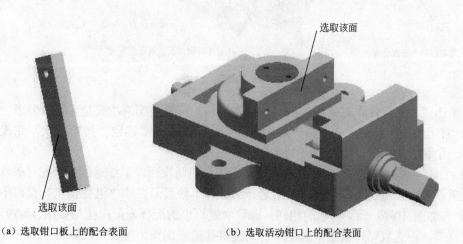

（a）选取钳口板上的配合表面　　　　　　（b）选取活动钳口上的配合表面

图 10-77　选取配合对象（2）

（10）单击"添加组件"对话框中的"预览"按钮，查看装配的情况是否符合要求。

（11）发现装配符合要求。单击"添加组件"对话框中的"确定"按钮两次，完成左钳口板的装配，如图 10-78 所示。

步骤十　装配左钳口板螺钉。

（1）在完成左钳口板的装配后，此时系统返回到"添加组件"对话框。

（2）单击"打开"按钮 ，系统将弹出"部件名"对话框。浏览目录，选择零件"luoding.prt"。

（3）单击"部件名"对话框中的"确定"按钮。此时，系统返回到"添加组件"对话框，并且弹出"组件预览"窗口，所选择的螺钉单独显示在该"组件预览"窗口中。

图 10-78　完成左钳口板装配后的模型

（4）在"添加组件"对话框"放置"选项组中的"定位"选项中，将定位方式选择为"配对"。

（5）在"添加组件"对话框"复制"选项组中的"多重添加"选项中，选择"添加后重复"选项。

（6）单击"添加组件"对话框中的"确定"按钮，系统弹出类似于图 10-19 的"配对条件"对话框。

（7）在"配对条件"对话框的"配对类型"选项中，单击"配对"按钮 ⏸。

（8）选取螺钉上的配合表面，如图 10-79（a）所示；再选取钳口板上的配合表面，如图 10-79（b）所示。

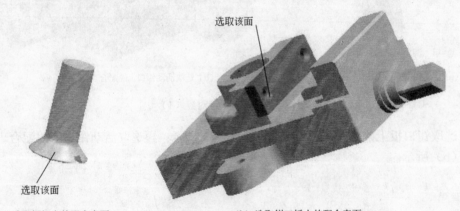

选取该面

选取该面

（a）选取螺钉上的配合表面　　　　　（b）选取钳口板上的配合表面

图 10-79　选取配合对象

（9）单击"添加组件"对话框中的"预览"按钮，查看装配的情况是否符合要求。

（10）发现装配符合要求。单击"添加组件"对话框中的"确定"按钮两次，完成左钳口板上其中一个螺钉的装配，如图 10-80 所示。

（11）在单击"添加组件"对话框中的"确定"按钮两次后，系统返回到"配对条件"对话框，并且重新弹出"组件预览"窗口，所选择的螺钉单独显示在该"组件预览"窗口中。

（12）与如图 10-79（a）所示的相同，选取套螺钉上的配合表面；按与如图 10-79（b）所示相似的位置，再选取钳口板上未装配螺钉的圆锥孔的表面作为配合表面。

（13）单击"添加组件"对话框中的"预览"按钮，查看装配的情况是否符合要求。

（14）发现装配符合要求。单击"添加组件"对话框中的"确定"按钮两次，完成左钳口板上另一个螺钉的装配，如图 10-81 所示。

图 10-80 完成钳口板上一个螺钉装配后的模型 　　　图 10-81 完成钳口板上另一个螺钉装配后的模型

（15）此时，系统又返回到"配对条件"对话框，并且重新弹出"组件预览"窗口，所选择的螺钉单独显示在该"组件预览"窗口中。

（16）单击"配对条件"对话框中的"取消"按钮，取消继续添加螺钉。

步骤十一　装配右钳口板。

（1）在单击"配对条件"对话框中的"取消"按钮后，此时系统返回到"添加组件"对话框。

（2）单击"打开"按钮 📂，系统将弹出"部件名"对话框。浏览目录，选择零件"qiankouban.prt"。

（3）单击"部件名"对话框中的"确定"按钮。此时，系统返回到"添加组件"对话框，并且弹出"组件预览"窗口，所选择的钳口板单独显示在该"组件预览"窗口中。

（4）在"添加组件"对话框"放置"选项组中的"定位"选项中，将定位方式选择为"配对"。

（5）在"添加组件"对话框"复制"选项组中的"多重添加"选项中，选择"无"选项。

（6）单击"添加组件"对话框中的"确定"按钮，系统弹出类似于图 10-19 的"配对条件"对话框。

（7）在"配对条件"对话框的"配对类型"选项中，单击"配对"按钮 ▶◀。

（8）选取钳口板上的配合表面，如图 10-82（a）所示；再选取固定钳身上的配合表面，如图 10-82（b）所示。

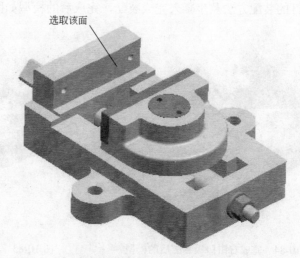

选取该面

选取该面

（a）选取钳口板上的配合表面　　　　　　　（b）选取固定钳身上的配合表面

图 10-82 选取配合对象（1）

（9）然后在"配对条件"对话框的"配对类型"选项中，单击"中心"按钮 ▶◀▶。在"对象居中"选项中，选择"1 对 1"方式。

（10）选取钳口板上的配合表面——螺钉孔表面，如图 10-83（a）所示；再选取固定钳身上的配合表面——螺钉孔表面，如图 10-83（b）所示。

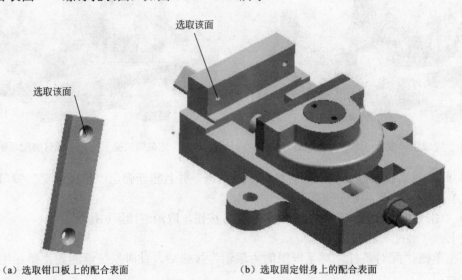

（a）选取钳口板上的配合表面　　　　（b）选取固定钳身上的配合表面

图 10-83　选取配合对象（2）

（11）然后在"配对条件"对话框的"配对类型"选项中，再单击"中心"按钮 。在"对象居中"选项中，选择"1 对 1"方式。

（12）按与图 10-83（a）所示相似的位置，再选取钳口板上另一个螺钉孔的表面作为配合表面；按与图 10-83（b）所示相似的位置，再选取固定钳身上另一个螺钉孔的表面作为配合表面。

（13）单击"添加组件"对话框中的"预览"按钮，查看装配的情况是否符合要求。

（14）发现装配符合要求。单击"添加组件"对话框中的"确定"按钮两次，完成右钳口板的装配，如图 10-84 所示。

步骤十二　装配右钳口板螺钉。

右钳口板螺钉的装配方法及步骤与左钳口板螺钉的装配相似。具体的可以参照步骤十中左钳口板螺钉的装配方法及步骤来完成装配，完成后的模型如图 10-85 所示。

图 10-84　完成右钳口板装配后的模型　　　　图 10-85　完成右钳口板两个螺钉装配后的模型

步骤十三　生成装配模型的爆炸图。

1．创建爆炸图。

（1）选择"装配"→"爆炸图"→"显示工具条"命令，或单击"爆炸图"工具条上的"爆炸图"按钮 ，系统弹出"爆炸图"工具条。

（2）选择"装配"→"爆炸图"→"新建爆炸"命令，或单击"爆炸图"工具条上的"创建爆炸图"按钮，系统弹出"创建爆炸图"对话框，如图 10-40 所示。

（3）接受系统默认的名称"Explosion 1"，单击"确定"按钮，建立了一个新的爆炸图。

2．自动爆炸组件。

（1）选择"装配"→"爆炸图"→"自动爆炸组件"命令，或单击"装配"工具条上的"自动爆炸组件"按钮，系统弹出"类选择"对话框。

（2）选择所有的组件，然后单击"类选择"对话框中的"确定"按钮，系统弹出"爆炸距离"对话框，如图 10-42 所示。

（3）在"距离"选项的文本框中输入"50"。

（4）不选取"添加间隙"复选框。单击"确定"按钮，系统生成的爆炸图如图 10-86 所示。

图 10-86　自动爆炸图

3．编辑爆炸图。

（1）选择"装配"→"爆炸图"→"编辑爆炸图"命令，或单击"爆炸图"工具条上的"编辑爆炸图"按钮，系统弹出"编辑爆炸图"对话框，如图 10-41 所示。

（2）选取"选择对象"单选按钮，然后选择丝杠。

（3）再选取"编辑爆炸图"对话框中的"移动对象"单选按钮。此时，图形窗口中显示出动态坐标系，如图 10-87 所示。

图 10-87　选择丝杠

（4）拖动动态坐标系中 X 轴的矢量方向箭头，拖动到适当的位置后，停止拖动。

（5）单击"确定"按钮，完成丝杠拖动后的爆炸图，如图 10-88 所示。

（6）然后以编辑丝杠位置的方式，编辑垫圈、左侧垫圈、螺母的位置。完成后的爆炸图如图 10-89 所示。

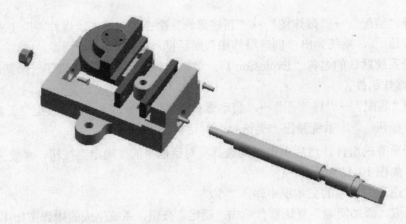

图 10-88　拖动丝杠

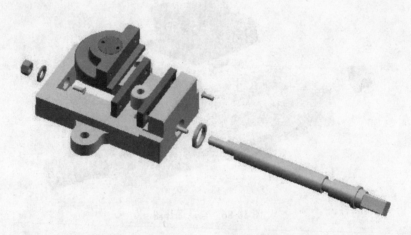

图 10-89　编辑垫圈、左侧垫圈、螺母的位置

（7）在活动钳口上，以其两个螺钉孔表面的圆心为端点建立一条辅助直线，如图 10-90 所示。

（8）选择"装配"→"爆炸图"→"编辑爆炸图"命令，或单击"爆炸图"工具条上的"编辑爆炸图"按钮，系统弹出"编辑爆炸图"对话框，如图 10-41 所示。

（9）选取"选择对象"单选按钮，然后选择左钳口板、左钳口板上的螺钉。

图 10-90　建立辅助直线

（10）再选取"编辑爆炸图"对话框中的"移动对象"单选按钮。此时，图形窗口中显示出动态坐标系。

（11）然后选择建立的辅助直线的中点，如图 10-91 所示。

（12）再选取"编辑爆炸图"对话框中的"选择对象"单选按钮，并且取消选中左钳口板上的螺钉。

（13）然后选取"编辑爆炸图"对话框中的"移动对象"单选按钮。

（14）拖动动态坐标系中 X 轴的矢量方向箭头，拖动到适当的位置后，停止拖动。

（15）然后选取"编辑爆炸图"对话框中的"选择对象"单选按钮。

（16）选择左钳口板上的螺钉，并且取消选中左钳口板。

（17）然后选取"编辑爆炸图"对话框中的"移动对象"单选按钮。

（18）拖动动态坐标系中 X 轴的矢量方向箭头，拖动到适当的位置后，停止拖动。

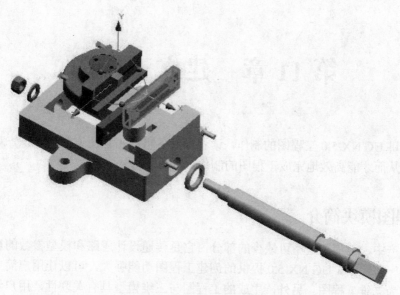

图 10-91   选择辅助直线的中点

（19）单击"确定"按钮，完成左钳口板、左钳口板上的螺钉位置编辑后的爆炸图如图 10-92 所示。

图 10-92   编辑左钳口板、左钳口板上的螺钉的位置

（20）然后以类似的操作，编辑其他部件的位置。完成后的爆炸图如图 10-93 所示。

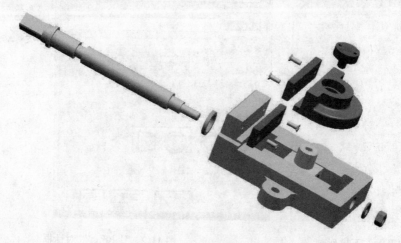

图 10-93   完成模型的爆炸图

第 11 章　建立工程图

本章主要讲 UG NX 5.0 工程图的制作，读者应具备机械工程图方面的知识，对制图模块有一定的认识，从而才能高效地完成工程图的制作。

11.1　工程图模块简介

在实际生产中，工程图是不可缺少的部分，它是传递设计思路和模型参数的重要载体，直接指导生产第一线工作。UG NX 5.0 提供的创建工程图功能强大，可以让用户简单、快捷地将三维模型转化为二维工程图。另外，生成的工程图与三维模型具有关联性，用户修改模型特征后，系统会根据对应关系更新制图模板中的视图特征，极大地提高工作效率。

11.1.1　进入工程图

启动 UG 系统，新建一个文件，进入基本环境。在"标准"菜单栏中单击"开始"按钮 ，弹出下拉列表，如图 11-1 所示。在下拉列表中单击"制图"选项，弹出"图纸页"对话框，如图 11-2 所示。在"图纸页"对话框中可以设置图纸的大小、名称和尺寸单位等参数，设置后单击"确定"按钮，进入工程图环境。

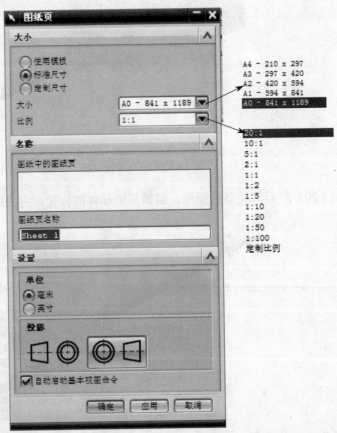

图 11-1　"开始"下拉列表　　　　　图 11-2　"图纸页"对话框

552

11.1.2 工程图工作环境

进入工程图环境后，结果如图 11-3 所示，屏幕上出现了很多工程图工具条，下面将其介绍如下。

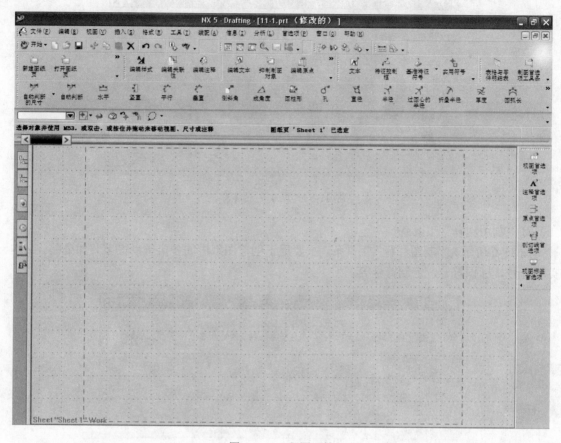

图 11-3 工程图环境

1. "图纸布局"工具条

图 11-4 所示为"图纸布局"工具条，主要用于生成和编辑图纸以及图纸中的各种视图。该工具条包括 3 大部分内容，分别是制图空间、视图操作和视图管理。

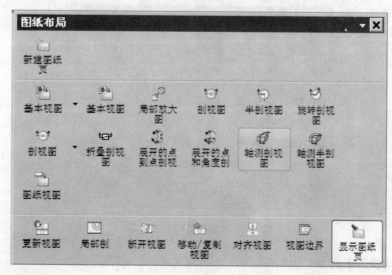

图 11-4 "图纸布局"工具条

2．"尺寸"工具条

图11-5所示为"尺寸"工具条，主要用于标注视图模型特征尺寸。由于尺寸标注的视图与三维模型相关，所以当三维模型修改后，尺寸值也自动更新。

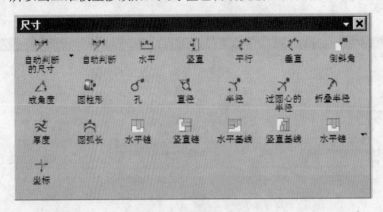

图11-5 "尺寸"工具条

3．"制图注释"工具条

图11-6所示为"制图注释"工具条，主要用于创建图纸中的各类辅助图素，如公差、文本、实用符号、标识符号、定制符号等。

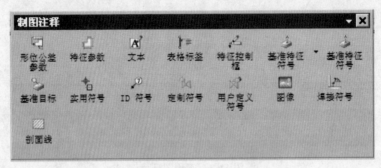

图11-6 "制图注释"工具条

4．"制图编辑"工具条

图11-7所示为"制图编辑"工具条，主要用于编辑修改图纸中的各种注释。

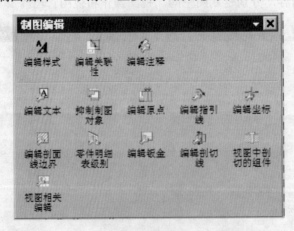

图11-7 "制图编辑"工具条

5．"制图切换"工具条

图11-8所示为"制图切换"工具条，主要用于在绘图时进行功能切换。

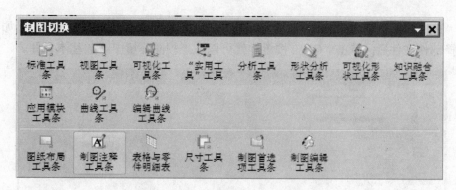

图 11-8 "制图切换"工具条

6."制图首选项"工具条

图 11-9 所示为"制图首选项"工具条，主要用于设置制图参数。

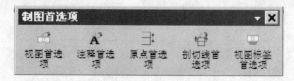

图 11-9 "制图首选项"工具条

11.2 视图的管理

11.2.1 基本视图

基本视图即工程图中的 TOP（俯视图）、BOTTOM（仰视图）、FRONT（主视图）、BACK（后视图）、RIGHT（右视图）、LEFT（左视图）等视图。

选择"插入"→"视图"→"基本视图"命令或者单击"图纸布局"工具条上的 ⬚ 按钮，系统弹出"基本视图"对话框，如图 11-10 所示。

现将此对话框中的内容介绍如下。

1. 部件 ⬚

单击此按钮，将弹出"选择部件"对话框，如图 11-11 所示。

图 11-10 "基本视图"对话框

图 11-11 "选择部件"对话框

单击"选择部件"对话框中的"选择部件文件"按钮，弹出"部件名"对话框，如图 11-12 所示，选择部件文件后，单击"OK"按钮，就可以在工程图环境中添加基本视图。

图 11-12 "部件名"对话框

2．设置

单击此按钮，将弹出"视图式样"对话框，如图 11-13 所示。该对话框中的参数设置同"制图首选项"工具条中的"视图首选项"按钮基本一样，将在下面的章节中进行详细讲解。

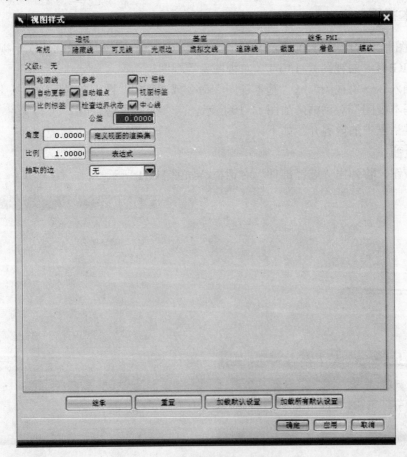

图 11-13 "视图式样"对话框

3. 视图类型

在此下拉列表中选择相应的视图名称，如图 11-14 所示。选择视图后，将鼠标移至设置的图幅范围，相应的视图就将出现在绘图工作区内。

4. 比例

单击此下拉按钮选择相应的比例，如图 11-15 所示。在此可以实现图形的缩小和放大，同时还可以通过其中的"定制比例"和"按表达式定比例"按钮自定义比例。

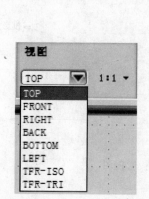

图 11-14 "视图"下拉列表　　　图 11-15 "比例"下拉列表

5. 定向视图工具

单击此按钮，弹出"定向视图"对话框，如图 11-16 所示。通过对话框上方的功能按钮，可以实现对预览窗口原图形的查看平面、水平方向、关联方位、重置和反向操作。

11.2.2 投影视图

在创建一个视图后，要表达模型的特征还需要其他视图的辅助，投影视图是最常用的辅助表达模型的视图，可根据父视图的位置在制图区内投影任意角度的视图。UG NX 5.0 提供的投影视图既能投影三视图，又能投影沿任意角度的向视图。

选择"插入"→"视图"→"投影视图"命令，或者单击"图纸布局"工具条上的 按钮，系统弹出"投影视图"对话框，如图 11-17 所示。

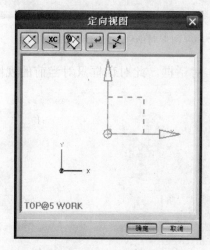

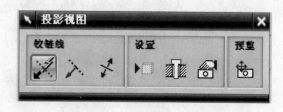

图 11-16 "定向视图"对话框　　　　　图 11-17 "投影视图"对话框

"投影视图"命令在添加任意基本视图后方可激活，在此介绍一下投影时特有的工具栏。

1．定义铰链线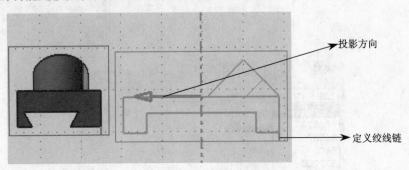

定义铰链线是投影方向的指示线，它与投影方向垂直。单击此按钮后，需要在基本视图中选择定义铰链线，即投影参考线，视图窗口将出现定义铰链线投影方向的箭头，如图 11-18 所示。

2．反向

此按钮的功能是改变定义铰链线的方向。

3．移动视图

此按钮的功能是按父视图的投影方向移动投影的位置。

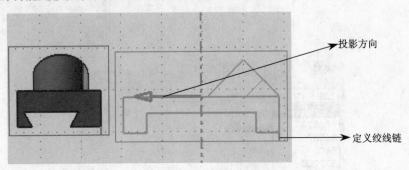

投影方向

定义绞线链

图 11-18　投影视图

11.2.3　剖视图

在工程图中，需要利用各种剖视图来表达模型内部特征。剖视图是用一个剖切平面模型的对称面将其完全剖开，移去前半部分，向正立投影面作投影所得的视图。

选择"插入"→"视图"→"剖视图"命令，或者单击"图纸布局"工具条上的 按钮，系统弹出"剖视图"对话框，如图 11-19 所示。选择父视图后，此时的对话框如图 11-20 所示，同时系统会产生一条剖切线，接着在视图上选择一点作为剖切位置的参考，然后移动光标来定义视图的方向。将矩形图框放置在合适位置后单击即可得到剖视图，如图 11-21 所示。

图 11-19　"剖视图"对话框（1）

图 11-20　"剖视图"对话框（2）

剖切线样式 ：单击此按钮，弹出"剖切线样式"对话框。此对话框只对当前的视图有效。

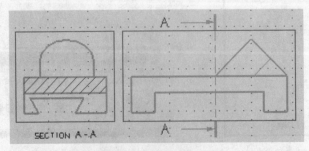

图 11-21　剖视图实例

11.2.4 半剖视图

半剖视图是指在垂直于对称平面的投影面上投影所得到的图形，以对称线为边界，一半投影模型外部特征，一半投影沿剖切平面展开的模型特征。

选择"插入"→"视图"→"半剖视图"命令，或者单击"图纸布局"工具条上的 按钮，系统弹出"半剖视图"对话框，如图 11-22 所示。选择父视图后，此时的对话框如图 11-23 所示，接着指定剖切位置，指定折弯位置，然后放置剖视图，即可完成半剖视图的绘制，如图 11-24 所示。

图 11-22 "半剖视图"对话框（1）　　　图 11-23 "半剖视图"对话框（2）

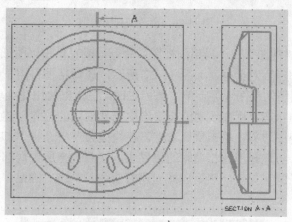

图 11-24 半剖视图实例

11.2.5 旋转剖视图

旋转剖视图主要用于旋转体投影剖视图，当模型特征无法以直角剖切面来表达时，可通过旋转剖视图功能，将剖切线选择一个角度，穿过要表达的模型特征。

选择"插入"→"视图"→"旋转剖视图"命令，或者单击"图纸布局"工具条上的 按钮，系统弹出"旋转剖视图"对话框。选择父视图后，此时的对话框如图 11-25 所示，接着定义旋转点，然后定义段的新位置，然后放置剖视图，即可完成半剖视图的绘制，如图 11-26 所示。

图 11-25 "旋转剖视图"对话框

11.2.6 局部剖视图

该工具可以利用剖切面局部地剖开机件，从而得到表达零件局部的内部特征的视图，即局部剖视图。

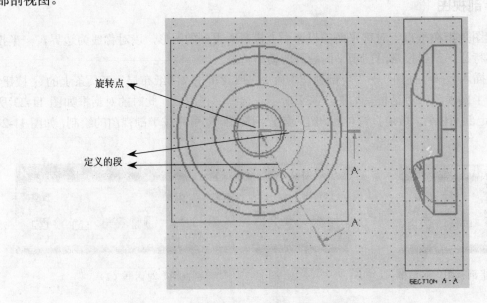

旋转点

定义的段

图 11-26　旋转剖视图实例

　　选择"插入"→"视图"→"局部剖视图"命令，或者单击"图纸布局"工具条上的 按钮，系统弹出"局部剖"对话框，如图 11-27 所示，该对话框可用于创建、编辑和删除局部剖视图。在进行局部剖切的视图边界上单击鼠标右键，在弹出的快捷菜单中选择"扩展"命令，进入视图成员模型工作状态。用曲线功能在要产生局部剖切的位置创建局部剖切边界线。完成边界线的创建后，在视图边界上单击鼠标右键，在快捷菜单中选择"扩展"命令，恢复到工程图界面。这样就建立了与选择视图相关联的边界线。接着选择所要局部剖切的视图，在创建的曲线中选择基点，定义默认矢量，然后选择创建的曲线，单击"确定"按钮，完成局部剖视图的创建，如图 11-28 所示。

图 11-27　"局部剖"对话框

　　（1）选择视图 用于选择要进行局部剖的视图。
　　（2）指出基点 用于确定剖切区域沿拉伸方向开始拉伸的参考点，该点可通过"捕捉点"工具条指定。
　　（3）指定拉伸矢量 用于指定拉伸方向，可用矢量构造器指定。

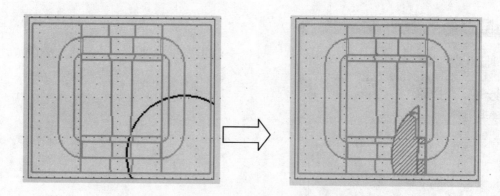

图 11-28　局部剖实例

（4）选择曲线 ▣　用于定义局部剖切视图边界的封闭曲线。当选择错误时，可单击 取消选择上一个 按钮，取消上一个选择。

（5）修改边界曲线 ▣　用于修改剖切边界点，必要时可用于修改剖切区域。

（6）透彻模型　选中该复选框，则剖切时完全穿透模型。

11.2.7　断开剖视图

选择"插入"→"视图"→"断开剖视图"命令或者单击"图纸布局"工具条上的 ▣ 按钮，系统弹出"局部剖视图"对话框，如图 11-29 所示，该对话框可用于创建或编辑断开剖视图。

（1）添加断开区域 ▣　用于定义断开区域的边界。在一个断开视图中可以定义一个主区域边界或多个断开区域边界。定义边界时，可在"曲线类型"下拉列表中选择所需要的曲线类型，也可以用"基本曲线"按钮 ◢，或"样条曲线"按钮 ∫ 来选择。断开区域边界曲线必须是封闭的边界。

（2）替换断开边界　用于替换一个定义的边界。单击该图标，如果只有一个断开边界，则系统自动选择该边界，如果存在多个断开区域边界，则须手动选择要替换的边界。在选择边界后，可重新定义。

（3）移动边界点 ▣　用于移动边界点，单击该图标，当光标移到边界对象时，边界上将会出现用小圆圈表示的边界控制点，选择控制点并移动光标可编辑断开区域边界。

（4）定义锚点 ⚓　锚点是与视图相关的点，用于把边界定位到边界上。该点可用点构造器来定义。在指定锚点后，若模型变化或视图移动，边界会随之移动。直接定义的边界可自动定义锚点，不用在定义边界后，再单击 ⚓ 图标来定义锚点。

（5）定义断开区域 ▣　单击该图标，修改断开区域的位置，使之相对于另一断开区域定位。

（6）删除断开区域 ✕　单击该图标，用于删除所选断开区域边界。当所有断开区域边界都删除后，才能删除主区域。

（7）显示图纸页　单击该按钮，显示断开视图。

11.2.8　局部放大视图

局部放大视图是为了表达模型内部的详细特征，在原视图的基础上，将某部分特征以一定的比例放大，使该特征表达得更加清晰、明白。

选择"插入"→"视图"→"局部放大图"命令，或者单击"图纸布局"工具条上的 ▣ 按钮，系统弹出"局部放大图"对话框，如图 11-30 所示，接着选择边界类型，然后指定放大部位和设置放大比例，最后拖动鼠标放置放大视图，完成局部放大视图操作，如图 11-31 所示。

图 11-29 "断开视图"对话框   图 11-30 "局部放大图"对话框

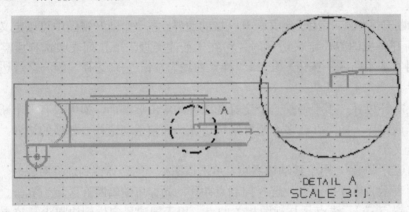

图 11-31 局部放大图实例

11.3 视图的编辑

在创建各种视图后，经常需要对视图进行修改，如调整视图的位置、边界视图的显示等，这些操作在绘制工程图时起着至关重要的作用，具体介绍如下。

11.3.1 移动/复制视图

移动/复制视图操作都可以重新设置视图在工程图中的位置，不同之处在于前者是将原视图直接移动至指定位置，后者是在原视图的基础上新建一个副本，并将该副本移动至指定的位置。

选择"编辑"→"视图"→"移动/复制视图"命令，或者单击"图纸布局"工具条上的 ![] 按钮，系统弹出"移动/复制视图"对话框，如图 11-32 所示，接着选择视图，然后选择移动/复制视图的方式，选择复选框，最后拖动鼠标放置视图，完成移动/复制视图操作，如图 11-33 所示。

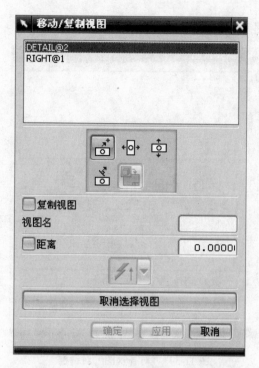

图 11-32 "移动/复制视图"对话框

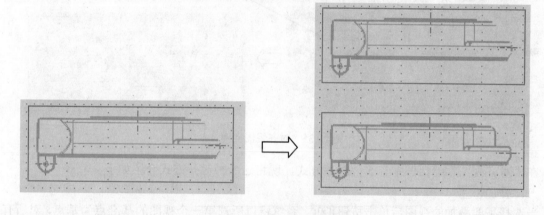

图 11-33 移动/复制视图实例

在"移动/复制视图"对话框中有 5 种移动/复制视图的方式，现将它们一一介绍如下。

（1）至一点 可以将视图移动至绘图区的任意一点。

（2）水平 使得移动视图沿原视图的水平方向移动。

（3）竖直 使得移动视图沿原视图的竖直方向移动。

（4）垂直于直线 使得移动视图与选择的参考线呈垂直方向移动。

（5）至另一图纸 当绘图区中存在多张工程图纸时，选择其中一张图纸上的视图后单击按钮 可将所选的视图移动或复制到另一张图纸中。

11.3.2 对齐视图

在创建视图的过程中，视图的摆放位置杂乱，为了使图纸美观，需要对视图位置进行调整对齐。对齐视图是将不同视图按照一定条件对齐，其中必须选择一个静止点作为视图参考。

选择"编辑"→"视图"→"对齐视图"命令，或者单击"图纸布局"工具条上的 按钮，系统弹出"对齐视图"对话框，如图 11-34 所示，接着定义静止的点，然后选择要对齐的视图，最后选择对齐方式，完成对齐视图操作，如图 11-35 所示。

图 11-34 "对齐视图"对话框

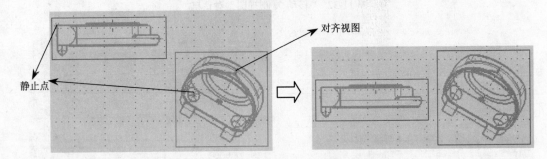

图 11-35 对齐视图实例

在"对齐视图"对话框中有 5 种对齐方式，现将这 5 种对齐方式介绍如下。

1. 叠加 ▣

当选择了要叠加的视图后单击按钮 ▣，系统将以所选第一个视图的基准点为基点，对所有视图做重合对齐，如图 11-36 所示。

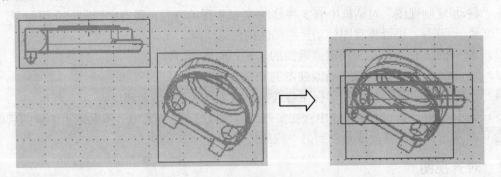

图 11-36 叠加对齐视图

2. 水平 ▦

当选择了要对齐的视图后单击按钮 ▦，系统将以所选第一个视图的基准点为基点，对所有视图做水平对齐，如图 11-37 所示。

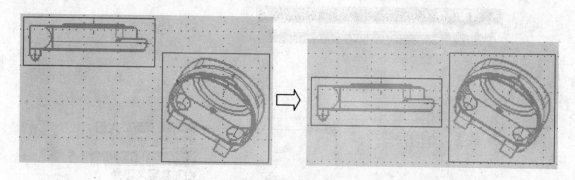

图 11-37　水平对齐视图

3. 竖直 |⊟|

当选择了要对齐的视图后单击按钮 |⊟| ，系统将以所选第一个视图的基准点为基点，对所有视图做竖直对齐，如图 11-38 所示。

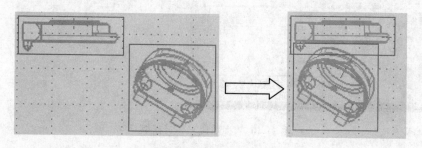

图 11-38　竖直对齐视图

4. 垂直于直线 |⊞|

选择视图并单击按钮 |⊞| ，在视图中选择一条直线作为视图对齐的参考线，此时其他视图将以该参考线的垂线为基准对齐，如图 11-39 所示。

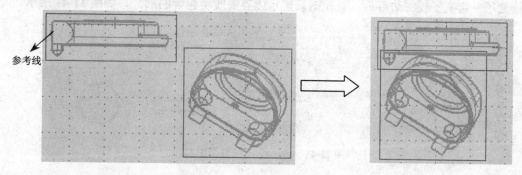

图 11-39　垂直于直线对齐视图

5. 自动判断 |⊞|

选择此方式后，系统将根据所选择的基准点，自动使用上述 4 种对齐方式中的一种，完成视图的对齐操作。

11.3.3　视图边界

在创建视图时，系统会根据模型比例大小给视图添加一个矩形边界。在模型刷新时，视图边界也自动刷新，即保证视图在边界范围内。视图边界可通过预设置进行隐藏或显示。

选择"编辑"→"视图"→"视图边界"命令，或者单击"图纸布局"工具条上的 |⊡| 按钮，系统弹出"视图边界"对话框，如图 11-40 所示。

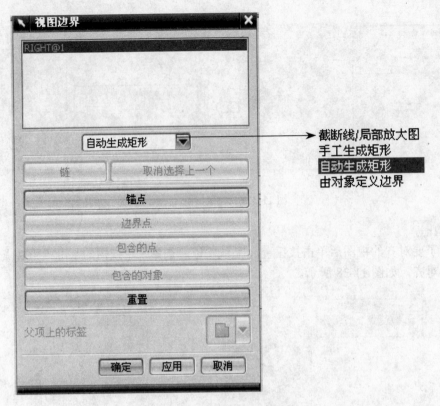

图 11-40 "视图边界"对话框

在该对话框中，可以在边界类型下拉列表中选取视图边界的类型，再通过其他相关选项进行视图边界操作，现将其一一介绍如下。

1．边界类型

（1）截断线/局部放大图　当选择的视图中含有截断线或局部放大图时，该选项被激活，选择该选项并定义了视图边界后，该视图只显示边界曲线所包含的部分，如图 11-41 所示。

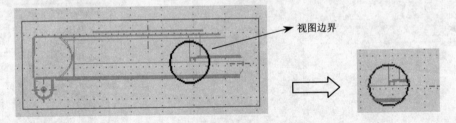

图 11-41　截断线/局部放大图实例

（2）手工生成矩形　该选项是以拖动的方式手工定义矩形边界。该矩形边界的大小是由用户定义的，可以包围整个视图，也可以只包含视图中的一部分。该边界方式主要用于在一个特定的视图中隐藏不要显示的几何体，如图 11-42 所示。

（3）自动生成矩形　自动定义矩形边界。该矩形边界能根据视图中几何对象的大小自动更新，主要用于在一个特定的视图中显示所有的几何对象，如图 11-43 所示。

（4）由对象定义边界　由包围对象定义边界。该边界能根据被包围对象的大小自动调整，通常用于大小和形状随模型变化的矩形局部放大视图，如图 11-44 所示。

2．链

该按钮用于选择链接曲线。当按照顺时针方向选择曲线的开始段和结束段时，系统会自动完成整条曲线的选取。不过只有选择了"截断线/局部放大图"视图边界类型时，该按钮才会被激活。

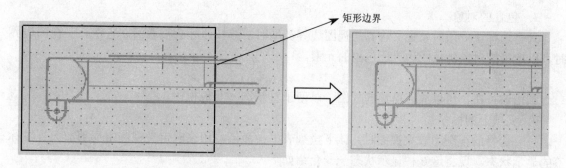

图 11-42　手工生成矩形实例

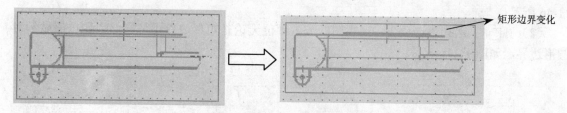

图 11-43　自动生成矩形实例

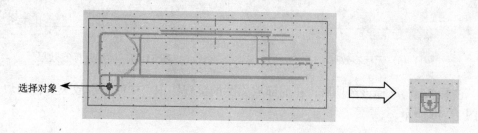

图 11-44　由对象定义边界实例

3. 取消选择上一个

此按钮用于取消上一次选择的对象。该按钮只有选择了"截断线/局部放大图"视图边界类型时，该按钮才会被激活。

4. 锚点

该按钮用于将视图边界固定在视图对象的指定点上，从而使视图边界与视图相关。当模型变化时，视图边界会随之移动。锚点主要用于局部放大视图或手工定义边界的视图。

5. 边界点

该按钮用于指定视图边界要通过的点。不过只有选择了"截断线/局部放大图"视图边界类型时，该按钮才会被激活。

6. 包含的点

只有选择了"由对象定义边界"视图边界类型时，该按钮才会被激活，它在定义视图边界时，以选择的点为视图边界所包围的元素，如图 11-45 所示。

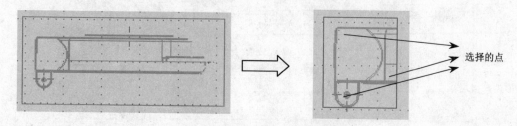

图 11-45　由包含点定义视图边界

7．包含的对象

只有选择了"由对象定义边界"视图边界类型时，该按钮才会被激活，它在定义视图边界时，以选择的对象为视图边界所包围的元素。

8．重置

利用该按钮，可以放弃所选的视图，以便于重新选择其他视图。

9．父项上的标签

只有选择的视图为放大视图时，该下拉列表框被激活，用来确定父视图中局部放大视图标签的显示状态。现将这 6 种显示状态一一介绍如下。

（1）无   选择该选项时，在局部放大图的父视图中，将不显示放大部位的边界，如图 11-46 所示。

（2）圆   选择该选项后，父视图的放大部位无论是矩形边界还是圆形边界，都显示为圆形边界，如图 11-47 所示。

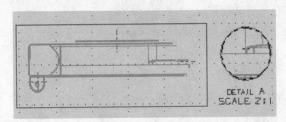
图 11-46　无标签效果

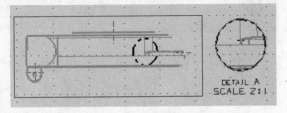
图 11-47　圆形父标签效果

（3）注释   选择该选项后，在局部放大图的父视图中将同时显示放大部位的边界和标签，如图 11-48 所示。

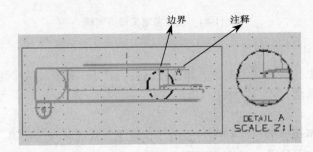
图 11-48　显示边界和标签效果

（4）标签   选择该选项后，不仅在父视图中显示放大部位的边界与标签，还可以利用箭头指向放大部位的边界，如图 11-49 所示。

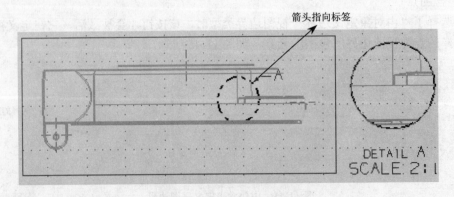
图 11-49　箭头指向标签效果

（5）内嵌的 ⬚ 选择此选项后，在父视图中显示放大部位的边界与标签，并将标识嵌入到边界曲线中，如图 11-50 所示。

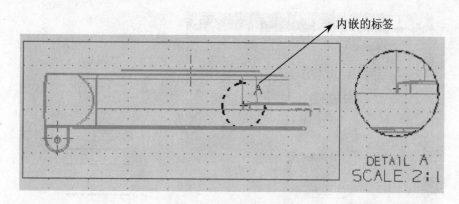

图 11-50 内嵌标签效果

（6）边界 ⬚ 选择此选项后，在父视图中仅仅显示放大部位的原有边界，但是不显示放大部位的标签，如图 11-51 所示。

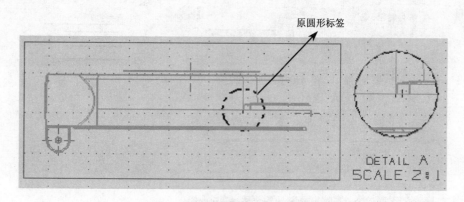

图 11-51 显示原有的圆形边界效果

11.3.4 视图相关编辑

前面介绍的工程图边界工具是对工程图的整体操作，即宏观操作。下面将介绍视图编辑，即对视图中的某些元素进行擦除、显示样式、颜色、背景等的操作。

选择"编辑"→"视图"→"视图相关编辑"命令，或者单击"制图编辑"工具条上的 ⬚ 按钮，系统弹出"视图相关编辑"对话框，如图 11-52 所示。

该对话框可分为 3 个部分，"添加编辑"、"删除编辑"和"转换相关性"，现将这些内容介绍如下。

1. 添加编辑

利用"添加编辑"选项组中的按钮，可以对视图中的对象进行编辑，例如删除视图中的几何对象，改变整个对象或部分对象的显示方式等操作。

（1）擦除对象 ⬚ 擦除选择的对象，如曲线、边等。擦除并不是删除，只是使被擦除的对象不可见而已。使用"删除选择的擦除"命令可使被擦除的对象重新显示。若要擦除某一视图中的某个对象，则先选择视图，而若要擦除所有视图中的某个对象，则需要先选择图纸，再选择此功能，然后选择要擦除的对象并单击"确定"按钮，则所选择的对象被擦除。

（2）编辑完全对象 ⬚ 编辑整个对象的显示方式，包括颜色、线型和线宽。单击此按钮，设置延伸、线型和线宽。单击"应用"按钮。弹出"类选择"对话框，选择要编辑的对象并单击"确定"按钮，则所选对象按设置的延伸、线型和线宽显示。如要隐藏选择的视图对象，则只需设置选择对象的颜色与视图背景色相同即可。

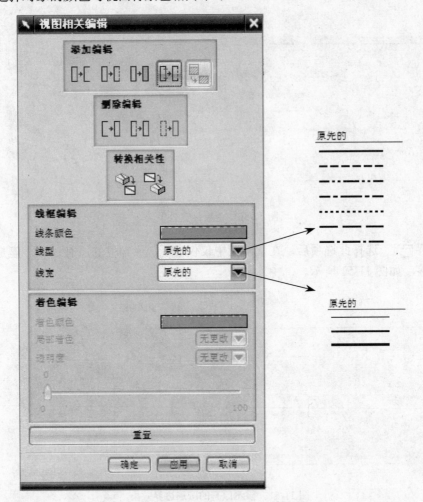

图 11-52 "视图相关编辑"对话框

（3）编辑着色对象 编辑着色对象的显示方式。单击此按钮，设置颜色，单击"应用"按钮。弹出"类选择"对话框，选择要编辑的对象并单击"确定"按钮，则所选对象按设置的颜色显示。

（4）编辑对象段 编辑部分对象的显示方式，用法与编辑整个对象相似。在选择编辑对象后，可选定一个或两个边界，则只编辑边界内的部分。

（5）编辑剖视图背景 编辑剖视图背景线。在建立剖视图时，可以有选择的保留背景线，而背景线编辑功能，不但可以删除已有的背景线，而且还可以添加新的背景线。

2. 删除编辑

利用该选项组中的按钮，可以删除利用上面介绍的编辑工具，对视图所做的某些编辑操作，这里共有 3 种删除方式，现将其介绍如下。

（1）删除选择的擦除 该按钮用于重新显示以前利用擦除操作删除的对象。单击 按钮后，以前擦除的对象在视图中高度显亮。在视图中选择要恢复的对象，然后单击"类选择"对话框中的"确定"按钮，则所选择的对象将重新显示。

（2）删除选择的修改 利用该按钮可以删除以前除擦除操作外的所有编辑操作，使其恢复到原来的状态。单击 后，以前修改的对象在视图中高度显示，接着利用"类选择"对话框在视图中选择需要恢复的对象，并单击"确定"按钮，则所选择的对象将恢复到原显示状态。

（3）删除所有的修改 该按钮用于删除以前所做的所有编辑操作，使以前修改的对象全部恢复到原来的状态。单击按钮 后，将打开"删除所有修改"对话框，单击"是"按钮，则所有的对象都恢复到原来的状态。

3．转换相关性

该选项用于对象在视图与模型之间进行相互转换，共包含了两个按钮，现将其介绍如下。

（1）模型转换到视图 该按钮用于把模型中存在的单独对象转换到视图中。单击按钮 ，通过"类选择"对话框选择需要转换的对象后，单击"确定"按钮，所选对象将被转换到视图中。

（2）视图转换到模型 该按钮用于把视图中存在的单独对象转换到模型中。单击按钮 ，通过类选择对话框选择需要转换的对象后，单击"类选择"对话框中的"确定"按钮，所选对象将被转换到模型中。

11.3.5 更新视图

在创建工程图的过程中，当需要将工程图和视图模型互相切换，或需要去掉不必要的显示部分时，可以利用本节所介绍的更新视图命令进行操作。

选择"编辑"→"视图"→"更新视图"命令，或者单击"图纸编辑"工具条上的 按钮，系统弹出"更新视图"对话框，如图11-53所示。

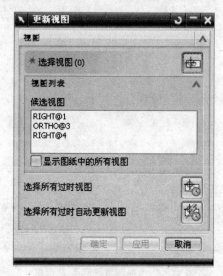

图11-53 "更新视图"对话框

（1）显示图纸中的所有视图 选中该复选框，则在视图列表框中选择当前部件中的所有过时视图。否则只选择当前图纸中的过时视图。

（2）选择所有过时视图 用于选择当前图纸中的过时视图。单击该按钮，再单击"应用"按钮，则更新选择的过时视图。

（3）选择所有过时自动更新视图 用于选择每一个在保存时选择"自动更新"的视图。"自动更新"设置在"视图首选项"对话框中。

11.4 工程制图参数首选项

制图中各项参数设置需要在创建工程图前进行预设置，这样能有效地提高绘图效率。制图预设置参数设定值大部分在制图过程中不需要改动，只有少部分需要根据图纸比例大小作适当的改动。UG NX 5.0提供了"制图首选项"工具条，极大地方便了用户进行制图预设置。

在任意工具条中单击右键，在弹出的快捷菜单中选择"制图首选项"命令，弹出"制图首选项"工具条，在该工具条中用户可通过单击 ▾ 按钮，添加或删除制图首选项按钮，添加全部按钮，得到"制图首选项"工具条，如图 11-54 所示。

图 11-54 "制图首选项" 工具条

11.4.1　视图首选项

在工程图环境下，选择"首选项"→"视图"命令，或者单击"制图首选项"工具条上的 按钮，系统弹出"视图首选项"对话框，如图 11-55 所示。

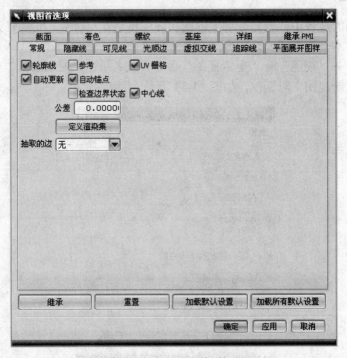

图 11-55 "视图首选项"对话框

下面将对此对话框作简略的介绍。

1. "常规"选项卡

"常规"选项卡一般为"视图首选项"对话框默认的选项卡，如图 11-55 所示。下面介绍一下该选项卡中的几个常用的设置选项。

（1）参考　选中该复选框时，剖视所得的视图只作参考，视图特征只能参考符号和视图边界，不能表达模型特征，如图 11-56 所示。

（2）UV 栅格　主要用于曲面显示，区别曲面特征与曲线特征，如图 11-57 所示。

> 提示：这里的曲面要显示出 UV 栅格，其曲面在模型空间中必须设置为栅格显示，在制图空间投影时才能出现栅格。

（3）自动更新　模型修改后，控制视图是否自动更新，选中该复选框表示自动更新。

（4）中心线　确定投影视图是否自动添加中心线。

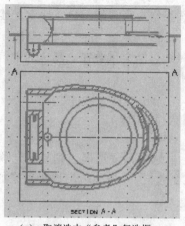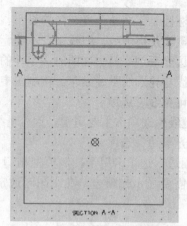

（a）取消选中"参考"复选框　　　　　　　　　　（b）选中"参考"复选框

图 11-56　"参考"选项

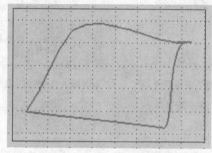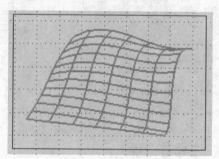

（a）取消选中"UV 栅格"复选框　　　　　　　　（b）选中"UV 栅格"复选框

图 11-57　"UV 栅格"复选框

2．"隐藏线"选项卡

在"视图首选项"对话框中选择"隐藏线"选项卡，如图 11-58 所示。该选项卡主要控制隐藏线的显示。

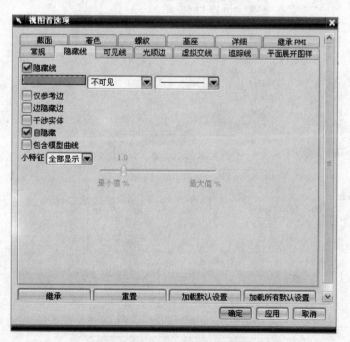

图 11-58　"隐藏线"选项卡

（1）隐藏线　控制投影视图中隐藏线的显示或隐藏，选中该复选框为显示隐藏线。"隐藏线"复选框控制下面 5 个复选框的显示。另外，可以选择修改隐藏线颜色、线宽、线型。国际标准中隐藏线是用虚线、细线来表示的。

（2）边隐藏边　投影视图时，零件的轮廓边与隐藏线可能会重叠在一起，选中该复选框，视图隐藏线与轮廓线重叠显示，在制图中通常都不选中。

3．"可见线"选项卡

"可见线"选项卡主要用于设置可见线的颜色、线宽和线型。

4．"光顺边"选项卡

"光顺边"选项卡用于控制模型相切处的边界显示。选中该复选框，则显示光顺边。国际标准中不需要显示光顺边，在制图时通常取消选中该复选框。"光顺边"投影效果如图 11-59 所示。

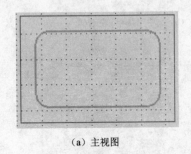

（a）主视图　　　　　　　　　（b）取消选中"光顺边"复选框　　　　　　（c）选中"光顺边"复选框

图 11-59　"光顺边"投影效果

11.4.2　注释首选项

在工程图环境下，选择"首选项"→"注释"命令，或者单击"制图首选项"工具条上的 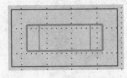 按钮，系统弹出"注释首选项"对话框，如图 11-60 所示。

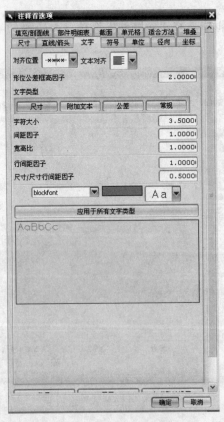

图 11-60　"注释首选项"对话框

1. "尺寸"选项卡

在"注释首选项"对话框中选择"尺寸"选项卡,如图 11-61 所示。该选项卡主要用于对尺寸边界线的各类参数进行设置。

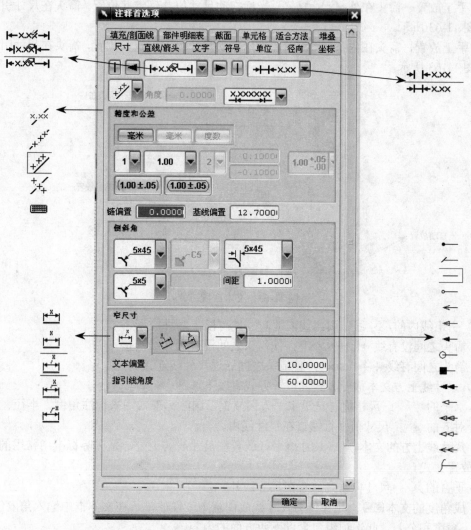

图 11-61 "尺寸"选项卡

(1)显示第 1 边的引出线▮和第 1 侧显示箭头▶ 可分别控制尺寸第 1 边引出线和第 1 侧箭头的显示和隐藏。当按钮为褐色时,表示显示,当为白色时,则表示不显示,如图 11-62 所示。同理,另一侧的效果也是这样。

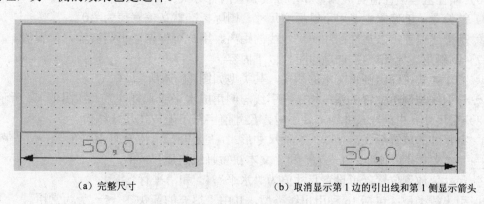

(a)完整尺寸　　　　　　　　　　　　　(b)取消显示第 1 边的引出线和第 1 侧显示箭头

图 11-62 控制尺寸线显示

（2）文本放置方式　文本设置有以下 3 种方式，现介绍如下。

① 自动放置 ├─x.x─┤：标注尺寸时，尺寸值自动放置在尺寸线中间。用户只能调整尺寸线的偏置值，如图 11-63 所示。

② 手工放置—箭头在外 →│x.x│←：光标拖动尺寸值并确定其位置，箭头在尺寸引出线外侧，如图 11-63 所示。

③ 手工放置—箭头在内 ├─x.x─→│：光标拖动尺寸值并确定其位置，箭头在尺寸引出线内侧，如图 11-63 所示。

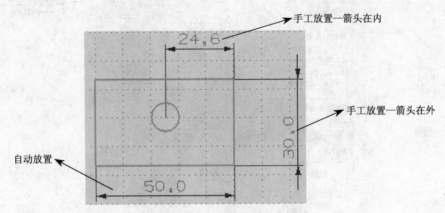

图 11-63　文本放置方式

（3）引出线内的尺寸线　引出线内的尺寸线有以下两种类型。

① 箭头之间没有线 →│ ├─x.xx ：使箭头之间没有尺寸线连接。

② 箭头之间有线 →├─x.xx ：使箭头之间通过尺寸线连接。

（4）尺寸线上方文本放置方式其放置方式有以下 5 种。

① 水平的 x.xx ：尺寸值总是沿水平方向放置，国际标准常用来标注角度、半径、直径。

② 对齐的 ：尺寸值平行镶嵌在尺寸线内。

③ 尺寸线上方的文本 ：尺寸值平行放置在尺寸线的上方，是国际标准中常用的标注尺寸文本放置方式。

④ 垂直的 ：尺寸值垂直放置在尺寸线外。

⑤ 成角度的文本 ▦：尺寸值与尺寸线成任意角度摆放，可在文本框中输入角度值。

（5）精度和公差　此选项组包含以下两方面的内容。

① 基本尺寸精度：单击下三角按钮选择相应的数值，确定基本尺寸保留几位小数。

② 尺寸公差类型：可根据需要单击下三角按钮进行选择，这些内容将在下面的章节中作具体的讲解。

（6）偏置值　偏置值有链偏置和基准线偏置两种方式。

① 链偏置：链偏置主要用于链标注尺寸，国际标准默认偏置值为"0"。

② 基准线偏置：以基准标注两尺寸线的距离。用户可根据图形需要输入偏置值。

（7）倒斜角　"倒斜角"选项组包含以下内容。

① 文本样式：确定倒角文本的样式，其类型如图 11-64 所示。

② 导引线与倒角位置关系：指定导引线与倒角成水平或垂直关系，如图 11-64 所示。

（8）窄尺寸　指标注尺寸距离较小时，尺寸值字符不能放在尺寸线内。

① 窄尺寸的放置形式：有以下 5 种尺寸形式，"无" 、"没有指引线" 、"带有指引线" 、"文本在短画线之上" 和"文本在短画线之后" 。

② 尺寸值放置位置：可设置尺寸值为"水平" 和"平行" 。

③ 引出线类型：包括 16 种引出线类型，其中"填充的箭头" ◄── 最为常用。

（9）功能按钮　功能按钮有以下 6 种，分别介绍如下。

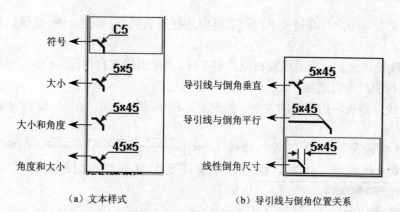

（a）文本样式　　　　　　　　　　（b）导引线与倒角位置关系

图 11-64　倒角

① 继承：继承所选对象的参数设置，并将这些设置作用于当前的制图设置。单击此按钮，系统提示选择一个继承对象，接着系统会根据选取的对象读取对象的参数设置并作为当前选项设置。

② 重置：把当前选项卡参数恢复为打开时的参数值，只对当前选项卡参数有效。

③ 加载默认设置：把当前选项卡参数恢复到默认状态。

④ 全部继承：继承所选对象注释预设置的所有参数。

⑤ 全部重置：把"注释首选项"对话框中所有选项卡参数恢复到打开时的状态，对所有设置有效。

⑥ 加载所有默认设置：把"注释首选项"对话框中所有参数恢复到默认值状态。

2．"直线/箭头"选项卡

在"注释首选项"对话框中选择"直线/箭头"选项卡，如图 11-65 所示。该选项卡主要设置尺寸线箭头和指引线的各项参数。

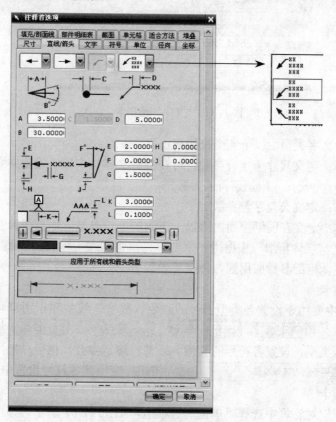

图 11-65　"直线/箭头"选项卡

（1）箭头类型　用户可在箭头下拉列表框中选择箭头类型，其中 ➤ 是国际标准使用的箭头类型。

（2）指引线输出位置　指引线输出位置有 3 种，"指引线来自顶部" ➤、"指引线来自中部" ➤ 和"指引线来自底部" ➤ 。

（3）尺寸线、箭头、指引线的大小　根据对话框中的示意图，在 A~G 文本框中设置各自的参数值。

（4）尺寸线设置　用户可通过选择 ┃ ◀ ─── x.xxx ─── ▶ ┃ 中的相关按钮，设置尺寸线颜色、线宽、线型。如果需要把设置值应用到所有尺寸线，可单击 应用于所有线和箭头类型 按钮。

3. "文字"选项卡

在"注释首选项"对话框中选择"文字"选项卡，如图 11-66 所示。该选项卡主要对尺寸边界线的各类参数进行设置。

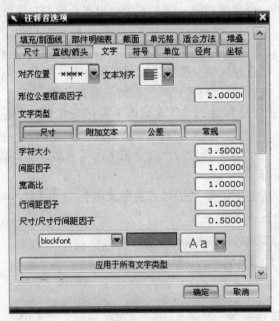

图 11-66 "文字"选项卡

（1）文字类型　文字类型由以下 4 个按钮来定义。

① 尺寸 ：定义尺寸值字符参数，可在参数文本框中输入设定参数值。

② 附加文本 ：定义尺寸附加字符的参数。

③ 公差 ：定义公差字符参数。

④ 常规 ：定义在图纸空间内除以上提到的字符参数，如视图标签、标注文本等。

（2）字体、颜色、字体粗细　根据用户需要，可单击 应用于所有文字类型 按钮，把当前设置的字体、颜色、字体粗细参数应用到各种字符参数中。

4. "符号"选项卡

"符号"选项卡主要用于设置各类型符号的颜色、线宽、线型和识别符号大小。其包含的选项有 ID 、 用户定义 、 中心线 、 交点 、 目标 和 形位公差 。

用户可选择符号类型，设置各符号的颜色、线型、线宽参数，也可以把当前符号参数通过单击 应用于所有符号类型 按钮，应用到各符号设置中。

5. "单位"选项卡

在"注释首选项"对话框中选择"单位"选项卡，如图 11-67 所示。该选项卡主要设置尺寸值的表达形式。

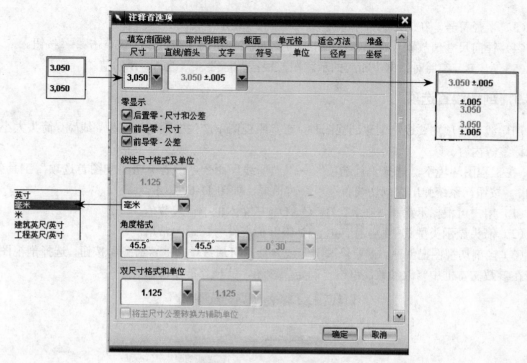

图 11-67　"单位"选项卡

（1）小数点符号及小数后续零　在尺寸数值中，小数点符号有两种表示方式，","和"."。

（2）公差值摆放位置　在国际标准中采用 **3.050 ±.005** 放置形式。

（3）单位　工程图使用的单位为"毫米"。

（4）角度格式　用户可根据需要设置角度表示形式为十进制或度分秒形式。

6．"径向"选项卡

在"注释首选项"对话框中选择"径向"选项卡，如图 11-68 所示。该选项卡主要设置直径和半径标注参数，用户可根据标注需要设置参数值。

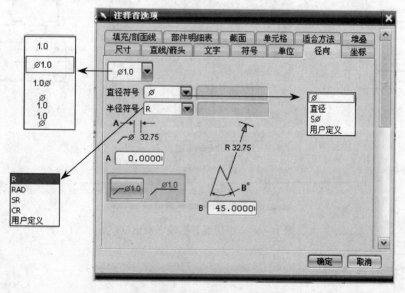

图 11-68　"径向"选项卡

（1）径向符号放置位置　在国际标准中规定径向符号放置在尺寸值前，在下拉列表中选择 ⌀1.0 选项。

（2）直径符号　在国际标准中规定以"⌀"符号标注直径。

（3）半径符号　在国际标准中规定以"R"符号表示半径。

（4）径向尺寸值放置　在国际标准中规定径向尺寸在尺寸线上，应该单击 按钮。

（5）A、B　参照对话框中相应的示意图，根据实际要求修改 A、B 的值。

11.4.3　剖切线首选项

剖切线首选项主要控制创建剖视图时，在参照视图中产生的剖切线线型、线宽、箭头大小、显示标签等内容。

在工程图环境下，选择"首选项"→"剖切线"命令，或者单击"制图首选项"工具条上的 按钮，系统弹出"剖切线首选项"对话框，如图 11-69 所示。

（1）用户可根据示意图，在 A、B、C、D、E 文本框中输入数值。

（2）箭头显示类型其中 是国际标准符号，最为常用。

（3）当剖切视图已创建，需要修改剖切线参数时可通过单击 选择剖视图 按钮，选择剖视图，接着在参数文本框中修改参数，单击"确定"按钮，完成修改步骤。

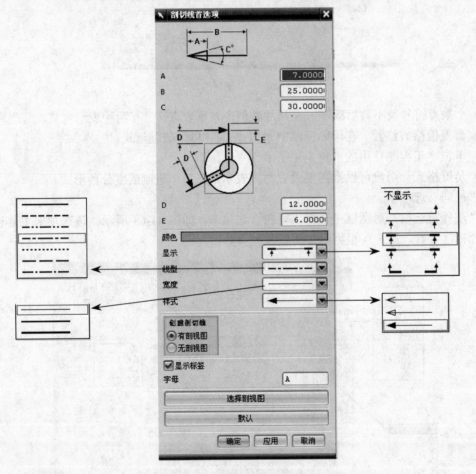

图 11-69　"剖切线首选项"对话框

11.4.4　视图标签首选项

根据国际制图标准，剖视图、局部放大视图、向视图都需要添加视图标签。视图标签首选项主要控制视图标签及视图比例的显示。

在工程图环境下，选择"首选项"→"视图标签"命令，或者单击"制图首选项"工具条上的 按钮，系统弹出"视图标签首选项"对话框，如图 11-70 所示。

（1）　其他　设置除局部放大视图、剖视图外所有视图的标签参数。

（2）　详细　设置局部放大视图标签参数。

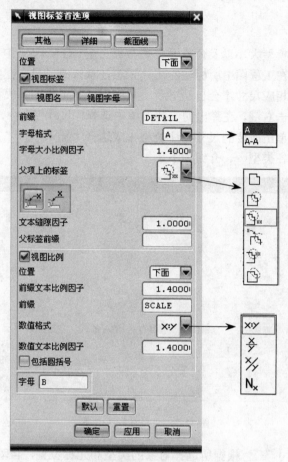

图 11-70　"视图标签首选项"对话框

（3）　截面线　设置剖视图标签参数。

（4）视图标签　选中该复选框可设置视图中的标签参数。

① 视图名：编辑视图名标签参数。

② 视图字母：编辑视图标签的内容及参数。

③ 字母格式：有"A"和"A-A"两种表达方式。

④ 字母大小比例因子：确定视图字母与前缀字体大小的比例。

⑤ 父项上的标签：确定父视图中标签的形式，共有 6 种形式。

⑥ 文本间隙因子：控制文本间距，通常采用默认值。

⑦ 父标签前缀：在父标签前添加前缀，通常情况下不需要输入。

（5）视图比例　控制视图比例标签参数。

① 位置：确定比例标签在视图标签的上方或下方。

② 前缀文本比例因子：确定文本与视图文本的比例关系。

③ 前缀：系统默认的比例的前缀名为 SCALL。

④ 数值格式：确定比例值的格式。共有 4 种数值格式，其中"比率"类型 $X:Y$ 最为常用。

⑤ 数值文本比例因子：比例值与比例前缀的比例关系。

11.5　工程图标注

一幅可以作为生产加工依据的工程图，不仅要包含用以表达零部件形状及位置的视图，还要包含可完整地表达出零部件的尺寸、形位公差和表面粗糙度等重要信息的尺寸标注。因此，工程图的尺寸标注在工程图中起着重要的作用。

11.5.1 尺寸标注

尺寸用于表达视图模型大小以及公差等有关参数。在 UG NX 5.0 中，工程图模块与建模模块是相关联的，因此，在工程图中所标注的尺寸无法任意修改。只有在实体模型中修改了某个尺寸参数，工程图中的相应尺寸才会自动更新，从而保证了工程图与模型的一致性。

在任意工具条上单击右键，在弹出的快捷菜单中选择"尺寸"命令，弹出"尺寸"工具条，如图 11-71 所示，然后单击所要的尺寸标注类型，或选择"插入"→"尺寸"命令，接着选择所要的尺寸类型。现将各类型一一介绍如下。

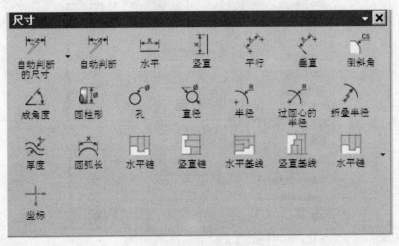

图 11-71 "尺寸"工具条

（1）自动判断的尺寸 根据所选择对象的类型和光标位置，自动判断生成的尺寸标注，可包括点、直线、圆弧、椭圆等。

（2）水平 用于标注所选对象的水平尺寸。单击 按钮，在视图中选择定义尺寸的参考点，接着移动光标到合适位置单击，即可在所选的两个参考点之间建立水平尺寸。

（3）竖直 用于标注所选对象的竖直尺寸。单击 按钮，在视图中选择定义尺寸的参考点，接着移动光标到合适位置单击，即可在所选的两个参考点之间建立竖直尺寸。

（4）平行 用于标注所选对象或对象间的平行尺寸。单击 按钮，在视图中选择定义尺寸的参考点，接着移动光标到合适位置单击，即可建立平行于两参考点之间连线的尺寸。

（5）垂直 用于标注所选点到直线（或中心线）的垂直尺寸。单击 按钮，首先选择一个线性的参考对象（直线、中心线或对称线），接着在视图中选择定义尺寸的参考点，移动鼠标到合适位置单击，即可建立参考点与参考对象之间的垂直尺寸。

（6）倒斜角 用于标注 45° 倒角的尺寸，暂不支持对于其他角度的倒角进行标注。单击 按钮，在视图中拾取倒角，移动光标到合适位置单击，即可完成倒角的标注。

（7）成角度 用于标注两条直线之间的角度。单击 按钮，利用快捷工具中的 按钮及其下拉菜单，即可建立两要素之间角度的标注。

（8）圆柱形 用于标注所选圆柱对象的直径尺寸。利用该工具可自动将直径符号添加到尺寸标注上，在"尺寸形式"对话框中可以定义直径符号和直径标注方式。

（9）孔 用于标注工程图中孔的尺寸。在视图中选取圆弧特征，系统将自动建立尺寸特征，并添加直径符号，所建立的标注只有一个引线和一个箭头。

（10）直径 用于标注工程图中圆弧或圆的直径尺寸。在视图中选择圆弧或圆后，系统将自动建立尺寸特征，并自动添加直径符号，所建立的标注有两个相反方向的箭头。

（11）半径 用于标注工程图中圆弧或圆的半径尺寸。所标注的尺寸包括一条引线和一个箭头，并且箭头从标注文字指向所选的圆弧。

（12）过圆心的半径 该工具也用于标注圆弧或圆的半径尺寸，与"半径"工具不同的是，该工具从圆心到圆弧自动添加一条延长线。

（13）折叠半径 用于建立大半径圆弧的尺寸标注。首先选取需要标注的圆弧，接着选取偏置中心点和弯曲位置，在合适的位置单击即可完成圆弧的半径标注。

（14）厚度 用于标注两要素之间的厚度。单击 按钮，在视图中拾取两个要素，拾取后移动光标，在合适的位置单击即可标注出两要素之间的厚度。

（15）圆弧长 用于标注所选圆弧的弧长尺寸。

（16）水平链 将图形的尺寸依次标注成水平链形式。单击 按钮，在视图中依次拾取尺寸的多个参考点，接着在合适的位置单击放置，系统将自动在相邻的参考点之间添加水平链状尺寸标注。

（17）竖直链 将图形中的多个尺寸标注成竖直链形式，操作与"水平链"类似。

（18）水平基线 将图形中的多个尺寸依次标注成水平坐标形式，选取第一个参考点为公共基准。

（19）竖直基准 将图形中的多个尺寸标注成竖直坐标形式，选择第一个参考点为公共基准。

（20）坐标 用于在标注过程中定义一个原点的位置，作为一个距离的参考点。

11.5.2　表面粗糙度符号

UG NX 5.0 提供了符合国际标准的表面粗糙度符号，极大地方便了用户标注粗糙度值。表面粗糙度符号并不是 UG 软件默认的参数，需要在参数设定中添加。下面介绍一下调出表面粗糙度的方法。

1．"表面粗糙度符号"调用步骤

（1）关闭 UG 软件，在 UG 安装目录下找到 UGS\NX5.0\UGII\ugii_env.dat。

（2）单击右键，在弹出的快捷菜单中选择"打开方式"命令，然后选择"记事本"，打开文件。

（3）在打开的文件中查找语句"ugii_surface_finish"，接着把该语句中的"OFF"改为"ON"，如图 11-72 所示。

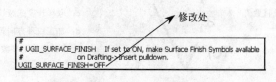

图 11-72　修改语句

（4）按 Ctrl+S 组合键保存文件，接着关闭记事本，重启 UG NX 5.0 即可。

2．"表面粗糙度符号"对话框

在工程图环境下，选择"插入"→"符号"→"表面粗糙度符号"命令，系统弹出"表面粗糙度符号"对话框，如图 11-73 所示，其中包括符号栏、粗糙度值输入栏、参数设置栏及放置类型。

（1）符号栏　这里提供了 9 种粗糙度符号供用户选择，其中 符号在工程图标注粗糙度中最为常用。

（2）粗糙度值输入栏　UG 粗糙度符号上提供了 7 个位置输入参数值，用户可根据粗糙度符号上的代号，在相应位置输入参数值。各位置输入意义如图 11-74 所示。

表面粗糙度符号
a1
a2
(e)
d
b
c
f1
f2
e
圆括号
无
Ra 单位
粗糙度等级
符号文本大小(毫米)
10
重置
符号方位
指引线类型
重新关联
撤消
确定
应用
取消

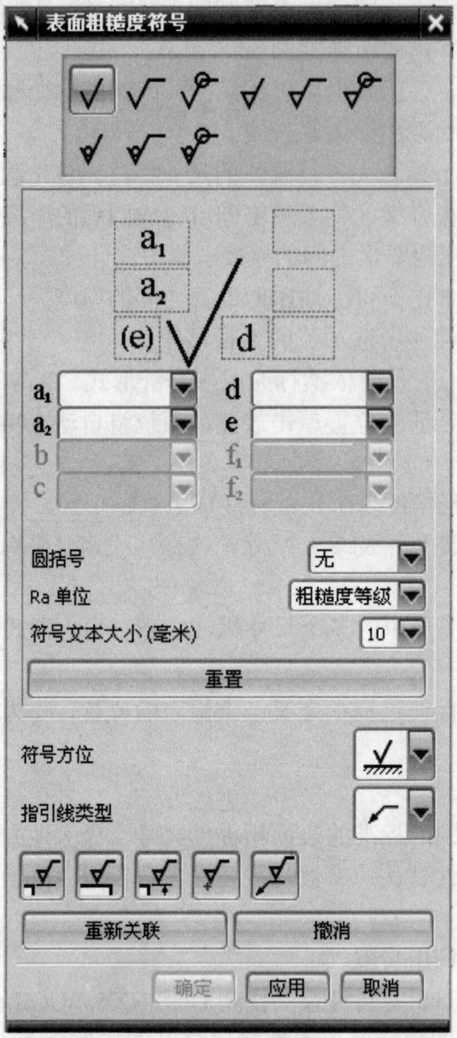

图 11-73 “表面粗糙度符号” 对话框

a1、a2:粗糙度高度参数代号及整数值
e：加工余量
a1
a2
(e)
d
b：加工要求、镀覆、表面处理或其他说明等
c：取样长度或波纹度。
d：加工纹理方向符号
f1:粗糙度间距参数值或轮廓支撑长度率

图 11-74 参数代号意义

（3）圆括号 包含 4 种选项，“无”、“左”、“右”、“两者皆是”。在国际标准中没有添加括号的标注，所以通常都选用“无”。

（4）Ra 单位 有“微米”和“粗糙度等级”两种选择。

（5）符号方位 有“水平”和“竖直”两种。

（6）指引线类型 指引线类型有“基本指引线”、“拆分指引线”、“菱形指引线”、“对齐指引线”、“曲面指引线”和“对齐的箭头指引线”6 种。

（7）放置类型 包括“在延伸线上创建”、“在边上创建”、“在尺寸上创建”、“在点上创建”和“在指引线上创建”5 种。

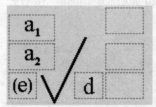

11.5.3 编辑文本

一张完整的工程图,不仅包括各类视图和基本尺寸,还包括各类文本标注。工程图中的文本主要用于图纸的技术要求、标题栏等内容的相关说明。本节将介绍这些文本的标注及编辑方法。

1. 标注文本

标注文本是指在工程图中添加与该图纸相关的文字说明,如零件某部分的具体要求、标题栏中的有关文本以及技术要求等。

在工程图环境下,选择"插入"→"文本"命令,或单击"制图注释"工具条上的 按钮,系统弹出"文本"对话框,如图 11-75 所示。

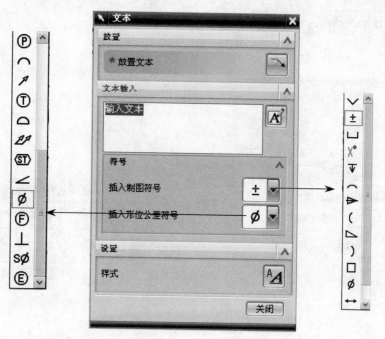

图 11-75 "文本"对话框

在"文本"对话框中输入注释文本内容,接着选择"符号"选项组中的"插入制图符号"和"插入形位公差符号"下拉列表中的各选项,进行注释内容、相关符号的添加,最后在图中的适当位置单击放置即可完成文本的标注。

2. 编辑文本

当需要对文本作更为详细的编辑时,可利用本节所介绍的文本编辑操作,单击"文本"对话框中的 按钮,弹出"文本编辑器"对话框,如图 11-76 所示。该对话框用于标注和编辑各种文字、形位公差,以及文本符号等注释。

下面将这个对话框介绍如下。

(1)工具栏 用于编辑注释,功能与一般软件的工具栏相同,和 Word、Office 等软件类似,具有复制、剪切、加粗、斜体及大小控制等功能。

(2)编辑窗口 编辑窗口是一个标准的多行文本输入区,使用标准的系统位图字体,用于输入文本和系统规定的控制符。用户可以在字体选项下拉列表框中选择所需的字体。可用于中文输入的字体有以下几种:chinsesf、chinsest、ideas-kanji、ideas-prt、ideas-roc、kanji 和 korean。

(3)制图符号 单击该选项卡,进入"制图符号"选项卡,如图 11-77 所示。当要在视图中标注制图符号时,用户可以在对话框中单击所需要的制图符号,将其添加到注释编辑区。添加的符号会在预览区显示。如果要改变符号的字体和大小,可以在"注释编辑"工具栏中进行编辑。添加制图符号后，可以在图 11-77 中选择一种放置方法，将其放置到视图中的指定位置。

　　如果需要在视图中添加分数或双行文本，可以先指定分数的显示形式，并在其文本框中输入文本内容，再选择一种注释放置方式将其放到视图中的指定位置。

　　如果用户要编辑已存在的制图符号，可以在视图中直接选取要编辑的符号。所选符号在视图中会加亮显示，其内容也会显示在注释编辑器的编辑窗口中，用户可以对其进行修改。

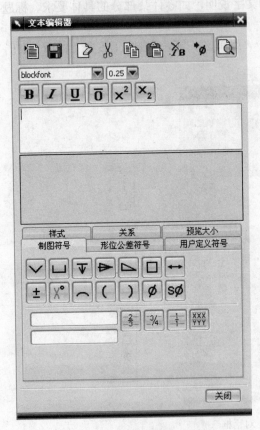

图 11-76　"文本编辑器"对话框

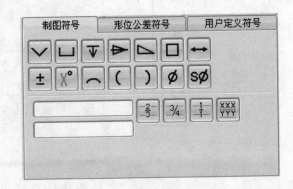

图 11-77　"制图符号"选项卡

　　（4）形位公差符号　单击该选项卡，进入"形位公差符号"选项卡，如图 11-78 所示。进行形位公差标注时，首先要选择公差框架格式，可以根据需要选择单个框架或组合框架，接着选择形位公差项目符号，并输入公差数值和选择公差的标准。如果是位置公差，还应该选择隔离线和基准符号。设置后的公差框会在预览窗口中显示，如果不符合要求，可在编辑窗口中进行修改。完成公差框设置后，选择一种注释放置方式，将其放置到视图中指定的位置。如果要编辑已存在的形位公差符号，可以在视图中直接选取要编辑的形位公差符号。所选符号在视图中会加亮显示，其内容也会显示在编辑注释器的编辑窗口和预览窗口中，用户可以对其进行修改。

　　（5）用户定义符号　单击该选项卡，进入"用户定义符号"选项卡，如图 11-79 所示。如果已定义好自己的符号库，可以通过指定相应的符号来加载相应的符号，同时可以设置符号的比例和投影。

　　（6）样式　单击该选项卡，进入"样式"选项卡，如图 11-80 所示。用户可通过选中"竖直文本"复选框来输入竖直文本，并且可以指定文本的倾斜度数。

　　（7）关系　单击该选项卡，进入"关系"选项卡，如图 11-81 所示。可以将对象的表达式、对象属性和零件属性进行标注处理，并实现关联。

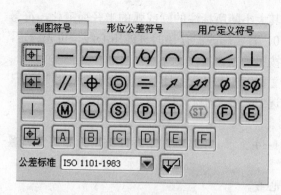

图 11-78 "形位公差符号"选项卡

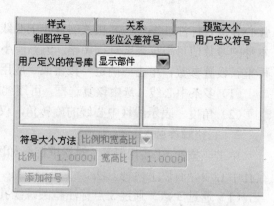

图 11-79 "用户定义符号"选项卡

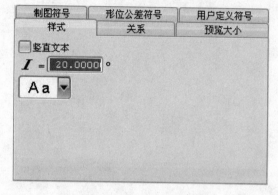

图 11-80 "样式"选项卡

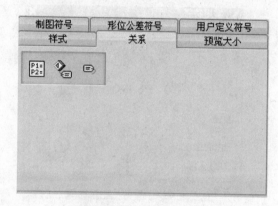

图 11-81 "关系"选项卡

（8）预览大小 单击该选项卡，进入"预览大小"选项卡，如图 11-82 所示。通过该选项卡，可以根据需要对预览文本框中显示文本的大小、比例及字符比例进行调整。

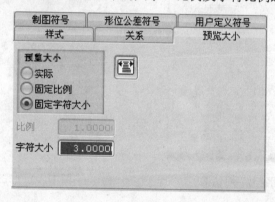

图 11-82 "预览大小"选项卡

11.5.4 实用符号

在工程图环境下，选择"插入"→"符号"→"实用符号"命令，或单击"制图注释"工具条上的 按钮，系统弹出"实用符号"对话框，如图 11-83 所示。

该对话框用于标注和编辑中心线、圆弧中心线等各种实用符号。这些符号与视图对象有关，当视图对象的尺寸或位置变化时，这些符号的尺寸线或位置会随之自动更新。现将此对话框中各按钮介绍如下。

1. 线性中心线 ⊕

单击该按钮，"实用符号"对话框如图 11-83 所示。其中 A、B、C 选项用于在点、圆心、弧心等位置标注或编辑与其相关的直线中心线，其大小随所标注的圆或弧的半径而变化，符号本身的参数值可根据需要进行调整，但不能小于 0，若要修改已存在的直线中心线，可先选定，再重新设置参数，单击"确定"按钮或"应用"按钮确定。

（1）**多条中心线**　选中该复选框，可连续标注多个直线中心线且不需要单击"应用"按钮。

（2）**角度**　表示线性中心线的旋转角，仅当选中"多条中心线"复选框时起作用。

2. **完整螺栓圆**

单击该按钮，"实用符号"对话框部分如图 11-84 所示。该选项用于标注圆周分布的整圆螺纹孔中心线，有以下两种方法。

（1）**通过 3 点**　通过 3 点标注整圆螺纹孔中心线。

（2）**中心点**　用一个中心点和一个位置点标注整圆螺纹孔中心线。

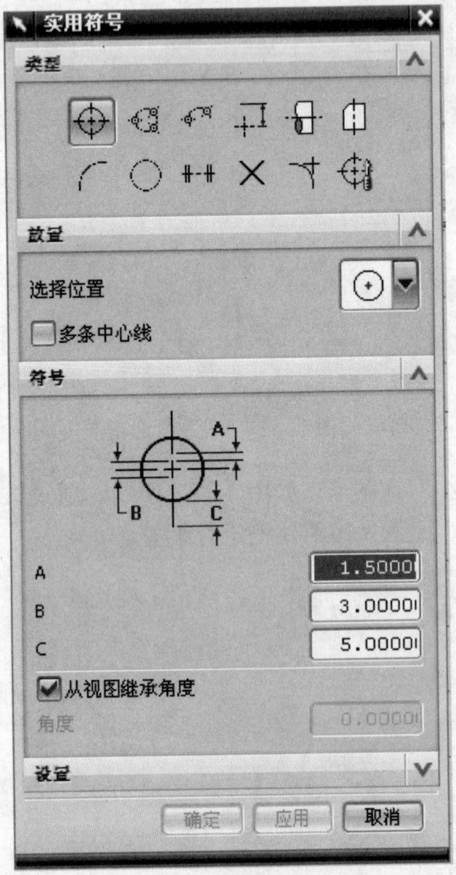

图 11-83　"实用符号"对话框 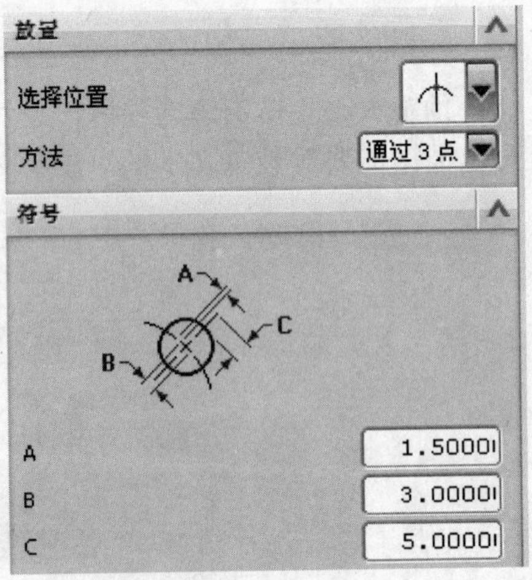　　　　图 11-84　"完整螺栓圆"选项

3. **不完整螺栓圆**

单击该按钮，"实用符号"对话框部分如图 11-84 所示。该选项用于标注不完整圆的螺纹孔中心线，用法与完整螺纹孔中心线标注类似，只是在通过 3 点标注不完整圆的螺纹孔中心线时应逆时针选点，否则可能会标出整圆螺纹孔中心线。

4. **偏置中心点**

单击该按钮，"实用符号"对话框部分如图 11-85 所示。当在标注大半径圆弧尺寸时，其中心点经常难以找到，这时需要用偏置圆弧中心点的方法产生一个半径尺寸的标注位置。执行"偏置中心点"命令就用于在所选取的圆弧上产生新的定义点并产生中心线。

（1）**方法**　用于设置偏移中心点的位置方式，其下拉列表提供了 6 种偏置方式选项。

（2）**偏置距离**　可辅助所选取的偏置方式来确定偏移中心点的位置。用户可以在文本框中输入偏移值，如果输入负值，则表示在坐标轴的负向。

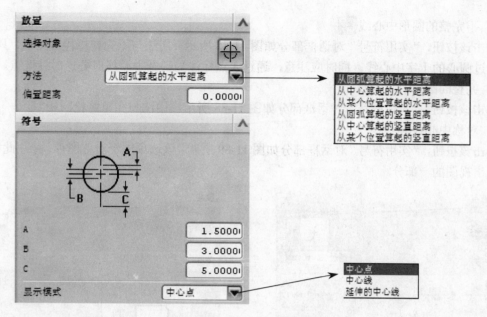

图 11-85 "偏置中心点"选项

（3）显示模式　用于设置偏移中心点的显示形式。

5．圆柱中心线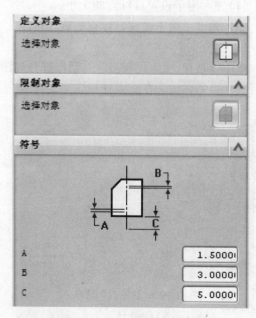

单击该按钮，"实用符号"对话框部分如图 11-86 所示。该选项用于在圆柱面或非圆柱面上标注或修改中心线，有以下 3 种方式。

（1）直接选择圆柱面的圆心标注圆柱中心线。

（2）直接选择圆柱面中心线，先把控制点选项设置为 ，并指定圆柱面中心线的起始位置（起止点不一定选在圆柱两端的圆心上）。

（3）在非圆柱面上标注圆柱中心线，只要选择两个点即可标注一条圆柱中心线。

6．长方体中心线

单击该按钮，"实用符号"对话框部分如图 11-87 所示。该选项用于标注或修改长方体中心线。

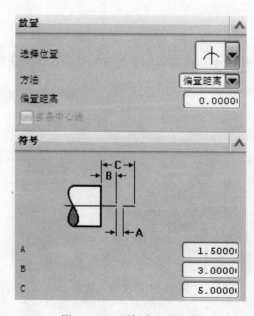

图 11-86 "圆柱中心线"选项

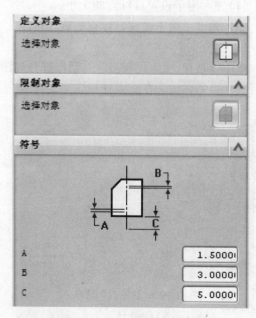

图 11-87 "长方体中心线"选项

7. 不完整的圆形中心线 ⌒

单击该按钮，"实用符号"对话框部分如图 11-88 所示。用法与不完整螺栓圆相似，只是不标出通过圆心的十字中心线，同时应注意，通过 3 点标注局部圆中心线时要逆时针选点。

8. 完整的圆形中心线 ⊙

单击该按钮，"实用符号"对话框部分如图 11-88 所示。用法与完整螺栓圆相似。

9. 对称中心线 ┼┼

单击该按钮，"实用符号"对话框部分如图 11-89 所示。该选项用于对称图形，标注此符号，只能画出视图的一部分。

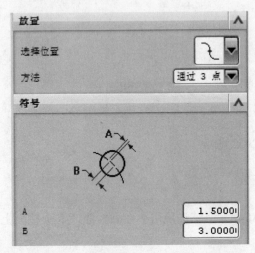

图 11-88 "不完整的圆形中心线"选项

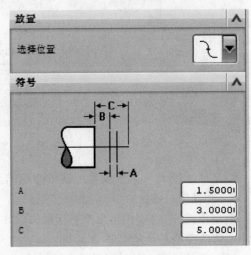

图 11-89 "对称中心线"选项

10. 目标点 ✕

单击该按钮，"实用符号"对话框部分如图 11-90 所示。该选项用于设置生成目标点的标记符号形式。用户可以用鼠标在绘图工作区选择任意的点，如果选择的目标点靠近视图中的几何对象，则在几何对象上产生一个目标点，如果选择的目标点远离视图中的几何对象，则直接在屏幕中产生一个目标点。

（1）E 用于设置目标点的大小。

（2）角度 用于设置目标点的旋转角度。

11. 交点 ⊀

单击该按钮，"实用符号"对话框部分如图 11-91 所示。该选项用于尺寸标注，选择两条延长后有交点的曲线，在交点处标注交叉符号。

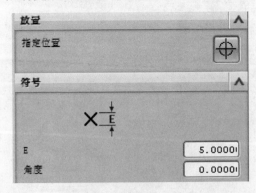

图 11-90 "目标点"选项

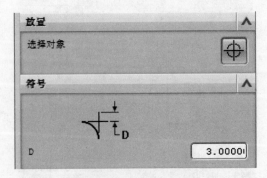

图 11-91 "交点"选项

12. 自动中心线 ⊣

单击该按钮，"实用符号"对话框部分如图 11-92 所示。该选项用于在指定的视图上自动标注中心线，只要直接指定视图即可。

11.5.5　ID 符号

在工程图环境下，选择“插入”→“符号”→“ID 符号”命令，或单击“制图注释”工具条上的 按钮，系统弹出“ID 符号”对话框，如图 11-93 所示。该对话框用于插入和编辑 ID 符号及其放置位置。

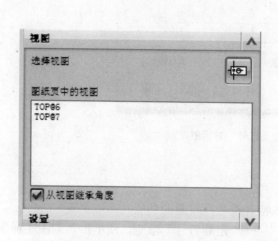

图 11-92　“自动中心线”选项

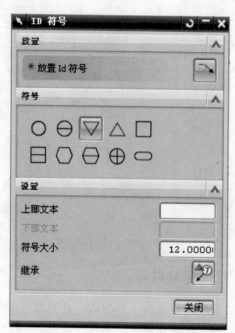

图 11-93　“ID 符号”对话框

对话框上部的“放置 ID 符号”按钮用于选择要插入 ID 符号的类型。系统提供了多种符号类型可供用户选择，每种符号类型都可以配合该类型的文本选项，在 ID 符号中放置文本内容。如果选择了上下型的 ID 符号，则用户可以在“上部文本”和“下部文本”文本框中输入各自的内容。如果选择了独立型的 ID 符号，则用户只能在“上部文本”文本框中输入内容。各类 ID 符号都可以通过对“符号大小”文本框的设置来改变大小。

11.5.6　用户自定义符号

用户自定义符号是 UG NX 5.0 软件为了方便用户插入特殊的符号而设置的功能，用户可根据标注需要选用符号库中相应的符号。

在工程图环境下，选择“插入”→“符号”→“使用定义的符号”命令，或单击“制图注释”工具条上的 按钮，系统弹出“用户定义符号”对话框，如图 11-94 所示。现将其介绍如下。

（1）定义符号大小根据　系统提供 2 种设置方式，“长度和高度”和“比例和宽高比”。选择设置方式后，用户可以在对应的文本框中输入数值。

（2）放置方向　确定符号放置的方向，共有 5 种类型。

① 水平　：水平标注符号。

② 竖直　：垂直标注符号。

③ 平行与直线　：与所选择的直线平行标注符号。

④ 通过一个点　：通过选定的点和放置的点连成直线确定标注符号的方向。

⑤ 输入角度　：输入角度确定标注方向。

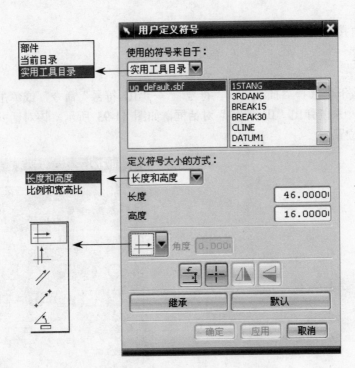

图 11-94 "用户定义符号"对话框

11.5.7 定制符号

定制符号是为了方便用户在制图符号中插入特殊符号而设置的功能。

在工程图环境下，选择"插入"→"符号"→"定制符号"命令，或单击"制图注释"工具条上的 ⊠ 按钮，系统弹出"定制符号"对话框，如图 11-95 所示。现将其介绍如下。

（1）Nx Symbols 选择该选项，此时对话框如图 11-95 所示，该选项包含了投影角符号、去材料符号、精加工符号和粗糙度符号等多种符号。

（2）Mold Symbols（模具符号） 选择该选项，此时对话框部分如图 11-96 所示。该选项包含了推杆、偏移等多种模具符号。

图 11-95 "定制符号"对话框

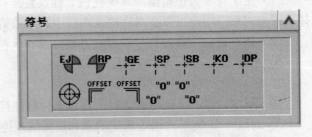

图 11-96 "Mold Symbols"选项

（3）Fasteners（紧固件符号） 选择该选项，此时对话框部分如图 11-97 所示。该选项包含了沉头孔、螺纹、销钉等多种符号。

（4）ID Symbols（ID 符号） 选择此选项，此时对话框部分如图 11-98 所示。内容与前所述相同。

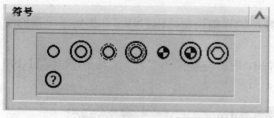

图 11-97 "Fasteners" 选项

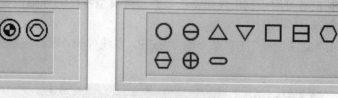

图 11-98 "ID Symbols" 选项

11.5.8 形位公差标注

用户可以通过使用"特征控制框"命令添加图纸中的形位公差标注。在工程图环境下，选择"插入"→"特征控制框"命令，或单击"制图注释"工具条上的 ⊥ 按钮，系统弹出"特征控制框"对话框，如图 11-99 所示。现将其介绍如下。

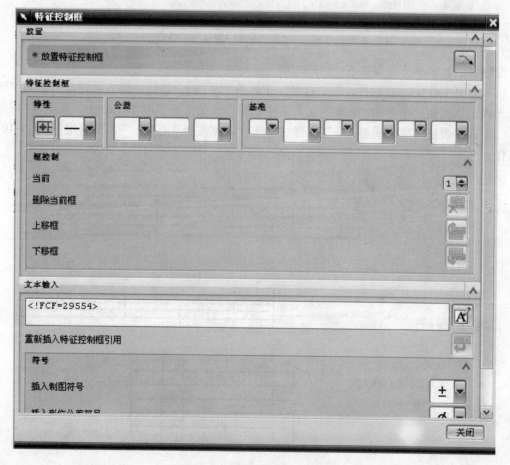

图 11-99 "特征控制框" 对话框

用户只需要通过各选项中的下拉列表框选择需要标注的形位公差，接着输入公差值，在需要开始的位置单击鼠标左键，拖动直接生成所需的指引线，完成形位公差标注。用户可以单击"当前"选项右侧的 ▲（向上）按钮，增加一行新的形位公差标注，单击"删除当前框"按钮 ,

可以将不需要的控制框删除。

当用户依次在操作中创建了多个形位公差时，单击"上移框"按钮 或"下移框"按钮 ，可以切换形位公差标注的上下位置。

11.5.9　绘制表格

绘制表格可用于列出视图特征参数和对模型特征的详细说明。UG NX 5.0 提供了丰富的绘制表格功能。

单击"制图切换"工具条上的 按钮，系统弹出"表格与零件明细表"工具条，如图 11-100 所示。

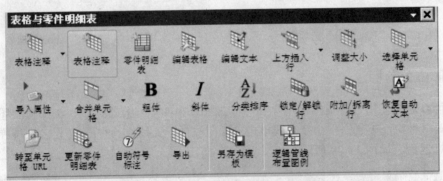

图 11-100　"表格与零件明细表"工具条

绘制标题栏的操作步骤如下。

（1）打开 UG NX 5.0 软件，在"标准"工具条中单击 按钮，输入新建文件名为"btl"，单击"确定"按钮，接着在"标准"工具条中选择"开始"→"制图"命令，新建 A4 图纸。

（2）在"表格与零件明细表"工具条中单击"表格注释"按钮 ，接着根据图 11-101 进行操作。

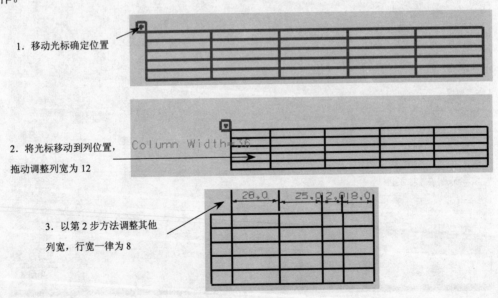

图 11-101　标题栏操作步骤

（3）选择最后一列，在"表格与零件明细表"工具条中单击"上方插入"按钮的下拉按钮 ，选择"右边插入列"按钮 ，完成插入列的操作，如图 11-102 所示。

（4）拖动鼠标，调整列宽为 35，如图 11-103 所示。

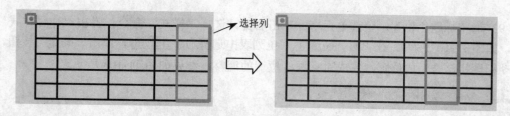

图 11-102 "插入列"操作

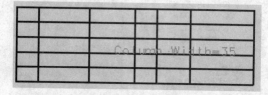

图 11-103 调整列宽

（5）合并单元格。选择需要合并的单元格，在"表格与零件明细表"工具条中单击"合并单元格"按钮 ，完成合并单元格的操作，如图 11-104 所示。

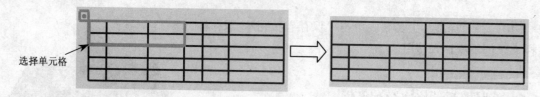

图 11-104 "合并单元格"操作（1）

（6）以上步的方法对标题栏的单元格进行合并，结果如图 11-105 所示。

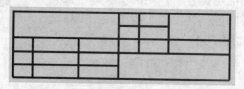

图 11-105 "合并单元格"操作（2）

（7）设置单元格样式。全选单元格并单击右键，选择"单元格样式"命令，弹出"注释样式"对话框，在"文字"选项卡的"字符大小"文本框中输入"5"，在 blockfont 下拉列表中选择"chinesef"选项，选择"单元格"选项卡，在"文本对齐"下拉列表中选择"中心" ，单击"确定"按钮，完成对单元格样式的设置。

（8）插入文本。根据图 11-106 所示，进行操作。

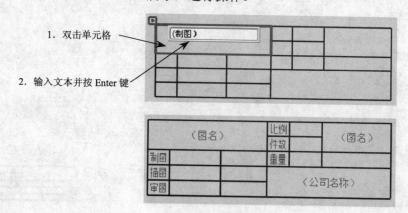

图 11-106 插入文本

（9）调整标题栏位置。全选单元格并单击右键，选择"样式"命令，弹出"注释样式"对话框，如图 11-107 所示。在"对齐位置"下拉列表中选择右下 ▦，单击"确定"按钮，接着拖动标题栏至合适的位置，完成对标题栏位置的调整，结果如图 11-108 所示。

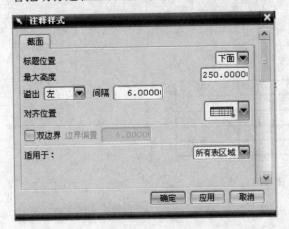

图 11-107 "注释样式"对话框

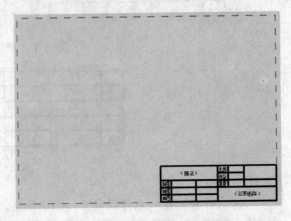

图 11-108 带有标题栏的 A4 图纸

（10）在"标准"工具条中单击"保存"按钮 ▦ 保存标题栏，以便下次调入使用。

11.6 创建工程图综合实例

通过本章的学习，用户对视图的创建、视图的编辑、尺寸标注、形位公差等功能的应用都有了一定的了解。下面将通过实例操作，综合应用各功能创建模型工程图，三维模型如图 11-109 所示，工程图如图 11-110 所示。

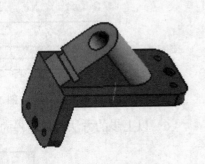

图 11-109 三维模型

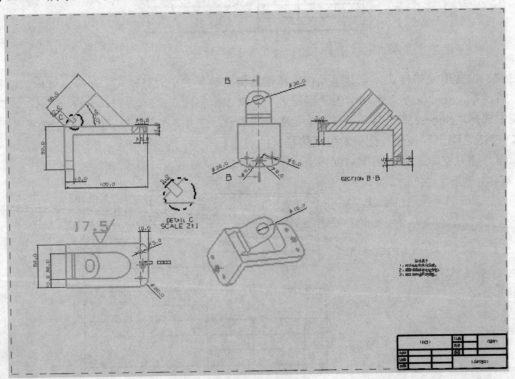

图 11-110 工程图

步骤一　创建一张新的工程图。

（1）打开 UG NX 5.0，选择"新建"→"打开"命令，弹出"打开部件文件"对话框，如图 11-111 所示。选择文件"Chapter11-1"，单击"OK"按钮，进入三维建模环境。

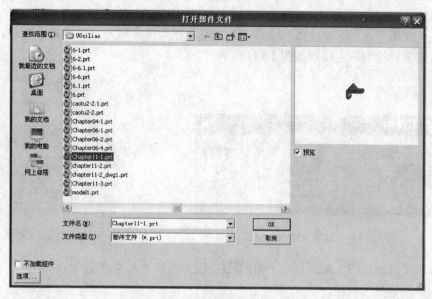

图 11-111　"打开部件文件"对话框

（2）在"标准"工具栏中单击"开始"按钮 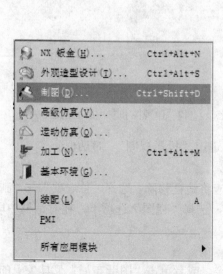 开始▾，弹出下拉列表，如图 11-112 所示。在下拉列表中单击"制图"选项，弹出"图纸页"对话框，如图 11-113 所示。选择 ⊙ 标准尺寸单选按钮，此时对话框如图 11-113 所示。在"图纸页模板"中选择"A2-420×594"，在"单位"选项中选择"毫米"，在"投影"选项中选择"第一象限角投影"，单击"确定"按钮，进入工程图环境。

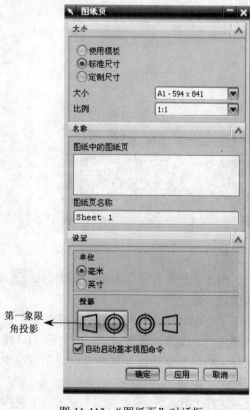

图 11-112　"开始"下拉列表　　　　　　　　　　图 11-113　"图纸页"对话框

步骤二 创建主视图。

（1）系统默认会弹出"基本视图"对话框，也可通过选择"插入"→"视图"→"基本视图"命令，或者单击"图纸布局"工具条上的  按钮，使系统弹出"基本视图"对话框，如图 11-114 所示。

（2）在"视图"选项组中选择"FRONT"选项，在绘图区域左上方合适位置单击，确定主视图的放置位置。绘制的主视图如图 11-115 所示。

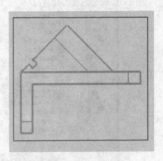

图 11-114 "基本视图"对话框

图 11-115 主视图

（3）单击"基本视图"对话框右上角的 ❌ 按钮，退出"基本视图"对话框。

步骤三 创建投影视图。

（1）生成主视图后，系统默认会弹出"投影视图"对话框，也可通过选择"插入"→"视图"→"投影视图"命令，或者单击"图纸布局"工具条上的 ✎ 按钮，使系统弹出"投影视图"对话框，如图 11-116 所示。

（2）拖动鼠标至主视图下方，单击鼠标左键确定俯视图的放置位置，拖动鼠标至主视图右方，单击鼠标左键确定左视图的放置位置，结果如图 11-117 所示。

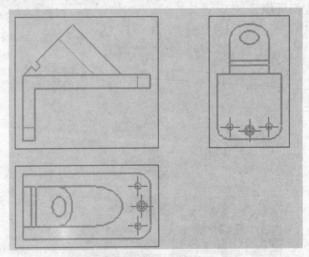

图 11-116 "投影视图"对话框

图 11-117 俯视图和左视图的创建

（3）单击"投影视图"对话框右上角的 ❌ 按钮，退出"投影视图"对话框。

步骤四 除边框。

由于工程图的各个视图通常是不带边框的，因此应将边框移除。选择"首选项"→"制图"命令，弹出"制图首选项"对话框，如图 11-118 所示，选择"视图"选项卡，在对话框中取消选中"显示边界"复选框，单击"确定"按钮完成。

步骤五 创建等轴视图。

（1）选择"插入"→"视图"→"基本视图"命令，或者单击"图纸布局"工具条上的

按钮，系统弹出"基本视图"对话框，如图 11-118 所示。

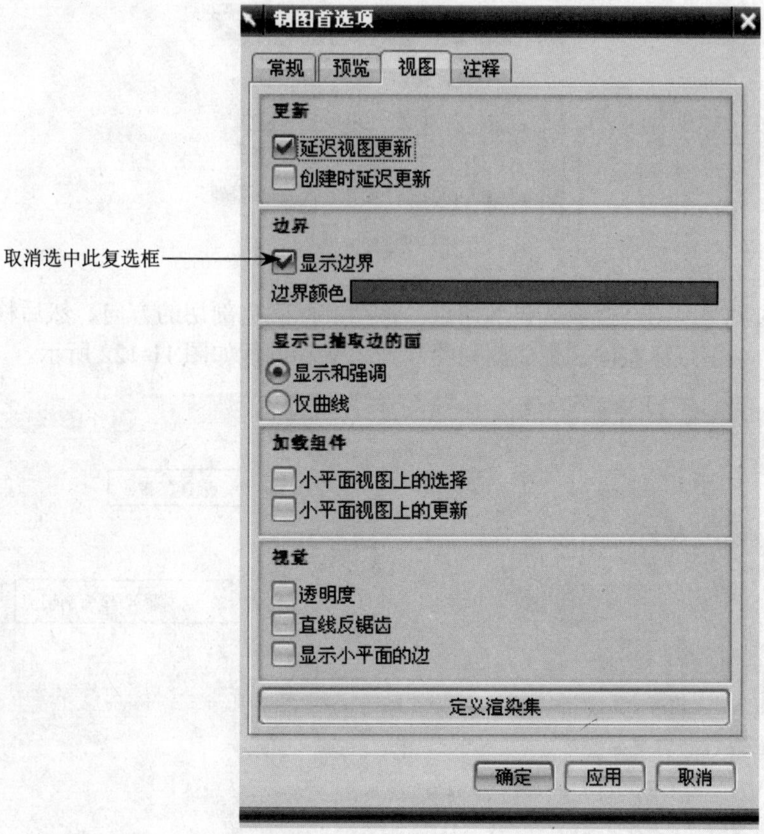

取消选中此复选框 ——→

图 11-118 "制图首选项"对话框

（2）单击此对话框中的"定向视图"按钮，弹出如图 11-119 所示的"定向视图"对话框，在窗口中旋转视图，将部件旋转到需要的位置，单击"确定"按钮，移动鼠标将等轴视图移动到适当的位置，单击鼠标左键确定，完成等轴视图的操作，如图 11-120 所示。

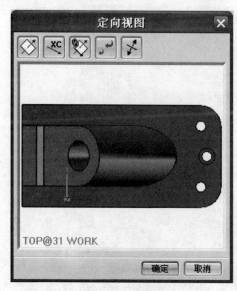

图 11-119 "定向视图"对话框

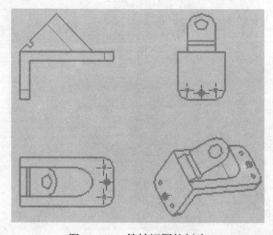

图 11-120 等轴视图的创建

步骤六 创建全剖视图。

（1）选择"插入"→"视图"→"剖视图"命令，或者单击"图纸布局"工具条上的 按钮，系统弹出"剖视图"对话框，如图 11-121 所示。

图 11-121 "剖视图"对话框

（2）首先选择父视图，接着选择剖切点，移动鼠标确定剖切的方向，然后移动鼠标确定剖切图位置之后，单击鼠标左键，生成剖视图，具体操作过程如图 11-122 所示。

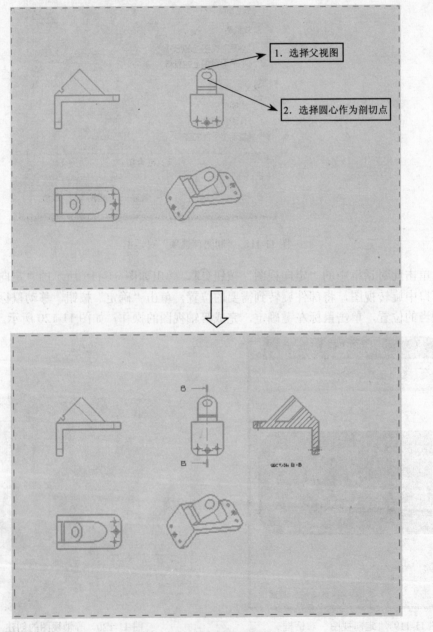

图 11-122 剖视图的创建

（3）单击"剖视图"对话框右上角的 ✖ 按钮，退出"剖视图"对话框。

步骤七 创建局部放大视图。

（1）选择"插入"→"视图"→"局部放大图"命令，或者单击"图纸布局"工具条上的 按钮，系统弹出"局部放大图"对话框，如图 11-123 所示。

图 11-123 "局部放大图"对话框

（2）选择"边界"选项组中的 按钮，单击"父项上的标签"下拉按钮，选择"圆形"按钮 。

（3）首先在父视图上选择局部放大视图的中心位置，接着拖动鼠标，定义局部放大视图半径，单击左键确定，然后选择"局部放大图"对话框中"比例"下拉按钮中的比例，最后在图纸上指定局部放大图的中心，单击左键确定，结果如图 11-124 所示。

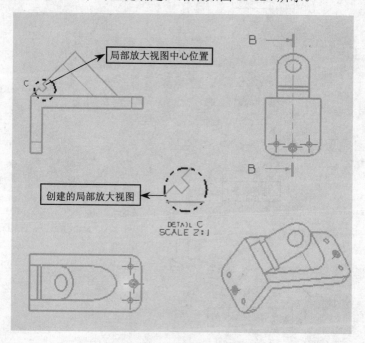

图 11-124 局部放大图的创建

（4）单击"局部放大图"对话框右上角的 按钮，退出"局部放大图"对话框。

步骤八 创建局部剖视图。

（1）绘制局部剖曲线。在需要进行局部剖切的视图边界上单击鼠标右键，在弹出的快捷菜单中选择"扩展"命令，进入视图成员模型工作状态。用曲线功能在要产生局部剖切的位置创建局部剖切边界线。完成边界线创建后，在视图边界上单击鼠标右键，在快捷菜单中选择"扩展"命令，恢复到工程图界面。这样，就建立了与选择视图相关联的边界线。

（2）选择"插入"→"视图"→"局部剖视图"命令，或者单击"图纸布局"工具条上的 按钮，系统弹出"局部剖"对话框，如图 11-125 所示。

（3）首先选择所要局部剖的视图，接着选择基点，定义默认矢量，然后选择创建的曲线，单击"应用"按钮，完成局部剖视图的创建，如图 11-126 所示。

图 11-125 "局部剖"对话框

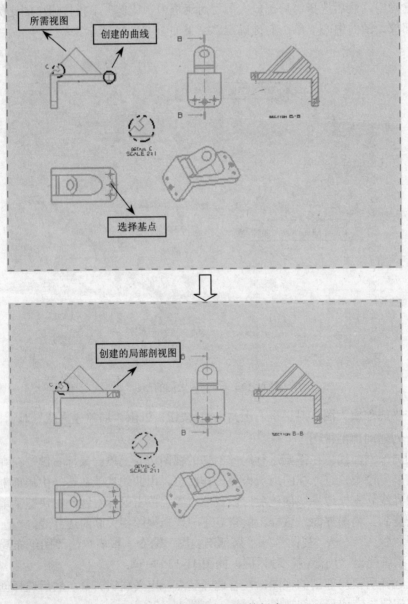

图 11-126 局部剖视图的创建

（4）单击"局部剖"对话框右上角的 ⊠ 按钮，退出"局部剖"对话框。

步骤九　标注尺寸。

在"尺寸"工具条中单击各标注功能按钮标注尺寸，最终结果如图 11-127 所示。

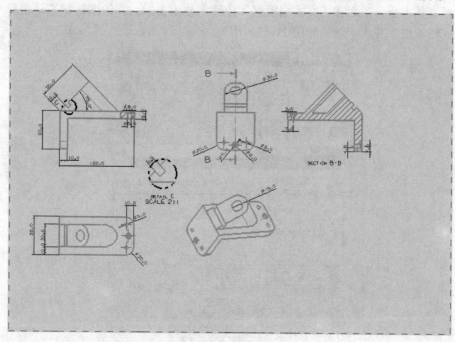

图 11-127　标注尺寸

步骤十　添加表面粗糙度。

（1）选择"插入"→"符号"→"表面粗糙度符号"命令，系统弹出"表面粗糙度符号"对话框。

（2）首先在"a_2"文本框中输入"17.5"，接着选择 √ 按钮，单击 ⤵ 按钮，然后选择要创建粗糙度符号的边，最后选择要创建粗糙度符号的位置，完成粗糙度符号的创建，如图 11-128 所示。

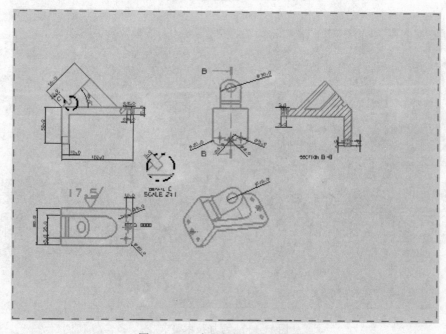

图 11-128　表面粗糙度符号的创建

步骤十一　输入技术要求。

选择"插入"→"文本"命令，或者单击"制图注释"工具条上的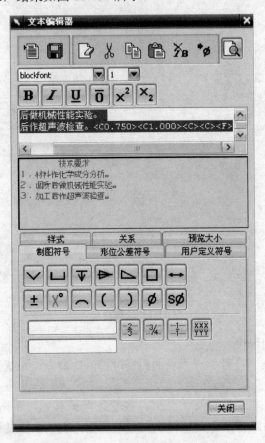按钮，系统弹出"文本"对话框。接着单击按钮，弹出"文本编辑器"对话框，如图 11-129 所示。然后选择"chineset"字体，选择字体大小，最后在"文本编辑框"中输入技术要求，在绘图区域拖动鼠标至合适的位置，完成输入技术要求，结果如图 11-130 所示。

图 11-129　"文本编辑器"对话框

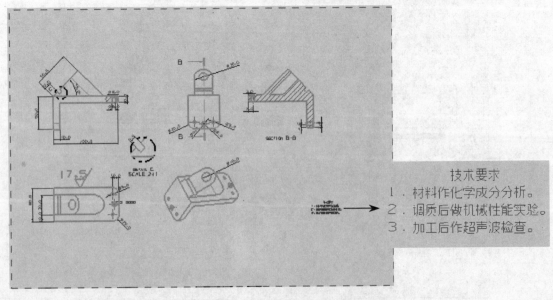

图 11-130　添加技术要求

步骤十二 绘制标题栏。

（1）选择"插入"→"表格注释"命令，或单击"表格与零件明细表"工具条上的 按钮，系统弹出表格，在绘图区域拖动表格至合适的位置，单击左键确定。

（2）对表格进行调整，最终结果如图 11-131 所示。

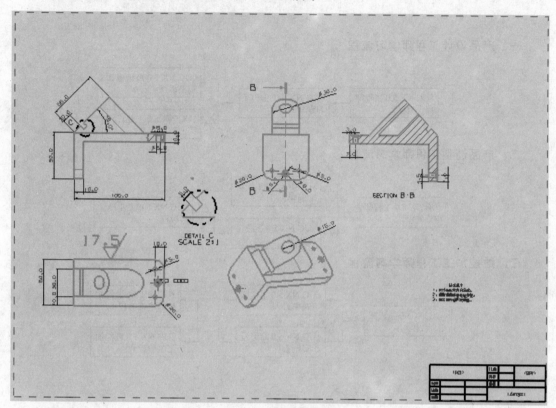

图 11-131 标题栏的绘制

步骤十三 保存文件。

使用"保存"命令保存文件或使用"另存为"命令保存为其他格式的文件。

UG NX 5.0 系列丛书导读图

一、产品设计工程师学习流程

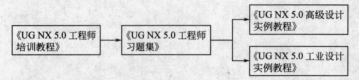

二、产品造型工程师学习流程

三、数控加工工程师学习流程

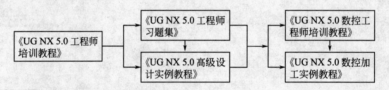